# 音视频多媒体处理技术与实践
## ——基于 i.MX27 处理器

张太镒 吴 勇 胡元峰 等编著

北京航空航天大学出版社

## 内 容 简 介

美国飞思卡尔公司的高性能音视频多媒体处理专用芯片 i.MX27,集成 ARM9 处理器核和 MPEG-4、H.264 视频压缩硬件编解码器,以及嵌入式系统设计所需几乎所有的外部接口,可以用 i.MX27 单芯片研发设计复杂的用于移动影视播放器、智能电话、无线 PDA 及其他便携式音视频终端等多媒体产品,研发周期短、成本低、性能卓越。

本书在详细介绍 ARM9 处理器核的组成、存储器配置、寄存器、中断控制器和引导模式的基础上,用较大的篇幅着重介绍该芯片集成的数字音频复用器、CMOS 图像传感器接口、视频压缩编解码器、增强型多媒体加速器和液晶显示控制器等,以及开发工具、实验教学平台和多媒体产品应用范例。

本书可作为从事多媒体音视频处理技术领域工程技术人员的设计参考资料,亦可作为大学电子与信息类专业音视频处理和微处理器接口技术课程的辅助教材。

### 图书在版编目(CIP)数据

音视频多媒体处理技术与实践:基于 i.MX27 处理器 / 张太镒,吴勇,胡元峰编著. -- 北京:北京航空航天大学出版社,2011.1
 ISBN 978-7-5124-0290-4

Ⅰ.①音… Ⅱ.①张… ②吴… ③胡… Ⅲ.①语言信号处理②数字图像处理 Ⅳ.①TN912.3②TN911.73

中国版本图书馆 CIP 数据核字(2010)第 247082 号

版权所有,侵权必究。

---

**音视频多媒体处理技术与实践——基于 i.MX27 处理器**
张太镒 吴 勇 胡元峰 等编著
责任编辑 杨林英

\*

北京航空航天大学出版社出版发行

北京市海淀区学院路 37 号(邮编 100191) http://www.buaapress.com.cn
发行部电话:(010)82317024 传真:(010)82328026
读者信箱:emsbook@gmail.com 邮购电话:(010)82316936
涿州市新华印刷有限公司印装 各地书店经销

\*

开本:787×1092 1/16 印张:32.75 字数:838 千字
2011 年 1 月第 1 版 2011 年 1 月第 1 次印刷 印数:4 000 册
ISBN 978-7-5124-0290-4 定价:59.00 元

# 前　言

　　数字多媒体技术是当前发展最快、应用最广和最具市场前景的现代电子技术之一。

　　微电子技术的飞速发展，使高性能微处理器和大容量存储器的价格变得十分便宜，速度和存储容量不再是困扰设计者的主要问题。人们将通用计算机上的软件"嵌入"专用系统，构成嵌入式系统(Embedded System)，完成复杂的运算和控制功能。由于嵌入式系统体积小、设计紧凑，在现代数字通信设备中占据重要地位。

　　近年来，由于超大规模集成电路(VLSI)工艺的进步和专用集成电路(ASIC)的广泛使用，推动了数字多媒体技术的发展。美国飞思卡尔公司(Freescale)率先推出以 ARM 处理器为核心、集成视频压缩硬件编解码器的高性能数字信号处理器专用芯片，为用户提供了一款应用于移动影视播放器、智能电话、无线 PDA 及其他便携式多媒体设备的数字信号处理器，具有研发周期短、成本低、性能卓越等优点。

　　美国飞思卡尔公司推出的 MCIMX27 多媒体应用处理器集成了诸多该公司的 IP(知识产权)核，外部接口十分丰富，完全可以用单芯片设计复杂多功能的多媒体产品。本书针对 MCIMX27 多媒体应用处理器技术文档进行编译，结合编译者长期从事多媒体处理技术研究和开发的经验撰写而成。

　　本书内容共 15 章：

　　第 1 章对 MCIMX27 多媒体应用处理器进行了全面、简略的介绍；

　　第 2 章至第 7 章(除第 5 章)详细介绍了 MCIMX27 多媒体应用处理器的存储器、寄存器、系统控制、定时器和通信接口等；

　　第 5 章集中介绍 MCIMX27 多媒体应用处理器集成的 ARM9 处理器核的组成、存储器配置、寄存器、中断控制器和引导模式等。有关 ARM9 处理器的指令系统和程序设计内容，请读者参阅其他专门介绍 ARM 的书籍；

　　第 8 章至第 12 章着重介绍该处理器芯片集成的多媒体处理模块，包括数字音频复用器、CMOS 图像传感器接口、视频压缩编解码器、增强型多媒体加速器和液晶显示控制器等；

　　第 13 章介绍 MCIMX27 多媒体应用处理器芯片独具特色的安全保证措施，包括安全控制器、对称/非对称干扰和随机加速器、运行时间完整性检查和集成电路 ID 等；

　　第 14 章和第 15 章分别介绍供教学和设计人员使用的开发工具、实验平台和多媒体产品应用范例。

　　本书旨在为从事多媒体处理技术领域工程技术人员提供 ARM 嵌入式系统设计和研发的

# 前 言

参考资料,亦可作为大学电子与信息类专业音视频处理和微处理器接口技术课程辅助教材。相信本书一定会为多媒体技术的研究与开发工作起到积极作用,特别是本书结合实际的有关内容,定会受到读者欢迎。

本书的编译工作得到了美国飞思卡尔公司大学计划部的大力支持和马莉女士的具体指导,在此表示感谢。

本书第1章～第7章和第13章由西安交通大学张太镒教授编写,第8章～第12章由天缘电子有限公司胡元峰博士编写,第14章和第15章由北京亿旗创新科技发展有限公司吴勇高级工程师编写。感谢陈晨、邓炜、董红、冯振杰、黄剑雄、黄伟东、李家瑛、李小河、牟丽霞、秦济瑞、荣超、阮丽霞、沈晓东、孙黎、王江凌、王玮、王小灵、吴德金、杨亮、喻凌杰、张璟、张亚歌、赵国海和周铁等协助编写工作。总之,本书的出版是集体智慧的结晶,在此,对所有为本书的出版提供了帮助的人们表示诚挚的感谢!

由于作者水平有限,文中难免有不妥之处,敬请读者不吝指正。

作　者

2010年8月

# 目 录

**第1章 多媒体应用处理器** ································································· 1
  1.1 ARM9平台 ································································· 2
  1.2 系统控制 ································································· 3
  1.3 系统资源 ································································· 3
  1.4 电源管理 ································································· 5
  1.5 系统安全 ································································· 5
  1.6 连接方式 ································································· 7
  1.7 通信接口 ································································· 8
  1.8 外部存储器接口 ··························································· 10
  1.9 存储器扩展 ······························································· 13
  1.10 视频压缩编解码和增强型多媒体加速器 ······························· 13
  1.11 多媒体接口 ······························································· 17
  1.12 人机接口 ································································· 18

**第2章 系统存储器和寄存器** ··················································· 20
  2.1 存储器配置 ································································· 20
  2.2 寄存器配置 ································································· 26

**第3章 系统控制** ····································································· 27
  3.1 时钟控制器组成 ··························································· 27
    3.1.1 高频时钟信号源及状态分配 ····································· 29
    3.1.2 输出频率计算 ······················································· 30
  3.2 电源管理 ································································· 30
  3.3 时钟控制器模块编程方法 ············································· 33
    3.3.1 时钟控制寄存器 ··················································· 34
    3.3.2 MPLL控制寄存器0 ··············································· 37
    3.3.3 MCU和系统PLL控制寄存器1 ································ 38
    3.3.4 可编程串行外设PLL ············································· 39

## 目录

- 3.3.5 SPLL 控制寄存器 0 ........................................... 40
- 3.3.6 SPLL 控制寄存器 1 ........................................... 41
- 3.3.7 26 MHz 振荡器寄存器 ........................................ 42
- 3.3.8 外设时钟分频寄存器 0 ....................................... 43
- 3.3.9 外设时钟分频寄存器 1 ....................................... 45
- 3.3.10 外设时钟控制寄存器 0 ...................................... 46
- 3.3.11 外设时钟控制寄存器 1 ...................................... 49
- 3.3.12 时钟控制状态寄存器 ........................................ 53
- 3.3.13 唤醒保护模式控制寄存器 ................................... 54
- 3.4 复位 .................................................................. 55
  - 3.4.1 系统复位 ........................................................ 55
  - 3.4.2 RAM 平台复位 ................................................. 57
- 3.5 系统控制模块编程方法 ....................................... 57
  - 3.5.1 芯片 ID 寄存器 ................................................ 58
  - 3.5.2 FMCR 多路功能控制寄存器 ................................ 59
  - 3.5.3 系统外设控制寄存器 ........................................ 62
  - 3.5.4 偏置电位阱控制寄存器 ..................................... 63
  - 3.5.5 驱动力控制寄存器 1 ......................................... 65
  - 3.5.6 驱动力控制寄存器 2 ......................................... 67
  - 3.5.7 驱动力控制寄存器 3 ......................................... 70
  - 3.5.8 上拉能力控制寄存器 ........................................ 72
  - 3.5.9 优先级控制和选择寄存器 ................................... 74
  - 3.5.10 电源管理控制寄存器 ....................................... 75
  - 3.5.11 DPTC 比较值寄存器 ........................................ 77
  - 3.5.12 PMIC 控制寄存器 ............................................ 78
- 3.6 系统引导模式 ...................................................... 78
- 3.7 实时时钟 ............................................................ 81

### 第 4 章 系统资源 ......................................................... 85

- 4.1 通用 I/O 模块 ..................................................... 85
  - 4.1.1 工作原理 ........................................................ 85
  - 4.1.2 编程方法 ........................................................ 87
- 4.2 通用定时器 ........................................................ 100
  - 4.2.1 工作原理 ........................................................ 101
  - 4.2.2 编程方法 ........................................................ 102
- 4.3 脉宽调制器 ........................................................ 103
  - 4.3.1 工作原理 ........................................................ 104
  - 4.3.2 PWM 时钟 ....................................................... 106
  - 4.3.3 编程方法 ........................................................ 107

4.4 看门狗定时器 ········································································· 109
　4.4.1 工作原理 ······································································· 111
　4.4.2 编程方法 ······································································· 112
4.5 直接存储器访问控制器 ····························································· 113
　4.5.1 DMA 请求和应答 ··························································· 114
　4.5.2 编程方法 ······································································· 116
　4.5.3 DMA 链接 ····································································· 120
　4.5.4 猝发长度和访问尺寸设置的特殊情况 ································· 121
　4.5.5 不同的 CCNR 和 CNTR 值的特殊情况 ······························ 121
　4.5.6 应用注释 ······································································· 122
　4.5.7 DMA 猝发终止 ······························································ 122
4.6 实时时钟 ················································································ 123
　4.6.1 工作原理 ······································································· 123
　4.6.2 编程方法 ······································································· 125

## 第 5 章　ARM9 平台 ··································································· 127

5.1 ARM9 平台子模块 ··································································· 128
　5.1.1 ARM926EJ-S 处理器 ······················································ 128
　5.1.2 ARM9 嵌入路径宏单元和嵌入路径缓冲器 ························· 128
　5.1.3 6×3 多层 AHB 交叉开关 ················································· 128
　5.1.4 ARM 中断控制器 ··························································· 129
　5.1.5 存储控制器和 BIST 引擎 ················································· 129
　5.1.6 AHB IP 总线接口 ··························································· 130
　5.1.7 PAHBMUX——主 AHB MUX ········································· 130
　5.1.8 ROMPATCH ·································································· 131
　5.1.9 时钟控制模块 ································································ 131
　5.1.10 JAM ············································································ 131
　5.1.11 测　试 ········································································· 131
　5.1.12 ARM9 平台层次 ··························································· 132
5.2 JTAG ID 寄存器 ······································································ 132
5.3 系统存储器配置 ······································································ 133
　5.3.1 ARM9 平台存储器配置 ··················································· 133
　5.3.2 外设空间 ······································································· 134
　5.3.3 外部引导 ······································································· 134
　5.3.4 存储器配置考虑事项 ······················································ 134
5.4 时钟、复位和电源管理 ····························································· 134
　5.4.1 时　钟 ·········································································· 134
　5.4.2 平台复位 ······································································· 136
　5.4.3 电源管理 ······································································· 136

## 目录

- 5.5 AHB 接口 …………………………………………………………………… 138
  - 5.5.1 变更总线主端口 …………………………………………………… 138
  - 5.5.2 ABM 端口的单个主端口无缝连接 ………………………………… 138
  - 5.5.3 ARM 端口的多重外部主端口连接 ………………………………… 139
  - 5.5.4 变更总线主接口设计考虑 ………………………………………… 140
  - 5.5.5 MAX 的 AHB 从端口 ……………………………………………… 141
  - 5.5.6 字节序模式 ………………………………………………………… 143
- 5.6 I/O 信号 ……………………………………………………………………… 145
- 5.7 中断控制器 …………………………………………………………………… 153
  - 5.7.1 操作方式 …………………………………………………………… 154
  - 5.7.2 编程方法 …………………………………………………………… 155
  - 5.7.3 ARM926EJ-S 中断控制器操作 …………………………………… 162
- 5.8 JTAG 控制器 ………………………………………………………………… 165
- 5.9 引导模式 ……………………………………………………………………… 170
- 5.10 功耗、电气规格和几何尺寸 ………………………………………………… 173
  - 5.10.1 功耗 ………………………………………………………………… 173
  - 5.10.2 电气规格 …………………………………………………………… 174
  - 5.10.3 几何尺寸估计 ……………………………………………………… 179

### 第 6 章 存储器接口 …………………………………………………………… 181

- 6.1 多主存储器接口 ……………………………………………………………… 183
  - 6.1.1 M3IF 接口 ………………………………………………………… 184
  - 6.1.2 特点 ………………………………………………………………… 184
  - 6.1.3 M3IF 复用器 ……………………………………………………… 185
  - 6.1.4 MPG 端口和 MPG64 端口 ………………………………………… 186
  - 6.1.5 M3IF 仲裁 ………………………………………………………… 195
  - 6.1.6 初始化应用信息 …………………………………………………… 201
- 6.2 无线外部接口模块 …………………………………………………………… 202
  - 6.2.1 编程方法 …………………………………………………………… 203
  - 6.2.2 功能描述 …………………………………………………………… 207
  - 6.2.3 WEIM 工作模式 …………………………………………………… 207
  - 6.2.4 初始化/应用信息 …………………………………………………… 216
- 6.3 增强型 SDRAM 控制器 …………………………………………………… 217
  - 6.3.1 ESDRAM 控制器特点 …………………………………………… 219
  - 6.3.2 工作模式 …………………………………………………………… 220
  - 6.3.3 工作原理 …………………………………………………………… 221
- 6.4 NAND Flash 控制器 ………………………………………………………… 235
  - 6.4.1 工作原理 …………………………………………………………… 237
  - 6.4.2 NFC 缓冲器存储器空间 …………………………………………… 240

6.4.3 编程方法 ………………………………………………………… 241
6.5 PCMCIA 主机适配器 ………………………………………………… 243
6.6 存储棒主机控制器 …………………………………………………… 247
    6.6.1 工作原理 ………………………………………………………… 248
    6.6.2 编程方法 ………………………………………………………… 251
6.7 安全数字主机控制器 ………………………………………………… 254
    6.7.1 工作原理 ………………………………………………………… 255
    6.7.2 SDHC 的初始化和应用 ………………………………………… 264
    6.7.3 编程方法 ………………………………………………………… 271

## 第 7 章 通信接口 …………………………………………………………… 275

7.1 可配置外部串行接口 ………………………………………………… 275
    7.1.1 工作原理 ………………………………………………………… 276
    7.1.2 编程方法 ………………………………………………………… 281
    7.1.3 时序图 …………………………………………………………… 282
7.2 $I^2C$ 总线 ……………………………………………………………… 284
    7.2.1 工作原理 ………………………………………………………… 286
    7.2.2 编程方法 ………………………………………………………… 288
7.3 多层 AHB 交叉开关 ………………………………………………… 289
    7.3.1 工作原理 ………………………………………………………… 291
    7.3.2 编程方法 ………………………………………………………… 299
7.4 简化 AHB IP 接口 …………………………………………………… 301
    7.4.1 编程模式 ………………………………………………………… 302
    7.4.2 AIPI1 和 AIPI2 外设带宽和 PSR 设置 ………………………… 303
    7.4.3 接口时序 ………………………………………………………… 304
7.5 一根线接口 …………………………………………………………… 305
    7.5.1 端口定义 ………………………………………………………… 305
    7.5.2 时钟使能和 AIPI 配置 …………………………………………… 306
    7.5.3 工作原理 ………………………………………………………… 306
    7.5.4 编程方法 ………………………………………………………… 308
7.6 高级技术附加装置 …………………………………………………… 308
    7.6.1 工作原理 ………………………………………………………… 310
    7.6.2 编程方法 ………………………………………………………… 311
7.7 通用异步收发器 ……………………………………………………… 315
    7.7.1 工作原理 ………………………………………………………… 316
    7.7.2 编程方法 ………………………………………………………… 331
    7.7.3 编程 IrDA 接口 ………………………………………………… 334
7.8 快速以太网控制器 …………………………………………………… 336
    7.8.1 操作模式 ………………………………………………………… 336

## 目录

|  |  |  |
|---|---|---|
| 7.8.2 | FEC 结构框图 | 337 |
| 7.8.3 | 工作原理 | 338 |
| 7.8.4 | 编程方法 | 346 |
| 7.9 | 高速 USB 2.0 接口 | 349 |
| 7.9.1 | 工作模式 | 350 |
| 7.9.2 | 工作原理 | 351 |
| 7.9.3 | 编程方法 | 358 |

### 第 8 章 数字音频复用器 ......362

- 8.1 内部网络模式 ...... 364
- 8.2 帧同步和时钟 ...... 365
- 8.3 同步模式 ...... 366
- 8.4 异步模式 ...... 367
- 8.5 SSI 与外设连接 ...... 367
- 8.6 AUDMUX 配置的外设连接 ...... 369
- 8.7 编程方法 ...... 371

### 第 9 章 CMOS 传感器接口 ......374

- 9.1 CMOS 传感器接口信号 ...... 374
- 9.2 工作原理 ...... 376
- 9.3 中断产生 ...... 379
- 9.4 编程方法 ...... 381

### 第 10 章 视频压缩编解码器 ......384

- 10.1 时钟和复位 ...... 386
- 10.2 编程方法 ...... 386
- 10.3 功能描述 ...... 389
- 10.4 应用信息 ...... 392

### 第 11 章 简化增强型多媒体加速器 ......400

- 11.1 组成架构 ...... 401
- 11.2 后处理器 ...... 402
  - 11.2.1 彩色空间变换（CSC） ...... 404
  - 11.2.2 寄存器与输入输出帧的关系 ...... 407
- 11.3 后处理器编程方式 ...... 409
- 11.4 预处理器 ...... 413
  - 11.4.1 输入数据格式 ...... 414
  - 11.4.2 重构 ...... 415
  - 11.4.3 彩色空间变换 ...... 417

11.4.4　RGB 到 YUV ……………………………………………………………… 417
　　11.4.5　帧抽取 …………………………………………………………………… 418
　　11.4.6　循环模式 ………………………………………………………………… 419
　　11.4.7　通道 1 和通道 2 使能 …………………………………………………… 419
　　11.4.8　通道 2 流程控制 ………………………………………………………… 419
　　11.4.9　行缓冲器溢出 …………………………………………………………… 420
　　11.4.10　寄存器与输入帧的关系 ………………………………………………… 420
　　11.4.11　寄存器与通道 1 输出帧关系 …………………………………………… 420
　　11.4.12　CSI 帧裁剪 ……………………………………………………………… 421
　　11.4.13　CSI-PrP 链接 …………………………………………………………… 422
　11.5　预处理器编程方式 ………………………………………………………………… 422

## 第 12 章　液晶显示控制器 ……………………………………………………………… 424

　12.1　液晶显示控制器 …………………………………………………………………… 424
　　12.1.1　LCD 屏格式 ……………………………………………………………… 426
　　12.1.2　屏上的图形窗口 …………………………………………………………… 427
　　12.1.3　移　动 ……………………………………………………………………… 427
　　12.1.4　显示数据配置 ……………………………………………………………… 427
　　12.1.5　黑白操作 …………………………………………………………………… 429
　　12.1.6　灰度比例操作 ……………………………………………………………… 429
　　12.1.7　彩色生成 …………………………………………………………………… 430
　　12.1.8　帧率调制控制（FRC）…………………………………………………… 431
　　12.1.9　显示屏接口信号和时序 …………………………………………………… 432
　　12.1.10　8 位/像素模式彩色 STN 显示屏 ……………………………………… 434
　12.2　LCDC 编程方法 …………………………………………………………………… 438
　12.3　小型液晶显示控制器 ……………………………………………………………… 439
　　12.3.1　字大小定义 ………………………………………………………………… 440
　　12.3.2　图像字节序 ………………………………………………………………… 440
　　12.3.3　访问 LCD 控制器 ………………………………………………………… 441
　　12.3.4　终止 SLCDC 传送 ………………………………………………………… 451
　　12.3.5　存储器配置 ………………………………………………………………… 451
　12.4　SLCDC 的 LCD 控制器接口 ……………………………………………………… 451
　　12.4.1　串行接口 …………………………………………………………………… 452
　　12.4.2　并行接口 …………………………………………………………………… 453
　12.5　LCD 时钟配置 ……………………………………………………………………… 454
　12.6　R-AHB 接口和 SLCDC FIFO ……………………………………………………… 454
　12.7　键盘接口 …………………………………………………………………………… 455
　　12.7.1　工作原理 …………………………………………………………………… 456
　　12.7.2　初始化应用信息 …………………………………………………………… 460

## 目录

  12.7.3 编程方法 ········· 461

### 第13章 安全保证 ········· 462

13.1 安全控制器 ········· 462
13.2 对称/非对称干扰和随机加速器 ········· 463
13.3 运行时间完整性检查 ········· 464
13.4 集成电路识别 ········· 465

### 第14章 i.MX27应用开发系统 ········· 467

14.1 应用开发系统 ········· 467
  14.1.1 MCIMX27ADSE 结构框图 ········· 469
  14.1.2 板上元件配置 ········· 472
  14.1.3 工作原理 ········· 476
  14.1.4 附加模块连接和使用 ········· 483
14.2 EF-IMX 系列嵌入式多媒体实验系统 ········· 487
  14.2.1 系统主要接口和外设模块 ········· 488
  14.2.2 i.MX27/31核心板 ········· 489
  14.2.3 功能板 ········· 490
  14.2.4 功能板跳线 ········· 491
  14.2.5 模块接口 ········· 493
  14.2.6 物理特性及技术规格 ········· 498
  14.2.7 CPLD 资源分配及寄存器 ········· 499

### 第15章 应用范例 ········· 502

15.1 IP 摄像机 ········· 502
  15.1.1 摄像机软件 ········· 503
  15.1.2 摄像机软件模块 ········· 505
  15.1.3 应用界面 ········· 505
  15.1.4 中间层 ········· 507
  15.1.5 操作系统 ········· 507
15.2 视频电话 ········· 508

### 参考文献 ········· 510

# 第 1 章

# 多媒体应用处理器

MCIMX27(缩写为 i.MX27)多媒体应用处理器内含高性能的 ARM926EJ-S 核,最高时钟频率达 400 MHz;集成简化增强性多媒体处理单元和 MPEG-4、H.264 硬件压缩编解码器,压缩编解码速率在 D1 分辨率下达 30 帧/秒,或在 VGA 分辨率下为 24 帧/秒,使移动多媒体产品的品质提高到一个新的水平。

无论是设计移动影视播放器、智能电话、无线 PDA,还是其他便携式设备,i.MX27 处理器都因集成度高、功能齐备、研发周期短、生产成本低而满足当今市场的竞争需求。

i.MX27 处理器还具有下列特点:

- 集成高速 USB 控制器;
- 智能高速切换的多层 AMBA 总线可从 6 条总线中任意设定 1 主 3 从,对其他总线没有任何影响;
- 支持热插拔的 PCMCIA-Flash 存储器接口;
- 软件和硬件加密措施确保用户在安全环境下使用电子商务、数字版权 DRM、信息加密、引导和软件下载等;
- 具有运行、暂停、休眠、时钟频率切换等智能化电源管理功能;
- 支持两种 LCD 显示屏;
- 10/100 M 高速以态网接口;
- i.MX27 芯片为 404 个引脚的 MAPBGA 封装,17 mm×17 mm,引脚间距 0.65 mm。

图 1-1 为 i.MX27 处理器结构框图。

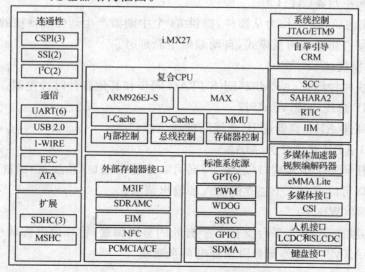

图 1-1 i.MX27 处理器结构框图

# 第1章 多媒体应用处理器

下面简要介绍i.MX27多媒体应用处理器内部集成的处理器核和各模块的结构、特点和功能。

## 1.1 ARM9平台

ARM9平台的ARM926EJ-S处理器核包含一个16 KB的一级高速缓存系统、一个6×3层AHB交叉开关和16通道DMA。该处理器核在1.6V电源电压下运行速度达400 MHz、1.2 V电压下运行速度为266 MHz。ARM926EJ-S属ARM9系列多任务通用微处理器,具有以下特点:

- ARM926EJ-S微处理器核
  — 16 KB指令cache和16 KB数据cache;
  — 高性能ARM 32位RISC引擎;
  — Thumb 16比特压缩指令集,代码密度处于领先水平;
  — 高效执行JAVA代码;
  — 嵌入式CE JTAG软件调试;
  — 100%兼容ARM7TDMI用户二进制代码;
  — 先进的微控制总线结构(AMBA)的片上系统多重主总线接口;
  — 支持混合加载和用户使用cache锁定工具;
  — 虚拟存储器管理单元(VMMU)。
- 只支持简化字节序
- 系统速率
  — ARM926EJ-S核达400 MHz;
  — 系统时钟达133 MHz;
  — 外部存储器接口与系统同一个时钟源,1.8 V电压时达133 MHz;
  — 系统时钟来自经整数分频的CPU时钟。
- ARM中断控制器(AITC)

AITC连接在主AHB上作为从器件,提供64个中断源产生到处理器核的正常快速中断。中断控制器支持硬件协助的向量模式,自动缩短中断延时。

- 时钟控制模块(CLKCTL)

完成平台的块时钟门控、ARM926EJ-S JTAG同步和其他各种时钟控制。

- AHB到IP总线的接口(AIPI)

提供从外设高速AHB到低速IP总线间的通信接口。

- 多层6×3 AHB交叉开关(MAX)

允许进行从任何一个输入端口(总线主)到另一个输出端口(总线从)的处理,所有3个同时有效的输出端口可以成为3个独立的输入和输出请求。

- 势阱电荷泵(WBCP)

除存储器外,整个ARM9平台支持2个有效的势阱偏置,将峰值电流减小至最低。势阱配置使能输入由ARM9平台外部势阱偏置电荷泵驱动。

## 1.2 系统控制

为确保工作时节能和时钟信号的稳定，i.MX27芯片集成下列模块为处理器和外设提供时钟和控制信号。

**1. 时钟控制模块**

时钟控制模块(CCM)为处理器和外设提供时钟和复位信号，读取和（软件）控制下列工作状态：

- 芯片认证 ID；
- 配置 I/O 信号；
- I/O 驱动能力；
- I/O 上拉使能控制；
- 势阱偏置控制；
- 系统引导模式选择；
- DPTC 控制。

**2. JTAG 控制器**

JTAG 控制器(JTAGC)提供对 ARM926EJ-S 核和周边设备的浏览、测试和调试，为设计者和程序员提供 JTAG 工业标准接口，对整个系统进行引导和调试。

- UART 自举引导模式功能
  — 允许系统通过 USB 或 UART1 对系统存储器进行初始化，下载程序或数据；
  — 接受执行系统存储器中运行程序的指令；
  — 支持存储器和寄存器按字节、半个字或 1 个字的数据长度选择读写操作；
  — 提供 ARM 的 16 位缓存器的指令存储和执行。
- USB 自举引导模式功能
  支持通过 USB OTG 端口的自举引导。
- JTAG 端口支持通用 ARM 调试工具

## 1.3 系统资源

i.MX27 处理器集成多种定时器和信号源，优化内部模块和外部器件的控制和安全。

**1. 通用定时器**

6 个通用定时器(GPT)模块均包含相同的通用 32 位可编程定时器、比较器和寄存器，特点如下：

- 自动产生中断；
- 定时器输入/输出引脚可编程；
- 每一个 GPT 具有可编程触发沿的输入通道捕获能力；
- 每一个 GPT 有可编程方式的输出比较通道。

## 2. 脉宽调制器

脉宽调制器(PWM)包含一个16位计数器,优化存储的音频信号,控制音量和音调,特点如下:

- 使中断减至最少的 4×16 FIFO;
- 16 位分辨率;
- 控制音量和音调。

## 3. 实时时钟

实时时钟模块(RTC)包含系统时钟,提供定时、报警和中断功能,具有以下特点:

- 输入频率为 32.768 kHz 和 32 kHz;
- 完整的秒、分、小时和日的时钟;
- 计时 512 日;
- 带中断的时钟分倒计数定时器;
- 带中断的可编程的每日报警;
- 带中断的采样定时器;
- 每秒一次、每分钟一次、每小时一次和每日一次中断;
- 产生数字化采样和键盘抖动中断;
- 独立电源。

## 4. 看门狗定时器模块

看门狗定时器模块(WDOG 定时器)采用从意外事件或程序错误中恢复系统的方法,避免系统损坏。WDOG 定时器模块也可以对看门狗控制寄存器(WCR)进行编程,产生系统复位、探测时钟监视结果、外部复位、外部 JTAG 复位或上电复位的发生。WDOG 定时器提供:

- 0.5 s 到 64 s 的可编程暂停时间;
- 0.5 s 分辨率。

## 5. 通用 I/O 端口

通用 I/O 端口(GPIO)模块包含 6 个通用 I/O 端口,每一个 GPIO 是一个 32 位端口,具有一种或多种专用功能。GPIO 特点是:

- 支持电平或边沿触发中断,具有系统唤醒能力;
- 许多引脚 I/O 信号具有多种功能。

## 6. 直接存储器访问控制器

直接存储器复位控制器(DMAC)有 16 通道,支持线性存储器、2 维存储器、FIFO 和能猝发的 FIFO,支持宽范围 DMA 操作,特点如下:

- 支持 16 通道 2 个源地址和目的地址的线性存储器、2 维存储器和 FIFO;
- 支持 8 位、16 位或 32 位大小 FIFO 端口和存储器端口的数据传输;
- 每一个 DMA 通道猝发长度最大配置是 16 字、32 半字或 64 字节;
- 对 DAM 请求未触发通道的总线使用控制;
- 对批量数据传输的完成或传输错误进行中断处理;
- 定时周期内猝发不能完成时,DMA 猝发暂停,终止 DMA 周期;

- 专用的外部 DMA 请求和认可信号；
- 支持源地址和目标地址的增加、减少和不变；
- 支持 DMA 链。

## 1.4 电源管理

i.MX27 处理器电源管理特点是：
- 支持 3 种电源工作模式：运行、暂停和停止；
- 模块间的时钟门控使 CMOS 开关功耗最低；
- 采用势阱偏置技术减小备用模式电流消耗；
- 电压和频率的可扩展能力；
- 动态处理温度补偿。

**1. SCC、RTC 和振荡器电源**

i.MX27 处理器中安全控制器模块（SCC）、RTC 和 32 kHz 振荡器（OSC32K）有独立的电源，当主电源切断时 SCC 内部存储器数据和状态得到保护。RTC 和 OSC32K 工作时采用电源管理器提供的备用电源。

**2. 进入和退出模式**

电源管理器输出 power_cut 指示主电源断开：1 表示主电源切断，0 表示主电源接通。
- 模式进入：电源管理芯片将 power_cut 设置为 1 时，主电源切断；
- 模式退出：主电源未接通时，power_cut 必须置 1；主 power_on 恢复后（主电源复位结束后）power_cu 应当置 0；
- 开机：电源最初接通时 power_cut 必须置 0，$\overline{POR}$ 必须提供一个 0 有效的时间间隔，以便对 SCC 和 RTC 的 power_on 复位。

**3. 复位策略**

$\overline{POR}$ 对 RTC 和 SCC 起作用。power_cut 置 1（在备用电源模式）时，控制来自芯片系统的复位，保护自 SCC 和 RTC 复位的芯片复位信号。power_cut 置 0（未处于备用电源模式）时，来自芯片的复位信号将对 SCC 和 RTC 起作用，即所有芯片复位信号都能对 SCC 和 RTC 进行复位。

## 1.5 系统安全

为满足无线通信安全的需要，i.MX27 处理器在其结构中确保机密、认证、完整和正确。下面介绍提供这类安全的安全控制器、SAHARA2、运行时间完整性检查和 IC 认证模块，确保产品的安全。

**1. 安全控制器模块**

安全控制器模块（SCC）由安全 RAM 模块和安全监视器组成。安全 RAM 模块存储敏感信息，安全监视器执行安全警示、算法顺序检查和控制安全状态。安全控制器模块还有只能被安全 RAM 模块访问的密钥。

### 2. 对称和非对称干扰和随机加速器

对称和非对称的随机加速器(SAHARA2)是 i.MX27 处理器内部一个安全的协处理器，用于执行块加密算法、干扰算法、流密码算法和硬件随机数发生。SAHARA2 执行下列安全协议：

- AES 加密和解密
  - ECB、CBC、CTR 和 CCM 模式；
  - 128 位密钥。
- DES/3DES
  - EBC、CBC 和 CTR 模式；
  - 带校验(DES)的 56 位密钥；
  - 112 位或 168 位密钥检验(3DES)。
- AR4(RC4 兼容密码)
  - 5~16 位密钥；
  - 主机可加密 S 盒子。
- MD5、SHA-1、SHA-224 和 SHA-256 散列算法
  - 多字节信息长度；
  - 支持自动填充；
  - HMAC(支持通过描述符的 IPAD 和 OPAD)；
  - 最大 4 GB 信息长度。
- 随机数发生器(NIST 认可的 PRNG - FIPS 186-2)
  - 经独立自由连续环发生器产生的熵。

### 3. 运行时间完整性检查

运行时间完整性检查(RTIC)确保外设存储器内容的整体性，协助引导认证。具有以下特点：

- SHA-1 消息认证；
- 输入 DMA(AMBA-简化 AHB 总线)接口；
- 分段数据的获取，支持存储器中非邻近模块(每个模块最多 2 段)；
- 与高可靠引导(HAB)过程同时运行；
- 安全扫描易测性设计(DFT)；
- 支持 4 个独立的存储器模块；
- 可编程 DMA 总线任务周期定时器和看门狗定时器；
- 节电时钟门控逻辑；
- 硬件配置大小字节序数据格式；
- 全字存储器读(字列地址，复用 32 位长度)。

### 4. IC 认证模块

IC 认证模块(IIM)提供一个接口，有时可编程，系存储于芯片内只读的最重要的认证和控制信息。

## 1.6 连接方式

下面介绍 i.MX27 处理器内模块的相互接口,评述总线结构的配置和复用,如图 1-2 所示。

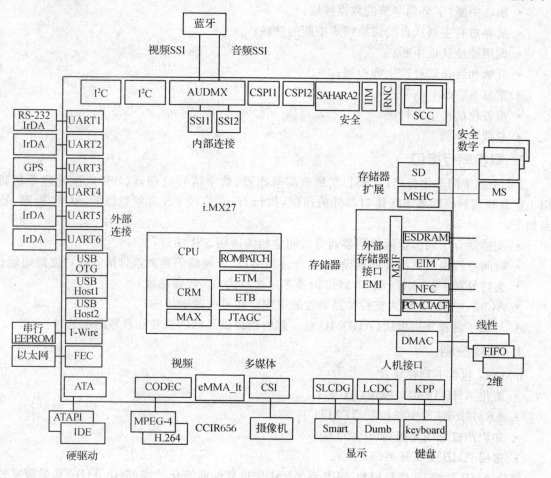

图 1-2　i.MX27 连接范例

**1. 可配置的串行外部接口**

i.MX27 处理器包含 3 个可配置的串行外部接口(CSPI)模块,用较少的软件中断实施比常规串行通信快的数据通信。每一个 CSPI 配备有数据 FIFO 和一个主从可配置串行接口模块,实施 i.MX27 处理器与外部 SPI 主、从器件的接口。

- 可配置主、从器件接口;
- 主模式操作有 2 个片选;
- 最大 16 位可编程传输;
- 为传输和接收数据的 8×16 FIFO。

**2. I²C 总线模块**

2 个 I²C 模块系 2 线双向串行总线,通过简单有效的数据交换方法,使器件之间连接最简单。该总线适用于串行器件间短距离特定通信需求。灵活的 I²C 总线允许针对扩展和系统升级中在总线上连接附加器件。I²C 总线特点有:
- 多主操作;
- 针对 64 种不同串行时钟频率之一进行软件编程;
- 驱动中断,字节到字节的数据传输;
- 放弃对有主到从自动切换模式中断的仲裁;
- 调用地址认证中断;
- 开始和终止信号产生和检测;
- 重复 START 信号产生;
- 应答位的产生和检测;
- 总线忙检测。

### 3. 同步串行接口

2 个全双工同步串行接口(SSI)实施与编解码器、数字信号处理器(DSP)、微处理器和通用工业音频编解码器等串行接口器件的通信,执行 Intel 公司 I²S 音频总线和 AC97 标准,特点如下:
- 支持适合于同步音频编码器通信时间空档的通用 SSI 接口;
- 时间空档模式支持 4 通道设备、蓝牙音频端口、音频编码器和基带语音端口之间通信;
- 支持外部 44.1 kHz 和 48 kHz 语音芯片接口的 I²S 音频总线;
- AC97 主控制器模式支持 2 路语音通道固定和可变速率传输;
- 与数字语音复用模块(AUDMUX)一起使用提供灵活的语音和音频路由选择。

### 4. 总线控制

i.MX27 包含下列模块:
- 简化 AHB IP 接口模块(AIPI);
- ARM926EJ-S 中断控制器(AITC);
- 知识产权总线复用器(IPMUX);
- 多层 AHB 交叉开关(MAX)。

简化 AHB 总线 IP 接口模块 AIPI 系 ARM 先进高性能简化总线(简化 AHB)和低带宽外设间接口,遵循 IP 总线规范 2.0 版本。

ARM926EJ-S 中断控制器 AITC 连接到主 AHB,作从设备,为 ARM9 处理器产生正常和快速中断。

IP 总线复用器 IPMUX 用于选择从各种模块读取的数据、传输等待和传输错误信号送到 AIPI。

ARM926EJ-S 核指令、数据总线和所有交替总线主接口对 6×3 多层 AHB 交叉开关 MAX(智能快速开关)的信号源进行仲裁。有 6 个全功能主端口(M0~M5)和 3 个全功能从端口(S0~S2)。多层 AHB 交叉开关 MAX 是单向的。所有主从端口与简化 AHB 总线兼容。

## 1.7 通信接口

i.MX27 器件提供与各种外部设备进行通信的接口。

## 1. 通用异步接收和发送

i.MX27 处理器集成 6 个通用异步接收/发送（UART）模块，通过 RS-232 或红外兼容 IrDA 提供与外部器件的串行通信，其特点如下：

- 支持串行数据发送/接收：7 个或 8 个数据位、1 个或 2 个停止位、可编程校验（奇、偶或无）；
- 高达 1.875M 的可编程波特率；
- 最大波特率检测；
- 32 字节传输数据 FIFO 和 32 半字节接收数据 FIFO；
- IrDA 串行红外（SIR）模式支持。

## 2. 高速 USB 2.0 接口

i.MX27 处理器支持 3 个独立 USB 2.0 端口，其中 2 个支持高速率工作。

- 活动型 USB—高速（480 MBPS）；
- 主机 1USB—高速（480 MBPS）；
- 主机 2USB—全速（12 MBPS）。

USB 接口提供与 PC 机或 2 个器件之间的特别快速异步通信。任何一个 USB 端口均可用作对自由收发器或外部收发器的连接。

移动型（OTG）USB 端口支持键盘、鼠标、扬声器、存储器件、数字摄像机等 16 个终端；主机 USB1 专用作 WLAN、蓝牙和 GPS，支持 16 个终端；主机 USB2 用作基带、WLAN、蓝牙和 GPS，支持 4 个终端。

## 3. 1 线接口

1 线接口模块提供 ARM926EJ-S 和 1 线只读存储器 EPROM（DS2502）间双向通信。1Kb EPROM 用于保存电池信息，与 ARM9 平台保持通信。

## 4. 先进技术附件装置

i.MX27 处理器的先进技术附件装置（ATA）模块是一个 AT 附件主机接口，用于与 IDE 硬盘驱动和 ATAPI 光盘驱动接口，允许设计者配置低成本存储设备，在便携式数字播放市场是一个卖点。ATA 控制器接口采用 ATA-6 工业标准，支持下面协议：

- PIO 模式 0、1、2、3 和 4；
- 多字 DMA 模式 0、1 和 2；
- 总线时钟 50 MHz 或更高的超 DMA 模式 0、1、2、3 和 4；
- 总线时钟 80 MHz 或更高的超 DMA 模式 5。

## 5. 快速以太网控制器

快速以太网控制器（FEC）执行全系列 IEEE 802.3 以太网 CSMA/CD 媒体访问控制和通道接口。FEC 支持与 10/100 Mbps 802.3 媒体独立接口（MII）的连接。该控制器需要一个外部收发器完成与媒体接口。FEC 具有以下特点：

- 支持三种不同的以太网物理接口：
  — 100 Mbps（IEEE 802.3 MII 标准）
  — 10 Mbps（IEEE 802.3 MII 标准）

## 第1章 多媒体应用处理器

— 10 Mbps 7 芯接口（工业标准）
- IEEE 802.3 全双工控制；
- 可编程最大帧长度支持 IEEE 802.1 VLAN 标签和优先级；
- 系统时钟频率最小 50 MHz 时支持全双工运行（200 Mbps 的吞吐量）；
- 系统时钟频率最小 25 MHz 时支持半双工运行（200 Mbps 的吞吐量）；
- 一个冲突后来自发送 FIFO 的重发（不使用处理器总线）；
- 发现错误（碎片冲突）时，内部自动清理接收的 FIFO 和拒绝地址识别（不使用处理器总线）；
- 地址识别。
  — 总是接收或拒绝带广播地址的帧；
  — 与单个 48 位独立的地址（单点传送）精确匹配；
  — 独立地址（单点传送）的 Hash 检查（64 位 Hash）；
  — 组地址（多播传送）的 Hash 检查（64 位 Hash）；
  — 混合模式。

## 1.8 外部存储器接口

i.MX27 处理器外部存储器接口（EMI）包含 SDRAM 控制器（SDRAMC）、PCMCIA 控制器、NAND Flash 控制器（NFC）和外部接口模块（EIM），将多主存储器接口（M3IF）用作外部存储器端口控制器。EMI 支持下列类型存储器：

- SDRAM—133 MHz、32/16 位；
- DDR—266 MHz、32/16 位；
- NAND Flash—8 位专用、与 16 位共享；
- PSRAM。

**1. 多主存储器接口**

多主存储器接口（M3IF）通过不同的端口对外部 SDRAM、PCMCIA、NAND Flash 和 EIM 从一个或多个主接口控制存储器访问。M3IF 具有下述特点：

- 通过输入端口接口支持来自主接口的多重请求；
- 对不同存储控制器请求的仲裁；
- 采用专用仲裁机制满足 SDRAMC 的多重请求；
- 采用可编程优先级选择主接口的方案进行灵活的轮询调度访问仲裁；
- 可编程主接口控制（锁定）对 SDRAM/DDR 和其他存储器（NFC、EIM）的访问；
- 支持所有存储控制器的多重字节序；
- 支持存储器的"窃听"，监视外部存储器写操作的区域。

**2. SDRAM 控制器**

SDRAM 控制器（SDRAMC）提供系统对同步 DRAM 存储器的接口和控制。

- 使用存储指令预测优化对存储器的连续访问
  — 用优化连接 2 个片选的指令进行指令预测；

— 检测开放的存储器页面；
— 块方式存储器地址的配置；
— 4 个、8 个猝发或整个页面方式的 SDRAM 猝发长度的配置；
— 8 个猝发的 MDDR 猝发长度的配置；
— 采用猝发截断指令支持不同的内部猝发长度(1、4、8 个字)；
— 兼容 ARM/AMBA/简化 AHB；
— SDRAM/MDDR 的共享地址和指令总线。
- 支持 64、128、256、512 Mb、1 Gb 和 2 Gb,4 个 bank,单数据率,同步 SDRAM 和 MDDR
— 2 个独立的片选；
— 每个片选最大支持 128 MB；
— 每个片选最多 4 个 bank 同时有效；
— JEDEC 标准引脚。
- 支持移动 DDR266 设备(16 位和 32 位)
- PC133 兼容接口
— 133 MHz 系统时钟,带"－7"选件的 PC133 兼容存储器；
— 单个固定长度(4、8 个字)猝发或全页面访问；
— 133 MHz 时 9-1-1-1-1-1-1-1 的访问时间(存储总线有效时读操作,行开放,CAS 配置成 3 个时钟周期)。访问时间包括 M3IF 延迟(假设没有仲裁处罚)。
- 针对不同系统和存储器需求的软件配置
— 16 位或 32 位存储器数据总线宽度；
— 多个行、列地址；
— 行周期延迟($t_{RC}$)；
— 行预加电延迟($t_{RP}$)；
— 行到列的延迟($t_{RCD}$)；
— 列到数据的延迟(CAS 潜伏期)；
— 使指令有效的加载模式寄存器($t_{MRD}$)；
— 预加电写($t_{WR}$)；
— 仅针对 MDDR 存储器的从写到读($t_{WTR}$)；
— MDDR 退出,电源切换至下一个有效指令的延迟($t_{XS}$)；
— 使预加电有效($t_{RAS}$)；
— 从有效到有效($t_{RRD}$)。
- 内置自动刷新定时器和状态机制
- 支持硬件和软件自刷新的进入和退出
— 系统复位和节电模式下保持数据有效；
— 自动电源切断定时器(每个片选 1 个)；
— 自动源加电定时器(每个片选的每个 bank 1 个)。

### 3. NAND Flash 控制器

NAND Flash 控制器(NFC)将标准 NAND Flash 存储器连接到 i.MX27 处理器,简化对

NAND Flash 读写操作。
- 包含从 NAND Flash 自动引导的硬件引导加载；
- 支持所有 8 位/16 位 NAND Flash 器件；
- 支持 512 b 和 2 KB 页面大小；
- 内置 2 KB 缓冲 RAM，用作冷启动引导 RAM 和读写页面缓冲，缓解 CPU 的干涉；
- 自动 ECC 检测和可选择的修正；
- RAM 缓冲器和 NAND Flash 页面数据保护。

### 4. PCMCIA

PCMCIA 主机适配模块提供对 PCMCIA 插座接口的控制逻辑，需要一些附加外部模拟电源切换逻辑和缓冲。PCMCIA 控制器特点如下：
- 主机适配器接口完全与 PCMCIA 标准 2.1 版本（PC 卡 16）兼容：
  — 支持 PCMCIA 插槽；
  — 支持热插拔；
  — 支持卡探测；
  — 对通用存储空间、特征存储空间和 I/O 空间的配置。每个空间尺寸达 64 MB；
  — 支持 5 个存储器窗口；
  — 产生对 CPU 的单个中断；
  — PC 卡访问定时完全可编程；
  — 处理卡的中断。
- pcmcia_if 信号是 EMI 的一部分，共用 EIM、SDRAMC 和 NFC 控制器引脚。
- 支持 ATA 磁盘竞争。

### 5. 外部接口模块

外部接口模块（EIM）将外设与芯片连接，包括产生外设和存储器的片选、时钟和控制信号。EIM 提供对带类似 SRAM 接口器件的异步和同步访问。
- 外部器件有 6 个片选，$\overline{CS}[0]$ 和 $\overline{CS}[1]$ 各针对 128 MB，$\overline{CS}[2]$—$\overline{CS}[5]$ 各针对 32 MB；
- $\overline{CS}[1]$ 出现故障时，$\overline{CS}[0]$ 可扩展至 256 MB；
- 每一个片选有可选择的保护；
- 每一个片选有可编程的数据端口尺寸；
- 用可编程建立和保持时间对控制信号进行异步访问；
- 同步存储器猝发读模式支持 AMD、Intel 和 Micron 猝发 Flash 存储器；
- 同步存储器写模式支持 PSRAM（Micron、Infineon 和 Cypress 的蜂窝 RAMTM）；
- 支持多重地址和数据总线操作；
- 用 $\overline{DTACK}$ 信号的外部时钟终止/延迟；
- 每个片选的可编程等待状态发生器；
- 支持大字节序和小字节序的每次访问工作模式；
- ARM AHB 从接口。

## 1.9 存储器扩展

i.MX27 处理器提供 SD、Memory Stick Pro 和 ATA-6 存储器扩展选项。每一个扩展端口反映各自针对接口最新版本的规范。

**1. Memory Stick 主控制器**

i.MX27 处理器的 Memory Stick 主控制器(MSHC)支持一个 Memory Stick Pro 插槽。MSHC 遵照 Memory Stick 标准格式规范 1.4-00 版本和 Memory Stick 标准存储棒 PRO 格式规范 1.00-01 版本。MSHC 通信按低电压模式 7 芯串行总线设计。除多媒体卡外,该模块可用于诸如 WLAN 802.11 a/b 和蓝牙无线技术等高速率通信场合。MSHC 置于 AIPI 和用户存储体间进行数据传输。

**2. 安全数字主控制器**

i.MX27 的三个安全数字主控制器(SDHC)将指令送到安全数字存储卡完成数据读写。

- 与带 1 个通道和 4 个通道的 SD 存储卡规范 1.0 版本和 SD I/O 规范 1.0 版本完全兼容;
- 支持主机可交换操作;
- 数据速率从 25 Mbps 到 100 Mbps;
- 专用电源引脚。

## 1.10 视频压缩编解码和增强型多媒体加速器

i.MX27 处理器集成视频压缩编解码器和增强型多媒体加速器(eMMA_lt)完成带预处理和后处理的 H.264、MPEG-4 和 H.263 硬件加速。

**1. 视频压缩编解码器**

视频压缩编解码器模块支持全双工 MPEG-4 和 H.264 硬件压缩编码和解码,D1 分辨率每秒 30 帧,VGA 分辨率每秒 24 帧,符合多种视频压缩标准,如 H.264 BP、MPEG-4 SP 和 H.263 P3。视频压缩编解码器结构框图如图 1-3 所示,其功能如下:

- 多标准视频压缩编解码
  - MPEG-4 第Ⅱ部分简单框架(SP)压缩编码和解码;
  - H.264/AVC 基线框架(BP)压缩编码和解码;
  - H.263 P3 压缩编码和解码;
  - 多重调用:同时进行一个数据流编码、二个数据流解码;
  - 多种格式:同时进行 MPEG-4 数据流压缩编码、H.264 数据流解码。
- 压缩编码工具
  - 高性能运动估计(针对 MPEG-4 和 H.264 编码的单参考帧);
  - 四分之一和半象素运动估计精度;
  - [±16,±16] 搜索范围;
  - 支持所有可变块尺寸(编码时不支持 8×4、4×8 和 4×4 块尺寸);

# 第1章 多媒体应用处理器

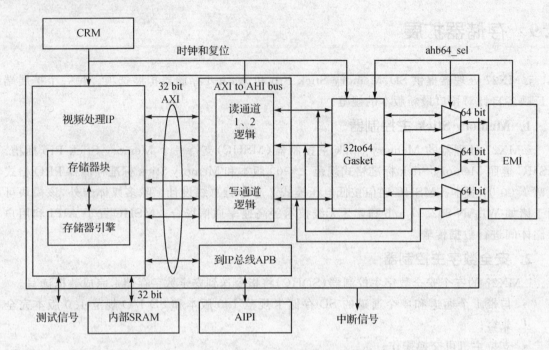

图1-3 视频压缩编解码器结构框图

— 无限制的运动矢量；
— MPEG-4 AC/DC 预测和内部预测(H.264)；
— H.264/AVC 内部预测；
— 支持 H.263 附件 I、J、K 和 T。
* 错误恢复工具
— MPEG-4 再同步标记和带 RVCL 的数据分割(固定宏块间的比特/宏块数目)；
— H.264/AVC FMO 和 ASO；
— H.263 段结构模式；
— 码率控制(CBR 和 VBR)。
* 前后旋转映射
— 编码图像 8 个旋转和映射模式；
— 显示图像 8 个旋转和映射模式。
* 编程能力
— 嵌入 C 和 M 拥有的 16 位 DSP 处理器专门用于处理码流、驱动压缩编解码器硬件；
— 内部主处理器和视频压缩编解码器 IP 间通信的通用寄存器和中断。
* 性能
— 全双工 VGA 每秒 24 帧压缩编解码；
— 半双工标准清晰度每秒 30 帧压缩编解码。

## 2. 增强型多媒体加速器

i.MX27 处理器集成增强型多媒体加速器(eMMA_lt)，包含独立的预处理和后处理模块提供高的图像和视频质量。eMMA_lt 一个重要的突破是解决了针对视频编解码在移动和无线应用中高速码流需求问题。紧密的集成和存储器流水线与 AHB 主模式操作相结合确保最小的系统负载。为卸载 CPU，视频数据通过内部专用数据接口实时进入 eMMA_lt 模块。i.MX27 处理器 eMMA_lt 特点是：
- 能同时进行 MPEG-4 简单框架(SP)视频压缩编码和解码。
- 支持对下列格式的实时视频压缩解码：
  —— MPEG-4 SP；
  —— H.264。
- 提供视频和图像数据预处理和后处理(恢复尺寸、彩色变换、滤波)，即全硬件加速。eMMA_lt 结构如图 1-4 所示。

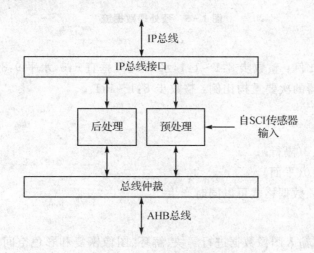

图 1-4 eMMA_lt 架构

## 3. 图像预处理

图像预处理(PrP)模块针对寻像器显示进行彩色空间变换、针对视频编码器进行数据格式化、针对输入到硬件或软件视频编码或图像压缩进行静止图像的空间变换。预处理器有媒体输入和输出通道，可以从系统存储器或从连接到 CMOS 传感器接口(CSI)模块的专用数据总线接收输入数据。预处理器可以用帧率对来自 CSI 模块实时视频码流进行控制，调整不同的处理负载条件。预处理器的二个输出通道用作输出 RGB 数据给本地摄像机观察，给硬件或软件编码器压缩输出图像(静止图像或视频)数据，参见图 1-5。

预处理器特点是：
- 数据输入：
  —— 系统存储器；
  —— 传感器接口和预处理器之间专用的 DMA。
- 数据输入格式：
  —— 任意解包的 RGB 输入；
  —— YUV 4:2:2(隔行)；
  —— YUV 4:2:0(平面)。
- 输入图像尺寸：2 044×2 044。

# 第 1 章 多媒体应用处理器

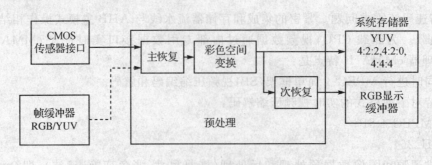

图 1-5 预处理数据流

- 图像扫描：
  — 主要重构比例：整数步 8:1~1:1，水平 9:8/垂直 6:5，水平 9:8/垂直 1:1；
  — 针对寻像器的次要重构比例：整数步 8:1~1:1。
- 输出数据格式：
  — RGB565；
  — YUV 4:2:2（隔行）；
  — YUV 4:2:0（平面）。
- RGB 和 YUV 数据格式可以同时产生。

### 4. 后处理器

后处理器（PP）对输入图像数据进行解块、解环、图像恢复和彩色空间变换（CSC），满足不同的 RGB 和 YUV 格式显示需求。除与 eMMA_lt 中解码器子模块协同工作外，后处理器也可由软件解码器（除 MPEG-4）用在显示前的最后输出。进行解块、解环、图像恢复和彩色空间变换（CSC）等操作可以由软件选择。图 1-6 给出视频后处理数据流。

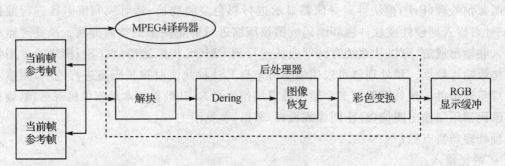

图 1-6 后处理器

后处理器特点有：
- 从系统存储器输入数据；
- 输入格式— YUV 4:2:0（平面）；
- 输出格式：
  — YUV422；

- RGB444；
- RGB565；
- RGB666；
- RGB888（未打包）。
- 输入尺寸：最大 2 044×2 044；
- 图像调整尺寸：
  - 按分段步骤上扫描率从 1:1 至 1:4；
  - 按分段步骤和固定的 4:1 下扫描率从 1:1 至 2:1；
  - 速率决定的扫描在 QCIF、CIF、QVGA(320×240) 和 QVGA(240×320)。

#### 5. 数字音频复用器

数字音频复用器(AUDMUX)提供一个针对语音、音频和同步数据路径处理器 SSI 模块与外部 SSI、音频和语音编码器之间的可编程内部连接装置。集成 AUDMUX，音频信号源不再需要硬件连接，但必须共用其他配置。AUDMUX 的内部连接同时分离点对点和一点到多点配置端口之间的音频、语音和数据。

图 1-7 是一个典型应用例子，AUDMUX 和二个 SSI/I²S 模块提供外部音频 AD/DA 的基带、窄带和宽带的串行音频接口和蓝牙接口。

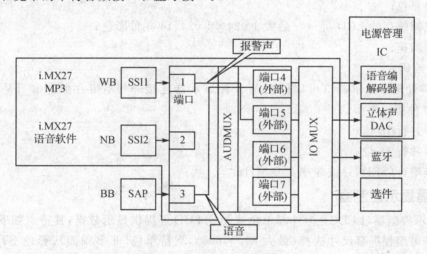

图 1-7　AUDMUX 典型应用

## 1.11　多媒体接口

CMOS 传感器接口(CSI)实现 i.MX27 器件直接与外部 CMOS 传感器和 CCIR656 视频信号源提供的多媒体连接。

传感器接口提供 1 个或 2 个图像传感器接口，但只对 1 个传感器有效。该接口支持直接与 CMOS 或 CCD 传感器控制器连接，总线速率 60MHz 时，数据宽度为 12 位、10 位、8 位和 4 位。可以配置传感器接口使静态图像数据输出到非邻近的存储缓冲器。CSI 具有如下特点：

- 可配置接口逻辑，支持市场上合适的通用 CMOS 传感器；
- 支持传统传感器定时接口；

# 第1章 多媒体应用处理器

- 支持 CCIR656 小型传感器视频接口，PAL 和 NTSC 逐行模式；
- YCC、YUV、Bayer 和 RGB8 位数据输入端口；
- 32×32 FIFO 存储图像数据，支持处理器核读和到系统存储器的 DMA 数据猝发传输；
- 对 32 位 FIFO 的 8 位和 16 位数据包控制；
- 与 eMMA_lt 预处理块（PrP）的直接接口；
- 来自可屏蔽传感器中断源对中断控制器的单个中断源：帧起始、帧结束、场变化、完全 FIFO；
- 可配置传感器的主时钟频率；
- 异步输入逻辑设计，传感器主时钟可由 i.MX27 处理器或外部时钟源驱动；
- 对摄像机自动曝光（AE）和自动白平衡（AWB）控制产生静态数据（只针对 Bayer 数据）。

## 1.12 人机接口

i.MX27 处理器可与多种显示器连接。

- 低容量 RAM 的 LCD 屏——最大每秒 40 兆个像素点（例如 SVGA 每秒 80 帧）、262 千种彩色；
- 集成帧缓存的 LCD 屏——最大 1 024×1 024、14 兆种彩色；
- 图形加速；
- TV 编码。

i.MX27 处理器显示端口可以同时与 2 种显示器连接——不带存储器和 TV 编码器的 LCD，提供 3 种接口类型。

- 同步并行 18 位；
- 异步并行 18 位；
- 异步串行（SPI），总线频率 100 MHz。

### 1. 液晶显示控制器

液晶显示控制器（LCDC）为外部单色或彩色 LCD 屏提供显示数据，其特点如下：

- 软件可编程屏幕尺寸选择（最大 800×600），支持单色（非多画面）、彩色 STN 屏和彩色 TFT 屏；
- 支持 CSTN 屏彩色深度，从 256×18 表配置 4 位或 8 位，12 位真彩色；
- 支持 TFT 屏彩色深度，从 256×18 表配置 4 位或 8 位，16 位/18 位/24 位真彩色；
- 16 种调色板输出 16 级灰度；
- 可直接驱动摩托罗拉、夏普、日立和东芝通用 LCD 驱动器；
- 支持 16 位或 18 位 TFT 屏总线宽度；
- 支持 AUO 屏，每像素 16 位或 24 位模式；
- 支持 8 位、4 位、2 位和 1 位单色 LCD 屏数据宽度；
- 直接与夏普 320×240 和 240×320 HR-TFT 屏和其他通用屏接口；
- 支持彩色硬件指针和背景间逻辑操作；
- 采用 8 位 PWM 进行 LCD 对比度控制；

- 支持自刷新 LCD 模块；
- 硬件面板(水平螺旋)；
- 支持图形开窗或文字覆盖。

### 2. 智能液晶显示控制器

智能液晶显示控制器(SLCDC)将系统存储器图像数据传输到外部 LCD 液晶控制器。SLCDC 模块包含一个 DMA 控制器将系统存储器图像和控制数据传输到 SLCDC FIFO，经格式化处理送到外部 LCD 液晶控制器。

SLCDC 可以配置成通过 3 线或 4 线串口，或 8 线或 16 线并口给外部 LCD 控制图像数据。SLCDC 有 2 个 FIFO，通过 DMA 加载指令和显示数据。SLCDC 用与指令合在一起的图像数据将显示信息和数据传送给智能 LCD 屏。

SLCDC 与指令合在一起的数据灵活、容易连接到外部新的智能 LCD 屏。

### 3. 键盘接口

键盘接口(KPP)用作键盘矩阵扫描或通用 I/O，简化了键盘矩阵扫描的软件任务。

- 支持 8×8 键盘矩阵；
- 抑制干扰电路防止错误按键的检测；
- 多键检测；
- 备用键保护。

# 第 2 章

# 系统存储器和寄存器

这一章介绍 i.MX27 多媒体应用处理器的存储器配置和片内寄存器。

## 2.1 存储器配置

i.MX27 多媒体应用处理器有 32 位地址总线,存储器最大寻址空间为 4 GB。整个寻址空间分成若干 512 MB 的区域,配置不同的外围设备和存储器。图 2-1 给出 i.MX27 内部存储器结构图。图 2-2 为 ARM9 处理器核结构。

图 2-3 表示 i.MX27 处理器的存储空间分布情况,最左边一栏显示 8 个 512 MB 区域,中间一栏表示主要和次要的 AHB 的分布,最右边一栏表示 AIPI1 和 AIPI2 的地址空间分布。

表 2-1 给出 4 GB 地址空间中 8 个 512 MB 大小区域的地址分配。

表 2-1  4 GB 存储器的配置

| 起始地址 | 大小 | 用途 |
| --- | --- | --- |
| 0x0000_0000 | 512 MB | ROM,主要 AHB 从设备和外设 |
| 0x2000_0000 | 512 MB | 保留 |
| 0x4000_0000 | 512 MB | 保留 |
| 0x6000_0000 | 512 MB | 保留 |
| 0x8000_0000 | 512 MB | 次要 AHB 从端口 1 |
| 0xA000_0000 | 1 GB | 次要 AHB 从端口 2 |
| 0xE000_0000 | 512 MB | AHB 主要存储区(RAM) |

表 2-2 至表 2-5 表示一个完整的 512 MB 地址空间的配置。表 2-6 和表 2-7 给出 AIPI1 和 AIPI2 模块以及在 AIPI1 和 AIPI2 上访问不同 IP 设备的情况。

**注意**:对预留区域的访问(不是 RAM 空间)将导致 AHB 错误响应。对 AITC 寄存器空间内未生效区域的访问将被终止。写操作不受影响,读操作后将全部返回零。

表 2-2 表示第一个 512 MB 区域内主 AHB 地址空间。

# 第2章 系统存储器和寄存器

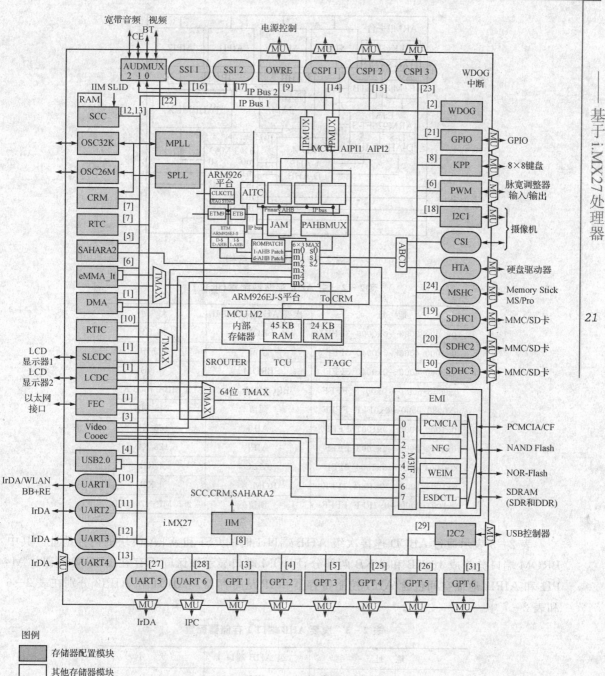

图 2-1 i.MX27 结构框图

## 第2章 系统存储器和寄存器

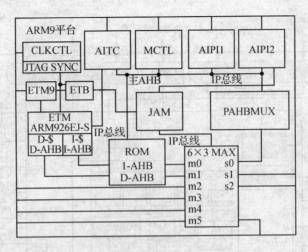

图 2-2 ARM9 核结构

表 2-2 主 AHB 存储器配置(低位)

| 地　址 | 次要 AHB 从端口 1 | 大　小 |
|---|---|---|
| 0x0000_0000～0x0000_3FFF | BROM | 16 KB |
| 0x0000_4000～0x0040_3FFF | 预留 | 4 MB |
| 0x0040_4000～0x0040_5FFF | BROM | 8 KB |
| 0x0040_6000～0x007F_FFFF | BROM(Hole) | 3 MB+1000 KB |
| 0x0080_0000～0x0FFF_FFFF | 预留 | 248 MB |
| 0x1000_0000～0x1001_FFFF | AIPI | 128 KB |
| 0x1002_0000～0x1003_FFFF | AIPI | 128 KB |
| 0x1004_0000～0x1004_0FFF | AITC | 4 KB |
| 0x1004_1000～0x1004_1FFF | ROM 片 | 4 KB |
| 0x1004_2000～0x7FFF_FFFF | 预留 | 255 MB+752 KB |

表 2-3 表示通过 ABCD 连接次级 AHB 端口 1 时的 CSI 和 ATA 模块的内存地址。其中 BROM 端口分割成 16 KB 和 8 KB 两部分，BROM 端口显示该区间不存在 BROM 代码。AIPI1 和 AIPI2 地址空间包含 AIPI 控制寄存器和 IP 从寄存器。AIPI1 和 AIPI2 分别在表 2-6 和表 2-7 中。

表 2-3 次要 AHB 端口 1 存储器配置

| 地　址 | 二级 AHB 端口 1 | 大　小 |
|---|---|---|
| 0x8000_0000～0x8000_0FFF | CSI | 4 KB |
| 0x8000_1000～0x8000_1FFF | ATA | 4 KB |
| 0x8000_2000～0x9FFF_FFFF | 预留 | 512 MB−8 KB |

表 2-4 表示主 AHB 存储器配置的高位区域。其中 Vector-RAM 定义在这些区间 i.MX27 使用的高位地址，(0xFFFF_FF00～0xFFFF_FFFF)来存储中断矢量表(64 个字)。这个区间配置为 128 KB。

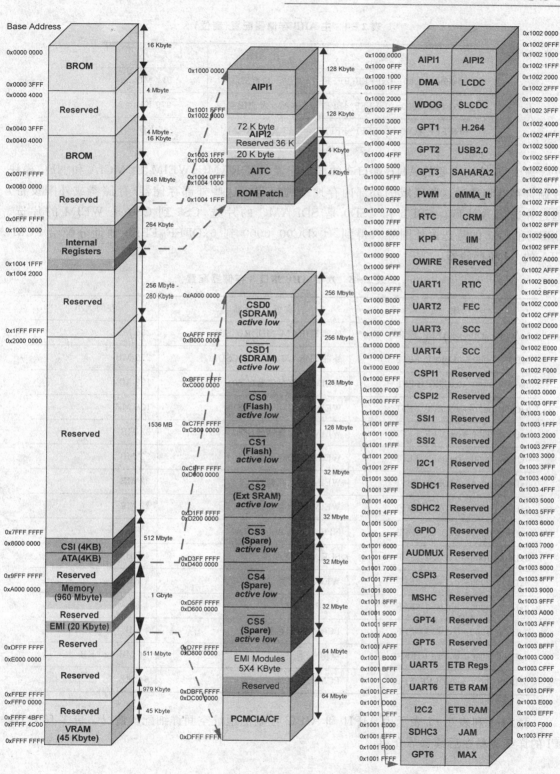

图 2-3　i.MX27 处理器内存配置 (4 GB)

# 第2章 系统存储器和寄存器

表 2-4 主 AHB 存储器配置(高位)

| 地　址 | 主 AHB | 大　小 |
|---|---|---|
| 0xE000_0000～0xFFEF_FFFF | 预留 | 511 MB |
| 0xFFF0_0000～0xFFFF_4BFF | VRAM 未使用空间 | 979 KB |
| 0xFFFF_4C00～0xFFFF_FFFF | 45 KB VRAM | 45 KB |

表 2-5 给出次要的 AHB 端口 3 的详细配置。SDRAMC、WEIM、PCMCIA 和 NFC 模块控制寄存器和通过这些区域的外部内存地址的标定。这些外部存储器(存储器或外围设备)通过片选信号访问。CSD1 和 CSD0 是 SDRAMC 的片选，CS5 到 CS0 是 WEIM 的片选。CSD1 和 CS0 的片选由外围导入得到。0xDC00_0000 到 0xDFFF_FFFF 地址分配给 PCMCIA 的 IO 和存储器。

表 2-5 次要 AHB 端口 3 存储器配置

| 地　址 | 次级 AHB 端口 3 | 空间大小 |
|---|---|---|
| 0xA000_0000～0xAFFF_FFFF | 外部 SDRAM/MDDR(CSD0) | 256 MB |
| 0xB000_0000～0xBFFF_FFFF | 外部 SDRAM/MDDR(CSD1) | 256 MB |
| 0xC000_0000～0xC7FF_FFFF | WEIM 外部存储器(CS0) | 128 MB |
| 0xC800_0000～0xCFFF_FFFF | WEIM 外部存储器(CS1) | 128 MB |
| 0xD000_0000～0xD1FF_FFFF | WEIM 外部存储器(CS2) | 32 MB |
| 0xD200_0000～0xD3FF_FFFF | WEIM 外部存储器(CS3) | 32 MB |
| 0xD400_0000～0xD5FF_FFFF | WEIM 外部存储器(CS4) | 32 MB |
| 0xD600_0000～0xD7FF_FFFF | WEIM 外部存储器(CS5) | 32 MB |
| 0xD800_0000～0xD800_0FFF | NFC 寄存器和内部 RAM | 4 KB |
| 0xD800_1000～0xD800_1FFF | SDRAMC 寄存器 | 4 KB |
| 0xD800_2000～0xD800_2FFF | WEIM 寄存器 | 4 KB |
| 0xD800_3000～0xD800_3FFF | M3IF 寄存器 | 4 KB |
| 0xD800_4000～0xD800_4FFF | PCMCIA 寄存器 | 4 KB |
| 0xD800_5000～0xDBFF_FFFF | 保留 | 64 MB～20 KB |
| 0xDC00_0000～0xDFFF_FFFF | PCMCIA 存储器空间 | 64 MB |

表 2-6 和表 2-7 表示由 AIPI1 和 AIPI2 控制的地址空间详细配置情况。更多有关 AIPI 的详细资料在后续章节介绍。

表 2-6　AIP11(简化 AHB IP 接口模块 1)存储器配置

| 段号 | 地址 | 存储器配置 | 尺寸 |
|---|---|---|---|
| 0 | 0x1000_0000～0x1000_0FFF | AIPI1(第0段) | 4 KB |
| 1 | 0x1000_1000～0x1000_1FFF | DMA | 4 KB |
| 2 | 0x1000_2000～0x1000_2FFF | WDOG | 4 KB |
| 3 | 0x1000_3000～0x1000_3FFF | GPT1 | 4 KB |
| 4 | 0x1000_4000～0x1000_4FFF | GPT2 | 4 KB |
| 5 | 0x1000_5000～0x1000_5FFF | GPT3 | 4 KB |
| 6 | 0x1000_6000～0x1000_6FFF | PWM | 4 KB |
| 7 | 0x1000_7000～0x1000_7FFF | RTC | 4 KB |
| 8 | 0x1000_8000～0x1000_8FFF | KPP | 4 KB |
| 9 | 0x1000_9000～0x1000_9FFF | OWIRE | 4 KB |
| 10 | 0x1000_A000～0x1000_AFFF | UART1 | 4 KB |
| 11 | 0x1000_B000～0x1000_BFFF | UART2 | 4 KB |
| 12 | 0x1000_C000～0x1000_CFFF | UART3 | 4 KB |
| 13 | 0x1000_D000～0x1000_DFFF | UART4 | 4 KB |
| 14 | 0x1000_E000～0x1000_EFFF | CSPI1 | 4 KB |
| 15 | 0x1000_F000～0x1000_FFFF | CSPI2 | 4 KB |
| 16 | 0x1001_0000～0x1001_0FFF | SSI1 | 4 KB |
| 17 | 0x1001_1000～0x1001_1FFF | SSI2 | 4 KB |
| 18 | 0x1001_2000～0x1001_2FFF | I2C1 | 4 KB |
| 19 | 0x1001_3000～0x1001_3FFF | SDHC1 | 4 KB |
| 20 | 0x1001_4000～0x1001_4FFF | SDHC2 | 4 KB |
| 21 | 0x1001_5000～0x1001_5FFF | GPIO | 4 KB |
| 22 | 0x1001_6000～0x1001_6FFF | AUDMUX | 4 KB |
| 23 | 0x1001_7000～0x1001_7FFF | CSPI3 | 4 KB |
| 24 | 0x1001_8000～0x1001_8FFF | MSHC | 4 KB |
| 25 | 0x1001_9000～0x1001_9FFF | GPT4 | 4 KB |
| 26 | 0x1001_A000～0x1001_AFFF | GPT5 | 4 KB |
| 27 | 0x1001_B000～0x1001_BFFF | UART5 | 4 KB |
| 28 | 0x1001_C000～0x1001_CFFF | UART6 | 4 KB |
| 29 | 0x1001_D000～0x1001_DFFF | $I^2C2$ | 4 KB |
| 30 | 0x1001_E000～0x1001_EFFF | SDHC3 | 4 KB |
| 31 | 0x1001_F000～0x1001_FFFF | GPT6 | 4 KB |

## 第2章 系统存储器和寄存器

表 2-7 AIPI2(简化 AHB IP 接口模块 2)存储器配置

| 段 号 | 地 址 | 存储器配置 | 尺 寸 |
|---|---|---|---|
| 0 | 0x1002_0000～0x1002_0FFF | AIPI2(第 0 段) | 4 KB |
| 1 | 0x1002_1000～0x1002_1FFF | LCDC | 4 KB |
| 2 | 0x1002_2000～0x1002_2FFF | SLCDC | 4 KB |
| 3 | 0x1002_3000～0x1002_3FFF | 保留 | 4 KB |
| 4 | 0x1002_4000～0x1002_4FFF | USB2.0 | 4 KB |
| 5 | 0x1002_5000～0x1002_5FFF | SAHARA2 | 4 KB |
| 6 | 0x1002_6000～0x1002_6FFF | eMMA_lt | 4 KB |
| 7 | 0x1002_7000～0x1002_7FFF | CRM | 4 KB |
| 8 | 0x1002_8000～0x1002_8FFF | IIM | 4 KB |
| 9 | 0x1002_9000～0x1002_9FFF | 保留 | 4 KB |
| 10 | 0x1002_A000～0x1002_AFFF | RTIC | 4 KB |
| 11 | 0x1002_B000～0x1002_BFFF | FEC | 4 KB |
| 12 | 0x1002_C000～0x1002_CFFF | SCC | 4 KB |
| 13 | 0x1002_D000～0x1002_DFFF | SCC | 4 KB |
| 14-26 | 0x1002_E000～0x1003_AFFF | 保留(第 14-26 段) | 52 KB |
| 27 | 0x1003_B000～0x1003_BFFF | ETB 寄存器 | 4 KB |
| 28 | 0x1003_C000～0x1003_CFFF | ETB RAM | 4 KB |
| 29 | 0x1003_D000～0x1003_DFFF | ETB RAM | 4 KB |
| 30 | 0x1003_E000～0x1003_EFFF | JAM | 4 KB |
| 31 | 0x1003_F000～0x1003_FFFF | MAX | 4 KB |

## 2.2 寄存器配置

　　i.MX27 处理器共有 1 194 个寄存器,配置的地址从 0x1000_0000 到 0x1004_0064、0x8000_0000 到 0x8000_001C、0x8000_1000 到 0x8000_10D8、0xD800_0E00 到 0xD800_1010、0xD800_2000 到 0xD800_2060、0xD800_3000 到 0xD800_3054、0xD800_4000 到 0xD800_4064。后续章节将详细介绍相关部分的寄存器。更详细资料参见 Freescale 公司 i.MX27 多媒体应用处理器参考手册。

# 第 3 章

# 系统控制

这一章介绍 i.MX27 微处理器系统控制、时钟、电源管理和复位控制。系统控制模块能用软件进行控制、自定义或读取下面的状态：
- 芯片 ID 识别码；
- 输入和输出信号的多路复用；
- 输入和输出驱动能力；
- 输入和输出可下拉式控制；
- 电位阱偏置控制；
- 系统引导模式选择；
- DPTC 控制。

在 i.MX27 多媒体应用处理器中有两个时钟控制器，分别是 ARM9 平台时钟控制器和 PLL 时钟控制模块（CCM），其中 PLL 时钟控制模块产生的时钟信号由 ARM9 平台时钟控制器使用和分配。

ARM9 平台时钟控制器的主要功能是从 PLL 时钟控制器获取时钟信号，并将其分配给 ARM9 平台的各种外围设备。该时钟控制器包含时钟关断和确定何时断开 ARM9 平台时钟的逻辑，保持 JTAG 和 CLK 的同步。

PLL 时钟控制器产生 i.MX27 整个芯片以及外围设备所使用的时钟信号，也为 ARM9 平台和 i.MX27 片上外设间的接口所使用。

ARM9 平台时钟控制器用户不可编程和访问，而 PLL 时钟控制器是用户可访问的，因此，这里只介绍 PLL 时钟控制器。

## 3.1 时钟控制器组成

PLL 时钟控制器有两个 DPLL，MCU 的系统 PLL（MPLL）和串行外围设备 PLL（SPLL），为无线通信及其他应用提供时钟。MPLL 主要为 ARM9 产生时钟 CLK，为系统总线及许多片上外设提供 HCLK（也称作系统时钟）时钟，包括 LCDC 时钟和 NAND 控制时钟等。SPLL 主要为 USB OTG、SSI1 和 SSI2 提供时钟信号。

MPLL 和 SPLL 或接收 FPM 输出或接收 OSC26MHz 信号，采用分数频率倍乘的方法为 ARM9 平台或外设产生时钟频率。有关 DPLL 频率计算的详细介绍将在 3.1.2 小节"输出频率计算"中介绍。

为了提供给 i.MX27 处理器所需要的足够高的片上时钟频率，内核时钟发生器使用两级锁相环。第一级是前频率乘法器（FPM）PLL，将输入频率乘以 1 024，如果输入的频率为

32.768 kHz，前乘法器用1 024系数相乘，结果是33.554 MHz(使用32 kHz晶体时为32.768 MHz)。FPM的输出是MPLL和SPLL的一个输入时钟源。i.MX27器件的电源管理通过控制MPLL和SPLL单元的时钟输出实现。

图3-1是i.MX27时钟发生器原理框图，图3-2为时钟配置框图。有两个PLL时钟控制器外部时钟源，即32 kHz外部晶振和26 MHz外部时钟/晶振。

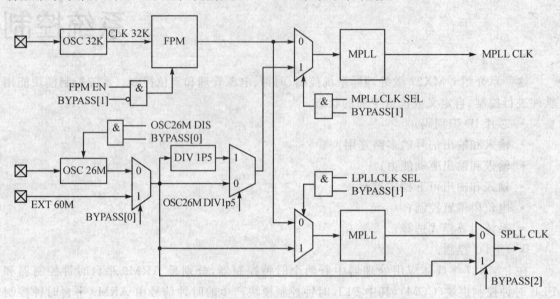

图3-1  i.MX27时钟原理图

用设置时钟源控制寄存器(CSCR)的方法独立设定用于MPLL和SPLL的外部时钟。表3-1给出了PLL时钟控制器信号的详细说明。

表3-1  PLL时钟控制器信号说明

| 信号名称 | 描述 |
| --- | --- |
| CLK | 仅供ARM9平台内部操作使用的快速时钟，如从cache执行指令。所有单元进入暂停和休眠低功耗状态时，被切断 |
| HCLK | 系统时钟。对CPU是BCLK，对系统是HCLK。系统不处于休眠状态时该时钟总是连续的。所有单元进入暂停和休眠低功耗状态时，被切断 |
| HCLKEN | 用于表示与HCLK上升沿对应的CLK上升沿。仅供ARM9平台使用 |
| CLK60M | 为USB OTG模块的60 MHz时 |
| SSI1 | 为SSI1模块的时钟分频输出 |
| SSI2CLK | 为SSI2模块的时钟分频输出 |
| NFCCLK | 为NAND Flash控制模块的时钟分频输出 |
| H264CCLK | 为H264模块的时钟分频输出 |
| MSHCCLK | 为MSHC模块的时钟分频输出 |
| PERCLK1 | 为第1组外设(UART,Timer,PWM)的时钟分频输出 |
| PERCLK2 | 为第2组外设(SDHC,CSPI)的时钟分频输出 |

续表 3-1

| 信号名称 | 描述 |
|---|---|
| PERCLK3 | 为 LCDC 的时钟分频输出 |
| PERCLK4 | 为 CSI 的时钟分频输出 |
| CLKO | 选择内部时钟输出到 CLKO 引脚 |
| A9P_CLK_OFF | 从 ARM9 时钟控制器来的控制信号 |

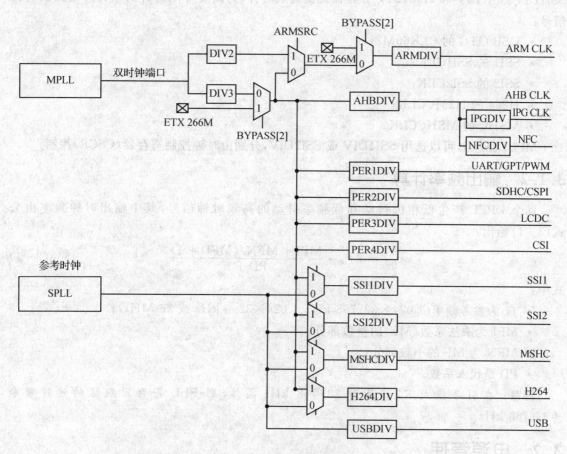

图 3-2 时钟配置框图

## 3.1.1 高频时钟信号源及状态分配

i.MX27 内部的 MPLL 和 SPLL 两个 DPLL 源通过前频率乘法器(FPM)和外部高频信号源(CLK26M)分别产生不同的时钟频率。时钟源控制寄存器(CSCR)为每个 DPLL 独立选择时钟源。

由 MPCTL 寄存器(MPCTL0 和 MPCTL1)配置 MCU/系统 PLL(MPLL),产生系统时钟信号,分频输出 FCLK(如 266 MHz)和 HCLK(如 133 MHz)时钟。MPLL 为 PERCLK4、PERDIV3、PERDIV2 和 PERDIV1 的时钟;FCLK 为 NFCDIV 分频器时钟。这些分频器产生的时钟信号用于:

- NAND 闪存控制器；
- 第 1 组外设（PERCLK1）：UART、定时器和 PWM；
- 第 2 组外设（PERCLK2）：SDHC 和 CSPI；
- LCDC 像素时钟（PERCLK3）；
- CSI（PERCLK4）。

串行外设 PLL（SPLL）由 SPCTL 寄存器（SPCTL0 和 SPCTL1）配置，为 USBDIV、SSI1DIV、SSI2DIV 和 H264DIV 分频器提供输入时钟，为需要专用时钟的串行外设提供时钟信号：

- USB OTG 的 CLK60M2；
- SSI1 的 SSI1CLK；
- SSI2 的 SSI2CLK；
- H264 的 H264CCLK；
- MSHC 的 MSHCCLK。

MPLL、SPLL 可以选用 SSI1DIV 或 SSI2DIV，分别由时钟控制寄存器（CSCR）控制。

### 3.1.2 输出频率计算

两个 DPLL 产生低相位抖动和低频率抖动的高频时钟信号，其中输出时钟频率由公式（3-1）给出：

$$f_{dpll} = 2 f_{ref} \cdot \frac{MFI + MFN/(MFD+1)}{PD+1} \qquad (3-1)$$

式中：
- $f_{ref}$ 为参考频率（1 024×32.768 kHz、1 024×32.0 kHz 或 26 MHz）；
- MFI 为乘法系数（MF）的整数部分；
- MFN 为 MF 的小数部分；
- PD 是代入系数。

**注意**：在引导模式下，如果用 32.768 kHz 晶体，则 PLL 寄存器默认的时钟频率为 32.768 kHz。

## 3.2 电源管理

PLL 时钟控制模块依不同的时钟输出级分别进行设计，以达到最佳的节电效果。下面针对不同的电源管理层次介绍 PLL 和时钟控制器的工作原理。

电源接通后，晶体振荡器开始振荡。系统复位和 PLL 锁定 1 ms 后，晶体振荡器达到稳定状态，两个 DPLL 接通。系统复位需 300 ms+14 个时钟周期（在 32 kHz 下）。

器件从休眠模式唤醒后，DPLL 经历 350 μs 后锁定，晶体振荡器在电源最初开启后，立即工作，不必考虑晶体的启动时间。PLL 在锁定时刻开始输出时钟。

i.MX27 处理器提供两种节能方式：暂停模式和休眠模式。

- 在暂停模式，对中断（WFI）指令 ARM9 执行一个等待。系统时钟依然运行；
- 在休眠模式，对中断（WFI）指令 ARM9 执行一个等待。MPLL 和 SPLL 输出被切断，只有 32 kHz 时钟在运行。

上述模式由时钟控制逻辑和 CPU 指令控制。许多外设可以通过来自外设总线的时钟门控电路启用(或禁止)时钟信号。每一个外设单元有一个模块使能位,使能位无效时,将禁止为模块提供工作时钟。

i.MX27 的 PLL 时钟控制器给看门狗(WDOG)模块提供低功耗工作方式信息。

暂停模式是指当 ARM9 对中断指令执行一个等待后,给 MCU 提供缓冲时钟被切断。系统进入暂停模式工作程序是:

① 使从暂停到唤醒模式的中断有效;
② 使看门狗定时器中断无效;
③ 执行一个中断指令等待。

如果一切所需条件得到满足(无 IRQ、FIQ,或待定的调试请求),ARM9 等待中断指令,给 PLL 时钟控制器发送一个 A9P_CLK_OFF 信号。当 A9P_CLK_OFF 信号有效时,立即关闭 MCU 的 CLK 信号。CLK_ALWAYS 和系统总线(HCLK)仍在运行。ARM9 的交叉切换装置需要 HCLK,使外设连续工作。发生非屏蔽中断时,ARM9 的 CLK 重新有效。

休眠模式是所有 DPLL 时钟输出被禁用时的系统工作状态。系统关闭 MPLL 和 SPLL 前,必须进行一系列操作。当 CSCR 寄存器的 MPEN 位清零、MPLL 无效时,休眠模式开始,自动关闭 SPLL。系统进入休眠模式工作顺序是:

① 禁止 AHB 外围设备访问总线;
② 激活系统唤醒中断;
③ 关闭看门狗定时器中断;
④ 为关机倒计时,向 SD_CNT(CSCR 寄存器)设置所需的数值;
⑤ 清除 CSCR 寄存器的 MPEN 位,关闭 MPLL;
⑥ 执行中断指令的等待。

例 3-1 是进入休眠模式的一个编程例子。

**例 3-1　进入休眠模式的建立**

```
MRS     r0,CPSR                                  ;激活中断
AND     r1,r0,#(ENABLE_IRQ + ENABLE_FIQ + MODE_BITS)
MSR     CPSR_c,r1
LDR     r3, = WDG_BASEADDR                       ;关闭 WDG 定时器
LDRH    r4,[r3,#0x0]
ORR     r4,r4,#0x00000001
STRH    r4,[r3,#0x0]
LDR     r1, = CRM_BASEADDR                       ;将 SDCNT 设置为 01
LDR     r2,[r1,#0x0]
ORR     r2,r2,#0x0100_0000
STR     r2,[r1,#0x0]
BIC     r2,r2,#0x00000001                        ;关闭 MPEN
STR     r2,[r1,#0x0]
LDR     r1,0x00000000
MCR     p15,0,r1,c7,c0,4 ;WFI
```

## 第3章 系统控制

SD_CNT 倒计数到一个设定值时,切断 MPLL 和 SPLL。切断 MPLL 的条件是要先于时钟控制器切断 DPLL。PLL 时钟控制器实际切断 MPLL 的条件是:
① 时钟控制器成功控制系统总线;
② ARM9 的 A9P_CLK_OFF 信号有效;
③ SDRAM 控制器使外部 SDRAM 处于自刷新模式;
④ 满足上述条件后,根据 SD_CNT 的数值开始倒计数;
⑤ SD_CNT 倒计数结束。

满足上述条件时切断 MPLL 和 SPLL。休眠模式下前倍频器(FPM)也不工作。如果 FPM 一直给 DPLL 提供时钟,必须将 CSCR 寄存器的 FPM_EN 位清零。非屏蔽中断发生时,FPM 和 MPLL 先后重新激活,MPLL 的使能位 MPEN 自动恢复其设置。根据休眠模式前 SPEN 的设置,SPLL 恢复到原来的状态。如果进入休眠模式前 SPLL 无效,则以后 SPLL 也无效。

休眠模式的整个启动时间等于 FPM 锁定时间与 DPLL 锁定时间的和。在休眠模式下,i.MX27 保留所有 RAM 数据和寄存器配置的数据。输出端数据也保留,维持上拉静态电流。

**注意**:系统软件必须确认 i.MX27 处理器是否给外设提供时钟(如 SSI MCLK),相应的 PLL 必须切断。这时,i.MX27 处理器保持在暂停模式。

SDRAM 控制器有效时,外部 SDRAM 处于分布刷新模式或自刷新模式(如表 3-2 所列)。唤醒 SDRAM 大约需要 20 个系统时钟(HCLK)周期。在 SDRAM 周期中 SDRAMC 可以从自刷新模式唤醒。在暂停和运行模式下,SDRAMC 电源关断定时器可以使 SDRAM 进入电源关断模式。SDRAMC 一直控制刷新,SDRAM 需要刷新时,先退出电源关断模式进行刷新,然后再返回电源关断模式。在电源关断模式下,SDRAM 时钟阻断,CKE 引脚为低电平。系统进入休眠模式时除 SDRAM 自刷新外,没有任何总线时钟访问 SDRAM 使其退出自刷新模式。芯片退出休眠模式重新使 MPEN 有效时,将退出自刷新模式。

表 3-2 电源模式期间 SDRAM 工作方式

| 电源模式 | 运行 | 暂停 | 停止 |
|---|---|---|---|
| SDRAM | 分布式刷新 | 分布式刷新 | 自刷新 |

i.MX27 集成了高效的时钟控制模块,对不同模块和器件实施分级管理。i.MX27 电源管理由控制系统时钟周期的方式进行。表 3-3 介绍了时钟控制方法。

i.MX27 许多模块有模块使能位,在激活前必须配置。使能模块使时钟源为模块工作提供必要的时钟。在同一个操作中也分别控制从 SPLL 到分频器的时钟输入。

表 3-3 时钟控制器电源管理

| 模块/信号 | 关断条件 | 唤醒条件 |
|---|---|---|
| MPLL | MPEN 位写 0 时,PLL 关断计数定时器(参阅表 3-6) | 插入 IRQ 或 FIQ |
| SPLL | SPEN 位写 0 时 | SPEN 位置 1 时 |
| FPM | FPMEN 位写 0 时 | FPMEN 位置 1 时 |
| CLK32 | 继续运行 | 继续运行 |

i.MX27 处理器有 DPTC,但不支持 DVFS。i.MX27 提供一种软件方法根据不同工作条件来减小功耗。

- 软件确定是否变换工作频率;
- 软件采用 DPTC 确定减小还是增加功耗;
- 功耗改变后,软件可以更新 MPLL 配置;
- 用新的频率重新开始 MPLL 和工作。

## 3.3 时钟控制器模块编程方法

PLL 时钟控制器模块包括 6 个用户可访问的 32 位寄存器,表 3-4 给出 PLL 时钟控制器的存储器配置。

表 3-4 PLL 时钟控制器存储器配置

| 地 址 | 寄存器 | 访 问 | 复位值 | 单元/页面 |
|---|---|---|---|---|
| 通用寄存器 | | | | |
| 0x1002_7000<br>(CSCR) | 时钟源控制寄存器 | R/W | 0x33F0_1307 | 3.4.2/3-10 |
| 0x1002_7004<br>(MPCTL0) | MPLL 控制寄存器 0 | R/W | 0x0021_1803 | 3.4.3/3-13 |
| 0x1002_7008<br>(MPCTL1) | MPLL 控制寄存器 1 | R/W | 0x0000_8000 | 3.4.4/3-14 |
| 0X1002_700C<br>(SPCTL0) | SPLL 控制寄存器 0 | R/W | 0x8403_1C53 | 3.4.6/3-16 |
| 0x1002_7010<br>(SPCTL1) | SPLL 控制寄存器 1 | R/W | 0x0000_8000 | 3.4.7/3-17 |
| 0x1002_7014<br>(OSC26MCTL) | 振荡器 26 MHz 寄存器 | R/W | 0x0000_3F00 | 3.4.8/3-18 |
| 0x1002_7018<br>(PCDR0) | 外部时钟分频寄存器 0 | R/W | 0x2008_3403 | 3.4.9/3-20 |
| 0x1002_7018<br>(PCDR0) | 外部时钟分频寄存器 1 | R/W | 0x1204_1303 | 3.4.10/3-22 |
| 0x1002_7020<br>(PCCR0) | 外部时钟控制寄存器 0 | R/W | 0x0401_01C0 | 3.4.11/3-23 |
| 0x1002_7024<br>(PCCR1) | 外部时钟控制寄存器 1 | R/W | 0xFF4B_6848 | 3.4.12/3-26 |
| 0x1002_7028<br>(CCSR) | 时钟控制状态寄存器 | R/W | 0x0000_0300 | 3.4.13/3-29 |
| 0x1002_7034<br>(WKGDCTL) | 唤醒安全模式控制寄存器 | R/W | 0x0000_0000 | 3.4.14/3-31 |

图3-3和表3-5给出寄存器小结要点。

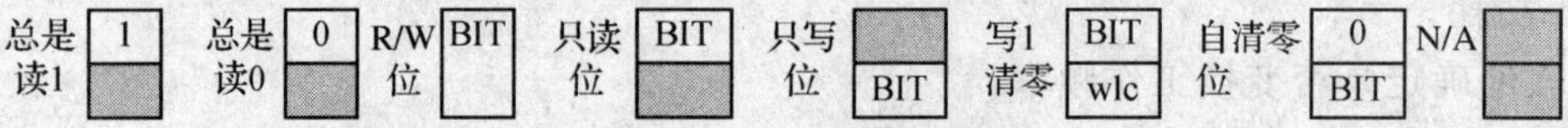

| 总是读1 | 1 | 总是读0 | 0 | R/W位 | BIT | 只读位 | BIT | 只写位 | BIT | 写1清零位 | BIT wlc | 自清零位 | 0 | N/A | BIT |

图3-3 寄存器要点

表3-5 寄存器

| 名 称 | 解 释 |
|---|---|
| | 根据读、写列位置,指示不是能读、写位 |
| FIELDNAME | 认证区域,在读、写列中意思是可以读、写 |
| 寄存器种类 | |
| R | 只读,写无影响 |
| W | 只写 |
| RW | 标准的读写位,只有软件可以改变该位的数值(不是硬件复位) |
| rwm | 可以用硬件修改的读写位(除设置操作) |
| wlc | 将1写入清零位。可以读的状态位,写1清零 |
| 自清零位 | 写1对模块有影响,但总是读作0(最初设计 slfclr) |
| 复位值 | |
| 0 | 复位成0 |
| 1 | 复位成1 |
| — | 复位时没定义 |
| u | 复位时没影响 |
| [signal_name] | 复位值由指示信号的校验位确定 |

### 3.3.1 时钟控制寄存器

时钟控制寄存器(CSCR)控制i.MX27内部各模块的时钟。图3-4和表3-6给出该寄存器的说明。

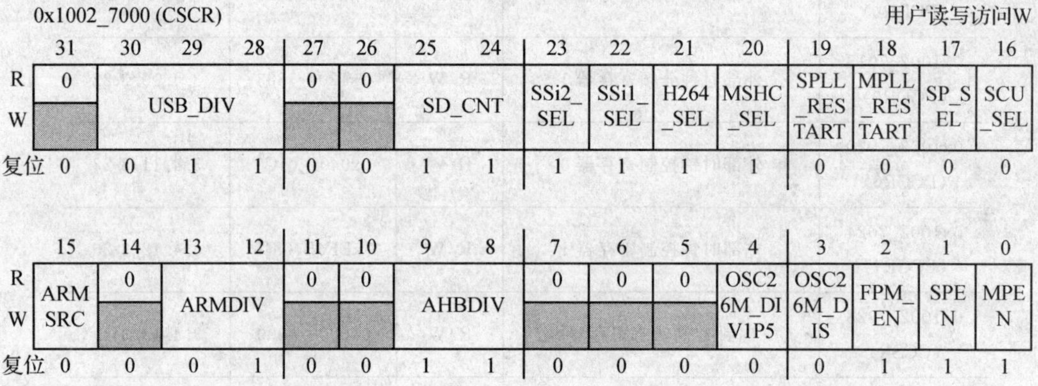

0x1002_7000 (CSCR)   用户读写访问W

| | 31 | 30 | 29 | 28 | 27 | 26 | 25 | 24 | 23 | 22 | 21 | 20 | 19 | 18 | 17 | 16 |
|---|---|---|---|---|---|---|---|---|---|---|---|---|---|---|---|---|
| R W | 0 | USB_DIV | | | 0 | 0 | SD_CNT | | SSi2_SEL | SSi1_SEL | H264_SEL | MSHC_SEL | SPLL_RESTART | MPLL_RESTART | SP_SEL | SCU_SEL |
| 复位 | 0 | 0 | 1 | 1 | 0 | 0 | 1 | 1 | 1 | 1 | 1 | 1 | 0 | 0 | 0 | 0 |

| | 15 | 14 | 13 | 12 | 11 | 10 | 9 | 8 | 7 | 6 | 5 | 4 | 3 | 2 | 1 | 0 |
|---|---|---|---|---|---|---|---|---|---|---|---|---|---|---|---|---|
| R W | ARM_SRC | 0 | ARMDIV | | | 0 | 0 | AHBDIV | | | 0 | 0 | 0 | OSC26M_DIV1P5 | OSC26M_DIS | FPM_EN | SPEN | MPEN |
| 复位 | 0 | 0 | 0 | 1 | 0 | 0 | 1 | 1 | 0 | 0 | 0 | 0 | 0 | 1 | 1 | 1 |

图3-4 时钟控制寄存器(CSCR)

表 3-6 时钟控制寄存器说明

| 位 | 解 释 |
|---|---|
| 31<br>UPDATE_DIS | 时钟选择和分频器无效,直至下一个 MPLL 时钟到来。该位自动清零。重新对 PLL 编程和设置相应的 CSCR 时,在修改 CSCR、重新对 DPLL 编程前必须先设置该位,确定时钟是稳定的 |
| 30～28<br>USB_DIV | USB 时钟分频器,包括一个产生 CLK60M 的 3 位整数分频器<br>000　SPLL_CLK 1 分频<br>001　SPLL_CLK 2 分频<br>…<br>111　SPLL_CLK 8 分频 |
| 27～26 预留 | 这几位预留,应读作 0 |
| 25～24<br>SD_CNT | 关断控制,包括关断前给 MPEN 或 SPEN 位写 0 后在 DPLL 时钟输出期间确定的数据<br>注意:SPLL 关断前电源控制器需要这根线。非屏蔽中断将激活 MPLL<br>当前总线周期执行结束探测到下一个 CLK32 上升沿后,关断 00 DPLL。给 MPEN 位写 0 会出现 16 个 HCLK 时钟<br>当前总线周期执行结束探测到第 2 个 CLK32 上升沿后,关断 01 DPLL<br>当前总线周期执行结束探测到第 3 个 CLK32 上升沿后,关断 10 DPLL<br>当前总线周期执行结束探测到第 4 个 CLK32 上升沿后,关断 11 DPLL |
| 23<br>SSI2_SEL | 选择 SSI2 波特源,将时钟送到 SSI2 分数分频器(SSI2_DIV)<br>从 SPLL 将 0 源时钟送到 SS12<br>从 MPLL 将 1 源时钟送到 SS12 |
| 22<br>SSI1_SEL | 选择 SSI1 波特源,将时钟送到 SSI1 分数分频器(SSI1_DIV)<br>从 SPLL 将 0 源时钟送到 SS11<br>从 MPLL 将 1 源时钟送到 SS11 |
| 21<br>H264_SEL | 选择 H264 CCLK 时钟源,将其送到 H264 分频器(H264_DIV)<br>从 SPLL 将 0 源时钟送到 H264<br>从 MPLL 将 1 源时钟送到 H264 |
| 20<br>MSHC_SEL | 选择 MSHC CCLK 时钟源,将其送到 H264 分频器(MSHC _DIV)<br>从 SPLL 将 0 源时钟送到 MSHC<br>从 MPLL 将 1 源时钟送到 MSHC |
| 19<br>SPLL_RESTART | 在新设置频率下重新启动 SPLL。SPLL_RESTART 在 1 至 2 个 CLK32 周期后自清零<br>0　无效<br>1　在新的频率下重新启动 SPLL |
| 18<br>MPLL_RESTART | 在新设置频率下重新启动 MPLL。MPLL_RESTART 在 1 至 2 个 CLK32 周期后自清零<br>0　无效<br>1　在新的频率下重新启动 MPLL |
| 17<br>SP_SEL | 选择 SPLL,选择 SPLL 时钟输入。设置时,选择外部高频时钟输入<br>0　时钟是内部前倍频器。寄存器配置表示该位保留不一致<br>1　时钟是外部高频时钟 |

续表 3-6

| 位 | 解 释 |
|---|---|
| 16<br>MCU_SEL | 选择 MPLL,选择 MPLL 时钟输入。设置时,选择外部高频时钟输入<br>0　时钟是内部前倍频器<br>1　时钟是外部高频时钟 |
| 15<br>ARM SRC | ARMSRC 选择 ARM 时钟<br>0　MPLL CLK ×2/3<br>1　MPLL CLK |
| 13~12<br>ARM_DIV | ARM_DIV 为 ARM 时钟分频数<br>00　1 分频<br>01　2 分频<br>10　3 分频<br>11　4 分频 |
| 11~10 | 保留 |
| 9~8<br>AHB_DIV | AHB_DIV 为 AHB 时钟分频数<br>00　1 分频<br>01　2 分频<br>10　3 分频<br>11　4 分频 |
| 7~5 | 保留 |
| 4<br>OSC26M_DIV1P5 | 26 MHz 振荡器分频使能,分频数为 1 或 1.5<br>0　26 MHz 输出 1 分频(缺省值)<br>1　26 MHz 输出 1.5 分频 |
| 3<br>OSC26M_DIS | 振荡器无效。该位置 1 时片上 26 MHz 振荡器无效<br>0　激活内部 26 MHz 振荡器<br>1　内部 26 MHz 振荡器无效 |
| 2<br>FPM_EN | 前倍频器有效。系统启动时该位将自动设置。软件将其置 0 时,FPM 立即关断。休眠模式期间如果 FPM 给 DPLL 提供时钟,该位必须保持 1<br>0　前倍频器无效<br>1　前倍频器有效 |
| 1<br>SPEN | 串行外设 PLL 使能,激活 SPLL。软件给 SPEN 写 0,SD_CNT 确定暂停,关断 SPLL。插入 SPLLEN,系统复位时 SPEN 自动设置<br>0　串行 PLL 无效<br>1　激活串行 PLL |
| 0<br>MPEN | MPLL 使能,MPLL 有效。软件给 MPEN 写 0,SDCNT 确定暂停,关断 MPLL。插入 MPLLEN,系统复位时 MPEN 自动设置<br>0　MCU 和串行 PLL 无效<br>1　MCU 和串行 PLL 有效 |

**注意**:同时修改 PRESC 和 BCLKDIV 时,必须先修改 BCLKDIV,再修改 PRESC。

## 3.3.2 MPLL 控制寄存器 0

MCU 和系统 PLL 控制寄存器 0(MPCTL0)是一个 32 位寄存器,控制 MPLL。图 3-5 和表 3-7 介绍 MPCTL0 寄存器。改变 MPLL 设置步骤是:

① 将 PD、MFD、MFI 和 MFN 所需的数配置到 MPCTL0;
② 在 CSCR(将自清零)上设置 MPLL_RESTART 位;
③ 新的 MPLL 设置将有效;
④ PLL 根据 DPLL 时钟标志输出新的时钟。

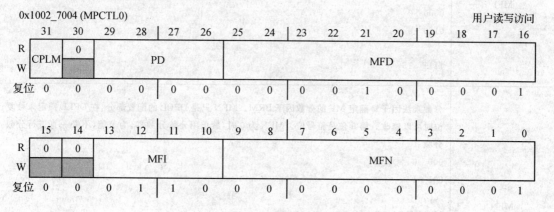

图 3-5 MPLL 控制寄存器 0(MPCTL0)

表 3-7 MPLL 控制寄存器 0

| 位 | 解 释 |
|---|---|
| 31<br>CPLM | 相位锁定模式。CPLM 位清零时 DPLL 只有频率工作在锁定模式(FOL),该位设置时频率和相位工作在锁定模式(FPL)。FPL 可以用作整数和分数倍频。但相位只限制在整数 MF 倍频<br>0  FOL<br>1  FPL |
| 30 | 保留,应读作 0 |
| 29~26<br>PD | 前分频系数。确定用于 MPLL 输入频率的前分频系数 PD。PD 是 0 和 15 间整数。给 PD 写入新的数时,MPLL 退出锁定,延迟一段时间后又重新锁定。MPLL 输出见公式(3-1)<br>0000  0<br>0001  1<br>…<br>1111  15 |
| 25~16<br>MFD | 确定倍频器 MF 的乘法因子 BRM。给 MFD 写入新的数时,MPLL 退出锁定,延迟一段时间后又重新锁定<br>000  保留<br>001  1<br>…<br>3FF  1023 |

续表 3-7

| 位 | 解 释 |
|---|---|
| 15~14 | 保留，应读作 0 |
| 13~10<br>MFI | 整数乘法因子。确定 MF 的整数因子 BRM。对 MFI 编码，MFI<5 时认为 MFI=5。给 MFI 写入新的数时，PLL 退出锁定，延迟一段时间后又重新锁定。VCO 振荡器输出见公式(3-1)，这时 PD 是前分频器的分频系数，MFI 是整个 MF 的整数部分，MFN 是 MF 的分数部分，MFD 是它的分母<br>选择 MF 确定 VCO 在指定范围内的输出频率<br>0000　0<br>0110　6<br>…<br>1111　15 |
| 9~0<br>MFN | 分数乘法因子。确定 MF 的分数因子 BRM。MFN 只是 DPLL 的配置部分，在 DPLL 锁定未被复位时可以修改。第 9 位是符号位。MFN 为 0 时，禁止用分数分频器，为节能，不必一直进行分数分频<br>000　0<br>001　1<br>…<br>1FE　510<br>1FF　保留<br>…<br>3FE　1 022<br>3FF　保留 |

表 3-8 给出信号最小抖动的 MPLL 和 SPLL 推荐设置。

表 3-8　推荐设置的频率稳定度

| 参考频率 | 目标频率 | MFI | MFN | MFD | PD | MPCTL0 设置 | 实际计算频率 |
|---|---|---|---|---|---|---|---|
| 32.768 kHz | 399 MHz | 5 | 469 | 495 | 0 | 0x01EF15D5 | 399.000 MHz |
| 32.000 kHz | 399 MHz | 6 | 3 | 21 | 0 | 0x00211803 | 398.998 MHz |
| 26 MHz | 399 MHz | 7 | 35 | 51 | 0 | 0x00331C23 | 399 MHz |

### 3.3.3　MCU 和系统 PLL 控制寄存器 1

MCU 和系统 PLL 控制寄存器 1(MPCTL1)是一个 32 位寄存器，引导片内 MCU MPLL，见图 3-6 和表 3-9。

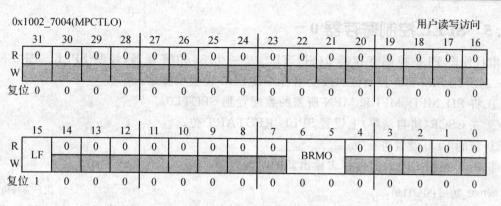

图3-6 MCU 和系统 PLL 控制寄存器1(MPCTL1)

表3-9 MCU 和系统 PLL 控制寄存器1

| 位 | 解 释 |
|---|---|
| 31~16 | 保留,应读作0 |
| 15<br>LF | 锁定标志,指示 MPLL 是否锁定。设置时,MPLL 时钟输出有效;清零时,MPLL 时钟输出维持逻辑高电平<br>0 MPLL 没锁定<br>1 MPLL 锁定 |
| 14~7 | 保留,应读作0 |
| 6<br>BRMO | BRM 规则,控制 BRM 影响 MPLL 性能变化的规则。如果 MF 分数部分大于1/10、小于9/10,用 BRM 第1条规则;否则用第2条规则。硬件复位对 BRMO 位清零。对 BRMO 二个写访问之间需要参考周期延迟<br>0 BRM 包括第1条规则<br>1 BRM 包括第2条规则 |
| 5~0 | 保留,应读作0 |

## 3.3.4 可编程串行外设 PLL

可编程串行外设 PLL(SPLL)产生的一个时钟是针对 USB OTG 模块(CLK60M)。默认输入时钟频率为 32.768 MHz 时,SPLL 控制寄存器将其设置成 60 MHz。前分频器/倍频器输出取决于输入时钟频率。表3-10 给出串行外设 PLL 推荐的设置。

表3-10 串行 PLL 倍频因子

| 参考频率 | 目标频率 | MFI | MFN | MFD | PD | SPCTL0 设置 | 实际计算频率 |
|---|---|---|---|---|---|---|---|
| 32.768 kHz | 300 MHz | 8 | 111 | 117 | 1 | 0x0475206F | 299.99937 MHz |
| 32.768 kHz | 240 MHz | 7 | 9 | 58 | 1 | 0x043A1C09 | 239.99950 MHz |
| 32 kHz | 300 MHz | 9 | 25 | 160 | 1 | 0x04A02419 | 300.00020 MHz |
| 32 kHz | 240 MHz | 7 | 83 | 255 | 1 | 0x04FF1C53 | 240 MHz |
| 26 MHz | 300 MHz | 11 | 7 | 12 | 1 | 0x040C2C07 | 300 MHz |
| 26 MHz | 240 MHz | 9 | 3 | 12 | 1 | 0x040C2403 | 240 MHz |

### 3.3.5 SPLL 控制寄存器 0

串行外设 PLL 控制寄存器 0(SPCTL0)是一个 32 位寄存器,控制 SPLL。图 3-7 和表 3-11 介绍 SPCTL0 控制位。改变串行外设 PLL 设置步骤是：

① 将 PD、MFD、MFI 和 MFN 所需的数配置到 SPCTL0；
② 在 CSCR(将自清零)上设置 SPLL_RESTART 位；
③ 新的 PLL 设置将有效；
④ PLL 根据 DPLL 时钟标志输出新的时钟。

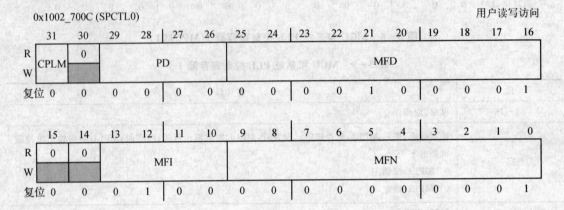

图 3-7 控制寄存器 0(SPCTL0)

表 3-11 SPLL 控制寄存器 0

| 位 | 解 释 |
|---|---|
| 31<br>CPLM | 相位锁定模式。CPLM 位清零时 DPLL 只工作在频率锁定模式 FOL,设置为 1 时,工作在相位和频率锁定模式 FPL。FPL 模式可以用于整数和分数倍频因子,但消除相位偏差只针对整数 MF<br>0　FOL<br>1　FPL |
| 30 | 保留,应读作 0 |
| 29～26<br>PD | 前分频因子 PD。定义用于 PLL 输入频率的分频因子。PD 为 0 到包括 15 之间的整数。SPLL 振荡频率由公式(3-1)确定。选择 PD 确保 VCO 输出频率在指定范围内。给 PD 位写入新的数时,SPLL 失去锁定,经一段延迟,又重新锁定<br>0000　0<br>0001　1<br>...<br>1111　15 |
| 25～16<br>MFD | 倍频因子(分母)为 MF 定义 BRM 的分母。给 MFD9 至 MFD0 位写入新的数时,PLL 失去锁定,经一段延迟,又重新锁定<br>000　保留<br>001　1<br>...<br>3FF　1 023 |

续表 3-11

| 位 | 解 释 |
|---|---|
| 15~14 | 保留,应读作 0 |
| 13~10 MFI | 倍频因子(整数部分)。为 MF 定义 BRM 整数部分。解码 MFI,MFI < 5 时认为 MFI=5。SPLL 振荡频率由公式(3-1)确定。PD 是前分频器的分频因子,MFI 是 MF 的整数部分,MFN 是其分数部分。选择 MF 确保 VCO 输出频率在指定范围内。给 MFI 位写入新的数时,SPLL 失去锁定,经一段延迟,又重新锁定<br>0000　0<br>0110　6<br>…<br>1111　15 |
| 9~0 MFN | 倍频因子(分数部分)。为 MF 定义 BRM 整数部分。MFN 是 DPLL 没有复位被锁定(空闲)后可以改变配置中仅有的部分。第 9 位是符号位。当 MFN 为 0 时,为节能分数分频禁用<br>0x0000<br>0x0011<br>…<br>0x1FE　510<br>0x1FF　保留<br>…<br>0x3FE　1 022<br>0x3FF　保留 |

## 3.3.6　SPLL 控制寄存器 1

串行 PLL 控制寄存器 1(SPCTL1)是一个 32 位读写寄存器,控制 SPLL,参见图 3-8 和表 3-12。

0x1002_7010 (SPCTL1)　　　　　　　　　　　　　　　　　　　　用户读写访问

| | 31 | 30 | 29 | 28 | 27 | 26 | 25 | 24 | 23 | 22 | 21 | 20 | 19 | 18 | 17 | 16 |
|---|---|---|---|---|---|---|---|---|---|---|---|---|---|---|---|---|
| R | 0 | 0 | 0 | 0 | 0 | 0 | 0 | 0 | 0 | 0 | 0 | 0 | 0 | 0 | 0 | 0 |
| W | | | | | | | | | | | | | | | | |
| 复位 | 0 | 0 | 0 | 0 | 0 | 0 | 0 | 0 | 0 | 0 | 0 | 0 | 0 | 0 | 0 | 0 |

| | 15 | 14 | 13 | 12 | 11 | 10 | 9 | 8 | 7 | 6 | 5 | 4 | 3 | 2 | 1 | 0 |
|---|---|---|---|---|---|---|---|---|---|---|---|---|---|---|---|---|
| R | LF | 0 | 0 | 0 | 0 | 0 | 0 | 0 | 0 | BRMO | 0 | 0 | 0 | 0 | 0 | 0 |
| W | | | | | | | | | | | | | | | | |
| 复位 | 1 | 0 | 0 | 0 | 0 | 0 | 0 | 0 | 0 | 0 | 0 | 0 | 0 | 0 | 0 | 0 |

图 3-8　SPLL 控制寄存器 1(SPCTL1)

## 第3章 系统控制

表 3-12 串行外设 PLL 控制寄存器 1

| 位 | 解 释 |
|---|---|
| 31~16 | 保留,应读作 0 |
| 15<br>LF | 锁定标志,指示 SPLL 是否锁定。设置时,SPLL 时钟输出有效;清零时,SPLL 时钟输出维持逻辑高电平<br>0  SPLL 没锁定<br>1  SPLL 锁定 |
| 14~7 | 保留,应读作 0 |
| 6<br>BRMO | BRM 规则,控制 BRM 影响 SPLL 性能变化的规则。如果 MF 分数部分大于 1/10,小于 9/10,用 BRM 第 1 条规则;否则用第 2 条规则。硬件复位对 BRMO 位清零。对 BRMO 二个写访问之间需要参考周期延迟<br>0  BRM 包括第 1 条规则<br>1  BRM 包括第 2 条规则 |
| 5~0 | 保留,应读作 0 |

### 3.3.7 26 MHz 振荡器寄存器

该寄存器用在对 16 MHz 振荡器测试模式编程和增益控制。仅在最初接通电源时针对振荡器微调是必要的,微调数值可以存储在 Flash 中为后续参考,参见图 3-9 和表 3-13。

| 0x1002_7014 (OSC26MCTL) | | | | | | | | | | | | | | | 用户读写访问 |
|---|---|---|---|---|---|---|---|---|---|---|---|---|---|---|---|
| 31 | 30 | 29 | 28 | 27 | 26 | 25 | 24 | 23 | 22 | 21 | 20 | 19 | 18 | 17 | 16 |
| R 0 | 0 | 0 | 0 | 0 | 0 | 0 | 0 | 0 | 0 | 0 | 0 | 0 | 0 | OSC26M_PEAK | |
| W | | | | | | | | | | | | | | | |
| 复位 0 | 0 | 0 | 0 | 0 | 0 | 0 | 0 | 0 | 0 | 0 | 0 | 0 | 0 | 0 | 0 |
| 15 | 14 | 13 | 12 | 11 | 10 | 9 | 8 | 7 | 6 | 5 | 4 | 3 | 2 | 1 | 0 |
| R 0 | 0 | | | AGC | | | | 0 | 0 | 0 | 0 | 0 | 0 | 0 | 0 |
| W | | | | | | | | | | | | | | | |
| 复位 0 | 0 | 1 | 1 | 1 | 1 | 1 | 1 | 0 | 0 | 0 | 0 | 0 | 0 | 0 | 0 |

图 3-9 26 MHz 振荡器控制寄存器(OSC26MCTL)

表 3-13 26 MHz 振荡器控制寄存器

| 位 | 解 释 |
|---|---|
| 31~18 | 保留,应读作 0 |
| 17~16<br>OSC26M_PEAK | 这 2 位指示振荡器的当前振幅情况<br>00  要求的工作范围的振幅<br>01  振幅太低;微调高些<br>10  振幅太高;微调低些<br>11  无效状态 |

续表 3-13

| 位 | 解 释 |
|---|---|
| 13~8 AGC | 自动增益控制。这 6 位根据 OSC26M_PEAK 状态设置晶体振荡器幅度。在后续"调节 26 MHz 振荡器微调"内容介绍的方法如何设置这些位 |
| 7~0 | 保留,应读作 0 |

要确定电源接通或系统复位时 26 MHz 振荡器是否建立,用下面步骤确定振荡器 AGC 的最佳微调值。例 3-2 给出了确定 AGC 设置的相关算法步骤。一旦做了,软件必须从外部存储器读取微调数值,将其写入 OSC26M_AGC[5:0]。

**例 3-2** 微调 26 MHz 振荡器编程算法步骤

① 接通电源或系统复位时,将 OSC26MCTL 寄存器中 OSC26M_AGC[5:0]位设置为逻辑 1(硬件完成,不需要软件迭代)。
② 读取 OSC26MCTL 寄存器中 OSC26M_PEAK[1:0]位的峰值。
③ 如果幅度不在要求访问内,对 OSC26M_AGC[5:0]作减 1 计数进行调整。
④ 至少等待 30.5 $\mu$s(32 kHz 时钟的 1 个周期)系统更新 OSC26M_PEAK 位。
⑤ 重复第②至第④步骤,直至到要求访问。
⑥ 减 4 计数,为温度漂移提供误差范围。
⑦ 将微调值存入外部存储器,以备后续使用。

接通电源或系统复位,执行完上述算法后,软件必须从外部存储器读取微调值,并写入 OSC26M_AGC[5:0]。

## 3.3.8 外设时钟分频寄存器 0

外设时钟分频寄存器 0(PCDR0)包含 PLL 时钟控制器中外部时钟分频器的分频值。i.MX27 外设需要从 MPLL 和 SPLLP 时钟输出分频得到专用的时钟频率。每一个外设模块从专用分频器接收到所需时钟输入。这些模块都有时钟门控电路用以节能,参见图 3-10 和表 3-14。表 3-16 列出与 PCDR0 给定的 i.MX27 外设相关的时钟。

0x1002_7018 (PCDR0)                                      用户读写访问

| 位 | 31 | 30 | 29 | 28 | 27 | 26 | 25 | 24 | 23 | 22 | 21 | 20 | 19 | 18 | 17 | 16 |
|---|---|---|---|---|---|---|---|---|---|---|---|---|---|---|---|---|
| R/W | \multicolumn{5}{c}{SSI2DIV} | | | | CLKO_EN | \multicolumn{3}{c}{CLKO_DIV} | | | \multicolumn{5}{c}{SSI1DIV} | | | | |
| 复位 | 0 | 0 | 0 | 1 | 0 | 0 | 1 | 0 | 0 | 0 | 0 | 0 | 0 | 0 | 0 | 0 |

| 位 | 15 | 14 | 13 | 12 | 11 | 10 | 9 | 8 | 7 | 6 | 5 | 4 | 3 | 2 | 1 | 0 |
|---|---|---|---|---|---|---|---|---|---|---|---|---|---|---|---|---|
| R/W | \multicolumn{6}{c}{H264DIV} | | | | | | \multicolumn{5}{c}{BFCDIV} | | | | | \multicolumn{5}{c}{MSHCDIV} | | | | |
| 复位 | 0 | 0 | 0 | 1 | 0 | 1 | 0 | 1 | 1 | 0 | 0 | 0 | 0 | 0 | 1 | 1 |

图 3-10 外设时钟分频器寄存器 0(PCDR0)

表3-14 外设时钟分频器寄存器0

| 位 | 解 释 |
|---|---|
| 31~26<br>SSI2DIV | SSI2 波特时钟分频器,包含为外设 SSI2CLK 信号产生时钟的 6 位分数分频器。分频器数从 0 开始<br>0　　2<br>1　　2.5<br>2　　3<br>…<br>63　　33.5<br>注意：F 针对所有其他信号公式是：clkin/(2 + 0.5 * SSI2DIV) |
| 25<br>CLKO_EN | 针对 CLKO 引脚使能位的时钟输出使能<br>0　CLKO 输出禁止<br>1　激活 CLKO 输出 |
| 24~22<br>CLKO_DIV | 给 CLK0 引脚输出时钟的 3 位时钟输出分频器<br>000　　1 分频<br>001　　2 分频<br>…<br>111　　8 分频 |
| 21~16<br>SSI1DIV | SSI1 波特时钟分频器,包含为外设 SSI1CLK 信号产生时钟的 6 位分数分频器。分频器数从 0 开始<br>0　　2<br>1　　2.5<br>2　　3<br>…<br>63　　33.5<br>注意：F 针对所有其他信号公式是：clkin/(2 + 0.5 * SSI1DIV) |
| 15~10<br>H264DIV | H264 波特时钟分频器,包含为外设 H264CLK 信号产生时钟的 6 位分数分频器。分频器数从 0 开始<br>0　　2<br>1　　2.5<br>2　　3<br>…<br>63　　33.5<br>注意：F 针对所有其他信号公式是：clkin/(2 + 0.5 * H264DIV) |
| 9~6<br>NFCDIV | NAND Flash 控制器分频器,包含为 NAND Flash 控制器 NFCCLK 信号产生时钟的 4 位分频器<br>0000　　1 分频<br>0001　　2 分频<br>…<br>1111　　16 分频 |

续表 3-14

| 位 | 解 释 |
|---|---|
| 5～0<br>MSHCDIV | MSHC 时钟分频器,包含为 MSHC 控制器 MSHCCLK 信号产生时钟的 6 位分频器<br>000000　1 分频<br>000001　2 分频<br>…<br>111111　64 分频 |

## 3.3.9 外设时钟分频寄存器 1

外设时钟分频寄存器 1(PCDR1)包含 PLL 时钟控制器中外部时钟分频器的分频值。i. MX27 外设需要从 MPLL 和 SPLLP 时钟输出分频得到的专用的时钟频率。每一个外设模块从专用分频器接收到所需时钟输入。这些模块都有时钟门控电路以节能,参见图 3-11 和表 3-15。表 3-16 列出与 PCDR1 给定的 i. MX27 外设相关的时钟。

0x1002_701C (PCDR1)　　用户读写访问

| | 31 | 30 | 29 | 28 | 27 | 26 | 25 | 24 | 23 | 22 | 21 | 20 | 19 | 18 | 17 | 16 |
|---|---|---|---|---|---|---|---|---|---|---|---|---|---|---|---|---|
| R | 0 | 0 | PERDIV4 | | | | | | 0 | 0 | PERDIV3 | | | | | |
| W | | | | | | | | | | | | | | | | |
| 复位 | 0 | 0 | 0 | 0 | 0 | 0 | 1 | 0 | 0 | 0 | 0 | 0 | 0 | 0 | 1 | 1 |

| | 15 | 14 | 13 | 12 | 11 | 10 | 9 | 8 | 7 | 6 | 5 | 4 | 3 | 2 | 1 | 0 |
|---|---|---|---|---|---|---|---|---|---|---|---|---|---|---|---|---|
| R | 0 | 0 | PERDIV2 | | | | | | 0 | 0 | PERDIV1 | | | | | |
| W | | | | | | | | | | | | | | | | |
| 复位 | 0 | 0 | 0 | 0 | 0 | 0 | 1 | 1 | 0 | 0 | 0 | 0 | 0 | 0 | 1 | 1 |

图 3-11　外设时钟分频器寄存器 1(PCDR1)

表 3-15　外设时钟分频器寄存器 1

| 位 | 解 释 |
|---|---|
| 29～24<br>PERDIV4 | 外设时钟分频器 4,包含为 CSI MCLK 产生 PERCLK4 时钟的 6 位整数分频器<br>000000　1 分频<br>000001　2 分频<br>…<br>111111　64 分频 |
| 21～16<br>PERDIV3 | 外设时钟分频器 3,包含为 LCDC 像素产生 PERCLK3 时钟的 6 位整数分频器<br>000000　1 分频<br>000001　2 分频<br>…<br>111111　64 分频 |

续表 3-15

| 位 | 解 释 |
|---|---|
| 13～8<br>PERDIV2 | 外设时钟分频器 2，包含为 CSPI 和 SDHC 外设产生 PERCLK2 时钟的 6 位整数分频器<br>000000　1 分频<br>000001　2 分频<br>…<br>111111　64 分频 |
| 5～0<br>PERDIV1 | 外设时钟分频器 1，包含为（UART,GPT,PWM）外设产生 PERCLK1 时钟的 6 位整数分频器<br>000000　1 分频<br>000001　2 分频<br>…<br>111111　64 分频 |

注：其余为保留位，应读作 0。

表 3-16　i.MX27 外设时钟

| 时 钟 | 外 设 | 时 钟 | 外 设 |
|---|---|---|---|
| SSI1CLK | SSI1 | NFCCLK | NFC |
| SSI2CLK | SSI2 | MSHCCLK | MSHC |
| H264CCLC | H264 | | |

## 3.3.10　外设时钟控制寄存器 0

外设时钟控制寄存器 0（PCCR0）采用控制 i.MX27 模块时钟方法获得节约功耗的能力，控制自举方式的时钟。PCCR0 寄存器控制访问 AHB 总线和到特定外设（PERCLK）时钟的各模块或外设的 HCLK 时钟，参见图 3-12 和表 3-17。

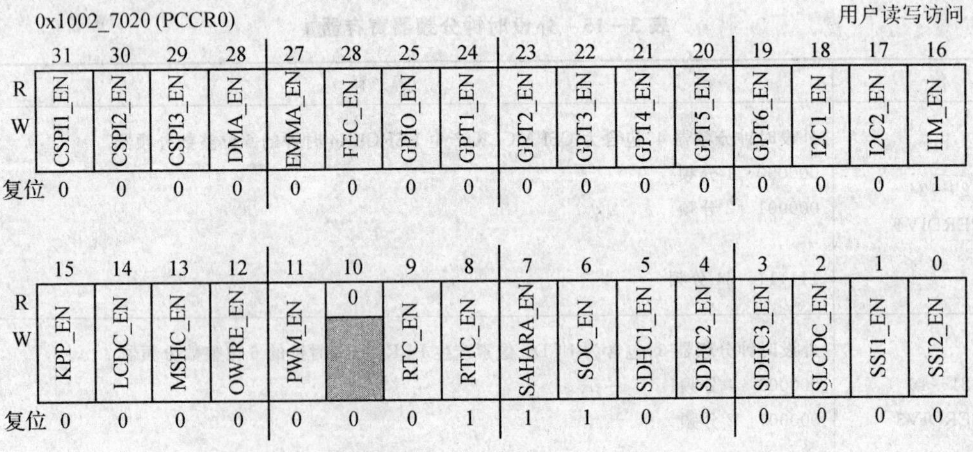

图 3-12　外设时钟控制寄存器 0（PCCR0）

表 3-17 外设时钟控制寄存器 0

| 位 | 解　释 |
|---|---|
| 31<br>CSPI1_EN | CSPI1 IPG 时钟使能,激活/禁止到 CSPL1 模块的输入时钟 IPG<br>0　CSPI1 IPG 时钟输入无效<br>1　CSPI1 IPG 时钟输入有效 |
| 30<br>CSPI2_EN | CSPI2 IPG 时钟使能,激活/禁止到 CSPL2 模块的输入时钟 IPG<br>0　CSPI2 IPG 时钟输入无效<br>1　CSPI2 IPG 时钟输入有效 |
| 29<br>CSPI3_EN | CSPI3 IPG 时钟使能,激活/禁止到 CSPL3 模块的输入时钟 IPG<br>0　CSPI3 IPG 时钟输入无效<br>1　CSPI3 IPG 时钟输入有效 |
| 28<br>DMA_EN | DMA IPG 时钟使能,激活/禁止到 DMA 模块的输入时钟 IPG<br>0　DMA IPG 时钟输入无效<br>1　DMA IPG 时钟输入有效 |
| 27<br>EMMA_EN | EMMA IPG 时钟使能,激活/禁止到 EMMA 模块的输入时钟 IPG<br>0　EMMA IPG 时钟输入无效<br>1　EMMA IPG 时钟输入有效 |
| 26<br>FEC_EN | FEC IPG 时钟使能,激活/禁止到 FEC 模块的输入时钟 IPG<br>0　FEC IPG 时钟输入无效<br>1　FEC IPG 时钟输入有效 |
| 25<br>GPIO_EN | GPIO IPG 时钟使能,激活/禁止到 GPIO 模块的输入时钟 IPG<br>0　GPIO IPG 时钟输入无效<br>1　GPIO IPG 时钟输入有效 |
| 24<br>GPT1_EN | GPT1 IPG 时钟使能,激活/禁止到 GPT1 模块的输入时钟 IPG<br>0　GPT2 IPG 时钟输入无效<br>1　GPT1 IPG 时钟输入有效 |
| 23<br>GPT2_EN | GPT2 IPG 时钟使能,激活/禁止到 GPT2 模块的输入时钟 IPG<br>0　GPT2 IPG 时钟输入无效<br>1　GPT2 IPG 时钟输入有效 |
| 22<br>GPT3_EN | GPT3 IPG 时钟使能,激活/禁止到 GPT3 模块的输入时钟 IPG<br>0　GPT3 IPG 时钟输入无效<br>1　GPT3 IPG 时钟输入有效 |
| 21<br>GPT4_EN | GPT4 IPG 时钟使能,激活/禁止到 GPT4 模块的输入时钟 IPG<br>0　GPT4 IPG 时钟输入无效<br>1　GPT4 IPG 时钟输入有效 |

续表 3-17

| 位 | 解 释 |
|---|---|
| 20<br>GPT5_EN | GPT5 IPG 时钟使能,激活/禁止到 GPT5 模块的输入时钟 IPG<br>0　GPT5 IPG 时钟输入无效<br>1　GPT5 IPG 时钟输入有效 |
| 19<br>GPT6_EN | GPT6 IPG 时钟使能,激活/禁止到 GPT6 模块的输入时钟 IPG<br>0　GPT6 IPG 时钟输入无效<br>1　GPT6 IPG 时钟输入有效 |
| 18<br>I2C1_EN | I2C1 IPG 时钟使能,激活/禁止到 I2C1 模块的输入时钟 IPG<br>0　I2C1 IPG 时钟输入无效<br>1　I2C1 IPG 时钟输入有效 |
| 17<br>I2C2_EN | I2C2 IPG 时钟使能,激活/禁止到 I2C2 模块的输入时钟 IPG<br>0　I2C2 IPG 时钟输入无效<br>1　I2C2 IPG 时钟输入有效 |
| 16<br>IIM_EN | IIM IPG 时钟使能,激活/禁止到 IIM 模块的输入时钟 IPG<br>0　IIM IPG 时钟输入无效<br>1　IIM IPG 时钟输入有效 |
| 15<br>KPP_EN | KPP IPG 时钟使能,激活/禁止到 KPP 模块的输入时钟 IPG<br>0　KPP IPG 时钟输入无效<br>1　KPP IPG 时钟输入有效 |
| 14<br>LCDC_EN | LCDC IPG 时钟使能,激活/禁止到 LCDC 模块的输入时钟 IPG<br>0　LCDC IPG 时钟输入无效<br>1　LCDC IPG 时钟输入有效 |
| 13<br>MSHC_EN | MSHC IPG 时钟使能,激活/禁止到 MSHC 模块的输入时钟 IPG<br>0　MSHC IPG 时钟输入无效<br>1　MSHC IPG 时钟输入有效 |
| 12<br>OWIRE_EN | OWIRE IPG 时钟使能,激活/禁止到 OWIRE 模块的输入时钟 IPG<br>0　OWIRE IPG 时钟输入无效<br>1　OWIRE IPG 时钟输入有效 |
| 11<br>PWM_EN | PWM IPG 时钟使能,激活/禁止到 PWM 模块的输入时钟 IPG<br>0　PWM IPG 时钟输入无效<br>1　PWM IPG 时钟输入有效 |
| 10 | 保留,应读作 0 |
| 9<br>RTC_EN | RTC IPG 时钟使能,激活/禁止到 RTC 模块的输入时钟 IPG<br>0　RTC IPG 时钟输入无效<br>1　RTC IPG 时钟输入有效 |

续表 3-17

| 位 | 解释 |
|---|---|
| 8<br>RTIC_EN | RTIC IPG 时钟使能,激活/禁止到 RTIC 模块的输入时钟 IPG<br>0　RTC IPG 时钟输入无效<br>1　RTC IPG 时钟输入有效 |
| 7<br>SAHARA_EN | SAHARA IPG 时钟使能,激活/禁止到 SAHARA 模块的输入时钟 IPG<br>0　SAHARA IPG 时钟输入无效<br>1　SAHARA IPG 时钟输入有效 |
| 6<br>SCC_EN | SCC IPG 时钟使能,激活/禁止到 SCC 模块的输入时钟 IPG<br>0　SCC IPG 时钟输入无效<br>1　SCC IPG 时钟输入有效 |
| 5<br>SDHC1_EN | SDHC1 IPG 时钟使能,激活/禁止到 SDHC1 模块的输入时钟 IPG<br>0　SDHC1 IPG 时钟输入无效<br>1　SDHC1 IPG 时钟输入有效 |
| 4<br>SDHC2_EN | SDHC2 IPG 时钟使能,激活/禁止到 SDHC2 模块的输入时钟 IPG<br>0　SDHC2 IPG 时钟输入无效<br>1　SDHC2 IPG 时钟输入有效 |
| 3<br>SDHC3_EN | SDHC3 IPG 时钟使能,激活/禁止到 SDHC3 模块的输入时钟 IPG<br>0　SDHC3 IPG 时钟输入无效<br>1　SDHC3 IPG 时钟输入有效 |
| 2<br>SLCDC_EN | SLCDC IPG 时钟使能,激活/禁止到 SLCDC 模块的输入时钟 IPG<br>0　SLCDC IPG 时钟输入无效<br>1　SLCDC IPG 时钟输入有效 |
| 1<br>SSI1_EN | SSI1 IPG 时钟使能,激活/禁止到 SSI1 模块的输入时钟 IPG<br>0　SSI1 IPG 时钟输入无效<br>1　SSI1 IPG 时钟输入有效 |
| 0<br>SSI2_EN | SSI2 IPG 时钟使能,激活/禁止到 SSI2 模块的输入时钟 IPG<br>0　SSI2 IPG 时钟输入无效<br>1　SSI2 IPG 时钟输入有效 |

## 3.3.11　外设时钟控制寄存器 1

　　外设时钟控制寄存器 1(PCCR1)采用控制 i.MX27 模块时钟方法获得节约功耗的能力,控制自举方式的时钟。PCCR1 寄存器控制访问 AHB 总线和到特定外设(PERCLK)时钟的各模块或外设的 HCLK 时钟,参见图 3-13 和表 3-18。

# 第 3 章 系统控制

0x1002_7024 (PCCR1)　　　　　　　　　　　　　　　　　　　用户读写访问

| R/W | 31 | 30 | 29 | 28 | 27 | 26 | 25 | 24 | 23 | 22 | 21 | 20 | 19 | 18 | 17 | 16 |
|---|---|---|---|---|---|---|---|---|---|---|---|---|---|---|---|---|
| | UART1_EN | UART2_EN | UART3_EN | UART4_EN | UART5_EN | UART6_EN | USB_EN | WDT_EN | HCLK_ATA | HCLK_BROM | HCLK_CSI | HCLK_DMA | HCLK_EMI | HCLK_EMMA | HCLK_FEO | HCLK_H264 |
| 复位 | 1 | 1 | 1 | 1 | 1 | 1 | 1 | 0 | 1 | 0 | 0 | 0 | 1 | 0 | 1 | 1 |

| R/W | 15 | 14 | 13 | 12 | 11 | 10 | 9 | 8 | 7 | 6 | 5 | 4 | 3 | 2 | 1 | 0 |
|---|---|---|---|---|---|---|---|---|---|---|---|---|---|---|---|---|
| | HCLK_LCDC | HCLK_RTIC | HCLK_SAHARA | HCLK_SLCDC | HCLK_USB | PERCLK1_EN | PERCLK2_EN | PERCLK3_EN | PERCLK4_EN | H264_BAUDEN | SSI1_BAUDEN | SSI2_BAUDEN | NFC_BAUDEN | MSHC_BAUDEN | 0 | 0 |
| 复位 | 0 | 1 | 1 | 0 | 1 | 0 | 0 | 0 | 0 | 0 | 0 | 0 | 1 | 0 | 0 | 0 |

图 3-13　外设时钟控制寄存器 1(PCCR1)

表 3-18　外设时钟控制寄存器 1

| 位 | 解　释 |
|---|---|
| 31<br>UART1_EN | UART1 IPG 时钟使能，激活/禁止到 UART1 模块的 IPG 时钟输入<br>0　UART1 IPG 时钟输入无效<br>1　UART1　IPG 时钟输入有效 |
| 30<br>UART2_EN | UART2 IPG 时钟使能，激活/禁止到 UART2 模块的 PGI 时钟输入<br>0　UART2 IPG 时钟输入无效<br>1　UART2 IPG 时钟输入有效 |
| 29<br>UART3_EN | UART3 IPG 时钟使能，激活/禁止到 UART3 模块的 IPG 时钟输入<br>0　UART3 IPG 时钟输入无效<br>1　UART3 IPG 时钟输入有效 |
| 28<br>UART4_EN | UART4 IPG 时钟使能，激活/禁止到 UART4 模块的 IPG 时钟输入<br>0　UART4 IPG 时钟输入无效<br>1　UART4 IPG 时钟输入有效 |
| 27<br>UART5_EN | UART5 IPG 时钟使能，激活/禁止到 UART5 模块的 IPG 时钟输入<br>0　UART5 IPG 时钟输入无效<br>1　UART5 IPG 时钟输入有效 |
| 26<br>UART6_EN | UART6 IPG 时钟使能，激活/禁止到 UART6 模块的 IPG 时钟输入<br>0　UART6 IPG 时钟输入无效<br>1　UART6 IPG 时钟输入有效 |
| 25<br>USB_EN | USB IPG 时钟使能，激活/禁止到 USB 模块的 IPG 时钟输入<br>0　USB IPG 时钟输入无效<br>1　USB IPG 时钟输入有效 |

续表 3-18

| 位 | 解 释 |
|---|---|
| 24<br>WDT_EN | WDT IPG 时钟使能,激活/禁止到 WDT 模块的输入时钟 IPG<br>0　WDT IPG 时钟输入无效<br>1　WDT IPG 时钟输入有效 |
| 23<br>HCLK_ATA | ATA AHB 时钟使能,激活/禁止到 ATA 模块的 AHB 时钟输入<br>0　ATA AHB 时钟输入无效<br>1　ATA AHB 时钟输入有效 |
| 22<br>HCLK_BROM | BROM AHB 时钟使能,激活/禁止到 BROM 模块的 AHB 时钟输入<br>0　BROM AHB 时钟输入无效<br>1　BROM AHB 时钟输入有效 |
| 21<br>HCLK_CSI | CSI AHB 时钟使能,激活/禁止到 CSI 模块的 AHB 时钟输入<br>0　CSI AHB 时钟输入无效<br>1　CSI AHB 时钟输入有效 |
| 20<br>HCLK_DMA | DMA AHB 时钟使能,激活/禁止到 DMA 模块的 AHB 时钟输入<br>0　DMA AHB 时钟输入无效<br>1　DMA AHB 时钟输入有效 |
| 19<br>HCLK_EMI | EMI AHB 时钟使能,激活/禁止到 EMI 模块的 AHB 时钟输入<br>0　EMI AHB 时钟输入无效<br>1　EMI AHB 时钟输入有效 |
| 18<br>HCLK_EMMA | EMMA AHB 时钟使能,激活/禁止到 EMMA 模块的 AHB 时钟输入<br>0　EMMA AHB 时钟输入无效<br>1　EMMA AHB 时钟输入有效 |
| 17<br>HCLK_FEC | FEC AHB 时钟使能,激活/禁止到 FEC 模块的 AHB 时钟输入<br>0　FEC AHB 时钟输入无效<br>1　FEC AHB 时钟输入有效 |
| 16<br>HCLK_H264 | H264 AHB 时钟使能,激活/禁止到 H264 模块的 AHB 时钟输入<br>0　H264 AHB 时钟输入无效<br>1　H264 AHB 时钟输入有效 |
| 15<br>HCLK_LCDC | LCDC AHB 时钟使能,激活/禁止到 LCDC 模块的 AHB 时钟输入<br>0　LCDC AHB 时钟输入无效<br>1　LCDC AHB 时钟输入有效 |
| 14<br>HCLK_RTIC | RTIV AHB 时钟使能,激活/禁止到 RTIC 模块的 AHB 时钟输入<br>0　RTIC AHB 时钟输入无效<br>1　RTIC AHB 时钟输入有效 |

续表 3-18

| 位 | 解释 |
|---|---|
| 13<br>HCLK_SAHARA | SAHARA AHB 时钟使能，激活/禁止到 SAHARA 模块的 AHB 时钟输入<br>0　SAHARA AHB 时钟输入无效<br>1　SAHARA AHB 时钟输入有效 |
| 12<br>HCLK_SLCDC | SLCDC AHB 时钟使能，激活/禁止到 SLCDC 模块的 AHB 时钟输入<br>0　SLCDC AHB 时钟输入无效<br>1　SLCDC AHB 时钟输入有效 |
| 11<br>HCLK_USB | USB AHB 时钟使能，激活/禁止到 USB 模块的 AHB 时钟输入<br>0　USB AHB 时钟输入无效<br>1　USB AHB 时钟输入有效 |
| 10<br>PERCLK1_EN | PERCLK1 时钟使能，激活/禁止外设时钟 1<br>0　外设时钟 1 无效<br>1　外设时钟 1 有效 |
| 9<br>PERCLK2_EN | PERCLK2 时钟使能，激活/禁止外设时钟 2<br>0　外设时钟 2 无效<br>1　外设时钟 2 有效 |
| 8<br>PERCLK3_EN | PERCLK3 时钟使能，激活/禁止外设时钟 3<br>0　外设时钟 3 无效<br>1　外设时钟 3 有效 |
| 7<br>PERCLK4_EN | PERCLK4 时钟使能，激活/禁止外设时钟 4<br>0　外设时钟 4 无效<br>1　外设时钟 4 有效 |
| 6<br>H264_BAUDEN | H264 BAUD 时钟使能，激活/禁止到 H264 模块的 BAUD 时钟输入<br>0　H264 BAUD 时钟输入无效<br>1　H264 BAUD 时钟输入有效 |
| 5<br>SSI1_BAUDEN | SSI1 BAUD 时钟使能，激活/禁止到 SSI1 模块的 BAUD 时钟输入<br>0　SDHC1 IPG 时钟输入无效<br>1　SDHC1 IPG 时钟输入有效 |
| 4<br>SSI2_BAUDEN | SSI2 BAUD 时钟使能，激活/禁止到 SSI2 模块的 BAUD 时钟输入<br>0　SSI2 BAUD 时钟输入无效<br>1　SSI2 BAUD 时钟输入有效 |
| 3<br>NFC_BAUDEN | NFC BAUD 时钟使能，激活/禁止到 NFC 模块的 BAUD 时钟输入<br>0　NFC BAUD 时钟输入无效<br>1　NFC BAUD 时钟输入有效 |

续表 3-18

| 位 | 解 释 |
|---|---|
| 2<br>MHSC_BAUDEN | MHSC BAUD 时钟使能，激活/禁止到 MSHC 模块的 BAUD 时钟输入<br>0 MHSC BAUD 时钟输入无效<br>1 MHSC BAUD 时钟输入有效 |
| 1~0 | 保留，应读作 0 |

### 3.3.12 时钟控制状态寄存器

时钟控制状态寄存器（CCSR）提供模拟和数字时钟配置信息，片内时钟也可以通过 CLKO_SEL 的编程进行监视，参见图 3-14 和表 3-19。

0x1002_7028 (CCSR)　　　　　　　　　　　　　　　　　用户读写访问

| 31 | 30 | 29 | 28 | 27 | 26 | 25 | 24 | 23 | 22 | 21 | 20 | 19 | 18 | 17 | 16 |
|---|---|---|---|---|---|---|---|---|---|---|---|---|---|---|---|
| R 0 | 0 | 0 | 0 | 0 | 0 | 0 | 0 | 0 | 0 | 0 | 0 | 0 | 0 | 0 | 0 |
| 复位 0 | 0 | 0 | 0 | 0 | 0 | 0 | 0 | 0 | 0 | 0 | 0 | 0 | 0 | 0 | 0 |

| 15 | 14 | 13 | 12 | 11 | 10 | 9 | 8 | 7 | 6 | 5 | 4 | 3 | 2 | 1 | 0 |
|---|---|---|---|---|---|---|---|---|---|---|---|---|---|---|---|
| 32K_SR | 0 | 0 | 0 | 0 | 0 | CLKMODE | | 0 | 0 | 0 | CLKO_SEL | | | | |
| 复位 0 | 0 | 0 | 0 | 0 | 0 | 1 | 1 | 0 | 0 | 0 | 0 | 0 | 0 | 0 | 0 |

图 3-14　时钟控制状态寄存器

表 3-19　时钟控制状态寄存器

| 位 | 解 释 |
|---|---|
| 31~16 | 保留，应读作 0 |
| 15<br>32K_SR | 包含 32 kHz 时钟状态信息的 32K 状态寄存器。在 HARD_ASYNC_RESET 信号期间清除为零。获取的 32 kHz 时钟相位存入表示 HARD_ASYNC_RESET 信号退出的单元<br>0 低相位 CLK32<br>1 高相位 CLK32 |
| 14~12 | 保留，应读作 0 |
| 9~8<br>CLKMODE | CLKMODE 确定片上 FPM、OSC26M 和 DPLL 配置。复位值取决于 CLKMODE 输入信号<br>00 旁路 DPLL、FPM 和 OSC26M<br>01 旁路 FPM<br>10 旁路 FPM 和 OSC26M<br>11 使用 FPM 和 DPLL（缺省情况） |
| 7~5 | 保留，应读作 0 |

续表 3-19

| 位 | 解 释 |
|---|---|
| 4~0<br>CLK0_SEL | CLKO_SEL 为 CLK0 选择，时钟信号是 CLK0 引脚输出<br>00000　CLK32<br>00001　PREMCLK<br>00010　CLK26M<br>00011　MPLL 参考 CLK<br>00100　SPLL 参考 CLK<br>00101　HCLK 源（MPLL　2×时钟输出/3）<br>00110　SPLL CLK<br>00111　FCLK<br>01000　HCLK<br>01001　IPG_CLK<br>01010　PERCLK1<br>01011　PERCLK2<br>01100　PERCLK3<br>01101　PERCLK4<br>01110　SSI 1　Baud<br>01111　SSI 2 Baud<br>10000　NFC Baud<br>10001　MSHC_Baud<br>10010　H264 Baud<br>10011　总是 CLK60M<br>10100　总是 CLK32K<br>10101　CLK60M<br>10110　DPTC 参考时钟 |

### 3.3.13　唤醒保护模式控制寄存器

唤醒保护模式控制寄存器（WKGDCTL）对唤醒保护模式进行配置。为了与 watchdog 一致，一次只能写 1 位，使能或禁止后不能修改。使能时，片外电源探测器给 TIN 引脚输出一个短脉冲。从休眠到唤醒时芯片电源应接通，参见图 3-15 和表 3-20。

0x1002_7034 (WKGDCTL)　　　　　　　　　　　　　　　用户读写访问

| | 31 | 30 | 29 | 28 | 27 | 26 | 25 | 24 | 23 | 22 | 21 | 20 | 19 | 18 | 17 | 16 |
|---|---|---|---|---|---|---|---|---|---|---|---|---|---|---|---|---|
| R | 0 | 0 | 0 | 0 | 0 | 0 | 0 | 0 | 0 | 0 | 0 | 0 | 0 | 0 | 0 | 0 |
| W | | | | | | | | | | | | | | | | |
| 复位 | 0 | 0 | 0 | 0 | 0 | 0 | 0 | 0 | 0 | 0 | 0 | 0 | 0 | 0 | 0 | 0 |

| | 15 | 14 | 13 | 12 | 11 | 10 | 9 | 8 | 7 | 6 | 5 | 4 | 3 | 2 | 1 | 0 |
|---|---|---|---|---|---|---|---|---|---|---|---|---|---|---|---|---|
| R | 0 | 0 | 0 | 0 | 0 | 0 | 0 | 0 | 0 | 0 | 0 | 0 | 0 | 0 | 0 | WKGD_EN |
| W | | | | | | | | | | | | | | | | |
| 复位 | 0 | 0 | 0 | 0 | 0 | 0 | 0 | 0 | 0 | 0 | 0 | 0 | 0 | 0 | 0 | 0 |

图 3-15　唤醒保护模式控制寄存器

表 3-20 唤醒保护模式控制寄存器

| 位 | 解 释 |
|---|---|
| 31~1 | 保留，应读作 0 |
| 0<br>WKDG_EN | 唤醒保护模式使能。激活/禁止唤醒包含逻辑。只写 1 次的位只能通过系统复位清零。一旦激活，用 TIN 的电源指示证明唤醒过程。电源接通时，TIN=1，从休眠到唤醒。电源断开且 WKGD_EN=1 时，切断到 watchdog 的 32 kHz 时钟。电源再次接通时，时钟恢复<br>0  唤醒保护模式无效<br>1  唤醒保护模式有效 |

## 3.4 复位

### 3.4.1 系统复位

复位模块控制和发送 i.MX27 系统复位信号。图 3-16 给出复位模块框图，复位模块实施两种复位，整个系统复位和 ARM9 的复位。

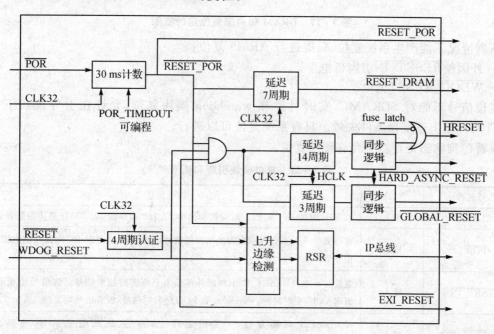

图 3-16 复位模块框图

系统复位模块同时进行下列复位：
- $\overline{\text{RESET\_DRAM}}$；
- $\overline{\text{HRESET}}$；
- $\overline{\text{HARD\_ASYNC\_RESET}}$；
- $\overline{\text{RESET\_POR}}$。

## 第3章 系统控制

32 kHz 晶体振荡器工作时,$\overline{POR}$ 引脚为低电平时产生系统复位。$\overline{HRESET}$ 和 $\overline{HARD\_ASYNC\_RESET}$ 同时保持 14 个 CLK32 时钟周期。$\overline{HARD\_ASYNC\_RESET}$ 和 $\overline{HRESET}$ 低电平前 $\overline{RESET\_DRAM}$ 低电平延长 7 个 CLK32 周期,这时 SDRAM 执行自刷新操作。图 3-17 给出与复位信号有关的定时框图。表 3-21 给出复位模块信号和引脚定义。

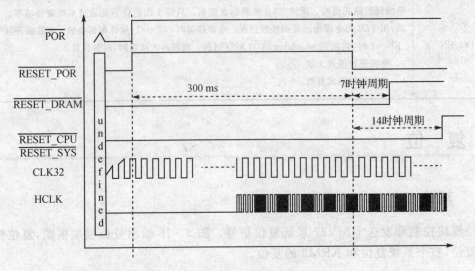

图 3-17 DRAM 和内部复位定时框图

下列情况不能产生系统复位,只能进行 ARM9 复位:
- 外因使 $\overline{RESET\_IN}$ 引脚低电平;
- $\overline{WDOG\_RESET}$ 低电平。

复位信号不能对 SDRAMC、实时时钟和 watchdog 模块复位,允许在引导模式下变更 BOOT[3:0] 使上述复位条件失效。只有系统复位可以进行。

在看门狗状态寄存器中允许硬件复位。

表 3-21 复位模块引脚和信号

| 信号名称 | 方 向 | 信号描述 |
| --- | --- | --- |
| CLK32 | 输入 | 32 kHz 时钟——从 PLL 时钟控制器中 32.768 kHz 或 32.0 kHz 晶体振荡器分频 |
| $\overline{POR}$ | 输入 | 电源复位——来自 $\overline{POR}$ 引脚的内部施密特触发信号,由外部 RC 电路检测电源开启信号后产生 |
| $\overline{RESET\_IN}$ | 输入 | 复位——来自 $\overline{RESET\_IN}$ 引脚的外部低电平施密特触发信号。该信号出现后,除 SDRAMC、实时时钟、watchdog 和 BOOT[3:0] 信号,所有信号均复位 |
| $\overline{WDOG\_RESET}$ | 输入 | watchdog 定时器复位——定时器终止时产生的低电平信号,将其复位成 $\overline{WDOG\_RESET}$ |
| $\overline{HARD\_ASYN\_RESET}$ | 输出 | 硬件异步复位——除 watchdog 模块的状态寄存器外复位所有外设模块的低电平信号。该信号上升沿与 IPG_CLK 同步 |
| $\overline{HRESET}$ | 输出 | 硬件复位——复位 ARM9 平台的低电平信号,在 HCLK 低时产生。该信号也在 i.MX27 的 RESET_OUT 出现 |
| $\overline{RESET\_DRAM}$ | 输出 | DRAM 复位——复位 SDRAM 控制器的低电平信号 |

## 3.4.2 RAM 平台复位

任何一种系统复位信号都能对 RAM 进行复位，这时所有外设均失效。撤销内部复位信号后，ARM 处理器从内部引导 ROM 或 CS0 空间读取代码。访问存储器的位置取决于 BOOT 引脚的配置和在 $\overline{\text{HRESET}}$ 上升沿 TEST 引脚的数值。

## 3.5 系统控制模块编程方法

系统控制模块包括一个 32 位识别码和 24 个用户可访问的 32 位寄存器。表 3-22 给出这些寄存器的名称和地址。

表 3-22 存储器配置

| 地 址 | 寄存器 | 访问方式 | 复位值 | 章 节 |
|---|---|---|---|---|
| 通用寄存器 ||||||
| 0x1002_7800(CID) | 芯片 ID 寄存器 | 读/写 | 0x1882_181D | 4.2.1 |
| 0x1002_7814(FMCR) | 功能多路控制寄存器 | 读/写 | 0xFFFF_FFCB | 4.2.2 |
| 0x1002_7818(GPCR) | 全局外设控制寄存器 | 读/写 | 0x0000_0808 | 4.2.3 |
| 0x1002_781C(WBCR) | 电位阱偏置控制寄存器 | 读/写 | 0x0000_0000 | 4.2.5 |
| 0x1002_7820(DSCR1) | 驱动能力控制寄存器 1 | 读/写 | 0x0000_0000 | 4.2.6 |
| 0x1002_7824(DSCR2) | 驱动能力控制寄存器 2 | 读/写 | 0x0000_0000 | 4.2.7 |
| 0x1002_7824(DSCR3) | 驱动能力控制寄存器 3 | 读/写 | 0x0000_0000 | 4.2.8 |
| 0x1002_782c(DSCR4) | 驱动能力控制寄存器 4 | 读/写 | 0x0000_0000 | 4.2.9 |
| 0x1002_7830(DSCR5) | 驱动能力控制寄存器 5 | 读/写 | 0x0000_0000 | 4.2.10 |
| 0x1002_7834(DSCR6) | 驱动能力控制寄存器 6 | 读/写 | 0x0000_0000 | 4.2.11 |
| 0x1002_7838(DSCR7) | 驱动能力控制寄存器 7 | 读/写 | 0x0000_0000 | 4.2.12 |
| 0x1002_783c(DSCR8) | 驱动能力控制寄存器 8 | 读/写 | 0x0000_0000 | 4.2.13 |
| 0x1002_7840(DSCR9) | 驱动能力控制寄存器 9 | 读/写 | 0x0000_0000 | 4.2.14 |
| 0x1002_7844(DSCR10) | 驱动能力控制寄存器 10 | 读/写 | 0x0000_0000 | 4.2.15 |
| 0x1002_7848(DSCR11) | 驱动能力控制寄存器 11 | 读/写 | 0x0000_0000 | 4.2.16 |
| 0x1002_784c(DSCR12) | 驱动能力控制寄存器 12 | 读/写 | 0x0000_0000 | 4.2.17 |
| 0x1002_7850(DSCR13) | 驱动能力控制寄存器 13 | 读/写 | 0x0000_0000 | 4.2.18 |
| 0x1002_7854(PSCR) | 下拉能力控制寄存器 | 读/写 | 0x0000_0000 | 4.2.19 |
| 0x1002_7858(PCSR) | 优先级控制和选择寄存器 | 读/写 | 0x0000_0003 | 4.2.20 |
| 0x1002_7860(PMCR) | 功率管理控制寄存器 | 读/写 | 0x0000_0000 | 4.2.21 |
| 0x1002_7864(DCVR0) | DPTC 比较值控制寄存器 0 | 读/写 | 0x0000_0000 | 4.2.22 |
| 0x1002_7868(DCVR1) | DPTC 比较值控制寄存器 1 | 读/写 | 0x0000_0000 | 4.2.23 |
| 0x1002_786C(DCVR2) | DPTC 比较值控制寄存器 2 | 读/写 | 0x0000_0000 | 4.2.24 |
| 0x1002_7870(DCVR3) | DPTC 比较值控制寄存器 3 | 读/写 | 0x0000_0000 | 4.2.25 |

图 3-18 提供了寄存器每一位的信息，表 3-23 给出寄存器缩写规定。

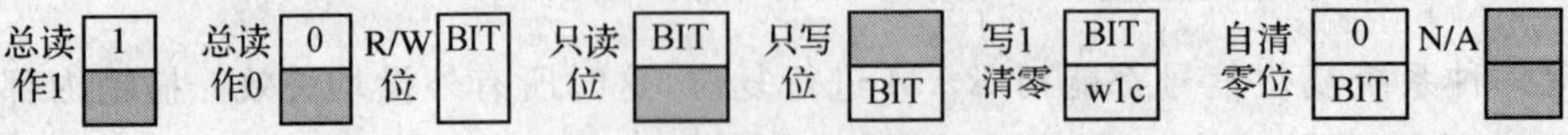

| 总读作1 | 1 | 总读作0 | 0 | R/W | BIT | 只读位 | BIT | 只写位 | BIT | 写1清零 | BIT w1c | 自清零位 | 0 BIT | N/A |

图 3-18 寄存器的位

表 3-23 寄存器各种规定

| 符号 | 描述 |
| --- | --- |
|  | 根据是读写行的位置决定这一位是不可读还是不可写 |
| FIELDNAME | 标示位。表明在读写行中这一位是可读还是可写的 |
|  | 寄存器符号类型 |
| R | 只读位。这一位写无效 |
| W | 只写位 |
| R/W | 标准可读写位。只有软件可以改变这一位的值(不是硬件复位) |
| rwm | 可用硬件以一些方式修改的读写位，不是复位 |
| w1c | 写1清零。这是一个可读且写1清零的状态位。 |
| Self-clearing bit | 写1会对修改有一些影响,但是它总是被读为0(预先指定这个位) |
|  | 复位值 |
| 0 | 复位为 0 |
| 1 | 复位为 1 |
| — | 未定义复位 |
| u | 复位无效 |
| [signal_name] | 偏置信号决定复位值 |

## 3.5.1 芯片 ID 寄存器

芯片 ID 寄存器包含芯片识别码。图 3-19 和表 3-24 提供了寄存器和各字段说明。

0x1002_7800 (CID)　　　　　　　　　　　　　　　　　　　　　　　用户读写访问

| | 31 | 30 | 29 | 28 | 27 | 26 | 25 | 24 | 23 | 22 | 21 | 20 | 19 | 18 | 17 | 16 |
| --- | --- | --- | --- | --- | --- | --- | --- | --- | --- | --- | --- | --- | --- | --- | --- | --- |
| R W | 版本ID ||||  部分号码 |||||||||||
| 复位 | 0 | 0 | 0 | 1 | 1 | 0 | 0 | 0 | 1 | 0 | 0 | 0 | 0 | 0 | 1 | 0 |

| | 15 | 14 | 13 | 12 | 11 | 10 | 9 | 8 | 7 | 6 | 5 | 4 | 3 | 2 | 1 | 0 |
| --- | --- | --- | --- | --- | --- | --- | --- | --- | --- | --- | --- | --- | --- | --- | --- | --- |
| R W | 部分号码 |||| 制造商ID ||||||||||||
| 复位 | 0 | 0 | 0 | 1 | 0 | 0 | 0 | 0 | 0 | 0 | 0 | 1 | 1 | 1 | 0 | 1 |

图 3-19 芯片识别码寄存器

表3-24 芯片ID寄存器

| 字　段 | 详细说明 |
| --- | --- |
| 31~28 版本ID | 包含4比特版本ID号码 |
| 27~12 部分号码 | 包含芯片16位部分号码 |
| 11~0 制造商ID | 包含芯片12位制造商ID号码 |

## 3.5.2　FMCR 多路功能控制寄存器

多路功能控制寄存器控制 SLCDC、UART、键盘模块信号线和 SDRAM 片选的复用。FMCR 也能控制和指示 NAND-Flash 页面和数据端口尺寸的引导状态,见图3-20 和表3-25。

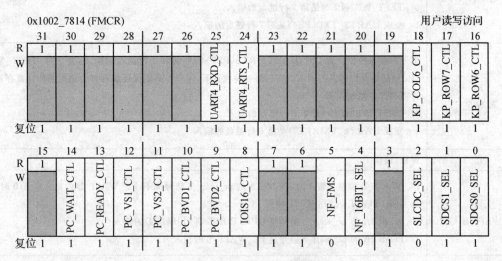

图3-20　多路功能控制寄存器

表3-25　多路功能控制寄存器

| 位 | 说　明 |
| --- | --- |
| 31~26 | 保留,读作1 |
| 25<br>UART4_RXD_CTL | UART4 RXD 控制。置1时,USBH1_RXDP(PB31)的信号是 UART4 的 RXD 输入;置0时,USBH1_TXDP(PB29) GPIO 的 AOUT 是 UART4 的 RXD 输入。在任何一种设置下,用户都必须保证编程好合适的 GPIO 寄存器选择需要的多路复用器<br>0　USBH1_TXDP(PB29) GPIO 的 AOUT 是 UART 的 RXD4 的输入<br>1　变成 USBH1_RXDP(PB31)是 UART 的 RXD4 的输入 |
| 24<br>UART4_RTS_CTL | UART4 RTS 控制。置1时,USBH1_FS(PB26)信号是 UART4 的 RTS 输入;置0时,USBH1_RXDP(PB31) GPIO 的 AOUT 是 UART4 的 RTS 输入。在任何一种设置下,用户都必须保证编程好合适的 GPIO 寄存器选择需要的多路复用器<br>0　USBH1_RXDP(PB31) GPIO 的 AOUT 是 UART4 的 RTS 的输入<br>1　变成 USBH1_FS(PB26)是 UART 的 RTS 的输入 |

续表 3-25

| 位 | 说　明 |
|---|---|
| 23～19 | 保留，读作 1 |
| 18<br>KP_COL6_CTL | 第 6 列键盘控制。置 1 时，UART2_TXD(PE6) 信号是第 6 列键盘的输入；置 0 时，TEST_WB2(PE0) 是第 6 列键盘的输入。在任何一种设置下，用户都必须保证编程好合适的 GPIO 寄存器选择需要的多路复用器<br>0　TEST_WB2(PE0) 是第 6 列键盘的输入<br>1　变成 UART2_TXD(PE6) 是第 6 列键盘的输入 |
| 17<br>KP_ROW7_CTL | 第 7 行键盘控制。置 1 时，UART2_RTS(PE4) 信号是第 7 行键盘的输入；置 0 时，TEST_WB2(PE2) 是第 7 行键盘的输入。在任何一种设置下，用户都必须保证编程好合适的 GPIO 寄存器选择需要的多路复用器<br>0　TEST_WB2(PE2) 是第 7 行键盘的输入<br>1　变成 UART2_TXD(PE4) 是第 7 行键盘的输入 |
| 16<br>KP_ROW6_CTL | 第 6 行键盘控制。置 1 时，UART2_RTS(PE7) 信号是第 6 行键盘的输入；置 0 时，TEST_WB2(PE1) 是第 6 行键盘的输入。在任何一种设置下，用户都必须保证编程好合适的 GPIO 寄存器选择需要的多路复用器<br>0　TEST_WB2(PE1) 是第 6 行键盘的输入<br>1　变成 UART2_TXD(PE7) 是第 6 行键盘的输入 |
| 15 | 保留，读作 1 |
| 14<br>PC_WAIT_B_CTL | PC_WAIT_B 控制。置 1 时，PCMCIA 的 pc_wait_b 信号来自 PC_WAIT_B 的输入。置 0 时，作为 GPIO PORT C[31]BOUT 输入<br>0　PCMCIA 的 pc_wait_b 信号是 GPIO PORT C[31]BOUT 的输入<br>1　PCMCIA 的 pc_wait_b 信号是 PC_WAIT_B 的输入 |
| 13<br>PC_READY_CTL | PC_READY 控制。置 1 时，PCMCIA 的 pc_ready 信号来自 PC_READY 的输入。置 0 时，作为 GPIO PORT C[30]BOUT 输入<br>0　PCMCIA 的 pc_ready 信号是 GPIO PORT C[30]BOUT 的输入<br>1　PCMCIA 的 pc_ready 信号是 PC_READY 的输入 |
| 12<br>PC_VS1_CTL | PC_VS1 控制。置 1 时，PCMCIA 的 pc_vs1 信号来自 PC_VS1 的输入。置 0 时，作为 GPIO PORT C[29]BOUT 输入<br>0　PCMCIA 的 pc_vs1 信号是 GPIO PORT C[29]BOUT 的输入<br>1　PCMCIA 的 pc_vs1 信号是 PC_VS1 的输入 |
| 11<br>PC_VS2_CTL | PC_VS2 控制。置 1 时，PCMCIA 的 pc_vs2 信号来自 PC_VS2 的输入。置 0 时，作为 GPIO PORT C[28]BOUT 输入<br>0　PCMCIA 的 pc_vs2 信号是 GPIO PORT C[28]BOUT 的输入<br>1　PCMCIA 的 pc_vs2 信号是 PC_VS2 的输入 |

续表 3-25

| 位 | 说 明 |
|---|---|
| 10<br>PC_BVD1_CTL | PC_BVD1 控制。置 1 时，PCMCIA 的 pc_bvd1 信号来自 PC_BVD1 的输入。置 0 时，作为 GPIO PORT C[19]BOUT 输入<br>0　PCMCIA 的 pc_bvd1 信号是 GPIO PORT C[19]BOUT 的输入<br>1　PCMCIA 的 pc_bvd1 信号是 PC_BVD1 的输入 |
| 9<br>PC_BVD2_CTL | PC_BVD2 控制。置 1 时，PCMCIA 的 pc_bvd2 信号来自 PC_BVD2 的输入。置 0 时，作为 GPIO PORT C[18]BOUT 输入<br>0　PCMCIA 的 pc_bvd2 信号是 GPIO PORT C[18]BOUT 的输入<br>1　PCMCIA 的 pc_bvd2 信号是 PC_BVD2 的输入 |
| 8<br>IOIS16_CTL | IOIS16 控制。置 1 时，PCMCIA 的 iois16 信号是来自于 IOIS16 的输入。置 0 时，作为 GPIO PORT C[17]BOUT 输入<br>0　PCMCIA 的 iosi16 信号是 GPIO PORT C[17]BOUT 的输入。<br>1　PCMCIA 的 iosi16 信号是 IOSI16 的输入。 |
| 7～6 | 保留，读作 1 |
| 5<br>NF_FMS | 闪存选择。BOOT[3:0]=0010 或 0011 时，NF_FMS 置 1，否则置 0。引导时用户可编程<br>0　非易失闪存 512 字节页面大小（64 MB/128 MB/256 MB/512 MB/1 GB DDP）<br>1　非易失闪存 2 KB 页面大小（1 GB/2 GB DDP/2 GB）<br>注：DDP 为双密度页面 |
| 4<br>NF_16BIT_SEL | 16 位非易失闪存选择。选择 16 位 NF 操作。设置该位使非易失闪存进入 16 位操作，非易失闪存引脚的高位数据有效。该位清零使 NF 进入 8 位操作，A[25:21]信号变成有效。EMI 模块这样使用，I/O MUX 模块不能。系统引导期间如果 BOOT[3:0]输入引脚配置为选择 16 位模式，NF_16BIT_SEL 位设置为 1<br>0　非易失闪存 8 位操作<br>1　非易失闪存 16 位操作 |
| 3 | 保留，读作 1 |
| 2<br>SLCDC_SEL | SLCDC 选择。选择基带芯片（BB）或 i.MX27 处理器按串行方式驱动 SLCDC 显示端口<br>0　片上驱动 SLCDC 端口<br>1　BB 可以直接写 SLCDC 端口 |
| 1<br>SDCS1_SEL | SDRAM 片选。CS3/CSD1 引脚功能选择<br>0　选择 CS3<br>1　选择 CSD1 |
| 0<br>SDCS0_SEL | SDRAM 片选。CS2/CSD0 引脚功能选择<br>0　选择 CS2<br>1　选择 CSD0 |

## 3.5.3 系统外设控制寄存器

系统外设控制寄存器(GPCR)显示 i.MX27 当前引导模式,也控制到处理器模块的时钟,见图 3-21 和表 3-26。

0x1002_7818 (GPCR)　　　　　　　　　　　　　　　　　　　　　　用户读写访问

| 31 | 30 | 29 | 28 | 27 | 26 | 25 | 24 | 23 | 22 | 21 | 20 | 19 | 18 | 17 | 16 |
|---|---|---|---|---|---|---|---|---|---|---|---|---|---|---|---|
| R/W 0 | 0 | 0 | 0 | 0 | 0 | 0 | 0 | 0 | 0 | 0 | 0 | 引导 | | | |
| 复位 0 | 0 | 0 | 0 | 0 | 0 | 0 | 0 | 0 | 0 | 0 | 0 | 0 | 0 | 0 | 0 |

| 15 | 14 | 13 | 12 | 11 | 10 | 9 | 8 | 7 | 6 | 5 | 4 | 3 | 2 | 1 | 0 |
|---|---|---|---|---|---|---|---|---|---|---|---|---|---|---|---|
| R/W 0 | 0 | 0 | 0 | ETM9_PAD_EN | USB_Burst_Override | PP_Burst_Override | DMA_Burst_Override | 0 | 0 | 0 | 0 | CLOCK_GATING_EN | DDR_MODE | CLK_DDR_MODE | DDR_INPUT |
| 复位 0 | 0 | 0 | 0 | 0 | 1 | 1 | 1 | 0 | 0 | 0 | 0 | 0 | 1 | 0 | 0 |

图 3-21 系统外设控制寄存器

表 3-26 系统外设控制寄存器

| 位 | 说　明 |
|---|---|
| 31～20 | 保留,读为 0 |
| 19～16 | 引导模式。这些是 4 位 i.MX27 设备的引导模式<br>0000　从 UART/USB 引导<br>0001　保留<br>0010　8 位非易失闪存(每页 2 KB)<br>0011　16 位非易失闪存(每页 2 KB)<br>0100　16 位非易失闪存(每页 512 字节)<br>0101　6 位 CSO<br>0110　32 位 CSO<br>0111　8 位非易失闪存(每页 512 字节)<br>1xxx　保留 |
| 15～12 | 保留,读为 0 |
| 11<br>ETM9_PAD_EN | 0　ETM9 端子不可用<br>1　ETM9 端子可用 |
| 10<br>USB_Burst_Override | USB 猝发控制。该位为 1 时,USB 猝发型式强制为 INCR8<br>0　旁路,猝发型式没有被强制<br>1　USB 猝发型式为 INCR8 |
| 9<br>PP_Burst_Override | EMMA PP 猝发控制。该位为 1 时,EMMA PP 猝发型式强制为 INCR8 或 INCR4<br>0　旁路,猝发型式没有被强制<br>1　EMMA PP 猝发型式为 INCR8 或 INCR4 |
| 8<br>DMA_Burst_Override | DMA 猝发控制。该位为 1 时,DMA 猝发型式强制为 INCR8 或 INCR4<br>0　旁路,猝发型式没有被强制<br>1　DMA 猝发型式为 INCR8 或 INCR4 |

续表 3-26

| 位 | 说 明 |
|---|---|
| 7~4 | 保留，读为 0 |
| 3<br>CLOCK_GATING_EN | 计时器门控使能。该位为 1 时，AIPI 模块控制外设寄存器访问时钟。例如，一个寄存器对 AIPI1 或 AIPI2 外设进行读写访问时，ipg_clk_s1 时钟会工作，如果没有访问就会停止工作。该位清零时，AIPI 时钟变为连续时钟，不管有没有访问外设。为了最大限度节省功耗，推荐该位设置为 1 |
| 2<br>DDR_MODE | DDR 驱动力控制。从除 SDCLK 端口外的所有 DDR 端口中选择 DDR 驱动力<br>0　从 DSCRx 寄存器相关的控制字中选择驱动力<br>1　驱动力约为 20 mA，如同 SSTL_18 中的定义 |
| 1<br>CLK_DDR_MODE | CLK DDR 模式。从 SDCLK 端口中选择 DDR 驱动力<br>0　从 DSCR8 寄存器相关的控制字中选择驱动力<br>1　驱动力约为 20 mA，如同 SSTL_18 中的定义 |
| 0<br>DDR_INPUT | DDR 输入，用于使 DDR 输入模式强制为 CMOS 输入模式<br>0　对 DDR 输入模式无强制<br>1　使 DDR 输入模式强制为 CMOS 输入模式 |

## 3.5.4 偏置电位阱控制寄存器

i.MX27 处理器采用创新系统减少偏置电位阱的泄漏电流。偏置电位阱系统通过采用增加 QVDDx 子系统晶体管阀值电压来减少 QVDDx 子系统在低功耗模式下的泄漏电流问题。

i.MX27 处理器包含两个这样的系统，一个针对 ARM 极逻辑，一个针对 EMI 模块。下面介绍如何设置和使用这个节能装置的优点。

偏置电位阱控制寄存器（WBCR）允许用户使用 A926P 偏置电位阱系统和 EMI 偏置电位阱系统。默认的设置是两个系统都不用。A926P 偏置电位阱系统可以运行在暂停和休眠两种模式下，而 EMI 偏置电位阱系统只能运行在休眠模式下。为了激活这些偏置电位阱系统以及使用这些节能措施，CRM_WBFA 或 CRM_WBFA_EMI 位必须置 1，参见图 3-22 和表 3-27。

0x1002_781C (WBCR)　　　　　　　　　　　　　　　　　　　　　　　　用户读写访问

| 31 | 30 | 29 | 28 | 27 | 26 | 25 | 24 | 23 | 22 | 21 | 20 | 19 | 18 | 17 | 16 |
|---|---|---|---|---|---|---|---|---|---|---|---|---|---|---|---|
| 0 | 0 | 0 | 0 | \multicolumn{4}{|c|}{CRM_SRA_EMI} | 0 | 0 | 0 | 0 | CRM_WBFA_EMI | CRM_WBM_EMI | | |
| 0 | 0 | 0 | 0 | | | | | 0 | 0 | 0 | 0 | | | | |

| 15 | 14 | 13 | 12 | 11 | 10 | 9 | 8 | 7 | 6 | 5 | 4 | 3 | 2 | 1 | 0 |
|---|---|---|---|---|---|---|---|---|---|---|---|---|---|---|---|
| 0 | 0 | 0 | 0 | \multicolumn{4}{|c|}{CRM_SRA} | 0 | 0 | 0 | 0 | CRM_WBFA | CRM_WBM | | |
| 0 | 0 | 0 | 0 | | | | | 0 | 0 | 0 | 0 | | | | |

图 3-22　偏置电位阱控制寄存器

# 第3章 系统控制

表3-27 偏置电位阱控制寄存器字段详细说明

| 位 | 说 明 |
|---|---|
| 31～28 | 保留,读为0 |
| 27～26<br>CRM_SPA_EMI | EMI PWELL 设置点调整。说明 EMI PWELL 的偏置电流设置点或调整级别的配置<br>00　用于 P 电位阱最小背面偏置<br>01　用于 P 电位阱降低背面偏置<br>10　用于 P 电位阱中等背面偏置<br>11　用于 P 电位阱增加背面偏置 |
| 25～24<br>CRM_SPA_EMI | EMI NWELL 设置点调整。说明 EMI NWELL 的偏置电流设置点或调整级别的配置<br>00　用于 N 电位阱最小背面偏置<br>01　用于 N 电位阱降低背面偏置<br>10　用于 N 电位阱中等背面偏置<br>11　用于 N 电位阱增加背面偏置 |
| 23～20 | 保留,读为0 |
| 19<br>CRM_WBFA_EMI | 偏置电位阱频率调节。当 EMI WELL 可用时,为了获得最佳节电效果,该位应置1<br>0　标准<br>1　当 EMI WELL 可用时,为了获得最佳节电效果,这一位应当于1<br>注意:当 EMI WELL 不可用时,这一位无效 |
| 18～16<br>CRM_WBM_EMI | 在休眠模式下允许或者禁止操作偏置电位阱系统。操作时这些位必须为001;禁止时必须为000。所有其他位的设置被保留。<br>000　偏置电位阱不可用<br>001　偏置电位阱可在休眠模式下使用<br>010～111　偏置电位阱不可用 |
| 15～12 | 保留,读为0 |
| 11～10<br>CRM_SPA | A926P PWELL 的偏置电流设置点或调整级别的配置<br>00　用于 P 电位阱最小背面偏置<br>01　用于 P 电位阱降低背面偏置<br>10　用于 P 电位阱中等背面偏置<br>11　用于 P 电位阱增加背面偏置 |
| 9～8<br>CRM_SPA | A926P NWELL 的偏置电流设置点或者调整级别的配置<br>00　用于 N 电位阱最小背面偏置<br>01　用于 N 电位阱降低背面偏置<br>10　用于 N 电位阱中等背面偏置<br>11　用于 N 电位阱增加背面偏置 |
| 7～4 | 保留,读为0 |

续表 3-27

| 位 | 说 明 |
|---|---|
| 3<br>CRM_WBFA | 偏置电位阱频率调节。当 A926P WELL 可用时,为了获得最佳节电效果,该位应置 1<br>0  标准<br>1  当 A926P WELL 可用时,为获得最佳节电效果该位应置 1。不可用时,该位无效 |
| 2~0<br>CRM_WBM | 使用 A926P 偏置电位阱时控制。休眠模式下使用或禁止偏置电位阱系统。休眠模式期间偏置电位阱这些位必须置为 001;禁止时必须为 000。所有其他位的设置被保留。<br>000  偏置电位阱不可用<br>001  偏置电位阱可在休眠模式下使用<br>010  偏置电位阱可在休眠模式或暂停模式下使用<br>100~111  偏置电位阱不可用 |

## 3.5.5 驱动力控制寄存器 1

驱动力控制寄存器 1(DSCR1)控制 i.MX27 器件中所有低 I/O 信号驱动能力参数,如图 3-23 和表 3-28 所示。

0x1002_7820 (DSCR1)                                用户读写访问

| 31 | 30 | 29 | 28 | 27 | 26 | 25 | 24 | 23 | 22 | 21 | 20 | 19 | 18 | 17 | 16 |
|---|---|---|---|---|---|---|---|---|---|---|---|---|---|---|---|
| R<br>W 0 | 0 | 0 | 0 | 0 | 0 | 0 | 0 | 0 | 0 | DS_SLOW11 | | DS_SLOW10 | | DS_SLOW9 | |
| 复位 0 | 0 | 0 | 0 | 0 | 0 | 0 | 0 | 0 | 0 | 0 | 0 | 0 | 0 | 0 | 0 |

| 15 | 14 | 13 | 12 | 11 | 10 | 9 | 8 | 7 | 6 | 5 | 4 | 3 | 2 | 1 | 0 |
|---|---|---|---|---|---|---|---|---|---|---|---|---|---|---|---|
| R<br>W DS_SLOW8 | | DS_SLOW7 | | DS_SLOW6 | | DS_SLOW5 | | DS_SLOW4 | | DS_SLOW3 | | DS_SLOW2 | | DS_SLOW1 | |
| 复位 0 | 0 | 0 | 0 | 0 | 0 | 0 | 0 | 0 | 0 | 0 | 0 | 0 | 0 | 0 | 0 |

图 3-23 驱动力控制寄存器 1(DSCR1)

表 3-28 驱动力控制寄存器 1(DSCR1)

| 位 | 描 述 |
|---|---|
| 31~22 | 保留,读作 0 |
| 21~20<br>DS_SLOW11 | 低驱动力 I/O。控制 11 组低驱动力 I/O(DVS_PMIC)<br>00  正常<br>01  高<br>10  最高<br>11  最高 |
| 19~18<br>DS_SLOW10 | 低驱动力 I/O。控制 10 组低驱动力 I/O(SDHC1 和 CSPI3)<br>00  正常<br>01  高<br>10  最高<br>11  最高 |

续表 3-28

| 位 | 描 述 |
|---|---|
| 17~16<br>DS_SLOW9 | 低驱动力 I/O。控制 9 组低驱动力 I/O(JTAG)<br>00 正常<br>01 高<br>10 最高<br>11 最高 |
| 15~14<br>DS_SLOW8 | 低驱动力 I/O。控制 8 组低驱动力 I/O(PWM、KPP、UART1、UART2、UART3、和 RESET_OUT_B)<br>00 正常<br>01 高<br>10 最高<br>11 最高 |
| 13~12<br>DS_SLOW7 | 低驱动力 I/O。控制 7 组低驱动力 I/O(CSPI1 和 CSPI2)<br>00 正常<br>01 高<br>10 最高<br>11 最高 |
| 11~10<br>DS_SLOW6 | 低驱动力 I/O。控制 6 组低驱动力 I/O(SSI1、SSI2、SAP、SSI3、GPT4 和 GPT5)<br>00 正常<br>01 高<br>10 最高<br>11 最高 |
| 9~8<br>DS_SLOW5 | 低驱动力 I/O。控制 5 组低驱动力 I/O(GPT1、I2C1 和 I2C2)<br>00 正常<br>01 高<br>10 最高<br>11 最高 |
| 7~6<br>DS_SLOW4 | 低驱动力 I/O。控制 4 组低驱动力 I/O(USBH1、UART4 和 USBG)<br>00 正常<br>01 高<br>10 最高<br>11 最高 |
| 5~4<br>DS_SLOW3 | 低驱动力 I/O。控制 3 组低驱动力 I/O(CSI、UART5 和 UART6)<br>00 正常<br>01 高<br>10 最高<br>11 最高 |

续表 3-28

| 位 | 描述 |
|---|---|
| 3~2<br>DS_SLOW2 | 低驱动力 I/O。控制 2 组低驱动力 I/O(SDHC2 和 MSHC)<br>00 正常<br>01 高<br>10 最高<br>11 最高 |
| 1~0<br>DS_SLOW1 | 低驱动力 I/O。控制 1 组低驱动力 I/O(LCDC)<br>00 正常<br>01 高<br>10 最高<br>11 最高 |

## 3.5.6 驱动力控制寄存器 2

驱动力控制寄存器 2(DSCR2)控制 i.MX27 器件中所有高 I/O 信号驱动能力参数，如图 3-24 和表 3-29 所示。

0x1002_7824 (DSCR2)　　　　　　　　　　　　　　　　　　　　　用户读写访问

| | 31 | 30 | 29 | 28 | 27 | 26 | 25 | 24 | 23 | 22 | 21 | 20 | 19 | 18 | 17 | 16 |
|---|---|---|---|---|---|---|---|---|---|---|---|---|---|---|---|---|
| R/W | DS_FAST16 | | DS_FAST15 | | DS_FAST14 | | DS_FAST13 | | DS_FAST12 | | DS_FAST11 | | DS_FAST10 | | DS_FAST9 | |
| 复位 | 0 | 0 | 0 | 0 | 0 | 0 | 0 | 0 | 0 | 0 | 0 | 0 | 0 | 0 | 0 | 0 |

| | 15 | 14 | 13 | 12 | 11 | 10 | 9 | 8 | 7 | 6 | 5 | 4 | 3 | 2 | 1 | 0 |
|---|---|---|---|---|---|---|---|---|---|---|---|---|---|---|---|---|
| R/W | DS_FAST8 | | DS_FAST7 | | DS_FAST6 | | DS_FAST5 | | DS_FAST4 | | DS_FAST3 | | DS_FAST2 | | DS_FAST1 | |
| 复位 | 0 | 0 | 0 | 0 | 0 | 0 | 0 | 0 | 0 | 0 | 0 | 0 | 0 | 0 | 0 | 0 |

图 3-24 驱动力控制寄存器 2(DSCR2)

表 3-29 驱动力控制寄存器 2(DSCR2)

| 位 | 描述 |
|---|---|
| 31~30<br>DS_FAST16 | 高驱动力 I/O。控制 16 组高驱动力 I/O(D15)<br>00 正常<br>01 高<br>10 最高<br>11 最高 |
| 29~28<br>DS_FAST15 | 高驱动力 I/O。控制 15 组高驱动力 I/O(D14)<br>00 正常<br>01 高<br>10 最高<br>11 最高 |

续表 3-29

| 位 | 描 述 |
|---|---|
| 27~26<br>DS_FAST14 | 高驱动力 I/O。控制 14 组高驱动力 I/O(D13)<br>00 正常<br>01 高<br>10 最高<br>11 最高 |
| 25~24<br>DS_FAST13 | 高驱动力 I/O。控制 13 组高驱动力 I/O(D12)<br>00 正常<br>01 高<br>10 最高<br>11 最高 |
| 23~22<br>DS_FAST12 | 高驱动力 I/O。控制 12 组高驱动力 I/O(D11)<br>00 正常<br>01 高<br>10 最高<br>11 最高 |
| 21~20<br>DS_FAST11 | 高驱动力 I/O。控制 11 组高驱动力 I/O(D10)<br>00 正常<br>01 高<br>10 最高<br>11 最高 |
| 19~18<br>DS_FAST10 | 高驱动力 I/O。控制 10 组高驱动力 I/O(D9)<br>00 正常<br>01 高<br>10 最高<br>11 最高 |
| 17~16<br>DS_FAST9 | 高驱动力 I/O。控制 9 组高驱动力 I/O(D8)<br>00 正常<br>01 高<br>10 最高<br>11 最高 |
| 15~14<br>DS_FAST8 | 高驱动力 I/O。控制 8 组高驱动力 I/O(D7)<br>00 正常<br>01 高<br>10 最高<br>11 最高 |

续表 3-29

| 位 | 描 述 |
|---|---|
| 13~12<br>DS_FAST7 | 高驱动力 I/O。控制 7 组高驱动力 I/O(D6)<br>00　正常<br>01　高<br>10　最高<br>11　最高 |
| 11~10<br>DS_FAST6 | 高驱动力 I/O。控制 6 组高驱动力 I/O(D5)<br>00　正常<br>01　高<br>10　最高<br>11　最高 |
| 9~8<br>DS_FAST5 | 高驱动力 I/O。控制 5 组高驱动力 I/O(D4)<br>00　正常<br>01　高<br>10　最高<br>11　最高 |
| 7~6<br>DS_FAST4 | 高驱动力 I/O。控制 4 组高驱动力 I/O(D3)<br>00　正常<br>01　高<br>10　最高<br>11　最高 |
| 5~4<br>DS_FAST3 | 高驱动力 I/O。控制 3 组高驱动力 I/O(D2)<br>00　正常<br>01　高<br>10　最高<br>11　最高 |
| 3~2<br>DS_FAST2 | 高驱动力 I/O。控制 2 组高驱动力 I/O(D1)<br>00　正常<br>01　高<br>10　最高<br>11　最高 |
| 1~0<br>DS_FAST1 | 高驱动力 I/O。控制 1 组高驱动力 I/O(D0)<br>00　正常<br>01　高<br>10　最高<br>11　最高 |

## 3.5.7 驱动力控制寄存器 3

驱动力控制寄存器 3（DSCR3）控制 i.MX27 器件中所有高 I/O 信号驱动能力参数，如图 3-25 和表 3-30 所示。

0x1002_7828 (DSCR3) 用户读写访问

| | 31 | 30 | 29 | 28 | 27 | 26 | 25 | 24 | 23 | 22 | 21 | 20 | 19 | 18 | 17 | 16 |
|---|---|---|---|---|---|---|---|---|---|---|---|---|---|---|---|---|
| R/W | DS_FAST32 | | DS_FAST31 | | DS_FAST30 | | DS_FAST29 | | DS_FAST28 | | DS_FAST27 | | DS_FAST26 | | DS_FAST25 | |
| 复位 | 0 | 0 | 0 | 0 | 0 | 0 | 0 | 0 | 0 | 0 | 0 | 0 | 0 | 0 | 0 | 0 |
| | 15 | 14 | 13 | 12 | 11 | 10 | 9 | 8 | 7 | 6 | 5 | 4 | 3 | 2 | 1 | 0 |
| R/W | DS_FAST24 | | DS_FAST23 | | DS_FAST22 | | DS_FAST21 | | DS_FAST20 | | DS_FAST19 | | DS_FAST18 | | DS_FAST17 | |
| 复位 | 0 | 0 | 0 | 0 | 0 | 0 | 0 | 0 | 0 | 0 | 0 | 0 | 0 | 0 | 0 | 0 |

图 3-25 驱动力控制寄存器 3(DSCR3)

表 3-30 驱动力控制寄存器 3(DSCR3)

| 位 | 描 述 |
|---|---|
| 31～30<br>DS_FAST32 | 高驱动力 I/O。控制 32 组高驱动力 I/O(D15)<br>00 正常<br>01 高<br>10 最高<br>11 最高 |
| 29～28<br>DS_FAST31 | 高驱动力 I/O。控制 31 组高驱动力 I/O(D14)<br>00 正常<br>01 高<br>10 最高<br>11 最高 |
| 27～26<br>DS_FAST30 | 高驱动力 I/O。控制 30 组高驱动力 I/O(D13)<br>00 正常<br>01 高<br>10 最高<br>11 最高 |
| 25～24<br>DS_FAST29 | 高驱动力 I/O。控制 29 组高驱动力 I/O(D12)<br>00 正常<br>01 高<br>10 最高<br>11 最高 |

续表 3-30

| 位 | 描述 |
|---|---|
| 23~22<br>DS_FAST28 | 高驱动力 I/O。控制 28 组高驱动力 I/O(D11)<br>00　正常<br>01　高<br>10　最高<br>11　最高 |
| 21~20<br>DS_FAST27 | 高驱动力 I/O。控制 27 组高驱动力 I/O(D10)<br>00　正常<br>01　高<br>10　最高<br>11　最高 |
| 19~18<br>DS_FAST26 | 高驱动力 I/O。控制 26 组高驱动力 I/O(D9)<br>00　正常<br>01　高<br>10　最高<br>11　最高 |
| 17~16<br>DS_FAST25 | 高驱动力 I/O。控制 25 组高驱动力 I/O(D8)<br>00　正常<br>01　高<br>10　最高<br>11　最高 |
| 15~14<br>DS_FAST24 | 高驱动力 I/O。控制 24 组高驱动力 I/O(D7)<br>00　正常<br>01　高<br>10　最高<br>11　最高 |
| 13~12<br>DS_FAST23 | 高驱动力 I/O。控制 23 组高驱动力 I/O(D6)<br>00　正常<br>01　高<br>10　最高<br>11　最高 |
| 11~10<br>DS_FAST22 | 高驱动力 I/O。控制 22 组高驱动力 I/O(D5)<br>00　正常<br>01　高<br>10　最高<br>11　最高 |

续表 3-30

| 位 | 描　述 |
|---|---|
| 9~8<br>DS_FAST21 | 高驱动力 I/O。控制 21 组高驱动力 I/O(D4)<br>00　正常<br>01　高<br>10　最高<br>11　最高 |
| 7~6<br>DS_FAST20 | 高驱动力 I/O。控制 20 组高驱动力 I/O(D3)<br>00　正常<br>01　高<br>10　最高<br>11　最高 |
| 5~4<br>DS_FAST19 | 高驱动力 I/O。控制 19 组高驱动力 I/O(D2)<br>00　正常<br>01　高<br>10　最高<br>11　最高 |
| 3~2<br>DS_FAST18 | 高驱动力 I/O。控制 18 组高驱动力 I/O(D1)<br>00　正常<br>01　高<br>10　最高<br>11　最高 |
| 1~0<br>DS_FAST17 | 高驱动力 I/O。控制 17 组高驱动力 I/O(D0)<br>00　正常<br>01　高<br>10　最高<br>11　最高 |

驱动力控制寄存器 4(DSCR4)至驱动力控制寄存器 13(DSCR13)控制 i.MX27 器件中所有高 I/O 信号驱动能力参数,其驱动力控制寄存器位图、注释表分别根据如图 3-24 与图 3-25 和表 3-29 与表 3-30 的变化规律,读者可自行绘制。

### 3.5.8　上拉能力控制寄存器

上拉能力控制寄存器(PSCR)控制芯片上拉能力和方向,如图 3-26 和表 3-31 所示。

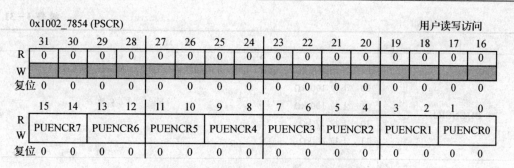

图 3-26 上拉能力控制寄存器(PSCR)

表 3-31 上拉能力控制寄存器(PSCR)

| 位 | 描述 |
|---|---|
| 31~16 | 保留,应读作 0 |
| 15~14<br>PUENCR7 | PUEN 能力控制 7。选择(上下)方向和能力(SD2_D0_MSHC_DATA0)<br>00　下拉 100 kΩ<br>01　上拉 100 kΩ<br>10　上拉 47 kΩ<br>11　上拉 22 kΩ |
| 13~12<br>PUENCR6 | PUEN 能力控制 6。选择(上下)方向和能力(SD2_D0_MSHC_DATA1)<br>00　下拉 100 kΩ<br>01　上拉 100 kΩ<br>10　上拉 47 kΩ<br>11　上拉 22 kΩ |
| 11~10<br>PUENCR5 | PUEN 能力控制 5。选择(上下)方向和能力(SD2_D0_MSHC_DATA2)<br>00　下拉 100 kΩ<br>01　上拉 100 kΩ<br>10　上拉 47 kΩ<br>11　上拉 22 kΩ |
| 9~8<br>PUENCR4 | PUEN 能力控制 4。选择(上下)方向和能力(SD2_D0_MSHC_DATA3)<br>00　下拉 100 kΩ<br>01　上拉 100 kΩ<br>10　上拉 47 kΩ<br>11　上拉 22 kΩ |
| 7~6<br>PUENCR3 | PUEN 能力控制 3。选择(上下)方向和能力(SD2_D0_MSHC_BS)<br>00　下拉 100 kΩ<br>01　上拉 100 kΩ<br>10　上拉 47 kΩ<br>11　上拉 22 kΩ |

续表 3-31

| 位 | 描述 |
|---|---|
| 5～4<br>PUENCR2 | PUEN 能力控制 2。选择（上下）方向和能力（SD2_D0_MSHC_SCLK）<br>00　下拉 100 kΩ<br>01　上拉 100 kΩ<br>10　上拉 47 kΩ<br>11　上拉 22 kΩ |
| 3～2<br>PUENCR1 | PUEN 能力控制 1。选择（上下）方向和能力（SD2_D0_MSHC_SS）<br>00　下拉 100 kΩ<br>01　上拉 100 kΩ<br>10　上拉 47 kΩ<br>11　上拉 22 kΩ |
| 1～0<br>PUENCR0 | PUEN 能力控制 0。选择（上下）方向和能力（ATA_DATA3_SD3_D3S）<br>00　下拉 100 kΩ<br>01　上拉 100 kΩ<br>10　上拉 47 kΩ<br>11　上拉 22 kΩ |

## 3.5.9　优先级控制和选择寄存器

优先级控制和选择寄存器（PCSR）包括针对 ARM9 平台的主的高优先级和从的变更内容优先级的选择，如图 3-27 和表 3-32 所示。

Address 0x1002_7858 (PCSR)　　　　　　　　　　　　　　　　　　　用户读写访问

| | 31 | 30 | 29 | 28 | 27 | 26 | 25 | 24 | 23 | 22 | 21 | 20 | 19 | 18 | 17 | 16 |
|---|---|---|---|---|---|---|---|---|---|---|---|---|---|---|---|---|
| R | 0 | 0 | 0 | 0 | 0 | 0 | 0 | 0 | 0 | 0 | 0 | 0 | S3_AMPR_SEL | S2_AMPR_SEL | S1_AMPR_SEL | S0_AMPR_SEL |
| W | | | | | | | | | | | | | | | | |
| 复位 | 0 | 0 | 0 | 0 | 0 | 0 | 0 | 0 | 0 | 0 | 0 | 0 | 0 | 0 | 0 | 0 |

| | 15 | 14 | 13 | 12 | 11 | 10 | 9 | 8 | 7 | 6 | 5 | 4 | 3 | 2 | 1 | 0 |
|---|---|---|---|---|---|---|---|---|---|---|---|---|---|---|---|---|
| R | 0 | 0 | 0 | 0 | 0 | 0 | 0 | 0 | 0 | 0 | M5_HIGH_PRIORITY | M4_HIGH_PRIORITY | M3_HIGH_PRIORITY | M2_HIGH_PRIORITY | M1_HIGH_PRIORITY | M0_HIGH_PRIORITY |
| W | | | | | | | | | | | | | | | | |
| 复位 | 0 | 0 | 0 | 0 | 0 | 0 | 0 | 0 | 0 | 0 | 0 | 0 | 0 | 0 | 1 | 0 |

图 3-27　优先级控制和选择寄存器

表 3-32 优先级控制和选择寄存器

| 位 | 描述 |
|---|---|
| 31~20 | 保留,应读作 0 |
| 19~16<br>S3_AMPR_SEL<br>S2_AMPR_SEL<br>S1_AMPR_SEL<br>S0_AMPR_SEL | 从变更内容优先级选择,ARM9 平台输入,针对适当的从端口选择优先级确定和控制信号源(注意 0 是主 AHB,不是 ARM9 平台产生)<br>0 由正常的寄存器进行的优先级确定和控制<br>1 由设置在交叉交换中轮换寄存器进行的优先级确定和控制 |
| 15~6 | 保留,应读作 0 |
| 5~0<br>M5_HIGH_PRIORITY<br>M4_HIGH_PRIORITY<br>M3_HIGH_PRIORITY<br>M2_HIGH_PRIORITY<br>M1_HIGH_PRIORITY<br>M0_HIGH_PRIORITY | 主高优先级,ARM9 平台输入将所有其他没有输入证实的主端口优先级的从端口提升到最高主端口优先级。如果多于 1 个主端口证实有高优先级输入,则由交叉交换中可进行优先级分配的软件确认优先级。<br>0 主端口低优先级<br>1 主端口高优先级 |

## 3.5.10 电源管理控制寄存器

电源管理控制寄存器(PMCR)控制芯片 DPTC 功能,如图 3-28 和表 3-33 所示。

0x1002_7860 (PMCR)　　　　　　　　　　　　　　　　　　　用户读写访问

| 31 | 30 | 29 | 28 | 27 | 26 | 25 | 24 | 23 | 22 | 21 | 20 | 19 | 18 | 17 | 16 |
|---|---|---|---|---|---|---|---|---|---|---|---|---|---|---|---|
| MC | EM | UP | LO | 0 | \multicolumn{8}{c}{REFCOUNTER} | | | | | | | |
| 0 | 0 | 0 | 0 | 0 | 0 | 0 | 0 | 0 | 0 | 0 | 0 | 0 | 0 | 0 | 0 |

| 15 | 14 | 13 | 12 | 11 | 10 | 9 | 8 | 7 | 6 | 5 | 4 | 3 | 2 | 1 | 0 |
|---|---|---|---|---|---|---|---|---|---|---|---|---|---|---|---|
| RVEN | 0 | VSTBY | | 0 | 0 | DCR | RCLK ON | DRCE 3 | DRCE 2 | DRCE 1 | DRCE 0 | DIM | | DIE | DPTEN |
| 0 | 0 | 0 | 0 | 0 | 0 | 0 | 0 | 0 | 0 | 0 | 0 | 0 | 0 | 0 | 0 |

图 3-28 电源管理控制寄存器

表 3-33 电源管理控制寄存器

| 位 | 描述 |
|---|---|
| 31<br>MC | MC. 测量完成状态位<br>0 进行中或空闲<br>1 测量完成 |
| 30<br>EM | EM. 紧急中断状态位<br>0 无紧急中断<br>1 检测到紧急中断 |

续表 3-33

| 位 | 描述 |
|---|---|
| 29<br>UP | UP. upper_limit interrupt 中断位<br>0　无 upper_limit 中断<br>1　检测到 upper_limit 中断 |
| 28<br>LO | LO. lower_limit 中断状态位<br>0　无 lower_limit 中断<br>1　检测到 Lower_limit 中断 |
| 27 | 保留,应读作 0 |
| 26～16<br>REFCOUNTER | 参考计数器值。这些位包含比较单元参考计数器 |
| 15<br>RVEN | 降低电压模式使能,控制芯片处于休眠状态时 RV 模式的使能<br>0　禁止 RV 模式处于休眠模式<br>1　激活 RV 模式处于休眠模式 |
| 14 | 保留,应读作 0 |
| 13～12<br>VSTBY | 电压备用控制。芯片处于休眠模式时将这 2 位放置 Boot1 和 Boot0,用于通知 PMIC 给芯片上电 |
| 11～10 | 保留,应读作 0 |
| 9<br>DCR | DPTC 计数范围,设置系统时钟可以增加多少倍,参考电路保留运行(对它们输出信号计数)<br>0　128 系统时钟计数<br>1　256 系统时钟计数 |
| 8<br>RCLKON | DPTC 参考时钟监视。调试参考时钟使能<br>0　正常操作<br>1　总是接通参考时钟 |
| 7<br>DRCE3 | DPTC 参考电路 3 使能,说明 DPTC 工作期间参考电路 3 使能与否<br>0　DPTC 参考电路 3 无效<br>1　DPTC 参考电路 3 有效 |
| 6<br>DRCE2 | DPTC 参考电路 2 使能,说明 DPTC 工作期间参考电路 2 使能与否<br>0　DPTC 参考电路 2 无效<br>1　DPTC 参考电路 2 有效 |
| 5<br>DRCE1 | DPTC 参考电路 1 使能,说明 DPTC 工作期间参考电路 1 使能与否<br>0　DPTC 参考电路 1 无效<br>1　DPTC 参考电路 1 有效 |
| 4<br>DRCE0 | DPTC 参考电路 0 使能,说明 DPTC 工作期间参考电路 0 使能与否<br>0　DPTC 参考电路 0 无效<br>1　DPTC 参考电路 0 有效 |

| 位 | 描述 |
|---|---|
| 3~2<br>DIM | DPTC 中断屏蔽,控制 DPTC 怎样产生中断<br>00　DPTC 在所有情况下产生中断<br>01　DPTC 只在 lower_limit 情况下产生中断<br>10　DPTC 只在 upper_limit 情况下产生中断<br>11　DPTC 只在紧急情况下产生中断 |
| 1<br>DIE | DPTC 中断使能,使 DPTC 中断发生<br>0　没有中断发生<br>1　使中断发生 |
| 0<br>DPTEN | DPTC 使能,激活 DPTC 模块,开启参考电路模块电路,与查询表比较<br>0　DPTC 无效<br>1　DPTC 有效 |

## 3.5.11　DPTC 比较值寄存器

DPTC 比较值寄存器 0(DCVR0)包含 i.MX27 处理器中 DPTC 比较器的数值,见图 3-29 和表 3-34。

0x1002_7864 (DCVR0)　　　　　　　　　　　　　　　　　　　　用户读写访问

| | 31 | 30 | 29 | 28 | 27 | 26 | 25 | 24 | 23 | 22 | 21 | 20 | 19 | 18 | 17 | 16 |
|---|---|---|---|---|---|---|---|---|---|---|---|---|---|---|---|---|
| R/W | | | | | ULV | | | | | | | | | LLV | | |
| 复位 | 0 | 0 | 0 | 0 | 0 | 0 | 0 | 0 | 0 | 0 | 0 | 0 | 0 | 0 | 0 | 0 |
| | 15 | 14 | 13 | 12 | 11 | 10 | 9 | 8 | 7 | 6 | 5 | 4 | 3 | 2 | 1 | 0 |
| R/W | | | LLV | | | | | | | ELV | | | | | | |
| 复位 | 0 | 0 | 0 | 0 | 0 | 0 | 0 | 0 | 0 | 0 | 0 | 0 | 0 | 0 | 0 | 0 |

图 3-29　DPTC 比较值寄存器 0

表 3.34　DPTC 比较值寄存器 0

| 位 | | 描述 |
|---|---|---|
| 31~21 | ULV | 上限。参考电路 0 时钟计数器上限值 |
| 20~10 | LLV | 下限。参考电路 0 时钟计数器下限值 |
| 9~0 | ELV | 紧急下限。参考电路 0 时钟计数器下限值。用作指示临界值的紧急下限 |

DPTC 比较值寄存器 1(DCVR1)、DPTC 比较值寄存器 2(DCVR2)和 DPTC 比较值寄存器 3(DCVR3)均与 DPTC 比较值寄存器 0 类似,区别在于用户访问地址分别是 0x1002_7868 (DCVR1)、0x1002_786C(DCVR2)和 0x1002_7870(DCVR3)。

### 3.5.12 PMIC 控制寄存器

PMIC 控制寄存器 (PPCR) 包含低功耗模式下对 RV 功能的 BOOT0 和 BOOT1 的控制，参见图 3-30 和表 3-35。

| 0x1002_7874 (PPCR) | | | | | | | | | | | | | | | | 用户读写访问 |
|---|---|---|---|---|---|---|---|---|---|---|---|---|---|---|---|---|
| 31 | 30 | 29 | 28 | 27 | 26 | 25 | 24 | 23 | 22 | 21 | 20 | 19 | 18 | 17 | 16 | |
| R 0 | 0 | 0 | 0 | 0 | 0 | 0 | 0 | 0 | 0 | 0 | 0 | 0 | 0 | 0 | 0 | |
| 复位 0 | 0 | 0 | 0 | 0 | 0 | 0 | 0 | 0 | 0 | 0 | 0 | 0 | 0 | 0 | 0 | |
| 15 | 14 | 13 | 12 | 11 | 10 | 9 | 8 | 7 | 6 | 5 | 4 | 3 | 2 | 1 | 0 | |
| R 0 | 0 | PUS1 | | PUE1 | DSE1 | | OE1 | 0 | 0 | PUS0 | | PUE0 | DSE0 | | OE0 | |
| 复位 0 | 0 | 0 | 1 | 0 | 0 | 0 | 0 | 0 | 0 | 0 | 1 | 0 | 0 | 1 | 1 | |

图 3-30 PMIC 控制寄存器

表 3-35 PMIC 控制寄存器

| 位 | 描述 |
|---|---|
| 31～14 | 保留，应读作 0 |
| 13～12 PUS1 | BOOT1 的 PUS1。PUS 控制，仅用于 RVEN 位设置时 |
| 11 PUE1 | BOOT1 的 PUE1。PUE 控制，仅用于 RVEN 位设置时 |
| 10～9 DSE1 | BOOT1 的 DSE1。DSE 控制，仅用于 RVEN 位设置时 |
| 8 OE1 | BOOT1 的 DSE1。DSE 控制，仅用于 RVEN 位设置时 |
| 7～6 | 保留，应读作 0 |
| 5～4 PUS0 | BOOT0 的 PUS0。PUS 控制，仅用于 RVEN 位设置时 |
| 3 PUE0 | BOOT0 的 PUE0。PUS 控制，仅用于 RVEN 位设置时 |
| 2～1 DSE0 | BOOT0 的 PSE0。PUS 控制，仅用于 RVEN 位设置时 |
| 0 OE0 | BOOT0 的 OE0。PUS 控制，仅用于 RVEN 位设置时 |

## 3.6 系统引导模式

引导程序是一种驻留在片内 ROM 的小程序。当 BOOT[3:0] 选择引脚设置为 4'b0000 或如果在引导期间 HAB 检查有例外时有效。引导操作处理来自 USB 或 UART1 的程序建立与处理器硬件和外部机器如 PC 的外部机器的接口通道。

RS-232 配置成 115.2 ksps、8 个数据位、无检验、1 个停止位、无码流控制。USB 配置的控制端点 0 最大包尺寸为 8 字节、端点 1 输出最大包尺寸为 64 字节、端点 2 最大包尺寸为 64 字节。参见图 3-31。

i.MX27 处理器在下列条件下进入引导模式：

① 选择的引导模式是 BOOT[3:0]。

② 从 Flash(NAND Flash 和 NOR Flash)引导时，HAB 鉴定失败。

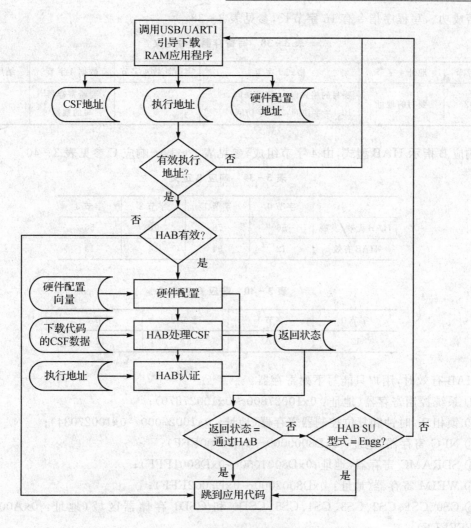

**图 3-31 引导模式流程图**

第 1 次进入引导模式时,即从 PC 机到 i.MX27 发送同步指令,该指令包括 16 个字节(参见表 3-36),从 i.MX27 到 PC 机时,发送响应 A 指令,该指令有 4 个字节,参见表 3-37。

表 3-36 同步指令定义

| 头 2 字节 | 地址 4 字节 | 格式 1 字节 | 字节计数 4 字节 | 数据 4 字节 | 结尾 1 字节 |
| --- | --- | --- | --- | --- | --- |
| 0505 | 00000000 | 00 | 00000000 | 00000000 | 00 |

表 3-37 响应 A 定义

| 字节 0 | 字节 1 | 字节 2 | 字节 3 |
| --- | --- | --- | --- |
| 状态代码 | 状态代码 | 状态代码 | 状态代码 |

通过引导写寄存器时,需要专用协议。从 PC 发送写程序指令到 i.MX27 后,从 i.MX27 返回 2 个响应(响应 B 和响应 C)。一个用于指示 HAB 型式(有效或无效),另一个指示写操

作是否成功。写程序指令有16字节长,参见表3-38。

表3-38 写寄存器指令定义

| 头2字节 | 地址4字节 | 格式1字节 | 字节计数4字节 | 数据4字节 | 结尾1字节 |
|---|---|---|---|---|---|
| 0202 | 要写的地址 | 要写的格式(08:字节访问,10:半字访问,20:字访问) | 00 | 要给寄存器写的数据 | 00 |

响应B指示HAB型式,由4字节组成,参见表3-39。响应C参见表3-40。

表3-39 响应B定义

|  | 字节0 | 字节1 | 字节2 | 字节3 |
|---|---|---|---|---|
| HAB无效/发展 | 56 | 78 | 78 | 56 |
| HAB有效 | 12 | 34 | 34 | 12 |

表3-40 响应C定义

| 字节0 | 字节1 | 字节2 | 字节3 |
|---|---|---|---|
| 12 | 8A | 8A | 12 |

HAB有效时,用户只能写下列寄存器:
① 系统控制寄存器(地址:0x10027800～0x10027870);
② 锁相环、时钟和复位控制器寄存器(地址:0x10027000～0x10027034);
③ NFC寄存器(地址:0xD8000000～0xD8000FFF);
④ SDRAMC寄存器(地址:0xD8001000～0xD8001FFF);
⑤ WEIM寄存器(地址:0xD8002000～0xD8002FFF);
⑥ CS0、CS1、CS2、CS3、CS4、CS5、CSD0和CSD1存储器区域(地址:0xA0000000～0xD7FFFFFF)。

下载二进制文件前应初始化存储器,可以使用下载指令+二进制数据A+响应B指令。下载程序指令有16字节,参见表3-41。响应B参见表3-39。

表3-41 下载程序指令定义

|  | 头2字节 | 地址4字节 | 格式1字节 | 字节计数4字节 | 数据4字节 | 结尾1字节 |
|---|---|---|---|---|---|---|
| CSF | 0404 | 二进制数据下载的起始地址 | 00 | 按十六进制写的字节数 | 要写数据的存储器起始地址 | CC |
| HWC | 0404 | 二进制数据下载的起始地址 | 00 | 按十六进制写的字节数 | 要写数据的存储器起始地址 | EE |
| 图像文件 | 0404 | 二进制数据下载的起始地址 | 00 | 按十六进制写的字节数(最大0x1F0000) | 要写数据的存储器起始地址 | 00 |
| 图像文件 | 0404 | 二进制数据下载的起始地址 | 00 | 按十六进制写的字节数 | 要写数据的存储器起始地址 | AA |

i.MX27 处理器收到响应 B 后,附属 PC 机可以将二进制数据下载到 i.MX27 直至所有的 BYTECOUNT 均已下载。每一次,图像文件通过头 2 字节(0404)下载,要下载的最大数据是 0x1F0000。如果图像文件尺寸大于 0x1F0000,将重复发送带结尾(0x00)的指令。所有数据下载完毕后,PC 机必须发送带结尾(AA)的下载指令给目的执行地址。

所有引导程序完成,发送应用指针指示引导完成后,i.MX27 处理器将发送响应 D 到 PC 机。响应 D 后面将进入处理器 ROM 完成 HAB 使能的鉴定检查或执行 HAB 无效/发展图像文件,响应 D 指示写操作成功,参见表 3-42。

表 3-42 引导结束指示操作

| 字节 0 | 字节 1 | 字节 2 | 字节 3 |
| --- | --- | --- | --- |
| 88 | 88 | 88 | 88 |

## 3.7 实时时钟

图 3-32 所示实时时钟模块(RTC)包括:
- 预分频;
- 日期定时(TOD)时钟计数器;
- 报警;
- 采样定时器;
- 秒表;
- 联合控制和总线接口硬件。

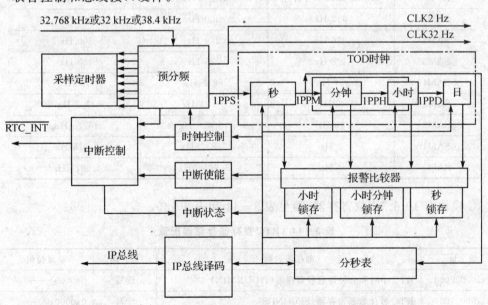

图 3-32 实时时钟模块框图

特点如下:
- 完全时钟:日、小时、分、秒;

## 第 3 章 系统控制

- 带中断的减计数定时器；
- 带中断的可编程延时报警；
- 带中断的采样定时器；
- 每日一次、每小时一次、每分钟一次、每秒一次中断；
- 工作频率为 32.768 kHz、32 kHz 或 38.4 kHz（视参考时钟晶体而定）。

预分频模块将输入晶体参考时钟变换为 1 Hz 信号用于产生秒、分钟、小时和日 TOD 计数。报警有效时产生 RTC 中断，TOD 设置每一个编程数值。采样定时器产生固定频率中断，秒表按分钟产生中断。

预分频器将参考时钟分频至 1 Hz，支持 32.768 kHz、38.4 kHz 和 32 kHz 时钟频率。

RTC 计数器包括位于 3 个寄存器中的 4 组计数器：

— 位于秒寄存器的 6 位秒计数器；
— 位于小时分钟寄存器的 6 位分计数器和 5 位小时计数器；
— 位于日期寄存器的 16 位日计数器。

有 3 个报警寄存器对应 3 个计数寄存器。实时时钟报警寄存器（ALRM_HM、ALRM_SEC 和 DAYALARM）设置报警，加载产生中断的准确报警时间。当 TOD 时钟数值和报警值一致时，产生中断。

采样定时器产生带 RTCIENR 寄存器 SAMx 位的周期性中断，用于数字化采样、键盘出口和通信。采样定时器只在实时时钟有效时工作。表 3-43 列出不同参考时钟下采样定时器的中断频率。

表 3-43　采样定时器频率

| 采样频率 | 32.768 kHz 参考时钟 | 32 kHz 参考时钟 | 38.4 kHz 参考时钟 |
| --- | --- | --- | --- |
| SAM7 | 512 Hz | 500 Hz | 600 Hz |
| SAM6 | 256 Hz | 250 Hz | 300 Hz |
| SAM5 | 128 Hz | 125 Hz | 150 Hz |
| SAM4 | 64 Hz | 62.5 Hz | 75 Hz |
| SAM3 | 32 Hz | 31.25 Hz | 37.5 Hz |
| SAM2 | 16 Hz | 15.625 Hz | 18.75 Hz |
| SAM1 | 8 Hz | 7.8125 Hz | 9.375 Hz |
| SAM0 | 4 Hz | 3.90625 Hz | 4.6875 Hz |

RTC 模块有 10 个 32 位寄存器，参见表 3-44 和表 3-45。

表 3-44　RTC 寄存器存储器配置

| 地　址 | 寄存器名称 | 访　问 | 复位值 |
| --- | --- | --- | --- |
| 0x1000_7000 | RTC 小时和分钟计数器寄存器（HOURMIN） | 读写 | 0x0000_—— |
| 0x1000_7004 | RTC 秒计数器寄存器（SECONDS） | 读写 | 0x0000_00— |
| 0x1000_7008 | RTC 小时和分钟报警寄存器（ALRM_HM） | 读写 | 0x0000_0000 |
| 0x1000_700C | RTC 秒报警寄存器（ALRM_SEC） | 读写 | 0x0000_0000 |

续表 3-44

| 地址 | 寄存器名称 | 访问 | 复位值 |
|---|---|---|---|
| 0x1000_7010 | RTC 控制寄存器(RCCTL) | 读写 | 0x0000_0000 |
| 0x1000_7014 | RTC 中断状态寄存器(RTCISR) | 读写 | 0x0000_0000 |
| 0x1000_7018 | RTC 中断使能寄存器(RTCIENR) | 读写 | 0x0000_0000 |
| 0x1000_701C | 秒表分钟寄存器(STPWCH) | 读写 | 0x0000_0000 |
| 0x1000_7020 | 日计数器寄存器(DAYR) | 读写 | 0x0000_—— |
| 0x1000_7024 | RTC 日报警寄存器(DAYALARM) | 读写 | 0x0000_0000 |

表 3-45  RTC 寄存器

| 名称 | | 31 | 30 | 29 | 28 | 27 | 26 | 25 | 24 | 23 | 22 | 21 | 20 | 19 | 18 | 17 | 16 |
|---|---|---|---|---|---|---|---|---|---|---|---|---|---|---|---|---|---|
| | | 15 | 14 | 13 | 12 | 11 | 10 | 9 | 8 | 7 | 6 | 5 | 4 | 3 | 2 | 1 | 0 |
| 0x1000_7000 (HOURMIN) | R | 0 | 0 | 0 | 0 | 0 | 0 | 0 | 0 | 0 | 0 | 0 | 0 | 0 | 0 | 0 | 0 |
| | W | | | | | | | | | | | | | | | | |
| | R | 0 | 0 | 0 | 小时 | | | | | 0 | 0 | 分钟 | | | | | |
| | W | | | | | | | | | | | | | | | | |
| 0x1000_7004 (SECONDS) | R | 0 | 0 | 0 | 0 | 0 | 0 | 0 | 0 | 0 | 0 | 0 | 0 | 0 | 0 | 0 | 0 |
| | W | | | | | | | | | | | | | | | | |
| | R | 0 | 0 | 0 | 0 | 0 | 0 | 0 | 0 | 0 | 秒 | | | | | | |
| | W | | | | | | | | | | | | | | | | |
| 0x1000_7008 (ALRM_HM) | R | 0 | 0 | 0 | 0 | 0 | 0 | 0 | 0 | 0 | 0 | 0 | 0 | 0 | 0 | 0 | 0 |
| | W | | | | | | | | | | | | | | | | |
| | R | 0 | 0 | 0 | 小时 | | | | | 0 | 0 | 分钟 | | | | | |
| | W | | | | | | | | | | | | | | | | |
| 0x1000_700C (ALRM_SEC) | R | 0 | 0 | 0 | 0 | 0 | 0 | 0 | 0 | 0 | 0 | 0 | 0 | 0 | 0 | 0 | 0 |
| | W | | | | | | | | | | | | | | | | |
| | R | 0 | 0 | 0 | 0 | 0 | 0 | 0 | 0 | 0 | 秒 | | | | | | |
| | W | | | | | | | | | | | | | | | | |
| 0x1000_7010 (RTCCTL) | R | 0 | 0 | 0 | 0 | 0 | 0 | 0 | 0 | 0 | 0 | 0 | 0 | 0 | 0 | 0 | 0 |
| | W | | | | | | | | | | | | | | | | |
| | R | 0 | 0 | 0 | 0 | 0 | 0 | 0 | EN | XTL | 0 | 0 | 0 | GEN | SWR | | |
| | W | | | | | | | | | | | | | | | | |
| 0x1000_7014 (RTCISR) | R | 0 | 0 | 0 | 0 | 0 | 0 | 0 | 0 | 0 | 0 | 0 | 0 | 0 | 0 | 0 | 0 |
| | W | | | | | | | | | | | | | | | | |
| | R | SAM7 | SAM6 | SAM5 | SAM4 | SAM3 | SAM2 | SAM1 | SAM0 | 2HZ | 0 | HR | 1HZ | DAY | ALM | MIN | SW |
| | W | | | | | | | | | | | | | | | | |

续表 3-45

| 名称 | | 31 | 30 | 29 | 28 | 27 | 26 | 25 | 24 | 23 | 22 | 21 | 20 | 19 | 18 | 17 | 16 |
|---|---|---|---|---|---|---|---|---|---|---|---|---|---|---|---|---|---|
| | | 15 | 14 | 13 | 12 | 11 | 10 | 9 | 8 | 7 | 6 | 5 | 4 | 3 | 2 | 1 | 0 |
| 0x1000_701C (STPWCH) | R | 0 | 0 | 0 | 0 | 0 | 0 | 0 | 0 | 0 | 0 | 0 | 0 | 0 | 0 | 0 | 0 |
| | W | | | | | | | | | | | | | | | | |
| | R | 0 | 0 | 0 | 0 | 0 | 0 | 0 | 0 | | | | | CNT | | | |
| | W | | | | | | | | | | | | | | | | |
| 0x1000_7020 (DAYR) | R | 0 | 0 | 0 | 0 | 0 | 0 | 0 | 0 | 0 | 0 | 0 | 0 | 0 | 0 | 0 | 0 |
| | W | | | | | | | | | | | | | | | | |
| | R | | | | | | | | 日期 | | | | | | | | |
| | W | | | | | | | | | | | | | | | | |
| 0x1000_7024 (DAYALARM) | R | 0 | 0 | 0 | 0 | 0 | 0 | 0 | 0 | 0 | 0 | 0 | 0 | 0 | 0 | 0 | 0 |
| | W | | | | | | | | | | | | | | | | |
| | R | | | | | | | | DAYSAL | | | | | | | | |
| | W | | | | | | | | | | | | | | | | |

# 第4章 系统资源

本章将详细介绍 i.MX27 处理器通用 I/O(GPIO)模块、通用定时器模块(GPT)、脉宽调制器模块(PWM)、看门狗控制器模块(WDOG)、DMAC 模块和实时时钟模块(RTC)。

## 4.1 通用 I/O 模块

i.MX27 处理器的通用 I/O(GPIO)模块提供 6 个通用 I/O(GPIO)端口(PA、PB、PC、PD、PE 和 PF)。每一个 GPIO 端口是一个或多个专用功能复用的 32 位端口。下面分别介绍 GPIO 模块中软件复用和 IOMUX 模块中硬件复用技术。I/O 复用技术是在不同模式下配置器件的输入和输出,使同一个 I/O 端口具有不同的用途。

### 4.1.1 工作原理

图 4-1 给出处理器的 GPIO 和 IOMUX 模块结构图,图 4-2 为 GPIO 模块框图。图中 A_IN、B_IN、C_IN、A_OUT 和 B_OUT 是内部信号。

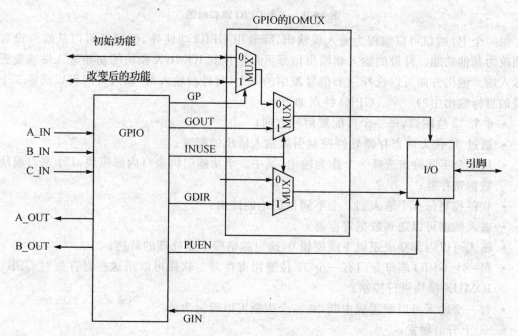

图 4-1 GPIO 框图

# 第 4 章 系统资源

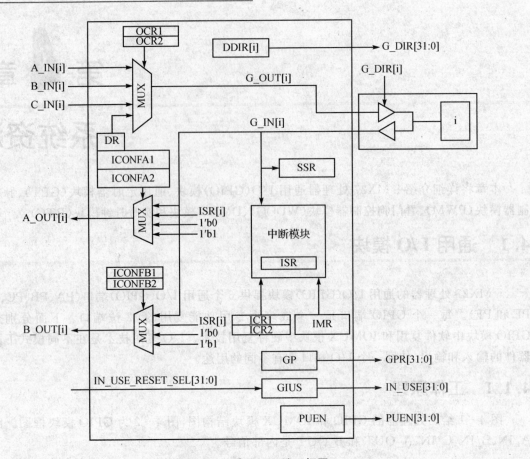

图 4-2 一个 GPIO 端口框图

每一个 IO 端口可以编程为输入或输出,除通用 GPIO 功能外,引脚还可以从缺省设置的功能改为其他功能。外设的输入和输出信号可以连接到 IOMUX 模块的初始输入端或变更后的输入端。输出方向可以选择三个信号源中的一个(自外设输入)。输入方向可以选择二个到外设的目标输出中的一个。GPIO 特点如下:

- 6 个 32 位端口,每一个可配置信号方向;
- 通过 32 位方向寄存器软件控制引脚输入输出的配置;
- 从 4 个不同输出选择一个作为输出,其中 3 个功能引脚来自内部模块,1 个来自模块的数据寄存器;
- 软件控制每一个输入到 2 个不同目的地的路由;
- 输入数据可以送到数据寄存器;
- 输入可以内部接成逻辑 1 或逻辑 0,确定忽略哪个要处理的转换;
- 每一个 GPIO 端口专门有一个 32 位通用寄存器。软件可以用这些寄存器对 GPIO 的 IOMUX 模块进行控制;
- 每一个输入可以配置成中断,每一个中断可以确定为:
  — 上升沿触发;
  — 下降沿触发;
  — 电平触发。

- 中断可以由 32 位屏蔽寄存器屏蔽；
- 提供二种中断屏蔽级别。中断可以单独在位级屏蔽或端口级屏蔽；
- 软件复位功能：SWR 位（SWR 寄存器 0 位）写作 1 时，整个 GPIO 模块立即复位，复位信号在 3 个系统时钟周期内确认。而后，复位信号将自动释放。

每一个外部输入经 GPIO 模块进入中断模块，中断可以定义为上升沿触发或下降沿触发。每一个中断可以屏蔽，也可以设计为高电平触发或低电平触发。与等待服务的中断对应的中断状态寄存器位存储为 1。中断状态寄存器是 wlc。执行完中断后，用户负责清除中断状态寄存器位。

## 4.1.2 编程方法

GPIO 模块有 6 个端口，每一个端口有 17 个寄存器，共计 102 个寄存器。除采样状态寄存器（SSR）和中断状态寄存器（ISR）外，这些寄存器均能读写。采样状态寄存器是只读寄存器，中断状态寄存器是写 1 清零（wlc）寄存器，可以读，写 1 是清零，写 0 无效。

6 个 GPIO 端口，每一个端口可以配置 32 位 GPIO 引脚作为输入或输出，但不是所有位可对引脚进行配置，可以用作保留位。

图 4-3 和表 4-1 给出寄存器位的描述和代号解释。

图 4-3 寄存器位

表 4-1 寄存器解释

| 缩 写 | 解 释 |
|---|---|
| FIELDNAME | 识别该位。在读写行中表示可以读写 |
| R | 只读，写无效 |
| W | 只写 |
| R/W | 标准读写位。只有软件可以改变（除硬件复位） |
| rwm | 可以由硬件按有些方式修改的读写位（除复位） |
| wlc | 写 1 清零。可以读的状态位，写 1 清零 |
| Self-clearing bit | 对该模块写 1 有影响，但总是读作 0（预先设计 slfclr） |
| 复位值 | |
| 0 | 复位成 0 |
| 1 | 复位成 1 |
| — | 复位时未定义 |
| u | 复位不能定义 |
| [signal_name] | 由指示信号极性定义复位值 |

### 1. 数据方向寄存器

数据方向寄存器（PTn_DDIR）确定每一个端口引脚作为输入还是输出引脚，见图 4-4 和表 4-2。

```
0x1001_5000 (PTA_DDIR)
0x1001_5100 (PTB_DDIR)
0x1001_5200 (PTC_DDIR)
0x1001_5300 (PTD_DDIR)
0x1001_5400 (PTE_DDIR)
0x1001_5500 (PTF_DDIR)
```

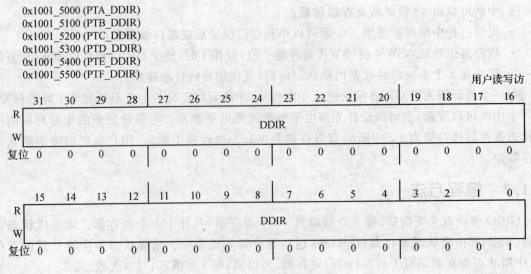

图 4-4 数据方向寄存器

表 4-2 数据方向寄存器位的解释

| 位 | 描 述 |
|---|---|
| 31～0 DDIR | 数据方向。读写寄存器定义 GPIO 模块端口 32 个引脚当前方向<br>0 引脚作输入<br>1 引脚作输出 |

### 2. 输出配置寄存器

输出配置寄存器有 2 个,分别是输出配置寄存器 1 和输出配置寄存器 2。输出配置寄存器 1 每一个端口含有 32 个引脚。因为每一个引脚输出配置用 2 位描述,所以引脚配置由 2 个相同的 32 位寄存器(OCR1 和 OCR2)控制。输出配置寄存器 1(OCR1)为相应端口低 16 位引脚(0～15)配置输出信号,见图 4-5 和表 4-3。

```
0x1001_5004 (PTA_OCR1)
0x1001_5104 (PTB_OCR1)
0x1001_5204 (PTC_OCR1)
0x1001_5304 (PTD_OCR1)
0x1001_5404 (PTE_OCR1)
0x1001_5504 (PTF_OCR1)
```

图 4-5 输出配置寄存器 1

表 4-3　输出配置寄存器 1

| 位 | 描述 |
|---|---|
| 31~0<br>OCR1 | 输出配置寄存器 1。每一位选择每一个引脚(0~15)用作 GPIO 的输出<br>00　输入 A_IN 选择输出<br>01　输入 B_IN 选择输出<br>10　输入 C_IN 选择输出<br>11　数据寄存器选择输出 |

输出配置寄存器 2(OCR2)为相应端口高 16 位引脚(16—31)配置输出信号,见图 4-6 和表 4-4。

0x1001_5008 (PTA_OCR2)
0x1001_5108 (PTB_OCR2)
0x1001_5208 (PTC_OCR2)
0x1001_5308 (PTD_OCR2)
0x1001_5408 (PTE_OCR2)
0x1001_5508 (PTF_OCR2)

用户读写访问

| | 31 | 30 | 29 | 28 | 27 | 26 | 25 | 24 | 23 | 22 | 21 | 20 | 19 | 18 | 17 | 16 |
|---|---|---|---|---|---|---|---|---|---|---|---|---|---|---|---|---|
| R | | | | | | | | OCR2 | | | | | | | | |
| W | PIN31 | | PIN30 | | PIN29 | | PIN28 | | PIN27 | | PIN26 | | PIN25 | | PIN24 | |
| 复位 | 0 | 0 | 0 | 0 | 0 | 0 | 0 | 0 | 0 | 0 | 0 | 0 | 0 | 0 | 0 | 0 |

| | 15 | 14 | 13 | 12 | 11 | 10 | 9 | 8 | 7 | 6 | 5 | 4 | 3 | 2 | 1 | 0 |
|---|---|---|---|---|---|---|---|---|---|---|---|---|---|---|---|---|
| R | | | | | | | | OCR2 | | | | | | | | |
| W | PIN23 | | PIN22 | | PIN21 | | PIN20 | | PIN10 | | PIN18 | | PIN17 | | PIN16 | |
| 复位 | 0 | 0 | 0 | 0 | 0 | 0 | 0 | 0 | 0 | 0 | 0 | 0 | 0 | 0 | 0 | 0 |

图 4-6　输出配置寄存器 2

表 4-4　输出配置寄存器 2

| 位 | 描述 |
|---|---|
| 31~0<br>OCR2 | 输出配置寄存器 2。每一位选择每一个引脚(16~31)用作 GPIO 的输出<br>00　输入 A_IN 选择输出<br>01　输入 B_IN 选择输出<br>10　输入 C_IN 选择输出<br>11　数据寄存器选择输出 |

## 3. 输入配置寄存器

输入配置寄存器有 4 个,分别是输入配置寄存器 A1、A2、B1 和 B2。输入配置寄存器 A1 (ICONFA1)指定驱动连接到 BONO 器件处理器内部模块的 A_OUT 信号的信号和数据。每一个端口引脚由输入配置寄存器的 2 位确定,见图 4-7 和表 4-5。

```
0x1001_500C (PTA_ICONFA1)
0x1001_510C (PTB_ICONFA1)
0x1001_520C (PTC_ICONFA1)
0x1001_530C (PTD_ICONFA1)
0x1001_540C (PTE_ICONFA1)
0x1001_550C (PTF_ICONFA1)
```

用户读写访问

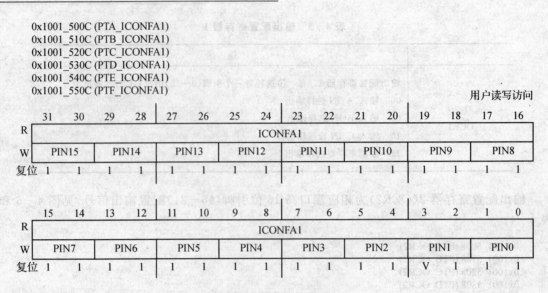

图 4-7　输入配置寄存器 A1

表 4-5　输入配置寄存器 A1

| 位 | 描述 |
|---|---|
| 31～0<br>ICONFA1 | 输入配置。对应端口引脚 0～15，确定驱动 A_OUT 的选择。每一个引脚需要 2 个 ICONFA1 位确定输入值<br>00　GPIO_In<br>01　中断状态寄存器<br>10　0<br>11　1 |

输入配置寄存器 A2(ICONFA2)指定驱动连接到 BONO 器件处理器内部模块的 A_OUT 信号的信号和数据。每一个端口引脚由输入配置寄存器的 2 位确定，见图 4-8 和表 4-6。

```
0x1001_5010 (PTA_ICONFA2)
0x1001_5110 (PTB_ICONFA2)
0x1001_5210 (PTC_ICONFA2)
0x1001_5310 (PTD_ICONFA2)
0x1001_5410 (PTE_ICONFA2)
0x1001_5510 (PTF_ICONFA2)
```

用户读写访问

| | 31 | 30 | 29 | 28 | 27 | 26 | 25 | 24 | 23 | 22 | 21 | 20 | 19 | 18 | 17 | 16 |
|---|---|---|---|---|---|---|---|---|---|---|---|---|---|---|---|---|
| R | ICONFA2 ||||||||||||||||
| W | PIN31 || PIN30 || PIN29 || PIN28 || PIN27 || PIN26 || PIN25 || PIN24 ||
| 复位 | 1 | 1 | 1 | 1 | 1 | 1 | 1 | 1 | 1 | 1 | 1 | 1 | 1 | 1 | 1 | 1 |

| | 15 | 14 | 13 | 12 | 11 | 10 | 9 | 8 | 7 | 6 | 5 | 4 | 3 | 2 | 1 | 0 |
|---|---|---|---|---|---|---|---|---|---|---|---|---|---|---|---|---|
| R | ICONFA2 ||||||||||||||||
| W | PIN23 || PIN22 || PIN21 || PIN20 || PIN10 || PIN18 || PIN17 || PIN16 ||
| 复位 | 1 | 1 | 1 | 1 | 1 | 1 | 1 | 1 | 1 | 1 | 1 | 1 | 1 | 1 | 1 | 1 |

图 4-8　输入配置寄存器 A2

表 4-6　输入配置寄存器 A2

| 位 | 描　述 |
|---|---|
| 31～0<br>ICONFA2 | 输入配置。对应端口引脚 16～31,确定驱动 A_OUT 的选择。每一个引脚需要 2 个 ICONFA2 位确定输入值<br>00　GPIO_In<br>01　中断状态寄存器<br>10　0<br>11　1 |

输入配置寄存器 B1(ICONFB1)指定驱动连接到 BONO 器件处理器内部模块的 B_OUT 信号的信号和数据。每一个端口引脚由输入配置寄存器的 2 位确定,见图 4-9 和表 4-7。

0x1001_5014 (PTA_ICONFB1)
0x1001_5114 (PTB_ICONFB1)
0x1001_5214 (PTC_ICONFB1)
0x1001_5314 (PTD_ICONFB1)
0x1001_5414 (PTE_ICONFB1)
0x1001_5514 (PTF_ICONFB1)

用户读写访问

| | 31 | 30 | 29 | 28 | 27 | 26 | 25 | 24 | 23 | 22 | 21 | 20 | 19 | 18 | 17 | 16 |
|---|---|---|---|---|---|---|---|---|---|---|---|---|---|---|---|---|
| R | | | | | | | | ICONFB1 | | | | | | | | |
| W | PIN15 | | PIN14 | | PIN13 | | PIN12 | | PIN11 | | PIN10 | | PIN9 | | PIN8 | |
| 复位 | 1 | 1 | 1 | 1 | 1 | 1 | 1 | 1 | 1 | 1 | 1 | 1 | 1 | 1 | 1 | 1 |

| | 15 | 14 | 13 | 12 | 11 | 10 | 9 | 8 | 7 | 6 | 5 | 4 | 3 | 2 | 1 | 0 |
|---|---|---|---|---|---|---|---|---|---|---|---|---|---|---|---|---|
| R | | | | | | | | ICONFB1 | | | | | | | | |
| W | PIN7 | | PIN6 | | PIN5 | | PIN4 | | PIN3 | | PIN2 | | PIN1 | | PIN0 | |
| 复位 | 1 | 1 | 1 | 1 | 1 | 1 | 1 | 1 | 1 | 1 | 1 | 1 | 1 | 1 | 1 | 1 |

图 4-9　输入配置寄存器 B1

表 4-7　输入配置寄存器 B1

| 位 | 描　述 |
|---|---|
| 31～0<br>ICONFB1 | 输入配置。对应端口引脚 0～15,确定驱动 A_OUT 的选择。每一个引脚需要 2 个 ICONFB1 位确定输入值<br>00　GPIO_In<br>01　中断状态寄存器<br>10　0<br>11　1 |

输入配置寄存器 B2(ICONFB2)指定驱动连接到 BONO 器件处理器内部模块的 B_OUT 信号的信号和数据。每一个端口引脚由输入配置寄存器的 2 位确定,见图 4-10 和表 4-8。

## 第4章 系统资源

```
0x1001_5018 (PTA_ICONFB2)
0x1001_5118 (PTB_ICONFB2)
0x1001_5218 (PTC_ICONFB2)
0x1001_5318 (PTD_ICONFB2)
0x1001_5418 (PTE_ICONFB2)
0x1001_5518 (PTF_ICONFB2)
```

用户读写访问

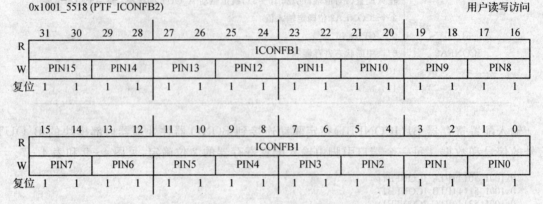

图 4-10 输入配置寄存器 B1

表 4-8 输入配置寄存器 B1

| 位 | 描 述 |
|---|---|
| 31～0<br>ICONFB2 | 输入配置。对应端口引脚 16～31，确定驱动 A_OUT 的选择。每一个引脚需要 2 个 ICONFB2 位确定输入值<br>00 GPIO_In<br>01 中断状态寄存器<br>10 0<br>11 1 |

### 4. 数据寄存器

数据寄存器(DR)保持当引脚配置为输出时从相关端口输出的数据不变，用输出配置寄存器 1 和输出配置寄存器 2 来选择，参见图 4-11 和表 4-9。

表 4-9 数据寄存器

| 位 | 描 述 |
|---|---|
| 31～0<br>DR | 数据寄存器。包含输出配置寄存器选择数据寄存器为引脚输出时 GPIO 输出数据<br>0 驱动输出信号为低<br>1 驱动输出信号为高 |

### 5. GPIO 在线使用寄存器

GPIO 在线使用寄存器(GIUS)控制 IOMUX 模块复用。该寄存器的设置选择使用的引脚是外设功能还是 GPIO 功能。如果相关引脚寄存器设置为 0，该寄存器用于与 GPR 寄存器连接控制外设功能，参见图 4-12 和表 4-10。该寄存器复位值由信号 INUSE_RESET_SEL[31:0]输入值确定。

0x1001_501C (PTA_DR)
0x1001_511C (PTB_DR)
0x1001_521C (PTC_DR)
0x1001_531C (PTD_DR)
0x1001_541C (PTE_DR)
0x1001_551C (PTF_DR)

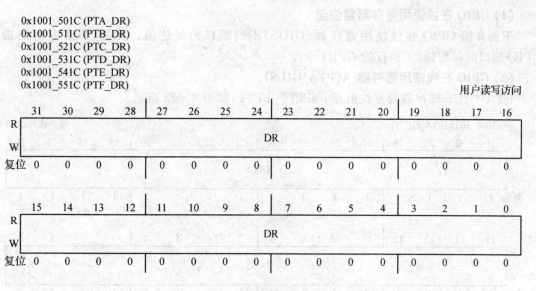

图 4-11 数据寄存器

0x1001_5020 (PTA_GIUS)
0x1001_5120 (PTB_GIUS)
0x1001_5220 (PTC_GIUS)
0x1001_5320 (PTD_GIUS)
0x1001_5420 (PTE_GIUS)
0x1001_5520 (PTF_GIUS)

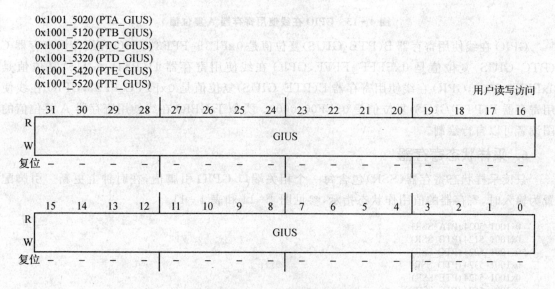

图 4-12 GPIO 在线使用寄存器

表 4-10 GPIO 在线使用寄存器

| 位 | 描 述 |
| --- | --- |
| 31~0<br>GIUS | GPIO 在线使用。通知 IOMUX 模块端口引脚是否用于 GPIO。引脚用于 GPIO 时，复用器禁止。该寄存器复位值由信号 INUSE_RESET_SEL [31:0]输入值决定<br>0 引脚用作复用<br>1 引脚用作 GPIO |

## 第4章 系统资源

**(1) GPIO 在线使用寄存器复位值**

下面介绍 GPIO 在线使用寄存器(GIUS)不同端口的复位值。此外,该寄存器还指示 GPIO 端口的保留位(不执行的 GPIO 位)。

**(2) GPIO 在线使用寄存器 A(PTA_GIUS)**

PTA_GIUS 寄存器的复位值是 0xFFFF_FFFF,如图 4-13 所示。

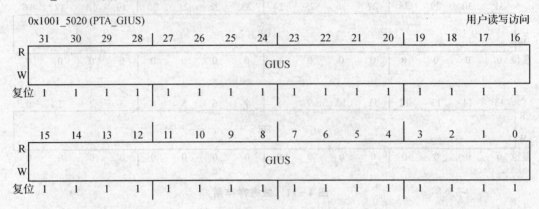

图 4-13　GPIO 在线使用寄存器 A 复位值

GPIO 在线使用寄存器 B(PTB_GIUS)复位值是 0xFF3F_FFF3,GPIO 在线使用寄存器 C(PTC_GIUS)复位值是 0xFFFF_FFFF,GPIO 在线使用寄存器 D(PTD_GIUS)复位值是 0xFFFE_0000,GPIO 在线使用寄存器 E(PTE_GIUS)复位值是 0xFFFC_0F27,GPIO 在线使用寄存器 F(PTF_GIUS)复位值是 0xFF00_0000。类似于 GPIO 在线使用寄存器 A 复位值的图读者可以自行绘制。

**6. 采样状态寄存器**

只读采样状态寄存器(SSR)包含每一个相关端口 GPIO 引脚值,在时钟上更新。引脚配置为输入时,寄存器的值用作状态指示,参见图 4-14 和表 4-11。

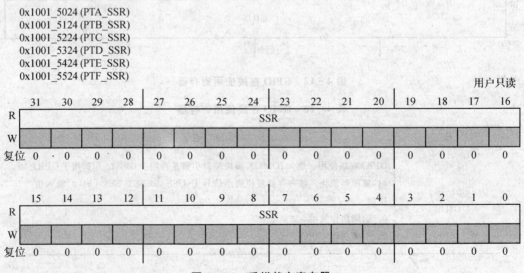

图 4-14　采样状态寄存器

表 4-11　采样状态寄存器

| 位 | 描　述 |
|---|---|
| 31～0<br>SSR | 采样状态,包含 GPIO 引脚[i]的值,在每一个时钟周期内采样<br>0　引脚值为低<br>1　引脚值为高 |

### 7. 中断配置寄存器

中断配置寄存器有 2 个,中断配置寄存器 1(ICR1)和中断配置寄存器 2(ICR2),分别对端口每一个低 16 位和高 16 位外部中断进行中断配置,每一个端口的寄存器有 2 位。其中中断配置寄存器 1 参见图 4-15 和表 4-12。中断配置寄存器 2 相关图表略。

0x1001_5028 (PTA_ICR1)
0x1001_5128 (PTB_ICR1)
0x1001_5228 (PTC_ICR1)
0x1001_5328 (PTD_ICR1)
0x1001_5428 (PTE_ICR1)
0x1001_5528 (PTF_ICR1)

用户读写访问

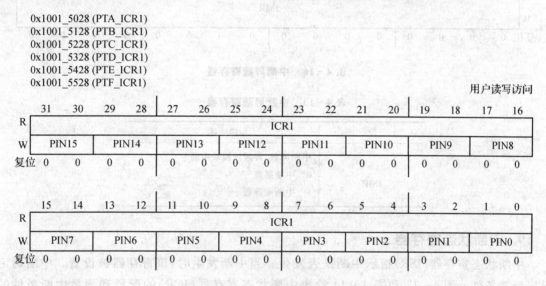

图 4-15　中断配置寄存器 1

表 4-12　中断配置寄存器 1

| 位 | 描　述 |
|---|---|
| 31～0<br>ICR1 | 中断配置,对应端口中断 0～15,定义对下述哪一种信号产生中断。每一个中断[i](i 从 0 到 15)需要 2 位 ICR1 确定信号类型<br>00　上升沿<br>01　下降沿<br>10　高电平<br>11　低电平 |

### 8. 中断屏蔽寄存器

中断发生,引脚和配置位配置在中断模式时,中断屏蔽寄存器(IMR)确定中断是否认可。IMR 和 ISR 对应的位设置为规定值时,中断被确认。参见图 4-16 和表 4-13。

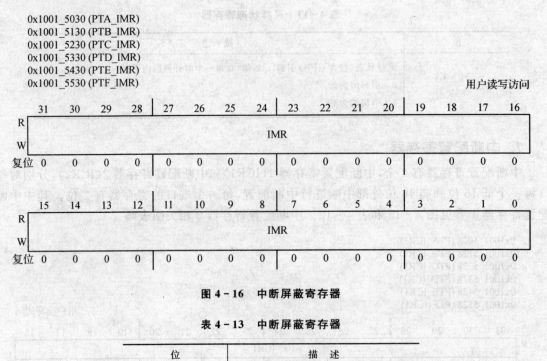

图 4 – 16  中断屏蔽寄存器

表 4 – 13  中断屏蔽寄存器

| 位 | 描 述 |
|---|---|
| 31～0 IMR | 中断屏蔽,屏蔽该模块中断<br>0  中断屏蔽<br>1  中断未屏蔽 |

### 9. 中断状态寄存器

中断状态寄存器(ISR)指示中断是否发生。当中断发生时,该寄存器被设置。中断确定设置所需条件。图 4 – 17 和表 4 – 14 给出中断状态寄存器(ICR)的配置和满足中断条件的输入。

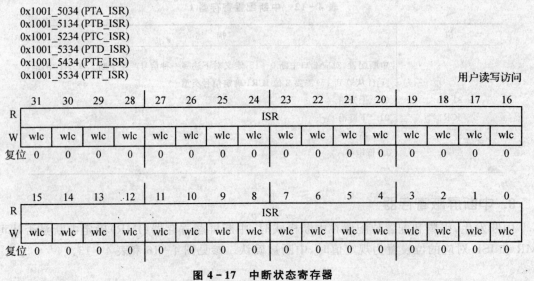

图 4 – 17  中断状态寄存器

表 4-14 中断状态寄存器

| 位 | 描 述 |
|---|---|
| 31~0 ISR | 中断状态,指示 GPIO 模块中断[i]是否发生。该寄存器写 1 清零。将 1 写入相关联的位时 w1c 清零 |
| | 0 中断未发生 |
| | 1 中断发生 |

## 10. 通用寄存器

通用寄存器(GPR)控制 IOMUX 模块中的复用器。GIUS 寄存器中对应的位设置为 0 时,该寄存器的设置确定引脚是否用作外设最初的功能或变更的功能。图 4-18 和表 4-15 给出设置 GIUS 相关位时,对该寄存器无效。

0x1001_5038 (PTA_GPR)
0x1001_5138 (PTB_GPR)
0x1001_5238 (PTC_GPR)
0x1001_5338 (PTD_GPR)
0x1001_5438 (PTE_GPR)
0x1001_5538 (PTF_GPR)

用户读写访问

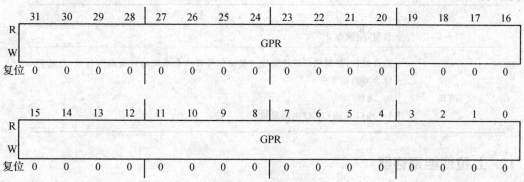

图 4-18 通用寄存器

表 4-15 通用寄存器

| 位 | 描 述 |
|---|---|
| 31~0 GPR | 通用寄存器,选择引脚的初始功能还是变更的功能。设置 GUIS 相关的位时,该位无意义。注意:确认当相关引脚没有变更功能时,该位清零 |
| | 0 选择引脚最初功能 |
| | 1 选择引脚变更的功能 |

## 11. 软件复位寄存器

软件复位寄存器(SWR)控制 GPIO 模块个别端口复位。设置软件复位寄存器时,立即对 GPIO 电路个别端口复位。软件复位程序共需 6 个时钟周期,从第 3 个时钟周期开始,持续 3 个时钟周期,参见图 4-19 和表 4-16。

0x1001_503C (PTA_SWR)
0x1001_513C (PTB_SWR)
0x1001_523C (PTC_SWR)
0x1001_533C (PTD_SWR)
0x1001_543C (PTE_SWR)
0x1001_553C (PTF_SWR)

用户读写访问

| | 31 | 30 | 29 | 28 | 27 | 26 | 25 | 24 | 23 | 22 | 21 | 20 | 19 | 18 | 17 | 16 |
|---|---|---|---|---|---|---|---|---|---|---|---|---|---|---|---|---|
| R | 0 | 0 | 0 | 0 | 0 | 0 | 0 | 0 | 0 | 0 | 0 | 0 | 0 | 0 | 0 | 0 |
| W | | | | | | | | | | | | | | | | |
| 复位 | 0 | 0 | 0 | 0 | 0 | 0 | 0 | 0 | 0 | 0 | 0 | 0 | 0 | 0 | 0 | 0 |

| | 15 | 14 | 13 | 12 | 11 | 10 | 9 | 8 | 7 | 6 | 5 | 4 | 3 | 2 | 1 | 0 |
|---|---|---|---|---|---|---|---|---|---|---|---|---|---|---|---|---|
| R | 0 | 0 | 0 | 0 | 0 | 0 | 0 | 0 | 0 | 0 | 0 | 0 | 0 | 0 | 0 | 0 |
| W | | | | | | | | | | | | | | | | SWR |
| 复位 | 0 | 0 | 0 | 0 | 0 | 0 | 0 | 0 | 0 | 0 | 0 | 0 | 0 | 0 | 0 | 0 |

图 4-19 软件复位寄存器

表 4-16 软件复位寄存器

| 位 | 描述 |
|---|---|
| 31～1 | 保留，应读作 0 |
| 0<br>SWR | 软件复位，控制端口软件复位。复位信号在 3 个系统时钟周期内有效，自动释放。系自清零位<br>0 无效<br>1 端口 X 的 GPIO 电路复位 |

### 12. 上拉使能寄存器

上拉使能寄存器（PUEN）在相应引脚上接 69 kΩ 上拉电阻。无论配置为初始功能、变更功能还是 GPIO 功能，GPIO 引脚用上拉电阻。上拉无效时引脚为三态，不被驱动。参见图 4-20 和表 4-17。注意，端口 A(PTA_PUEN)的 27～24 位、端口 B (PTB_PUEN)的 31～28、26 和 9 位对应引脚接 69 kΩ 下拉电阻。

表 4-17 上拉使能寄存器

| 位 | 描述 |
|---|---|
| 31～0<br>PUEN | 上拉使能，确定对应引脚拉至逻辑高还是三态。引脚配置为输入，没有外部信号驱动时，清零该位将导致信号处于三态。引脚配置为输出，该位无效时，清零该位将导致信号处于三态<br>0 引脚[i]在没有驱动时处于三态<br>1 引脚[i]在驱动时拉至高电平 1 |

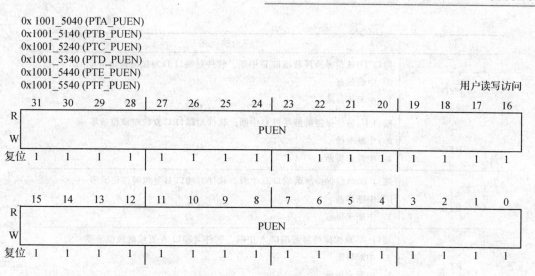

图 4-20 软件复位寄存器

## 13. 端口中断屏蔽寄存器

GPIO 有 6 个具有产生中断功能的端口。端口中断屏蔽寄存器(PMASK)提供端口的中断屏蔽功能,而中断屏蔽寄存器控制独立的中断。如果该位为 0,则该端口所有中断被屏蔽。软件对端口复位(设置 SWR)将清除寄存器中端口对应的屏蔽位,参见图 4-21 和表 4-18。

| 0x1001_5600 (PMASK) | | | | | | | | | | | | | | | | 用户读写访问 |
|---|---|---|---|---|---|---|---|---|---|---|---|---|---|---|---|---|
| 31 | 30 | 29 | 28 | 27 | 26 | 25 | 24 | 23 | 22 | 21 | 20 | 19 | 18 | 17 | 16 | |
| R 0 | 0 | 0 | 0 | 0 | 0 | 0 | 0 | 0 | 0 | 0 | 0 | 0 | 0 | 0 | 0 | |
| 复位 0 | 0 | 0 | 0 | 0 | 0 | 0 | 0 | 0 | 0 | 0 | 0 | 0 | 0 | 0 | 0 | |
| 15 | 14 | 13 | 12 | 11 | 10 | 9 | 8 | 7 | 6 | 5 | 4 | 3 | 2 | 1 | 0 | |
| R 0 | 0 | 0 | 0 | 0 | 0 | 0 | 0 | 0 | 0 | PTF | PTF | PTD | PTD | PTB | PTA | |
| 复位 0 | 0 | 0 | 0 | 0 | 0 | 0 | 0 | 0 | 0 | 1 | 1 | 1 | 1 | 1 | 1 | |

图 4-21 端口中断屏蔽寄存器

表 4-18 端口中断屏蔽寄存器

| 位 | 描述 |
|---|---|
| 31~6 | 保留,读作 0 |
| 5<br>PTF | 端口 F,该位保持屏蔽端口 F 中断。软件对端口 F 复位时该位清零<br>0 中断屏蔽<br>1 中断未屏蔽 |
| 4<br>PTE | 端口 E,该位保持屏蔽端口 E 中断。软件对端口 E 复位时该位清零<br>0 中断屏蔽<br>1 中断未屏蔽 |

续表 4-18

| 位 | 描述 |
|---|---|
| 3<br>PTD | 端口 D,该位保持屏蔽端口 D 中断。软件对端口 D 复位时该位清零<br>0 中断屏蔽<br>1 中断未屏蔽 |
| 2<br>PTC | 端口 C,该位保持屏蔽端口 C 中断。软件对端口 C 复位时该位清零<br>0 中断屏蔽<br>1 中断未屏蔽 |
| 1<br>PTB | 端口 B,该位保持屏蔽端口 B 中断。软件对端口 B 复位时该位清零<br>0 中断屏蔽<br>1 中断未屏蔽 |
| 0<br>PTA | 端口 A,该位保持屏蔽端口 A 中断。软件对端口 A 复位时该位清零<br>0 中断屏蔽<br>1 中断未屏蔽 |

## 4.2 通用定时器

i.MX27 器件包含 6 个带可编程预分频器的 32 位通用定时器(GPT)。每一个定时计数器的值可以由外部事件捕获,可以配置成在输入脉冲前沿或后沿触发。每一个 GPT 在定时器达到编程值时也可以产生中断。每一个 GPT 包含一个 11 位预分频器通过多重时钟源分频提供可编程的时钟频率。图 4-22 给出通用定时器组成框图。

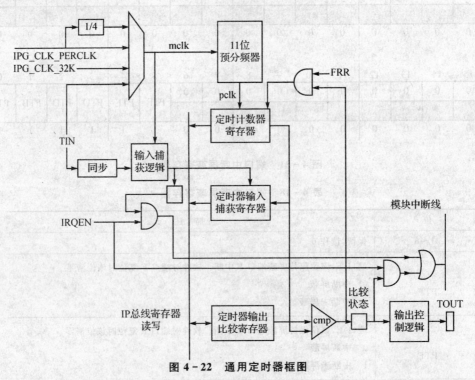

图 4-22 通用定时器框图

## 4.2.1 工作原理

硬件复位计数器后,复位 GPT 的控制、预分频、状态和捕获寄存器,比较值设置为 0xFFFFFFFF,输出引脚(TOUT)也复位。GPT 控制寄存器(TCTL)的 TEN 设置为 1 时,GPT 有效,计数器开始计数。GPT 有效前首先将所有寄存器设置为适当的值。TEN 清零时,根据 GPT 控制寄存器(TCTL)的 CC 位计数器值不变或清零,其他寄存器不变。

TCTL 寄存器有一个软件复位位(SWR)。该复位位设置为 1 时,GPT 产生 3 个 IPG_CLK 周期的复位信号,5 个 IPG_CLK 周期后,该位清零。如果设置为 0,除 TEN 不被软件复位清零外,软件复位会使 GPT 所有寄存器复位。

软件复位可以由 TEN 确认,GPT 的 IPG_CLK 时钟(模块时钟)信号在软件复位时必须接通。

反馈预分频器时钟可从下面的时钟选择:

- IPG_CLK_PERCLK(1 或 4 分频)  IPG_CLK_PERCLK 频率不变,与 IPG_CLK 变化无关。模块内部 PERCLK 时钟与 IPG_CLK 同步。如果预分频器分频系数编程为 1,该时钟频率至少为 IPG_CLK 的 1/4;
- GPT I/O 引脚(IPP_GPT_TIN)  芯片外部时钟;
- 32 kHz 时钟(IPG_CLK_32K)  IPG_CLK 关断时,32 kHz 时钟处于低功耗模式。所以 GPT 在低功耗模式可以运行在该时钟下。正常模式,期待 CRM 使该时钟与 ahb_clk 同步,低功耗模式时切换到非同步状态。

时钟输入源由 GPT 控制寄存器的 CLKSOURCE 决定。GPT 无效时只需变更 CLKSOURCE 值。从 IPP_GPT_TIN 引脚输入的外部时钟与 IPG_CLK 不同步。

GPT 预分频寄存器(TPRER)选择驱动主计数器(TCN)的输入时钟分频系数。预分频器对输入时钟的分频系数从 1 到 2 048。

低功耗模式下,IPG_CLK(用于寄存器访问的模块时钟)和 IPG_CLK_PERCLK 时钟关断。如果 IPG_CLK_32K 有效,GPT 也可以工作。

计数器继续运行,当它达到比较寄存器的数值时,产生比较中断。如果捕获功能有效,低功耗模式下也可能产生捕获中断。捕获中断或比较中断产生时 mclk 上升沿可以写状态寄存器。

**(1) 捕获事件**

GPT 有一个 32 位捕获寄存器,在捕获边缘探测器探测到 TIN 跃变时,捕获计数器瞬间值。触发捕获的跃变型式通过 GPT 控制寄存器(TCTL)的 CAP 位选择。因为捕获事件是 mclk 触发的,所以每一个跃变至少在 2 个 mclk 时钟周期有效,确认捕获事件被触发。

发生捕获事件时,GPT 状态寄存器(TSTAT)的相应状态位设置为 1;如果捕获功能有效,GPT 控制寄存器的 CAPTEN 设置为 1,则中断发生。即使没有中断,捕获状态位设置为 1,如果另一个捕获事件发生,将新的计数值捕获到捕获寄存器中。

**(2) 比较事件**

GPT 有一个 32 位比较寄存器。该寄存器的数值与计数寄存器的数值匹配时,发生比较事件。比较事件中,根据 GPT 控制寄存器中输出模式(OM)位的设置,相应 GPT 引脚(TOUT)触发,或产生一个负脉冲(一个计数周期)。触发模式时,触发发生在匹配时计数周期的末尾。

状态寄存器中相应状态位设置为1,如果GPT控制寄存器的COMPEN位设置为1,产生中断。即使没有中断,比较状态位设置为1,GPT引脚继续在比较事件中产生输出。

**(3) 操作模式**

GPT可以通过对GPT控制寄存器自由运行/复位(FRR)位编程配置复位模式和自由运行模式。

- 复位模式：复位模式下,比较事件发生时计数器复位为0x00000000。随后再次开始计数。
- 自由运行模式：自由运行模式下,比较事件发生时,不影响计数值。计数器继续计数直至达到0xFFFFFFFF,然后复位为0x00000000,随后再开始计数。

### 4.2.2 编程方法

通用定时器各模块有6个用户可访问的32位寄存器,分别用其基础地址的偏移量表示。表4-19和表4-20给出通用定时器寄存器、地址和编程。

表4-19 GPT寄存器

| 名称 | 符号 | 地址 | 名称 | 符号 | 地址 |
| --- | --- | --- | --- | --- | --- |
| GPT控制寄存器1 | TCTL1 | 0x10003000 | GPT捕获寄存器1 | TCR1 | 0x1000300c |
| GPT控制寄存器2 | TCTL2 | 0x10004000 | GPT捕获寄存器2 | TCR2 | 0x1000400c |
| GPT控制寄存器3 | TCTL3 | 0x10005000 | GPT捕获寄存器3 | TCR3 | 0x1000500c |
| GPT控制寄存器4 | TCTL4 | 0x10019000 | GPT捕获寄存器4 | TCR4 | 0x1001900c |
| GPT控制寄存器5 | TCTL5 | 0x1001a000 | GPT捕获寄存器5 | TCR5 | 0x1001a00c |
| GPT控制寄存器6 | TCTL6 | 0x1001f000 | GPT捕获寄存器6 | TCR6 | 0x1001f00c |
| GPT预分频寄存器1 | TPRER1 | 0x10003004 | GPT计数器寄存器1 | TCN1 | 0x10003010 |
| GPT预分频寄存器2 | TPRER2 | 0x10004004 | GPT计数器寄存器2 | TCN2 | 0x10004010 |
| GPT预分频寄存器3 | TPRER3 | 0x10005004 | GPT计数器寄存器3 | TCN3 | 0x10005010 |
| GPT预分频寄存器4 | TPRER4 | 0x10019004 | GPT计数器寄存器4 | TCN4 | 0x10019010 |
| GPT预分频寄存器5 | TPRER5 | 0x1001a004 | GPT计数器寄存器5 | TCN5 | 0x1001a010 |
| GPT预分频寄存器6 | TPRER6 | 0x1001f004 | GPT计数器寄存器6 | TCN6 | 0x1001f010 |
| GPT比较寄存器1 | TCMP1 | 0x10003008 | GPT状态寄存器1 | TSTAT1 | 0x10003014 |
| GPT比较寄存器2 | TCMP2 | 0x10004008 | GPT状态寄存器2 | TSTAT2 | 0x10004014 |
| GPT比较寄存器3 | TCMP3 | 0x10005008 | GPT状态寄存器3 | TSTAT3 | 0x10005014 |
| GPT比较寄存器4 | TCMP4 | 0x10019008 | GPT状态寄存器4 | TSTAT4 | 0x10019014 |
| GPT比较寄存器5 | TCMP5 | 0x1001a008 | GPT状态寄存器5 | TSTAT5 | 0x1001a014 |
| GPT比较寄存器6 | TCMP6 | 0x1001f008 | GPT状态寄存器6 | TSTAT6 | 0x1001f014 |

表 4-20 通用定时器寄存器编程

| 名称 | | 31 | 30 | 29 | 28 | 27 | 26 | 25 | 24 | 23 | 22 | 21 | 20 | 19 | 18 | 17 | 16 |
|---|---|---|---|---|---|---|---|---|---|---|---|---|---|---|---|---|---|
| | | 15 | 14 | 13 | 12 | 11 | 10 | 9 | 8 | 7 | 6 | 5 | 4 | 3 | 2 | 1 | 0 |
| 0x1000_3000 (TCTL1)- 0x1000_F000 (TCTL6) | R | 0 | 0 | 0 | 0 | 0 | 0 | 0 | 0 | 0 | 0 | 0 | 0 | 0 | 0 | 0 | 0 |
| | W | | | | | | CC | | OM | FRR | | CAP | | CAP TEN | COM PEN | CLK 源 | | TEN |
| | | | | | | | | | | | | | | | | | |
| | | SWR | | | | | | | | | | | | | | | |
| 0x1000_3004 (TPRER1)- 0x1000_F004 (TPRER6) | R | 0 | 0 | 0 | 0 | 0 | 0 | 0 | 0 | 0 | 0 | 0 | 0 | 0 | 0 | 0 | 0 |
| | W | | | | | | | | | | | | | | | | |
| | R | 0 | 0 | 0 | 0 | 0 | | | | | | | | | | | |
| | W | | | | | | | | | 预分频 | | | | | | | |
| 0x1000_3008 (TCMP1)- 0x1000_F008 (TCMP6) | R | | | | | | | | 比较数值 | | | | | | | | |
| | W | | | | | | | | | | | | | | | | |
| | R | | | | | | | | 比较数值 | | | | | | | | |
| | W | | | | | | | | | | | | | | | | |
| 0x1000_300C (TCR1)- 0x1000_F00C (TCR6) | R | | | | | | | | 捕获数值 | | | | | | | | |
| | W | | | | | | | | | | | | | | | | |
| | R | | | | | | | | 捕获数值 | | | | | | | | |
| | W | | | | | | | | | | | | | | | | |
| 0x1000_3010 (TCN1)- 0x1000_F010 (TCN6) | R | | | | | | | | 计数数值 | | | | | | | | |
| | W | | | | | | | | | | | | | | | | |
| | R | | | | | | | | 计数数值 | | | | | | | | |
| | W | | | | | | | | | | | | | | | | |
| 0x1000_3014 (TSTAT1)- 0x1000_F014 (TSTAT6) | R | 0 | 0 | 0 | 0 | 0 | 0 | 0 | 0 | 0 | 0 | 0 | 0 | 0 | 0 | 0 | 0 |
| | W | | | | | | | | | | | | | | | | |
| | R | 0 | 0 | 0 | 0 | 0 | 0 | 0 | 0 | 0 | 0 | 0 | 0 | 0 | 0 | CAPT | COMP |
| | W | | | | | | | | | | | | | | | | W1C | W1C |

## 4.3 脉宽调制器

脉宽调制器(PWM)有一个 16 位计数器,从存储的音频采样数据复原声音和音调,分辨率为 16 位、数据 FIFO 为 4×16。图 4-23 给出 PWM 结构框图。

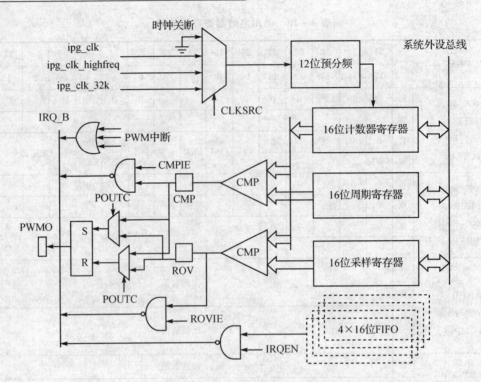

图 4-23 脉宽调制器组成框图

## 4.3.1 工作原理

　　PWM 模块输出信号的频率和占空比可以通过相应寄存器编程。该模块有一个 16 位从 0x0000 开始计数的加计数器,计数到计数器值等于周期寄存器值为止,而后计数器复位到 0x0000。

　　开始计数时,PWMO 引脚设置为 1(缺省值),计数器从 0x0000 开始加计数。采样 FIFO 中采样值在每一个预分频时钟计数值上进行比较,当采样值与计数值相同时,PWMO 信号清零(缺省值)。计数器继续计数直至周期数匹配,下一次计数周期将开始。

　　PWM 有效时,计数器开始运行,在周期和采样寄存器中产生带复位值的输出。PWM 有效前要对这些寄存器编程。

　　硬件复位将导致所有 PWM 计数和采样寄存器清零,FIFO 清空。控制寄存器表示 FIFO 是空的,可以写操作,PWM 无效。

　　软件复位有同样结果,然而,控制寄存器中 STOPEN、DOZEN、WAITEN 和 DBGEN 的状态不受影响。PWM 处于无效状态时,软件复位有效。

　　可以从下列时钟中选择反馈预分频器的时钟(参见图 4-24)。

- 高频时钟(ipg_clk_highfreq)

　　该时钟由时钟控制模块(CCM)提供,当 ipg_clk 关断时支持低功耗模式,这时 PWM 可以连续工作在低功能模式。正常工作模式与 ahb_clk 同步后,CRM 可以提供该时钟,在低功耗模式时,切换到非同步状态。

- 低频时钟(ipg_clk_32k)

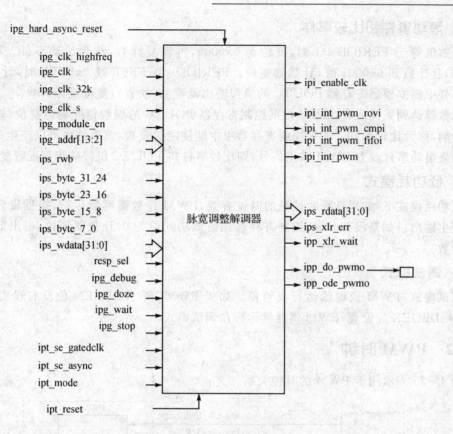

图 4-24 PWM 模块信号

这是由 CCM 提供的 32 kHz 低频时钟,当 ipg_clk 关断时支持低功耗模式。这时 PWM 可以连续工作在低功能模式。正常工作模式与 ahb_clk 同步后,CRM 可以提供该时钟,在低功耗模式时,切换到非同步状态。

- 全功能时钟(ipg_clk)

假设该时钟处于正常工作模式,在低功耗模式时关断。

PWM 控制寄存器的 CLKSRC 决定时钟输入信号源。PWM 无效时变更 CLKSRC 数值。

PWM 输入时钟通过适当设置控制寄存器的预分频位进行 1 到 4 096 分频。预分频位数值的变化立即在输出时钟频率上反映。

### 1. FIFO

数字采样值可以按 16 位字加载到脉宽调制器。用控制寄存器的 BCTR 和 HCTRD 位变更字节序。4 个字(4×16 位)的 FIFO 使中断溢出最小。数据的数目下降到控制寄存器 PWM 设置的水平以下时产生可屏蔽中断。

如果 FIFO 不满,采样寄存器的写操作将该数值存储到 FIFO 中。FIFO 满了,写操作设置状态寄存器的 FEW(FIFO 写错误)位,FIFO 内容保持不变。PWM 无效时,FIFO 可以写。如果 FIFO 可以写入,FIFOAV 表示当前 FIFO 中保留了多少数据。

采样寄存器的读操作为输出信号发生器生成当前使用的 FIFO 数值,或由 PWM 使用。因此,对采样寄存器的写操作和后续读操作可能得到不同的数值。

### 2. 滚动事件和比较事件

计数值等于 PERIOD+1 时，复位至 0x0000，再恢复计数，称为滚动事件。PERIOD=0x0000，且计数到 0x0001 时，计数器复位。PERIOD=0xFFFF 或 0xFFFE 时，计数器复位。滚动事件中根据控制寄存器 POUTC 的编程输出设置值（缺省），复位或无影响。

计数器达到采样值时，PWM 根据控制寄存器 POUTC 的编程情况输出复位（缺省），设置或无影响，称为比较事件。如果控制寄存器中中断使能位设置，该事件也可以产生中断。

如果滚动事件设置 PWM 输出信号，则比较事件将 POUTC 位特殊编程配置复位。

### 3. 低功耗模式

低功耗模式下，如果选择时钟源的时钟有效，PWM 计数器继续运行，根据设置模式的控制位产生输出。如果没有时钟，控制寄存器相应低功耗位为 0，计数器复位，退出低功耗模式时再计数。

### 4. 调试模式

调试模式，PWM 或继续运行或暂停。如果 PWMCR 中 DBGEN 位没有设置，PWM 暂停；如果 DBGEN 位设置，PWM 将继续运行在调试模式。

## 4.3.2 PWM 时钟

图 4-25 表示用于 PWM 的时钟关系。

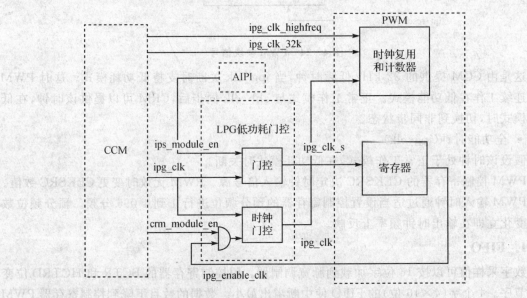

图 4-25 PWM 时钟

### 1. PWM 时钟输入

图 4-26 中反馈预分频器的时钟（sys_clk）可以从下列时钟输入中选择：

- 高频时钟（ipg_clk_highfreq）pat_ref 或 ckih
- 低频时钟（ipg_clk_32k）ckil
- 全功能时钟（ipg_clk）

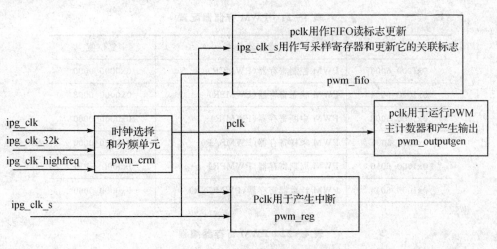

图 4-26  PWM 内的时钟分配

用 12 位预分频数对选择的时钟 sys_clk 进行预分频。用从预分频计数器和能获得 pclk 时钟的 PWM 产生的使能信号控制 sys_clk。PWM 主计数器运行在 pclk 上。pclk 产生 PWM 输出信号和中断。

ipg_clk_s 是寄存器的读写时钟。

只有模块内的门控时钟在 pwm_crm 子模块内对 sys_clk 时钟分频进行控制,产生 pclk。图 4-27 表示时钟和分频单元。

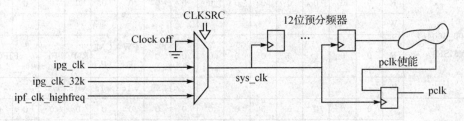

图 4-27  时钟选择和分频单元

**2. ipg_enable_clk 的产生**

只要模块有效,选择 ipg_clk,则认可 ipg_enable_clk 信号。图 4-28 表示 ipg_enable_clk 信号的产生逻辑。

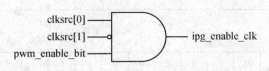

图 4-28  ipg_enable_clk 产生逻辑

### 4.3.3  编程方法

PWM 模块包括 6 个用户可访问的 32 位寄存器,表 4-22 和表 4-23 分别给出 PWM 存储器配置(均为读写访问)和寄存器。

## 第4章 系统资源

表 4-21 PWM 存储器配置

| 地 址 | 寄存器名称 | 复位值 |
|---|---|---|
| 0x1000_6000 | PWM 控制寄存器(PWMCR) | 0x0000_0000 |
| 0x1000_6004 | PWM 状态寄存器(PWMSR) | 0x0000_0008 |
| 0x1000_6008 | PWM 中断寄存器(PWMIR) | 0x0000_0000 |
| 0x1000_600C | PWM 采样寄存器(PWMSAR) | 0x0000_0000 |
| 0x1000_6010 | PWM 周期寄存器(PWMPR) | 0x0000_FFFE |
| 0x1000_6014 | PWM 计数器寄存器(PWMCNR) | 0x0000_0000 |

表 4-22 PWM 寄存器编程

| 名称 | | 31 | 30 | 29 | 28 | 27 | 26 | 25 | 24 | 23 | 22 | 21 | 20 | 19 | 18 | 17 | 16 |
|---|---|---|---|---|---|---|---|---|---|---|---|---|---|---|---|---|---|
| | | 15 | 14 | 13 | 12 | 11 | 10 | 9 | 8 | 7 | 6 | 5 | 4 | 3 | 2 | 1 | 0 |
| 0x1000_6000 (PWMCR) | R | 0 | 0 | 0 | 0 | FWM | | STOPEN | DOZEN | WAITEN | DBGEN | BCTR | HCTR | POUTC | | CLKSRC | |
| | W | | | | | | | | | | | | | | | | |
| | R | 预分频 | | | | | | | | | | | SWR | 重复 | | EN | |
| | W | | | | | | | | | | | | | | | | |
| 0x1000_6004 (PWMSR) | R | 0 | 0 | 0 | 0 | 0 | 0 | 0 | 0 | 0 | 0 | 0 | 0 | 0 | 0 | 0 | 0 |
| | W | | | | | | | | | | | | | | | | |
| | R | 0 | 0 | 0 | 0 | 0 | 0 | 0 | 0 | 0 | FWE | CMP | ROV | FE | FIFOAV | | |
| | W | | | | | | | | | | w1c | w1c | w1c | w1c | | | |
| 0x1000_6008 (PWMIR) | R | 0 | 0 | 0 | 0 | 0 | 0 | 0 | 0 | 0 | 0 | 0 | 0 | 0 | 0 | 0 | 0 |
| | W | | | | | | | | | | | | | | | | |
| | R | 0 | 0 | 0 | 0 | 0 | 0 | 0 | 0 | 0 | 0 | 0 | 0 | 0 | CIE | RIE | FIE |
| | W | | | | | | | | | | | | | | | | |
| 0x1000_600C (PWMSAR) | R | 0 | 0 | 0 | 0 | 0 | 0 | 0 | 0 | 0 | 0 | 0 | 0 | 0 | 0 | 0 | 0 |
| | W | | | | | | | | | | | | | | | | |
| | R | 采样[15:1] | | | | | | | | | | | | | | | |
| | W | | | | | | | | | | | | | | | | |
| 0x1000_6010 (PWMPR) | R | 0 | 0 | 0 | 0 | 0 | 0 | 0 | 0 | 0 | 0 | 0 | 0 | 0 | 0 | 0 | 0 |
| | W | | | | | | | | | | | | | | | | |
| | R | 周期[15:1] | | | | | | | | | | | | | | | |
| | W | | | | | | | | | | | | | | | | |

续表 4-22

| 名称 | | 31 | 30 | 29 | 28 | 27 | 26 | 25 | 24 | 23 | 22 | 21 | 20 | 19 | 18 | 17 | 16 |
|---|---|---|---|---|---|---|---|---|---|---|---|---|---|---|---|---|---|
| | | 15 | 14 | 13 | 12 | 11 | 10 | 9 | 8 | 7 | 6 | 5 | 4 | 3 | 2 | 1 | 0 |
| 0x1000_6014 (PWMCNR) | R | 0 | 0 | 0 | 0 | 0 | 0 | 0 | 0 | 0 | 0 | 0 | 0 | 0 | 0 | 0 | 0 |
| | W | | | | | | | | | | | | | | | | |
| | R | | | | | | | 计数[15:1] | | | | | | | | | |
| | W | | | | | | | | | | | | | | | | |

## 4.4 看门狗定时器

当系统出现故障时,看门狗定时器(WDOG)模块提供从意外事件或编程错误中恢复的方法。图 4-29 为 WDOG 结构框图。

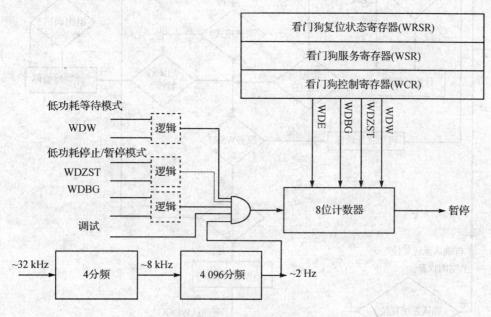

图 4-29 WDOG 框图

一旦 WDOG 模块有效,软件必须定期对其服务。如果没有进行服务,定时器将暂停。定时器暂停时,WDOG 模块根据软件配置情况确认$\overline{\text{WDOG}}$信号或系统复位信号$\overline{\text{wdog\_rst}}$。WDOG 定时器模块也通过软件对看门狗控制寄存器(WCR)写操作产生系统复位。通过软件对 WCR 写操作或通过探测时钟监视事件,或根据看门狗的暂停确认$\overline{\text{WDOG}}$信号。图 4-30 表示计数器工作的状态机,描述了暂停工作情况。WDOG 模块激活后不能再被禁止。WDOG 模块输入时钟(ipg_clk_32k、ipg_clk 和 ipg_clk_s)必须相互同步。低功耗模式(等待或停止)下 WDOG 模块可以继续或延缓定时器的工作。WDOG 特点如下:

- 暂停时间范围从 0.5~128 s;
- 时间分辨率为 0.5 s;
- 计数器可配置,在低功耗模式和调试模式可编程为运行或停止。

# 第4章 系统资源

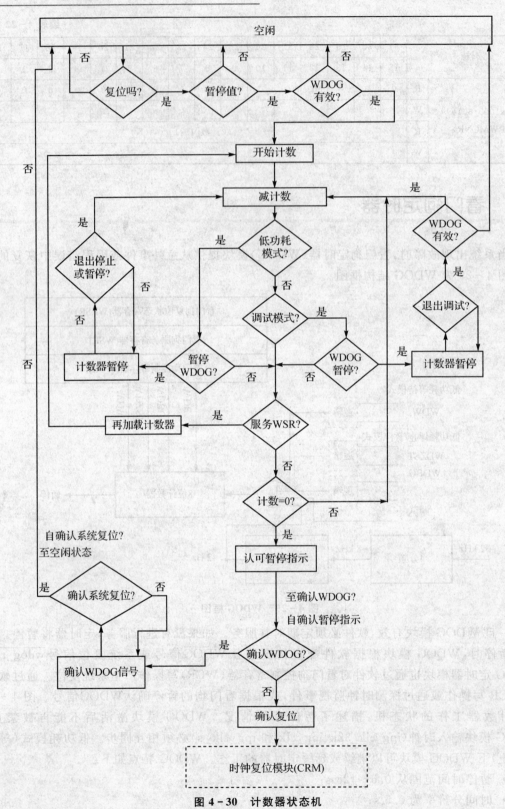

图 4-30 计数器状态机

## 4.4.1 工作原理

WDOG 提供的暂停时间从 0.5 秒到 128 秒,分辨率为 0.5 秒,用 ipg_clk_32k 时钟(32.768 kHz)作为输入进行预分频。预分频器分频数固定为 16 384(4 分频和 4 096 分频),在 2 Hz 时分辨率为 0.5 秒。预分频器输出电路与 8 位计数器相连获得的时间范围是 0.5 秒到 128 秒。将暂停值写入 WDOG 控制寄存器(WCR)的暂停位,用户可以确定暂停时间间隔。

### 1. 复位期间的 WDOG

系统复位将复位所有的寄存器(除 WRSR)到初始缺省值,使计数器处于空闲状态,直至 WDOG 有效。WDOG 复位状态寄存器(WRSR)保存复位事件,不能被系统复位复位。

### 2. 复位后的 WDOG

WDOG 控制寄存器(WCR)的 WT[7:0] 必须在 WDOG 有效前将暂停值写入。用设置 WCR 的 WDOG 使能位(WDE)的方法使 WDOG 有效。

复位顺序写入 WDOG 复位寄存器(WSR)或 WDOG 有效后,暂停值加载到计数器。

WDOG 有效后,计数器有效,从产生编程值开始减计数。如果出现系统错误,为使 WDOG 复位寄存器(WSR)保护软件,计数器达到零时,定时器暂停。如果 WSR 在计数器达到零前开始复位,WDOG 将 WCR 的 WT[7:0] 指示的暂停值加载到计数器,重新启动减计数。系统复位信号将复位计数器,在减计数期间使其处于空闲状态。

暂停值写入计数器的复位顺序是给 WSR 写 0xAAAA 后面,从写 0x5555 开始。为重新加载计数器,写操作必须在暂停中间进行。二次写操作间可以执行任意多的指令数。复位顺序也用作在初始加载期间激活计数器。

如果在给 WSR 写 0xAAAA 前没有用 0x5555 加载,计数器不能再加载。如果在加载 0x5555 后没有写 0xAAAA,则计数器也不能再加载。

如果计数器到达零,根据 WCR 的 WRE 状态,WDOG 输出系统复位或 WDOG 信号。将 0 写入 WRE 配置 WDOG 产生系统复位。"1"使 WDOG 产生 WDOG 信号(参见图 4-30)。

### 3. IP 总线上的传送错误

在下列情况下 WDOG 模块确认 IP 总线上传送错误信号(IPS_XFR_ERROR):
- 未完成接收 IP 总线对地址的访问;
- 对只读 WRSR 寄存器的写访问。

如果输入引脚 resp_sel 低,则只在未完成地址上产生错误。否则,认为对 WRSR 只读寄存器写访问有错误。

### 4. 低功耗和调试模式

低功耗模式(等待和停止)和调试模式期间,WDOG 模块可以继续或暂停定时器工作。

低功耗模式时,WDOG 定时器可以配置成持续工作或暂停。如果 WCR 的 WDOG 低功耗使能位设置为 0,则 WDOG 持续工作在 ipg_clk_32k 时钟(32.768 kHz);如果设置为 1,则暂停。退出低功耗模式,WDOG 返回进入低功耗模式前的工作模式。

## 第4章 系统资源

在调试模式，WDOG 定时器可以配置成持续工作或暂停。如果 WCR 中 WDOG 的调试使能位设置为 1，WDOG 模块处于调试模式中的暂停。这时计数器停止工作，但寄存器读写访问继续。还有，DEBUG 模式时，WDE 可以直接使其有效或无效。

**5. WDOG 复位控制**

产生复位信号 $\overline{wdog\_rst}$ 的 WDOG 可以由软件对 WCR 的软件复位信号位（SRS）的写操作确认，也可以由 WDOG 暂停事件产生。

暂停时在 0.5 秒内产生 $\overline{wdog\_rst}$ 信号，但如果探测出系统复位，开始未认可。软件复位时，3 个复位 SRS 的时钟后面确认 $\overline{wdog\_rst}$，在 3 个 IPG 时钟（IP 全功能时钟）期间保留这个确认。如果系统复位在中间确认，IPG 时钟消失前不认可。

产生 WDOG 复位的信号 $\overline{wdog\_rst}$ 是系统复位发生器 CCM 的输出。CCM 根据 $\overline{wdog\_rst}$ 认可情况产生系统复位信号。

**6. $\overline{WDOG}$ 操作**

$\overline{WDOG}$ 通过软件对 WCR 的 $\overline{WDOG}$ 认可位（WDA）的写操作来确认，也可以使 WDOG 暂停。

如果确认软件对 WDA 的写操作，则保留确认的时间与 WDA 等于 0 的时间相同。在 0.5 秒内确认计数器暂停。系统复位和上电复位时不能确认。

### 4.4.2 编程方法

WDOG 模块有 3 个用户可访问的 16 位寄存器，用于配置、操作和监视 WDOG 定时器状态，参见表 4-23 和表 4-24。

表 4-23 WDOG 存储器配置

| 地 址 | 寄存器名称 | 访 问 | 复位值 |
|---|---|---|---|
| 0x1000_2000 | WDOG 控制寄存器（WCR） | 读写 | 0x0030 |
| 0x1000_2002 | WDOG 状态寄存器（WSR） | 读写 | 0x0010 |
| 0x1000_2004 | WDOG 复位状态寄存器（WRSR） | 读 | 0x00-- |

表 4-24 WDOG 寄存器

| 名称 | | 15 | 14 | 13 | 12 | 11 | 10 | 9 | 8 | 7 | 6 | 5 | 4 | 3 | 2 | 1 | 0 |
|---|---|---|---|---|---|---|---|---|---|---|---|---|---|---|---|---|---|
| 0x1000_2000 (WCR) | R | | | | WT | | | | | 0 | WOE | WDA | SRS | WRE | WDE | WDBG | WDZST |
| | W | | | | | | | | | | | | | | | | |
| 0x1000_2002 (WSR) | R | | | | | | | | WSR | | | | | | | | |
| | W | | | | | | | | | | | | | | | | |
| 0x1000_2004 (WRSR) | R | 0 | 0 | 0 | 0 | 0 | 0 | 0 | 0 | 0 | 0 | JRST | PWM | EXT | CMON | TOUT | SFTW |
| | W | | | | | | | | | | | | | | | | |

## 4.5 直接存储器访问控制器

i.MX27 的直接存储器访问控制器(DMAC)提供 16 个 DMA 通道,支持线性存储器、2 维存储器和 FIFO 传送,提供宽变化范围的 DMA 操作。图 4-31 为 DMAC 简要框图。DMAC 特点如下:

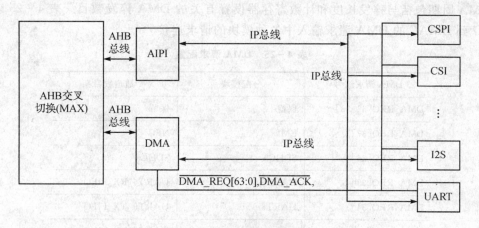

图 4-31 DMAC 框图

- 针对输入和输出的 16 个 DMA 通道,支持线性存储器、2 维存储器和 FIFO;
- 针对可变长缓冲器数据交换和合法商高中断延迟需求的 DMA 链接。
- 输入和输出地址加、减和不变;
- 可配置对 64 个 DMA 请求信号响应的每一个通道;
- 支持 8、16、或 32 位 FIFO 和存储器端口数据传送;
- 每一个通道可配置 DMA 猝发长度最大 16 字、32 半字或 64 字节;
- 对 DMA 请求没有触发的通道进行总线使用控制;
- 猝发不能在编程的时间计数内完成时,猝发暂停错误终止 DMA 周期;
- 内部缓冲器接收 64 字节以上数据时,缓冲器溢出错误终止 DMA 周期;
- DMA 猝发期间检测到传输错误时,传输错误终止 DMA 周期;
- 编程暂停后 DMA 猝发没有在该通道开始时,DMA 对中断 CPU 请求触发的通道产生 DMA 请求暂停错误;
- 提供根据大量数据传输完成或传输错误中断控制器的中断;
- 每一个支持 DMA 传送的外设对 DMA 控制器产生 $\overline{DMA\_REQ}$ 信号,假设每一个 FIFO 有统一的系统地址,产生 DMA 控制器专用的 $\overline{dma\_req}$ 信号。例如,带有 8 个端点的 USB 器件有 8 个支持 DMA 传输的 DMA 请求信号;
- DMA 控制器提供 DMA 猝发完成后对外设的应答信号,这些信号有时候用于外设清除状态位;
- 重复数据传输功能支持主 USB 到 USB 器件自动数据流传送;
- 专用外部 DMA 请求信号。

DMA 有一个从 AHB 总线读取数据的 FIFO,有 32 位宽 16 位深,最多存储 64 字节。该 FIFO 是所有通道公用的,由有效通道使用。

### 4.5.1 DMA 请求和应答

DMA 周期初始阶段通过软件控制(设置通道控制寄存器中 CEN=1 和 REN=0)或由认可 DMA 请求(设置通道控制寄存器中 CEN=1 和 REN=1)进行。

DMA 周期包括与猝发长度和计数寄存器设置有关的 DMA 猝发数目。表 4-25 表示从 i.MX27 到 DMAC 的 DMA 请求输入中各种模块的请求连接。

表 4-25  DMA 请求配置

| DMA 请求编号 | 分配模块 | 通道数目 |
| --- | --- | --- |
| DMA_REQ[63:38] | 保留 | 保留 |
| DMA_REQ[37] | EMI | NFC |
| DMA_REQ[36] | SDHC3 | SDHC3 |
| DMA_REQ[35] | UART6 | UART6_RX_FIFO |
| DMA_REQ[34] | UART6 | UART6_TX_FIFO |
| DMA_REQ[33] | UART5 | UART5_RX_FIFO |
| DMA_REQ[32] | UART5 | UART5_TX_FIFO |
| DMA_REQ[31] | CSI | CSI_RX_FIFO |
| DMA_REQ[30] | CSI | CSI_STAT_FIFO |
| DMA_REQ[29] | ATA | ATA_RCV_FIFO |
| DMA_REQ[28] | ATA | ATA_TX_FIFO |
| DMA_REQ[27] | UART1 | UART1_TX_FIFO |
| DMA_REQ[26] | UART1 | UART1_RX_FIFO |
| DMA_REQ[25] | UART2 | UART2_TX_FIFO |
| DMA_REQ[24] | UART2 | UART2_RX_FIFO |
| DMA_REQ[23] | UART3 | UART3_TX_FIFO |
| DMA_REQ[22] | UART3 | UART3_RX_FIFO |
| DMA_REQ[21] | UART4 | UART4_TX_FIFO |
| DMA_REQ[20] | UART4 | UART4_RX_FIFO |
| DMA_REQ[19] | CSPI1 | CSPI1_TX_FIFO |
| DMA_REQ[18] | CSPI1 | CSPI1_RX_FIFO |
| DMA_REQ[17] | CSPI2 | CSPI2_TX_FIFO |
| DMA_REQ[16] | CSPI2 | CSPI2_RX_FIFO |
| DMA_REQ[15] | SSI1 | SSI1_TX1_FIFO |

续表 4-25

| DMA 请求编号 | 分配模块 | 通道数目 |
|---|---|---|
| DMA_REQ[14] | SSI1 | SSI1_RX1_FIFO |
| DMA_REQ[13] | SSI1 | SSI1_TX0_FIFO |
| DMA_REQ[12] | SSI1 | SSI1_RX0_FIFO |
| DMA_REQ[11] | SSI2 | SSI2_TX1_FIFO |
| DMA_REQ[10] | SSI2 | SSI2_RX1_FIFO |
| DMA_REQ[9] | SSI2 | SSI2_TX0_FIFO |
| DMA_REQ[8] | SSI2 | SSI2_RX0_FIFO |
| DMA_REQ[7] | SDHC1 | SDHC1 |
| DMA_REQ[6] | SDHC2 | SDHC2 |
| DMA_REQ[5] | 保留 | 保留 |
| DMA_REQ[4] | MSHC | MSHC |
| DMA_REQ[3] | 外部 DMA 请求 | — |
| DMA_REQ[2] | CSPI3 | CSPI3_TX_FIFO |
| DMA_REQ[1] | CSPI3 | CSPI3_RX_FIFO |
| DMA_REQ[0] | 保留 | — |

### 1. DMA 请求

DMA 请求是外设认可的低电平有效的信号。设置通道控制寄存器中 REN 和 CEN 位时,在 AHB 总线上没有其他正在进行的 DMA 传输,完成对该信号的采样。没有与请求有关的可配置的优先级。16 个通道有其固定的优先级,通道 15 优先级最高,通道 0 优先级最低。任何请求的优先级只与配置通道的编号有关(通过请求源选择寄存器的设置)。DMAC 不存储 DMA 请求,处理被确认的通道中最高优先级通道的请求(不发生其他传输时)。外设必须保持确认的请求直到 DMAC 处理为止。有 64 个输入 DMA 请求信号可用。1 个 DMA 请求将初始化 1 个 DMA 猝发。一旦 DMA 猝发开始,DMA 请求再由外设确认。外设应当根据从写入数据中读取的数据再次对 DMA 请求进行确认。如果请求不被确认至 DMA 猝发完毕,再重新初始化另一个 DMA 猝发。

### 2. 外部数据请求和认可

认可外部 DMA 请求后,当对应 DMA 通道变成最高优先级通道时,DMA 猝发开始。外部 DMA 请求应当保持认可直到 DMAC 进行处理为止。1 个外部请求将至少初始化 1 个 DMA 猝发。DMAC 的外部确认输出是低电平有效的信号。在外部 DMA 请求的 DMA 猝发进行期间,下面条件满足时该信号被认可:
— 进行 DMA 猝发的 DMA 通道应是外部 DMA 请求(按照 RSSR 的设置);
— 设置该通道的 REN 和 CEN 位;
— 认可外部 DMA 请求。

一旦认可确认,外部 DMA 请求将不再采样,直至 DMA 猝发完成。如果 DMA 请求信号认可,外部请求的优先级对下一个连续猝发将变低。图 4-32 表示最差情况的波形,即最小的猝发（1字节的读写）。数据手册中给出了外部请求和外部确认信号的最小和最大时间参数。图 4-32 表示如果外部认可信号有效后 DMA 请求未立即认可，外部 DMA 请求可以保持认可的安全的最大时间。

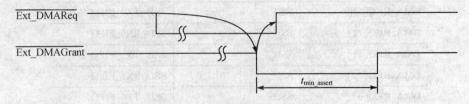

图 4-32　DMA 外部认可信号的确认

图 4-33 表示如果新的猝发未初始化，外部确认信号有效后，外部 DMA 请求可以保持认可的安全的最大时间。

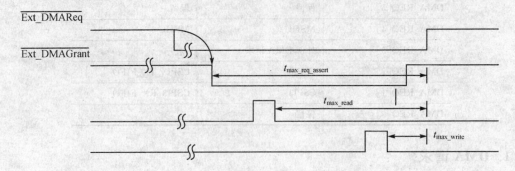

图 4-33　外部请求未认可的最大安全时序

### 4.5.2　编程方法

DMAC 模块包括 4 组 158 个 32 位寄存器，针对所有功能模块的通用寄存器、控制显示宽度和窗口 X、Y 的 2 维存储器寄存器、控制和配置通道 0 至通道 15 的通道寄存器和参数寄存器。DMA 控制器的基础地址是 0x1000_1000，参见表 4-26 和表 4-27。

表 4-26　DMAC 存储器配置

| 地　址 | 用　途 | 访　问 | 复位值 |
| --- | --- | --- | --- |
| 0x1000_1000(DCR) | DMA 控制寄存器 | 读写 | 0x0000_0000 |
| 0x1000_1004(DISR) | DMA 中断状态寄存器 | 读写 | 0x0000_0000 |
| 0x1000_1008(DIMR) | DMA 中断屏蔽寄存器 | 读写 | 0x0000_0000 |
| 0x1000_100C(DBTOSR) | DMA 猝发暂停状态寄存器 | 读写 | 0x0000_0000 |
| 0x1000_1010(DRTOSR) | DMA 请求暂停状态寄存器 | 读写 | 0x0000_0000 |
| 0x1000_1014(DSESR) | DMA 传输错误状态寄存器 | 读写 | 0x0000_0000 |
| 0x1000_1018(DBOSR) | DMA 缓冲器溢出状态寄存器 | 读写 | 0x0000_0000 |
| 0x1000_101C(DBTOCR) | DMA 猝发暂停控制寄存器 | 读写 | 0x0000_0000 |

续表 4-26

| 地址 | 用途 | 访问 | 复位值 |
|---|---|---|---|
| 0x1000_1040(WSRA)<br>0x1000_104C(WSRB) | W 尺寸寄存器 A<br>W 尺寸寄存器 B | 读写 | 0x0000_0000 |
| 0x1000_1044(XSRA)<br>0x1000_1050(XSRB) | X 尺寸寄存器 A<br>X 尺寸寄存器 B | 读写 | 0x0000_0000 |
| 0x1000_1048(YSRA)<br>0x1000_1054(YSRB) | Y 尺寸寄存器 A<br>Y 尺寸寄存器 B | 读写 | 0x0000_0000 |
| 0x1000_1080(SAR0)<br>~<br>0x1000_1440(SAR15) | 通道 0 输入地址寄存器<br>~<br>通道 15 输入地址寄存器 | 读写 | 0x0000_0000 |
| 0x1000_1084(DAR0)<br>~<br>0x1000_1444(DAR15) | 通道 0 输出地址寄存器<br>~<br>通道 15 输出地址寄存器 | 读写 | 0x0000_0000 |
| 0x1000_1088(CNTR0)<br>~<br>0x1000_1448(CNTR15) | 通道 0 计数寄存器<br>~<br>通道 15 计数寄存器 | 读写 | 0x0000_0000 |
| 0x1000_108C(CCR0)<br>~<br>0x1000_144C(CCR15) | 通道 0 控制寄存器<br>~<br>通道 15 控制寄存器 | 读写 | 0x0000_0000 |
| 0x1000_1090(RSSR0)<br>~<br>0x1000_1450(RSSR15) | 通道 0 请求输入选择寄存器<br>~<br>通道 15 请求输入选择寄存器 | 读写 | 0x0000_0000 |
| 0x1000_1094(BLR0)<br>~<br>0x1000_1454(BLR15) | 通道 0 猝发长度寄存器<br>~<br>通道 15 猝发长度寄存器 | 读写 | 0x0000_0000 |
| 0x1000_1098(RTOR0)<br>~<br>0x1000_1458(RTOR15) | 通道 0 请求暂停寄存器<br>~<br>通道 15 请求暂停寄存器 | 读写 | 0x0000_0000 |
| 0x1000_1098(BUCR0)<br>~<br>0x1000_1458(BUCR15) | 通道 0 总线应用控制寄存器<br>~<br>通道 15 总线应用控制寄存器 | 读写 | 0x0000_0000 |
| 0x1000_109C(CCNR0)<br>~<br>0x1000_145C(CCNR15) | 通道 0 通道计数器寄存器<br>~<br>通道 15 通道计数器寄存器 | 读写 | 0x0000_0000 |

表 4-27 DMAC 寄存器

| 名称 | | 31 | 30 | 29 | 28 | 27 | 26 | 25 | 24 | 23 | 22 | 21 | 20 | 19 | 18 | 17 | 16 |
|---|---|---|---|---|---|---|---|---|---|---|---|---|---|---|---|---|---|
| | | 15 | 14 | 13 | 12 | 11 | 10 | 9 | 8 | 7 | 6 | 5 | 4 | 3 | 2 | 1 | 0 |
| 0x1000_1000 (DCR) | R | 0 | 0 | 0 | 0 | 0 | 0 | 0 | 0 | 0 | 0 | 0 | 0 | 0 | 0 | 0 | 0 |
| | W | | | | | | | | | | | | | | | | |
| | R | 0 | 0 | 0 | 0 | 0 | 0 | 0 | 0 | 0 | 0 | 0 | 0 | 0 | 0 | 0 | 0 |
| | W | | | | | | | | | | | | | | DAM | DRST | DEN |
| 0x1000_1004 (DISR) | R | 0 | 0 | 0 | 0 | 0 | 0 | 0 | 0 | 0 | 0 | 0 | 0 | 0 | 0 | 0 | 0 |
| | W | | | | | | | | | | | | | | | | |
| | R | CH15 | CH14 | CH13 | CH12 | CH11 | CH10 | CH9 | CH8 | CH7 | CH6 | CH5 | CH4 | CH3 | CH2 | CH1 | CH0 |
| | W1C | W1C | W1C | W1C | W1C | W1C | W1C | W1C | W1C | W1C | W1C | W1C | W1C | W1C | W1C | W1C | W1C |
| 0x1000_1008 (DIMR) | R | 0 | 0 | 0 | 0 | 0 | 0 | 0 | 0 | 0 | 0 | 0 | 0 | 0 | 0 | 0 | 0 |
| | W | | | | | | | | | | | | | | | | |
| | R | CH15 | CH14 | CH13 | CH12 | CH11 | CH10 | CH9 | CH8 | CH7 | CH6 | CH5 | CH4 | CH3 | CH2 | CH1 | CH0 |
| | W | | | | | | | | | | | | | | | | |
| 0x1000_100C (DBTOSR) | R | 0 | 0 | 0 | 0 | 0 | 0 | 0 | 0 | 0 | 0 | 0 | 0 | 0 | 0 | 0 | 0 |
| | W | | | | | | | | | | | | | | | | |
| | R | CH15 | CH14 | CH13 | CH12 | CH11 | CH10 | CH9 | CH8 | CH7 | CH6 | CH5 | CH4 | CH3 | CH2 | CH1 | CH0 |
| | W1C | W1C | W1C | W1C | W1C | W1C | W1C | W1C | W1C | W1C | W1C | W1C | W1C | W1C | W1C | W1C | W1C |
| 0x1000_1010 (DRTOSR) | R | 0 | 0 | 0 | 0 | 0 | 0 | 0 | 0 | 0 | 0 | 0 | 0 | 0 | 0 | 0 | 0 |
| | W | | | | | | | | | | | | | | | | |
| | R | CH15 | CH14 | CH13 | CH12 | CH11 | CH10 | CH9 | CH8 | CH7 | CH6 | CH5 | CH4 | CH3 | CH2 | CH1 | CH0 |
| | W1C | W1C | W1C | W1C | W1C | W1C | W1C | W1C | W1C | W1C | W1C | W1C | W1C | W1C | W1C | W1C | W1C |
| 0x1000_1014 (DSESR) | R | 0 | 0 | 0 | 0 | 0 | 0 | 0 | 0 | 0 | 0 | 0 | 0 | 0 | 0 | 0 | 0 |
| | W | | | | | | | | | | | | | | | | |
| | R | CH15 | CH14 | CH13 | CH12 | CH11 | CH10 | CH9 | CH8 | CH7 | CH6 | CH5 | CH4 | CH3 | CH2 | CH1 | CH0 |
| | W1C | W1C | W1C | W1C | W1C | W1C | W1C | W1C | W1C | W1C | W1C | W1C | W1C | W1C | W1C | W1C | W1C |

续表 4-27

| 名称 | | 31 / 15 | 30 / 14 | 29 / 13 | 28 / 12 | 27 / 11 | 26 / 10 | 25 / 9 | 24 / 8 | 23 / 7 | 22 / 6 | 21 / 5 | 20 / 4 | 19 / 3 | 18 / 2 | 17 / 1 | 16 / 0 |
|---|---|---|---|---|---|---|---|---|---|---|---|---|---|---|---|---|---|
| 0x1000_1018 (DBOSR) | R | 0 | 0 | 0 | 0 | 0 | 0 | 0 | 0 | 0 | 0 | 0 | 0 | 0 | 0 | 0 | 0 |
| | W | | | | | | | | | | | | | | | | |
| | R | CH15 | CH14 | CH13 | CH12 | CH11 | CH10 | CH9 | CH8 | CH7 | CH6 | CH5 | CH4 | CH3 | CH2 | CH1 | CH0 |
| | W | W1C | W1C | W1C | W1C | W1C | W1C | W1C | W1C | W1C | W1C | W1C | W1C | W1C | W1C | W1C | W1C |
| 0x1000_101C (DBTOCR) | R | 0 | 0 | 0 | 0 | 0 | 0 | 0 | 0 | 0 | 0 | 0 | 0 | 0 | 0 | 0 | 0 |
| | W | | | | | | | | | | | | | | | | |
| | R | EN | \multicolumn{15}{c|}{CNT[14:0]} | | | | | | | | | | | | | | |
| | W | | | | | | | | | | | | | | | | |
| 0x1000_1040 (WSRA) | R | 0 | 0 | 0 | 0 | 0 | 0 | 0 | 0 | 0 | 0 | 0 | 0 | 0 | 0 | 0 | 0 |
| | W | | | | | | | | | | | | | | | | |
| 0x1000_104C (WSRB) | R | | | | | | | | WS[15:0] | | | | | | | | |
| | W | | | | | | | | | | | | | | | | |
| 0x1000_1044 (XSRA) | R | 0 | 0 | 0 | 0 | 0 | 0 | 0 | 0 | 0 | 0 | 0 | 0 | 0 | 0 | 0 | 0 |
| | W | | | | | | | | | | | | | | | | |
| 0x1000_1050 (XSRB) | R | | | | | | | | XS[15:0] | | | | | | | | |
| | W | | | | | | | | | | | | | | | | |
| 0x1000_1048 (YSRA) | R | 0 | 0 | 0 | 0 | 0 | 0 | 0 | 0 | 0 | 0 | 0 | 0 | 0 | 0 | 0 | 0 |
| | W | | | | | | | | | | | | | | | | |
| 0x1000_1054 (YSRB) | R | | | | | | | | YS[15:0] | | | | | | | | |
| | W | | | | | | | | | | | | | | | | |
| 0x1000_1080 (SAR0)~ | R | | | | | | | | SA[31:16] | | | | | | | | |
| | W | | | | | | | | | | | | | | | | |
| 0x1000_1440 (SAR15) | R | | | | | | | | SA[15:0] | | | | | | | | |
| | W | | | | | | | | | | | | | | | | |
| 0x1000_1084 (DAR0)~ | R | | | | | | | | DA[31:16] | | | | | | | | |
| | W | | | | | | | | | | | | | | | | |
| 0x1000_1444 (DAR15) | R | | | | | | | | DA[15:0] | | | | | | | | |
| | W | | | | | | | | | | | | | | | | |
| 0x1000_1088 (CNTR0)~ | R | 0 | 0 | 0 | 0 | 0 | 0 | 0 | 0 | CNT[23:16] | | | | | | | |
| | W | | | | | | | | | | | | | | | | |
| 0x1000_1448 (CNTR15) | R | | | | | | | | CNT[15:0] | | | | | | | | |
| | W | | | | | | | | | | | | | | | | |

续表 4-27

| 名称 | | 31 | 30 | 29 | 28 | 27 | 26 | 25 | 24 | 23 | 22 | 21 | 20 | 19 | 18 | 17 | 16 |
|---|---|---|---|---|---|---|---|---|---|---|---|---|---|---|---|---|---|
| | | 15 | 14 | 13 | 12 | 11 | 10 | 9 | 8 | 7 | 6 | 5 | 4 | 3 | 2 | 1 | 0 |
| 0x1000_108C (CCR0)~ 0x1000_144C (CCR15) | R | 0 | 0 | 0 | 0 | 0 | 0 | 0 | 0 | 0 | 0 | 0 | 0 | 0 | 0 | 0 | 0 |
| | W | | | | | | | | | | | | | | | | |
| | R | 0 | ACRPT | DMOD | | SMOD | | MDIR | MSEL | DSIZ | | SSIZ | | RFN | RPT | 0 | CEN |
| | W | | | | | | | | | | | | | | | FRC | |

## 4.5.3 DMA 链接

DMA 链接涉及使用同一个 DMA 通道自动传送另外 2 组输入和输出地址间的第 2 组数据缓冲器(可能是不同的长度),增加允许的中断服务时间。这是可能的,因为 ISR 的执行(即建立下一个传送)能与下一次从 DMA 缓冲器的传送同时发生。为获得 DMA 链接,每一个通道的 SAR、DAR 和 CNTR 在内部缓冲二次。这样,主机可以在进行 DMA 传输时,针对同一个通道更新这 3 个缓冲器数值,再准备下一次 DMA 传送。使用 RPT 和 ACRPT 的同时,针对不同的输入和输出地址,以及不同的数据量,可能发生第 2 次传送。

例如,考虑用 4 KB 缓冲器将 14 KB 数据从存储器到 FIFO 的传送:

- 驱动器将 4 KB 数据写入缓冲器 1,输入寄存器设置为缓冲器 1,对 4 KB 计数,设置 ACRPT,然后使传送有效。DMA 硬件立即锁存寄存器数据,开始传送;
- 驱动器立即将 4 KB 数据写入缓冲器 2,将同一个输入寄存器设置为缓冲器 2,对 4 KB 计数,设置 RPT 位;
- 完成缓冲器 1 的传送,DMA 硬件采集 RPT 位,发现它被设置,锁存寄存器数据(现在设置缓冲器 2),因为要设置 ACRPT,所以清除 RPT 位,开始下一次传送;
- 然后产生第 1 个中断;
- 驱动器 ISR 将 4 KB 新数据写入缓冲器 1,将缓冲器 1 设置为输入寄存器,对 4 KB 计数,再次设置 RPT 位;
- 完成缓冲器 2 的传送,DMA 硬件采集 RPT 位,发现它被设置,锁存寄存器数据(现在设置缓冲器 1),因为 ACRPT 总是设置,所以清除 RPT 位,开始下一次传送;
- 然后产生第 2 个中断;
- 驱动器 ISR 将 2 KB 新数据写入缓冲器 2,将缓冲器 2 设置为输入寄存器,对 2 KB 计数,再次设置 RPT 位;
- 完成缓冲器 1 的传送,DMA 硬件采集 RPT 位,发现它被设置,锁存寄存器数据(现在设置缓冲器 2),因为 ACRPT 总是设置,所以清除 RPT 位,开始下一次传送;
- 然后产生第 3 个中断;
- 驱动器 ISR 不再发送数据,所以什么也不做;
- 完成缓冲器 2 的传送,DMA 硬件采集 RPT 位,发现它被清零,所以停止传送;
- 然后产生第 4 个中断;
- 驱动器 ISR 使 DMA 无效,传送完成。

## 4.5.4 猝发长度和访问尺寸设置的特殊情况

DMA 猝发长度一般应当编程为多输入和多输出访问尺寸。

### 1. 存储器加

下面是可能的不利影响：
① 有些单元可以写未知数据，没有数据丢失；
② 传送的字节数可能大于设置的计数值。

下面举例说明这些影响。

**例 4-1**：输入是有 1 字节访问大小的线性存储器，输出是有 2 字节访问大小的线性存储器。猝发长度编程为 3 字节，带存储器加。输入地址寄存器：0x0000_1000。输出地址寄存器：0x0000_2000。第 1 次猝发，DMA 从地址 1000、1001 和 1002 读 3 字节数据。第 1 次猝发写周期，DMA 在地址 2000 和 2002 写 2 字节数据。1 个额外的存储单元(0x2003)从 DMA 内部 FIFO(硬件复位后的 8'h00)写入未知数据。

**例 4-2**：输入是有 2 字节访问大小的线性存储器。输出是有 2 字节访问大小的线性存储器。猝发长度编程为 3 字节，带存储器加。输入地址寄存器：0x0000_1000。输出地址寄存器：0x0000_2000。对于第 1 次猝发，DMA 从地址 1000 和 1002 读 2 字节数据。第 1 次猝发写周期，DMA 在地址 2000 和 2002 写 2 字节数据。每次猝发传送 1 个字节额外数据。当用 9 字节编程时，DMA 完成 12 字节数据传送。

### 2. 存储器减

可能产生的不利影响是有些单元可以写未知数据，在一定情况下可能有数据丢失。

**例 4-3**：输入是有 1 字节访问大小的线性存储器，输出是有 2 字节访问大小的线性存储器。猝发长度编程为 3 字节，带存储器加。输入地址寄存器：0x0000_1000。输出地址寄存器：0x0000_2000。对于第 1 次猝发，DMA 从地址 0FFD、0FFE 和 0FFF 读取 3 字节数据。第 1 次猝发写周期，DMA 在地址 1FFC 和 1FFE 写 2 字节数据。1 个额外字节在地址 1FFF 从 DMA 内部 FIFO(硬件复位后的 8'h00)写入未知数据。

对于第 2 次猝发，DMA 从地址 0FFA、0FFB 和 0FFC 读取 3 字节数据。第 2 次猝发写周期，DMA 在每一个地址 1FFA 和 1FFC 写 2 字节数据。这时，第 1 次猝发写入地址 1FFC 和 1FFD 的数据写上了，写入地址 1FFD 的是来自 DMA 内部 FIFO(硬件复位后的 8'h00)的未知数据。

## 4.5.5 不同的 CCNR 和 CNTR 值的特殊情况

有 2 个关联事件可以引起 CCNR 和 CNTR 值不同。如果 CNTR 寄存器值不是输出访问尺寸的倍数，执行该通道的 DMA 周期后 CCNR 值与 CNTR 中编程的值不匹配。表 4-28 表示 CNTR=5 字节时，CCNR 值与输入和输出访问尺寸的关系。当 BL=3 字节或 BL=4 字节时，表相同。

表 4-28 CCNR 值的关系

| 输入尺寸（字节） | 输出尺寸（字节） | DMA 读取字节编号 | | DMA 写字节编号 | | CCNR（字节） |
|---|---|---|---|---|---|---|
| | | 存储器加 | 存储器减 | 存储器加 | 存储器减 | |
| 2 | 2 | 6 | 6 | 6 | 6 | 6 |
| 4 | 4 | 8 | 8 | 8 | 8 | 8 |
| 2 | 4 | 6 | 6 | 8 | 8 | 8 |
| 4 | 2 | 8 | 8 | 6 | 6 | 6 |
| 1 | 2 | 5 | 5 | 6 | 6 | 6 |
| 1 | 4 | 5 | 5 | 8 | 8 | 8 |

如果 BL 寄存器值不是输出访问尺寸的倍数，但 CNTR 是输出访问尺寸的倍数，则执行该通道的 DMA 周期后 CCNR 值与 CNTR 中编程的值不匹配。表 4-29 表示 BL=3 字节和 CNTR=4 字节时，CCNR 与输入和输出访问尺寸的关系。

表 4-29 CCNR 值的关系

| 输入尺寸（字节） | 输出尺寸（字节） | DMA 读取字节编号 | | DMA 写字节编号 | | CCNR（字节） |
|---|---|---|---|---|---|---|
| | | 存储器加 | 存储器减 | 存储器加 | 存储器减 | |
| 2 | 2 | 6 | 6 | 6 | 6 | 6 |
| 4 | 4 | 8 | 8 | 8 | 8 | 8 |
| 2 | 4 | 6 | 6 | 8 | 8 | 8 |
| 4 | 2 | 8 | 8 | 6 | 6 | 6 |
| 1 | 2 | 4 | 4 | 6 | 6 | 6 |
| 1 | 4 | 5 | 4 | 8 | 8 | 8 |

### 4.5.6 应用注释

下面是数据传输时对通道进行再编程的顺序：

① 完成 DMA 周期后，将与通道（DISR、DBTOSR、DSESR、DRTOSR、DBOSR）对应的状态寄存器清零；

② 将 SMOD（输入模式）变为 2'b00，CEN 清零；

③ 除 CCR 外，对所有与特殊通道对应的寄存器进行再编程；

④ 编程 CCR，将 CEN 设置为 1。

### 4.5.7 DMA 猝发终止

DMA 控制器需要终止下列情况的猝发：

- 传送来自端口的错误响应；
- 猝发暂停错误；
- 缓冲器溢出错误；
- 通道无效（由使用 CEN 位的软件造成）。

猝发终止只有在传送自端口的错误响应时会立即发生，其他情况均需要花费大约 2 个以上 AHB 传送，其目的是防止违背 AHB 协议。

## 4.6 实时时钟

图 4-34 的实时时钟模块（RTC）包括：
- 预分频器；
- 时间日期计数器（TOD）；
- 报警；
- 采样定时器；
- 分秒表；
- 控制和总线接口硬件。

RTC 模块具有以下特点：
- 完全时钟：日、小时、分钟和秒；
- 带中断的分钟减计数定时器；
- 带中断的可编程白天报警；
- 带中断的采样定时器；
- 每天一次、每小时一次、每分钟一次和每秒一次中断；
- 工作频率为 32.768 kHz 或 32 kHz 或 38.4 kHz（由参考时钟晶体振荡器决定）。

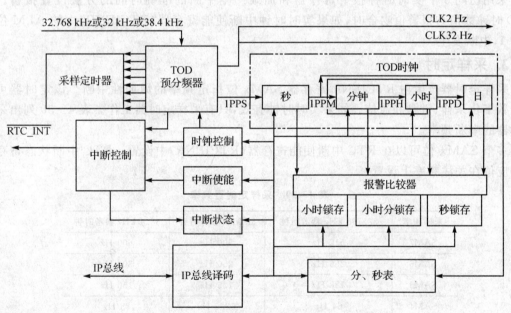

图 4-34 实时时钟结构框图

### 4.6.1 工作原理

预分频器将输入晶体振荡器参考时钟分频成 1 Hz 信号，提供给秒、分钟、小时和日计数器。当设置的 TOD 达到编程值时,报警单元产生 RTC 中断。采样定时器产生固定频率中断,分秒表允许按分钟产生中断。

### 1. 预分频器和计数器

预分频器将参考时钟分频为 1 Hz,支持 32.768 kHz、38.4 kHz 和 32 kHz 参考时钟。预分频器之间输出满足采样定时器的需求。

RTC 模块的计数器单元包括位于 3 个寄存器的 4 组计数器:
- 6 位秒计数器位于秒寄存器;
- 6 位分钟计数器和 5 位小时计数器位于小时分寄存器;
- 16 位日期计数器位于日期寄存器。

这些计数器涵盖 24 小时时钟、65 536 天。上述 3 个寄存器在任何时候均可读写。

4 个计数器计数的中断信号可以用作指示计数器溢出。例如,秒计数器的每一嘀哒设置 1 Hz 中断标志。秒计数从 59 变到 00 时,分钟计数器加 1,设置分中断标志。接在分钟计数后面的小时信号和接在小时计数后面的日信号也是一样。

### 2. 报 警

有 3 个用于报警的计数寄存器:
- ALRM_HM;
- ALRM_SEC;
- DAYALARM。

采用访问 3 个实时时钟报警寄存器和加载产生中断的准确时间的方法设置报警。当 TOD 时钟数值与报警值吻合时,如果实时时钟中断使能寄存器(RTCIENR)中的 ALM 位设置为 1,中断发生。

### 3. 采样定时

采样定时器产生由 RTCIENR 寄存器 SAMx 位指定频率的周期性中断。该定时器可以用于数字化采样、键盘和通信。如果实时时钟有效,只有采样定时器工作。表 4-30 列出采样定时器的中断频率。

多个 SAMx 位可以在 RTC 中断使能寄存器(RTCIENR)中设置。RTC 中断状态寄存器中相应位在关注频率上设置。

表 4-30 采样定时器频率

| 采样频率 | 32.768 kHz 参考时钟 | 32 kHz 参考时钟 | 38.4 kHz 参考时钟 |
|---|---|---|---|
| SAM7 | 512 Hz | 500 Hz | 600 Hz |
| SAM6 | 256 Hz | 250 Hz | 300 Hz |
| SAM5 | 128 Hz | 125 Hz | 150 Hz |
| SAM4 | 64 Hz | 62.5 Hz | 75 Hz |
| SAM3 | 32 Hz | 31.25 Hz | 37.5 Hz |
| SAM2 | 16 Hz | 15.625 Hz | 18.75 Hz |
| SAM1 | 8 Hz | 7.812 5 Hz | 9.375 Hz |
| SAM0 | 4 Hz | 3.906 25 Hz | 4.687 5 Hz |

**4. 分秒表**

分秒表实施减计数，1分钟的分辨率，按分钟产生中断。例如，为了5分钟后关断LCD，控制器在秒表分寄存器（STPWCH）的软件控制位（CNT）编程一个0x04数，每一分钟，秒表减1，当秒表达到-1时，发生中断。直到寄存器重新编程，其值是不变的。

## 4.6.2 编程方法

RTC模块有10个32位寄存器（均为读写访问），如表4-31和表4-32所示。

**表4-31 RTC寄存器的存储器配置**

| 地址 | 寄存器名称 | 复位值 |
|---|---|---|
| 0x1000_7000 | RTC小时和分钟计数寄存器（HOURMIN） | 0x0000_---- |
| 0x1000_7004 | RTC秒计数寄存器（SECONDS） | 0x0000_00-- |
| 0x1000_7008 | RTC小时和分钟报警寄存器（ALRM_HM） | 0x0000_0000 |
| 0x1000_700C | RTC秒报警寄存器（ALRM_SEC） | 0x0000_0000 |
| 0x1000_7010 | RTC控制寄存器（RCCTL） | 0x0000_0000 |
| 0x1000_7014 | RTC中断状态寄存器（RTCISR） | 0x0000_0000 |
| 0x1000_7018 | RTC中断使能寄存器（RTCIENR） | 0x0000_0000 |
| 0x1000_701C | 秒表分钟寄存器（STPWCH） | 0x0000_0000 |
| 0x1000_7020 | RTC日计数寄存器（DAYR） | 0x0000_---- |
| 0x1000_7024 | RTC日报警寄存器（DAYALARM） | 0x0000_0000 |

**表4-32 RTC寄存器**

| 名称 | | 31 | 30 | 29 | 28 | 27 | 26 | 25 | 24 | 23 | 22 | 21 | 20 | 19 | 18 | 17 | 16 |
|---|---|---|---|---|---|---|---|---|---|---|---|---|---|---|---|---|---|
| | | 15 | 14 | 13 | 12 | 11 | 10 | 9 | 8 | 7 | 6 | 5 | 4 | 3 | 2 | 1 | 0 |
| 0x1000_7000 (HOURMIN) | R | 0 | 0 | 0 | 0 | 0 | 0 | 0 | 0 | 0 | 0 | 0 | 0 | 0 | 0 | 0 | 0 |
| | W | | | | | | | | | | | | | | | | |
| | R | 0 | 0 | 0 | | | 小时 | | | 0 | 0 | | | 分钟 | | | |
| | W | | | | | | | | | | | | | | | | |
| 0x1000_7004 (SECONDS) | R | 0 | 0 | 0 | 0 | 0 | 0 | 0 | 0 | 0 | 0 | 0 | 0 | 0 | 0 | 0 | 0 |
| | W | | | | | | | | | | | | | | | | |
| | R | 0 | 0 | 0 | 0 | 0 | 0 | 0 | 0 | 0 | | | | 秒 | | | |
| | W | | | | | | | | | | | | | | | | |
| 0x1000_7008 (ALRM_HM) | R | 0 | 0 | 0 | 0 | 0 | 0 | 0 | 0 | 0 | 0 | 0 | 0 | 0 | 0 | 0 | 0 |
| | W | | | | | | | | | | | | | | | | |
| | R | 0 | 0 | 0 | | | 小时 | | | 0 | 0 | | | 分钟 | | | |
| | W | | | | | | | | | | | | | | | | |

续表 4-32

| 名称 | | 31 | 30 | 29 | 28 | 27 | 26 | 25 | 24 | 23 | 22 | 21 | 20 | 19 | 18 | 17 | 16 |
|---|---|---|---|---|---|---|---|---|---|---|---|---|---|---|---|---|---|
| | | 15 | 14 | 13 | 12 | 11 | 10 | 9 | 8 | 7 | 6 | 5 | 4 | 3 | 2 | 1 | 0 |
| 0x1000_700C (ALRM_SEC) | R | 0 | 0 | 0 | 0 | 0 | 0 | 0 | 0 | 0 | 0 | 0 | 0 | 0 | 0 | 0 | 0 |
| | W | | | | | | | | | | | | | | | | |
| | R | 0 | 0 | 0 | 0 | 0 | 0 | 0 | 0 | | | | 秒 | | | | |
| | W | | | | | | | | | | | | | | | | |
| 0x1000_7010 (RTCCTL) | R | 0 | 0 | 0 | 0 | 0 | 0 | 0 | 0 | 0 | 0 | 0 | 0 | 0 | 0 | 0 | 0 |
| | W | | | | | | | | | | | | | | | | |
| | R | 0 | 0 | 0 | 0 | 0 | 0 | 0 | 0 | EN | XTL | | 0 | 0 | 0 | GEN | SWR |
| | W | | | | | | | | | | | | | | | | |
| 0x1000_7014 (RTCISR) | R | 0 | 0 | 0 | 0 | 0 | 0 | 0 | 0 | 0 | 0 | 0 | 0 | 0 | 0 | 0 | 0 |
| | W | | | | | | | | | | | | | | | | |
| | R | SAM7 | SAM6 | SAM5 | SAM4 | SAM3 | SAM2 | SAM1 | SAM0 | 2HZ | 0 | HR | 1Hz | DAY | ALM | MIN | SW |
| | W | | | | | | | | | | | | | | | | |
| 0x1000_701C (STPWCH) | R | 0 | 0 | 0 | 0 | 0 | 0 | 0 | 0 | 0 | 0 | 0 | 0 | 0 | 0 | 0 | 0 |
| | W | | | | | | | | | | | | | | | | |
| | R | 0 | 0 | 0 | 0 | 0 | 0 | 0 | 0 | | | | CNT | | | | |
| | W | | | | | | | | | | | | | | | | |
| 0x1000_7020 (DAYR) | R | 0 | 0 | 0 | 0 | 0 | 0 | 0 | 0 | 0 | 0 | 0 | 0 | 0 | 0 | 0 | 0 |
| | W | | | | | | | | | | | | | | | | |
| | R | | | | | | | | 日 | | | | | | | | |
| | W | | | | | | | | | | | | | | | | |
| 0x1000_7024 (DAYALARM) | R | 0 | 0 | 0 | 0 | 0 | 0 | 0 | 0 | 0 | 0 | 0 | 0 | 0 | 0 | 0 | 0 |
| | W | | | | | | | | | | | | | | | | |
| | R | | | | | | | | DAYSAL | | | | | | | | |
| | W | | | | | | | | | | | | | | | | |

# 第 5 章

# ARM9 平台

ARM9 平台是由 ARM926EJ-S 处理器、嵌入路径宏单元(ETM9)、嵌入路径缓冲器(ETB、6×3 层 AHB 总线选择器 MAX)和一个主 AHB 模块组成。ARM926EJ-S 的指令总线(I-AHB)直接连在 MAX 的主端口 0 上;ARM926EJ-S 的数据总线(D-AHB)直接连在 MAX 的主端口 1 上。所有的 4 个交替总线接口连接在 MAX 的主端口 2~5 上面。MAX 上的 3 个从端口与简化 AHB 总线兼容。从端口 0 设计为主 AHB。主 AHB 是平台的内部总线,有 6 个从端口与其相连接:分别连接在 AITC 中断模块、MCTL 内存控制器、2 个 AIPI 外围设备接口和一个 ROM-PATCH 模块。MAX 的从端口 1~2 是次级 AHB 总线,只能由平台外部访问。

平台上 4 个交替总线主端口直接连在 MAX 的主端口上,与平台外部多重 AHB 总线连接。如果有多个外设要共享平台一个交替总线主端口,则需要一个外部仲裁和 AHB 控制模块。平台交替总线主端口支持对无外部接口逻辑需求的单个主端口的无缝连接。PAHB-MUX 模块(主 AHBMUX)执行地址解码、读数据多路选择、总线看门狗以及其他针对平台内主 AHB 的各种功能。时钟控制模块(CLKCTL)支持低功耗设计和时钟同步电路。

JAM(Just Another Module)模块包含平台通用寄存器和各种平台逻辑。图 5-1 为 ARM9 平台结构框图。

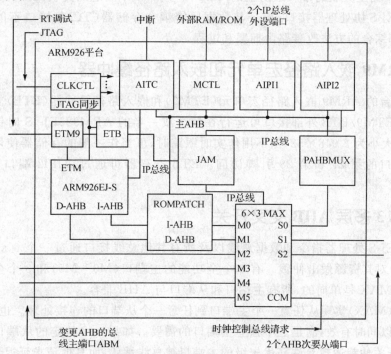

图 5-1 ARM 平台结构框图

# 第 5 章 ARM9 平台

本章除详细介绍 ARM9 平台子模块、存储器配置和寄存器、时钟、复位、电源管理等，还介绍与其相关的 ARM9 中断控制器、引导模式操作和 JTAG 控制器等。

## 5.1 ARM9 平台子模块

ARM9 平台是高度集成的，采用多路选择器和上升沿时钟触发技术。易测性设计的目标是减少 95% 的错误，包括由 ARM926EJ-S 管理的所有存储器的 BIST 引擎和 MCTL 模块控制的 ETB 模块、RAM 和 ROM，便于研发人员对嵌入式系统进行深度开发。

ARM9 平台支持两路时钟 clk 和 hclk。clk 只连接在 ARM926EJ-S 处理器、ETM9、ETB 和时钟控制模块上。hclk 连接其他片上设备。来自 ARM926EJ-S 的 BIU 模块的 I-AHB 和 D-AHB 总线运行在 hclk 时钟上，并受单个 hclken 输入控制，即该两条总线不能分开。

### 5.1.1 ARM926EJ-S 处理器

ARM926EJ-S(简称 ARM926)是 ARM9 系列的一款通用、多任务处理器。ARM926 支持 32 位 ARM 标准指令和 16 位 Thumb 指令。ARM926 还支持高效的 JAVA 指令系统。平台提供 JTAG(IEEE1149)口，连接在实时路径模块 ETM9 上。ARM926EJ-S 为哈佛结构，由整数内核、MMU、独立指令、数据总线、缓冲区和 TCM(协同内存)接口组成。ARM926 的协处理器、指令 TCM、数据 TCM 为平台内部模块，不能通过外部接口访问。

ARM926EJ-S 处理器是一个完全高度集成、可配置存储宏块的系统。有 16 KB 指令和高速数据缓存。高速缓存器能进行虚拟访问和虚拟标记。数据缓存器有物理地址标记。MMU 提供虚拟存储器功能，支持各种操作系统，如 Symbian 操作系统、Windows CE 和 Linux。该 MMU 包含 8 个完全关联的带一级防卫的 TLB 入口和 64 个固定的关联入口。

ARM926EJ-S 协处理器接口、指令与数据紧密耦合存储器(TCM)接口不能脱离 ARM9 平台，通过内部综合的方法改善路由拥塞和进程。

### 5.1.2 ARM9 嵌入路径宏单元和嵌入路径缓冲器

ARM9 平台的 ARM9 嵌入路径宏单元(ETM9)和嵌入路径缓冲器(ETB)支持指令和数据实时跟踪。ETM9/ETB 外部接口可运行在整个或一半的 ARM926EJ-S 时钟频率上。嵌入路径缓冲器大小为 2 048×32，当不用作实时跟踪时，可当作一般的存储器使用。存储器可通过 AIPI2 端口的第 27 和第 28 引脚访问。ETB 寄存器可通过 AIPI2 端口的第 29 引脚访问。

### 5.1.3 6×3 多层 AHB 交叉开关

ARM926EJ-S 处理器指令和数据总线以及所有其他总线接口通过一个 6×3 层 AHB 交叉开关(MAX)对其资源做出仲裁。有 6 个全功能的主端口(M0～M5)和 3 个全功能的从端口(S0～S2)。MAX 是单向的，所有主端口和从端口与 AHB 兼容。

交叉开关(MAX)实现从任意一个主端口到任意一个从端口的连接处理。也就是说，所有三个从端口可以同时有效，满足三个独立主端口的需要。如果一个特定的从端口被多个主端口请求，交叉开关仲裁逻辑允许高优先级的主端口被总线承认，而其他请求延迟到该主端口请求处理完毕。

交叉开关也监测请求确认3个从端口总线的 ccm_br 输入(时钟控制模块总线请求)。ccm_br 的优先级是可编程的,缺省值为最高优先级。根据3个输出端口收到总线认可情况确认 ccm_br 输出。这时,时钟控制模块将会关断 hclk,确认没有 AHB 处理正在进行中。CCM 确认一个端口,没有其他主端口收到确认,直到 CCM 总线请求取消。

交叉开关的配置和控制可以通过访问 IP 总线的寄存器(AIP12 的第31位)进行。可编程寄存器继续控制仲裁算法、总线暂停以及其他交叉总线开关。MAX 模块中交替主优先级寄存器针对每一个从端口。选择交替主优先级寄存器用于驱动 sx_ampr_sel(x=0~2)输入高电平的内部仲裁逻辑。

为避免引导后改变 MAX 寄存器,执行一个写块的操作。

MAX 的主端口0直接连接到 ARM926EJ-S 的 I-AHB;MAX 的主端口1直接接到 ARM926EJ-S 的 D-AHB;其他四个主控端口脱离平台,连接到外部交替总线主端口。多重外部主端口可以通过外部仲裁器连接到单个的交替总线主端口。

主端口优先级由 MAX 优先寄存器的设置确定。

从端口0到2由 AHB 总线确认。从端口0设计为主 AHB 总线,在平台内。从端口1和2是次级 AHB 总线,平台外部可使用。

除 JTAG、ETM9 和 ETB 接口外,ARM926EJ-S 几个内部信号、主 AHB 信号和一些来自主端口0和1的内部信号均从平台剥离。这些信号与总线主和次级 AHB 信号被平台顶层使用,供用户观察处理器和 MAX 的操作。特别是有可能监测这些信号,确定哪个主端口当前拥有从端口。另外,还可能确定哪一个从属的主端口是下一个请求的对象。

## 5.1.4 ARM 中断控制器

ARM9 平台的中断控制器缩写为 AITC,连接到主 AHB 上作为从设备,为 ARM926EJ-S 处理器产生正常的快速中断。AITC 也支持硬件协同向量。如果使用硬件协同向量,向量空间必须标注为非可高速缓冲的。因为向量是在向量抵达时被 AITC 动态阻塞,如果是高速缓冲将不可能做到这些。

## 5.1.5 存储控制器和 BIST 引擎

存储控制器(MCTL)模块实现主 AHB 与 RAM 和 ROM 接口。BIST 引擎提供给 RAM 和 ROM。

SoC 中存储器容量的增加影响芯片质量。传统的存储器测试和修复方法无法解决 SoC 复杂度与成本之间的矛盾。为此,芯片设计者提出一种基础架构 IP 的新型 IP(IIP),看似嵌入芯片内部的微型测试器。IIP 包括用于逻辑和存储器的内建自测试(BIST)、用于嵌入式存储器的内建修复分析(BIRA)、内建自修复(BISR)和错误校正代码(ECC)。其中 BIST 引擎用来创建存储器的特定测试模式。

**1. 随机存储器**

如果 RAM 接在 MCTL 的 RAM 接口上,ARM9 平台上的 ram_connect 输入必须拉至高电平。MCTL 模块支持最小1 KB、最大1 MB 的 RAM。ram_max_addr[9:0]输入不支持在1 KB 和1 MB 之间的尺寸,与主 AHB 的 haddr[19:10]一致。如果 RAM 访问时读数据需要等

## 第 5 章　ARM9 平台

待状态，ram_wait 输入应该在积分时间内处于高电平（写仍然是 0 等待状态）。RAM 接口支持单时钟沿，非滞后写方式编译存储器，并执行一个内部写缓冲器，为改善性能模拟滞后写的能力。提供可配置的 BIST 引擎。

### 2. 只读存储器

如果只读存储器 ROM 接在 MCTL 的 ROM 接口上，ARM9 平台上的 rom_connect 输入必须拉至高电平。MCTL 模块支持最小 1 KB、最大 1 MB 的 RAM。rom_max_addr[9:0] 输入不支持在 1 KB 和 1 MB 之间的尺寸，与主 AHB 的 haddr[21:10] 一致。如果 ROM 访问时读取数据需要等待状态，rom_wait 输入应该在积分时间内处于高电平。提供可配置的 BIST 引擎。

### 3. 只读存储器寻址

只读存储器 ROM 的前 16 KB 地址总是映射到 haddr[31:0] = 32'h0000_0000。大于 16 KB 地址 ROM 都被保留，配置的起始地址为 haddr[31:0] = 32'h0040_4000。小于 16 KB 地址 ROM 放入 16 KB 空间内。对这两个区域之间地址的访问将被终止，发出 MCTL 应答错误信号。

## 5.1.6　AHB IP 总线接口

有两个 AHB IP 总线接口（AIPI）模块将主 AHB 与两个外部 IP 总线接口连接。IP 总线接口与它们的外围设备将遵守 IP 总线 2.0/3.0 版本标准。每个 AIPI 模块支持 31 个外设，ARM9 平台支持 48 个外设，参见表 5-1。

表 5-1　AIPI 支持 ARM9 平台 IP 总线

| AIPI# | 模块位置 | 用　途 |
| --- | --- | --- |
| 1 | 0 | AIPI1 配置寄存器 |
| 1 | 1～31 | 切断平台 IP 总线模块支持 |
| 2 | 0 | AIPI2 配置寄存器 |
| 2 | 1～17 | 切断平台 IP 总线模块支持 |
| 2 | 18～26 | 保留 |
| 2 | 27 | 接通平台 ETB 寄存器接口 |
| 2 | 28 | 接通平台 ETB RAM 接口 |
| 2 | 29 | 接通平台 ETB RAM 接口 |
| 2 | 30 | 接通平台 JAM 接口 |
| 2 | 31 | 接通平台 MAX 接口 |

## 5.1.7　PAHBMUX——主 AHB MUX

PAHBMUX 模块完成主 AHB 模块选择的地址译码、主 AHB 的数据读取、主 AHB 看门狗和其他各种功能。

## 5.1.8 ROMPATCH

ROMPATCH 为 ARM926EJ-S 的 I-AHB 和 D-AHB 接口的一部分,连接 MAX 主控端口 0 和 1 上。这一定位允许内部和外部存储器地址放置在 ARM926EJ-S 处理器总线上。ROMPATCH 寄存器通过主 AHB 编程。ROMPATCH 可以用来连接源代码或数据表格。ROMPATCH 支持 32 个连接。

ROMPATCH 模块有外部引导,如果忽略 boot_int 信号,允许连接复位矢量读取(地址为 32'h0000_0000)。这一机制将使 ARM926EJ-S 从 ext_boot_addr[31:2] 输入指示地址有效地读取复位矢量。

## 5.1.9 时钟控制模块

时钟控制模块(CLKCTL)执行块级时钟门控、ARM926EJ-SJTAG 同步请求以及其他各种平台时钟控制。

## 5.1.10 JAM

JAM(Just Another Module)模块和 ARM9 一起完成各种逻辑操作。JAM 功能包括 #2 号 IP 总线数据读取、为减小功耗控制 AHB 调试信号和访问 ARM9 平台通用寄存器的 IP 总线接口等。JAM 的 IP 总线接口组装在 AIPI2 第 30 个插槽上。表 5-2 表示 JAM 的 IP 总线寄存器。

表 5-2  JAM IP 总线通用寄存器

| 初始地址 | 寄存器名称 | 类 型 | 操 作 |
| --- | --- | --- | --- |
| 32'h1003_E000 | ARM9P_GPR0 | 读写 | {30'h0,etb_reg_clken,ahb_dbg_en} |
| 32'h1003_E010 | ARM9P_GPR4 | 只读 | tapid[31:0] |

这些寄存器可能通过 AIPI2 第 30 插槽单元更名,因此,寄存器只能按照上述列表地址访问。在更名单元访问寄存器可能会导致错误。此外,在用户模式按非字大小访问寄存器都将导致错误。忽略对只读 ARM9P_GPR4 寄存器的写操作不会造成 AHB 传输错误。

电源接通时,ARM9P_GPR0 第 1 位 etb_reg_clken 复位至零,使针对非调试目的的 ETB 时钟无效。置 1 时,etb_reg_clken 使 ETB 时钟有效,ETB 中存储器可以用作通用暂存。

电源接通时,ARM9P_GPR0 第 0 位 ahb_dbg_en 复位至零,使与功耗有关的 AHB 调试信号无效。置 1 时,ahb_dbg_en 使下列调试用的平台高端 AHB 相关信号有效:

- I-AHB:dbg_iahb_hready、dbg_iahb_htrans1、dbg_iahb_haddr[31:29]
- D-AHB:dbg_dahb_hready、dbg_dahb_htrans1、dbg_dahb_haddr[31:29]
- P-AHB:dbg_dahb_hready、dbg_dahb_htrans1、dbg_dahb_hmaster

这些信号连同在交替总线主从 AHB 端口上的信号一起被用来观察 MAX 性能。ARM9P_GPR4 供软件确定 ARM9 平台的版本。

## 5.1.11 测 试

ARM9 平台的测试结构具备两个功能:扫描和内建自测试 BIST 功能。测试模块

(ARM926P_TEST)包括一个测试控制单元,它将初始测试模式输入信号译码并将平台置于包括扫描、ac 路径选择、BIST 和安全状态的各种测试模式之中。这些测试模式支持测试深层次嵌入式平台。

## 5.1.12 ARM9 平台层次

ARM9 平台最上二层设计如图 5-2 所示。

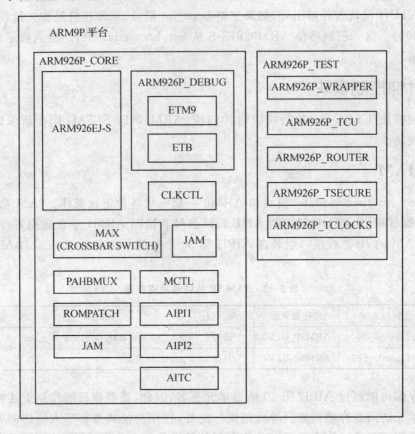

图 5-2 ARM9 平台层级

# 5.2 JTAG ID 寄存器

ARM926EJ-S 处理器有一个对应 JTAG ID 寄存器的 32 位输入总线。表 5-3 给出该 32 位寄存器定义域。ARM 要求 [31:12] 位的设置与它们的通用规则一致,使 Muli-ICE 仿真器能自动检测器件类型。

表 5-3 ARM926EJ-S JTAG ID 寄存器定义

| tapid[31:28] | tapid[27:12] | tapid[11:8] | tapid[7:1] | tapid[0] |
|---|---|---|---|---|
| 版本 | 部件代号 | 制造 ID | | 1'b1 |
| 4'b0000 | 16'h7926 | tapid_ver[3:0] | 7'b001_0000 | 1'b1 |

## 5.3 系统存储器配置

对 MAX 主端口上的 haddr[31:29] 进行译码,确定选择哪一个从端口。只有三位用于保持输出端口译码时间最小。表 5-4 给出在 4 GB 地址空间译码的 8 个 512 MB 区域的简单分类。

表 5-4 高位地址译码

| haddr[31:29] | 大小 | 用途 |
| --- | --- | --- |
| 3'b000 | 512 MB | 主 AHB—AIPI1、AIPI2、AITC、MCTL(ROM)、ROMPATCH |
| 3'b001 | 512 MB | 保留 |
| 3'b010 | 512 MB | 保留 |
| 3'b011 | 512 MB | 保留 |
| 3'b100 | 512 MB | 次 AHB 从端口 1 |
| 3'b101 | 1 GB | 次 AHB 从端口 2 |
| 3'b110 | | |
| 3'b111 | 512 MB | 主 AHB - MCTL(RAM) |

### 5.3.1 ARM9 平台存储器配置

表 5-5 给出完整的 ARM9 平台存储器配置。

表 5-5 ARM9 平台存储器配置

| 地址范围 | 尺寸 | 用途 |
| --- | --- | --- |
| 0000_0000~0000_3FFF | 16 KB | ROM:首 16KB(主 AHB) |
| 0000_4000~0040_3FFF | 4 MB | 保留 |
| 0040_4000~007F_FFFF | 4 MB~16 KB | ROM:超过 16B(主 AHB) |
| 0080_0000~0FFF_FFFF | 256 MB~8 MB | 保留 |
| 1000_0000~1000_0FFF | 4 KB | AIPI1 控制寄存器(主 AHB) |
| 1000_1000~1001_FFFF | 124 KB | AIPI1 外设空间 |
| 1002_0000~1002_0FFF | 4 KB | AIPI2 控制寄存器(主 AHB) |
| 1002_1000~1003_1FFF | 68 KB | AIPI2 外设空间 |
| 1003_2000~1003_AFFF | 36 KB | 保留 |
| 1003_B000~1003_BFFF | 4 KB | AIPI2—ETB 寄存器(主 AHB) |
| 1003_C000~1003_CFFF | 4 KB | AIPI2—ETB RAM(主 AHB) |
| 1003_D000~1003_DFFF | 4 KB | AIPI2—ETB RAM(主 AHB) |
| 1003_E000~1003_EFFF | 4 KB | AIPI2—JAM(主 AHB) |
| 1003_F000~1003_FFFF | 4 KB | AIPI2—MAX(主 AHB) |

续表 5-5

| 地址范围 | 尺寸 | 用途 |
|---|---|---|
| 1004_0000~1004_0FFF | 4 KB | AITC(主 AHB) |
| 1004_1000~1004_1FFF | 4 KB | ROMPATCH |
| 1004_2000~1FFF_FFFF | 256 MB~280 KB | 保留 |
| 2000_0000~7FFF_FFFF | 1.5GB | 保留 |
| 8000_0000~9FFF_FFFF | 512 MB | 次 AHB 从端口 1 |
| A000_0000~DFFF_FFFF | 1 GB | 次 AHB 从端口 2 |
| E000_0000~FFEF_FFFF | 511 MB | 保留(更名 RAM 空间) |
| FFF0_0000~FFFF_FFFF | 1 MB | RAM(主 AHB) |

### 5.3.2 外设空间

AIPI1 支持 31 个起始地址是 $32'h1000\_1000$ 的外设。AIPI2 有三个 ARM 内部使用的区间,支持 17 个从 1002_1000~1003_EFFF 地址起始的外设。

### 5.3.3 外部引导

证实 boot_int 输入信号时,ARM926EJ-S 将从主 AHB 上的 ROM 内部引导。引导输入取消时,将 ARM926EJ-S 复位矢量发送到 ext_boot_addr[31:2]输入引脚指示的地址。由 ROMPATCH 模块完成监控 ARM9 的 I-AHB 和复位矢量的获取。

注意,当引导输入取消时,ARM926EJ-S 外部引导使 ARM9 平台处于不安全状态。

### 5.3.4 存储器配置考虑事项

- 访问表 5-5 中的保留单元,不访问 RAM 更名空间将导致 AHB 错误响应。
- 访问不支持通过 MAX 的地址单元将导致 AHB 错误响应,且该访问不通过 MAX。
- 访问主 AHB 总线上未配置为特定模块的地址单元,将根据 bmon_timeout[2:0]输入被暂停。
- 访问 AITC 和 ROMPATCH 寄存器空间中未执行的单元将被终止,没有总线错误。写操作将无效,读操作将回到零。

## 5.4 时钟、复位和电源管理

这一节将介绍 ARM9 平台的时钟、复位和电源管理中相关电路等。

### 5.4.1 时钟

ARM926EJ-S 处理器使用单时钟 clk。在许多系统里,ARM926EJ-S 处理器将会比 AHB 系统总线工作频率更高。为了支持这点,ARM926EJ-S 针对每一个总线控制器提供单独的 AHB 时钟。BIU 数据是主总线系统,dhclken 用来表示 hclk 时钟上升沿;BIU 指令是主总线系统,ihclken 表示 hclk 时钟上升沿。图 5-3 表示 clk、hclk 和 dhclken/ihclken 时钟之间的关系。ARM9 平台将提供单 hclken 输入引脚,将反馈到 ARM926EJ-S 上的 dhclken 和 ihclken 输入。如果 hclk 和 clk 的频率相同,ARM9 平台的 hclken 输入必须保持高电位。

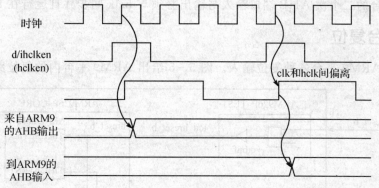

图 5-3　AHB 时钟关系

clk 和 hclk 必须同步且它们之间对 ARM9 平台的偏移应最小,这就要求片内时钟控制模块同步。图 5-4 给出这样一个例子。例子中,clk 和 hclk 完全同步,且 clk 必须比慢时钟采样快得多,否则设计不同。同样,如果 clk 和 hclk 彼此在设计上是同步的,则同步就不再需要了,但在矫正 ARM9 平台两个时钟上升沿时还是要注意。

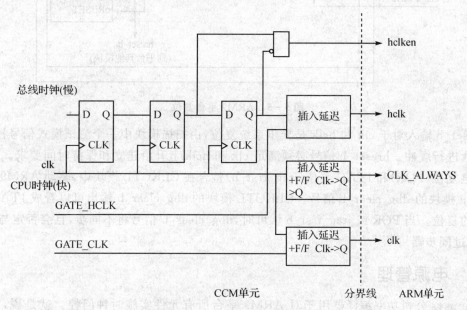

图 5-4　clk 快时 hclk 与 clk 同步的例子

ARM926EJ-S 不支持对 JTAG 接口的直接连接。JTAG 接口必须与 clk 域同步。同步将发生在平台的 CLKCTL 模块内。

jtag_tck 时钟必须小于 clk 输入频率的 1/8,使 JTAG 端口和同步器作用相当。注意,执行低功耗模式时 clk 频率可以改变。因此,应当注意 jtag_tck 小于 clk 最低可能频率 1/8 的情况。

ARM9 平台上所有四个交替总线主端口必须使 AHB 与平台外部 hclk 同步,主 AHB 的输入和输出与 hclk 同步。

ARM9 平台的二个次 AHB 端口输入与输出必须与 hclk 同步并且运行在 hclk 频率上。

### 5.4.2 平台复位

下面介绍 ARM9 平台各种复位输入。图 5-5 给出 ARM9 平台内的复位路径。

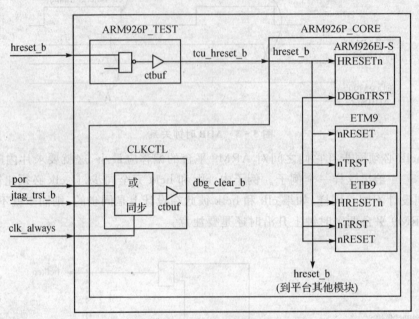

**图 5-5 ARM9 平台复位**

hreset_b 输入对于 clk 和 hclk 是异步系统复位,由扫描模块中一个测试模式信号控制,并通过平台进行缓冲。hreset_b 信号必须满足 clk 和 hclk 上升沿建立和保持时间要求。

上电复位(POR)和 JTAG 复位(jtag_trst_b)整合在 CLKCTL 模块中,驱动 ARM926EJ-S 和 ETM9 模块的 dbg_clear_b 信号。CLKCTL 模块的 dbg_clear_b 输出可以看成 JTAG 或平台调试的复位。当 POR 或 jtag_trst_b 认可时,dbg_clear_b 信号将不同步,且会否定与 clk 的同步(通过同步器)。

### 5.4.3 电源管理

Synopsys 公司功率编译器用于对 ARM9 平台所有元件实施时钟门控。就是说,在正常工作条件下,平台内时钟将只发送到需要上升沿的寄存器或触发器单元。否则,时钟将保持低电平。只有在必要时平台内独立模块时钟才有效。以主 AHB 为例,当前 AHB 访问是针对模块寻址时,CLKCTL 模块只会使一个从模块的 hclk 有效。如果 CLKCTL 因任何其他原因要求 hclk 运行,从模块同样能够驱动一个到 CLKCTL 的信号。

等待中断指令可能使 ARM926EJ-S 处理器处于低功耗状态,直至发生中断(nIRQ/nFIQ)或调试请求。用确认的 arm_standbywfi 输出信号指示切换到低功耗状态。如果 arm_standbywfi 认可,则 ARM926EJ-S 所有的外部接口将处于空闲状态。指定 arm_standbywfi 信号来关断系统其他部件时钟,例如,外部协处理器在 ARM926EJ-S 处于闲置状态时不需要时钟。注意,如果外部调试器连接到 JTAG 端口,ARM926EJ-S 的 clk 不能在中断模式等待期间停下来。要一个有效的 clk 将数值写入 ARM9EJ-S 调试控制寄存器中,这对能够强制退出等待中断模式的调试器是需要的。还应注意,ARM926EJ-S 需要 clk 运行以便产生否决 arm_standbywfi 的中断。

CLKCTL 模块内的 JTAG 同步装置需要一个"一直"在运行的时钟,以便任何时候都能探测到 JTAG 的活动,并由此确定调试器连接到了 JTAG 端口。一个有效的 JTAG 调试器的存在将会通过监视 JTAG TMS 信号探测到。POR(或 trst_b)有指示后,在 TMS 上的一个与 TCK 上升沿一致的低状态将使 JTAG 控制器从测试逻辑复位状态转换到运行测试空闲状态。只要控制器不在测试逻辑复位状态,dbgen 信号有指示,且一直有指示。一旦 dbgen 有指示,需要有效的 trst_b 或 POR 将其清零。

平台的 a9p_clk_off 输出认可时,对一个外部时钟控制模块表明,clk 和 hclken 应该尽可能早地关断。虽然如此,为了确保没有交替总线主控端口在处理中,外部时钟控制模块必须认可交叉开关的 ccm_br 输入,请求拥有所有 AHB 输出端口的所有权。一旦总线确认有指示(ccm_bg),外部时钟控制模块释放到门控 off hclk,所有主 AHB 和次 AHB 的处理完成。图 5-6 展示平台时钟怎样处理一个典型过程的框图。

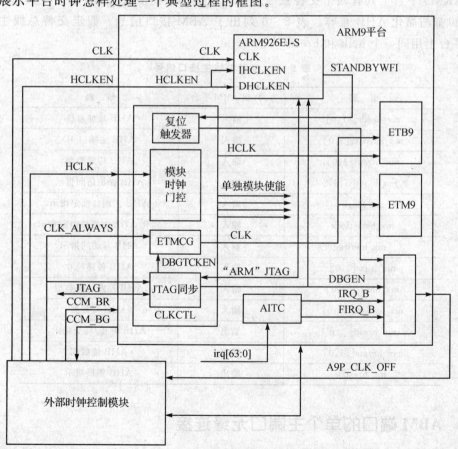

**图 5-6 ARM9 平台时钟控制方案**

## 第 5 章 ARM9 平台

一个使 wt_en 输入有效的势阱偏置由一个 ARM9 平台的外部时钟控制模块驱动。当该时钟有效后，$V_{BB+}$ 将接到 VDD、$V_{BB-}$ 将接到 GND。

## 5.5 AHB 接口

这一节介绍 ARM9 平台和交叉开关的总线接口。总线连接到平台的结构参见图 5-1。

所有的多层 AHB 交叉开关的主从端口都与简化 AHB 兼容。因此，所有外部连接到 ARM9 平台的 AHB 必须与简化 AHB 兼容。ARM9 平台简化 AHB 的定义是：

- ARM9 平台内部不支持 AHB 分割和重试协议。这就意味着所有连接到简化 AHB 的从端口（输入或输出）都禁止分割或重试请求，也意味着只有一个应答信号 hresp0。
- 不支持简化 AHB 接口上的 AMBA 总线请求和总线确认。
- 支持猝发。MAX 的缺省配置确保不提前进行由于开关仲裁器导致的固定长度猝发终结。

### 5.5.1 变更总线主端口

在 ARM9 平台上共有四个交替总线主端口直接连接到多层 AHB 交叉开关上。这四个 ABM 接口都与简化 AHB 兼容。表 5-6 列出了 ABM 接口信号。假定交替总线主端口在 ARM9 平台上用同一个 hclk 和 hreset_b。

表 5-6 交替总线主接口信号

| 引 脚 | 方向（到 ARM 平台） | 解 释 |
| --- | --- | --- |
| mx_haddr[31:0] | 输入 | AHB 地址总线 |
| mx_hmaster[3:0] | 输入 | AHB 主端口 ID |
| mx_htrans[1:0] | 输入 | AHB 传递类型 |
| mx_hprot[3:0] | 输入 | AHB 保护访问指示 |
| mx_hlock | 输入 | AHB 主端口锁定指示 |
| mx_hmastlock | 输入 | 简化 AHB 主端口锁定指示 |
| mx_hwrite | 输入 | AHB 写访问指示 |
| mx_hsize[1:0] | 输入 | AHB 传递尺寸 |
| mx_hburst[2:0] | 输入 | AHB 猝发访问类型 |
| mx_hwdata[31:0] | 输入 | AHB 写数据 |
| mx_hready_out | 输出 | AHB 终止/接受指示 |
| mx_hrdata[31:0] | 输出 | AHB 读数据 |
| mx_hresp0 | 输出 | AHB 错误指示 |

### 5.5.2 ABM 端口的单个主端口无缝连接

一个单独的外部主端口能够无缝（非逻辑）连接到四个交替总线主接口中的任意一个。在这样的结构中，表 5-7 列出了应特别关注的 AHB 信号。

表 5-7 到交替总线主接口的单个外部连接

| AHB 信号 | 连 接 |
|---|---|
| 主接口的 hbusreq 输出 | 如果现在停留在不连接状态,不连接 |
| 主接口的 hgrant 输入 | 如果选择连接(高) |
| 主接口的 hready 输入 | 连接到 hready_out 输出 |
| 主接口的 hlock 输出 | 如果选择连接到 ABM 的 hlock 输入<br>(如果主接口没有 hlock 输出,否定 ABM 的 hlock 输入,低) |
| 主接口的 hmastlock 输出 | 如果选择连接到 ABM 的 hmastlock 输入<br>(如果主接口没有 hmastlock 输出,否定 ABM 的 hlock 输入,低) |

注意:判决器可能停留在输出端口,没有请求总线时,交替总线主接口必须驱动 htrans=IDLE。

## 5.5.3 ARM 端口的多重外部主端口连接

ARM9 平台的四个交替总线主接口设计成支持直接到接口的连接,多重外部简化 AHB 总线主从端口。图 5-7 表示两个对 ARM9 平台交替总线主接口的外部主端口的连接,其中仅绘制四个 ABM 端口中的一个。

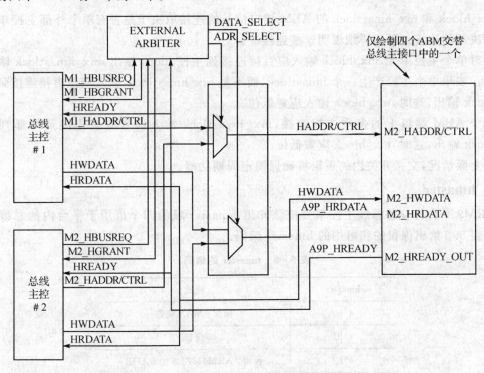

图 5-7 接在 ABM 端口上的 2 个外部主控单元

图 5-7 中,两个外部主控单元 #1 和 #2 对 ARM9 平台 ABM 接口进行仲裁,这需要一个外部仲裁器。仲裁器接收总线主控 hbusreq 信号,并对主控做出 hgrant 响应。仲裁器同样控

# 第 5 章 ARM9 平台

制外部 AHBMUX 模块中的地址/控制和数据。

## 5.5.4 变更总线主接口设计考虑

工程师设计连接 ARM9 平台交替总线主接口的 AHB 主控单元时,应考虑下面的问题。

### 1. 基于脉冲边沿

所有的交替总线主控的设计应该是基于脉冲边沿的,以便满足定时要求。特别地,一个 AHB 主端口地址和控制信息应该由触发器输出直接驱动。类似,一个 AHB 主端口读数据应直接针对 D 触发器输入。

### 2. 关注 AHB 的 htrans[1:0]信号

重要的是在没有总线请求时,交替总线主控驱动 htrans=IDLE。因为主控单元没有请求时,仲裁器允许总线接到主端口(例如暂停条件)上。

虽然 AMBA 的 AHB 规范不要求,但也要建议交替总线主控单元认可 htrans=NSEQ 和初始的 hbusreq。在只有单个主控单元接到输入端口的系统中,hgrant 信号将被拉置高电平,以改善性能。

建议在任意锁定序列后,给交替总线主控插入一个空闲周期,提供一个在连接后续传输前变更仲裁的机会。

### 3. hlock/hmastlock

mx_hlock 和 mx_hmastlock 的 ABM 接口信号的连接取决于是否有单个外部主控单元或外部判决器的连接。下面详细说明这些连接。

针对单个主控单元,mx_hlock 输入应直接连接到主控 hlock 输出,mx_hmastlock 输入应置低位。如果单个主控产生一个 hmastlock,而不是 mx_hmastlock,输入应该直接连接到主控 hmastlock 输出,这时,mx_hlock 输入应置低位。

对于 ABM 端口上的多重主控连接,mx_hmastlock 输入信号应该连接到外部判决器 hmastlock 输出,这时,mx_hlock 应置低位。

在上面情况,交叉开关内的逻辑将确保锁定周期功能。

### 4. hmaster

ARM9 平台外交替总线主控单元应该知道 hmaster 域的四个值用于平台内的总线主控单元。表 5.8 给出保留的和可用的 hmaster 编码。

表 5-8 hmaster 的编码

| hmaster | 用途 |
|---|---|
| 4'h0 | 保留:MAX 缺省 |
| 4'h1 | 保留 |
| 4'h2 | 保留:ARM926EJ-S 的 I-AHB |
| 4'h3 | 保留:ARM926EJ-S 的 D-AHB |
| 4'h4~4'hF | 可用于外部总线主控 |

### 5. hresp0——总线错误

一个从控两周期的错误响应(hresp0=1)允许一个总线主控单元删除在猝发中剩余的传输。这不是 AHB 请求，是可以接受主控单元继续猝发的剩余传输。通常，处理器忽略 AHB 错误响应，这些错误响应发生在 ARM926EJ-S 的 I-AHB 和 D-AHB 接口的高速缓存或缓冲的存储器地址的访问中。在 ROMPATCH 模块内，上面描述的访问对象是在数据读入时 hrdata[31:0] 的 0 号门控信号和指令预取时 hrdata[31:0] 的 SWI 操作代码。同时，ROMPATCH 模块将产生一个异常中断，安全进入 ARM926EJ-S 平台的异常中断，操作者除外。

### 6. 非排列传输

交替总线主控不应该请求非排列传输。也就是说，不应该请求对一个不按字排列的地址的字的访问和对一个不按半个字排列的地址的半个字的访问，因为两者的处理都得不到平台的支持。这样的传输将作为正常情况执行。低阶地址位将根据图 5-4 和图 5-5 忽略。

### 7. 交替总线主控控制

交替总线主控单元应当用可编程最大猝发长度和可编程总线请求间隔计时器来设计，允许软件进行调整，使整个系统最有效。

### 8. 暂停请求(ccm_br)

注意，应该确保在时钟控制模块暂停请求确认时，暂停低优先级位不变更。这将导致不可预测的行为。在请求暂停的软件中，可以采用不修改从通用控制寄存器或备用从通用控制寄存器中暂停低优先级位的方法避免，还有，如果在请求暂停期间 MAX 能够在通用和备用控制寄存器之间变更，暂停低优先级位应该和从通用控制寄存器和备用从通用控制寄存器一样编程。同样应该确保时钟控制模块的暂停请求未被确认直至任意连接到 MAX 上主控单元执行最后一个锁定的访问后至少两个时钟周期为止。

## 5.5.5 MAX 的 AHB 从端口

多层交叉开关的每一个从端口与简化 AHB 总线兼容。下面介绍每一个输出端口的功能和特点。

MAX 的从端口 0 连接到 ARM9 平台内的主 AHB 上。初始 AHB 完全包含在 ARM9 平台内。主 AHB 简化结构如图 5-8 所示。

主 AHB 包括 AITC、AIPI(2)、MCTL 和 ROMPATCH 模块。PAHBMUX(主 AHB mux)模块将主 AHB 和它的部件组合在一起，对主 AHB haddr 线译码、给从端口发送模块选择，将从端口到单个总线 hready 和 hresp0 信号连接起来，并从当前选择的从端口将读取数据送入 hrdata 总线。PAHBMUX 内部的一个总线监视模块将终结总线的处理。此外，PAHBMUX 包含终结任何空闲周期的逻辑，(发送接在 hreset_b 否定之后需要 hready 的认可。)

表 5-9 中可以找到主 AHB 上每个从器件的反应时间。时钟反应时间的数值并未计入 MAX 可能的一个时钟仲裁延迟。

# 第5章 ARM9平台

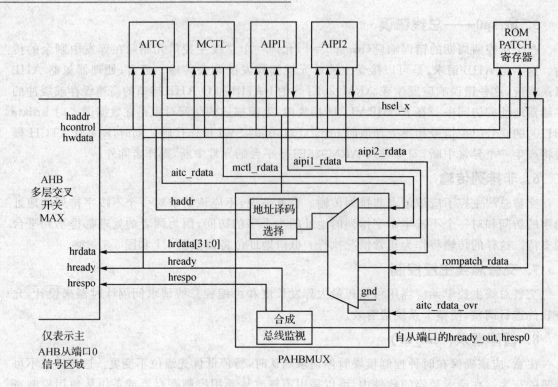

图 5-8 主 AHB

表 5-9 主 AHB 从器件反应时间

| 从器件 | 传输类型 | 反应时间 |
|---|---|---|
| AITC | 寄存器访问 | 1个时钟 |
| AIPI | 写 | 3个时钟 |
| | 读 | 2个时钟 |
| MCTL | 存储器访问 | 1个时钟 |
| ROMPATCH | 寄存器访问 | 1个时钟 |

同样,每一个次级 AHB 从端口与简化 AHB 总线兼容。设想这些端口将与内部和外部的存储器接口。因此,可以将一个外部 AIPI 接口和相关的外设连接到这些端口。表 5-10 给出这些次级端口的从信号,这里 x 等于 1 或 2。

表 5-10 次级 AHB 接口信号

| 引　脚 | 到 ARM 的方向 | 解　释 |
|---|---|---|
| sx_haddr[31:0] | 输出 | AHB 地址总线 |
| sx_hmaster[3:0] | 输出 | AHB 主 ID |
| sx_htrans[1:0] | 输出 | AHB 传输类型 |
| sx_hprot[3:0] | 输出 | AHB 访问保护指示 |
| sx_hmastlock | 输出 | 简化 AHB 主锁定指示 |

续表 5-10

| 引脚 | 到 ARM 的方向 | 解释 |
| --- | --- | --- |
| sx_hwrite | 输出 | AHB 写访问指示 |
| sx_hsize[1:0] | 输出 | AHB 传输尺寸 |
| sx_hburst[2:0] | 输出 | AHB 猝发访问连续 |
| sx_hwdata[31:0] | 输出 | AHB 写数据 |
| sx_hready | 输入 | AHB 终止或接受指示 |
| sx_hrdata[31:0] | 输入 | AHB 读数据 |
| sx_hresp0 | 输入 | AHB 错误指示 |

## 5.5.6 字节序模式

ARM9 平台支持大、小字节序模式，表 5-11 给出 ARM9 处理器相关的输入输出信号。

表 5-11 ARM9 的字节序相关信号

| 信号 | 方向 | 解释 |
| --- | --- | --- |
| BIGENDINIT | 输入 | 确定系统复位后，设置的 BIGEND 位存入 CP15 控制寄存器<br>高电平时，BIGEND 位的复位状态为 1（大的字节序）<br>低电平时，BIGEND 位的复位状态为 0（小的字节序） |
| CFGBIGEND | 输出 | ARM926EJ-S 的 BIGEND 配置指示。该信号反映 BIGEND 位存入 CP15 控制寄存器的数据，用于确定 ARM9 的 WRT 字节序<br>高电平时，ARM9 将存储器中字节视为大字节序格式<br>低电平时存储器视为小的字节序格式 |

输入信号 bigendinit 直接连接到 ARM926EJ-S 的 BIGENDINIT 输入端，并且根据系统复位确定处理器和平台的字节序操作模式。处理器工作的字节序模式可以根据 CP15 控制寄存器中的 BIGEND 位变更。这个 cfg_bigend 输出表示 BIGEND 位用于指示平台的当前操作字节序模式。所有外部总线主控和从控也是一样，参见图 5-9。

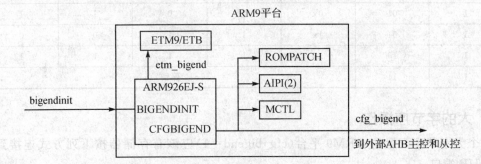

图 5-9 字节序配置方法

ARM926EJ-S 的 DHBL 信号不在平台内部使用。为正确处理非字传输，所有受字节序模式影响的模块将 cfg_bigend 信号与 hsize 和 haddr[1:0]一起使用。未来实际应用需要动态变

## 第5章 ARM9平台

更字节序。这仍处于研究之中,但应该是可能的,因为平台硬件支持字节序模式。接着就是通过软件来确保一个好的模式变更。例如,写缓冲器应该优先于字节序模式的变更。

只有 AIPI(2)、MCTL(ROM 和 RAM)和 ROMPATCH 模式受平台内 cfg_bigend 信号的影响。ETM9/ETB 受字节序模式影响,内部接到 etm_bigend 信号。

AITC 模块是 32 位的只写模式。MAX 内部的寄存器也只能进行 32 位访问,字节序模式显然是来自 AHB 开关。PAHBMUX 模块没有与其关联的寄存器,字节序模式数据混乱是显然的。

ARM9 平台不支持非排列传输,且不应该试图通过交替总线主控与其连接。交替总线主控不应该对一个不按字排列地址进行 32 位访问,也不对一个不按半字排列地址进行访问。传输应该正常地完成。忽略低阶地址。

必须认识到字节序模式的交替总线主控能够执行非字访问。根据 cfg_bigend 输出信号的状态执行非字寄存器和存储器的处理。下面介绍存储器用两种字节序模式的访问方法。

### 1. 小的字节序操作

一个小字节序配置的 ARM9 平台(cfg_bigend=0)应该有存储器按下列方式连接到它的次级 AHB 端口:

存储器的字节 0 连接到 D[7:0]

存储器的字节 1 连接到 D[15:8]

存储器的字节 2 连接到 D[23:16]

存储器的字节 3 连接到 D[31:24]

这个字节写使能应该通过表 5-12 的 AHB 从端口译码。

表 5-12 小的字节序字节写使能译码

| hwrite | hsize[1:0] | haddr[1:0] | we[31:24] | we[23:16] | we[15:8] | we[7:0] |
|---|---|---|---|---|---|---|
| 0 | x | x | 0 | 0 | 0 | 0 |
| 1 | 00 | 00 | 0 | 0 | 0 | 1 |
| 1 | 00 | 01 | 0 | 0 | 1 | 0 |
| 1 | 00 | 10 | 0 | 1 | 0 | 0 |
| 1 | 00 | 11 | 1 | 0 | 0 | 0 |
| 1 | 01 | 0x | 0 | 0 | 1 | 1 |
| 1 | 01 | 1x | 1 | 1 | 0 | 0 |
| 1 | 10 | xx | 1 | 1 | 1 | 1 |
| 1 | 11 | | 保留 | | | |

### 2. 大的字节序操作

一个大字节序配置的 ARM9 平台(cfg_bigend=1)应该有存储器按下列方式连接到它的次级 AHB 端口:

存储器的字节 0 连接到 D[31:24]

存储器的字节 1 连接到 D[23:16]

存储器的字节 2 连接到 D[15:8]

存储器的字节 3 连接到 D[7:0]
这个字节写使能应该通过表 5-13 的 AHB 从属端口编码。

表 5-13 大的字节序字节写使能译码

| hwrite | hsize[1:0] | haddr[1:0] | we[31:24] | we[23:16] | we[15:8] | we[7:0] |
|---|---|---|---|---|---|---|
| 0 | x | x | 0 | 0 | 0 | 0 |
| 1 | 00 | 00 | 1 | 0 | 0 | 0 |
| 1 | 00 | 01 | 0 | 1 | 0 | 0 |
| 1 | 00 | 10 | 0 | 0 | 1 | 0 |
| 1 | 00 | 11 | 0 | 0 | 0 | 1 |
| 1 | 01 | 0x | 1 | 1 | 0 | 0 |
| 1 | 01 | 1x | 0 | 0 | 1 | 1 |
| 1 | 10 | xx | 1 | 1 | 1 | 1 |
| 1 | 11 | | | 保留 | | |

## 5.6 I/O 信号

ARM9 平台完整的输入输出信号如表 5-14 所示。

表 5-14 ARM9 平台信号

| 信号 | 类型 | 描述 |
|---|---|---|
| 时钟和复位 | | |
| clk | 输入 | 处理器和连接的参考时钟 |
| clk_always | 输入 | 一直运行的时钟 |
| hclk | 输入 | AHB 域参考时钟 |
| hclken | 输入 | 控制 ARM926EJ-S 采样 HCLK 域 |
| a9p_clk_off | 输出 | 到外部时钟控制模块:可以停止运行的 ARM9 平台时钟 |
| por | 输入 | 复位功耗 |
| hreset_b | 输入 | 系统复位(ARM926EJ-S 和 AHB 复位) |
| 平台配置 | | |
| bigendinit | 输入 | 1:大字节序;0:小字节序<br>复位后确定字节序最初模式 |
| cfg_bigend | 输出 | 1=大字节序,0=小字节序<br>反映 ARM926EJ-S 的 CP15 寄存器中 BIGEND 位的数值,确定平台从 AHB 和外部 AHB 的字节序 |
| boot_int | 输入 | 内部引导指示 |
| ext_boot_adr[31:2] | 输入 | 外部引导地址 |
| bmon_timeout[2:0] | 输入 | 总线监视停止 |

续表 5-14

| 信 号 | 类 型 | 描 述 |
|---|---|---|
| JTAG 接口和相关 I/O | | |
| jtag_tck | 输入 | JTAG 测试时钟 |
| jtag_trst_b | 输入 | JTAG 测试复位 |
| jtag_tms | 输入 | JTAG 测试模式选择 |
| jtag_tdi | 输入 | JTAG 测试数据输入 |
| jtag_tdo | 输出 | JTAG 测试数据输出 |
| jtag_tdoen_b | 输出 | JTAG 测试数据输出三态控制 |
| tapid_ver[3:0] | 输入 | 平台版本号码(JTAG ID 寄存器位[11:8]) |
| dbgrtck | 输出 | 从 JTAG 同步返回时钟 TCK |
| ARM926 调试相关信号 | | |
| dbgrq | 输入 | 到 ARM926：调试请求(连接到 EDBGRQ) |
| dbgack | 输出 | 自 ARM926：调试应答 |
| dbgext[1:0] | 输入 | 到 ICE：外部断点/监视点 |
| dbgiebkpt | 输入 | 到 ARM926：指令断点 |
| dbgdewpt | 输入 | 到 ARM926：数据监视点 |
| arm_dbgrng[1:0] | 输出 | 自 ARM926：嵌入式 ICE-RT 范围外 |
| arm_standbywfi | 输出 | 自 ARM926：处理器等待中断模式 |
| arm_java_mode | 输出 | 自 ARM926：处理器在 JAVA 模式 |
| arm_thumb_mode | 输出 | 自 ARM926：处理器在 THUMB 模式 |
| arm_fiq_b | 输出 | 自 AITC：到处理器的快速中断请求 |
| arm_irq_b | 输出 | 自 AITC：到处理器的中断请求 |
| arm_fiq_disable | 输出 | 自 ARM926：处理器禁止 FIQ 中断 |
| arm_irq_disable | 输出 | 自 ARM926：处理器禁止 IRQ 中断 |
| arm_cpsr_mode[4:0] | 输出 | 自 ARM926：处理器 CPSR 模式位 |
| 平台调试相关信号 | | |
| dbg_iahb_hready | 输出 | ARM926EJ-S I-AHB hready |
| dbg_iahb_htrans1 | 输出 | ARM926EJ-S I-AHB htrans[1] |
| dbg_iahb_haddr[31:29] | 输出 | ARM926EJ-S I-AHB 请求地址(高 3 位) |
| dbg_dahb_hready | 输出 | ARM926EJ-S D-AHB hready |
| dbg_dahb_htrans1 | 输出 | ARM926EJ-S D-AHB htrans[1] |
| dbg_dahb_haddr[31:29] | 输出 | ARM926EJ-S D-AHB 请求地址(高 3 位) |
| dbg_pahb_hready | 输出 | 主 AHB hready |
| dbg_pahb_htrans1 | 输出 | 主 AHB htrans[1] |
| dbg_pahb_hmaster[3:0] | 输出 | 主 AHB hmaster 所有权 |
| dbg_a9p_ahb_en | 输出 | 激活用于与这些调试信号混合 GPIO 的输出 |

续表 5-14

| 信 号 | 类 型 | 描 述 |
|---|---|---|
| MCTL ROM 存储器接口 | | |
| rom_connect | 输入 | 指示 ROM 从 MCTL 接口退出 |
| rom_max_addr[11:0] | 输入 | 指示 ROM 大小<br>与 haddr[21:10]一致。支持的最小尺寸是 1 KB,最大 4 MB |
| rom_wait | 输入 | ROM 等待状态指示<br>0：无等待状态请求<br>1：1个等待状态请求 |
| mctl_ce_rom_b | 输出 | MCU ROM 芯片使能 |
| mctl_addr_rom[19:0] | 输出 | MCU ROM 地址 |
| mem_q_rom[31:0] | 输入 | ROM 读数据 |
| MCTL RAM 存储器接口 | | |
| ram_connect | 输入 | 指示 RAMMCTL 接口退出 |
| ram_max_addr[9:0] | 输入 | 指示 ROM 大小<br>与 haddr[19:10]一致。支持的最小尺寸是 1 KB,最大 4 MB |
| ram_wait | 输入 | RAM 读周期等待状态指示<br>0：无等待状态请求<br>1：1个等待状态请求 |
| mctl_mbist_sddtm | 输出 | MCU RAM mbist SDD 测试模式输出 |
| extram_oe | 输出 | 外部存储器输出使能的测试模式控制。该输出应连接到到 ARM9 平台的所有外部存储器的 OEN 端口(SRAM 和 TCM) |
| mctl_ce_ram_b | 输出 | MCU RAM chip enable |
| mctl_wr_ram_b | 输出 | MCU RAM 复位类型：读＝0、写＝1 |
| mctl_addr_ram[17:0] | 输出 | MCU RAM 地址 |
| mctl_ben_ram_7_0 | 输出 | MCU RAM 字节使能 |
| mctl_ben_ram_15_8 | 输出 | MCU RAM 字节使能 |
| mctl_ben_ram_23_16 | 输出 | MCU RAM 字节使能 |
| mctl_ben_ram_31_24 | 输出 | MCU RAM 字节使能 |
| mctl_d_ram[31:0] | 输出 | RAM 写数据 |
| mem_q_ram[31:0] | 输入 | RAM 读数据 |
| 多层 AHB 主端口 2 | | |
| m2_hlock | 输入 | AHB 锁定周期指示(总线请求定时) |
| m2_hmastlock | 输入 | AHB 锁定周期指示(地址定时) |
| m2_hmaster[3:0] | 输入 | AHB 主 |
| m2_htrans[1:0] | 输入 | AHB 传输类型 |
| m2_hprot[3:0] | 输入 | AHB 保护控制 |

续表 5-14

| 信 号 | 类 型 | 描 述 |
|---|---|---|
| m2_hwrite | 输入 | AHB 写/读指示 |
| m2_hsize[1:0] | 输入 | AHB 传输尺寸 |
| m2_hburst[2:0] | 输入 | AHB 猝发长度 |
| m2_haddr[31:0] | 输入 | AHB 地址 |
| m2_hwdata[31:0] | 输入 | AHB 写数据 |
| m2_hready_out | 输出 | AHB 传输清理 |
| m2_hrdata[31:0] | 输出 | AHB 读数据 |
| m2_hresp0 | 输出 | AHB 传输响应 |
| 多层 AHB 主端口 3 | | |
| m3_hlock | 输入 | AHB 锁定周期指示（总线请求定时） |
| m3_hmastlock | 输入 | AHB 锁定周期指示（地址定时） |
| m3_hmaster[3:0] | 输入 | AHB 主 |
| m3_htrans[1:0] | 输入 | AHB 传输类型 |
| m3_hprot[3:0] | 输入 | AHB 保护控制 |
| m3_hwrite | 输入 | AHB 写/读指示 |
| m3_hsize[1:0] | 输入 | AHB 传输尺寸 |
| m3_hburst[2:0] | 输入 | AHB 猝发长度 |
| m3_haddr[31:0] | 输入 | AHB 地址 |
| m3_hwdata[31:0] | 输入 | AHB 写数据 |
| m3_hready_out | 输出 | AHB 传输清理 |
| m3_hrdata[31:0] | 输出 | AHB 读数据 |
| m3_hresp0 | 输出 | AHB 传输响应 |
| 多层 AHB 主端口 4 | | |
| m4_hlock | 输入 | AHB 锁定周期指示（总线请求定时） |
| m4_hmastlock | 输入 | AHB 锁定周期指示（地址定时） |
| m4_hmaster[3:0] | 输入 | AHB 主 |
| m4_htrans[1:0] | 输入 | AHB 传输类型 |
| m4_hprot[3:0] | 输入 | AHB 保护控制 |
| m4_hwrite | 输入 | AHB 写/读指示 |
| m4_hsize[1:0] | 输入 | AHB 传输尺寸 |
| m4_hburst[2:0] | 输入 | AHB 猝发长度 |
| m4_haddr[31:0] | 输入 | AHB 地址 |
| m4_hwdata[31:0] | 输入 | AHB 写数据 |
| m4_hready_out | 输出 | AHB 传输清理 |
| m4_hrdata[31:0] | 输出 | AHB 读数据 |
| m4_hresp0 | 输出 | AHB 传输响应 |

续表 5-14

| 信号 | 类型 | 描述 |
|---|---|---|
| 多层 AHB 主端口 5 | | |
| m5_hlock | 输入 | AHB 锁定周期指示(总线请求定时) |
| m5_hmastlock | 输入 | AHB 锁定周期指示(地址定时) |
| m5_hmaster[3:0] | 输入 | AHB 主 |
| m5_htrans[1:0] | 输入 | AHB 传输类型 |
| m5_hprot[3:0] | 输入 | AHB 保护控制 |
| m5_hwrite | 输入 | AHB 写/读指示 |
| m5_hsize[1:0] | 输入 | AHB 传输尺寸 |
| m5_hburst[2:0] | 输入 | AHB 猝发长度 |
| m5_haddr[31:0] | 输入 | AHB 地址 |
| m5_hwdata[31:0] | 输入 | AHB 写数据 |
| m5_hready_out | 输出 | AHB 传输清理 |
| m5_hrdata[31:0] | 输出 | AHB 读数据 |
| m5_hresp0 | 输出 | AHB 传输响应 |
| 多层 AHB 从端口 1 | | |
| s1_hmastlock | 输出 | AHB 锁定传输 |
| s1_hmaster[3:0] | 输出 | AHB 主 |
| s1_htrans[1:0] | 输出 | AHB 传输类型 |
| s1_hprot[3:0] | 输出 | AHB 保护控制 |
| s1_hwrite | 输出 | AHB 写/读指示 |
| s1_hsize[1:0] | 输出 | AHB 传输尺寸 |
| s1_hburst[2:0] | 输出 | AHB 猝发长度 |
| s1_haddr[31:0] | 输出 | AHB 地址 |
| s1_hwdata[31:0] | 输出 | AHB 写数据 |
| s1_hrdata[31:0] | 输入 | AHB 读数据 |
| s1_hready | 输入 | 传输进行 |
| s1_hresp0 | 输入 | 传输响应 |
| 多层 AHB 从端口 2 | | |
| s2_hmastlock | 输出 | AHB 锁定传输 |
| s2_hmaster[3:0] | 输出 | AHB 主 |
| s2_htrans[1:0] | 输出 | AHB 传输类型 |
| s2_hprot[3:0] | 输出 | AHB 保护控制 |
| s2_hwrite | 输出 | AHB 写/读指示 |
| s2_hsize[1:0] | 输出 | AHB 传输尺寸 |
| s2_hburst[2:0] | 输出 | AHB 猝发长度 |
| s2_haddr[31:0] | 输出 | AHB 地址 |

续表 5-14

| 信 号 | 类型 | 描 述 |
|---|---|---|
| s2_hwdata[31:0] | 输出 | AHB 写数据 |
| s2_hrdata[31:0] | 输入 | AHB 读数据 |
| s2_hready | 输入 | 传输进行 |
| S2_hresp0 | 输入 | 传输响应 |
| MAX 特性（交叉交换） | | |
| ccm_hbusreq | 输入 | 外部时钟控制模块低功耗总线请求 |
| ccm_hgrant | 输出 | 低功耗方式总线认可 |
| s0_ampr_sel | 输入 | 从端口 0 交替主优先级寄存器选择 |
| s1_ampr_sel | 输入 | 从端口 1 交替主优先级寄存器选择 |
| s2_ampr_sel | 输入 | 从端口 2 交替主优先级寄存器选择 |
| IP 总线 #1(A) | | |
| ipsa_module_en[31:1] | 输出 | IP 总线 "A" 模块选择 |
| ipsa_addr[11:0] | 输出 | IP 总线 "A" 地址 |
| ipsa_wdata[31:0] | 输出 | IP 总线 "A" 写数据 |
| ipsa_byte_31_24 | 输出 | IP 总线 "A" 字节选择 |
| ipsa_byte_23_16 | 输出 | IP 总线 "A" 字节选择 |
| ipsa_byte_15_8 | 输出 | IP 总线 "A" 字节选择 |
| ipsa_byte_7_0 | 输出 | IP 总线 "A" 字节选择 |
| ipsa_rwb | 输出 | IP 总线 "A" 读写指示 |
| ipsa_supervisor_access | 输出 | IP 总线 "A" 管理方式访问控制 |
| ipsa_rdata[31:0] | 输入 | IP 总线 "A" 读数据 |
| ipsa_xfr_wait | 输入 | IP 总线 "A" 传输等待状态指示 |
| ipsa_xfr_err | 输入 | IP 总线 "A" 传输错误指示 |
| IP 总线 #2(B) | | |
| Ipsb_module_en[31:1] | 输出 | IP 总线 "B" 模块选择 |
| ipsb_addr[11:0] | 输出 | IP 总线 "B" 地址 |
| Ipsb_wdata[31:0] | 输出 | IP 总线 "B" 写数据 |
| Ipsb_byte_31_24 | 输出 | IP 总线 "B" 字节选择 |
| Ipsb_byte_23_16 | 输出 | IP 总线 "B" 字节选择 |
| Ipsb_byte_15_8 | 输出 | IP 总线 "B" 字节选择 |
| Ipsb_byte_7_0 | 输出 | IP 总线 "B" 字节选择 |
| Ipsb_rwb | 输出 | IP 总线 "B" 读写指示 |
| Ipsb_supervisor_access | 输出 | IP 总线 "A" 管理方式访问控制 |
| Ipsb_rdata[31:0] | 输入 | IP 总线 "B" 读数据 |
| Ipsb_xfr_wait | 输入 | IP 总线 "B" 传输等待状态指示 |
| ipsb_xfr_err | 输入 | IP 总线 "B" 传输错误指示 |

续表 5-14

| 信 号 | 类 型 | 描 述 |
|---|---|---|
| ETM9/ETB | | |
| etm_traceclk | 输出 | ETM 路径时钟 |
| etm_clkdivtwoen | 输出 | ETM 半速率时钟模式 |
| etm_dbgrq | 输出 | 调试请求 |
| etm_etmen | 输出 | ETM 使能 |
| etm_pipestat[2:0] | 输出 | 流水线状态 |
| etm_tracepkt[15:0] | 输出 | ETM 路径包 |
| etm_tracesync | 输出 | 路径同步 |
| etm_portsize[2:0] | 输出 | ETM 端口尺寸 |
| etm_portmode[1:0] | 输出 | 正常、复用和解复用操作方式 |
| etb_full | 输出 | ETB 溢出指示 |
| etb_acqcomp | 输出 | ETB 路径获取完成 |
| etm_extout | 输出 | 外部 ETM 输出 |
| ect_dbgrq | 输入 | 调试请求 |
| etm_extin[3:0] | 输入 | 外部 ETM 输入 |
| 其他 | | |
| aitc_rise_arb | 输出 | 中断未决,如果希望,提高仲裁优先级 |
| a9p_mem_on | 输入 | 将 a9p_mem_pwr_dn 用于切断 ARM926 ICACHE、DCACHE 和 MMU 存储器电源 |
| a9p_mem_pwr_dn | 输入 | 将 a9p_mem_on 用于切断 ARM926 ICACHE、DCACHE 和 MMU 存储器电源 |
| a9p_int_b[63:0] | 输入 | 外部中断 |
| a9p_dsm_int_holdoff | 输入 | 禁止深度休眠模块中断 |
| wt_en | 输入 | 势阱带输入(仅有物理连接) |
| wt_en_dnw | 输入 | 针对 n 势阱深度的势阱输入(仅有物理连接) |
| 平台扫描测试接口 | | |
| ipt_mode[3:0] | 输入 | 测试模式控制 |
| ipt_clk_se | 输入 | 时钟门控单元扫描使能 |
| ipt_memory_read_inhibit_int | 输入 | 禁止从内部存储器(caches,ETB)在扫描测试期间进行存储器读操作。认可时将读数据强置零;否认时存储器功能正常 |
| ipt_scan_size[1:0] | 输入 | 扫描链长度控制 |
| ipt_scan_enable | 输入 | 扫描移位使能 |
| ipt_scan_in[66:0] | 输入 | 平台测试串行入 |
| ipt_scan_out[66:0] | 输出 | 平台测试串行出 |

续表 5-14

| 信 号 | 类 型 | 描 述 |
|---|---|---|
| 扫描包装测试接口 | | |
| ipt_wrapper_clk_in[1:0] | 输入 | 平台包装时钟<br>[0]=CLK 域<br>[1]=HCLK 域 |
| ipt_wrapper_se | 输入 | 扫描移位使能 |
| ipt_wrapper_scan_size[1:0] | 输入 | 扫描包装链长度 |
| ipt_wrapper_scan_in[23:0] | 输入 | 包装测试串行入<br>[2:0]=CLK<br>[11:3]=HCLK |
| ipt_wrapper_scan_out[23:0] | 输出 | 扫描包装测试出<br>[2:0]=CLK　[11:3]=HCLK |
| 存储器 BIST 接口 | | |
| ipt_bist_fail | 输出 | 总体内存 BIST 停止状态 |
| ipt_bist_done | 输出 | 总体内存 BIST 执行状态 |
| ipt_bist_bitmap[15:0] | 输出 | 内存 BIST 位图数据出 |
| ipt_bist_sdo | 输出 | 内存 BIST 位图连续数据出 |
| ipt_bist_addr_out[17:0] | 输出 | 内存 BIST 地址出 |
| ipt_bist_bmdata_avail | 输出 | 内存 BIST 位图数据脉冲 |
| ipt_bist_done_dcache | 输出 | 数据高速缓存 BIST 完成 |
| ipt_bist_done_etb | 输出 | ETB 内存 BIST 完成 |
| ipt_bist_done_icache | 输出 | 指令高速缓存 BIST 完成 |
| ipt_bist_done_mmu | 输出 | MMU 内存 BIST 完成 |
| ipt_bist_done_mram | 输出 | MCTL RAM 内存 BIST 完成 |
| ipt_bist_done_mrom | 输出 | MCTL ROM 内存 BIST 完成 |
| ipt_bist_fail_dcache | 输出 | 数据高速缓存 BIST 失败 |
| ipt_bist_fail_etb | 输出 | ETB 内存 BIST 失败 |
| ipt_bist_fail_icache | 输出 | 指令高速缓存 BIST 失败 |
| ipt_bist_fail_mmu | 输出 | MMU 内存 BIST 失败 |
| ipt_bist_fail_mram | 输出 | MCTL RAM 内存 BIST 失败 |
| ipt_bist_config_addr_mode[2:0] | 输入 | 内存 BIST 地址模块选择 |
| ipt_bist_config_alt_al_en | 输入 | 内存 BIST 交替运算使能 |
| ipt_bist_config_aftest_en | 输入 | 内存 BIST 地址故障测试使能 |
| ipt_bist_config_dpat_en[7:0] | 输入 | 内存 BIST 数据样式使能 |
| ipt_bist_config_dret_en | 输入 | 内存 BIST 数据保持测试使能 |
| ipt_bist_config_dsof | 输入 | 内存 BIST 失败停止失能 |
| ipt_bist_config_marchc_en | 输入 | 内存 BIST 前进式样测试使能 |

续表 5-14

| 信 号 | 类 型 | 描 述 |
|---|---|---|
| ipt_bist_config_sdd_en | 输入 | 内存 BIST SSD 测试使能 |
| ipt_bist_config_sel_dcache | 输入 | 内存 BIST 数据高速缓存引擎选择 |
| ipt_bist_config_sel_etb | 输入 | 内存 BIST ETB 引擎选择 |
| ipt_bist_config_sel_icache | 输入 | 内存 BIST 指令高速缓存引擎选择 |
| ipt_bist_config_sel_mmu | 输入 | 内存 BIST MMU 引擎选择 |
| ipt_bist_config_sel_mram | 输入 | 内存 BIST MCTL RAM 引擎选择 |
| ipt_bist_config_sel_mrom | 输入 | 内存 BIST MCTL ROM 引擎选择 |
| ipt_bist_config_usrctrl_bm | 输入 | 内存 BIST 用户控制平行位图输出率 |
| ipt_bist_invoke | 输入 | 内存 BIST 调用 |
| ipt_bist_mode[2:0] | 输入 | 内存 BIST 模式选择 |
| ipt_bist_release | 输入 | 内存 BIST 中止态释放 |
| ipt_bist_repdata_out_en | 输入 | 内存 BIST 修复数据输出使能 |
| ipt_bist_reset | 输入 | 内存 BIST 重置 |
| ipt_bist_retention_en | 输入 | 内存 BIST 保持使能 |
| ipt_bist_sdi | 输入 | 内存 BIST 连续数据入 |
| ipt_bist_serial_data_en | 输入 | 内存 BIST 连续数据使能 |
| ipt_bist_shift_clk | 输入 | 内存 BIST 转移时钟 |

## 5.7 中断控制器

ARM926EJ-S 中断控制器(AITC)是一个 32 位、从 64 位信号源收集中断请求的外围设备,提供到 ARM926EJ-S 中心的接口。AITC 包含受软件控制、由标准的中断信号驱动的优先级。图 5-10 给出 AITC 的简略框图。

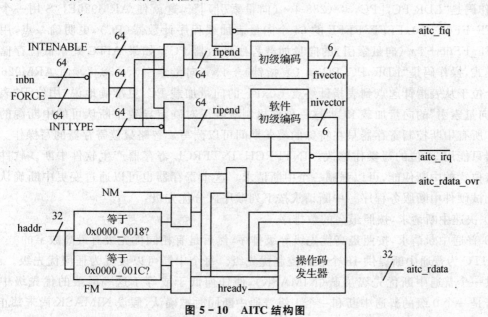

图 5-10 AITC 结构图

AITC 由一组控制寄存器和执行中断屏蔽的组合逻辑组成,支持常规中断优先权。中断信号寄存器(INTSRCH/INTSRCL)是一对针对 64 位单中断信号源的 32 位状态寄存器。一个或一组中断信号来自每个在 INTSRCH 或 INTSRCL 寄存器中的中断信号源。允许执行 64 个不同的中断源。

### 5.7.1 操作方式

中断请求由中断强制寄存器(INTFRCH/INTFRCL)确认。该寄存器的每一位与相应的硬件请求进行逻辑"或"运算后送到 INTSRCH 或 INTSRCL 寄存器。有一组对应的中断使能寄存器(INTENABLEH/INTENABLEL),宽度也是 32 位,允许 INTSRCH/INTSRCL 寄存器屏蔽个别位。还有一组对应的中断类型寄存器(INTTYPEH/INTTYPEL),用于选择一个中断信号生成普通的还是快速的 ARM926EJ-S 处理器中断。

一组常规中断等待寄存器(NIPNDH/NIPNDL)指示待处理的中断信号。这些寄存器与中断源寄存器(INTSRCH/INTSRCL)、中断使能寄存器(INTENABLEH/INTENABLEL)和中断类型寄存器(INTTYPEH/INTTYPEL)的逻辑非进行逻辑与(参见图 5-10)。NIPNDH/NIPNDL 寄存器的位按位进行或非运算构成发送至 ARM926EJ-S 的 nIRQ 信号。该输入信号是处理器状态寄存器(CPSR)中的普通中断禁止位(I 位)可屏蔽的。普通中断向量寄存器(NIVECSR)指示最高优先级待处理普通中断的向量索引。

快速中断寄存器(FIPNDH/FIPNDL)指示对快速中断请求的处理。这些寄存器与中断源寄存器(INTSRCH/INTSRCL)、中断使能寄存器(INTENABLEH/INTENABLEL)和中断类型寄存器(INTTYPEH/INTTYPEL)的逻辑非进行逻辑与(参见图 5-10)。FIPNDH/FIPNDL 寄存器的位按位进行或非运算构成发送至 ARM926EJ-S 的 nFIQ 信号。该输入信号是处理器状态寄存器(CPSR)中的普通中断禁止位(F 位)可屏蔽的。快速中断向量寄存器(NIVECSR)指示最高优先级待处理快速中断的向量索引。

AITC 支持两种向量表模式:高位内存和低位内存。如果 AITC 在高位内存向量表模式下,操作码是"LDR PC,[PC,#-(288-4*(向量索引)]"。这就使 ARM926EJ_S 用一个位于 0xFFFF_FF00 到 0xFFFF_FFFF 的 64 个向量表加载程序计数器(PC),更明确一点,用位于 0xFFFF_FF00+4*(向量索引)的向量加载程序计数器 PC。如果 AITC 处于低位存储器向量表模式,操作码是"LDR,PC[PC,#(表指针)+4*(向量索引)-32]"。使 ARM926EJ_S 用一个位于从表指针起点到表指针终点+0xFF 的向量加载 PC,更准确地说,用位于"表指针+4*向量索引"的向量加载 PC。这一硬件机制减轻了对确定导致中断认可的中断源的软件需求。所有中断控制寄存器只在特殊的模式期间可以读写。忽略只读寄存器的写操作。这些寄存器只能用 32 位的写操作修改。INTFRCH/INTFRCL 寄存器产生软件中断。软件用这些比特位置的中断使能,可以强制一个中断请求。这个寄存器也可以通过变更中断确认的方法来调试硬件中断服务程序。中断请求按下列顺序区分优先级:

① 快速中断请求,按照最高的数排序
② 普通中断请求,按照最高优先级等级排序,然后是有相同优先级有最高数字的

AITC 为普通中断提供 16 个软件控制优先级。每个中断可以设置为任何优先级。AITC 也提供一个普通中断优先级屏蔽(NIMASK),使任何低于或等于这一屏蔽的优先级中断无效。若是一个 0 级的普通中断和一个 1 级普通中断同时被确认,假设 NIMASK 尚未禁止 1 级

中断,1级普通中断会被选择。若是两个1级普通中断同时确认,那个有最高数字的1级的普通中断会被选择,这也是假设在 NIMASK 尚未禁止1级中断的情况下。

## 5.7.2 编程方法

AITC 模块有26个寄存器。当 AITC 接在 ARM926EJ-S 本地总线上时,所有寄存器都是单周期访问。表5-15是针对通用寄存器的存储器配置。

表 5-15 AITC 存储器配置

| 地 址 | 寄存器 | 访 问 | 复位值 |
|---|---|---|---|
| 0x1004_0000(INTCNTL) | 中断控制寄存器 | R/W | 0x0000_0000 |
| 0x1004_0004(NIMASK) | 普通中断屏蔽寄存器 | R/W | 0x0000_001F |
| 0x1004_0008(INTENNUM) | 中断使能数字寄存器 | R/W | 0x0000_0000 |
| 0x1004_000C(INTDISNUM) | 中断禁止数字寄存器 | R/W | 0x0000_0000 |
| 0x1004_0010(INTENABLEH) | 中断使能数字寄存器高位 | R/W | 0x0000_0000 |
| 0x1004_0014(INTENABLEL) | 中断使能数字寄存器低位 | R/W | 0x0000_0000 |
| 0x1004_0018(INTTYPEH) | 中断类型寄存器高位 | R/W | 0x0000_0000 |
| 0x1004_001C(INTTYPEL) | 中断类型寄存器低位 | R/W | 0x0000_0000 |
| 0x1004_0020(NIPRIORITY7) | 普通中断优先级寄存器7 | R/W | 0x0000_0000 |
| 0x1004_0024(NIPRIORITY6) | 普通中断优先级寄存器6 | R/W | 0x0000_0000 |
| 0x1004_0028(NIPRIORITY5) | 普通中断优先级寄存器5 | R/W | 0x0000_0000 |
| 0x1004_002C(NIPRIORITY4) | 普通中断优先级寄存器4 | R/W | 0x0000_0000 |
| 0x1004_0030(NIPRIORITY3) | 普通中断优先级寄存器3 | R/W | 0x0000_0000 |
| 0x1004_0034(NIPRIORITY2) | 普通中断优先级寄存器2 | R/W | 0x0000_0000 |
| 0x1004_0038(NIPRIORITY1) | 普通中断优先级寄存器1 | R/W | 0x0000_0000 |
| 0x1004_003C(NIPRIORITY0) | 普通中断优先级寄存器0 | R/W | 0x0000_0000 |
| 0x1004_0040(NIVECSR) | 普通中断向量和状态寄存器 | R/W | 0xFFFF_FFFF |
| 0x1004_0048(INTSRCH) | 快速中断向量和状态寄存器 | R/W | 0xFFFF_FFFF |
| 0x1004_0044(FIVECSR) | 中断信号源寄存器高位 | R/W | 0x0000_0000 |
| 0x1004_004C(INTSRCL) | 中断信号源寄存器低位 | R/W | 0x0000_0000 |
| 0x1004_0050(INTFRCH) | 中断强制寄存器高位 | R/W | 0x0000_0000 |
| 0x1004_0054(INTFRCL) | 中断强制寄存器低位 | R/W | 0x0000_0000 |
| 0x1004_0058(NIPNDH) | 普通中断处理寄存器高位 | R | 0x0000_0000 |
| 0x1004_005C(NIPNDL) | 普通中断处理寄存器低位 | R | 0x0000_0000 |
| 0x1004_0060(FIPNDH) | 快速中断处理寄存器高位 | R | 0x0000_0000 |
| 0x1004_0064(FIPNDL) | 快速中断处理寄存器低位 | R | 0x0000_0000 |

图5-11表示寄存器的关键位,表5-16给出寄存器代号解释。

## 第5章 ARM9 平台

图 5-11 寄存器的关键位

表 5-16 寄存器代号

| 代号 | 解释 |
|---|---|
|  | 根据在读写行的位置指示改位不可读写 |
| FIELDNAME | 确认位，出现在读写行指示改位可以读写 |
| 寄存器位类型 | |
| r | 只读，写无效 |
| w | 只写 |
| rw | 标准读写位，只有软件可以变更该位数据（除硬件复位） |
| rwm | 可以用硬件除复位以外的有些方式修改 |
| wlc | 写1清零。可以读的状态位 |
| Self_clearing bit | 写1对模块有些影响，但总是读作0 |
| 复位值 | |
| 0 | 复位为0 |
| 1 | 复位为1 |
| — | 复位时无定义 |
| u | 复位时无定义 |
| [signal_name] | 指示信号的极性确定复位值 |

### 1. 中断控制寄存器

中断控制寄存器（INTCNTL）控制 AITC 的中断。普通和快速中断号都可以被使能直接跳至中断服务程序。对于快速中断，它有可能更快地开始在 0x0000_001C 的快速中断代替跳跃到服务程序。向量表可以取自从 0xFFFF_FF00 到 0xFFFF_FFFF 存储器高端，或存储器低端。如果向量表位于存储器（MD=1）低端，寄存器控制向量表置于什么地方。该寄存器位于 ARM926EJ-S 本地总线，可在一个时钟周期内访问，而且只能在特殊方式下认可。这一寄存器只能用 32 位的写操作修改。参见图 5-12 和表 5-17。

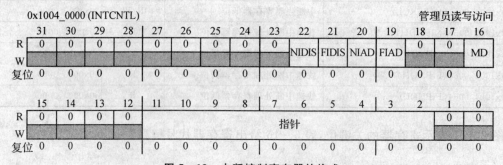

图 5-12 中断控制寄存器的格式

表 5-17 中断控制寄存器

| 位 | 描述 |
|---|---|
| 31~23 | 保留。读作 0 |
| 22<br>NIDIS | 禁止普通中断。设置时该位禁止产生普通中断信号。该位连同 FIDIS 位用于安全操作使能。<br>0　不影响普通中断产生<br>1　禁止所有普通中断 |
| 21<br>FIDIS | 禁止快速中断。设置时该位禁止产生快速中断信号。该位连同 NIDIS 位用于安全操作使能。<br>0　不影响快速中断产生<br>1　禁止所有快速中断 |
| 20<br>NIAD | 普通中断仲裁提升 ARM 级别。确认普通中断信号(nIRQ)时提升 ARM 核的仲裁优先级。普通中断发生时,如果变更的主设备拥有总线,完成 DMA 访问后将总线交回处理器 NIAD 位不影响变更主设备进行的访问。中断服务程序期间为防止从访问总线上变更主设备,中断标志位不必清零,直至服务程序结束。另一个选择是用 ABFEN 位和 ABFLAG 位<br>0　评估总线请求时忽略普通中断标志<br>1　普通中断标志提升 ARM 总线仲裁优先级,减少中断服务程序反映时间 |
| 19<br>FIAD | 快速中断仲裁提升 ARM 级别。这一位的功能与 NIAD 位一样,除 nFIQ 快速中断<br>0　评估总线请求时忽略快速中断标志<br>1　快速中断标志提升 ARM 总线仲裁优先级,减少中断服务程序反映时间 |
| 18~17 | 保留。读作 0 |
| 16<br>MD | 中断向量表模式,指示中断向量表是位于存储器高端或是存储器低端。<br>0　中断向量表位于存储器高端(0xFFFF_FF00 至 0xFFFF_FFFF)<br>1　中断向量表位于存储器低端(从 POINTER 至 POINTER+0xFF) |
| 15~12 | 保留。读作 0 |
| 11~2<br>POINTER | 中断向量表指针,指示存储器低端(MD=1)向量表起点。只允许按字排列的表。AITC 使用该数值时在 LSB 上加 2 个 0。这儿存储的数据左移位 2 位。所以,实际的表向量可以直接写到相应位。存储于 10 位的数乘以 4,必须大于或等于 0x0000_0024,小于或等于 0x0000_0F00。 |
| 1~0 | 保留。读作 0 |

## 2. 普通中断屏蔽寄存器

普通中断屏蔽寄存器(NIMASK)控制普通中断屏蔽级别。所有低于或等于 NIMASK 的优先级的普通中断都无效。普通中断的优先级由普通中断优先级寄存器(NIPRIORITY7~0)确定。这一寄存器的复位状态不会使任何普通中断无效。对 NIMASK 写 1 或 −1 的操作把普通中断屏蔽设置为 −1,不会使任何普通中断优先级无效。这一硬件机构可以用于再次进入普通中断服务程序,禁止低优先级中断。该寄存器位于 ARM926EJ-S 本地总线,可在一个时钟周期内访问,而且只能在特殊模式下才有权使用。该寄存器只能用 32 位的写操作来修改。见图 5-13 和表 5-18。

地址 0x1004_0004 (NIMASK) 管理员读写访问

| | 31 | 30 | 29 | 28 | 27 | 26 | 25 | 24 | 23 | 22 | 21 | 20 | 19 | 18 | 17 | 16 |
|---|---|---|---|---|---|---|---|---|---|---|---|---|---|---|---|---|
| R | 0 | 0 | 0 | 0 | 0 | 0 | 0 | 0 | 0 | 0 | 0 | 0 | 0 | 0 | 0 | 0 |
| W | | | | | | | | | | | | | | | | |
| 复位 | 0 | 0 | 0 | 0 | 0 | 0 | 0 | 0 | 0 | 0 | 0 | 0 | 0 | 0 | 0 | 0 |

| | 15 | 14 | 13 | 12 | 11 | 10 | 9 | 8 | 7 | 6 | 5 | 4 | 3 | 2 | 1 | 0 |
|---|---|---|---|---|---|---|---|---|---|---|---|---|---|---|---|---|
| R | 0 | 0 | 0 | 0 | 0 | 0 | 0 | 0 | 0 | 0 | 0 | NIMASK | | | | |
| W | | | | | | | | | | | | | | | | |
| 复位 | 0 | 0 | 0 | 0 | 0 | 0 | 0 | 0 | 0 | 0 | 0 | 1 | 1 | 1 | 1 | 1 |

**图 5-13 普通中断屏蔽寄存器**

**表 5-18 普通中断屏蔽寄存器**

| 位 | 描 述 |
|---|---|
| 31～5 | 保留,读作 0 |
| 4～0<br>NIMASK | 普通中断屏蔽控制普通中断屏蔽级别。禁止所有优先级低于或等于 NIMASK 的普通中断。<br>0 禁止优先级 0 的普通中断<br>1 禁止优先级 1 和低于 1 的普通中断<br>…<br>0xE(14) 禁止优先级 14 和低于 14 的普通中断<br>0xF(15) 禁止所有普通中断<br>0x10～0x1FD 不禁止任何普通中断 |

## 3. 中断使能数字寄存器

中断使能数字寄存器(INTDISNUM)提供硬件加速的中断使能。对这一寄存器的任何写操作都会使一个中断源有效。如果低 6 位是 000000,则中断源 0 有效。如果低 6 位是 000001,则中断源 1 有效等等。该寄存器的译码值等于与 INTENABLEH/INTENABLEL 寄存器进行逻辑或运算。这一硬件机构缓和了对一个微小的读/修改/写操作需求,使一个中断源有效。为了使中断 10 和 20 有效,软件只执行对 AITC 两次写操作:首先对 INTENNUM 寄存器写入 10,然后对 INTENNUM 寄存器写入 20(写入的顺序是不相关的)。该寄存器挂在 ARM926EJ-S 本地总线上,可在一个时钟周期内访问,而且只能在特殊模式下才有权使用。这一寄存器只能用 32 位的写操作来修改。这一寄存器总是读后面所有的 0。见图 5-14 和表 5-19。

地址 0x1004_0008 (INTENNUM) 管理员读写访问

| | 31 | 30 | 29 | 28 | 27 | 26 | 25 | 24 | 23 | 22 | 21 | 20 | 19 | 18 | 17 | 16 |
|---|---|---|---|---|---|---|---|---|---|---|---|---|---|---|---|---|
| R | 0 | 0 | 0 | 0 | 0 | 0 | 0 | 0 | 0 | 0 | 0 | 0 | 0 | 0 | 0 | 0 |
| W | | | | | | | | | | | | | | | | |
| 复位 | 0 | 0 | 0 | 0 | 0 | 0 | 0 | 0 | 0 | 0 | 0 | 0 | 0 | 0 | 0 | 0 |

| | 15 | 14 | 13 | 12 | 11 | 10 | 9 | 8 | 7 | 6 | 5 | 4 | 3 | 2 | 1 | 0 |
|---|---|---|---|---|---|---|---|---|---|---|---|---|---|---|---|---|
| R | 0 | 0 | 0 | 0 | 0 | 0 | 0 | 0 | 0 | 0 | 0 | 0 | 0 | 0 | 0 | 0 |
| W | | | | | | | | | | | ENNUM | | | | | |
| 复位 | 0 | 0 | 0 | 0 | 0 | 0 | 0 | 0 | 0 | 0 | 0 | 0 | 0 | 0 | 0 | 0 |

**图 5-14 中断信号使能数字寄存器**

表 5-19　中断信号使能数字寄存器

| 位 | 描　述 |
|---|---|
| 31～6 | 保留，读作 0 |
| 5～0<br>ENNUM | 中断使能数，写入该寄存器将使与作相关的中断源有效<br>0　中断源 0 有效<br>1　中断源 1 有效<br>…<br>63　中断源 63 有效 |

### 4. 中断禁止数字寄存器

中断禁止数字寄存器（INTDISNUM）提供硬件加速的中断禁止。对这一寄存器的任何写操作都会使一个中断源无效。如果低 6 位是 000000，则中断源 0 无效。如果低 6 位是 000001，则中断源 1 无效，等等。该寄存器的译码值等于与 INTENABLEH/INTENABLEL 寄存器进行逻辑与运算的反相。这一硬件机构缓和了对一个微小的读/修改/写操作需求，使一个中断源无效。为了使中断 10 和 20 无效，软件只执行对 AITC 两次写操作：首先对 INTDISNUM 寄存器写入 10，然后对 INTDISNUM 寄存器写入 20（写入的顺序是不相关的）。该寄存器挂在 ARM926EJ-S 本地总线上，可在一个时钟周期内访问，而且只能在特殊模式下才有权使用。这一寄存器只能用 32 位的写操作来修改。这一寄存器总是读后面所有的 0。见图 5-15 和表 5-20。

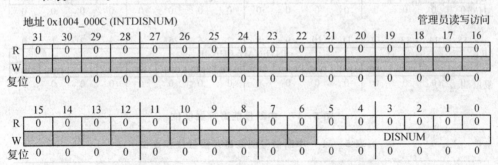

图 5-15　中断信号禁止数字寄存器

表 5-20　中断信号禁止数字寄存器

| 位 | 描　述 |
|---|---|
| 31～6 | 保留，读作 0 |
| 5～0<br>DISNUM | 中断禁止数，写入该寄存器将使与之相关的中断源无效<br>0　中断源 0 无效<br>1　中断源 1 无效<br>…<br>63　中断源 63 无效 |

### 5. 中断使能寄存器高位和低位

中断使能寄存器高位(INTENABLEH)和中断使能寄存器低位(INTENABLEL)使 ARM9 处理的中断请求有效。这些寄存器的每一位都与系统中可用的中断源相对应,其复位状态使所有中断屏蔽。这些寄存器可以用多种方法更新:直接写 INTENABLEH/INTENABLEL 寄存器、设置 INTENNUM 寄存器或清零 INTENNUM 寄存器。这些寄存器挂在 ARM926EJ-S 本地总线上,可在一个时钟周期内访问,而且只能在特殊模式下才有权使用。这一寄存器只能用 32 位的写操作来修改。参见图 5-16、图 5-17 和表 5-21。

地址 0x1004_0010 (INTENABLEH)　　　　　　　　　　　　　　　　　管理员读访问

| 31 | 30 | 29 | 28 | 27 | 26 | 25 | 24 | 23 | 22 | 21 | 20 | 19 | 18 | 17 | 16 |
|---|---|---|---|---|---|---|---|---|---|---|---|---|---|---|---|
| R | | | | | | | | INTENABLE[64:48] | | | | | | | |
| W | rwm | rwm | rwm | rwm | rwm | rwm | rwm | rwm | rwm | rwm | rwm | rwm | rwm | rwm | rwm | rwm |
| 复位 | 0 | 0 | 0 | 0 | 0 | 0 | 0 | 0 | 0 | 0 | 0 | 0 | 0 | 0 | 0 | 0 |

| 15 | 14 | 13 | 12 | 11 | 10 | 9 | 8 | 7 | 6 | 5 | 4 | 3 | 2 | 1 | 0 |
|---|---|---|---|---|---|---|---|---|---|---|---|---|---|---|---|
| R | | | | | | | | INTENABLE[47:32] | | | | | | | |
| W | rwm | rwm | rwm | rwm | rwm | rwm | rwm | rwm | rwm | rwm | rwm | rwm | rwm | rwm | rwm | rwm |
| 复位 | 0 | 0 | 0 | 0 | 0 | 0 | 0 | 0 | 0 | 0 | 0 | 0 | 0 | 0 | 0 | 0 |

图 5-16　中断使能寄存器高位

地址 0x1004_0014 (INTENABLEL)　　　　　　　　　　　　　　　　　管理员读访问

| 31 | 30 | 29 | 28 | 27 | 26 | 25 | 24 | 23 | 22 | 21 | 20 | 19 | 18 | 17 | 16 |
|---|---|---|---|---|---|---|---|---|---|---|---|---|---|---|---|
| R | | | | | | | | INTENABLE[31:16] | | | | | | | |
| W | rwm | rwm | rwm | rwm | rwm | rwm | rwm | rwm | rwm | rwm | rwm | rwm | rwm | rwm | rwm | rwm |
| 复位 | 0 | 0 | 0 | 0 | 0 | 0 | 0 | 0 | 0 | 0 | 0 | 0 | 0 | 0 | 0 | 0 |

| 15 | 14 | 13 | 12 | 11 | 10 | 9 | 8 | 7 | 6 | 5 | 4 | 3 | 2 | 1 | 0 |
|---|---|---|---|---|---|---|---|---|---|---|---|---|---|---|---|
| R | | | | | | | | INTENABLE[15:0] | | | | | | | |
| W | rwm | rwm | rwm | rwm | rwm | rwm | rwm | rwm | rwm | rwm | rwm | rwm | rwm | rwm | rwm | rwm |
| 复位 | 0 | 0 | 0 | 0 | 0 | 0 | 0 | 0 | 0 | 0 | 0 | 0 | 0 | 0 | 0 | 0 |

图 5-17　中断使能寄存器低位

表 5-21　中断信号使能寄存器低位和高位

| 位 | 描　述 |
|---|---|
| 31~0<br>INTENABLE | 中断使能。该位使普通和快速中断与中断源一致,复位操作清除。如果设置使能位,相应中断源认可,中断控制器将根据相关 INTTYPEH/INTTYPEL 设置确认普通和快速中断请求。<br>0　中断禁止<br>1　中断使能,根据确认值产生普通或快速中断 |

### 6. 高位和低位中断类型寄存器

高位中断类型寄存器(INTTYPEH)和低位中断类型寄存器(INTTYPEL)用于当 INTENABLEH/INTENABLEL 有效时,选择待处理的中断源是普通中断还是快速中断。这些寄存器的每一位与系统中可用的中断源对应,其复位状态会造成所有有效的中断源产生一个普通的中断。这些寄存器挂在 ARM926EJ-S 本地总线上，可在一个时钟周期内访问，而且只能在特殊模式下才有权使用。这一寄存器只能用 32 位的写操作来修改。参见图 5-18、图 5-19 和表 5-22。

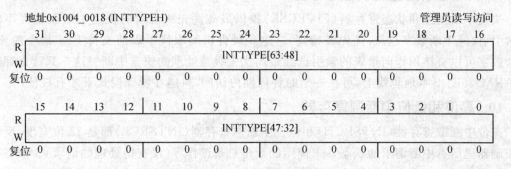

图 5-18 中断类型寄存器高位

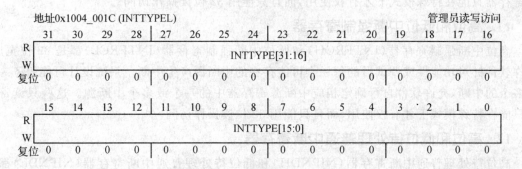

图 5-19 中断类型寄存器低位

表 5-22 高位和低位中断类型寄存器

| 位 | 描述 |
| --- | --- |
| 31～0 INTTYPE | 中断类型，指示相关中断源将请求普通中断还是快速中断。如果设置 INTTYPE 位，相应中断源确认，则中断控制器将确认快速中断请求<br>0　中断源产生普通中断(nIRQ)<br>1　中断源产生快速中断(nFIQ) |

### 7. 普通中断优先级寄存器

普通中断优先级寄存器(NIPRIORITYn)提供一个普通中断的软件可控制优先级操作。较高优先级普通中断将会先占据最低优先级普通中断。这些寄存器的复位状态强制所有普通中断转为最低优先级。若一个 0 级普通中断和一个 1 级普通中断同时认可，假设 NIMASK 尚未禁止 1 级中断，则选择 1 级普通中断。若是两个 1 级普通中断同时认可，假设 NIMASK 尚未禁止 1 级中断，则选择有最高数字的 1 级普通中断。这些寄存器只能在特殊模式下用 32 位写操作访问。

### 8. 普通中断向量和状态寄存器

普通中断向量和状态寄存器(NIVECSR)显示最高优先级待处理的普通中断，提供中断服务程序的向量索引。这个数字可以直接用作向量表的索引选择最高优先级待处理的普通中断源。这一只读寄存器只能在特殊模式下才有权使用。

#### 9. 快速中断向量和状态寄存器

快速中断向量和状态寄存器(FIVECSR)提供最高优先级有效的快速中断服务程序的向量索引(快速中断数字越高,优先级越高)。这一硬件机制取代了以前支持 FF1 指令的要求。这个数字可以直接用作向量表的索引选择最高优先级待处理的快速中断。这一只读寄存器挂在 ARM926EJ-S 本地总线上,可在一个时钟周期内访问,只能在特殊模式下才有权使用。

#### 10. 高位和低位中断源寄存器

高位中断源寄存器(INTSRCH)和低位中断源寄存器(INTSRCL)都是 32 位宽度,反映中断控制器里所有中断请求的状态。未使用的数位总是读作零(没有待处理的请求)。该寄存器脱离复位的状态由产生中断请求的外设电路决定。正常情况下,这些请求是停止的。这些只读寄存器只能在特殊模式下才有权使用,而且只能用 32 位读操作访问。

#### 11. 高位和低位中断强制寄存器

高位中断强制寄存器(INTFRCH)和低位中断强制寄存器(INTFRCL)都是 32 位宽度,允许软件针对功能性或调试目的的每一个可能存在的中断源产生中断。系统设计可能服务一个或多个的中断,允许软件自行确定相应中断源寄存器中的一个或多个中断源。这些只读寄存器只能在特殊模式下才有权使用,而且只能用 32 位读操作访问。

#### 12. 高位和低位待处理普通中断寄存器

高位待处理普通中断寄存器(NIPNDH)和低位待处理普通中断寄存器(NIPNDL)都是 32 位宽,用来监测有效和屏蔽操作的输出。这些寄存器实际上是一组缓冲器。所以,这些存器的复位状态由普通中断使能寄存器、中断屏蔽寄存器和中断源寄存器来确定。在这些寄存器里反映的数值不影响 NIMASK 寄存器的值。这一只读寄存器挂在 ARM926EJ-S 本地总线上,可在一个时钟周期内访问,只能在特殊模式下才有权使用。

#### 13. 高位和低位待处理快速中断寄存器

高位待处理快速中断寄存器(FIPNDH)和低位待处理快速中断寄存器(FIPNDL)都是 32 位宽,用来监测有效和屏蔽操作的输出。这些寄存器实际上是一组缓冲器,其复位状态由快速中断使能寄存器、中断屏蔽寄存器和中断源寄存器来确定。这一只读寄存器挂在 ARM926EJ-S 本地总线上,可在一个时钟周期内访问,只能在特殊模式下才有权使用。

### 5.7.3 ARM926EJ-S 中断控制器操作

ARM926EJ-S 处理器核强制下述例外情况中断优先级的排列顺序是:
① 复位(优先级最高);
② 数据异常;
③ 快速中断;
④ 普通中断;
⑤ 预先读取异常;
⑥ 未定义指令和 SWI(优先级最低)。

## 1. 中断源的 AITC 优先级

AITC 模块采用中断源序号越大,优先级越高的方法对各种中断信号进行优先排序。最快的中断有比普通中断高的优先级。中断请求优先级按下述方法排序:

① 快速中断请求,中断源序号最大的优先级最高

② 普通中断请求,先是最高优先级,然后依次按相同优先级的序号大的在先

## 2. 配置和激活中断源

中断控制器提供灵活地针对 2 个中断输入的配置,采用对 INTENABLEH/INTENABLEL 和 INTTYPEH/INTTYPEL 寄存器相应位设置的方法进行。通常,在系统初始化期间进行一次中断配置,不影响中断等待时间。激活中断源的第 1 步是中断配置,第 2 步是对中断进行编程产生中断请求,第 3 步是激活处理器中断输入,清除程序状态寄存器 CPSR 中普通中断禁止位 I 和快速中断禁止位 F。

## 3. 激活中断源

有二个方法激活和禁止 AITC 中断。第一个方法是直接读 INTENABLEH/INTENABLEL 寄存器,逻辑或,或按位清除这些带产生的屏蔽位的寄存器,然后再写入 INTENABLEH/INTENABLEL 寄存器。第二个方法是执行一个写入 INTENNUM 寄存器的序号代码。AITC 将译码该 6 比特寄存器,激活 64 个中断源中的 1 个。AITC 将自动产生一个响应激活屏蔽位,逻辑或,修改 INTENABLEH 或 INTENABLEL 寄存器。禁止中断的方法相同,不同的是中断源序号代码写 INTDISNUM 寄存器。

## 4. 典型的中断进入顺序

表 5-23 给出 ARM 处理器发生普通中断时典型的流水线顺序。假设单时钟周期存储器,从普通中断应答到 ARM 读取第 1 条中断指令操作码大约需要 6 个时钟周期。表 5-24 表示 ARM 处理器发生快速中断时典型的流水线顺序,单时钟周期存储器,假设 FIQ 服务程序起始点在 0x0000_001C。

表 5-23 典型的硬件加速普通中断进入顺序

| 地址 | 时间 | | | | | | | | | | |
|---|---|---|---|---|---|---|---|---|---|---|---|
| | -2 | -1 | 0 | 1 | 2 | 3 | 4 | 5 | 6 | 7 | 8 |
| | nIRQ 确认 | | nIRQ 应答 | | | | | | | | |
| nIRQ 前最后的地址 | | 读取 | 译码 | 执行 | 链接 | 调节 | | | | | |
| +4/+2 | | | 读取 | 译码 | | | | | | | |
| +8/+4 | | | | 读取 | | | | | | | |
| 0x0000_0018 | | | | | 读取 | 译码 | 执行 | 数据 | Wrbk | | |
| +4 | | | | | | 读取 | 译码 | | | | |
| +8 | | | | | | | 读取 | | | | |
| 向量表 | | | | | | | 向量 | | | | |

续表 5-23

| 地址 | 时间 | | | | | | | | | | |
|---|---|---|---|---|---|---|---|---|---|---|---|
| | -2 | -1 | 0 | 1 | 2 | 3 | 4 | 5 | 6 | 7 | 8 |
| n/a | | | | | | | | | | | |
| nIRQ 程序 | | | | | | | | | 读取 | 译码 | 执行 |
| +4 | | | | | | | | | | 读取 | 译码 |
| +8 | | | | | | | | | | | 读取 |

表 5-24 典型的快速中断进入顺序

| 地址 | 时间 | | | | | |
|---|---|---|---|---|---|---|
| | -2 | -1 | 0 | 1 | 2 | 3 |
| | nFIQ 确认 | | nFIQ 应答 | | | |
| nFIQ 前最后的地址 | 读取 | 译码 | 执行 | 链接 | 调节 | |
| +4/+2 | | 读取 | 译码 | | | |
| +8/+4 | | | 读取 | | | |
| 0x0000_001C | | | | 读取 | 译码 | |
| +4 | | | | | 读取 | |
| +8 | | | | | | 译码 |

### 5. 写入重新进入普通中断程序

AITC 可以产生重新进入普通中断系统的使能。该使能由高优先级中断抢先于低优先级中断，需要一段小的软件支持。

① 将链接寄存器(LR_irq)推入堆栈(SP_irq)
② 将保存的状态寄存器(SPSR_irq)推入堆栈
③ 读取 NIMASK 当前值，并推入堆栈
④ 通过 NIVECSR 读取当前优先级
⑤ 用给 NIMASK 寄存器写 NIVECSR 数据屏蔽低于或等于当前优先级的中断
⑥ 用 MSR 或 MRS 指令序列清除 ARM 处理器的 I 位(现在高优先级中断可以抢先于低优先级中断)。将处理器工作模式从 IRQ 模式变更为系统模式
⑦ 将系统模式链接寄存器(LR)推入堆栈(SP_user)
⑧ 传统的中断服务程序
⑨ 系统模式链接寄存器(LR)从堆栈(SP_user)弹出
⑩ 用 MSR 或 MRS 指令序列设置 ARM 的 I 位(禁止所有普通中断)
⑪ 将处理器工作模式从系统模式变更为 IRQ 模式
⑫ 将普通中断屏蔽原来的值弹出，写入 NIMASK 寄存器
⑬ 必须弹出堆栈(SP_irq)中保存的状态寄存器
⑭ 链接寄存器必须从堆栈弹入 PC 机

⑮ 从 nIRQ 返回

**注意**：步骤①、②、⑬和⑭由许多 C 编译器自动完成，基于完整性都应包括。

### 6. AITC 的 AHB 接口

AITC 与 AHB 兼容，即 AITC 呈现 IDLE 或 BUSY 周期时将接收 aitc_hready（技术上需要时）。

## 5.8 JTAG 控制器

JTAG 控制器（JTAGC）模块支持对 ARM926 处理器核和 I/O 端口的访问调试，执行 JTAG 专用指令，与 1EEE1149.1 兼容。

JTAG 控制器包括 JTAG 控制器状态机、指令寄存器（IR）、旁路寄存器、边界扫描寄存器、指令译码器和 ExtraDebug 寄存器内外的各种用户专用数据寄存器。

从 JTAG 控制器的输出 TDO 是 i.MX27 JTAG 控制器或 ARM926 平台 JTAG 输出，在 TCK 下降沿发生。TDO 输出使能根据 i.MX27 JTAG 控制器或 ARM926 平台 JTAG 模式选择。

来自外部引脚的缺省测试模式选择连接到 ARM926 平台上。在 TRST_B 上升沿，JTAG_control 输入信号控制 TMS 引脚与 ARM926 平台连接，还是与 i.MX27 JTAG 控制器连接。

当 JTAG_control 输入是高电平（缺省值）时，TMS 引脚接在 ARM926 平台上。这时，i.MX27 JTAG 控制器的 TMS 输入将为高电平。当 JTAG_control 输入为低电平时，TMS 引脚将接到 i.MX27 JTAG 控制器上。ARM926 平台的 TMS 引脚将保持高电平。外部引脚的测试复位（TRST_B）输入、测试数据（TDI）输入和测试时钟（TCK）输入接在 ARM926 平台和 i.MX27 JTAG 控制器上。图 5-20 JTAG 信号定时框图。图 5-21 i.MX27 JTAG 结构框图。

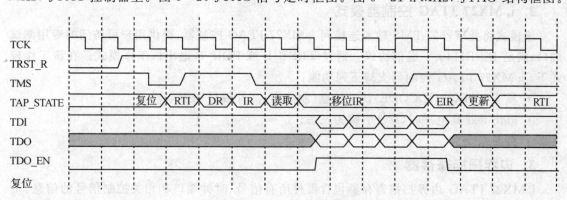

**图 5-20　JTAG 定时信号框图**

表 5-25 列出 JTAG 引脚名称和方向。根据 I/O 引脚的 JTAG_control 信号，开启二种 JTAG 工作模式，保持与 ARM MCU 多重 ICETM 产品的兼容性。

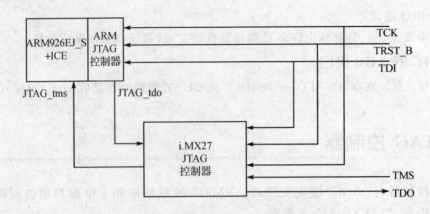

图 5-21  i.MX27 JTAG 结构框图

表 5-25  JTAG 引脚

| 引脚名称 | 方向 | 解释 |
| --- | --- | --- |
| tdo | 输出 | 测试数据输出,TCK 上升沿确认 |
| tck | 输入 | 测试时钟,用作同步测试逻辑电路,内部包含上拉电阻 |
| tdi | 输入 | 测试数据输入,TCK 上升沿读取,内部包含上拉电阻 |
| tms | 输入 | 测试模式选择,TCK 上升沿读取,内部包含上拉电阻。系统逻辑控制 ARM926 平台 TMS 输入和 JTAG 控制器 |
| trst_b | 输入 | 测试复位。TRST_B 包含内部上拉电阻 |

**1. ARM926 平台模式**

该模式将处理的 TMS 输入连接到 ARM926 平台上,TRST_B 用于退出该模式。

**2. i.MX27 JTAG 控制器模式**

该模式将处理器的 TMS 输入连接到 i.MX27 JTAG 控制器,提供用户可访问的专用测试端口,满足 IEEE1149.1 通信协议。通过 TRST_B 或 POR_B 退出该工作模式。在该工作模式下,i.MX27 JTAG 控制器支持下列功能:

- 核实 i.MX27(IDCODE)认证信息(制造商、部件编号和版本);
- iddq test 高电平时,I/O 引脚为三态;
- 旁路指令。

**3. 边界扫描寄存器**

i.MX27 JTAG 边界扫描寄存器包含器件所有信号、时钟端口和相关控制信号的信息。i.MX27 所有双向引脚都有针对引脚数据的单独寄存器位,由边界扫描寄存器中相关控制位控制。

**4. 指令寄存器**

JTAG 指令寄存器 IR 有 3 位,表 5-26 给出设置情况。

指令寄存器复位为 3'b000 时,与 IDCODE 指令等效。读取 IR 状态期间,代码 01 加载低位,0 加载高位,读取的数据为 3'b001。

表 5-26　JTAG 指令寄存器

| 寄存器 | 指　令 |
| --- | --- |
| 000 | IDCODE |
| 001 | SAMPLE/PRELOAD |
| 010 | EXTEST |
| 011 | ENABLE_ExtraDebug |
| 100 | HIGHZ |
| 101 | ACCESS_GENERIC_MBIST |
| 110 | CLAMP |
| 111 | BYPASS |

### 5. EXTEST 指令

EXTEST 指令选择边界扫描寄存器,1149.1 测试逻辑控制 I/O 引脚。在执行外部边界扫描操作时,EXTEST 将核的中断复位信号作为可预测中断状态。

采样 TAP 控制器,寄存器能够:
- 将用户定义值送入输出缓冲器;
- 读取控制双向引脚方向的输入引脚的值;
- 控制三态输出引脚的输出驱动。

### 6. SAMPLE/PRELOAD 指令

该指令选择边界扫描寄存器,系统逻辑控制相应 I/O 引脚。SAMPLE/PRELOAD 指令提供二种功能。其一快速获取系统数据和控制信号。快速读取发生在 TCK 上升沿的 DR 控制器状态。显然,该数据可以通过边界扫描寄存器移位来察看。注意,由于 JTAG 时钟 TCK 和系统时钟 CLK 间没有内部同步,所有用户必须提供外同步来读取结果。第二个功能是选择 EXTEST 前初始化边界扫描寄存器输出单元。进入 EXTEST 指令时,初始化确定已知数据将呈现在输出端。

### 7. IDCODE 指令

该指令选择 ID 寄存器,系统逻辑控制相应 I/O 引脚。该指令是普通指令,允许通过 TAP 使用 IC 制造商、部件编号和版本。图 5-22 表示 ID 寄存器配置。

0×0000_7000 (IDCODE)　　　　　　　　　　　　　　　　　　　　　用户读写访问

| | 31 | 30 | 29 | 28 | 27 | 26 | 25 | 24 | 23 | 22 | 21 | 20 | 19 | 18 | 17 | 16 |
| --- | --- | --- | --- | --- | --- | --- | --- | --- | --- | --- | --- | --- | --- | --- | --- | --- |
| R | 版本信息 | | | | 设计中心部件编号 | | | | | | 器件编号[21:12] | | | | | |
| W | | | | | | | | | | | | | | | | |
| 复位 | 0 | 0 | 0 | 0 | 1 | 0 | 0 | 0 | 0 | 1 | 0 | 0 | 0 | 0 | 0 | 1 |

| | 15 | 14 | 13 | 12 | 11 | 10 | 9 | 8 | 7 | 6 | 5 | 4 | 3 | 2 | 1 | 0 |
| --- | --- | --- | --- | --- | --- | --- | --- | --- | --- | --- | --- | --- | --- | --- | --- | --- |
| R | 器件编号[21:12] | | | | MFG | | | | | | | | | | | 1 |
| W | | | | | | | | | | | | | | | | |
| 复位 | 0 | 0 | 0 | 0 | 1 | 0 | 1 | 0 | 0 | 0 | 1 | 1 | 1 | 0 | 1 | 1 |

图 5-22　ID 寄存器配置

### 8. ENABLE_ExtraDebug 指令

ExtraDebug 寄存器有 44 位,包括寄存器 40 位(最大)、地址 3 位和 1 个读写位。寄存器读期间,寄存器数据位不需要填满。Update_DR 状态下,ExtraDebug 控制器根据当前译码地址选择连接在 TDI 和 TDO 之间的特殊 ExtraDebug 寄存器。所有与 ExtraDebug 控制器的通信通过选择 i.MX27 JTAG 控制器 DR-Scan 路径进行。

### 9. HIGHZ 指令

关断包括二态驱动器的所有输出驱动器(即高阻)。该指令选择旁路寄存器。HIGHZ 指令在执行外部边界扫描操作时将核的内部复位信号作为可预测内部状态。该模式下,所有内部上拉电阻接在相应引脚上(除 TMS、TDI、TCK、TRST_B、COLD_START、MUXCTL 引脚),禁用。

### 10. CLAMP 指令

允许从边界扫描寄存器确定信号。由部件引脚驱动时,将单比特旁路寄存器选作 TDI 和 TDO 间的串行路径。在测试 PCB 板上集成电路芯片时,可能必须将静态保护值放到信号上控制不包含在测试中的逻辑操作。EXTEST 指令可以用作这些目的,但由于选择边界扫描寄存器,所需的保护信号加载为整个串行数据流的一部分,每次开始测试时,输入新的测试模式。由于选择旁路寄存器时,CLAMP 指令允许所用保护数据使用相应 IC 边界扫描寄存器,所以比 EXTEST 指令更快。边界扫描单元数据保持不变,直至新指令来到或 JTAG 状态机设置为复位状态。在执行外部边界扫描操作时,CLAMP 指令也将核的内部复位信号作为可预测内部状态。

### 11. BYPASS 指令

该指令选择单比特旁路寄存器,系统逻辑控制相应 I/O 引脚,使移位寄存器路径从 TDI 到旁路寄存器,最终到 TDO。当前指令选择旁路寄存器时,在读取 DR 控制器状态下,在 TCK 上升沿移位寄存器设置为逻辑零。选择旁路寄存器后移出的第 1 位总是逻辑零。

### 12. TMS 序列

表 5-27 表示检查 ID 代码值的 TMS 序列,从状态机任意点开始。

表 5-27 检查 ID 代码的 TMS 序列

| 序号 | TCK 个数 | TMS | 状态 | 内容 |
| --- | --- | --- | --- | --- |
| 0 | 5 | 1 | 测试逻辑复位 | 读 ID 代码 |
| 1 | 1 | 0 | 运行-测试/暂停 | |
| 2 | 1 | 1 | 选择 DR | |
| 3 | 1 | 1 | 选择 IR | IR 路径:加载 ID 代码指令 |
| 4 | 1 | 0 | 读取 IR | |
| 5 | 1 | 0 | 移位 IR | 穿过 TDI 的移位 ID 代码指令 3'b010 |
| 6 | 2 | 0 | 移位 | |
| 7 | 1 | 1 | 退出 1 | |
| 8 | 1 | 1 | 更新 | 选择 ID 代码寄存器 |
| 9 | 1 | 0 | 运行-测试/暂停 | |
| 10 | 1 | 1 | 选择 DR | DR 路径:读 ID 代码寄存器 |
| 11 | 1 | 0 | 读 DR | 读 ID 代码 |
| 12 | 1 | 0 | 移位 DR | 移出 32 位 ID 代码 |

续表 5-27

| 序号 | TCK 个数 | TMS | 状态 | 内容 |
|---|---|---|---|---|
| 13 | 31 | 0 | 移位 | |
| 14 | 1 | 1 | 退出 1 | |
| 15 | 1 | 1 | 更新 | |
| 16 | 1 | 0 | 运行-测试/暂停 | |

表 5-28 表示写 ExtraDebug 寄存器任意位的 TMS 序列,从状态机任意点开始。

表 5-28 写 ExtraDebug 寄存器的 TMS 序列

| 序号 | TCK 个数 | TMS | 状态 | 内容 |
|---|---|---|---|---|
| 0 | 5 | 1 | 测试逻辑复位 | 写 ExtraDebug 寄存器 |
| 1 | 1 | 0 | 运行-测试/暂停 | |
| 2 | 1 | 1 | 选择 DR | |
| 3 | 1 | 1 | 选择 IR | IR 路径:选择 ExtraDebug 寄存器 |
| 4 | 1 | 0 | 读取 IR | |
| 5 | 1 | 0 | 移位 IR | 穿过 TDI 的移位 ExtraDebug 使能指令 3'b011 |
| 6 | 2 | 0 | 移位 | |
| 7 | 1 | 1 | 退出 1 | |
| 8 | 1 | 1 | 更新 | 选择 ExtraDebug 寄存器 |
| 9 | 1 | 0 | 运行-测试/暂停 | |
| 10 | 1 | 1 | 选择 DR | DR 路径:写 ExtraDebug 寄存器 |
| 11 | 1 | 0 | 读 DR | 读 ID 代码 |
| 12 | 1 | 0 | 移位 DR | 移入 Writ bit(1'b0)+Register Address+Data |
| 13 | 43 | 0 | 移位 | |
| 14 | 1 | 1 | 退出 1 | |
| 15 | 1 | 1 | 更新 | 写 ExtraDebug 寄存器 |
| 16 | 1 | 0 | 运行-测试/暂停 | |

表 5-29 表示读 ExtraDebug 寄存器任意位的 TMS 序列,从状态机任意点开始。

表 5-29 读 ExtraDebug 寄存器的 TMS 序列

| 序号 | TCK 个数 | TMS | 状态 | 内容 |
|---|---|---|---|---|
| 0 | 5 | 1 | 测试逻辑复位 | 读 ExtraDebug 寄存器 |
| 1 | 1 | 0 | 运行-测试/暂停 | |
| 2 | 1 | 1 | 选择 DR | |
| 3 | 1 | 1 | 选择 IR | IR 路径:选择 ExtraDebug 寄存器 |
| 4 | 1 | 0 | 读取 IR | |
| 5 | 1 | 0 | 移位 IR | 穿过 TDI 的移位 ExtraDebug 使能指令 3'b011 |

续表 5-29

| 序号 | TCK 个数 | TMS | 状态 | 内容 |
|---|---|---|---|---|
| 6 | 2 | 0 | 移位 | |
| 7 | 1 | 1 | 退出 1 | |
| 8 | 1 | 1 | 更新 | 选择 ExtraDebug 寄存器 |
| 9 | 1 | 0 | 运行-测试/暂停 | |
| 10 | 1 | 1 | 选择 DR | DR 路径：读 ExtraDebug 寄存器 |
| 11 | 1 | 0 | 读 DR | 读 ID 代码 |
| 12 | 1 | 0 | 移位 DR | 移入 Read bit(1'b0)+Register Address+Data |
| 13 | 3 | 0 | 移位 | |
| 14 | 1 | 1 | 退出 1 | |
| 15 | 1 | 1 | 更新 | 对移入 4 位译码 |
| 16 | 1 | 0 | 运行-测试/暂停 | |
| 17 | 1 | 1 | 选择 DR | 第 2 条 DR 路径：ExtraDebug 读访问 |
| 18 | 1 | 0 | 读 DR | 读 ExtraDebug 寄存器 |
| 19 | 1 | 0 | 移位 DR | 移出读取的数据 |
| 20 | 39 | 0 | 移位 | |
| 21 | 1 | 1 | 退出 1 | |
| 22 | 1 | 1 | 更新 | |
| 23 | 1 | 0 | 运行-测试/暂停 | |

**13. i.MX27 JTAG 限制**

TRST_B 必须认可选择 ARM926 平台 TAP 或 i.MX27 JTAG 控制器。确认 POR_B 期间，选择 ARM926 平台 TAP。

如果 TMS 不接或接到 VDD，不管有无 TCK，TAP 控制器不能脱离测试逻辑复位状态。

## 5.9 引导模式

引导程序是一个小程序，驻留在内部 ROM 中。BOOT[3：0]选择引脚设置为 4'b0000，或引导时检查 HAB 期间有任何意外时，启动引导程序。引导操作处理来自 USB 或 UART1 指令，建立与处理器硬件和外部机器。接口的通道如 PC 机，提供下列功能：

① 针对 HAB 使能型硅器件，将经认证的二进制镜像代码下载到存储器，运行时执行或实施更新 Flash。

② 针对 HAB 非使能型硅器件，将二进制镜像代码下载到存储器，运行时执行或实施 Flash 更新。

针对 HAB 使能型硅器件，设定命令行解释器的位置将基本信息，如签名、优化指令和认证的二进制镜像代码提供给 ROM，在处理器核执行前确认。

RS-232 配置成 115200 波特率、8 位数据、无校验位、1 个停止位和无流控制。

USB 的配置：针对控制终端 0，配置成最大包尺寸 8 字节；针对终端 2 大容量输入，配置成最大包尺寸 64 字节；针对终端 1 大容量输入，配置成最大包尺寸 64 字节。注意，现在 ROM 代码只支持全速收发器(ISP1301)和高速 USB 收发器(ISP1504)上的全速传输。ROM 代码不支持高速 USB 收发器(ISP1504)上的高速传输。

选择 BOOT[3:0] 引导模式可以使 i.MX27 处理器进入引导模式。HAB 使能型硅器件，Flash(例如 NAND Flash、NOR Flash)引导时不能进行 HAB 认证，参见第 4 章相关内容。

图 5-23 给出引导程序流程图。

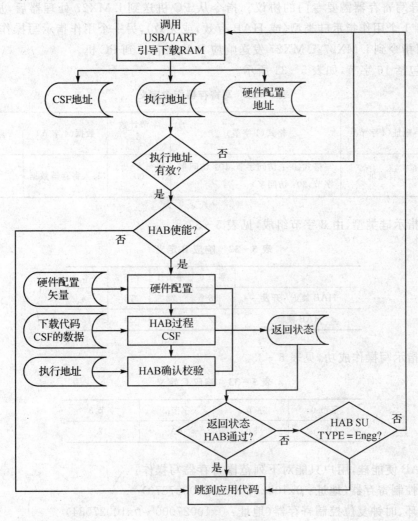

图 5-23 引导模式流程

下面介绍引导协议、指令和响应定义。

初次进入引导时，可以通过发送相关指令获得 ROM 状态信息：PC 机发送同步指令到 i.MX27，i.MX27 发送响应 A 到 PC 机。

### 1. 同步操作

同步指令包有 16 字节，如表 5-30 所列。

## 第 5 章　ARM9 平台

表 5-30　同步指令定义

| 头(2字节) | 地址(4字节) | 格式(1字节) | 字节计数(4字节) | 数据(4字节) | 尾(1字节) |
|---|---|---|---|---|---|
| 0505 | 00000000 | 00 | 00000000 | 00000000 | 00 |

响应 A 共有 4 个字节，每个字节只包含状态代码。

**2. 写寄存器操作**

通过引导写寄存器需要专门的协议。指令从 PC 机送到 i.MX27 处理器后，从处理器返回 2 个响应：1 个用作指示硅类型(或 HAB 有效，或无效)，另一个用作指示写操作是否成功。PC 机发送写指令到 i.MX27；i.MX27 发送响应 B 和响应 C 到 PC 机。

写指令包括 16 字节，如表 5-31 所示。

表 5-31　写寄存器指令定义

| 头(2字节) | 地址(4字节) | 格式(1字节) | 字节计数(4字节) | 数据(4字节) | 尾(1字节) |
|---|---|---|---|---|---|
| 0202 | 写地址 | 写格式(08:访问字节,10:访问半字节,20:访问字) | 00 | 写入寄存器数据 | 00 |

响应 B 指示硅类型，由 8 字节组成，见表 5-32。

表 5-32　响应 B 定义

|  | 字节 0 | 字节 1 | 字节 2 | 字节 3 |
|---|---|---|---|---|
| HAB 禁止/开发 | 56 | 78 | 78 | 56 |
| HAB 使能 | 12 | 34 | 34 | 12 |

响应 C 指示写操作成功，见表 5-33。

表 5-33　响应 C 定义

| 字节 0 | 字节 1 | 字节 2 | 字节 3 |
|---|---|---|---|
| 12 | 8A | 8A | 12 |

针对 HAB 使能硅，用户只能对下列范围寄存器写操作：
① 系统控制寄存器(地址：0x10027800～0x10027870)
② 锁相环、时钟复位控制寄存器(地址：0x10027000～0x10027034)
③ NFC 寄存器(地址：0xD8000000～0xD8000FFF)
④ SDRAMC 寄存器(地址：0xD8001000～0xD8001FFF)
⑤ WEIM 寄存器(地址：0xD8002000～0xD8002FFF)
⑥ Memory area of CS0、CS1、CS2、CS3、CS4、CS5、CSD0 和 CSD1 存储器区域(地址：0xA0000000～0xD7FFFFFF)

**3. 下载操作**

下载二进制文件前需对存储器格式化。从 PC 机到 i.MX27 使用下载指令和二进制数据指令;从 i.MX27 到 PC 机使用响应 B 指令。下载指令有 16 字节,见表 5-34。

表 5-34 下载指令定义

| 头(2 字节) | 地址(4 字节) | 格式(1 字节) | 字节计数(4 字节) | 数据(4 字节) | 尾(1 字节) |
|---|---|---|---|---|---|
| CSF | 0404 | 下载二进制数据的起始地址 | 00 | 用 16 进制写的字节数 | 写数据存储器起始地址 | CC |
| HWC | 0404 | 下载二进制数据的起始地址 | 00 | 用 16 进制写的字节数 | 写数据存储器起始地址 | EE |
| 图像文件 | 0404 | 下载二进制数据的起始地址 | 00 | 用 16 进制写的字节数(最大 0x1F0000) | 写数据存储器起始地址 | 00 |
| 图像文件 | 0404 | 下载二进制数据的起始地址 | 00 | 用 16 进制写的字节数 | 写数据存储器起始地址 | AA |

处理器收到响应 B 后,附属的 PC 机开始将二进制数据下载到处理器中,直至所有 BYTECOUNT 下载完毕。每一次通过头(0404)下载图像文件时,下载的最大数据是 0x1F0000。因此,如果图像文件尺寸大于 0x1F0000,将用 END(0x00)重复发送指令。所有数据下载后,PC 机必须用 END(AA)发送 DOWNLOAD 指令给目标执行地址。

**4. 引导结束指示操作**

所有引导操作和发送指示引导的应用指针完成后,i.MX27 处理器将给 PC 机发送 RESPONSE D。发送 RESPONSE D 后,处理器进入 ROM 执行 HAB 使能硅认证检查和执行 HAB 禁止/开发硅的图像文件。见表 5-35。

表 5-35 引导结束指示操作定义

| 字节 0 | 字节 1 | 字节 2 | 字节 3 |
|---|---|---|---|
| 88 | 88 | 88 | 88 |

## 5.10 功耗、电气规格和几何尺寸

### 5.10.1 功 耗

运行模式下 clk 和 clk_always 的时钟为 266 MHz,hclk 时钟为 133 MHz。代码指令一旦登录到高速缓存上,执行高速缓存 MMU 存储器中的程序。内核忙于算法的操作。所有交替主端口和从端口的操作都是协同的。当存储器没有访问时,编译的存储器模块未起作用。平台所有输出估计负载电容为 0.5 pF 到 1.5 pF。

待机模式下 clk、clk_always、hclken stopped 和 hclk 时钟为 117 MHz。没有对交替总线主端口操作。平台所有输出估计负载电容为 0.5 pF 到 1.5 pF。

休眠模式下包括 clk、clk_always、hclken 和 hclk 的所有时钟都停止工作。功耗基本上仅是电路的泄漏电流。在休眠模式下没有动态或静态功耗。电荷泵浦功率不包含电荷外部泵入平台的功耗。用势阱偏置标准单元程序检测 WCS。

## 5.10.2 电气规格

这一部分将会给出关于平台的所有主要 AHB(内部和外部的)的定时信号。在平台外设的所有其他信号的定时信息将会汇集起来通过 AHB 定时后展现。

这一部分出现的定时特性来自 ARM926EJ-S 综合运用 C90LP 库,恶劣环境,105℃、1.10 V,时钟运行在 266 MHz。这时,所有 AHB 的 hclk 运行在时钟速度的一半,或 133 MHz。

这一节的定时特性不含势阱偏置工作模式。目前,势阱偏置模式计划只用于休眠模式。也就是说,clk 和 hclk 将停止,并且平台总线将处于非激活状态。虽然这样,当一个中断证实时仍要求拒绝 a9p_clock_off 输出,以便外部时钟控制模块退出休眠模式,开启时钟。对 a9p_int_b[61∶0] 到 a9p_clock_off path 的延迟将受到势阱偏置模式影响,但并不值得特别关注。

可编程的选项应该支持势阱偏置模式下的平台实验室测试。势阱偏置模式激活变成 TBD 时,平台的交流性能将降低。应该注意识别外部接口,当插入时钟时可能不能运行于势阱偏置模式下,时钟的偏差将阻止可能的操作。

jtag_tck 时钟输入频率必须小于 clk 输入时钟的 1/8。这一约束是由 CLKCTL 模式下 JTAG 的同步逻辑造成。在执行低功耗代码期间,时钟频率是动态的,并且因此注意在任何给定时刻,jtag_tck 总应小于时钟频率的 1/8。

当加载/卸载代码或是存储映像时最大限度通过 JTAG 端口,暗示了调试器直接输入调试模式采用 clk 和 jtag_tck 尽可能运行得快的方法退出复位。因此,一旦执行正常模式低功耗代码,jtag_tck 频率应该设置成最低可能 clk 频率的 1/8。

表 5-36 和图 5-24 对于所有的在 ARM9 平台上的 AHB 接口都是有效的。相同的时钟插入延迟和 hrest_b 否决时序可用于 ARM9 平台所有模块。

表 5-36 ARM9 平台 AHB 时钟和复位定时约束

| 描 述 | 延 迟 |
| --- | --- |
| CLK_ROOT 周期 | 3.75 ns(266 MHz) |
| CLK_ROOT 抖动(3% 以上) | 115.0 ps |
| HCLK_ROOT 周期 | 7.5 ns(133 MHz) |
| HCLK_ROOT 抖动(3% 以上) | 230.0 ps |
| CLK_ROOT 到 CLK 和 HCLK_ROOT 到 HCLK 插入延迟 | 1.60+/-0.100 ns |
| CLK 和 HCLK 不确定度 | 200 ps |
| HRESET_B 对 HCLK_LEAF 的保持时间 | 1.80 ns |
| HRESET_B 对 HCLK_LEAF 的建立时间 | 1.60 ns |
| HCLKEN 对 CLK_LEAF 的建立时间 | 2.00 ns |
| HCLKEN 对 CLK_LEAF 的保持时间 | 0.00 ns |

表 5-37 显示了在所有的 ARM9 平台交替总线主接口使用的加载约束,图 5-25 中的时间参数反映了这些约束关系,图 5-25 和表 5-38 给出了总线主控接口交流时间选择参数。交替总线主控信由附加在正常 AHB 命名习惯的 MX 前缀决定。

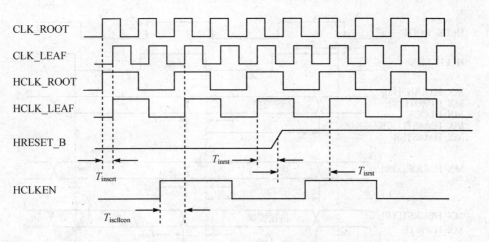

图 5-24 ARM9 平台 AHB 时钟和复位定时关系

表 5-37 交替总线主控约束

| 描述 | 值 |
|---|---|
| 所有输出装载 | 0.50 pF |
| 输入传输时间（平台边界） | 0.750 ns(20/80) |

表 5-38 总线主控接口交流时间选择参数

| 描述 | 参数 | 定时(ns) |
|---|---|---|
| HCLK_LEAF 最小时钟周期包括跳动时间 | $T_{clk}$ | 7.27 |
| MX_HMASTER/MX_HTRANS/MX_HPROT/MX_HLOCK/MX_HMASTLOCK/MX_HMASTER 在 HCLK_LEAF 之前的转移类型设置时间 | $T_{istr}$ | 6.23 |
| MX_HMASTER/MX_HTRANS/MX_HPROT/MX_HLOCK/MX_HMASTLOCK/MX_HMASTER 在 HCLK_LEAF 之后的转移类型保持时间 | $T_{ihtr}$ | >0 |
| MX_HADDR[31:0]在 HCLK_LEAF 之前的地址设置时间 | $T_{isa}$ | 6.23 |
| MX_HADDR[31:0]在 HCLK_LEAF 之后的地址保持时间 | $T_{iha}$ | >0 |
| MX_HWRITE/MX_HSIZE/MX_HBURST 在 HCLK_LEAF 之前的控制信号调整时间 | $T_{isctl}$ | 6.23 |
| MX_HWRITE/MX_HSIZE/MX_HBURST 在 HCLK_LEAF 之后的控制信号保持时间 | $T_{ihctl}$ | >0 |
| MX_HWDATA 在 HCLK_LEAF 之前的写数据设置时间 | $T_{iswd}$ | 6.00 |
| MX_HWDATA 在 HCLK_LEAF 之后的写数据保持时间 | $T_{ihwd}$ | >0 |
| MX_HREADY_OUT 在 HCLK_LEAF 之后的准备出有效时间 | $T_{ovrdyo}$ | 4.80 |
| MX_HREADY_OUT 在 HCLK_LEAF 之后的准备出保持时间 | $T_{ohrdyo}$ | >0 |
| MX_HRDATA 在 HCLK_LEAF 之后的读数据有效时间 | $T_{ovrd}$ | 6.00 |
| MX_HRDATA 在 HCLK_LEAF 之后的读数据保持时间 | $T_{ohrd}$ | >0 |
| MX_HRESP0 在 HCLK_LEAF 之后的有效时间 | $T_{ovrsp}$ | 6.00 |
| MX_HRESP0 在 HCLK_LEAF 之后的保持时间 | $T_{ohrsp}$ | >0 |

# 第 5 章 ARM9 平台

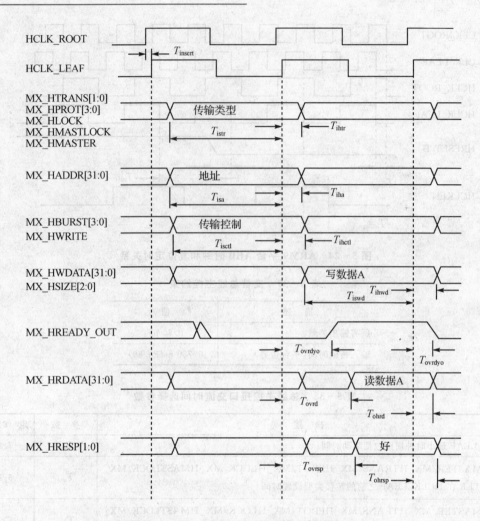

图 5-25 间接总线主控时间选择参数

表 5-39 示出了用于所有 ARM9 平台的次级 AHB 接口的装载约束。图 5-26 和表 5-40 的时间参数反映了这些约束关系。约束关系和 AC 参数对所有的平台 3 个次级 AHB 都是有效的。交替总线主控信号由附加在正常 AHB 命名习惯的 SX 前缀决定。

表 5-39 次级 AHB 约束关系

| 描述 | 值 |
| --- | --- |
| 装载 SX_HADDR, SX_HWDATA | 0.50 pF |
| 装载所有其他的输出 | 0.50 pF |
| 输入转换定时（平台边界处） | 0.75 ns(20/80) |

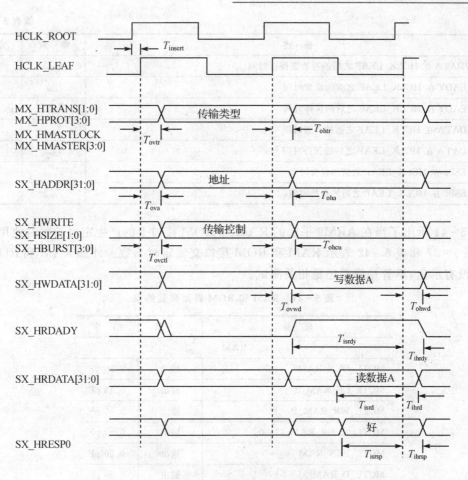

图 5-26 次级 AHB 定时参数

表 5-40 次级 AHB 定时参数

| 描 述 | 参 数 | 定 时 |
|---|---|---|
| HCLK_LEAF 包括抖动的最小时钟周期 | $T_{clk}$ | 7.27(ns) |
| SX_HTRANS/SX_HPROT/SX_HMASTLOCK/SX_HMASTER 在 HCLK_LEAF 之后的转移类型有效时间 | $T_{ovtr}$ | 5.00 |
| SX_HTRANS/SX_HPROT/SX_HMASTLOCK/SX_HMASTER 在 HCLK_LEAF 之后的转移类型保持时间 | $T_{ohtr}$ | >0 |
| SX_HADDR[31:0] 在 HCLK_LEAF 之后的地址有效时间 | $T_{ova}$ | 4.30 |
| SX_HADDR[31:0] 在 HCLK_LEAF 之后的地址保持时间 | $T_{oha}$ | >0 |
| SX_HWRITE/SX_HSIZE/SX_HBURST 在 HCLK_LEAF 之后的控制信号有效时间 | $T_{ovct}$ | 5.70 |
| SX_HWRITE/SX_HSIZE/SX_HBURST 在 HCLK_LEAF 之后的控制信号保持时间 | $T_{ohctl}$ | >0 |
| SX_HWDATA 在 HCLK_LEAF 之后的写数据有效时间 | $T_{ovwd}$ | 5.70 |

续表 5-40

| 描述 | 参数 | 定时 |
|---|---|---|
| SX_HWDATA 在 HCLK_LEAF 之后的写数据保持时间 | $T_{ohwd}$ | >0 |
| SX_HREADY 在 HCLK_LEAF 之前的设置时间 | $T_{isrdy}$ | 5.60 |
| SX_HREADY 在 HCLK_LEAF 之后的保持时间 | $T_{ihrdy}$ | >0 |
| SX_HRDATA 在 HCLK_LEAF 之前的设置时间 | $T_{isrd}$ | 4.10 |
| SX_HRDATA 在 HCLK_LEAF 之后的保持时间 | $T_{ihrd}$ | >0 |
| SX_HRESP0 在 HCLK_LEAF 之前的设置时间 | $T_{isrsp}$ | 4.10 |
| SX_HRESP0 在 HCLK_LEAF 之后的保持时间 | $T_{ihrsp}$ | >0 |

表 5-41 示出了当在 ARM9 平台的 RAM 和 ROM 接口上的产生定时参数时使用的装载约束，图 5-27 和表 5-42 表示 RAM 和 ROM 接口交流定时参数。外部 RAM 和 ROM 接口信号并没有示出，不管是静态还是相关测试。

表 5-41  RAM 和 ROM 界面装载约束

| 信 号 | 类 型 | 约 束 |
|---|---|---|
| RAM | | |
| MCTL_OEN_RAM | 输出 | 0.50 pF |
| MCTL_CE_RAM_B | 输出 | 0.25 pF |
| MCTL_WR_RAM_B | 输出 | 0.50 pF |
| MCTL_ADDR_RAM[17:0] | 输出 | 0.50 pF |
| MCTL_BEN_RAM_*_* | 输出 | 0.50 pF |
| MCTL_D_RAM[31:0] | 输出 | 0.50 pF |
| MEM_Q_RAM[31:0] | 输入 | 0.75 ns |
| ROM | | |
| MCTL_CE_ROM_B | 输出 | 0.25 pF |
| MCTL_ADDR_ROM[19:0] | 输出 | 0.50 pF |
| MEM_Q_ROM[31:0] | 输入 | 0.75 ns |

表 5-42  RAM 和 ROM 接口交流定时参数

| 描 述 | 参 数 | 定 时/ns |
|---|---|---|
| HCLK_LEAF 最小时钟周期 | $T_{clk}$ | 8.40 |
| RAM | | |
| MCTL_ADDR_RAM 在 HCLK_LEAF 之后的有效时间 | $T_{ovaram}$ | 6.65 |
| MCTL_D_RAM 在 HCLK_LEAF 之后的有效时间 | $T_{ovdram}$ | 6.60 |
| MCTL_CE_RAM_B 在 HCLK_LEAF 之后的有效时间 | $T_{ovcram}$ | 6.70 |
| MCTL_WR_RAM_B 在 HCLK_LEAF 之后的有效时间 | $T_{ovwram}$ | 6.55 |
| MCTL_BEN_RAM_*_* 在 HCLK_LEAF 之后的有效时间 | $T_{ovbram}$ | 6.6 |

续表 5-42

| 描 述 | 参 数 | 定 时/ns |
|---|---|---|
| MEM_Q_RAM 在 HCLK_LEAF 之前的设置时间 | $T_{isqram}$ | 4.65 |
| MEM_Q_RAM 在 HCLK_LEAF 之后的保持时间 | $T_{ihqram}$ | >0 |
| ROM | | |
| MCTL_ADDR_ROM 在 HCLK_LEAF 之后的有效时间 | $T_{ovarom}$ | 6.55 |
| MCTL_CE_ROM_B 在 HCLK_LEAF 之后的有效时间 | $T_{ovcrom}$ | 6.80 |
| MEM_Q_ROM 在 HCLK_LEAF 之前的设置时间 | $T_{isqrom}$ | 3.85 |
| MEM_Q_ROM 在 HCLK_LEAF 之后的保持时间 | $T_{ihqrom}$ | >0 |

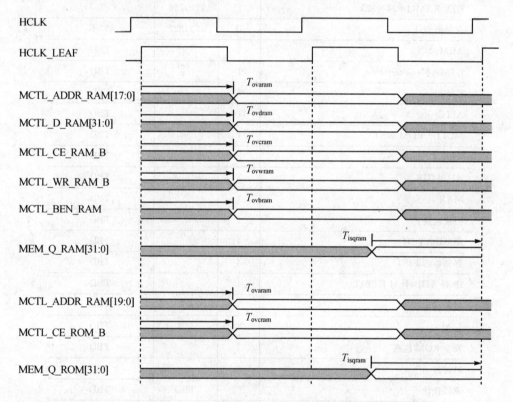

图 5-27　RAM 和 ROM 接口交流定时参数

## 5.10.3　几何尺寸估计

表 5-43 给出 ARM9 平台几何尺寸的最初估计。注意到估计的面积应该与 C90LP、WCS、1.1 V、105C、clk＝266 MHz 和 hclk＝133 MHz 等参数有关，等效门的大小与 C90LP NAND2_2 单元相当。

表 5-43 ARM9 平台尺寸估计

| 模块 | 数目 | 面积/m² | 门的数量(NAND2_2) |
|---|---|---|---|
| I-Cache 数据存储器(1 024×32) | 4 | 259,512 | |
| I-Cache 标签存储器(128×22) | 4 | 74,990 | |
| I-Cache 有效存储器(32×24) | 1 | 16,122 * | |
| D-Cache 数据存储器(1 024×32) | 4 | 259,512 | |
| D-Cache 标签存储器(256×22) | 4 | 149,980 * | |
| D-Cache 有效存储器(32×24) | 1 | 16,122 * | |
| D-Cache 可改动存储器(128×8) | 1 | 8,242 | |
| MMU RAM(32×64) | 2 | 73,286 | |
| ETB RAM(1 024×32) | 2 | 129,756 | |
| 存储器合计 | 23 | 987,522 | 350 K |
| ARM926 核 | 1 | | TBD |
| ETM9(Medium+) | 1 | | TBD |
| ETB11 | 1 | | TBD |
| AITC | 1 | | TBD |
| MCTL+ROM BIST | 1 | | TBD |
| AIPI | 2 | | TBD |
| AHBMUX | 1 | | TBD |
| MAX | 1 | | TBD |
| 扫描包装 | 1 | | TBD |
| ROMPATCH | 1 | | TBD |
| 存储器的 BIST | 4 | | TBD |
| IP 到 AHB(针对 ETB11) | 1 | | TBD |
| 时钟同步控制 | 1 | | TBD |
| JAM | 1 | | TBD |
| 安全 ROM 监视 | 1 | | TBD |
| 时钟树 | 2 | | TBD |
| 逻辑合计 | | TBD | TBD |
| 55% 程序效率(仅针对逻辑) | | TBD | TBD |
| 平台总计 | | TBD | TBD |

# 第 6 章 存储器接口

主存储器接口(MMI)是一种外部存储器接口 EMI,控制所有的外部存储器对端口的访问(读、写、擦除、编程),包含两个针对不同外部存储器的 MPG(AHB 32 位)接口和 MPG64 (AHB 64 位)接口。所有的访问经 M3IF 模块仲裁,由不同的存储器器控制器控制。EMI 中不同的外部存储控制器支持多种存储设备,见图 6-1。

- M3IF 多主存储器接口;
- ESDRAMC/MDDRC-增强型 SDRAM/LPDDR 存储控制器;
- PCMCIA-PCMCIA 存储控制器;
- NFC-NAND 闪存控制器;
- WEIM-SRAM/PSRAM/闪存控制器。

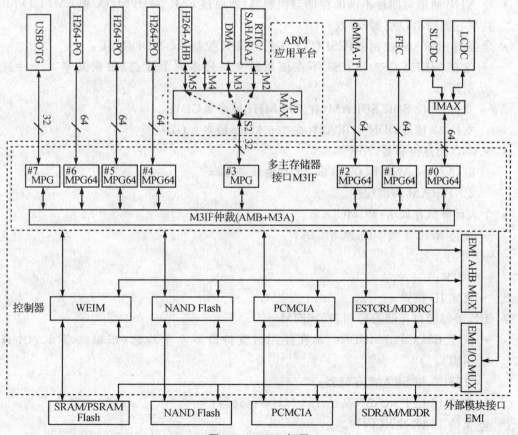

图 6-1 MMI 框图

# 第6章 存储器接口

对 M3IF-ESDCTL/MDDRC 接口进行优化设计,减少通过专用 ESDCTL/MDDRC 仲裁模块造成的多重访问延时,实施对增强型 SDRAM/MDDR 存储控制器的控制。M3IF 对其他存储器接口只进行裁决,将接收的主请求通过主端口接口(MPG/MPG64)和 M3IF 仲裁发送到不同的存储控制器。

当主请求要求访问一个存储器且没有进行其他访问时,该操作立即被 M3IF 获取。M3IF 把这个操作传送给各自的存储控制器,再根据其状态,生成一个针对存储器的指令。如果前面正在进行的访问使该次访问不能开始时,该请求不被裁决(HREADY 一直否定)。该次访问完成后,HREADY 被认可,一个新的请求将开始。

EMI 提供连接到多种存储设备的能力。该芯片包含 PCMCIA、闪存和 SDRAM 和低功耗 DDR(LPDDR)类型存储设备的接口。片上 EMI 的部分模块与 PCMCIA、EIM、SDRAMC 和 NAND 控制器共用引脚。

MMI 特点如下:
- 多主存储器接口(M3IF):
  — 支持 8 个从主端口通过两个不同的输入端口接口多重请求:
    ① 主端口模块(MPG):ARM9 AMBA 简化 AHB 总线协议;
    ② 主端口模块(MPG64):AMBA AHB 64 位数据总线宽度访问;
  — 支持"窥探"存储器,监视外部存储器一个区域(从 2 KB 到 16 MB)的写访问。
- 使 AHB 通道对四种不同的存储器控制器(即通过 EMI AHB MUX 和 EMI I/O MUX 共享它们的 I/O 引脚)有效。
- 增强型 SDRAM 控制器(ESDCTL)或 MDDR 控制器(MDDRC):
  — 仅在 WEIM CS2 和 CS3 不在使用时支持最多两个片选(根据共享 2 个片选的引脚);
  — 支持 32 位 SDR SDRAM(在 133 MHz 最多 2 GB);
  — 支持 32 位 MDDR SDRAM(在 266 MHz 最多 2 GB)。
- NAND 闪存控制器(NFC):
  — 8/16 位 NAND 闪存(最多 2 GB 地址空间);
  — 2 KB RAM 内部缓冲。
- 个人计算机存储卡(PCMCIA):
  — 支持 Rel2.1 版本的 PCMCIA;
  — CF 卡;
  — PC 卡;
  — 真实 ID 模式。
- 无线外部接口存储器控制器(WEIM)
  — 仅在 ESDCTL/MDDRC 不在使用时支持最多 6 个片选(根据共享 6 个片选的引脚);
  — 支持 16 位 SRAM 存储器;
  — 支持 16 位 PSRAM(高达 133 MHz)存储器;
  — 支持 16 位 NOR 闪存。

## 6.1 多主存储器接口

多主存储器接口（M3IF）控制一个或多个端口，通过不同外部存储器控制器（ESDCTL/MDDRC、PCMCIA、NAND Flash 和 WEIM）的不同接口对存储器的访问（读、写、擦除和编程），如图 6-2 所示。

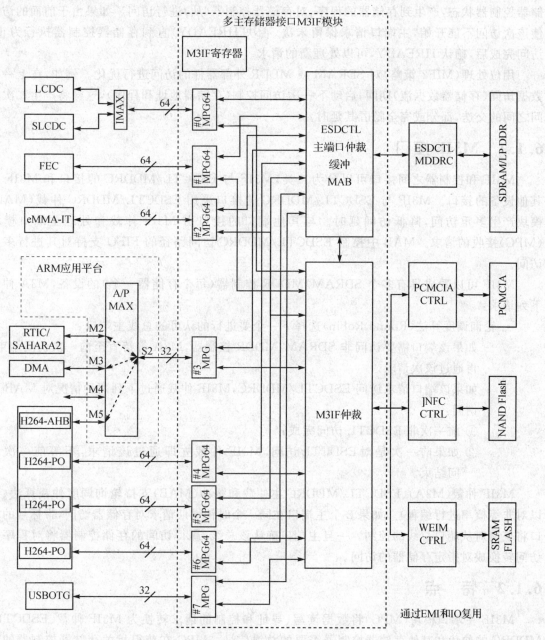

图 6-2　M3IF 结构框图

采用 ESDCTL/MDDRC 仲裁模块（MAB）产生多重访问的方法，优化 M3IF-ESDCTL/MDDRC 接口，降低访问延时，控制增强型 SDRAM 和 MDDR 存储器控制器的访问。M3IF 对其他端口接口只进行仲裁，通过主端口模块（MPG）接口接收主端口请求。M3IF 仲裁（M3A）模块分别对存储器进行控制。与 M3IF 接口的设备是 ARM 平台、SDMA、MPEG-4 编码和 IPU，控制器是 ESDCTL/MDDRC、PCMCIA、NAND Flash 和 WEIM。

当主端口请求存储器访问时，如果没有其他访问进行，则 M3IF 立即进行。M3IF 根据存储器控制器状态，产生到存储器的程序，对存储器控制器（从）进行访问。如果由于前面的访问使该次访问不能开始，主端口请求保留未决（否决 HREADY）直到存储器控制器执行为止。访问完成后，确认 HREADY，可以处理新的请求。

用位处理（MIF2 策略）对 SDRAM 或 MDDR 外部器件的访问进行优化。例如，在上一次数据访问（存储器数据流）期间，启动下一次访问控制（存储器地址和程序），这样将产生二次访问之间的交迭，部分或完全隐匿其延时。

### 6.1.1　M3IF 接口

M3IF 和控制器之间接口可以分为二类，M3IF 与 ESDCTL/MDDRC 的接口和 M3IF 与其他设备的接口。M3IF 与 ESDCTL/MDDRC 的接口采用 ESDCTL/MDDRC 仲裁（MAB）模块产生多重访问，降低访问延时。与其他端口的接口由 M3IF 仲裁和处理主端口模块（MPG）接收的请求。MAB 中控制 ESDCTL/MDDRC 访问路径的 FIFO 支持对其进行多重访问。

M3IF 可以看成具有多个 SDRAM/MDDR 控制器（每个存储器一个）的设备，M3A 仲裁下列请求：

- 轮询调度算法（Round Robin）选择下一个要进行的认可的总线主端口：
  — 如果该端口需要访问非 SDRAM/MDDR 控制器，M3A 等待直至前一次访问结束，再通过该次请求。
  — 如果该端口请求访问 ESDCTL/MDDRC，M3IF 仲裁通过下列两种情况对 MAB 的访问：
    ① 前一次非 ESDCTL 访问完成；
    ② 如果前一次是对 ESDCTL 访问，M3IF 仲裁立即通过该请求，不等前一次访问结束。

M3IF 仲裁（M3A）、ESDCTL/MDDRC 主仲裁和缓冲（MAB）支持轮询调度仲裁算法（可以对非等概率进行编程）。如果 2 个主端口在同一个时钟周期请求对存储器访问，带标号的端口将获得对从端口总线的控制。一旦主端口确认该总线，赢得访问的存储控制器将对程序的访问转换成对指定存储器的访问。

### 6.1.2　特　点

M3IF 主端口模块（MPG）将数据读写、寻址和控制的请求转换为 M3IF 仲裁、ESDCTL/MDDRC 的仲裁和其他存储器控制器需要的总线信号。MPG 在获得相关存储器控制器的响应后也负责给出端口的正确响应。M3IF 支持 2 个端口接口（使用的模块端口数目和型式取决于系统需求）。

MPG 为简化 32 位数据总线 AMBA-AHB 的主端口模块，MPG64 为简化 64 位数据总线 AMBA-AHB 的主端口模块。

M3IF 具有下列特点：

- 支持通过 2 个不同输入端口接口的主端口多重请求：
  — MPG：ARM9 简化 AMBA AHB 总线协议。
  — MPG64：64 位数据总线宽度 AMBA AHB 访问。对 4 种不同的存储器控制器（有些 I/O 引脚共享）进行仲裁：
    ① 增强型 SDRAM 控制器（ESDCTL）或 MDDR 控制器（MDDRC）；
    ② NAND Flash 控制器（NFC）；
    ③ PCMCIA 控制器；
    ④ 无线外部接口存储器（WEIM）控制器。
- 具有专用仲裁机制的 ESDCTL 多重请求能力。
- 灵活的轮询调度访问仲裁，用相同的优先级或 50% 的优先级选择主端口。
- 控制（锁定）SDRAM 和 MDDR 访问的可编程主端口和其他存储器（通用 NFC、WEIM、PCMCIA）访问的可编程主端口。
- 支持所有存储器控制器的多重字节序。
- 支持存储器窥视，例如监视外部存储器区域的写访问：
  — 区域单元由基础地址（从 2 KB 至 16 MB）指定，分为 64 个相同的段；
  — 每一个段在 M3IF 寄存器定义了访问状态和使能位；
  — M3IF 产生 1 个周期的 DMA_ACCESS 用于每一次窥视检测。

## 6.1.3  M3IF 复用器

M3IF 复用器包括 M3IF AHBA 复用器和 M3IF I/O 复用器。M3IF AHBA 复用器模块控制存储器控制器和芯片间 AHB 总线（地址和控制）流量。M3IF 使用多工器和组合逻辑控制 AHB 总线流量。只有 AHB 信号和总线的路由是从 EMI 的 AHB 复用器到存储器控制器。多数 AHB 总线（数据、地址和控制）路由是直接从 M3IF 到存储器控制器。

图 6-3 表示 EMI AHB 复用器框图。图 6-3 中未绘出 AHB 信号，仅表示 M3IF 和相应存储器控制器之间的路由。除 ESDCTL（滞后隐藏逻辑在 M3IF 产生）外，EMI AHB 复用器为所有存储器控制器产生 HSEL 信号。

M3IF I/O 复用器通过 IC I/O 复用器控制存储器控制器和外部设备之间的流量（数据、地址及控制），例如从外部设备到存储器控制器。M3IF 用复用器和组合逻辑控制流量。参见图 6-3 和图 6-4。

只有共享的 IC 引脚信号和总线路由是经由 EMI I/O 复用器到外部设备。专用引脚信号（主要的控制信号）直接从记存储器控制器到外部设备。CHOOSEN_SLAVE 编码列在表 6-1。

# 第6章 存储器接口

表 6-1 CHOOSEN_SLAVE 编码

| CHOOSEN_SLAVE 值 | 选择的存储器控制器 |
| --- | --- |
| 00 | ESDCTL/MDDRC |
| 01 | WEIM |
| 10 | PCMCIA |
| 11 | NFC |

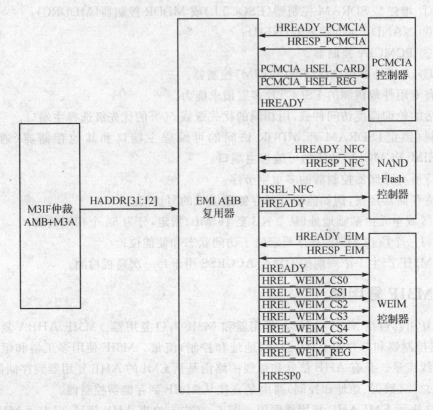

图 6-3 EMI AHB 复用器框图

## 6.1.4 MPG 端口和 MPG64 端口

M3IF 包含 MPG 和 MPG64 二个主端口。MPG 是简化 AHB32 位数据总线的主端口；MPG64 是简化 AHB64 位的主端口。使用中,端口类型和数目由系统决定,未使用的端口和系统不连接。每一个 MPG 通过 1 个或 2 个定义的端口接口或协议与信号端进行通信。

**1. MPG 操作**

MPG 端口作为 32 位 ARM9 简化 AHB 总线兼容的系统主端口,看起来像一种连接到主端口的从端口。表 6-2 列出 MPG 支持的访问类型。

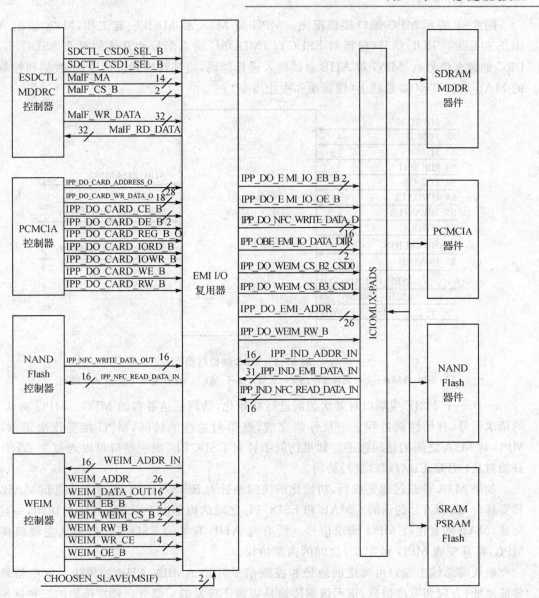

图 6-4 EMI I/O 复用器框图

表 6-2 MPG 支持的猝发访问

| HBURST | 类型 | ESDCTL 32 位 | WEIM 32 位 | NFC 16/32 位 | PCMCIA 8/16 位 |
|---|---|---|---|---|---|
| 000 | 单个 | 是 | 是 | 是 | 是 |
| 001 | INCR | 是 | 是 | 是 | 是 |
| 010 | WRAP | 是 | 是 | 否 | 是 |
| 011 | INCR | 是 | 是 | 是 | 是 |
| 100 | WRAP | 是 | 是 | 否 | 是 |
| 101 | INCR | 是 | 是 | 是 | 是 |
| 110 | WRAP | 否 | 是 | 否 | 是 |
| 111 | INCR | 否 | 是 | 是 | 是 |

# 第6章 存储器接口

图 6-5 表示 MPG 端口接口框图。MPG 与 M3A 和 MAB 一起工作，M3A 输出 AHB_BUS 和 CONTROL 信号（包括对 ESDCTL/MDDRC 请求信号和普通的对非 ESDCTL/MDDRC 的请求信号）。MPG 对 AHB 总线输入进行译码，将其转换到包括地址、数据和控制信号的 MAB_CONTROL 总线上（像延缓和中止指令）。

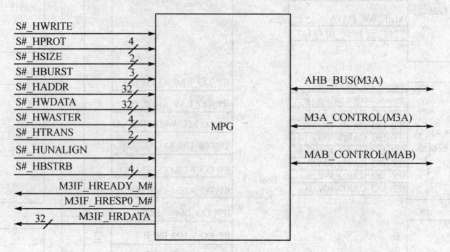

图 6-5 MPG 接口框图

图中：MAB—主仲裁和缓冲；S#—从端口编号；M#—M3IF 主端口编号（从 0 到 8）

一旦一个 M3IF 主端口对某次访问进行初始化，访问到达各自的 MPG。MPG 确认 M3A 的请求信号，开始仲裁过程。一旦仲裁完成，获得对总线的访问，MPG 接受该次请求，完成 MPG 与 M3A 之间的访问握手。如果访问不针对 ESDCTL，则主端口可以通过主 AHB 总线开始对从（NFC、EIM）端口进行访问。

如果 M3A 仲裁过程完成后，初始化的访问是针对 ESDCTL 的，则请求传送到 MAB，仲裁和安排对 ESDCTL 的访问。MAB 和 ESDCTL 之间的内部握手用于安排新的访问，一旦握手完成，MAB 同意接收 MPG 请求信号。所有与 AHB 有关的 ESDCTL 信号从主端口传送到 MPG，将其变成 MPG 和 MAB 之间的内部协议。

确认的总线主端口由确定的地址和控制信号开始 AMBA AHB 的传送。这些信号提供传输地址、方向和宽度信息，指示该次传输是否属于猝发的一部分。猝发传输的二种区别是：
- 增加猝发，在地址范围内不限制；
- 限制猝发，在部分地址范围内限制。

写数据总线用于将数据从主端口传送到 M3IF，读数据总线用于从 M3IF 向主端口发送数据。每一次传输包括：
- 一个地址和控制周期（地址期间）；
- 一个或更多数据周期（数据期间）。

因为第 1 个地址期间不能延伸（得到认可的 HREADY 为高电平）M3IF 对所有控制总线信息的采集，所以，如果主端口未立即取得访问，则保存地址期间信息。数据可以由 M3IF_HREADY_MX 信号延伸，该信号为低电平时，将等待状态插入传输中，允许 M3IF（ESDCTL/MDDRC 或存储器）提供额外时间采集数据。用此方法可以一个接着一个地访问从端口，MPG 将储存所有需要的总线信号，所以当主端口获得访问时，其总线和信号将有效。传输期间,M3IF 仅使用 1 个响应信号 HRESP0 的状态(因为 M3IF 只与简化 AHB 兼容)。
- 0 正确:正确响应用于指示传输是否正常进行,当 M3IF_HREADY_MX 变高时,表示传输成功完成。
- 1 错误:错误响应指示发生传输错误,传输不成功。

### 2. MPG 传送

一次 AMBA AHB 传输包括二部分:
- 地址周期;
- 数据周期,可能需要几个周期。从 M3IF_HREADY_MX 信号获得。

图 6-6 表示一次针对一个没有等待状态的数据的简单传送。

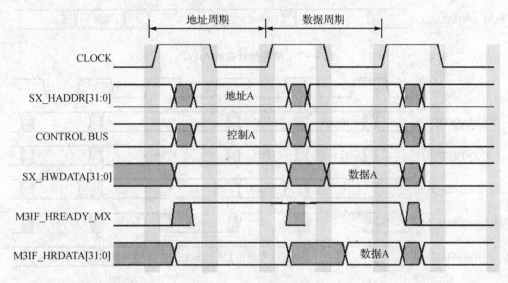

图 6-6 简单传送

兼容主端口的简化 AHB 总线在时钟上升沿驱动总线上的地址和控制信号,然后 M3IF 在下一个时钟上升沿采集地址和控制信息,访问开始(存储器不忙)。M3IF 采集地址和控制信息(收到存储器相应指令),可以开始驱动相应响应,总线主端口在时钟第 3 个上升沿开始采集。

前一次传输的数据周期接着后一次传输的地址周期。这种地址和数据的交迭是 AHB 总线流水线的特点,可以高效率工作。M3IF 可以在任何传输中插入等待状态,如图 6-7 所示,附加时间延长了传输时间。
- 对于写操作,总线主端口通过扩展周期保存数据状态。
- 对于读操作,M3IF 不提供有效数据直至传输完成。

用上述方法扩展传输时间时,将扩展下一次传输地址周期的边界效应,图 6-8 表示地址 A、B 和 C 上 3 个数据的传输。
- 到地址 A 和 C 的传输是零等待状态。
- 到地址 B 的传送是 1 个等待状态。

扩展传输到地址 B 的数据周期对扩展传输到地址 C 的地址周期有影响。

传输分为 4 种类型,由 SX_HTRANS[1:0]信号标识。图 6-9 表示用到的传输阶段。

# 第 6 章 存储器接口

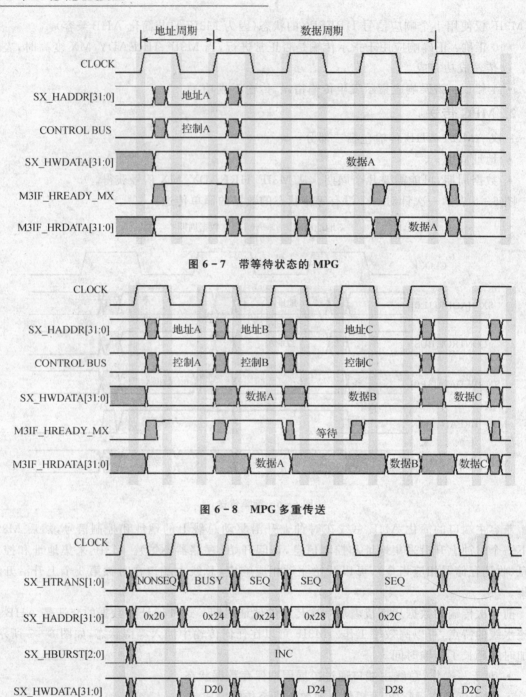

图 6-7 带等待状态的 MPG

图 6-8 MPG 多重传送

图 6-9 MPG 传送阶段实例

- 第 1 阶段的传输发生在猝发起点,即 NON-SEQUENTIAL。
- 主端口不能立即执行第 2 阶段的猝发传输,主端口使用 BUSY 传输,延迟下一阶段传输的起点(在 M3IF 用 HREADY 高电平查看 BUSY 后,继续给 HREADY 高电平直至 HTRANS 总线 BUSY 发生变化为止,然后由 HREADY 承担)。这个例子中,主端口猝发时准备开始下一阶段传输前,不需要等待状态。
- 主端口立即执行第 3 阶段猝发传输,但这时 M3IF 不能完成,用 M3IF_HREADY_MX 插入单个等待状态。
- 猝发的最后一阶段传输用零等待状态完成。

### 3. MPG 猝发操作

AMBA AHB 协议中定义了 4、8、16 拍猝发,增加了未定义加长猝发和单次传输。协议支持加长猝发和遮掩猝发。

SX_HBURST[2:0]信号提供猝发信息。猝发尺寸表示猝发中拍的数目,不是传送的字节数。猝发中传输的全部数据等于猝发拍数乘以每拍中的数据,由 SX_HSIZE[1:0]指示。猝发尺寸用于连接 SX_HBURST[2:0]信号确定遮掩猝发地址范围。

猝发期间所有传输必须排列到等于传送尺寸的地址边界上(必须是关注的字)。例如,字的传送必须排列到字地址边界(即 A[1:0]=00)。如果执行一次未排列的访问,HUNALIGN 信号必须确认为高电平,各自的 HBSTRB 总线必须由主端口给出。图 6-10 和图 6-11 分别表示 4 拍遮掩和加长猝发。

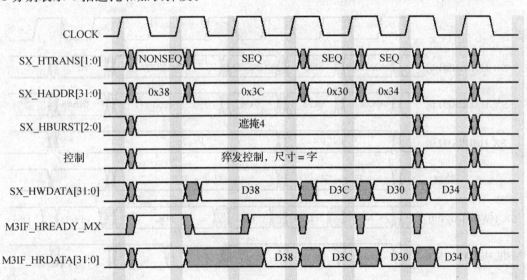

图 6-10 MPG 4 拍遮掩猝发

### 4. MPG 早期猝发终止

M3IF 可以通过监视 SX_HTRANS[1:0]信号和确认猝发后每一个传输标记为"连续"或"忙"来确定何时猝发提前终止。如果在猝发中间发生"不连续"传输,则指示新的猝发开始,因此前面的猝发必须立即终止。如果在猝发中间发生"空闲"传输,则指示该猝发应该立即终止。如果主端口因为丢失总线所有权不能完成猝发(例如,在猝发访问期间,MAX 内部仲裁

# 第6章 存储器接口

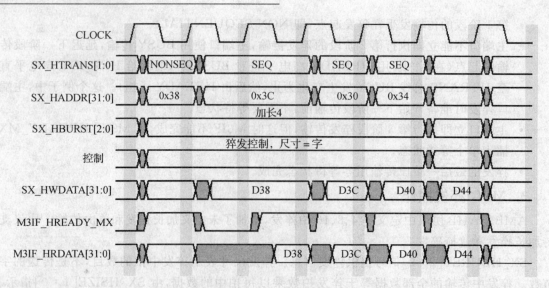

图 6-11 MPG 4拍加长猝发

逻辑使 MAX 的从端口 SX_HTRANS[1：0]处于空闲状态，意味着几个 MAX 主端口丢失总线所有权），再次获得总线访问权时必须重新建立猝发。例如，如果主端口仅完成四拍猝发的一拍，必须用未定义长度猝发完成留下的三拍传输。图16-12表示未定义长度加长猝发在前面 INCR4 猝发访问仲裁后开始。

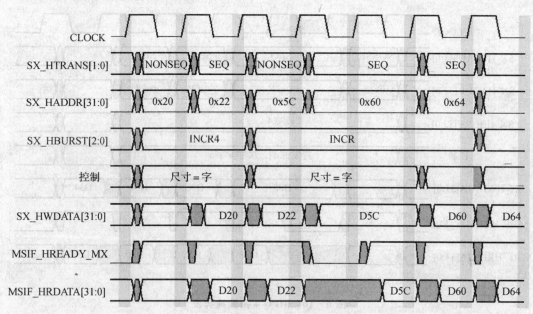

图 6-12 MPG 未定义长度猝发

### 5. MPG64

MPG64 为64位数据总线系统端口，参见表6-3和图6-13。

表 6-3 MPG64 支持的猝发访问

| HBURST | 类型 | ESDCTL | | EIM | | NFC | | PCMCIA | |
|---|---|---|---|---|---|---|---|---|---|
| | | 32位 | 64位 | 32位 | 64位 | 16/32位 | 64位 | 8/16位 | 64位 |
| 000 | 单个 | 是 | 是 | 是 | 是 | 是 | 是 | 是 | 否 |
| 001 | INCR | 是 | 是 | 是 | 是 | 是 | 是 | 是 | 否 |
| 010 | WRAP4 | 是 | 是 | 是 | 是 | 否 | 否 | 是 | 否 |
| 011 | INCR4 | 是 | 是 | 是 | 是 | 是 | 是 | 是 | 否 |
| 100 | WRAP8 | 是 | 否 | 是 | 否 | 否 | 否 | 是 | 否 |
| 101 | INCR8 | 是 | 是 | 是 | 是 | 是 | 是 | 是 | 否 |
| 110 | WRAP16 | 否 | 否 | 是 | 否 | 是 | 否 | 是 | 否 |
| 111 | INCR16 | 否 | 否 | 是 | 是 | 是 | 是 | 是 | 否 |

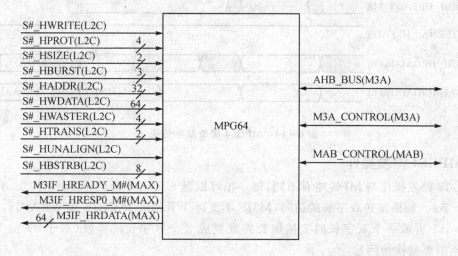

图中：L2C—第 2 层 Cache；MAB—主端口仲裁和缓冲；S#—L2C 端口编号；M#—M3IF 主端口编号（从 0 到 8）

图 6-13 MPG64 端口接口框图

## 6. MPG64 传输

AMBA AHB 的访问均为 32 位，要进行 64 位访问时，由于数据端口是 32 位（1 个字）宽，传输每一个 64 位（双字）要分 2 次，所以一次 MPG64 的 64 位读写访问要分成 2 次 32 位的访问。4 个双字长度猝发要变成 8 个单字（32 位）长度猝发，8 个双字长度猝发变成 2 个 8 字长度（32 位）猝发。但 32 位的 MDDR 不需要 MPG64 模块变换访问长度，因为 64 位可以由 MDDR 在一个周期内传输。

图 6-14 表示最简单的单个双字长传输，一个数据有 2 个等待状态（1 个周期作转换，1 个周期对 32 位作 2 次访问）。
- 主端口在时钟上升沿驱动总线上的地址和控制信号；
- M3IF 采集地址和控制信息，将其变换为 2 个不同的 32 位的单次访问；
- 在 SDRAM 上完成第 1 次和第 2 次访问；
- 在 MPG 中已介绍了每一个单次的访问；

## 第6章 存储器接口

- 64位主端口的响应类似 AMBA AHB 响应。

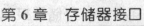

图 6-14 MPG64 简单双字传送

### 7. MPG64 猝发操作

MPG64 猝发操作与 MPG 略有不同,每一拍可以是 8、16、32 或 64 位(1 个字节/半个字/1 个字/2 个字)。如果发送双字长的访问,M3IF 不支持 WRAP8、INCR16 和 WRAP16。

图 6-15 表示一个双字长的 8 拍加长猝发变成 2 个 8 字长的猝发(对于 32 位 MDDR,MPG64 不需要变换访问)。

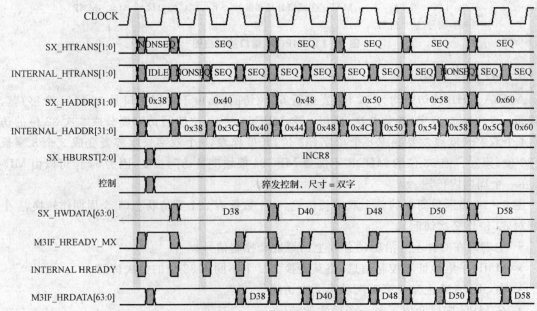

图 6-15 MPG64 对 32 位 SDRAM 的双字 8 拍加长猝发

## 6.1.5 M3IF 仲裁

M3IF 仲裁(M3A)是一个可编程仲裁器。所有来自不同主端口的请求保持至仲裁器同意访问为止。仲裁由轮询调度算法实施,该算法准予对拥有标记的主端口进行访问。在主端口拥有这个标记但不要求访问(对一个 M3IF 从端口)的情况下,同意总线对最近带有高的轮询调度算法编号的请求的主端口进行访问,参见图 6-16。

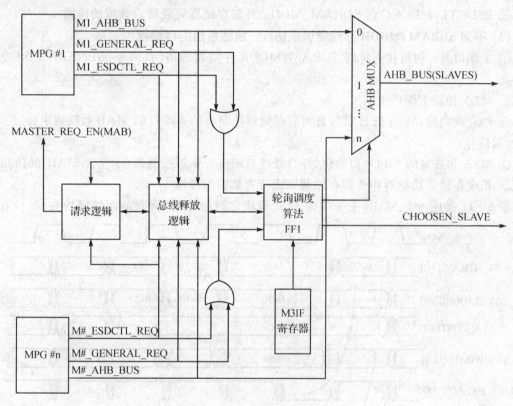

图 6-16 M3A 框图

内部总线信号的释放指示选择新的主端口的 FF1 算法。M3A 通过监视有效主端口(同意访问的主端口)的 HTRANS 总线的方法确认 bus_free 信号为高。M3A 一发现访问完成(HTRANS 等于 NONSEQ,或带 HREADY 的 IDLE 确认为高),根据信号轮询调度值允许新的端口获得访问。当新端口获得一次访问时,M3A 将从该端口将 AHB 总线时序传送到带有指定存储器控制器 hsel 信号的所有的存储器控制器(其它的将是低 hsel)。

因为 MAB 能根据 ESDCTL 和 MAB 之间的内部握手信号得到多重访问和对 ESDCTL 的访问,M3A 允许在对上一次要完成的访问在没有等待情况下对 MAB 进行多重访问。

如果访问是对 ESDCTL 的,M3A 通过对 MAB 的请求;如果带有标记的主端口访问 ESDCTL,将通过新的对 MAB 的访问(上一次主端口访问完成前)。如果请求是针对不同的存储器控制器,M3A 保持访问直至所有 MAB(ESDCTL 访问)中的未决传输完成为止。在对 MAB 进行多重访问的情况下,MAB 完成所有输入请求时,bus_free 信号为高电平。有两条不同的访问路径。

# 第6章 存储器接口

**(1) 对 SDRAM/MDDR 的访问请求：包括 ESDCTL/MDDRC 存储器控制器**

① 主端口#x 初始化对 SDRAM/MDDR 存储器的访问，M#_ESDCTL_REQ 信号为高

② M3A 仲裁主端口请求

③ 仲裁成功后，M3A 通过对 MAB(设置 MASTER_REQ_EN 信号为1)的请求

④ MAB 和各自的 MPG(初始化访问)直接处理对 ESDCTL/MDDRC(M3A 不包含)的访问

⑤ ESDCTL/MDDRC 和 SDRAM/MDDR 外部存储器完成所有数据的传输

**(2) 不对 SDRAM/MDDR 存储器请求访问：包括各自的存储器控制器**

① 主端口#x 初始化不针对 SDRAM/MDDR 存储器的访问，M#_GENERAL_REQ 信号为高

② M3A 仲裁主端口请求

③ 仲裁成功后，M3A 通过对各自相应存储器控制器的主端口的 MAB 总线请求(地址、数据、控制信号)

④ M3A 和各自的 MPG(初始化访问)处理对相应存储器控制器(不包含 MAB)的访问

⑤ 相应存储器控制器和外部存储器完成所有数据的传输

图 6-17 描述一个 M3IF 主端口和 EIM 模块之间的传送(所有前面访问均完成，没有其

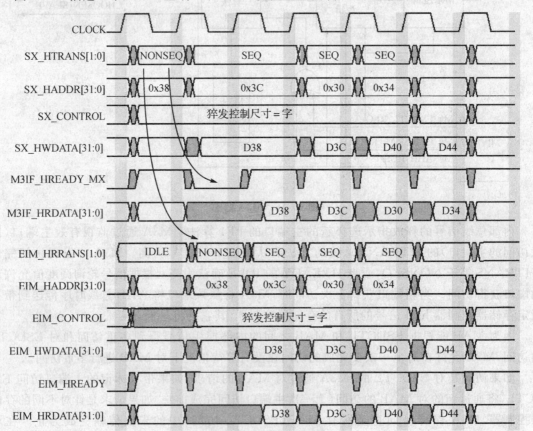

**图 6-17　M3IF 传送定时图**

他未决请求)。访问开始时有一个时钟周期的损失。MPG 采集访问的相关信号和未确认的到主端口的 HREADY 信号,直至从目标确定该访问(EIM_HREADY 高、EIM_NONSEQ 周期)为止。从目标(该例中的 EIM)确定请求(HREADY 高、EIM_NONSEQ 周期)后,访问流量(控制和数据)处于主端口和从目标(EIM)之间。

#### 1. M3A 的 FF1 算法

用基于轮询调度算法的 FF1(寻找第 1 个 1)算法对各种请求进行仲裁(见图 6-18)。如果 2 个或更多的主端口请求对 M3IF 访问,带有标记的主端口或第 1 个接收标记的主端口(在带有标记的主端口不请求访问情况下)将得到 AHB 总线控制,使 MAB 请求信号有效。例如,如果同时请求访问端口 1、0 和 6,标记在端口 2,由于端口 6 首先接收标记,则它得到 AHB 总线控制,或它到 AHB 的请求信号有效(将减少仲裁时间,该例子中节约 4 个时钟周期)。轮询调度算法指针在两种情况下增加其数值:带有标记的端口不请求访问,或带有标记的端口请求访问,且得到 AHB 总线使能请求。在主端口得到 AHB 总线使能请求期间,轮询调度算法指针数将增加。如果主端口请求一次访问,有标记,但未得到访问,因为没有新的访问可以传递,轮询调度算法将不增加直至主端口得到 AHB 总线使能请求为止。

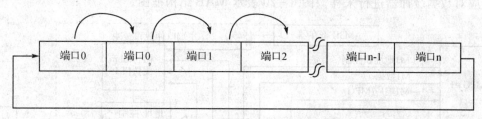

图 6-18　M3A 轮询调度算法标记链——等于优先权

采用 M3IF 控制寄存器的 MRRP 位与不同优先级结合的方法实施对轮询调度算法的编程。MRRP 等于 0 时,端口无优先权,取得访问的可能性相同。MRRP 的 1 个或多个位设置为 1,则优先权变化,所有带该设置位的端口将得到访问的 50% 优先权。例如,如果端口 1 和 4 的 MRRP 相关位设置为 1,则端口 1 和 4 一起取得访问的 50% 优先权。如果只有 1 位设置为 1,对应端口(它的位设置为 1)独自拥有得到访问的 50% 优先权。

50% 优先权只针对轮询调度算法。如果没有带标记的有优先权的端口(MRRP 位未设置)正在等待总线,从优先端口(对应的 MRRP 位设置)进来新的请求在前面端口请求完成前将得不到访问。

由于 bus_free 循环为低,没有新的端口可以赢得访问,因为端口 0 请求访问,轮询调度算法未改变它的值。轮询调度算法停在端口 0 上直至它得到对总线的访问。

完成前面访问后,bus_free 循环为高,所以端口 0 将得到对总线的访问,轮询调度算法将变更它的值。bus_free 为低意思是访问在进行。

此外,优先端口不能也不会终止其他端口进行的访问。图 6-19 表示处于 MRRP 配置为 8'b00010010——端口 1 和 4 设置为 1 的轮询调度算法链。

#### 2. bus_free 信号算法

bus_free 信号为高时,表示新的端口能得到访问。bus_free 在下面情况下为高电平:
- 先期的访问是非 ESDCTL 访问,得到的访问与 NONSEQ 或 IDLE 和 HREADY 一样;

## 第6章 存储器接口

图 6-19 M3A 轮询调度算法标记链——端口 1 和 4 有 50% 优先权

- 先期访问是 ESDCTL 访问，新的得到访问的也是一个 ESDCTL 访问；
- 先期访问或 ESDCTL 处理的访问和所有先期的访问均结束。

### 3. 主端口仲裁和缓冲

MAB 仲裁采用与 M3A 相同的可编程仲裁方法。所有从不同端口来的请求保持直至仲裁同意访问为止。主端口仲裁和缓冲（MAB）用 ESDCTL 进行通信，在最早可能时刻同意访问。例如，ESDCTL 准备处理一个新的存储器请求。每一次 ESDCTL 能得到新的访问，新的访问采集到控制和数据缓冲器，ESDCTL 在访问进行中接收稳定的输入。根据 ESDCTL 写应答响应对数据缓冲器进行采样。图 6-20 表示 MAB 结构框图。

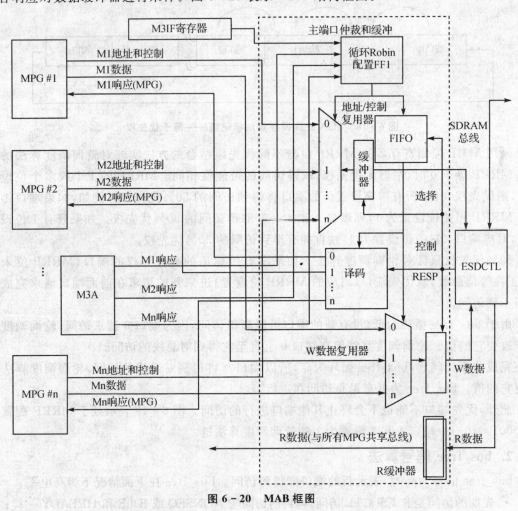

图 6-20 MAB 框图

### 4. M3B 的 FF1 算法

M3B 的仲裁算法与 M3A 的仲裁算法相同。每次 NEW_ACCESS 变成高电平表示 ESDCTL 准备处理新的存储器请求,这意味着先期请求或已完成或由 SDRAM 存储器控制。在同一个时钟周期,存储器端口认可带标记的主端口。图 6-21 表示 4 个端口的请求仲裁过程。在第 1 个时钟周期,主端口 M0、M1 和 M2 同时请求存储器端口。在时钟上升沿(NEW_ACCESS 高电平时)读端口 M0 带标记,所以存储器端口由 M0 控制(观察 MASTER_CONTROL 信号)。这时,所有 M3IF_HREADY_M# 信号为低,除先期服务的端口 M3IF_HREADY_M3。

下面的请求发生相同的仲裁过程。端口 M1 有标记,得到对 ESDCTL 的访问(查看 MASTER_CONTROL)。端口 M0 的 HREADY 为高,完成上一次访问。几个时钟周期后,由于新的访问,M0 再次确认请求信号。

一旦主端口有控制,保存其他请求,意味着其 M3IF_HREADY_M# 为低电平。当前端口拥有对存储器端口的控制,直至完成该次请求传送为止。得到对存储器端口访问的新的主端口是带标记的。MAB 的地址/数据复用器和 W 数据复用器用轮询调度算法连接选择的主端口,当新的访问到达时,用 MAB 采集复用器输出,将稳定的总线提供给 ESDCTL。ESDCTL 探测到新的访问时,可以开始存储器和端口间的数据传输。为了让 MAB 同时服务一个以上的端口,用循环 4 进入带 2 个指针(读写)的 FIFO。译码模块使用 FIFO 的读指针,作为存储器响应信号和 W 数据复用器的选择器,而 FIFO 写指针将新的端口添加到 FIFO 入口。因为 ESDCTL 隐匿了延时,先期访问结束前新的访问可以开始。这就是为什么 MUX 控制应当分别针对 ESDCTL 信息和 ESDCTL 响应进行,图 6-21 表示 MAB 仲裁过程时序框图。

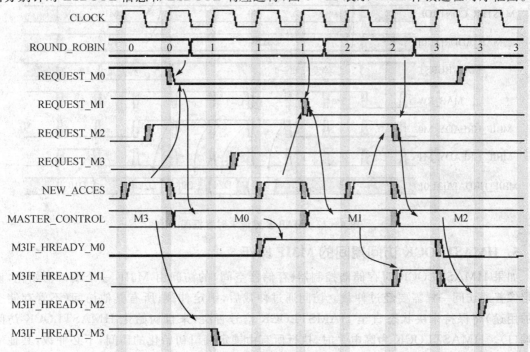

图 6-21 MAB 仲裁过程时序框图

## 第 6 章 存储器接口

图 6-22 详细表示多重主端口存储器请求时序图。图中分别表示存储器请求(AMBA AHB)信号和由 MPG 和 MAB 将其转换到 ESDCTL 的 2 个主端口。M3IF_HREADY_M# 信号表示 HRDATA 时序。采用端口级的 M3IF_HREADY_M# 信号完成仲裁时，存储器的 HRDATA 总线(读传送期间)与所有呈现的端口共享(除 MPG64 译码后变成 64 位总线的 64 位端口)。

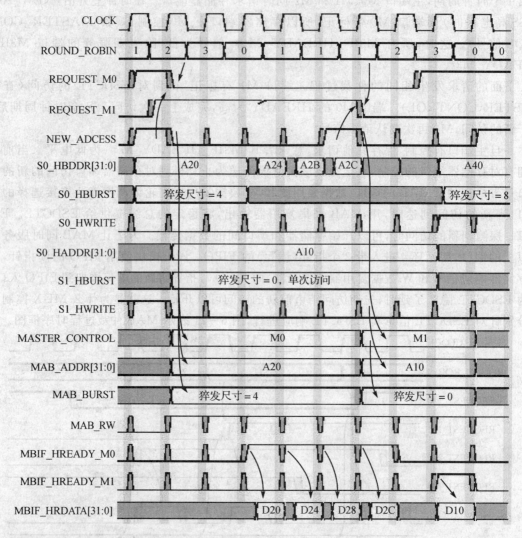

图 6-22 MAB 多重请求时序框图

### 5. HMASTLOCK 访问期间的 M3IF 操作

如果 HMASTLOCK 对存储器控制器(存储器空间)的访问由 M3IF 一个端口初始化，该请求像普通访问一样需要经过仲裁。访问通过仲裁后，锁定仲裁，所有其他访问(不管存储空间的用途)将保持未决状态直至 HAMSTLOCK 信号否决(来自初始化 HMASTLOCK 访问的端口)。HMASTLOCK 为高电平时，执行所有由锁定端口初始化的访问，不必仲裁，其他端口访问将等待裁决。

### 6. 窥视逻辑

M3IF 窥视（图像处理单元 IPU 使用）监视和探测 M3IF 配置的一个存储器单元中可配置窗（窥视窗）的写访问。M3IFSCFG0 寄存器可配置窥视窗的基本地址、存储器单元和窗尺寸参数。窥视窗分为 64 个相同尺寸的段。对窥视窗探测写访问将导致：

- 设置 M3IFSSR0 和 M3IFSSR1 寄存器中不同段的状态位；
- 如果设置窥视段使能位，在 1 个时钟周期内确认 DMA_ACCESS 的选通。通过 2 个窥视配置寄存器 M3IFSCFG1 和 M3IFSCFG2 配置窥视段的使能位。软件职责是清除窥视段状态位，窥视段状态位将针对每一个窥视探测进行设置，不管其值如何。

## 6.1.6 初始化应用信息

下面介绍一个在给定系统中 M3IF 初始化、整合和配置范例。系统需求是：

- 几个具有外部存储器访问能力的端口：
  — 通过 AP MAX 交叉开关几个主端口访问；
  — ARM I Cache：32 位数据总线；
  — ARM D Cache：32 位数据总线。
- 系统用 2 个 SDRAM 存储器（32 位）、1 个 32 位 Flash（通过 WEIM CS0）和 1 个 SRAM（通过 WEIM CS1）。

图 6-23 表示系统的 M3IF 架构。所有上述主端口连接到 M3IF 端口上。

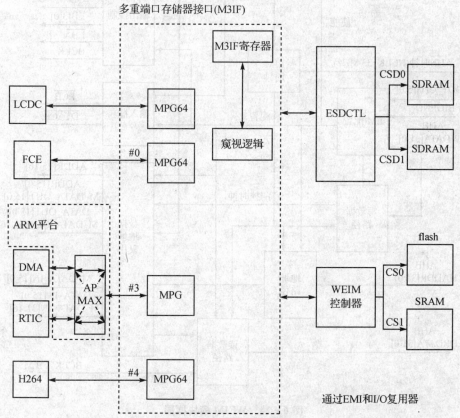

图 6-23 M3IF 系统实例

## 6.2 无线外部接口模块

无线外部接口模块(WEIM)处理芯片外部设备接口,产生片选、时钟和对外围设备及存储器的控制信号。它提供带 SRAM 接口的同步和异步访问。图 6-24 给出 WEIM 模块框图。

该模块具有如下特点:
- 6 个外设片选,$\overline{CS0}$ 和 $\overline{CS1}$ 各包含 128 MB,$\overline{CS2}$~$\overline{CS5}$ 各包含 32 MB;
- 不用 $\overline{CS1}$ 时,$\overline{CS0}$ 可扩展为 256 MB;
- 每一个片选的可选择保护;
- 用可编程设置和保持时间对控制信号的异步访问;
- 同步存储器猝发读模式支持 AMD、Intel 和 Micron 猝发闪存;
- 同步存储器猝发写模式支持 PSRAM;
- 支持多重地址/数据总线操作;

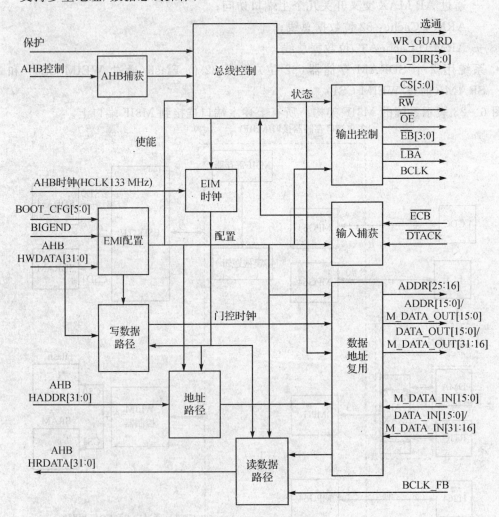

图 6-24 WEIM 模块框图

- 利用$\overline{\text{DTACK}}$信号对外部时钟终止/延迟；
- 每个片选的可编程等待状态发生器；
- 支持每次访问操作的大、小字节序模式；
- ARM AHB 从接口。

WEIM 有 6 种运行模式，不需要特定的低功率模式，因为不对 WEIM 访问时，许多时钟可以控制。

- 异步模式，一种用于 SRAM 访问的无猝发模式。在这种模式下，每次访问读/写一个数据。所有的控制定时器都被片选控制寄存器中的预设值所控制。
- 同步读模式，用于读取闪存设备的猝发模式。该模式中地址认可后，可以读取一个连续数据的猝发。根据 WEIM 产生的 BCLK 时钟完成数据交换。第一个数据字后外部$\overline{\text{ECB}}$信号的确认可以推迟访问。
- 页模式，用作存储器猝发读取，但在$\overline{\text{LBA}}$和 BCLK 异步工作时，要认可每个数据的地址。这种模式下，第一个数据猝发的设置时间大于剩余的数据猝发（在同一页面）。
- 同步读/写模式（PSRAM 同步模式）。在这种模式下，读和写是同步的。在第一个数据片到达之前（刷新等待有效），根据$\overline{\text{ECB}}$状态，访问可能附带延迟。
- DTACK 模式，用于对 PCMIA 访问的无猝发模式。这种模式下，WEIM 等待$\overline{\text{DTACK}}$应答，直到 AHB 时钟完成 1 024 计数。这种模式下，$\overline{\text{DTACK}}$用作可根据设置的 WSC 位和 EW 位后沿或电平触发。
- 多重地址/数据模式。这种模式下，对 32 位宽度存储设备的同步/异访问支持同一引脚上复用地址和数据。

## 6.2.1 编程方法

WEIM 模块包括 19 个用户能访问的 32 位寄存器。其中一个称为 WEIM 配置寄存器（WCR）的通用寄存器，包含为一定操作模式配置 WEIM 的控制位。其他 18 个寄存器是片选控制寄存器 0～5（包括上、下和附加）（CSCR0U、CRCR0L、CRCR0A，…，CSCR5U、CSCR5L、CSCR5A）和 6 个片选控制寄存器 0～5（CSCR0～CSCR5）。CSCR0 控制寄存器的设计略有不同，因为该寄存器根据 BOOT_CFG 输入复位状态位。这些寄存器只有在管理模式下用 32 位读写操作进行访问。除表 6-4 和表 6-5 中寄存器外，用户不应对在其他地址单元的寄存器寻址。

表 6-4 WEIM 存储器配置

| 地 址 | 定 义 | 复 位 |
| --- | --- | --- |
| 0xD800_2000(CSCR0U) | 片选 0 上方控制寄存器 | 0x0000_1E00 |
| 0xD800_2004(CSCR0L) | 片选 0 下方控制寄存器 | 0x000_081 |
| 0xD800_2008(CSCR0A) | 片选 0 附加控制寄存器 | 0x0000_000 |
| 0xD800_2010(CSCR1U) | 片选 1 上方控制寄存器 | 0x0000_0000 |
| 0xD800_2014(CSCR1L) | 片选 1 下方控制寄存器 | 0x0000_0000 |
| 0xD800_2018(CSCR1A) | 片选 1 附加控制寄存器 | 0x0000_0000 |
| 0xD800_2020(CSCR2U) | 片选 2 上方控制寄存器 | 0x0000_0000 |

续表 6-4

| 地　　址 | 定　　义 | 复　位 |
|---|---|---|
| 0xD800_2024(CSCR2L) | 片选2下方控制寄存器 | 0x0000_0000 |
| 0xD800_2028(CSCR2A) | 片选2附加控制寄存器 | 0x0000_0000 |
| 0xD800_2030(CSCR3U) | 片选3上方控制寄存器 | 0x0000_0000 |
| 0xD800_2034(CSCR3L) | 片选3下方控制寄存器 | 0x0000_0000 |
| 0xD800_2038(CSCR3A) | 片选3附加控制寄存器 | 0x0000_0000 |
| 0xD800_2040(CSCR4U) | 片选4上方控制寄存器 | 0x0000_0000 |
| 0xD800_2044(CSCR4L) | 片选4下方控制寄存器 | 0x0000_0000 |
| 0xD800_2048(CSCR4A) | 片选4附加控制寄存器 | 0x0000_0000 |
| 0xD800_2050(CSCR5U) | 片选5上方控制寄存器 | 0x0000_0000 |
| 0xD800_2054(CSCR5L) | 片选5下方控制寄存器 | 0x0000_0000 |
| 0xD800_2058(CSCR5A) | 片选5附加控制寄存器 | 0x0000_0000 |
| 0xD800_2060(WCR) | WEIM配置寄存器(WCR) | 0x0000_0100 |

注：均为读写访问。

表 6-5　WEIM 片选存储器配置

| 地　　址 | 用　　途 | 访　问 |
|---|---|---|
| 0xC000_0000...0xC7FF_FFFF | $\overline{CS0}$ 存储器区域 | R/W |
| 0xC800_0000...0xCFFF_FFFF | $\overline{CS1}$ 存储器区域 | R/W |
| 0xD000_0000...0xD1FF_FFFF | $\overline{CS2}$ 存储器区域 | R/W |
| 0xD200_0000...0xD3FF_FFFF | $\overline{CS3}$ 存储器区域 | R/W |
| 0xD400_0000...0xD5FF_FFFF | $\overline{CS4}$ 存储器区域 | R/W |
| 0xD600_0000...0xD7FF_FFFF | $\overline{CS5}$ 存储器区域 | R/W |

表 6-6　WEIM 寄存器

| 名称 | | 31 | 30 | 29 | 28 | 27 | 26 | 25 | 24 | 23 | 22 | 21 | 20 | 19 | 18 | 17 | 16 |
|---|---|---|---|---|---|---|---|---|---|---|---|---|---|---|---|---|---|
| | | 15 | 14 | 13 | 12 | 11 | 10 | 9 | 8 | 7 | 6 | 5 | 4 | 3 | 2 | 1 | 0 |
| 0xD800_2000 (CSCR0U) | R | SP | WP | BCD | | BCS | | | | PSZ | | PME | SYNC | DOL | | | |
| | W | | | | | | | | | | | | | | | | |
| | R | CNC | | WSC | | | | | | EW | | WWS | | EDC | | | |
| | W | | | | | | | | | | | | | | | | |
| 0xD800_2004 (CSCR0L) | R | OEA | | | OEN | | | | EBWA | | | | EBWN | | | | |
| | W | | | | | | | | | | | | | | | | |
| | R | CSA | | | EBC | | DSZ | | | CSN | | | | PSR | CRE | WRAP | CSEN |
| | W | | | | | | | | | | | | | | | | |
| 0xD800_2008 (CSCR0A) | R | EBRA | | | EBRN | | | | RWA | | | | RWN | | | | |
| | W | | | | | | | | | | | | | | | | |
| | R | MUM | LAH | | LBN | | LBA | | DWW | | DCT | | WWU | AGE | CNC2 | | FCE |
| | W | | | | | | | | | | | | | | | | |

续表 6-6

| 名称 | | | 31 | 30 | 29 | 28 | 27 | 26 | 25 | 24 | 23 | 22 | 21 | 20 | 19 | 18 | 17 | 16 |
|---|---|---|---|---|---|---|---|---|---|---|---|---|---|---|---|---|---|---|
| | | | 15 | 14 | 13 | 12 | 11 | 10 | 9 | 8 | 7 | 6 | 5 | 4 | 3 | 2 | 1 | 0 |
| 0xD800_2010 (CSCR1U) | R W | | SP | WP | BCD | | BCS | | | | PSZ | PME | | SYNC | DOL | | | |
| | R W | | CNC | | | | WSC | | | | EW | | WWS | | EDC | | | |
| 0xD800_2014 (CSCR1L) | R W | | | OEA | | | | OEN | | | | EBWA | | | | EBWN | | |
| | R W | | | CSA | | EBC | | DSZ | | | | CSN | | PSR | CRE | WRAP | CSEN | |
| 0xD800_2018 (CSCR1A) | R W | | | EBRA | | | | EBRN | | | | RWA | | | | RWN | | |
| | R W | | MUM | LAH | | | LBN | | LBA | | DWW | | DCT | | WWU | AGE | CNC2 | FCE |
| 0xD800_2020 (CSCR2U) | R W | | SP | WP | BCD | | BCS | | | | PSZ | PME | | SYNC | DOL | | | |
| | R W | | CNC | | | | WSC | | | | EW | | WWS | | EDC | | | |
| 0xD800_2024 (CSCR2L) | R W | | | OEA | | | | OEN | | | | EBWA | | | | EBWN | | |
| | R W | | | CSA | | EBC | | DSZ | | | | CSN | | PSR | CRE | WRAP | CSEN | |
| 0xD800_2028 (CSCR2A) | R W | | | EBRA | | | | EBRN | | | | RWA | | | | RWN | | |
| | R W | | MUM | LAH | | | LBN | | LBA | | DWW | | DCT | | WWU | AGE | CNC2 | FCE |
| 0xD800_2030 (CSCR3U) | R W | | SP | WP | BCD | | BCS | | | | PSZ | PME | | SYNC | DOL | | | |
| | R W | | CNC | | | | WSC | | | | EW | | WWS | | EDC | | | |
| 0xD800_2034 (CSCR3L) | R W | | | OEA | | | | OEN | | | | EBWA | | | | EBWN | | |
| | R W | | | CSA | | EBC | | DSZ | | | | CSN | | PSR | CRE | WRAP | CSEN | |

续表 6-6

| 名称 | | 31 / 15 | 30 / 14 | 29 / 13 | 28 / 12 | 27 / 11 | 26 / 10 | 25 / 9 | 24 / 8 | 23 / 7 | 22 / 6 | 21 / 5 | 20 / 4 | 19 / 3 | 18 / 2 | 17 / 1 | 16 / 0 |
|---|---|---|---|---|---|---|---|---|---|---|---|---|---|---|---|---|---|
| 0xD800_2038 (CSCR3A) | R | | EBRA | | | EBRN | | | | RWA | | | | RWN | | | |
| | W | | | | | | | | | | | | | | | | |
| | R | MUM | LAH | | | LBN | | | LBA | | | DWW | | DCT | | WWU | AGE | CNC2 | FCE |
| | W | | | | | | | | | | | | | | | | |
| 0xD800_2040 (CSCR4U) | R | SP | WP | BCD | | BCS | | | PSZ | | PME | SYNC | DOL | | | |
| | W | | | | | | | | | | | | | | | | |
| | R | CNC | | WSC | | | | EW | | WWS | | | EDC | | | |
| | W | | | | | | | | | | | | | | | | |
| 0xD800_2044 (CSCR4L) | R | | OEA | | | OEN | | | EBWA | | | | EBWN | | | |
| | W | | | | | | | | | | | | | | | | |
| | R | | CSA | | EBC | | DSZ | | | CSN | | PSR | CRE | WRAP | CSEN |
| | W | | | | | | | | | | | | | | | | |
| 0xD800_2048 (CSCR4A) | R | | EBRA | | | EBRN | | | | RWA | | | | RWN | | | |
| | W | | | | | | | | | | | | | | | | |
| | R | MUM | LAH | | | LBN | | | LBA | | | DWW | | DCT | | WWU | AGE | CNC2 | FCE |
| | W | | | | | | | | | | | | | | | | |
| 0xD800_2050 (CSCR5U) | R | SP | WP | BCD | | BCS | | | PSZ | | PME | SYNC | DOL | | | |
| | W | | | | | | | | | | | | | | | | |
| | R | CNC | | WSC | | | | EW | | WWS | | | EDC | | | |
| | W | | | | | | | | | | | | | | | | |
| 0xD800_2054 (CSCR5L) | R | | OEA | | | OEN | | | EBWA | | | | EBWN | | | |
| | W | | | | | | | | | | | | | | | | |
| | R | | CSA | | EBC | | DSZ | | | CSN | | PSR | CRE | WRAP | CSEN |
| | W | | | | | | | | | | | | | | | | |
| 0xD800_2058 (CSCR5A) | R | | EBRA | | | EBRN | | | | RWA | | | | RWN | | | |
| | W | | | | | | | | | | | | | | | | |
| | R | MUM | LAH | | | LBN | | | LBA | | | DWW | | DCT | | WWU | AGE | CNC2 | FCE |
| | W | | | | | | | | | | | | | | | | |
| 0xD800_2060 (WCR) | R | | | | | | | | | | | | | ECP5 | ECP4 | ECP3 | ECP2 |
| | W | ECP1 | ECP0 | AUS5 | AUS4 | AUS3 | AUS2 | AUS1 | AUS0 | | | | | BCM | | MAS |

表 6-4 和表 6-5 分别给出 WEIM 存储器配置和片选存储器配置。表 6-6 给出 WEIM 模块寄存器的归纳总结。控制芯片选择的 96 位分为 3 个寄存器：片选上方控制寄存器

(CSCRxU)、片选下方控制寄存器(CSCRxL)和片选附加控制寄存器(CSCRxA)。
- [95：64]片选 x 上方控制寄存器；
- [63：32]片选 x 下方控制寄存器；
- [31：0]]片选附加控制寄存器。

### 6.2.2 功能描述

WEIM 支持字节、半字和全字操作数，允许访问 8 位、16 位和复用 32 位端口的操作数。端口尺寸可以通过对应片选控制寄存器的 DSZ 位进行编程。此外，用于对 8 位端口传输的数据总线部分可通过同一个 DSZ 位进行编程。8 位端口可以驻留在 DATA_IN/OUT 总线的第 15 到第 8 位或第 7 到第 0 位，16 位端口可以驻留在 DATA_IN/OUT 总线第 15 到第 0 位，32 位复用端口可以驻留在 M_DATA_IN/OUT 总线第 31 到第 0 位。

一个字对 8 位端口的访问需要 4 个外部总线周期完成传输；对 16 位端口的访问需要 2 个外部总线周期；半个字对 8 位端口的访问需要 2 个外部总线周期完成传输。多周期传输中，适当增加 2 个地址位(ADDR[1：0])。根据 DSZ 位和 AUS 位配置 WEIM 地址总线。因此，半个字或 1 个字宽度的端口需要右移 AHB 地址 1 位或 2 位。WEIM 具有数据复用功能，接收 AHB 接口数据总线 4 个字节，将其安排到存储器和外设接口所需的位置上。

### 6.2.3 WEIM 工作模式

WEIM 有 9 个由控制位选择的工作模式，如表 6-7 所示。

表 6-7 WEIM 工作模式位设置

| 控制位 | | | | | 工作模式描述 |
| --- | --- | --- | --- | --- | --- |
| SYNC | PME | MUM | EW | WSC | |
| 0 | 0 | 0 | 0 | <11_1111 | 异步 |
| | | 1 | 0 | | 异步复用 |
| | | 0 | 1 | | 异步电平触发 DTACK 模式 |
| | | 0 | 0 | 11_1111 | 异步后沿触发 DTACK 模式 |
| | 1 | 0 | 0 | | 页模式模拟 |
| 1 | 0 | 0 | 0 | <11_1111 | 同步猝发，在 ECB 上重新启动 |
| | | 1 | 0 | | 同步多重猝发，在 ECB 上重新启动 |
| | | 0 | 1 | | 同步猝发，在 ECB 上等待 |
| | | 1 | 1 | | 同步多重猝发，在 ECB 上等待 |

**1. 猝发模式存储器操作**

存储器猝发模式有效时(SYNC=1)，WEIM 将 AHB 猝发访问转变为存储器猝发访问，受限于预置 PSZ 值的存储器猝发长度、存储器和未匹配的 AHB WRAP/INC 边界交叉口。WEIM 只显示最先访问的存储器猝发序列地址，除非设置页面模式模拟(PME)位。WEIM 可以从一些 AHB 序列访问中转换为 1 个或几个存储器猝发，但不能从 2 个 AHB 非顺序访问转换为 1 个存储器猝发。

## 第6章 存储器接口

对于存储器猝发序列中第1次访问，WEIM认可$\overline{\text{LBA}}$，使外部猝发器件锁定开始的猝发地址，然后将猝发时钟（BCLK）固定在预先确定的时钟个数上，锁定第1个数据单元。后来的访问数据单元能在几个时钟周期猝发，实现所有总线宽度的增加。WEIM检测出下列情况时存储器猝发访问终止：

- 下一次AHB访问不连续；
- 下一次连续访问与AHB和存储器上不同条件边界交叉（限制/增加猝发长度）；
- 达到当前存储器猝发长度；
- 外部猝发设备请求需要附加周期找回下一次请求的存储器单元。

在最后一种情况，猝发存储设备提供一个$\overline{\text{ECB}}$（或等待）反馈信号到WEIM，必须随时终止或延缓正在进行猝发的序列。如果EW=0，WEIM初始化新的（第1次访问）存储器猝发序列，如果EW=1，WEIM只等待$\overline{\text{ECB}}$，继续当前存储器猝发序列。加之EW=1允许等待状态计数器终止后插入状态，但$\overline{\text{ECB}}$仍然认可。这里，应当产生新存储器猝发序列。同步模式也用作猝发RAM，PSR=1时支持存储器猝发写。

### 2. 猝发时钟分频器

在有些情况，必须减慢与内部总线关联的外部总线速度，使其能访问最高工作频率小于内部总线工作频率的猝发设备。在猝发模式，内部AHB总线频率经2、3、4分频，输出到外部总线上。编程BCD将影响外部总线信号$\overline{\text{LBA}}$和BCLK。根据LBA编程，确认$\overline{\text{LBA}}$信号，保留确认至第1个BCLK信号下降沿。BCLK信号运行在50%占空比直至接收到未处理的内部中断或识别到外部$\overline{\text{ECB}}$信号为止。

应当注意，根据外部总线波形对些位进行编程，确认WSC和DOL的情况。例如，如果BCD编程为01，DOL应当编程为0001，如果BCD编程为10，则DOL应当编程为0010。WEIM配置寄存器的BCM位优先级高于BCD位。如果BCM=1，BCLK运行在全频率下对每一个存储器进行访问（SYNC=1、SYNC=0相同）。BCM主要用作系统调试模式，没有使用WEIM的功能。

### 3. 猝发时钟起点

猝发访问中要在获得最小等待状态时获得最大的灵活性，确定何时开始SCLK。BCLK可在AHB时钟任意相位上获取数据。设置与BCD、WSC和DOL有关联的BCS时要注意。

### 4. 页面方式模拟

采用模拟页面操作模式的方法，WEIM通过设置PME和SYNC执行存储器猝发访问。$\overline{\text{LBA}}$信号保持对整个访问的认可。猝发时钟不发送信号，外部地址认可每一次访问。WSC指示初始访问时序，DOL指示页面模式访问。WEIM可以利用只针对序列连续的改进的页面时序。实际上页面总线上的访问是不连续的，有WSC指示的时序。页面尺寸可以通过PSZ设置为4、8、16或32字（字尺寸由外部存储器数据宽度确定，如DSZ）。

### 5. PSRAM模式操作

PSR控制位使PSRAM操作有效，SYNC=1时，启动存储器猝发写操作。该模式下，除WWU设置外，自动屏蔽WRAP写操作（CellularRAMTM SPEC的限制只针对读访问）。读访问时，初始等待状态值自动增加。图6-25和图6-26分别为AHB连续对半字宽度

PSRAM 存储器的读写访问时序图。EW 确定 WEIM 怎样支持$\overline{ECB}$输入。SYNC＝1 时，存储器猝发访问中期，如果$\overline{ECB}$变成低状态，WEIM 只等待；变高时（等待模式）继续访问；存储器猝发第 1 次访问末尾允许在 PSRAM 刷新插入期间等待$\overline{ECB}$的否决。控制寄存器使能位（CRE）和未使用的地址线，使寄存器使能存储器输入加载 PSRAM 配置寄存器。PSR＝1 时，在写访问期间 CRE 位驱动 ADDR[23]引脚。

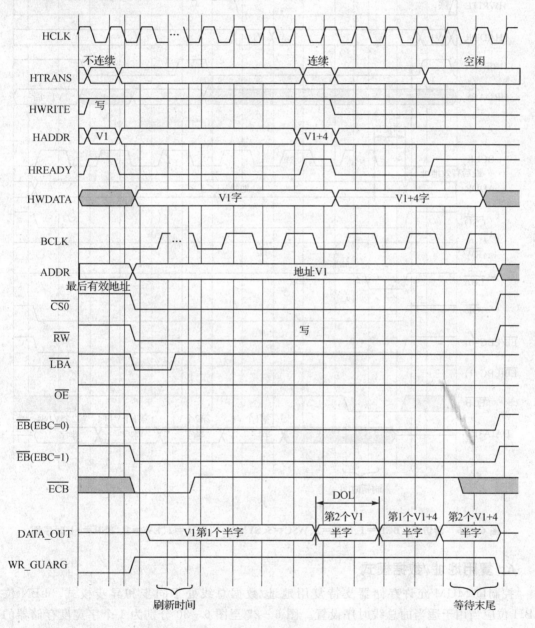

图 6－25　写访问（BCD＝1、BCS＝1、WSC＝5、SYNC＝1、DOL＝1、EW＝1、PSR＝1）时序图

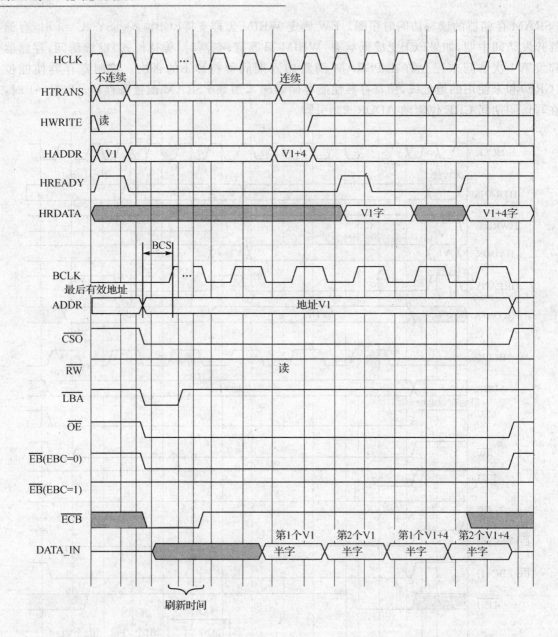

图 6-26 读访问（BCD=1、BCS=1、WSC=5、SYNC=1、DOL=1、EW=1、PSR=1）时序图

### 6. 复用地址/数据模式

控制位 MUM 允许存储器支持复用地址/数据总线处于同步和异步模式。LBN 位和 LBH 位应当用于适当的总线时序设置。图 6-27 至图 6-30 分别为 1 个字宽度存储器的异步和同步读写访问时序图。

### 7. 混合 AHB 和存储器猝发模式

为提供不同时间长度的混合连续和重复访问，无论出现什么不同的地址或猝发边界交叉条件，WEIM 均判断猝发信号和产生附加 $\overline{\text{LBA}}$ 信号。PSZ 和 WRAP 告诉 WEIM 当前的存储器猝发和重复条件,产生外部地址。在存储器和 AHB 访问的非匹配边界情况下,WEIM 将地址从 AHB 发送到地址总线,产生 $\overline{\text{LBA}}$ 信号,开始新的存储器猝发访问。表 6-9 表示在存储器配置为带重复的 8 拍猝发时,WEIM 怎样表示各种 AHB 访问。

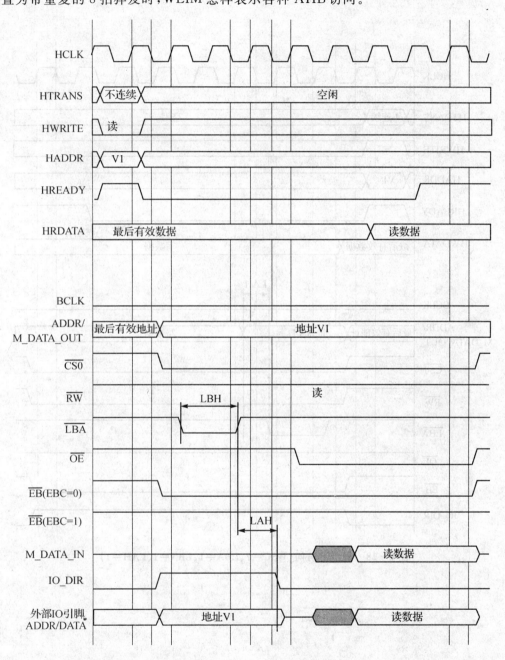

图 6-27 异步读访问(WSC=7、LBA=1、LBN=1、LAH=1、OEA=7)

# 第 6 章 存储器接口

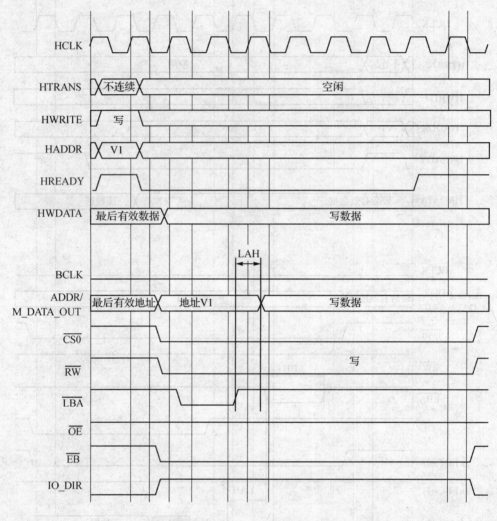

图 6-28 异步写访问（WSC=7、LBA=1、LBN=1、LAH=1）

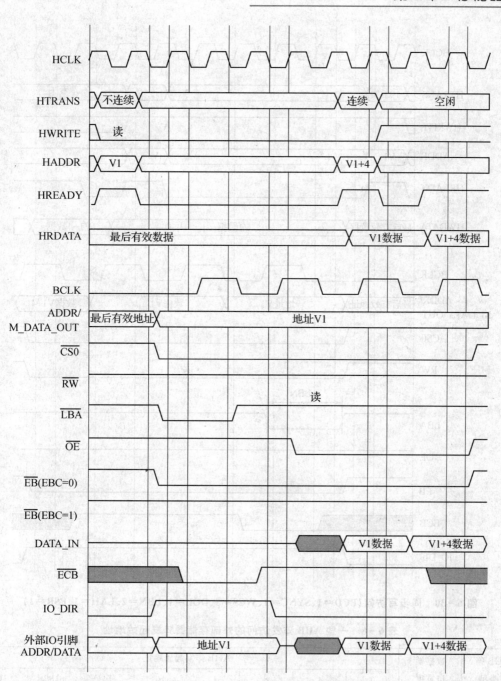

图 6-29 同步读访问（BCD=1、SYNC=1、WCS=4、DOL=1、LBN=2、LAH=1、PSR=1）

# 第6章 存储器接口

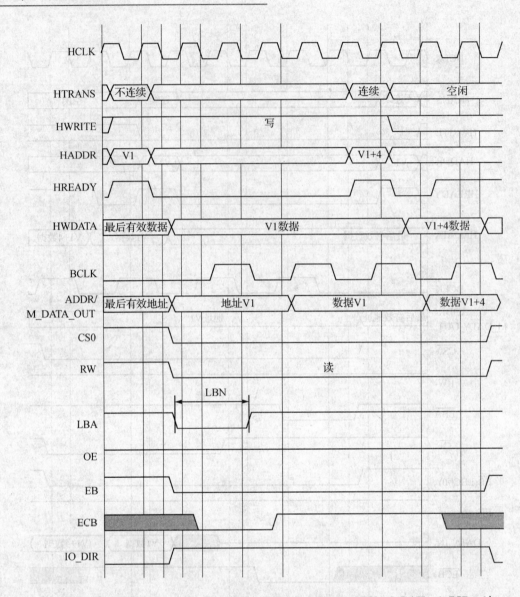

图 6-30 同步写访问（BCD＝1，SYNC＝1，WCS＝5，DOL＝1，LBN＝2，LAH＝1，PSR＝1）

表 6-8 一些 AHB 猝发访问的外部存储器猝发起始地址

| AHB猝发类型 | 数据端口宽度 | AHB猝发起始地址 | | | | | | | |
|---|---|---|---|---|---|---|---|---|---|
| | | 0 | 4 | 8 | C | 10 | 14 | 18 | 1C |
| WRAP8 | 16 位 | $\overline{LBA}(0)$ | $\overline{LBA}(4)$ | $\overline{LBA}(8)$ | $\overline{LBA}(C)$ | $\overline{LBA}(10)$ | $\overline{LBA}(14)$ | $\overline{LBA}(18)$ | $\overline{LBA}(1C)$ |
| | | $\overline{LBA}(10)$ | $\overline{LBA}(10)$ | $\overline{LBA}(10)$ | $\overline{LBA}(10)$ | $\overline{LBA}(0)$ | $\overline{LBA}(0)$ | $\overline{LBA}(0)$ | $\overline{LBA}(0)$ |
| | | $\overline{LBA}(0)$ | $\overline{LBA}(0)$ | $\overline{LBA}(0)$ | $\overline{LBA}(0)$ | $\overline{LBA}(10)$ | $\overline{LBA}(10)$ | $\overline{LBA}(10)$ | $\overline{LBA}(10)$ |
| | 32 位 | $\overline{LBA}(0)$ | $\overline{LBA}(4)$ | $\overline{LBA}(8)$ | $\overline{LBA}(C)$ | $\overline{LBA}(10)$ | $\overline{LBA}(14)$ | $\overline{LBA}(18)$ | $\overline{LBA}(1C)$ |

续表 6-8

| AHB猝发类型 | 数据端口宽度 | AHB猝发起始地址 | | | | | | | |
|---|---|---|---|---|---|---|---|---|---|
| | | 0 | 4 | 8 | C | 10 | 14 | 18 | 1C |
| INCR8 | 16位 | LBA(0) | LBA(4) | LBA(8) | LBA(C) | LBA(10) | LBA(14) | LBA(18) | LBA(1C) |
| | | LBA(10) | LBA(10) | LBA(10) | LBA(10) | LBA(20) | LBA(20) | LBA(20) | LBA(20) |
| | | LBA(20) | LBA(20) | LBA(20) | | LBA(30) | LBA(30) | LBA(30) | |
| | 32位 | LBA(0) | LBA(4) | LBA(8) | LBA(C) | LBA(10) | LBA(14) | LBA(18) | LBA(1C) |
| | | LBA(20) | LBA(20) | LBA(20) | LBA(20) | | | | |
| WRAP4 | 16位 | LBA(0) | LBA(4) | LBA(8) | LBA(C) | LBA(10) | LBA(14) | LBA(18) | LBA(1C) |
| | 32位 | LBA(0) | LBA(4) | LBA(8) | LBA(0) | LBA(10) | LBA(10) | LBA(10) | LBA(10) |
| INCR4 | 16位 | LBA(0) | LBA(4) | LBA(8) | LBA(C) | LBA(10) | LBA(14) | LBA(18) | LBA(1C) |
| | | LBA(10) | LBA(10) | LBA(10) | | LBA(20) | LBA(20) | LBA(20) | LBA(20) |
| | 32位 | LBA(0) | LBA(4) | LBA(8) | LBA(C) | LBA(10) | LBA(14) | LBA(18) | LBA(1C) |
| | | | | | | LBA(20) | LBA(20) | LBA(20) | |

### 8. 支持 AHB 总线周期

WEIM 使用 ARM AHB 从接口,32位总线,支持用 AHB 参数(IDLE、BUSY、NONSEQ、和 SEQ)定义的 4 种传输。SEQ 模式支持 32 位访问,也支持 AHB 传输,如表 6-9 所示。AHB 周期将转变为存储器所需周期。针对理想操作,ARM 的 cache 配置成带重复的 8 拍猝发。使用 16 位数据端口时,异步 Flash 和小型 RAM 存储器应当配置成 16 个字的猝发模式;使用 32 位数据端口时,配置成 8 个字的重复猝发模式。WEIM 用 WRAP 和 PSZ 支持不同存储器配置。需要时,控制器将传输分开。

表 6-9 支持的 AHB 猝发周期

| 猝 发 | 连 续 | 支 持 | 描 述 |
|---|---|---|---|
| 000 | SINGLE | 是 | 单传送 |
| 001 | INCR | 是 | 增加猝发 |
| 010 | WRAP4 | 是 | 4 拍重复猝发 |
| 011 | INCR4 | 是 | 4 拍增加猝发 |
| 100 | WRAP8 | 是 | 8 拍重复猝发 |
| 101 | INCR8 | 是 | 8 拍增加猝发 |
| 110 | WRAP16 | 是 | 16 拍重复猝发 |
| 111 | INCR16 | 是 | 16 拍增加猝发 |

例如,针对配置成 8 拍重复的存储器和一些不同的 AHB 猝发类型和起始地址,表 6-8 表示外部存储器猝发断开的 AHB 总线的连续访问。LBA(X)的意思是开始从地址 X(所有地址是十六进制形式)开始的存储器猝发访问(产生 LBA)。

## 第 6 章 存储器接口

### 9. DTACK 模式

TACK 模式的 WEIM 时序依赖于输入信号$\overline{\text{DTACK}}$。该输入信号使用时或由下降沿触发或由电平触发。下降沿触发模式由 WSC=111111(EW=0)设置,选择$\overline{\text{DTACK}}$输入作为访问长度控制符。意思是访问长度由$\overline{\text{DTACK}}$长度控制。大约 1.5 个时钟(同步延时)后,WEIM 开始根据反相的控制位按顺序否决控制信号。

电平触发模式由 EW=1(WSC < 111111)设置,访问长度由 WSC 控制。这时,WEIM 开始访问(CS 确认),几个时钟后(根据 DCT 位)检查$\overline{\text{DTACK}}$输入。如果$\overline{\text{DTACK}}$低,WEIM 等待$\overline{\text{DTACK}}$变高,重新加载等待状态时钟。对于 AHB 顺序访问,猝发期间 CS 不反相,只在第 1 次访问时检查$\overline{\text{DTACK}}$。CSCRxA 寄存器的 AGE 使能逻辑可以看作噪声或$\overline{\text{DTACK}}$缓慢上升。

### 10. 内部输入数据获取

在典型情况且 HREADY 为高时,WEIM 不采集输入数据,由 AHB 主端口在 HCLK 上升沿采集。WEIM 检测到 AHB 主端口的 HREADY 信号(根据 WSC 或 DOL 数),在数据路径上可以取得好的性能。有二种在 WEIM 内采集输入数据的情况。

第一种情况是访问尺寸大于端口尺寸。这时,WEIM 采集所有来自存储器的数据,除最后 1 个。例如,如果有 1 个对字节宽度存储器的字访问,WEIM 首先在内部采集 3 个输入字节,和 AHB 主端口的最后 1 个字节放在一起(WEIM 没有采集最后 1 个字节)。当 WSC(或 DOL,如果 DOL 是猝发的一部分)时间终止,满足 ECB 或$\overline{\text{DTACK}}$输入条件时,WEIM 在 HCLK 上升沿读取数据。

第二种是同步猝发用(FCE=1)反馈时钟的情况,在反馈时钟上升沿采集数据(当 WSC 或 DOL 时间终止,保持输入条件),主端口驱动前,这些采集的数据再次被 HCLK 采集。

### 11. 出错条件

下面条件将产生错误信号:
- 无效片选的访问(访问配置的片选地址空间,其片选控制寄存器的 CSEN 位清零);
- 对写保护片选地址空间进行写访问(相应片选控制寄存器的 WP 位设置为 1);
- 用户对检查保护片选地址空间访问(相应片选控制寄存器的 SP 位设置为 1);
- 用户对片选控制寄存器或 WEIM 配置寄存器进行读写访问;
- 对片选控制寄存器或 WEIM 配置寄存器进行字节或半字访问;
- 1 024 个以上时钟间隔缺少$\overline{\text{DTACK}}$应答;
- 1 024 个以上时钟间隔未确认等待。

### 6.2.4 初始化/应用信息

硬件复位后 WEIM 准备与$\overline{\text{CS0}}$一起工作,但已配置慢速访问(引导目的),没有附加设置和保持时间。硬件复位对其他$\overline{\text{CS}}$无效。所以,在对配置寄存器高位和低位写操作前$\overline{\text{CS}}$应当初始化。例 6-1 表示怎样准备使 WEIM 和 16 位 Flash 存储器在同步模式下工作。

**例 6-1** 工作在同步模式的 WEIM 和 Flash 存储器初始化

```
@;   用 EDC、OEA、RWA、RWN、EBC、16 位端口和 PSR 配置 WEIM 成异步访问
     WRITE WEIM_CSCR2U,0x12020802
```

```
        WRITE WEIM_CSCR2L,0x80330d03
@  ;  配置成 WRAP 8 模式(半字访问)
        WRITE_H(CS2_BASE_ADDR + 0x2384),0x60
@  ;16 位端口偏移量 = 0x11c2 << 1
        WRITE_H(CS2_BASE_ADDR + 0x2384),0x03
        WRITE_H(CS2_BASE_ADDR + 0x0),0xff
@  ;flash 读模式
@  ;  用 WRAP8 和 16 位端口配置成 WEIM 同步访问
        WRITE WEIM_CSCR2U,0x13510802
        WRITE WEIM_CSCR2L,0x80330d03
```

## 6.3 增强型 SDRAM 控制器

增强型 SDRAM 控制器(ESDRAMC)为系统提供同步 DRAM 存储器的接口和控制。SDRAM 存储器使用带有信号寄存器的同步接口。指令协议用于 SDRAM 的初始化、读、写和刷新操作,在内部或外部请求需要的时候由控制器产生。ESDRAMC 支持单数据速率 RAM 和双数据速率 SDRAM,采用两个独立的片选,每个片选可寻址多达 64 MB 存储器,支持 64 MB、128 MB、256 MB 和 512 MB、1 GB、2 GB 和 4 个 Bank 同步 DRAM。图 6-31 给出增强型 SDRAMC 控制器结构框图。

ESDRAMC 由 9 个主要模块组成,包括 SDRAM 指令状态机控制器、Bank 寄存器(页地址和 Bank 地址比较器)、行列地址多路复用器、配置寄存器、刷新请求计数器、命令序列发生器、尺寸逻辑(分段访问)、数据路径(数据定位/多路复用器)、LPDDR 接口和电源关闭计时器。

**注意:** Bank 是 RAM 里面划分的一个个存储区,这些存储区可以单独访问,每个储存区之间以高于外部数据速率相互连接。为书写方便,Bank 保持英文书写形式。

### 1. SDRAM 指令控制器

该功能模块控制增强型 SDRAM 控制器的大部分操作,包括 12 个 FF 指示存储器。总线在接下来的 12 个周期内是否忙,所有存储器指令均由该模块执行。

### 2. Bank 模式

片选区域 4 个 Bank 中每一个 Bank 有一个比较器,共有 8 个地址比较器。这些比较器用来确定一个请求访问是否落在一个当前有效的 SDRAM 页面地址范围。该 Bank 模式还包含所有时序参数比较器。

### 3. 译码器和地址复用

虽然地址折叠点依赖于存储密度、数据 I/O 数目和处理器数据总线宽度,所有的同步 SDRAM 均包含一个多路复用地址总线。ESDRAMC 将这些变数考虑在内,并通过行列地址复用器、不复用的地址引脚、控制器和存储设备之间连接的组合,提供多路复用地址正确的组合。

### 4. ESDRAMC 控制和配置寄存器

控制和配置寄存器决定 M32F 的操作模式。存储设备密度和总线宽度、存储设备数目、

## 第6章 存储器接口

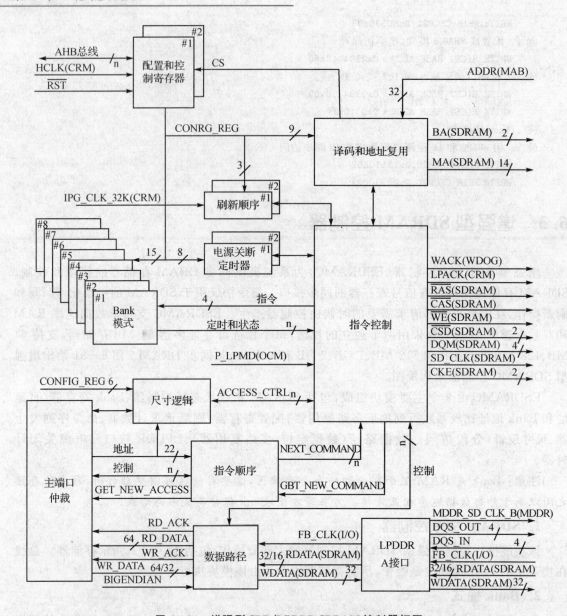

图 6-31 增强型 SDR/LPDDR SDRAM 控制器框图

CAS 延时、行到列延时、猝发长度和其他都是可配置的。使能位用于刷新和电源关闭定时器，模式位用于软件初始化 SDRAM、设置设备模式寄存器、预充电和自动刷新周期的机制。

**5. 刷新序列**

SDRAM 存储器为了保存数据需要定期刷新。刷新请求计数器对 SDRAM 指令控制器产生刷新请求，履行刷新周期任务。根据 32 kHz 时钟输入确定请求时间。每个 32 kHz 时钟周期产生 1、2、4、8 或 16 个刷新周期。

**6. 指令序列**

指令序列模块给指令控制器发送要执行的指令(预充电、使能、读、写和猝发终止)，在计算访问的 Bank 状态后，指令控制器执行信号和指令忙。

## 7. 尺寸逻辑

尺寸逻辑模块一方面输入地址、访问尺寸和 WRAP/INCR 访问,另一方面输入猝发长度和 DSIZ 配置值。在未排列的访问中,尺寸逻辑将访问分为多重访问。

## 8. 移动低功耗 DDR 接口

移动低功耗 DDR(LPDDR)接口增加了与低能耗双倍数据速率 SDRAM 的接口能力。它将与 DQS 信号正沿和负沿同步的双倍数据率转换成与控制器内部时钟(来自 HCLK)正沿同步的数据总线的两倍宽度。

该接口使用两个读 FIFO,分别针对时钟正沿和负沿,其中一个在读取周期里对带延时 DQS(数据选通)数据进行采样。延迟线用于产生 DQS 输入信号延迟,在数据有效窗中间采样数据。在写周期,DQS 是延时线产生的输出信号。接口输入端数据宽度是存储器的两倍。MUX 针对数据的上半部和下半部分。在读周期,用与读数据边沿对齐的 DQS 信号接收双倍速率数据,在写周期,在 DQS 中间产生双倍数据速率。

DQS 延迟线包含以下三个单元:

① 测量单元用来测量从一个正沿到下一个正沿的一个周期时间。该单元输出是一个小的延时单元,需要延时与下一个时钟正沿交迭的指定时钟正沿。

② 将测量结果除以 4。

③ 延时取得结果的单元,选择正确的延时节拍。

延时单元被复制 5 次:4 次读(每个字节有 DQS 信号),1 次写(延迟数据的采样)。

## 9. 电源关断定时器

电源关断定时器检测 SDRAM 的无效期,当无效期超过选定的结束时间,断开时钟。在电源关断状态下数据仍然保持。SDRAM 随后的请求只引起最小累加启动延时。电源关断定时器可编程,不管控制器是否能读写存储器。

### 6.3.1 ESDRAM 控制器特点

- 通过对存储命令预期(隐匿等待)优化存储器连续访问:
  —用优化到 CS 连接指令预期的指令隐匿等待;
  —保持打开存储器页面路径;
  —Bank 方式存储地址映射;
  —SDRAM 猝发长度配置成 4 或 8 或全页模式(对 16 位存储器,不支持猝发长度 4);
  —LPDDR 猝发长度配置成 8;
  —用猝发截取指令支持不同的内部猝发长度(1/4/8 个字);
  —ARM AMBA AHB 轻度兼容;
  —与 SDRAM/LPDDR 共享地址和程序总线。
- 支持 64 MB、128 MB、256 MB、512 MB、1 GB、2 GB,4 个 Bank、单数据率的同步 SDRAM 和 LPDDR:
  —两个独立的片选;
  —每片选高达 256 MB;
  —每片选高达 4 个同时有效的 Bank;

— JEDEC 标准引脚和操作。
- 支持 16 位和 32 位移动低功耗 DDR266 器件。
- 兼容 PC133 接口：
  — 用"-7"选件 PC133 兼容存储器可取得 133 MHz 系统时钟；
  — 单个定长猝发(4 或 8 字)或全页面访问；
  — 在 133 MHz 下 9-1-1-1-1-1-1-1 的访问时间(对于读访问,当存储总线可用、行打开且 CAS 等待时间配置成 3 个周期时)。访问时间包含 M3IF 延时(假设没有仲裁)。
- 对于不同系统和存储设备的软件配置要求：
  — 16 或 32 位存储器数据总线宽度；
  — 行、列地址编号；
  — 行周期延迟($t_{RC}$)；
  — 行预加载延迟($t_{RP}$)；
  — 行到列延迟($t_{RCD}$)；
  — 列到数据延迟(CAS 等待时间)；
  — 模式寄存器加载有效指令($t_{MRD}$)；
  — 写至预加载($t_{WR}$)；
  — 只针对 LPDDR 寄存器的写到读($t_{WTR}$)；
  — LPDDR 退出电源关断到下一个有效指令延时($t_{XS}$)；
  — 有效至预加载($t_{RAS}$)；
  — 有效至有效($t_{RRD}$)。
- 建立自动刷新定时器和状态机。
- 支持硬件和软件自刷新进入和退出：
  — 在系统复位和低功耗模式期间保持数据有效；
  — 自动电源关断定时器(每个片选一个)；
  — 自动预加载定时器(每个片选每个 Bank 一个)。

### 6.3.2 工作模式

增强型 SDRAM 控制器(ESDRAMC)每个片选($\overline{CSD0}$ 和 $\overline{CSD1}$)的不同工作模式由位于 ESDCTL0 和 ESDCTL1 寄存器的 SMODE 位(3 位)定义。除常规工作模式,控制器可以工作在变更工作模式下,最初用于 SDRAM/LPDDR 初始化。

在变更模式下,任何针对 SDRAM/LPDDR 存储空间的访问均在特定周期进行。常规模式到其他模式的转换不关闭可能被激活的 Bank。在多数情况下,从正常读写模式过渡时,软件都会运行一个预加载周期。复位使工作模式初始化为正常读写模式。

- 正常读写模式：这是用于对外部 SDRAM/LPDDR 器件进行读写(单个或猝发访问)的普通工作模式。在普通工作模式下,ESDRAMC 自动驱动预加载/激活/猝发终止指令。
- 预加载模式：手动预加载指令用于手动解除在特殊 Bank 或所有 Bank 里开启的行。在加载指令发送后一个特定时刻($t_{RP}$),这些 Bank 可用作后续的行存取访问。外部存储设备的输入 A10 决定是否是一个还是所有的 Bank 被预加载；只有一个 Bank 要预加载时,输入 BA0 和 BA1 选择该 Bank。手动预加载指令用于 SDRAM 初始化、加载模式寄存器指令和手动刷新。

- 自动刷新模式:自动刷新指令用于保持 SDRAM 存储设备的数据。这个指令不是持久的,所以必须在每次需要刷新时执行一次。ESDRAMC 对于每个 CSD_B(外部储存区域)有一个刷新计数器,且对存储器自动处理刷新指令。自动刷新指令用于 SDRAM 初始化期间或刷新计时器不工作时。
- 加载模式寄存器模式:模式寄存器用于定义 SDRAM 器件具体工作方式。这个定义包含猝发长度、猝发类型、CAS 等待时间、操作模式和写猝发方式的选择。模式寄存器用加载模式寄存器指令编程,它保持这些存储信息直到再次编程或外部存储设备断电。模式寄存器在当所有 Bank 都空闲时必须加载(在所有预加充电后)。当配置 ESDCFG0 和 ESDCFG1 寄存器时,增强型 SDRAM 控制器将等待一个特定时间($t_{MRD}$)。不正确的控制器寄存器配置违背这些要求中的任意一个,都会导致非法操作。

### 6.3.3 工作原理

增强型 SDRAM 控制器支持多种类型 JEDEC 标准的 SDRAM 和 LPDDR 配置,其容量包括 64 MB、128 MB、256 MB、512 MB、1 GB 和 2 GB。该设计支持数据宽度为 16 位和 32 位的存储器。表 6-10 概括所支持的器件(只支持 4 个 Bank 器件)。133 MHz 系统总线与单或双数据率存储器的 PC133 兼容。下面介绍每一个增强型 SDRAM 控制器操作模式,包括一些基本操作细节、SDRAM/LPDDR 操作模式的关系和需要观察的任何特殊预防措施,也包括一些相应的状态和时序图。

表 6-10 JEDEC 标准单/双数据率 SDRAM

| 尺寸 | SDRAM 配置——4 Bank 器件 | | | | | | | | | | | |
|---|---|---|---|---|---|---|---|---|---|---|---|---|
| | 64 MB | | 128 MB | | 256 MB | | 512 MB | | 1 GB | | 2 GB | |
| 总线尺寸 | 16 | 32 | 16 | 32 | 16 | 32 | 16 | 32 | 16 | 32 | 16 | 32 |
| 深度/MB | 4 | 2 | 8 | 4 | 16 | 8 | 32 | 16 | 64 | 32 | — | 64 |
| 刷新行 | 4 096 | 4 096 | 4 096 | 4 096 | 8 192 | 8 192 | 8 192 | 8 196 | 16 384 | 16 384 | — | 16 384 |
| 刷新速率/$\mu s$ | 15.6 | 31.25 | 15.6 | 15.6 | 7.81 | 7.81 | 7.81 | 7.81 | 3.91 | 3.91 | — | 3.91 |
| 刷新周期 | 2 | 1 | 2 | 2 | 4 | 4 | 4 | 4 | 8 | 8 | — | 8 |
| 行地址 | 12 | 11 | 12 | 12 | 13 | 13 | 13 | 13 | 14 | 14 | — | 14 |
| 列地址 | 8 | 8 | 9 | 8 | 9 | 8 | 10 | 9 | 10 | 9 | — | 10 |

**1. 优化策略**

SDRAM(SDR 和 LPDDR)采用流水线结构隐匿连续存储器访问延迟的方法提高访问速度。SDRAM 由几个独立的储存区域构成。通过给存储器发送行地址和 Bank 数目的方法,激活(打开)对应存储页面。进入存储页面(相同的行地址)连续的读指令(与列地址一起)有一个小的延时。访问同一区域的另一个页面需要关闭预加载指令打开的页面,使新的存储页面(新的行地址)有效。

图 6-32 和图 6-33 给出 SDR 和 LPDDR SDRAM 猝发读的例子。最初[第 a 行,第 a

列]单元有效(打开)。要访问(打开)[第 b 行,第 b 列],需先关闭[第 a 行,第 a 列]单元。该操作和一个预加载指令一起完成(图中 P)。现在,要访问(图中 A)的行地址(第 b 行)在列地址(第 b 列)通过前(读指令 R)有效。时间限制是:

- 有效指令只能在预加载指令后 $t_{RP}$ 周期发出;
- 读指令只能在有效指令后 $t_{RCD}$ 周期发出;
- 第 1 个数据只在指令发送后 $t_{CAS}$ 周期才可用。

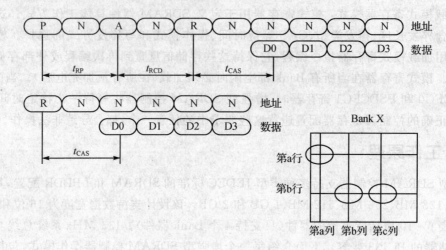

图 6-32　SDR SDRAM 读脉冲命令序列

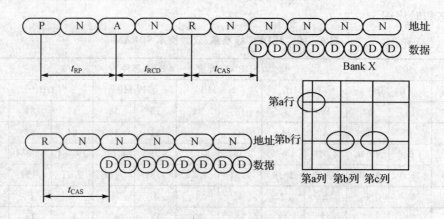

图 6-33　LPDDR SDRAM 读猝发指令序列

在例子中,4 个字的(在 LPDDR 中 8 字的将转换成两倍于 4 字数据宽度)读猝发需要 9 个周期(从预加载指令到外部总线的第一个字需要 6 个周期延时)或 6-1-1-1。已经开放的行读访问表示,目标单元[行 b,列 c]的读猝发仅需要 5 个周期(从读指令到外部总线第一个字需要 2 个周期的延时)或 2-1-1-1。图 6-34(SDR)和图 6-35(LPDDR)表示两种不同的优化策略,"无优化"策略(即 MIF1)和"中等水平"优化(即 MIF2)。对于 SDR SDRAM 的每一项策略,下面给出两个连续读访问的例子。

- 来自 SDRAM 的 8 字猝发接着有两个周期 CAS 延时的同一 Bank 同一行(不同列)的一个 8 字猝发;

- 来自 SDRAM 的 1 个 Bank 的 8 字猝发接着同一 Bank 不同行的 8 字猝发。

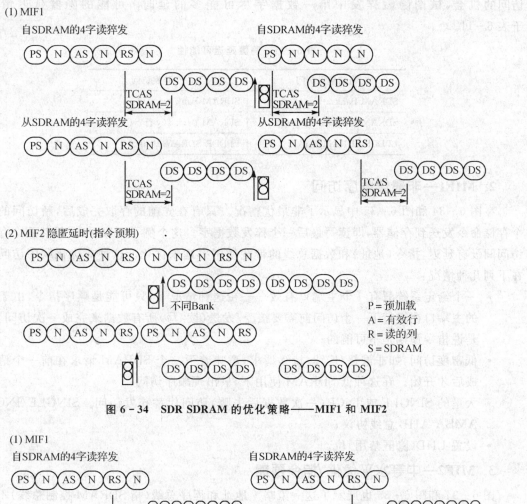

图 6-34 SDR SDRAM 的优化策略——MIF1 和 MIF2

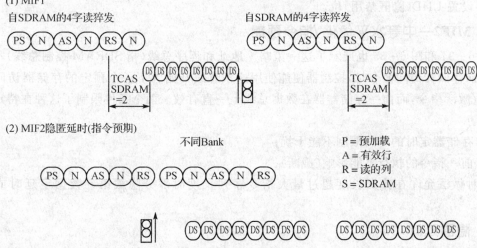

图 6-35 移动 LPDDR SDRAM 的优化策略——MIF1 和 MIF2

对于 LPDDR SDRAM 的每一项战略,下面给出连续读访问一个例子。

来自 LPDDR SDRAM 的一个 Bank 的 8 字猝发接着同一个 LPDDR SDRAM 不同 Bank 的 8 字猝发。

# 第6章  存储器接口

增强型 SDRAM 控制器为包含 4 个独立存储器的两个设备提供控制器优化连续存储器访问的机会，试图隐藏猝发中第一数据字尽可能多的延时。可能的隐匿延迟情况列于表 6-11。

表 6-11  隐匿延迟可能性

| 当前猝发访问 | 下一个猝发访问 |
| --- | --- |
| SDRAM Bank x | SDRAM Bank y |
| SDRAM Bank x(y 行，z 列) | SDRAM Bank x(y 行、w 列) |
| LPDDR SDRAM Bank x | LPDDR SDRAM Bank y |

### 2. MIF1—非最佳顺序访问

在图 6-34 和图 6-35 中显示了非最优情况。只有在先前的存取完成后，新访问的第一个存储命令发送到存储器，即读写最后一个猝发数据字。这个例子可以看出，虽然两个存储器访问间没有延迟，指令(地址)和数据总线的带宽使用率远未优化。这种非优化顺序访问出现在下列几种情况：

- 一个给定系统只有一个主端口有效——在这种情况下，只可能是顺序指令，由于给定的主端口在进行下一个访问前需要接受/发送(读/写)所有数据来完成一次访问，也就是说指令预期是不可能的；
- 低密度访问，如非重叠/连续/持续请求，意味着下一个 SDRAM 请求在前一个请求完成后才开始。在这种低 SDRAM 使用下，只出现顺序访问；
- 大量的 SINGLE 或 INCR(一次数据后失败)访问代替猝发访问。SINGLE/INCR 指 AMBA AHB 总线协议；
- 设置 LHD(隐匿禁用)位。

### 3. MIF2—中等水平优化/指令预期

图 6-34 和图 6-35 也展示了这一策略。地址和程序总线(指 SDRAM 控制总线)不用来发送先前存储器访问命令时，控制器便能使用这条总线开始为下一个预定的存储器访问发送预加载/激活指令，而前一存储器在数据总线上一直有效。两个条件限制了这种在特定时间的优化。

- 存储器定时的时间限制不能干扰；
- 前一指令的执行不能影响(截断)。

这种做法允许在猝发长度超过最大指令序列长度时部分隐藏第一数据字延时或完全隐藏。

### 4. 隐匿延时

增强型 SDRAM 控制器优化是根据指令预期(MIF2)，即在前一次访问数据(存储器数据流)期间驱动下一次访问控制(存储器地址和指令)，因此，产生访问重叠，延时部分或完全隐藏。通过控制时间交错可以获得额外的优化(ESDRAMC 未实施)，就是在控制时间的空闲周期(存储器定时限制引起，如 $t_{RP}$、$t_{RCD}$)内两个访问控制时间可以交叉，从而延时被完全隐藏。增强型 SDRAM 控制器的优化只发生在有高 SDRAM 的利用率(高密度访问)的多重主控制系统。

如前所述,为了隐藏延迟时间,ESDCTL 优化存储器指令序列,在要求访问和 SDRAM 系统初始配置下将尽可能多地用数据总线。图 6-36 和图 6-37 表示当 BankA 的猝发读操作接着隐匿同一片选的猝发读请求时隐藏延时定时框图。在第一次数据访问期间发送第二个读指令,所以在第一次访问(SDR 用 D4、LPDDR 用 D8)的最后一个数据后,第二访问(对 D10)的第一个数据立即有效,CAS 延时($t_{CAS}$)设置为 2 个周期。第二次访问延时完全隐藏在第一次访问数据期间。移动/低功耗 DDR 需要另一个周期以防止两种不同的 LPDDR(两个不同的片选)驱动数据选通信号时 DQS 信号的冲突(第一次传递的最后两个数据周期和第二次传递前期之间的冲突)。

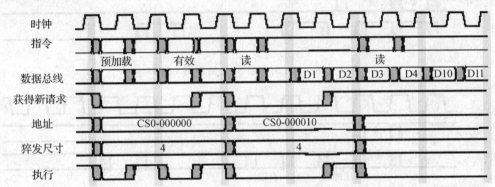

图 6-36 SDR 读隐匿延时后简单时序图

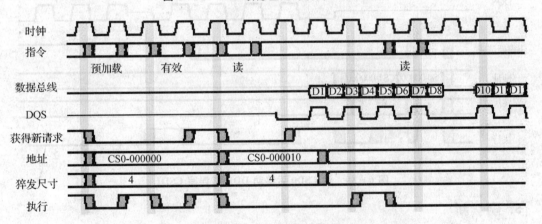

图 6-37 移动 DDR 读隐匿延时后普通读操作定时框图

在图 6-38 和图 6-39 中,CSD0 的猝发读接着是对 CSD1 错误猝发写访问。由于命令预期,写指令控制期间与读指令数据期间相位重叠,所以第二次访问延时完全隐藏在第一次访问数据期间。CSD0 的最一个数据(SDR 用 D4、LPDDR 用 D8)传完后立即给 CSD1(D10)发送第一个写指令,尽管 CSD1 的访问是一个错误访问(CSD0 CAS 延时设置为 3 个周期,CSD 猝发长度设定为 4 个字。LPDDR 猝发长度 8,但从系统角度来看,要考虑两个总线宽的长度为 4 的猝发)。

## 第 6 章　存储器接口

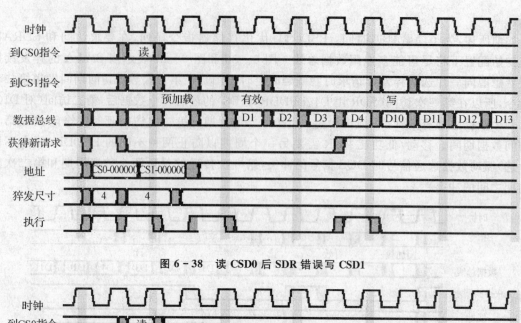

图 6-38　读 CSD0 后 SDR 错误写 CSD1

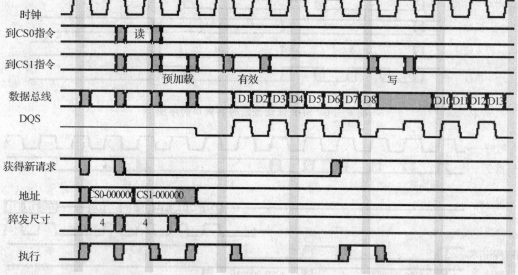

图 6-39　读 CSD0 后移动 DDR 错误写 CSD1

### 5. 刷　新

由用户软件初始配置后,增强型 SDRAM 控制器满足所有 SDRAM 的硬件刷新需求。0、1、2、4、8 或 16 的刷新周期定为 31.25 μs(普通 32 kHz 时钟)间隔,每 64 ms 提供 0、2 048、4 096、8 192、16 384 或 32 768 个刷新周期。刷新率用 ESDCTL0 和 ESDCTL1 寄存器的 RE-FR 位编程。每个阵列可以有不同的刷新率,允许复合 SDRAM/LPDDR 器件,或不同的 SDRAM 密度。硬件复位禁止刷新。每个 32 kHz 时钟的上升沿裁决一次刷新请求。正在进行的总线周期一结束,硬件马上获得 SDRAM 的控制来响应这一请求。一旦获得存储器的控制,向所有 Bank 发送预加载的指令。接在行预加载延迟 $t_{RP}$ 后,发送自动刷新指令。在 $t_{RC}$ 间隔,发送附加自动刷新周期,直到运行完指定的周期数为止。

图 6-40 描述两个刷新时序。当收到刷新请求时,允许刷新操作前完成进程中传递的猝

发。更新请求撤销后,SDRAM 总线访问暂停,直至刷新完成。在图 6-41 中,访问暂停在刷新开始时刻。这个暂停期延迟到预加载和单次刷新周期(REFR=01)开始运行。当刷新正在进行时,与其他存储器或外设接在一起的总线周期允许正常运行。刷新操作没有 SDRAM 和其他设备共享引脚的需要。由于每个 32 kHz 时钟的增强型 SDRAM 控制器自动发出刷新命令(要求所有区都处于空闲状态,全部取得预加载),系统中地址位 A10(16 和 32 位器件)不能与其他外设共享地址总线。

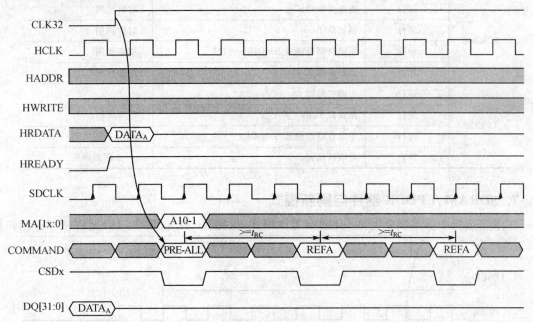

图 6-40 硬件刷新时序图

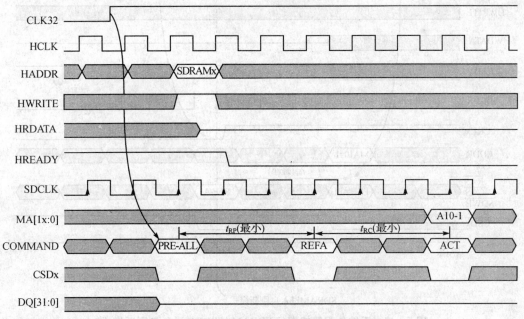

图 6-41 带等待总线周期硬件刷新时序图

## 第6章 存储器接口

### 6. 低功耗工作模式

下面将增强型 SDRAM 控制器的低功耗工作模式作为多种存储设备的一个功能来描述。表 6-12 列出增强型 SDRAM 控制器支持的低功率模式。

表 6-12　ESDRAMC 的低功耗操作模式

| 存储器 | 系统工作模式 | 存储器低功耗模式 | 唤醒耗时 |
| --- | --- | --- | --- |
| SDRAM | 运行 | 电源关断模式 | 1 时钟周期 |
| | 运行 | 预加载 Bank | 1 时钟周期 |
| | 运行 | 手动自刷新模式 SMODEx=100 | 2 刷新周期 |
| | 停止 | 自刷新模式 | 2 刷新周期 |
| LPDDR | 运行 | 电源关断模式 | $t_{XP}$ |
| | 运行 | 预加载 Bank | 1 时钟周期 |
| | 运行 | 手动自刷新模式 SMODEx=100 | $t_{XP}+2$ 刷新周期 |
| | 停止 | 自刷新模式 | $t_{XP}+2$ 刷新周期 |

### 7. SDRAM/LPDDR 器件自刷新模式

在系统运行中如果刷新有效,自刷新工作模式(见图 6-42 和图 6-43)允许软件或用户控

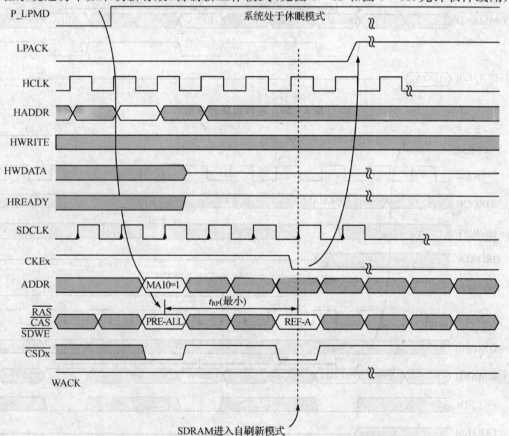

图 6-42　系统休眠模式期间 SDRAM/LPDDR 进入自刷新模式

制该模式进入外部 SDRAM/LPDDR 器件。当选中(各自 CSD 控制寄存器中 SMODE=100)这种模式且刷新有效时,增强型 SDRAM 控制器将完成任何有效的访问,发送自刷新指令到外部器件。在手动自刷新期间,不允许对 CSD 访问。如果刷新无效,增强型 SDRAM 控制器将存储器置于低功耗模式,称为断电。如果只有一个 CSD 进入手动自刷新模式,LPACK 信号(低功率模式应答信号)不被认可。

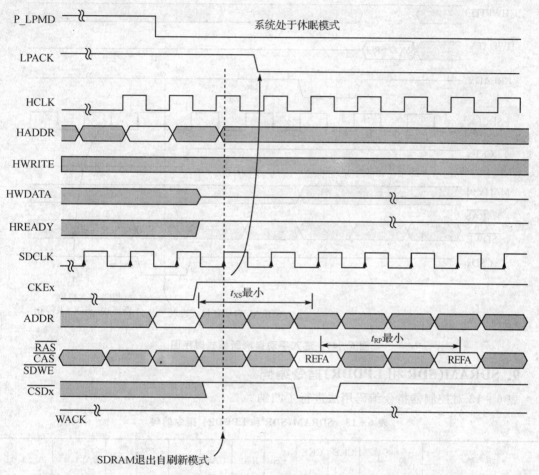

图 6-43　系统休眠模式期间 SDRAM/LPDDR 退出自刷新模式

### 8. SDRAM/LPDDR 器件手动自刷新模式

系统运行中如果刷新有效,手动自刷新工作模式允许软件或用户控制自刷新模式进入外部 SDRAM 或 LPDDR 器件。当选中(各个 CSD 控制寄存器中 SMODE=100)这种模式且刷新有效时,增强型 SDRAM 控制器将完成任何有效的访问和发送自刷新指令到外部器件。如果刷新无效,增强型 SDRAM 控制器将存储器置于低功耗模式,称为断电。如果只有一个 CSD 进入手动自刷新模式,LPACK 信号(低功率模式标志)不被认可。

要退出手动自刷新模式,需变更各个芯片选择控制寄存器的 SMODE 位来选择不同的工作模式。当选定一个不同的模式时,控制器将 SDRAM 器件从自刷新模式下释放,并开始发送自动刷新时钟(如果刷新有效)。图 6-44 和图 6-45 定时信息表示手动自刷新模式的进入和退出。

# 第6章 存储器接口

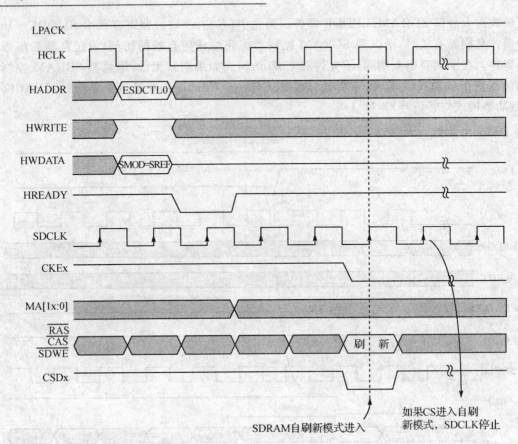

图 6-44 进入手动自刷新模式时序图

### 9. SDRAM(SDR 和 LPDDR)指令编码

表 6-13 对控制器指令编码用法进行了归纳。

表 6-13 SDRAM(SDR 和 LPDDR) 指令编码

| 功能 | 符号 | CKE n-1 | CKE n | CS | RAS | CAS | WE | A11 | A10 | BA[1:0] | A[13:0] |
|---|---|---|---|---|---|---|---|---|---|---|---|
| 不选 | DSEL | H | X | H | X | X | X | X | X | X | X |
| 不操作 | NOP | H | X | L | H | H | H | X | X | X | X |
| 读 | READ | H | X | L | H | L | H | V | L | V | V |
| 写 | WRIT | H | X | L | H | L | L | V | L | V | V |
| Bank 有效 | ACT | H | X | L | L | H | H | V | V | V | V |
| 猝发终止 | TBST | H | X | L | H | H | L | X | X | V | V |
| 预加载选择的 Bank | PRE | H | X | L | L | H | L | V | L | V | V |
| 预加载所有的 Bank | PALL | H | X | L | L | H | L | X | H | X | X |
| 自动刷新 | CBR | H | X | L | L | L | H | X | X | X | X |
| 自刷新 | SLFRSH | H | L | L | L | L | H | X | X | X | X |

续表 6-13

| 功能 | 符号 | CKE n-1 | CKE n | CS | RAS | CAS | WE | A11 | A10 | BA[1:0] | A[13:0] |
|---|---|---|---|---|---|---|---|---|---|---|---|
| 退出自刷新 | SLFRSHX | L | H | H | X | X | X | X | X | X | X |
| 进入电源断开 | PWRDN | H | L | X | X | X | X | X | X | X | X |
| 退出电源断开 | PWRDNX | L | H | X | X | X | X | X | X | X | X |
| 设置模式寄存器 | MRS | H | X | L | L | L | L | L | L | V | V |

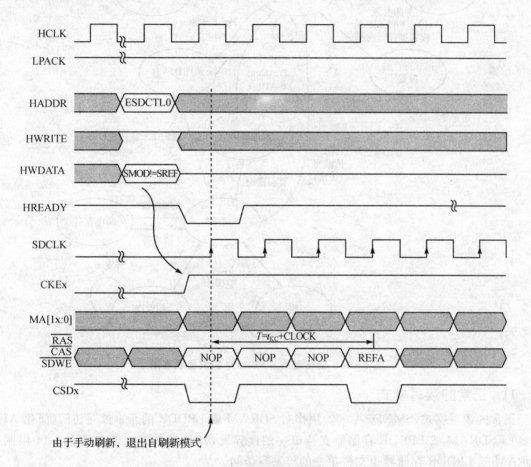

图 6-45 手动自刷新退出时序图

## 10. 复位

复位信号最初使控制器处于空闲状态,使模块无效。无效时,控制器与停止的内部时钟一起处于空闲状态。控制寄存器的复位状态允许获取有效复位向量的基本读写操作,执行初始化代码。应当将完成控制器初始化作为启动程序代码的一部分。

读写周期、刷新和低功耗模式请求以及电源关断使所有触发传送脱离空闲状态。图 6-46 表示简化的增强型 SDRAM 控制器状态图,读写请求根据工作模式产生状态转移。其他转移需要 ESDCTL 寄存器中相应位的作用。一些状态转移从图中移出,降低复杂度,便于理解控制器基本工作原理。

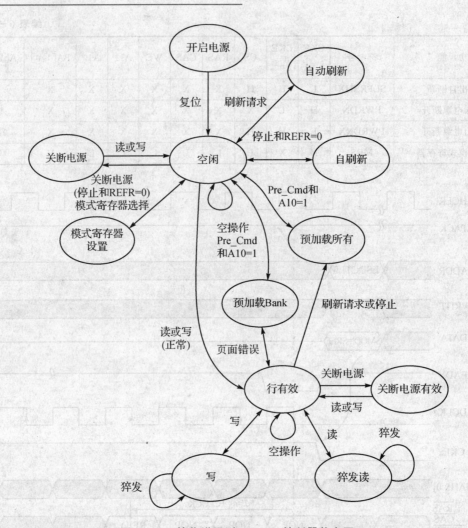

图 6-46 简化增强型 SDRAM 控制器状态图

**11. 正常的读写模式**

正常的读写模式（SMODE=000）用作对 SDRAM 或 LPDDR 的正常读写访问（简化 AHB 兼容）。SDRAM 或 LPDDR 存储器支持单一的读猝发访问（虽然猝发请求受表 6-14 限制）。SDRAM 或 LPDDR 存储器也支持单一的猝发写访问。

对增强型 SDRAM 控制器的读写请求开始检查页面是否已经打开。该检查包括请求地址与要访问的相应 Bank 中最后一行是否一致。如果行不同,从最后的访问起预加载,或从未访问过 Bank,访问必须接在页面外。如果请求和最后一行匹配,则采用短的页面内访问。页面外序列必须首先使请求的行有效,操作与常规的 DRAM CAS 周期类似。图 6-46 描述首先操作的一个有效周期。在该有效周期内,相应片选驱动为低电平,行地址放置在复用地址引脚上,驱动非复用地址为各自的值,使写使能为高、CAS 为高、RAS 为低。最后面 3 个引脚构成 SDRAM 指令字。在有效的指令期间,不用数据总线。

一旦选择的行有效,满足行到列的延时（$t_{RCD}$）后开始读操作。这个延时为 2 到 3 个时钟,由 $t_{RCD}$ 的控制位决定。在读操作期间,一旦片选再次认可,根据复用地址总线驱动行地址,非复用地址保持对有效时钟期间呈现的值,写有效为高(读操作),RAS 为高,CAS 为低。CAS 延时结束后,提供数据总线传送数据。CAS 延时可以用 $t_{CAS}$ 的控制位编程。

数据返回 AHB 时,确认发送的应答告诉 CPU 应当读取数据。数据停留在总线上时增强型 SDRAM 控制器必须监视传送的请求,因为 CPU 有空在与读取数据相同的时钟沿上发送下一个总线请求。

### 12. 预加载指令模式

预加载指令模式(SMODE=001)用于 SDRAM 或 LPDDR 器件初始化和手动使有效的 Bank 无效。该模式下,一个对 SDRAM 或 LPDDR 地址空间的访问(读写)将产生一个预加载指令周期。SDRAM 或 LPDDR 地址位 A10 决定是一个 Bank 还是所有的 Bank 预加载。用低电平的 SDRAM 或 LPDDR 地址位 A10 访问地址将只预加载 Bank 地址选择的 Bank,如图 6-47 所示。相反,用高电平的地址位 A10 访问将预加载所有的 Bank,不管 Bank 地址是多少,如图 6-48 所示。注意,A10 是 SDRAM 引脚,不是 ARM 地址总线 A10 位。SDRAM A10 传送到存储器配置对应的 ARM 地址。预加载指令访问在 ARM 上有 2 个时钟周期,SDRAM 或 LPDDR 只有一个时钟周期。

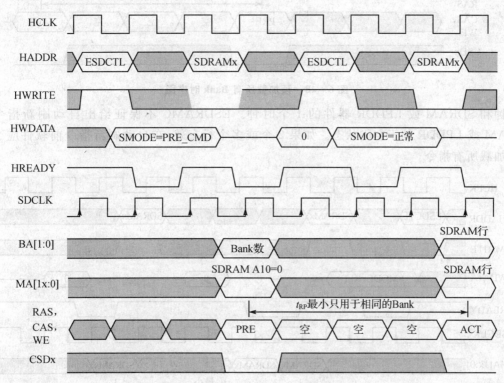

图 6-47 预加载特殊 Bank 时序图

### 13. 自动刷新模式

自动刷新模式用作手动请求 SDRAM 或 LPDDR 刷新周期,正常情况下只用于器件初始化,因为经适当配置 ESDRAMC 将自动产生程序周期。自动刷新指令(见图 6-49)刷新器件所有 Bank,因此刷新器件使用的地址只需要指明正确的 SDRAM 或 LPDDR 器件,不关注低位地址线。读写周期可以用。如果用写操作,将忽略数据,总线不驱动。该周期为 RAM 的 2

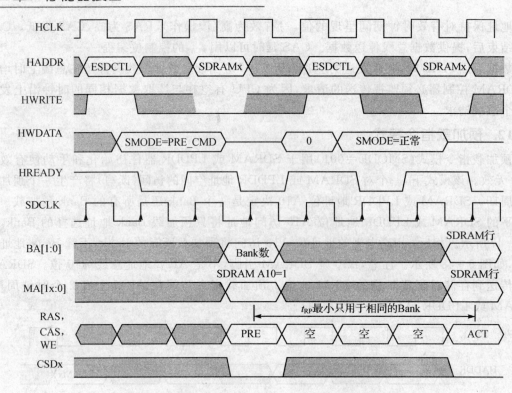

图 6-48 预加载所有 Bank 时序图

个时钟和 SDRAM 或 LPDDR 器件的 1 个时钟。ESDRAMC 不保证给出自动刷新指令前 SDRAM 或 LPDDR 处于空闲状态。如果 2 个或多个行有效，在自动刷新指令前软件应当发送预加载所有指令。

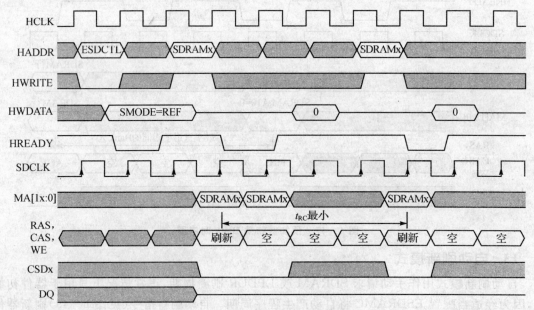

图 6-49 初始化软件自刷新时序图

## 第6章 存储器接口

### 14. 手动自刷新模式

手动自刷新模式用于系统运行模式,器件在自刷新低功耗模式下进入 SDRAM 或 LPDDR 外部器件。

### 15. 设置模式寄存器模式

设置模式寄存器(SMODE=011)用于对 SDRAM 或 LPDDR 模式寄存器编程。该模式不同于 SDRAM 正常写周期,因为写数据通过地址总线传送。不允许读模式寄存器。

SMODE 位设置为 011 时,读写周期用于写外部存储器模式寄存器。读写时,忽略 ARM 数据,外部数据总线得不到驱动。行和 Bank 地址信号向外部存储器模式寄存器传输数据。该周期为 RAM 的 2 个时钟和 SDRAM 器件的 1 个时钟。

图 6-50 表示模式寄存器设置操作的总线序列。模式寄存器设置指令必须在 SDRAM 或 LPDDR 空闲时发送。增强型 SDRAM 控制器不保证发送模式寄存器设置指令前 SDRAM 返回空闲状态。如果存在 1 个或多个 Bank 有效的可能性,发送模式寄存器设置指令前软件必须产生所有的预加载序列。还要注意,模式寄存器设置指令发送前必须满足行周期时间($t_{RC}$)。

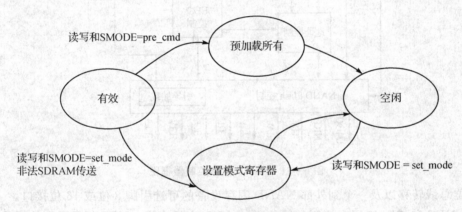

图 6-50 设置模式寄存器状态图

## 6.4 NAND Flash 控制器

NAND Flash 控制器(NFC)模块提供一个 8 位和 16 位 512 字节页面或 2 KB 及高达 2 GB NAND 闪存的无缝接口,使 i.MX27 芯片直接与标准的 NAND 闪存设备连接,避免复杂的 NAND 闪存器件的访问操作,图 6-51 显示了 NAND 闪存控制器框图。AHB 主机初始化 NAND 闪存控制器(NFC)后开始与闪存器件通信。NFC 经过配置后等待闪存器件产生的中断。NFC 接收到中断后,输入闪存器件一个页面,根据完成情况,向主 AHB 产生一个中断。当主 AHB 接收 NFC 中断后,从 NFC 的内部 RAM 缓冲区读取数据。AHB 主机通过读取 NFC 状态寄存器检查运行状态,完成一次操作。在 2 KB RAM 缓冲器中暂时保存与闪存设备交换的数据。该缓冲器用作冷复位(如果 IC 设定为从 NAND 闪存引导)期间引导 RAM。完成引导后,RAM 可用作普通闪存的缓冲 RAM。

为了确保最大程度的灵活性,NFC 提供了一个内部到 AHB 总线的 16 位和 32 位接口、16

# 第 6 章 存储器接口

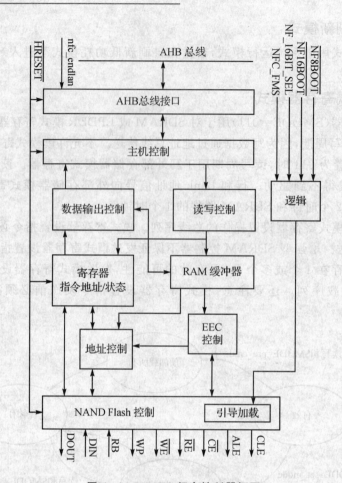

图 6-51 NAND 闪存控制器框图

位或 32 位总线转移以及一个到外部 NAND 闪存设备的可选引脚 8 位或 16 位接口。

所有 NFC 和 ARM9 平台之间的通信通过 AHB 主机完成。NFC 的配置和控制是由主机通过 14 个 16 位寄存器完成的。NAND Flash 控制器特点如下：

- 8 位/16 位（引脚选择）NAND Flash 接口。
- 内部 RAM 缓冲器（2 KB+64 字节）：
  — 可以配置为引导 RAM，正常工作期间作为缓冲器；
  — 存储器配置（针对 AHB 同一个区域）寄存器和内部 RAM 缓冲器。
- 与 NAND Flash 器件的人工接口：
  — 支持所有 NAND Flash 产品，不管容量和结构（512 字节/2 KB 页面）。
- AHB 主机接口类型：
  — 读写猝发；
  — 16 位或 32 位总线传送。
- 针对内部总线的可编程读延时（直接影响 AHB 总线）。
- 错误代码校正（ECC）模式或旁通错误代码校正（ECC）。
- 多重复位：
  — 冷复位、热复位、主机复位（NFC 和 NAND Flash 器件复位）。

- 唤醒期间内部引导代码加载（可以有效/无效），提供先进的数据保护：
  — 数据保护；
  — RAM 缓冲器（最低位 1 KB）写保护；
  — 基于块的 NAND Flash 器件写保护。
- RAM 缓冲器和 NAND Flash 唤醒期间自动写保护，运行时间写保护。
- 握手特点：INT 引脚指示 NFC 读或忙状态。
- 支持 I/O 引脚共享：允许与其他存储器控制器通过专用仲裁逻辑共享。

## 6.4.1 工作原理

NAND Flash 控制器工作模式由 4 条输入线确定：NFC_FMS、$\overline{\text{NF8BOOT}}$、$\overline{\text{NF16BOOT}}$ 和 NF_16BIT_SEL，如表 6-14 所列。

NFC_FMS 决定 NAND Flash 页面大小：NFC_FMS 低(0)时 512 字节，NFC_FMS 高(1)时 2 KB。从 NAND Flash 引导时总线宽度由引导时用的总线宽度决定。不从 NAND Flash 引导时，总线宽度由 NF_16BIT_SEL 信号决定(0 为 8 位总线,1 为 16 位总线)。

表 6-14  NAND Flash 控制器工作模式

| NFC_FMS | NF8BOOT | NF16BOOT | NF_16 BIT_SEL | 功　能 |
|---|---|---|---|---|
| 0 | 1 | 1 | 0 | 不能从 NAND Flash 引导。NAND Flash 配置为 8 位 I/O 总线宽、512 字节页面 |
| 0 | 1 | 1 | 1 | 不能从 NAND Flash 引导。NAND Flash 配置为 16 位 I/O 总线宽、512 字节页面 |
| 0 | 1 | 0 | X | 从 16 位 NAND Flash 引导。NAND Flash 配置为 16 位，512 字节页面 |
| 0 | 0 | 1 | X | 从 8 位 NAND Flash 引导。NAND Flash 配置为 8 位，512 字节页面 |
| 1 | 1 | 1 | 0 | 不能从 NAND Flash 引导。NAND Flash 配置为 8 位 I/O 总线宽、2 KB 页面 |
| 1 | 1 | 1 | 1 | 不能从 NAND Flash 引导。NAND Flash 配置为 16 位 I/O 总线宽、2 KB 页面 |
| 1 | 1 | 0 | X | 从 16 位 NAND Flash 引导。NAND Flash 配置为 16 位，2 KB 页面 |
| 1 | 0 | 1 | X | 从 8 位 NAND Flash 引导。NAND Flash 配置为 8 位，2 KB 页面 |
| X | 0 | 0 | X | 未定义（不用此设置） |

### 1. 从 NAND Flash 引导

从 NAND Flash 引导过程是（参见图 6-52）：

① BOOTLOADER 从 NAND Flash 将 1 个 2 KB 页面或 4 个 528 字节页面（根据 NFC_FMS 输入值）复制到 NFC 内部缓冲器。按下列次序传送：

— 针对 NAND Flash 528 字节页面深度情况：读第 1 页面=>读第 2 页面=>读第 3 页面=>读第 4 页面。

— 针对 NAND Flash 2 KB 页面深度情况：读 1 个页面。

② 然后 AHB 主机从 NFC 内部 RAM 缓冲器读(退出复位状态后)第 1 个代码。

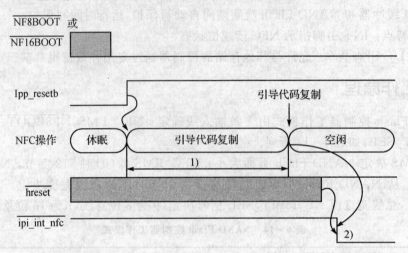

注释：1) 至少需要 160 μs。

2) 只有在完成引导代码拷贝、hreset 由低电平上升到高电平后，中断引脚 ipi_int_nfc方可由高电平变为低电平。

图 6-52　引导模式操作

**2. NAND Flash 控制**

NFC 生成所有控制 NAND 闪存的控制信号：CE(闪存芯片使能)、RE(读使能)、WE(闪存写使能)、CLE(闪存指令锁存使能)和 ALE(闪存地址锁使能)。监视 P/nB(闪存准备/忙指示)信号检查 NAND 闪存器件当前是否在运行中。闪存数据的完整性由自动生成的 ECC 数据代码在 NAND 闪存器件加载 NFC 数据期间进行监视。引导加载是 NAND Flash 控制模块的一部分。

**3. 错误代码校正控制**

错误代码校正(ECC)模块每次读操作能可靠校正 1 位错误，能检测出一位以上的错误。NFC 访问 NAND Flash 器件对主区域数据产生 24 位代码，对备用区域数据产生 10 位代码。在对 NAND Flash 进行读操作时产生 ECC 代码，指示有多少错误可以校正和出现错误的位置，除有 1 位错误需要校正。ECC 代码由 NFC 自动更新。读操作后，AHB 主机通过读取状态寄存器可以知道是否有错误。

状态寄存器指示：(1) 无错误；(2) 1 位错误(可校正)；(3) 大于 2 位错误(不能校正)。由于在读操作或编程操作时出现的 ECC 代码不能对内部 RAM 缓冲器更新，但可通过程序操作对 NAND Flash 备用区域更新，所以 AHB 主机可以从 NAND Flash 备用区域读取 ECC 代码。

**4. 地址控制**

该模块能可靠产生和控制地址，定义 RAM 缓冲器地址发生器(RAM 数据输入输出缓冲器地址)。考虑锁定状态顺序，包括 Flash 存储器锁定地址比较器和用于确定是否要保护该区域的 RAM 缓冲器锁定地址比较器。该模块还能产生引导加载的 RAM 缓冲器地址和错误校正的 RAM 缓冲器地址。

### 5. RAM 缓冲器

内部 RAM 缓冲器是一个 2 112 字节单端口缓冲器,具有高的同步性能。该存储器每 32 位有 528 字,其中 512 字用于主缓冲器,16 字作为备用区域用作 ECC 错误校正。该存储器在从 NAND Flash 引导期间用作引导 RAM,作为正常操作的缓冲器。

### 6. 寄存器(程序、地址、状态等)

该模块包括 15 个 16 位寄存器。AHB 主机用这些寄存器控制 NFC,读取各种操作钟的状态,执行程序的直接访问,将地址插入 NAND Flash 器件。

### 7. 读写控制

读写控制模块包含与内部总线的连接(连接到内部 RAM 缓冲器和寄存器)。该内部总线能可靠地进行内部同步读写,支持猝发读延时(3、4、5、6、7 个时钟周期)和同步读猝发长度(4、8、16、32 连续字),负责进行 RAM 缓冲器控制和寄存器控制、RAM 缓冲器锁定控制和地址与数据锁存。

### 8. 数据输出控制

该模块定义到内部总线的 16 位数据输出,驱动 AHB 接口,包括读方式流水线的 RAM 缓冲器数据输出、寄存器数据输出和 RAM 缓冲器同步。

### 9. 主机控制

该模块定义通过内部总线连接到 AHB 接口的主机控制,检测片选使能、控制复位和输出使能、产生 SRAM_W 信号。

### 10. AHB 总线接口

AHB 总线接口是一个 ABMA AHB 总线和内部总线间的适配器。在 AHB 总线一侧,支持 16 位和 32 位总线宽度,猝发和不猝发操作;在内部总线一侧,支持带同步猝发读和异步随机写的 32 位总线宽度,也支持内部总线的可编程读延时(影响 AHB 总线延时)。

### 11. 大小字节序

AHB 总线接口支持大小字节序数据类型。nfc_endian 引脚控制字节序模式。只有 AHB 一侧由 nfc_endian 引脚控制;NAND Flash 器件一侧总是处于小字节序模式。

### 12. 支持猝发访问

当从猝发的 AHB 总线传送数据时,在内部总线上产生一个同步猝发读操作和几个异步随机写操作,参见表 6-15。

表 6-15 NAND Flash 支持的猝发访问

| HBURST | 猝发类型 | 支持 | 描述 |
| --- | --- | --- | --- |
| 000 | SINGLE | 是 | 单传送 |
| 001 | INCR | 是 | 增加的猝发 |
| 010 | WRAP4 | 否 | 4 拍重叠猝发 |

续表 6-15

| HBURST | 猝发类型 | 支 持 | 描 述 |
|---|---|---|---|
| 011 | INCR4 | 是 | 4 拍增加的猝发 |
| 100 | WRAP8 | 否 | 8 拍重叠猝发 |
| 101 | INCR8 | 是 | 8 拍增加的猝发 |
| 110 | WRAP16 | 否 | 16 拍重叠猝发 |
| 111 | INCR16 | 是 | 16 拍增加的猝发 |

**13. 共用 I/O 引脚**

NFC 提供必要的逻辑与另一个存储控制器共用 I/O 引脚。当空引脚请求确认时，NFC 状态机停止。完成现有的转换时，NAND 闪存信号让其他存储器控制器控制。由于 NAND 闪存访问是典型的长时间和相对缓慢的，优先考虑共享引脚的其他存储控制器制器。NFC 必须等到其他的存储器控制器完成其操作，且引脚空闲时才继续其访问。一个共享多个引脚的例子是当与 PSRAM 接口时，NAND 闪存控制器的 16 个 I/O 引脚与外部无线接口模块的数据引脚共享。

## 6.4.2　NFC 缓冲器存储器空间

表 6-16 给出 NFC 缓冲器存储器空间结构。主区域缓冲器是通用数据模块，备用区域缓冲器包括错误校正的其他功能。存储器结构取决于 Flash 总线宽度（8 位和 16 位）。表 6-17 给出一个 8 位的结构，表 6-18 给出一个 16 位结构。主机可以使用除 BI 和 ECC 代码区域以外的所有备用空间。例如，AHB 主机可以根据操作程序将数据读到备用区域缓冲器的保留区。NFC 在 NFC 数据加载到 NAND Flash 期间自动产生主区域和备用区域数据的 ECC 代码，更新 NAND Flash 备用区域的 ECC 代码，但不更新备用缓冲器的 ECC 代码。编程和读取备用区域时，用 RAM 缓冲器地址寄存器（NFC_RAM_BUFF）选择备用区域缓冲器数目（SB0~SB3）。

表 6-16　存储器数据结构

| 地 址 | 使用场所 | 访 问 |
|---|---|---|
| 0xD800_0000～0xD800_01FE | 主区域缓冲器 0 | 读写 |
| 0xD800_0200～0xD800_03FE | 主区域缓冲器 1 | 读写 |
| 0xD800_0400～0xD800_05FE | 主区域缓冲器 2 | 读写 |
| 0xD800_0600～0xD800_07FE | 主区域缓冲器 3 | 读写 |
| 0xD800_0800～0xD800_080E | 备用区域缓冲器 0 | 读写 |
| 0xD800_0810～0xD800_081E | 备用区域缓冲器 1 | 读写 |
| 0xD800_0820～0xD800_082E | 备用区域缓冲器 2 | 读写 |
| 0xD800_0830～0xD800_083E | 备用区域缓冲器 3 | 读写 |
| 0xD800_0840～0xD800_0BFE | 保留 | — |
| 0xD800_0E00～0xD800_0E1C | 寄存器 | 读写 |

表 6-17　备用区域缓冲器（带 X8 I/O 总线）

| 地址 | F E D C B A 9 8 | 7 6 5 4 3 2 1 0 |
|---|---|---|
| 0xD800_0800(SB0) | 第 2 逻辑扇区数 | 第 1 逻辑扇区数 |
| 0xD800_0802(SB0) | 第 1WC | 第 3 逻辑扇区数 |
| 0xD800_0804(SB0) | 坏块信息 | 第 2WC |
| 0xD800_0806(SB0) | 第 2 主区域数据 ECC 代码 | 第 1 主区域数据 ECC 代码 |
| 0xD800_0808(SB0) | 第 1 备用区域数据 ECC 代码 | 第 3 主区域数据 ECC 代码 |
| 0xD800_080A(SB0) | 保留 | 第 2 备用区域数据 ECC 代码 |
| 0xD800_080C(SB0) | 保留 | 保留 |
| 0xD800_080E(SB0) | 保留 | 保留 |
| 0xD800_0810~0xD800_081E(SB1) | | |
| 0xD800_0820~0xD800_082E(SB2) | SB1~SB3 有与 SB0 同样的配置 | |
| 0xD800_0830~0xD800_083E(SB3) | | |

注：WC 为重叠计数和其他增加有相同的重叠计数信息，用作重叠计数的错误校正

表 6-18　备用区域缓冲器（带 X16 I/O 总线）

| 地址 | F E D C B A 9 8 | 7 6 5 4 3 2 1 0 |
|---|---|---|
| 0xD800_0800(SB0) | 第 2 逻辑扇区数 | 第 1 逻辑扇区数 |
| 0xD800_0802(SB0) | 第 1WC | 第 3 逻辑扇区数 |
| 0xD800_0804(SB0) | 保留 | 第 2WC |
| 0xD800_0806(SB0) | 第 2 主区域数据 ECC 代码 | 第 1 主区域数据 ECC 代码 |
| 0xD800_0808(SB0) | 第 1 备用区域数据 ECC 代码 | 第 3 主区域数据 ECC 代码 |
| 0xD800_080A(SB0) | 坏块信息 | 第 2 备用区域数据 ECC 代码 |
| 0xD800_080C(SB0) | 保留 | 保留 |
| 0xD800_080E(SB0) | 保留 | 保留 |
| 0xD800_0810~0xD800_081E(SB1) | | |
| 0xD800_0820~0xD800_082E(SB2) | SB1~SB3 有与 SB0 同样的配置 | |
| 0xD800_0830~0xD800_083E(SB3) | | |

## 6.4.3　编程方法

表 6-19 和表 6-20 分别给出 NFC 的寄存器和 NFC 存储器配置。

表 6-19 NFC 寄存器

| 名称 | R/W | 15 | 14 | 13 | 12 | 11 | 10 | 9 | 8 | 7 | 6 | 5 | 4 | 3 | 2 | 1 | 0 |
|---|---|---|---|---|---|---|---|---|---|---|---|---|---|---|---|---|---|
| 0xD800_0E00 (NFC_BUFSIZ) | R | 0 | 0 | 0 | 0 | 0 | 0 | 0 | 0 | 0 | 0 | 0 | 0 | BUFSIZE | | | |
| | W | | | | | | | | | | | | | | | | |
| 0xD800_0E02 (Reserved) | R | 0 | 0 | 0 | 0 | 0 | 0 | 0 | 0 | 0 | 0 | 0 | 0 | 0 | 0 | 0 | 0 |
| | W | | | | | | | | | | | | | | | | |
| 0xD800_0E04 (RAM_BUFFER_ADDRESS) | R | 0 | 0 | 0 | 0 | 0 | 0 | 0 | 0 | 0 | 0 | 0 | 0 | RBA | | | |
| | W | | | | | | | | | | | | | | | | |
| 0xD800_0E06 (NAND_FLASH_ADD) | R | ADD | | | | | | | | | | | | | | | |
| | W | | | | | | | | | | | | | | | | |
| 0xD800_0E08 (NAND_FLASH_CMD) | R | CMD | | | | | | | | | | | | | | | |
| | W | | | | | | | | | | | | | | | | |
| 0xD800_0E0A (NFC_CONFIGURATION) | R | 0 | 0 | 0 | 0 | 0 | 0 | 0 | 0 | 0 | 0 | 0 | 0 | 0 | 0 | 0 | BLS |
| | W | | | | | | | | | | | | | | | | |
| 0xD800_0E0C (ECC_STATUS_RESULT) | R | 0 | 0 | 0 | 0 | 0 | 0 | 0 | 0 | 0 | 0 | 0 | 0 | ERM | | ERS | |
| | W | | | | | | | | | | | | | | | | |
| 0xD800_0E0E (ECC_RSLT_MAIN_AREA) | R | 0 | 0 | 0 | 0 | ECC 结果 1 | | | | | | | | ECC 结果 2 | | | |
| | W | | | | | | | | | | | | | | | | |
| 0xD800_0E10 (ECC_RSLT_SPARE_AREA) | R | 0 | 0 | 0 | 0 | 0 | 0 | 0 | 0 | 0 | 0 | 0 | ECC 结果 4 | | ECC 结果 3 | | |
| | W | | | | | | | | | | | | | | | | |
| 0xD800_0E12 (NF_WR_PROT) | R | 0 | 0 | 0 | 0 | 0 | 0 | 0 | 0 | 0 | 0 | 0 | 0 | WPC | | | |
| | W | | | | | | | | | | | | | | | | |
| 0xD800_0E14 (UNLOCK_START_BLK_ADD) | R | USBA | | | | | | | | | | | | | | | |
| | W | | | | | | | | | | | | | | | | |
| 0xD800_0E16 (UNLOCK_END_BLK_ADD) | R | UEBA | | | | | | | | | | | | | | | |
| | W | | | | | | | | | | | | | | | | |
| 0xD800_0E18 (NAND_FLASH_WR_PR_ST) | R | 0 | 0 | 0 | 0 | 0 | 0 | 0 | 0 | 0 | 0 | 0 | 0 | 0 | US | LS | LTS |
| | W | | | | | | | | | | | | | | | | |

续表 6-19

| 名称 | | 15 | 14 | 13 | 12 | 11 | 10 | 9 | 8 | 7 | 6 | 5 | 4 | 3 | 2 | 1 | 0 |
|---|---|---|---|---|---|---|---|---|---|---|---|---|---|---|---|---|---|
| 0xD800_0E1A (NAND_FLASH_CONFIG1) | R | 0 | 0 | 0 | 0 | 0 | 0 | 0 | 0 | | NFC_RST | | | | | 0 | 0 |
| | W | | | | | | | | | NF_CE | NFC_RST | NF_BIG | INT_MSK | ECC_EN | SP_EN | | |
| 0xD800_0E1C (NAND_FLASH_CONFIG2) | R | INT | 0 | 0 | 0 | 0 | 0 | 0 | 0 | | FDO | | | FDI | | FADD | FCMD |
| | W | INT | | | | | | | | | | | | | | | |

表 6-20 NFC 模块寄存器存储器配置

| 地 址 | 寄存器名称 | 访 问 | 复位值 |
|---|---|---|---|
| 0xD800_0E00 | (NFC_BUFSIZ) NAND Flash 控制器缓冲器尺寸寄存器 | 读 | 0x0000_0001 |
| 0xD800_0E02 | 保留 | — | — |
| 0xD800_0E04 | (RAM_BUFFER_ADDRESS) RAM 缓冲器地址寄存器 | 读写 | 0x0000_0000 |
| 0xD800_0E06 | (NAND_FLASH_ADD) NAND Flash 地址寄存器 | 读写 | 0x0000_0000 |
| 0xD800_0E08 | (NAND_FLASH_CMD) NAND Flash 程序寄存器 | 读写 | 0x0000_0000 |
| 0xD800_0E0A | (NFC_CONFIGURATION) NFC 内部缓冲器锁定控制 | 读写 | 0x0000_0001 |
| 0xD800_0E0C | (ECC_STATUS_RESULT) 控制器状态和 Flash 操作复位 | 读 | 0x0000_0000 |
| 0xD800_0E0E | (ECC_RSLT_MAIN_AREA)<br>ECC 错误位置主区域数据错误 x8<br>ECC 错误位置主区域数据错误 x16 | 读 | 0x0000_0000 |
| 0xD800_0E10 | (ECC_RSLT_SPARE_AREA)<br>ECC 错误位置备用区域数据错误 x8<br>ECC 错误位置备用区域数据错误 x16 | 读 | 0x0000_0000 |
| 0xD800_0E12 | (NF_WR_PROT) NAND Flash 写保护 | 读写 | 0x0000_0002 |
| 0xD800_0E14 | (UNLOCK_START_BLK_ADD) 写保护模式未锁定起始地址 | 读写 | 0x0000_0000 |
| 0xD800_0E16 | (UNLOCK_END_BLK_ADD) 写保护模式未锁定末尾地址 | 读写 | 0x0000_0000 |
| 0xD800_0E18 | (NAND_FLASH_WR_PR_ST) NAND Flash 写保护状态 | 读写 | 0x0000_0002 |
| 0xD800_0E1A | (NAND_FLASH_CONFIG1) NAND Flash 操作配置 1 | 读写 | 0x0000_0008 |
| 0xD800_0E1C | (NAND_FLASH_CONFIG2) NAND Flash 操作配置 2 | 读写 | 0x0000_0000 |

## 6.5 PCMCIA 主机适配器

PCMCIA 接口给遵循 2.1 版本 PCMCIA 协会标准的设备提供一个无缝接口,为个人电脑或 PDA 等可拆卸和更换的外设定义了内存和 I/O 设备的用法。例如 CF 卡和 WLAN 适配器。图 6-53 显示了 PCMCIA 控制器框图。

# 第6章 存储器接口

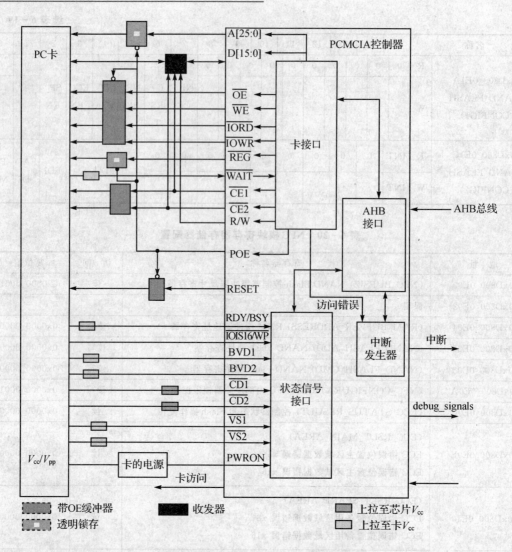

图 6-53 PCMCIA 主机适配器框图

PCMCIA 主机适配器模块为单个 PCMCIA 插槽提供所有必要的控制逻辑和只需要一些附加外部逻辑切换和 PC 卡缓冲的模拟电源。PCMCIA 主适配器模块可支持一个 PCMCIA 插槽。PCMCIA 控制器与片上 EIM 区域其他模块共用引脚。与 PCMCIA 共用引脚的模块是 EIM、SDRAMC 和 NAND 控制器。

### 1. 中断产生

在 PCMCIA 控制器有 14 个中断源。此外,PCMCIA 生成一个对所有可能的中断定位的信号。系统决定哪些信号连接到系统中断控制器模块。PCMCIA 输入引脚寄存器(PIPR)报告从 PCMCIA 卡到主机(BVD、CD、RDY、VS)输入的任何变化。寄存器(PSCR)与 PCMCIA 控制器使能寄存器(PER)逻辑与产生一个 PCMCIA 控制器中断。中断的级别是用户可编程控制的,而且 PCMCIA 控制器可以为 RDY/IREQ 产生附加的中断,以便能根据输入信号沿(上升或下降)或电平(高或低)变化触发。

## 2. 卡的抽取

抽取 PC 卡时，PCMCIA 控制器寄存器不复位。寄存器设置保持与卡抽取前一致。允许主机软件在 CIS 表明插入卡一样时能快速启动。

## 3. 支持 TrueIDE

ATA 标准规定主机系统和储存设备之间的一个 AT 附件接口。PCMCIA 控制器可以动态配置支持 PCMCIA 兼容的 ATA 磁盘接口（又称 IDE）而不是标准的 PCMCIA 卡接口。使用 PCMCIA 控制器的 TrueIDE 接口改变一些卡插座信号功能，支持 ATA 磁盘接口的需求。

## 4. 编程方法

表 6-21 和表 6-22 分别给出 PCMCIA 模块的存储器配置和寄存器。

表 6-21 PCMCIA 控制器存储器配置

| 地　址 | 寄存器名称 | 访　问 | 复位值 |
|---|---|---|---|
| 0xD800_4000 | (PIPR) PCMCIA 输入引脚寄存器 | 只读 | 0x0000_00— |
| 0xD800_4004 | (PSCR) PCMCIA 状态变更寄存器 | 读写 | 0x0000_0000 |
| 0xD800_4008 | (PER) PCMCIA 使能寄存器 | 读写 | 0x0000_1018 |
| 0xD800_400C | (PBR0) PCMCIA 基础寄存器 0 | 读写 | |
| 0xD800_4010 | (PBR1) PCMCIA 基础寄存器 1 | 读写 | 0x0000_0000 |
| 0xD800_4014 | (PBR2) PCMCIA 基础寄存器 2 | 读写 | 0x0000_0000 |
| 0xD800_4018 | (PBR3) PCMCIA 基础寄存器 3 | 读写 | 0x0000_0000 |
| 0xD800_401C | (PBR4) PCMCIA 基础寄存器 4 | 读写 | 0x0000_0000 |
| 0xD800_4028 | (POR0) PCMCIA 选件寄存器 0 | 读写 | 0x0000_0000 |
| 0xD800_402C | (POR1) PCMCIA 选件寄存器 1 | 读写 | 0x0000_0000 |
| 0xD800_4030 | (POR2) PCMCIA 选件寄存器 2 | 读写 | 0x0000_0000 |
| 0xD800_4034 | (POR3) PCMCIA 选件寄存器 3 | 读写 | 0x0000_0000 |
| 0xD800_4038 | (POR4) PCMCIA 选件寄存器 4 | 读写 | 0x0000_0000 |
| 0xD800_4044 | (POFR0) PCMCIA 偏移量寄存器 0 | 读写 | 0x0000_0000 |
| 0xD800_4048 | (POFR1) PCMCIA 偏移量寄存器 1 | 读写 | 0x0000_0000 |
| 0xD800_404C | (POFR2) PCMCIA 偏移量寄存器 2 | 读写 | 0x0000_0000 |
| 0xD800_4050 | (POFR3) PCMCIA 偏移量寄存器 3 | 读写 | 0x0000_0000 |
| 0xD800_4054 | (POFR4) PCMCIA 偏移量寄存器 4 | 读写 | 0x0000_0000 |
| 0xD800_4060 | (PGCR) PCMCIA 通用控制寄存器 | 读写 | 0x0000_0008 |
| 0xD800_4064 | (PGSR) PCMCIA 通用状态寄存器 | 读写 | 0x0000_0000 |

表 6-22  PCMCIA 控制器寄存器

| 名称 | R/W | 31/15 | 30/14 | 29/13 | 28/12 | 27/11 | 26/10 | 25/9 | 24/8 | 23/7 | 22/6 | 21/5 | 20/4 | 19/3 | 18/2 | 17/1 | 16/0 |
|---|---|---|---|---|---|---|---|---|---|---|---|---|---|---|---|---|---|
| 0xD800_4000 (PIPR) | R | 0 | 0 | 0 | 0 | 0 | 0 | 0 | 0 | 0 | 0 | 0 | 0 | 0 | 0 | 0 | 0 |
| | W | | | | | | | | | | | | | | | | |
| | R | 0 | 0 | 0 | 0 | 0 | 0 | 0 | POWERONt | RDY | BVD2 | BVD1 | | $\overline{CD}$ | WP | VS | |
| | W | | | | | | | | | | | | | | | | |
| 0xD800_4004 (PSCR) | R | 0 | 0 | 0 | 0 | 0 | 0 | 0 | 0 | 0 | 0 | 0 | 0 | 0 | 0 | 0 | 0 |
| | W | | | | | | | | | | | | | | | | |
| | R | 0 | 0 | 0 | 0 | POWC | RDYR | RDYF | RDYH | RDYL | BVDC2 | BVDC1 | CDC2 | CDC1 | WPC | VSC2 | VSC1 |
| | W | | | | | | w1c | w1c | w1c | | w1c | w1c | w1c | w1c | w1c | w1c | w1c |
| 0xD800_4008 (PER) | R | 0 | 0 | 0 | 0 | 0 | 0 | 0 | 0 | 0 | 0 | 0 | 0 | 0 | 0 | 0 | 0 |
| | W | | | | | | | | | | | | | | | | |
| | R | 0 | 0 | 0 | 0 | 0 | POWERONEN | RDYRE | RDYFE | RDYHE | RDYLE | BVDE2 | BVDE1 | CDE2 | CDE1 | WPE | VSE2 | VSE1 |
| | W | | | | ERRINTEN | | | | | | | | | | | | |
| 0xD800_400C (PBR0) 0xD800_4010 (PBR1) 0xD800_4014 (PBR2) 0xD800_4018 (PBR3) 0xD800_401C (PBR4) | R | 0 | 0 | 0 | 0 | 0 | 0 | PBA[25:16] | | | | | | | | | |
| | W | | | | | | | PBA[15:0] | | | | | | | | | |
| 0xD800_4028 (POR0) 0xD800_402C (POR1) 0xD800_4030 (POR2) 0xD800_4034 (POR3) 0xD800_4038 (POR4) | R | 0 | 0 | PV | WPEN | WP | PRS | PPS | PSL[6:0] | | | | | | | PSST[5] | |
| | W | PSST[4:0] | | | | | PSHT[5:0] | | | | | | 0 BSIZE | | | | |

续表 6-22

| 名称 | | 31 | 30 | 29 | 28 | 27 | 26 | 25 | 24 | 23 | 22 | 21 | 20 | 19 | 18 | 17 | 16 |
|---|---|---|---|---|---|---|---|---|---|---|---|---|---|---|---|---|---|
| | | 15 | 14 | 13 | 12 | 11 | 10 | 9 | 8 | 7 | 6 | 5 | 4 | 3 | 2 | 1 | 0 |
| 0xD800_4044 (POFR0) | R | 0 | 0 | 0 | 0 | 0 | 0 | POFA[25:16] | | | | | | | | | |
| | W | | | | | | | | | | | | | | | | |
| 0xD800_4048 (POFR1) 0xD800_404C (POFR2) 0xD800_4050 (POFR3) 0xD800_4054 (POFR4) | R | | | | | | | POFA[15:0] | | | | | | | | | |
| | W | | | | | | | | | | | | | | | | |
| 0xD800_4060 (PGCR) | R | 0 | 0 | 0 | 0 | 0 | 0 | 0 | 0 | 0 | 0 | 0 | 0 | 0 | 0 | 0 | 0 |
| | W | | | | | | | | | | | | | | | | |
| | R | 0 | 0 | 0 | 0 | 0 | 0 | 0 | 0 | 0 | 0 | 0 | 0 | LPMEN | SPKREN | POE | RESET |
| | W | | | | | | | | | | | | | | | | |
| 0xD800_4064 (PGSR) | R | 0 | 0 | 0 | 0 | 0 | 0 | 0 | 0 | 0 | 0 | 0 | 0 | 0 | 0 | 0 | 0 |
| | W | | | | | | | | | | | | | | | | |
| | R | 0 | 0 | 0 | 0 | 0 | 0 | 0 | 0 | 0 | 0 | 0 | NWINE | LPE | SE | CDE | WPE |
| | W | | | | | | | | | | | | | wlc | wlc | wlc | wlc |

## 6.6 存储棒主机控制器

存储棒(MS)主机控制器(MSHC)包括二个子模块:MSHC模块和索尼存储棒主机控制器(SMSC)。SMSC模块系MS主机控制器,与索尼MS版本1.x和改进的MS(Memory Stick Pro.)完全兼容。该模块将AIPI IP总线连接到SMSC接口,允许IP传输。MSHC位于AIPI和索尼MS之间,支持从芯片到MS的传输,参见图6-54。

MSHC特点如下:
- IP总线和SMSC间的模块:
  — IP总线接口转换为从设备;
  — 3个内部寄存器(暂停、中断状态/清零、和中断使能寄存器);
  — 针对传送错误和等待暂停的模块中断;
  — 针对非正常传送等待状态的暂停功能;
  — 固定的32位数据总线;
  — 针对IP数据总线的小字节序和针对SMSC数据总线的大字节序。
- 与索尼MS通信的SMSC:
  — 4个64位内部寄存器结构;

## 第 6 章 存储器接口

—— FIFO(4×64 位);
—— 完成 MS 通信后的中断;
—— 双地址模式的 DMA(注意:SMSC 也支持单地址模式)。
- 实现测试模式和易测性设计。

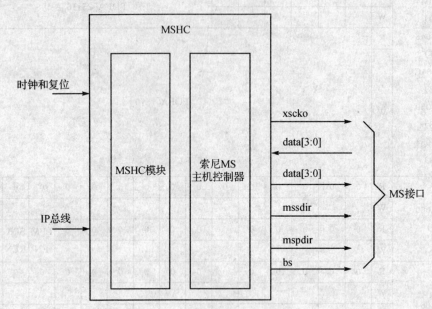

图 6-54 存储棒控制器结构框图

### 6.6.1 工作原理

MSHC 模块有一个简化的 IP 总线接口,支持 IP 总线读写传输。DMA 传送也发生的 IP 总线上。可以由 DMA 或主机(通过 AIPI)初始化传送操作,响应 MSHC DMA 请求或中断。SMSC 有二个 DMA 地址模式,单地址模式和双地址模式。DMA 传送时设置为双地址模式。双地址模式在 MSHC 请求 DMA(XDRQ)传送时,DMA 将初始化 MSHC 的传送。即使有些芯片不使用单地址模式,MSHC 仍然有外部存储器端口和 DMA 应答输入(XDAK)。

**1. 索尼 MS 控制器(SMSC)**

SMSC 的详细介绍可以参阅"MS/ MS PRO 主机控制器 IP 规范 Ver. 1.3."说明书。

**2. MSHC 模块**

下面分别介绍 MSHC 时钟、MS 接口、模块状态机、IP 总线错误和等待条件、模块中断以及 IP 总线传输。

**(1) 复位和时钟**

MSHC 使用一个异步复位和一个同步复位复位模块内部寄存器。

异步复位是低电平有效的绿线硬件异步复位,同步复位是高电平有效的来自 MSHC 系统寄存器的软件复位。初始化内部寄存器后,一旦软件复位确认,SMSC 将自动清零系统寄存器中 RST。未定义软件复位期间的 IP 总线传输。图 6-55 中可见 MSHC 的 3 个时钟输入。

ipg_clk_s 直接与模块连接,其他通过组合逻辑与 SMSC 连接。MSHC 还有一个时钟经模块反相后输出。在测试模式组合逻辑 MSHC 只有二个时钟。模块中 ipg_clk_s 和 SMSC 中 HCKI 连接为一个测试时钟,其他时钟(SCKI、XSCKI、MSCKI 和 XMSCKI)连接成另一个测试时钟。测试时钟在 CRM 内部产生。

正常工作模式,XSCKI 是 SCKI 的反相,MSCKI 是 XMSCKI 的反相。

模块所有逻辑均使用 ipg_clk_s,与 IP 接口信号同步。该时钟只在模块使能信号确认时有效。

SMSC 的 HCKI 是内部许多寄存器和 FIFO 的主时钟。MS 有一个比较慢的与 HCKI 不同步的时钟,所以,SMSC 产生 XSCKO 输出给 MS。整个逻辑见图 6-55。

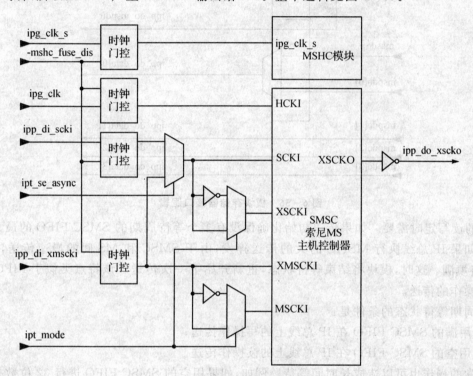

图 6-55  MSHC 时钟结构

**(2) MS 接口**

该模块包括 MS 产生 I/O 信号的逻辑。图 6-56 给出模块中组合逻辑和信号连接。

模块检测到传输错误时传输中断。IP 总线传输中断可以由模块中断使能寄存器控制。传输错误条件是违法数据复位和违法传输。

数据复位错误表示 IP 总线传送的不是 32 位数据。模块检查所有的 4 个字节使能信号,如果其中一个在传送期间变成 0,模块将设置中断状态清零位 IDA,产生中断。

非法传输错误表示 IP 总线数据传送方向是否正确。SMSC 系统寄存器包括开始传送前设置的 FIFO 数据方向位。如果该位设置为 1,数据方向是从 AIPI 到 MSHC。下一个 IP 总线传送必须等待。如果数据方向和数据传送方向不一致,模块将中断状态/清零位 IXFR 更新为 1,产生中断。该错误条件只用于到 SMSC 数据寄存器的传送。

**(3) 传输等待条件**

在 32 位的正常传输中,一个时钟周期可以插入等待,因为 IP 总线处理背靠背紧密传送时

## 第6章 存储器接口

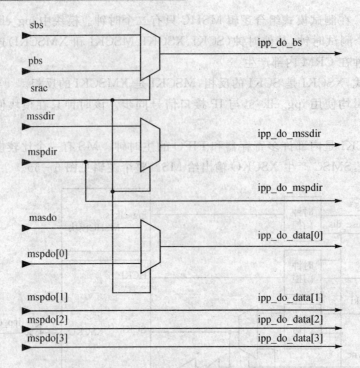

图 6-56 模块存储器接口逻辑

SMSC 的读写定时需要。如果传送初始化确保没有多个等待周期的 SMSC FIFO 的最大传送猝发。如果 IP 总线执行 MSHC 的大的传送猝发,由于 SMSC 和 MS 间的慢速传送,SMSC FIFO 将填满。这时,模块将结束等待状态,重新开始下一次传送。该特点类似于 FIFO 空的时候读操作的传送。

多周期等待状态的条件是:
- 用满的 SMSC FIFO 在 IP 总线上的写操作传送;
- 用空的 SMSC FIFO 在 IP 总线上的读操作传送。

异常的操作也可以造成长时间等待。例如,如果用空的 SMSC FIFO 进行 32 位数据写传送,空标志将保留设置。如果接下来的传送是读操作,则因为认可 FIFO 空标志的状态,不处理。因此,在读传送请求保持对 IP 总线的未决时,模块将处于等待状态。否认空标志最少需要 2 个 32 位传送的等待时间。传送初始化必须确认最少二次写传送是由于对 FIFO 的紧密写操造成作的。

如果 MSHC 和 MS 之间的通信不正常终止,可能发生另一个不希望的长时间等待状态。为避免此现象发生,模块提供一个等待暂停功能,如果等待状态太长,暂停值可以使等待状态无效,产生一个中断。中断使能位 INTEN_WFUL 和 INTEN_REMP 有效时,该辅助功能有效。

如果 INTEN_WFUL 和 INTEN_REMP 中断无效,暂停计数器没有此功能。这时,传送初始化对无效模块结束长时间等待状态是可靠的。

**(4) 模块中断**

从传送错误和等待条件产生模块中断,与 SMSC 中断逻辑或。图 6-57 系模块插入等待状态和产生中断的流程图。

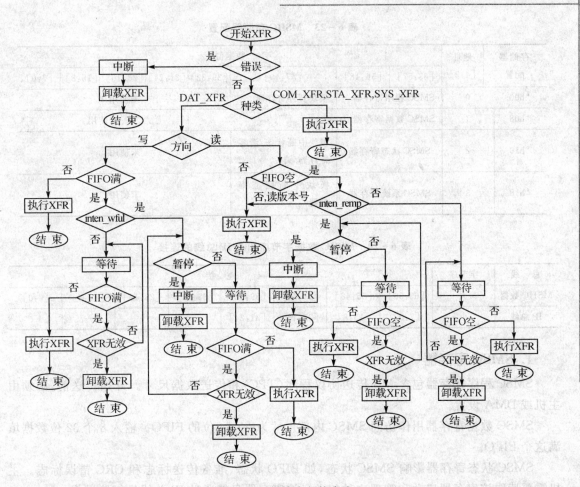

图 6-57 模块中断的产生

流程图也表示怎样产生模块暂停功能。中断使能位 INTEN_WFUL 和 INTEN_REMP 使所有模块状态/清零和暂停寄存器功能无效。

## 6.6.2 编程方法

MSHC 有 7 个内部寄存器、4 个 SMSC 寄存器和 3 个模块寄存器。

模块内部寄存器不需要额外的地址,共享 SMSC 内部寄存器地址空间。IP 总线访问是 32 位,但所有 SMSC 寄存器(除数据寄存器)只用高 16 位,所以模块可以使用低 8 位。

MSHC 内部总线配置为 64 位结构,所以所需地址是[4:3]。

由于地址共享结构,更新模块内部寄存器时主机必须保持 SMSC 寄存器必要的值。

表 6-23 给出 MSHC 模块存储器配置,表 6-24 给出数据字节序和与 IP 总线的连接。

MSHC 模块采用 64 位数据的大字节序,而芯片系统采用 32 位数据的小字节序。因此,数据必须按表 6-24 格式分配。

表6-23  MSHC 存储器配置

| 存储器配置 | 地址[4:3] | 数据位 | | | | | | |
|---|---|---|---|---|---|---|---|---|
| | | [63:57] | [56:48] | [47:40] | [39:32] | [31:24] | [23:16] | [15:8] | [7:0] |
| 'h00 | 0 | SMSC 程序寄存器 | 模块暂停寄存器 | | 未使用 | | | | |
| 'h08 | 1 | SMSC 数据寄存器 | | | 未使用 | | | | |
| 'h10 | 2 | SMSC 状态寄存器 | 模块中断状态/清零寄存器 | | 未使用 | | | | |
| 'h18 | 3 | SMSC 系统寄存器 | 模块中断使能寄存器 | | 未使用 | | | | |

表6-24  MSHC 数据字节序和与 IP 总线的连接

| 总线 | 字节序 | 连接 | | | | | | | |
|---|---|---|---|---|---|---|---|---|---|
| MSHC 数据 | 大 | [63:56] | [55:48] | [47:40] | [39:32] | [31:24] | [23:16] | [15:8] | [7:0] |
| IP 总线 | 小 | [7:0] | [15:8] | [23:16] | [31:24] | — | — | — | — |

### 1. SMSC 寄存器

SMSC 程序寄存器包含 MS 传送协议程序(TPC)和传送数据尺寸。开始传送前,必须由主机或 DMA 设置。

SMSC 数据寄存器用作访问 SMSC 内部尺寸为 $4\times64$ 位的 FIFO。输入 8 个 32 位数据填满这个 FIFO。

SMSC 状态寄存器影响 SMSC 状态,如 FIFO 状态、准备传送标志和 CRC 错误标志。主机需要读取该寄存器启动和管理这种传送。该寄存器只能通过 IP 总线进行读操作。

SMSC 系统寄存器有一个 SMSC 模式的用户程序和与 MS 传送和通信的辅助程序。该寄存器必须在开始传送前设置,在与 MS 通信期间不能改变。

### 2. 模块暂停寄存器

该寄存器可以读写,同步或异步后复位为 0。如果遭遇长时间等待,该寄存器给出一个暂停机制。参见表 6-25。

表6-25  T 暂停寄存器

| 位 | 47 | 46 | 45 | 44 | 43 | 42 | 41 | 40 |
|---|---|---|---|---|---|---|---|---|
| 名称 | TOVW[7:0] | | | | | | | |
| 复位值 | 0 | | | | | | | |
| 读写 | 读写 | | | | | | | |

一旦 FIFO 变满,IP 总线有很多数据要写,模块认可等待信号直至 FIFO 空间有效。模块也将从等待的暂停值 TOVW[7:0] 开始内部计数器的减计数。当计数器到达零,ips_xfr_wait 信号不确定,如果等待状态在暂停计数器到达零前清零,中断产生,暂缓的传输将恢复。

当 TOVW[7:0] 设置为零,若如果 FIFO 是满的,模块将不产生等待状态,若是空的产生中断。

如果模块中断使 INTEN_WFUL 有效,而 INTEN_REMP 无效,暂停计数器不起作用(设置为无穷大时有效)。一旦进入等待状态,MSHC 将等待,直至 AIPI 使模块无效(用 ips_module_en),或 FIFO 针对另一次传送变成有效。

### 3. 模块中断状态和清零寄存器

该寄存器可读写,通过同步或异步复位为 0。写 1 时清除中断。未使用的位读作 0。SMSC 状态寄存器与该寄存器地址相同,为只读寄存器。

中断状态和清零寄存器反映传输状态,决定是否支持当前传送,也可用作模块产生中断。参见表 6-26。

表 6-26 中断状态/清零寄存器

| 位 | 47 | 46 | 45 | 44 | 43 | 42 | 41 | 40 |
|---|---|---|---|---|---|---|---|---|
| 名称 | IDA | IXFR | — | — | WFUL | REMP | — | — |
| 复位值 | 0 | 0 | — | — | 0 | 0 | — | — |
| 读写 | 读写 | 读写 | 读写 | 读 | 读写 | 读写 | 读 | 读 |

模块通过 4 种比特的中断,直接与 IP 总线传输有关。一旦发生中断,主机检查该寄存器确定哪一个中断发生,清除该中断(采取对寄存器写 1 方法)。

**(1) IDA(非法数据访问)**

该位表示传送的不是 32 位数据,不确认所有的 ips_byte 中断。该位总是可读,可以用设置为 1 的 ips_wdata[23]对该寄存器写操作清零(如果中断使能位 INTEN_IDA 有效)。

任何非法数据访问总是引起 IDA,如果中断使能位 INTEN_IDA 无效,不产生模块中断。

**(2) IXFR(非法传输)**

该位表示数据传送方向与 SMSC FIFO 数据方向不相同,总是可读的,可以设置为 1 的 ips_wdata[22]对该寄存器写操作清零(如果中断使能位 INTEN_IXFR 有效)。

任何非法数据访问总是引起 IXFR,如果中断使能位 INTEN_IXFR 无效,不产生模块中断。

**(3) WFUL(FIFO 满时写)**

该位表示 SMSC FIFO 是满的,当前写传送未完成。该位总是可读,可以用设置为 1 的 ips_wdata[19]对该寄存器写操作清零(如果中断使能位 INTEN_WFUL 有效)。

该位表示 FIFO 是满的时候模块试图进行数据写传送。更新时间依 INTEN_WFUL 有效和 TOVW[7:0]的值而不同。如果 INTEN_WFUL 有效,将更新 WFUL,没有暂停延时。模块将该位用于产生传送等待状态和中断。

**(4) REMP(FIFO 空时读)**

该位表示 SMSC FIFO 是空的,当前读传送未完成。该位总是可读,可以用设置为 1 的 ips_wdata[18]对该寄存器写操作清零(如果中断使能位 INTEN_REMP 有效)。

该位表示 FIFO 是空的时候模块试图进行数据读传送。

FIFO 是空的时候,表示该位复位后读取的版本号。更新时间依 INTEN_REMP 有效和 TOVW[7:0]的值而不同。如果 INTEN_REMP 有效,将更新 REMP,没有暂停延时。模块将该位用于产生传送等待状态和中断。

### 4. 模块中断使能寄存器

该寄存器可读写,通过同步或异步复位为 0,用作模块中断使能。缺省值是模块中断无效。相应位设置为 1 时模块中断有效。参见表 6-27。

表 6-27 中断使能寄存器

| 位 | 47 | 46 | 45 | 44 | 43 | 42 | 41 | 40 |
|---|---|---|---|---|---|---|---|---|
| 名称 | INTEN_IDA | INTEN_IXFR | — | — | INTEN_WFUL | INTEN_REMP | — | — |
| 复位值 | 0 | 0 | — | — | 0 | 0 | — | — |
| 读写 | 读写 | 读写 | 读写 | 读 | 读写 | 读写 | 读 | 读 |

- INTEN_IDA

非法数据访问中断使能位。如果该位为 1,将使模块针对非法数据访问的中断有效。

- INTEN_IXFR

非法传输中断使能位。如果该位设置为 1,将使模块针对非法数据传输的中断有效。

- INTEN_WFUL

针对满的 FIFO 写传送的中断使能位。如果该位设置为 1,将使模块中断和等待暂停功能有效。

- INTEN_REMP

针对空的 FIFO 读传送的中断使能位。如果该位设置为 1,将使模块中断和等待暂停功能有效。

## 6.7 安全数字主机控制器

多媒体卡(MMC)是通用低成本数据存储器和通信媒体,应用范围广,如电子玩具、组装游戏、PDA 和智能电话等。MMC 通信采用先进的 7 芯总线结构,低电源电压工作。

安全数字(SD)卡是改进的 MMC,结构上增加 2 个引脚,满足最新出现的音频和视频消费类电子设备对安全、容量、性能和使用环境的需求。SD 卡物理型式、引脚安排和数据传输协议均与 MMC 向前兼容。在 SD 协议下,SD 卡可以划分为存储卡、I/O 卡和组合卡(具有存储和 I/O 功能)。存储卡借助于版权保护机制与 SDMI 标准的安全措施兼容,提供快速和高的存储容量。I/O 卡针对移动电子设备提供低功耗、高速数据 I/O。

安全数字主机控制器(SDHC)集成支持 MMC 和 SD 的存储和 I/O 功能,包括 SD 存储器和 I/O 组合卡。图 6-58 为 SDHC 结构框图,图 6-59 为系统与 SD 主机控制器的互连。

SD 主机控制器(SDHC)模块将程序传送到 MMC、SD 存储器和 I/O 卡实施控制,执行与卡的数据访问,特点如下:

- 与 MMC 系统规范 3.2 版本完全兼容;
- 与 SD 存储卡规范 1.01 版本和带 1/4 通道的 SD I/O 卡规范 1.1 版本兼容;
- 4 位模式最大 100 MB/s 数据率,SD 总线时钟达 25 MHz;
- 内置 SDHC 总线的可编程频率计数器;

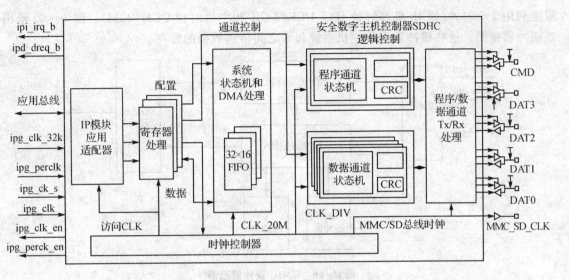

图 6-58 安全数字主机控制器模块图

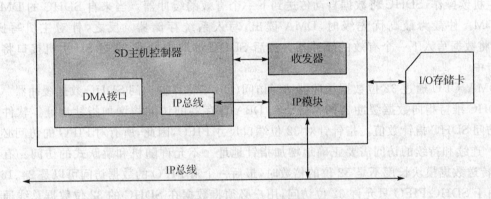

图 6-59 系统与 SD 主机控制器的互连

- 针对 SDIO 中断、内部状态和 FIFO 状态的可屏蔽硬件中断;
- 内置双 16×32 位数据 FIFO 缓冲器;
- 支持即插即用(PnP);
- 对卡的单或多模块访问,包括擦除操作;
- 支持多重 SD 功能,包括多重 I/O、组合 I/O 和存储器;
- 支持单 SD I/O 卡(组合卡)的最多 7 个 I/O 功能和 1 个存储器;
- 支持对中断主机的 IRQ 使能卡;
- 在 1/4 位访问期间支持 SDIO 中断检测;
- 支持 SDIO 读/写和延缓/恢复操作;
- 控制器核与 Freescale 半导体 IP 总线兼容;
- MMC 卡和 SDHC 之间基于模块的数据传送(不支持数据流模式);
- 主机和卡之间数据传送容量的模块长度约为 1 到 2 048 字节。

## 6.7.1 工作原理

SDHC 按乒乓管理方式使用 2 个数据缓冲器,数据可以由 DMA 和 SD 卡同时传送,最大限度利用2个时钟(即IP外部时钟IPG_PERCLCK和主机时钟CLK_20M)。图6-60给出该缓冲器框图。这些缓冲器用作主机系统和卡之间传送数据的暂存。

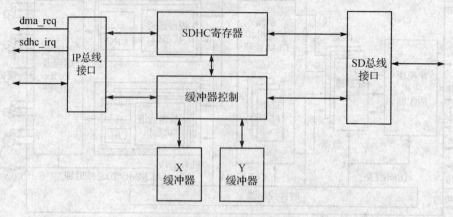

图6-60　SDHC缓冲器框图

主机读操作，SDHC将数据自动传送到下一个有效的缓冲器。当来自SDHC的DMA请求经DMA仲裁为最高优先级时，DMA读出，写入系统存储器。反之，针对主机写操作，DMA将数据写入下一个有效的缓冲器。然后SDHC读取缓冲器，通过SD主机接口将数据写入卡中。

DMA/CPU通过32位数据缓冲器访问访问(DBA)寄存器访问SDHC数据缓冲器。在内部，SDHC维持指向数据缓冲器的指针。到DBA寄存器的访问将增加指针地址。软件不能直接访问SDHC指针数值。指针针对32位端口尺寸FIFO，因此，所有对FIFO的访问必须是32位。连续和持续的访问需要正确地增加指针地址。不允许随机和跳跃式的访问。有些情况，当传送数据模块长度不是32位的倍数时，最后一个对FIFO的数据访问可以是24、16或8位。由于SDHC FIFO只允许32位访问，用户必须将数据在SDHC的32位数据总线通道上正确按字节取放数据。字节管理规则是小字节序格式。对FIFO的8位数据访问在数据总线的第[7~0]位；16位数据访问将处于数据总线的第[15~0]位；24位数据访问将处于数据总线的第[23~0]位。

数据传送到卡上时，数据缓冲器FIFO中的32位数据移到卡的顺序是从LSB字节到MSB字节；移位顺序是从MSB位到LSB位。读取留在卡内数据时，存储移入的数据是从数据缓冲器FIFO的LSB字节到MSB字节。图6-61表示卡总线和SDHC的IP总线间字节通道关系。

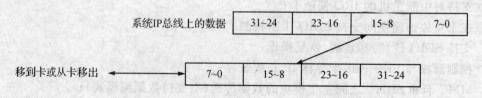

图6-61　系统IP总线和SD卡总线间字节通道关系

当用户向卡传送数据时，有二个方法给缓冲器写数据。一个方法是DMA通过SDHC DMA请求信号。另一个方法是CPU使用BUF_WR_RDY(STATUS[6])位。

数据缓冲器是空的,准备接收数据时,SDHC 确认 DMA 请求。这时,SDHC 将设置 BUF_WR_RDY(STATUS[6])位。如果软件使其有效,将产生缓冲器写准备中断。

缓冲器累加数据端口写的数据直至数据计数器达到缓冲器尺寸为止。缓冲器中全部数据写入数据缓冲器前 SDHC 不开始新数据传送。SD 总线准备新的传送时,SDHC 开始数据传输。另一个缓冲器空了,且较多的数据要传送时,SDHC 将认可新的 DMA 请求,设置 BUF_WR_RDY 位。在 DMA 跟不上移向 FIFO 的数据时,SDHC 将在模块间隙停止 SD_CLK。

当用户从卡读取数据时,有二个从缓冲器获取数据的方法。一个方法是 DMA 使用 SDHC DMA 请求信号,另一个方法是 CPU 使用 BUF_READ_RDY(STATUS[7])位。

数据缓冲器是满的,DMA/CPU 准备获取缓冲器输出数据时,SDHC 认可 DMA 请求。这时,SDHC 设置 BUF_READ_RDY(STATUS[7])位。如果软件使其有效,产生缓冲器读准备中断。

SDHC 只在双数据 FIFO 中一个是空的时候开始接收数据。缓冲器累加从卡读取的数据直至数据计数器达到缓冲器尺寸为止。针对多模块数据传送,DMA/CPU 通过读取 DBA 寄存器移动数据,如果 FIFO 是空的,SD 总线准备好,SDHC 将数据放到其他 FIFO。DMA/CPU 跟不上读取 FIFO 输出的数据时,SDHC 将在模块间隙停止 SD_CLK,避免溢出情况发生。

用户需要知道数据传送期间缓冲器的大小。二个数据缓冲器尺寸是 64 字节。每一个数据缓冲器分为 4 个 16 字节数据缓冲器对应 SD 总线 4 条数据线。因此,SDHC 每一条数据线包含一个双 16 字节缓冲器。数据缓冲器尺寸在 4 位 SD 模式下为 64 字节,在 1 位 SD 模式下为 16 字节。

多模块数据传送期间,首选模块大小是缓冲器尺寸的整数倍。当有一个缓冲器填满(设置 STATUS[27]或 STATUS[26],设置 STATUS[7])和全部缓冲器数据写入 X 或 Y 缓冲器时,缓冲器将准备由 CPU/DMA 读取。

当全部缓冲器数据从缓冲器读取时,CPU/DMA 准备写缓冲器(设置 STATUS[29]或 STATUS[28],设置 STATUS[6])。因此将设置缓冲器准备状态位和 DMA 请求。

对于单模块数据传送,当模块长度小于缓冲器大小或当模块长度不是缓冲器大小的整数倍时,需要写入缓冲器或从缓冲器读取的数据尺寸可能小于缓冲器尺寸。这时,当数据写入缓冲器时,缓冲器将填满(SDHC 设置 STATUS[27]或 STATUS[26])。当该缓冲器数据读出,则缓冲器将变空(SDHC 设置 STATUS[29]或 STATUS[28])。

应设置缓冲器准备状态位和 DMA 请求。软件使缓冲器尺寸变成可变的,等于需要传送的实际数据大小。这很容易进行 SDHc 软件编程。用户不需要填入虚构的数据填满缓冲器。

SDIO 程序 CMD53 定义根据下面公式限制传送数据的最大尺寸:

$$最大数据尺寸 = 模块尺寸 \times 模块数$$

模块尺寸可以是数据缓冲器尺寸的倍数。推荐设置模块尺寸等于数据缓冲器尺寸。允许在发生上溢出或下溢条件的模块间隙终止 SD_CLK。根据市场上有些卡的设计,DATA 线有效时终止 SD_CLK 可能会造成数据错误(时钟恢复时)。如果应用或卡驱动是传送大数目的数据,主机驱动器将大数目的数据分割为多个模块。

多模块传送的长度需要是模块尺寸的整数。如果整个数据长度不能均匀地划分为模块尺寸的倍数,根据卡的设计和功能有二个方法传送数据。一个方法是卡驱动器分开处理。剩余的模块数据最后用单模块程序传送。另一个方法是给最后一个模块用虚拟数据填满模块。第 2 个方法中,卡必须能传送虚拟数据。图 6-62 给出一个划分大数目数据传送的例子。

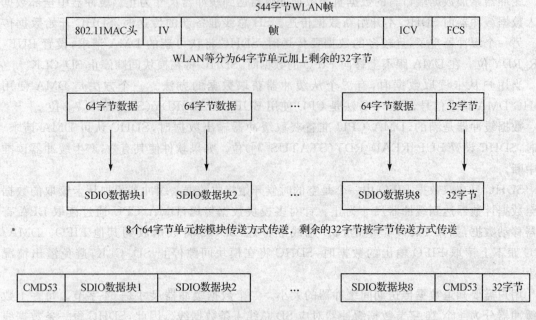

图 6-62　拆分大数目数据传送实例

### 1. DMA 接口

DMA 接口模块控制外部数据总线(DMA 访问)和内部 SDHC 模块数据总线之间的所有数据路由,内部系统 FIFO 通过专用状态机访问。该状态机监视 FIFO 内容的状态(空或满)、FIFO 地址和 SDHC 模块和应用的字节内容,参见图 6-63。

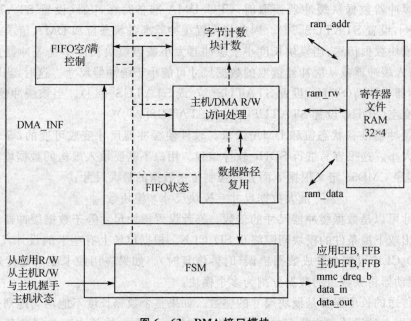

图 6-63　DMA 接口模块

此外，该模块也处理外部 DMA 控制器、内部寄存器写错误检测、SDIO 读/等待处理和所有 IP 关联的输出响应的猝发请求。

如果 SDHC 处于数据传送状态，SDHC 根据缓冲器状态产生 DMA 请求。在读操作期间，如果它的一个数据缓冲器满，SDHC 产生 DMA 请求。在写操作期间，如果数据缓冲器空，SDHC 也产生 DMA 请求。

为避免缓冲器读操作期间在运行条件下，当两个缓冲器是空的，MMC_SD_CLK 自动停止。DMA 或 CPU 完成对一个缓冲器写数据后，MMC_SD_CLK 最大恢复继续传送数据。

类似，为避免读操作期间缓冲器溢出，当两个缓冲器都是满的，MMC_SD_CLK 最大停止。DMA 或 CPU 将数据送出缓冲器后，MMC_SD_CLK 最大恢复继续传送数据。

**2. 存储器控制器**

该控制器处理 SDIO-IRQ 和读/写访问、卡检测、程序响应和所有 SDHC 中断。存储器控制器也包含寄存器表，参见图 6-64。

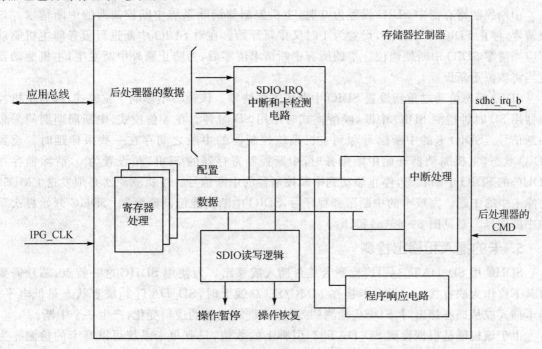

图 6-64　存储器控制器结构框图

SDIO 卡产生中断请求时，复位 CSR 寄存器中该中断的未决位，按 4 位模式认可与 SD_DAT[1]线共享的的中断线。检测和掌控到选择 IRQ 线和中断控制器的卡的中断。

**3. SDIO 卡中断**

在 1 位模式中断下，SD_DAT[1]引脚专门用来提供中断功能。采用将 SD_DAT[1]拉低的方法确认中断，直至主机清除该中断。

在 4 位模式中断下，由于中断和数据线 1 与 4 位模式的引脚 8 共享，在特定时间期间，中断将由卡发送，主机识别。这就是所谓中断周期。SDHC 只在中断周期采集引脚 8 电平。在其他时间，主机中断控制器忽略引脚 8 的电平。中断周期的定义在单模块和多模块数据传送时不同。

正常单数据块传输时，中断周期有效时间在完成数据包传送后变成 2 个时钟周期。这个中断周期持续到卡接收到下一条带有与其关联的数据块传送程序尾部为止。

针对 4 位模式的多模块数据传送，因为有限的多数据模块间数据线有效周期，限制中断周期有效时间，需要对中断周期进行更严格的定义。针对这种情况，中断周期限制在 2 个时钟周期。前一个数据块结束后，开始 2 个时钟周期。在该 2 个时钟周期中断期间，如果中断未决，SD_DAT[1] 在 1 个时钟周期内保持低电平，后一个时钟周期将 SD_DAT[1] 拉高。根据中断周期完成情况，卡将 SD_DAT[1] 释放为高阻状态。

4 位模式时，SDHC 检查所有 4 个数据线在新数据开始时为低电平，区分数据起始位和中断。中断时，只有 SD_DAT[1] 为低。发送最后一个数据块后，中断周期开始正常。在后 2 个时钟周期的下一条带数据的程序后面中断周期结束。

### 4. 卡的中断处理

中断控制寄存器中 SDIO 设置为 0 时，主机控制器清除系统中断控制器的中断请求。该位清零，停止 SDIO 中断检测，设置为 1 时又重新开始。在对 SDIO 中断进行服务前主机驱动器应当清零 SDIO 中断使能位。卡的所有中断请求清零后，为防止意外中断发生，主机驱动器应当将该位重新设置。

SDIO 状态位通过重新设置 SDIO 中断的方法清零。该位写不影响 1 位模式，因为主机控制器用 SD 时钟检测 SDIO 中断，唤醒模式时不用 SD 时钟。在 4 位模式，中断周期期间采集中断信号。SDIO 卡的中断信号和到主机系统控制器的中断之间存在一些采样延时。设置 SDIO 状态，主机驱动器开始中断服务时，中断控制寄存器的 SDIO 位设置为 0，清除锁存在 SDHC 的 SDIO 中断状态，停止驱动到中断控制器的中断信号。主机驱动器必须发送 CMD52 清除卡中的中断。完成卡的中断服务程序后，SDIO 中断使能位设置为 1。SDHC 开始再次采集中断信号。参见图 6-65(a) 和 (b)。

### 5. 卡的插入和移出检测

SDHC 用 SD_DAT[3] 引脚检测卡是否插入或移出。为使用 SDHC 这一特点，芯片需要将其下拉作为缺省状态。没有卡接在 MMC/SD 总线上时，SD_DAT[3] 缺省状态是低电平。当卡插入或从插座移出时，SDHC 检测到 SD_DAT[3] 引脚的逻辑变化，产生一个中断。

由于该机理是根据检测 SD_DAT[3] 引脚上的数值，只有单卡系统可以有卡的检测。为避免卡插入/移出检测和 SD_DAT[3] 引脚上因为数据传输引起数据变化值的冲突，用户应当在检测到卡在插槽内时使卡插入中断无效。当 SD_DAT[3] 上没有总线有效时，卡移出中断有效。

为避免数据传送期间错误状态位的产生，卡插入/移出由 INT_CNTR 寄存器中相应的中断使能位屏蔽。

### 6. 电源关联和唤醒事件

当 SDHC 和 SD 总线上的卡之间没有操作时，用户可以使芯片时钟控制模块中 ipg_clk 和 ipg_perclk 无效，减小功耗。当用户使用 SDHC 或与卡通信时，可以使时钟有效、执行操作。

在有些情况下，当 SDHC 时钟无效或系统处于低功耗模式时，有些用户需要使时钟有效和处理事件。这些事件调用唤醒中断。如果没有时钟有效，SDHC 可以产生这些中断事件。

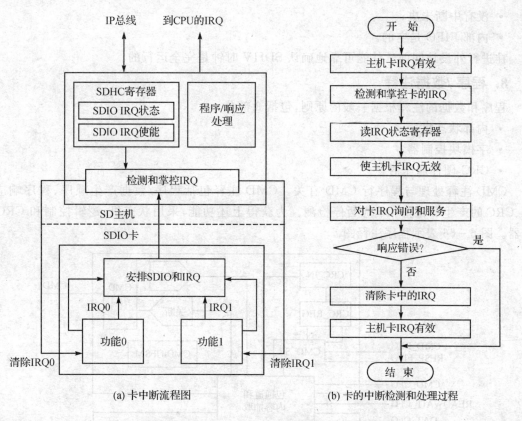

图 6-65 卡的中断处理

下面 3 个中断可以用于唤醒事件：
- 卡移出中断；
- 卡插入中断；
- SDIO 卡中断。

SDHC 提供电源管理功能。采用清除时钟控制寄存器中时钟使能位的方法，将 SDHC 时钟拉为低电平。为最大限度减小功耗，当无操作时，用户可以使所有 SDHC 时钟无效。

在该状态下，可能发生需要 SDHC 响应的中断。这些中断调用唤醒事件，定义为：
- 在卡移出时通过卡移出中断的唤醒事件；
- 在卡插入时通过卡插入中断的唤醒事件；
- 通过 SDIO 中断的卡中断唤醒事件。

这 3 个唤醒事件（或唤醒中断）也可以用于系统从低功耗模式下的唤醒。

在动态电压/频率扩展（DVFS）操作中任何 ipg_perclk 的变化将影响 MMC/SD/SDIO 传送时钟频率。

**7. 设置唤醒事件**

为使 SDHC 响应唤醒事件，CPU 进入休眠模式前，软件必须设置各自的唤醒使能位。软件使主机时钟无效前，应当确认下列条件是否满足：
- 没有有效的读写传送；
- 数据线和程序线无效；

## 第6章　存储器接口

- 没有中断未决；
- 内部 FIFO 是空的。

在进行外设访问前软件能可靠地确认 SDHV 时钟是完全运行的。

### 8. 程序/数据注释

程序和数据的注释根据一般的原则，包括3部分：
- 内部状态机；
- 字模块控制器；
- CRC 硬件加速器。

CMD 注释处理与程序行 CMD 有关。CMD 注释包括程序/数据产生顺序、程序响应摘要、CRC 的产生和检查和响应暂停检测。为获得上述功能，采用状态机、逻辑控制和 CRC 加速器。图 6-66 表示程序注释图。

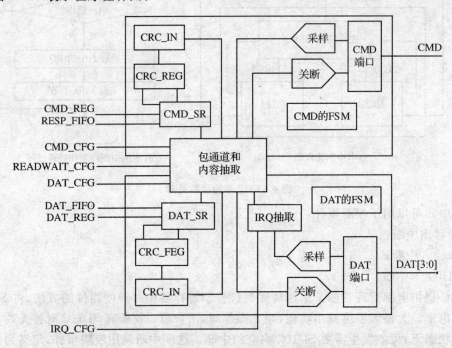

图 6-66　程序注释的模块框图

图 6-67 表示 CRC 移位寄存器的程序结构。为了减少门的数量，内部程序移位寄存器重复使用。CMD 和 DAT 多项式是：

对于 CMD：

生成多项式：$G(x) = X^7 + X^3 + 1$

$M(x) = (第1位) \times X^n + (第2位) \times X^{n-1} + \ldots + (最后1位) \times X^0$

$CRC[6:0] = 余数\,[(M(x) \times X^7)/G(x)]$

对于 DAT：

生成多项式：$G(x) = X^{16} + X^{12} + X^5 + 1$

$M(x) = (第1位) \times X^n + (第2位) \times X^{n-1} + \ldots + (最后1位) \times X^0$

$CRC[15:0] = 余数\,[(M(x) \times X^{16})/G(x)]$

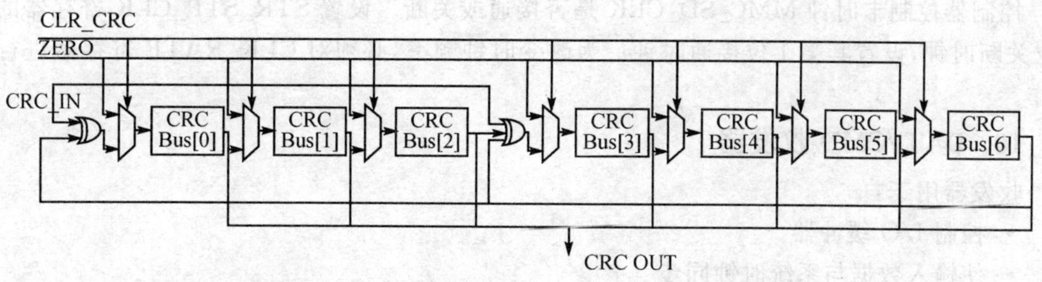

图 6-67 CRC 移位寄存器程序（DAT 具有类似结构）

### 9. 系统时钟控制器

SDHC 有二个时钟，IPG_PERCLK 和 IPG_CLK。

IPG_PERCLK 时钟路径上有一个时钟分频器和时钟预设比例因子，将高频输入时钟 IPG_PERCLK 分频为低频时钟，供卡和 SDHC 逻辑使用。参见图 6-68。输入时钟首先进行 4 分频，再进行 12 位预设比例因子产生 CLK_20M 时钟。该时钟用于内部 SDHC 的 DAT 线控制、CMD 线控制和所有的逻辑电路。卡的 MMC_SD_CLK 时钟由 CLK_20M 经门控单元输出，与 CLK_20M 频率相同。CLK_20M 从 CLK_DIV 经 12 位预设比例因子产生。CLK_DIV 来源于 IPG_PERCLK 时钟 4 分频。SDHC 时钟频率寄存器控制分频器和预设比例因子的分频比率。

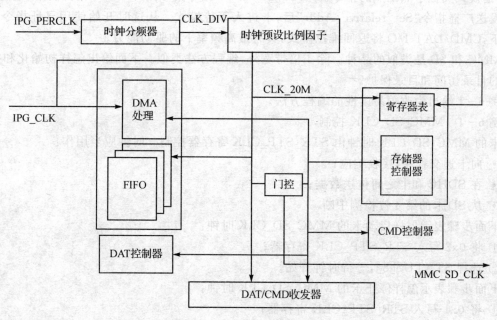

图 6-68 用于 SDHC 的时钟

IPG_CLK 时钟用于 SDHC 寄存器/FIFO 读写访问。为减小功耗，SDHC 总线时钟根据 SDHC 状态暂停和恢复。例如，卡读操作期间 FIFO 满时，如果没有下一个卡要写入 FIFO 的数据，则总线时钟停止。用户（DMA）清除 FIFO 空状态时，恢复总线时钟。另一个条件是为减小功耗，SDHC 停止时钟。

控制器控制卡时钟 MMC_SD_CLK 是否接通或关断。设置 STR_STP_CLK 寄存器的第 0 位关断时钟,设置其第 1 位接通时钟。为改变时钟频率,必须对 CLK_RATE 寄存器进行写操作。

**10. DAT/CMD 收发器**

收发器用于:
- 控制 I/O 缓冲器
- 使输入数据与系统时钟同步

每一个双向信号 CMD 和 DAT 与 OE、OEB、IN 和 OUT 连接。OUT 和 OEB 用于高阻状态输出缓冲器,OE 和 IN 用于输入缓冲器。OE 悬空使输入无效,降低功耗。数据缓冲器时钟为系统时钟,但输入数据时钟为 MMC_SD_CLK 时钟。收发器使输入数据与系统时钟同步。

## 6.7.2 SDHC 的初始化和应用

系统与卡之间所有的通信由主机控制。主机发送二种类型的指令:广播和寻址(点到点)指令。

广播指令针对所有的卡,如:"Go_Idle_State"、"Send_Op_Cond"、"All_send_CID" 和 "Set_relative_Addr"。在广播模式下,所有卡处于开路模式避免总线争夺。如果插座仅支持 1 个卡,广播模式类似于点到点的指令。MMC/SD/SDIO 指令集参阅 i.MX27 相关数据手册。

发送广播指令 "Set_relative_Addr" 后,卡进入等待模式。从这时开始使用寻址指令。该模式下,CMD/DAT I/O 将返回推拉模式,具有最高频率下的驱动能力。

MMC 和 SD 是类似的品种。除 4 倍带宽外,编程方法类似。下面给出怎样初始化和执行卡上的目录访问和目录保护。

例 6-1 给出为改善易读性的编程方法。

**例 6-1** MMC_SD_CLK 控制

卡的 MMC_SD_CLK 时钟由 STR_STP_CLK 寄存器控制。时钟应当用作:
- 向卡递交程序,接收响应;
- 在 SDHC 和卡之间传送数据;
- 从 SD 卡的第 4 位检测中断。

下面步骤表示怎样启动卡的 MMC_SD_CLK 时钟:

① 将 0x2 写入 STR_STP_CLK 寄存器;
② 选择 STATUS[8],等待时钟开始。

下面步骤表示怎样停止卡的 MMC_SD_CLK 时钟:

① 将 0x1 写入 STR_STP_CLK 寄存器;
② 选择 STATUS[8],等待时钟停止。

**注意**:如果利用 SDHC 时钟门控特点,当开始和停止 MMC_SD_CLK 时,用户不能变更 ipg_clk_gating_disable 位和 ipg_perclk_gating_disable 位。

递交指令—响应接收基本操作,指令是:
- <command_no>—目的程序;
- <arg_no>—相应的意见;

- ＜cmd_dat_cont＞—所需的程序配置；
- ＜int_Control_value＞—用于用户程序的中断控制。

下面说明怎样给卡递交程序：

① 如果 MMC_SD_CLK 停止，启动；
② 通过给 INT_CNTR[2]写 0,使 END_CMD_RESP 中断有效；
③ 设置 CMD 寄存器的指令数目；
④ 设置 ARG 寄存器的指令数目；
⑤ 设置指令数据控制寄存器(CMD_DAT_CONT)的相应数值；
⑥ 等待程序响应中断结束,检查相应 CRC 的暂停状态；
⑦ 从相应 FIFO 读取响应,检查该响应。3 次或 8 次读取相应 FIFO 的访问寄存器,依 48 或 136 位不同而不同；
⑧ 如果不需要时钟,停止 MMC_SD_CLK(如果数据传送接在程序传送后面,时钟不应停止直到数据传送完成)。

下面是在下一节用到的定义递交功能的程序：

```
send_cmd_wait_resp(command_no,arg,cmd_dat_cont,int_cntr_value)
{
write_reg(STR_STP_CLK,0x02);                    //1. 开始 mmc_sd_clk
read_reg(STATUS);
while(! STATUS[8]) Read_reg(STATUS);            //2. 等待时钟开始
write_reg(COMMAND,<command_no>);                //3. 配置 CMD
write_reg(ARG,<arg_no>);                        //4. 配置程序意见
write_reg(CMD_DAT_CONT,<cmd_dat_cont>);         //5. 配置程序数据控制寄存器,对该寄存器的写操
                                                //作将触发到卡的 SDHC 发送指令
while(irq_status);                              //6. 等待中断(结束程序响应)
Write_reg(INT_CNTR,<int_cntr_value>);           //7. 否定 SDHC 中断请求
read_reg(STATUS);                               //8. 检查中断是 End_CMD_RES,还是响应暂停或 CRC
                                                //错误
write_reg(STR_STP_CLK,0x001);                   //9. 如果该 CMD 的 read_reg(状态)不再需要时钟,
                                                //停止卡时钟
while(STATUS[8]) Read_reg(STATUS);              //10. 等待到时钟停止,程序响应结束
read_reg(RES_FIFO);                             //11. 读取相应 FIFO 确定程序是否响应
}
```

### 1. 卡认证模式

卡插入插座或由主机复位时,主机需要证实工作电压范围,鉴别卡,要求卡公布卡相对地址(RCA)或为 MMC 卡设置 RCA。卡认证模式中所有数据通信只使用指令线(CMD)。

### 2. 卡的检测

图 6-69 给出主机控制器进行卡检测的流程图。

### 3. 卡的复位

主机包括 3 种复位方法：

- 硬件复位(卡和主机),由 $\overline{POR}$(电源复位)实施。

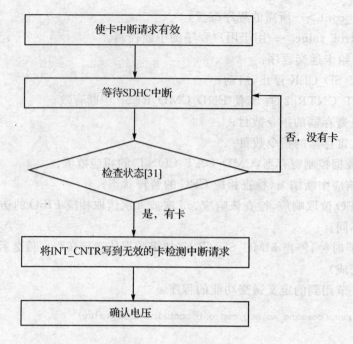

图 6-69 卡检测流程图

- 软件复位(只有主机),对寄存器 STR_STP_CLK 的写操作实施。

复位操作将复位 SDHC 所有的寄存器,但不能对卡进行。卡的复位是通过 CMD0。一旦用户采用软件对 SDHC 进行复位,在卡处于未知状态时,也应当用 CMD0 复位卡。

- 卡复位(只有卡)。指令 Go_Idle_State,CMD0 是 MMC 卡和 SD 卡的复位软件指令,它将每一个卡设置为空闲状态,不管当前状态是什么。使用 SD I/O 卡时,采用 CMD52 写 CCCR 的 IO 复位。用卡的缺省地址(RCA=0x0000)和设置缺省驱动阶段寄存器(最低速度、最大驱动电流)对卡进行初始化。卡复位后,主机需要确认卡的电压范围,参见图 6-70。复位卡的程序如下:

```
software_reset()
{
write_reg(STR_STP_CLK,0x8);
write_reg(STR_STP_CLK,0x9);                        //1. 复位主机 SDHC;
write_reg(STR_STP_CLK,0x1);
write_reg(STR_STP_CLK,0x1);
write_reg(STR_STP_CLK,0x1);
write_reg(STR_STP_CLK,0x1);
write_reg(STR_STP_CLK,0x1);
write_reg(STR_STP_CLK,0x1);
write_reg(STR_STP_CLK,0x1);
write_reg(STR_STP_CLK,0x1);                        //2. 将 0x1 写入 STR_STP_CLK,8 次;
write_reg(CLK_RATE,0x3F);                          //3. 为初始化设置最低时钟
write_reg(READ_TO,0x2DB4);                         //4. 设置读暂停寄存器
send_cmd_wait_resp(CMD_GO_IDLE_STATE,0x0,0x80,0x40); //5. 用 CMD0 复位卡
}
```

## 4. 电压确认

所有的卡必须在最大许可电压范围标准内建立与主机的通信,Vdd 的最小和最大值由工作条件寄存器(OCR)定义,不包括全部范围。存储预加载存储器中 CID 和 CSD 数据的卡在数据传送时,只能在 Vdd 条件下传输信息。意思是如果主机与 Vdd 范围不兼容,卡将不能完成该项任务,不能发送 CSD 数据。

指令 Send_Op_Cont(MMC 的 CMD1)、SD_Send_Op_Cont(SD 存储器的 CMD41)和 IO_Send_Op_Cont(SD I/O 的 CMD5)提供确认和拒绝与主机要求 Vdd 范围不匹配的卡。该项操作由主机发送所需 Vdd 电压窗完成。在规定范围内不能执行数据传送的卡必须脱离总线操作,处于停止状态。通过忽略指令电压范围,主机可以询问每一个卡,在卡超出范围变成无效状态前确定公共电压范围。如果主机可以选择公共电压范围或预料一些不能使用卡的应用情况时,应当选用这种询问。

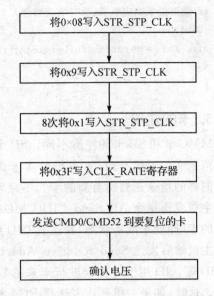

图 6-70 SDHC 和 SD I/O 卡复位流程图

下面程序表示插入卡后怎样确认电压。

```
voltage_validation(voltage_range_arguement)
{
send_cmd_wait_resp(IO_SEND_OP_COND,0x0,0x04,0x40);//CMD5,发送 SDIO 工作电压,指令意见是 0
if(结束指令响应事实和 IO 功能编号＞ 0)              //是 SDIO,具有 IO 功能
{IORDY = 0;
while(! (IORDY in I/O ORC response)) {         //设置每一个 IO 的电压范围
send_cmd_wait_resp(IO_SEND_OP_COND,voltage_range_arguement,0x04,0x40);}
if(Memory Present flag true)
Card = combo;                                   //即 SDIO + SD 存储器,需要发送工作电压给
                                                //存储器端口
send_cmd_wait_resp(APP_CMD,0x0,0x01,0x40);      //CMD55,应用指令接着
send_cmd_wait_resp(SD_APP_OP_COND,voltage_range_arguement,0x01,0x40);//ACMD41
else
Card = sdio;                                    //如果 CMD5 没有响应,IO_SEND_OP_COND 或 IO
                                                //功能编号有响应时是 0。
else                                            //卡应当是 SD 或 MMC
{send_cmd_wait_resp(APP_CMD,0x0,0x01,0x40);     //CMD55,应用指令接着
if(End Command Response true and no response timeout)
{send_cmd_wait_resp(SD_APP_OP_COND,voltage_range_arguement,0x01,0x40);   //ACMD41,发现 SD 卡
Card = sd;
}
else                                            //卡对 APP_CMD 没有响应,不是 SD 卡
{send_cmd_wait_resp(SEND_OP_COND,voltage_range_arguement,0x01,0x40);   //CMD1,发现 MMC 卡
```

```
if(结束指令响应事实,没有响应暂停)
{Card = mmc;}
else{ Card = No card or failed contact;}
}
}
```

**5. 卡的注册**

MMC 卡和 SD 卡的注册不同。SD 卡的认证过程时钟频率(多数卡在 400 kHz 以下)由卡的规范定义。总线有效后,主机请求卡送出有效的工作条件。ACMD41 响应是卡的工作条件。同样的指令送到所有新的卡。不兼容的卡进入无效状态。

主机发送指令 All_Send_CID(CMD2)到每一个卡获得它统一的认证(CID)编号。当前未认证的卡(即处于准备状态)发送其 CID 编号作为响应。卡发送 CID 后,进入认证状态。

主机然后发送 Send_Relative_Addr(CMD3)指令,请求卡公布其新的相关地址(RCA),比 CID 短。ID 用于寻找卡进行未来的数据传送操作。一旦接收到 RCA,卡的状态变成准备状态。这时,如果主机要让卡选择 RCA 编号,向卡发送另一条指令 Send_Relative_Addr 告诉卡公布新的号码。最后公布的 RCA 是卡实际的 RCA。

主机针对每一个卡用 CMD2 和 CMD3 重复认证过程。

针对 MMC 的操作,主机处于开路模式,开始认证过程的时钟频率是卡的规范定义的。在卡认证期间,CMD 线上的开路驱动阶段允许卡的并行操作。总线有效后,主机请求卡送出有效的工作条件(CMD1)。CMD1 响应是根据所有卡的限制性条件的或运算。然后主机发送广播指令 All_Send_CID(CMD2)告诉所有卡提供统一的认证编号。所有未认证的卡(即处于准备状态)同时连续发送各自的 CID 编号,按位监视输出比特流。在一个位周期中输出的 CID 与指令行中相应的代码不匹配的卡立即停止发送 CID。这些卡必须等待下一个认证周期。由于 CID 对每一种卡是统一的,所以只有一种卡可以成功发送完整的 CID 给主机。然后这个卡进入认证状态。主机再发送 Set_Relative_Addr(CMD3)指令到分配的卡获取其相关地址。一旦收到 RCA,卡的状态变成准备状态,不再对下一个认证周期起作用,它的输出从开路切换到上拉状态。主机重复这个 CMD2 和 CMD3 过程直至主机接收暂停条件,识别认证过程的完成。

**6. 卡的访问**

**(1) 块  写**

块写期间(CMD24~27),一个或多个数据块从主机传送到带 CRC(附属在每一个块末尾)的卡。支持块写操作的卡将总是能接收 WRITE_BL_LEN 定义的数据块。如果 CRC 故障,卡将在 DAT 线上指示该故障。放弃传送数据,不写,忽略所有再传送的块(在多块写模式)。

如果主机使用部分的块,其累计长度未对准,不允许块对准(不设置 CSD 参数 WRITE_BLK_MISALIGN),卡检测块对准误差,在第 1 次不重合块的起点前中止编程。卡设置状态寄存器中 ADDRESS_ERROR 误差位,当忽略所有再次传送数据时等待终止程序的接收数据状态。如果主机试图写在写保护区域上,将中止写操作。这时,卡设置 WP_VIOLATION 位。

编程 CID 和 CSD 寄存器不需要设置前面块的长度。传送的数据也是 CRC 保护。如果部分 CSD 或 CID 寄存器存储于 ROM,这个不可变的部分必须与接收缓冲器对应部分匹配。如果匹配失败，卡报告错误，不变更寄存器任何内容。一些卡可能需要长的不可预知的时间写数据块，完成 CRC 检查，卡开始写。如果写缓冲器满，不能从 WRITE_BLOCK 指令接收新的数据，则保持 DAT 线为低电平。主机可以在任何时间用 SEND_STATUS(CMD13) 指令选择卡的状态，然后卡响应该状态。READY_FOR_DATA 状态位表示卡可以接收新数据还是持续写过程。主机可以发送 CMD7（选择比特卡）取消卡的选择，将卡放置到未连接状态，释放 DAT 线，不必中断写操作。当再次选择卡时，如果编程一直进行，写缓冲器无效，将 DAT 拉到低电平，重新使忙指示有效。

用 DMA 使能写卡的软件流程是：

① 如果 MMC_SD_CLK 停止，启动它。
② 检查卡状态，等待卡准备数据。
③ 针对 SD/MMC 卡，用 SET_BLOCKLEN(CMD16) 指令设置卡块长度。
④ 设置 SDHC 块长度寄存器与第 3 步设置相同。

针对 SDIO 卡，如果 CMD53 处于字节模式，SDHC 块长度寄存器应当根据 CMD53 中字节数设置；如果 CMD53 处于块模式，SDHC 块长度寄存器应当根据 CCCR 寄存器块尺寸设置。

⑤ 设置 SDHC 编号块寄存器(NOB)，对于 SDIO 卡，单块写或 CMD53 处于字节模式 NOB 是 1。
⑥ 缓冲器准备中断无效，配置 DMA 设置，使 SDHC DMA 通道有效：
- 将 '0' 写到 SDHC 的 INT_CNTR 寄存器第 3 位，使缓冲器写准备中断无效；
- 设置 DMA 输出端为 SDHC 缓冲器访问寄存器；
- 设置 DMA 输出端尺寸为 32 位；
- 设置 DMA 猝发长度在 1 位模式时为 16 字节；在 4 位模式时为 64 字节；
- 设置 DMA 传送计数为字节数，是块长度(nob * blk_len=全部字节数)的倍数。

⑦ 检查卡状态，等待卡准备数据。
⑧ 设置 SDHC CMD 寄存器为下列值：
— CMD24(WRITE_BLOCK)；
— CMD25(WRITE_MULTIPLE_BLOCK)；
— CMD53 为字节模式或块模式。
⑨ 设置 SDHC CMD 意见寄存器。
⑩ 设置 SDHC 程序数据控制寄存器。
⑪ 等待结束程序响应，检查 CRC 错误或暂停错误。
⑫ 等待 DMA 工作。
⑬ 检查 WRITE_OP_DONE，如果写发生 CRC 错误，检查观察的状态位。
⑭ 如果写指令是 WRITE_MULTIPLE_BLOCK(CMD25)，发送 STOP_TRANSMISSION 指令到卡。
⑮ 终止 MMC_SD_CLK 指令，完成写操作（该终止是可选的）。

如果写操作没有 DMA，系统需要通过缓冲器写准备中断或选择缓冲器写准备状态位 (STATUS[6]：BUF_WR_RDY) 给缓冲器写数据。要高性能，用 DMA 进行数据传送。

**(2) 模块读**

块写期间，数据传送基本单元最大尺寸由 CSD(READ_BL_LEN)定义。如果设置 READ_BL_PARTIAL，也可以传送较小的起始地址和结尾地址均编号在一个物理（由 READ_BL_LEN 定义）块中的块。CRC 附加在每一个块的尾部，确定传送数据的完整性。CMD17(READ_SINGLE_BLOCK)初始化块读出。完成传送后，卡返回传送状态。CMD18（READ_MULTIPLE_BLOCK)开始传送几个连续的块。

连续传送块至停止发送指令为止。如果主机使用部分块，其累计长度未对准，不允许块对准，在第 1 个未对准块起点卡检测到未对准的块，在状态寄存器设置 ADDRESS_ERROR 错误位，中止传送，等待停止指令的数据状态。

用 DMA 使能写块的软件流程是：

① 如果 MMC_SD_CLK 停止，启动它。
② 检查卡状态，等待卡准备数据。
③ 针对 SD/MMC 卡，用 SET_BLOCKLEN(CMD16)指令设置卡块长度。
④ 设置 SDHC 块长度寄存器与第 3 步设置的相同。

针对 SDIO 卡，如果 CMD53 处于字节模式，SDHC 块长度寄存器应当根据 CMD53 中字节数设置；如果 CMD53 处于块模式，SDHC 块长度寄存器应当根据 CCCR 寄存器块尺寸设置。

⑤ 设置 SDHC 编号块寄存器(NOB)，对于 SDIO 卡，单块写或 CMD53 处于字节模式 NOB 是 1。

⑥ 缓冲器准备中断无效，配置 DMA 设置，使 SDHC DMA 通道有效：
- 将'0'写到 SDHC 的 INT_CNTR 寄存器第 4 位，使缓冲器写准备中断无效；
- 设置 DMA 输入为 SDHC 缓冲器访问寄存器；
- 设置 DMA 输入端尺寸为 32 位；
- 设置 DMA 猝发长度在 1 位模式时为 16 字节；在 4 位模式时为 64 字节；
- 设置 DMA 传送计数为字节数，是块长度(nob * blk_len)的倍数。

⑦ 检查卡状态，等待卡准备数据。
⑧ 设置 SDHC CMD 寄存器为 CMD17(READ_SINGLE_BLOCK)、CMD18（READ_MULTIPLE_BLOCK)和 CMD53 为字节模式或块模式。
⑨ 设置 SDHC CMD 意见寄存器。
⑩ 设置 SDHC 程序数据控制寄存器。
⑪ 等待 END_CMD_RESP 中断，检查相应 FIFO、CRC 错误和暂停错误。
⑫ 等待 DMA 工作。
⑬ 如果读发生 CRC 错误，检查 READ_OP_DONE 和观察的状态位。
⑭ 如果读指令是 READ_MULTIPLE_BLOCK(CMD18)，发送 STOP_TRANSMISSION 指令。
⑮ 终止 MMC_SD_CLK 指令，完成读操作。

如果读操作没有 DMA，系统需要通过使用缓冲器读准备中断或选择缓冲器读准备状态位(STATUS[7]：BUF_READ_RDY)读取数据缓冲器输出数据。要高性能，用 DMA 进行数据传送。

## 6.7.3 编程方法

SDHC 包含 16 个 32 位寄存器,不允许字节/半字访问。

表 6-28 表示 SDHC 存储器配置,配置空间是 4 KB。实现的地址偏移量只是从 0x00 到 0x44,其中偏移量 0x44 的地址空间保留。

表 6-28 SDHC 存储器配置

| 地 址 | 寄存器名称 | 访 问 | 复位值 |
|---|---|---|---|
| 0x1001_3000<br>0x1001_4000 | SDHC 时钟控制寄存器 1(STR_STP_CLK1)<br>SDHC 时钟控制寄存器 2(STR_STP_CLK2) | 读写 | 0x0000_0000 |
| 0x1001_3004<br>0x1001_4004 | SDHC 状态寄存器 1(STATUS1)<br>SDHC 状态寄存器 1(STATUS2) | 读 | 0x3000_0000 |
| 0x1001_3008<br>0x1001_4008 | SDHC 卡时钟速率寄存器 1(CLK_RATE1)<br>SDHC 卡时钟速率寄存器 2(CLK_RATE2) | 读写 | 0x0000_0008 |
| 0x1001_300C | SDHC 程序数据控制寄存器(CMD_DAT_CONT1) | 读写 | 0x0000_0000 |
| 0x1001_3010<br>0x1001_4010 | SDHC 响应暂停寄存器 1(RES_TO1)<br>SDHC 响应暂停寄存器 2(RES_TO2) | 读写 | 0x0000_0040 |
| 0x1001_3014<br>0x1001_4014 | SDHC 读暂停寄存器 1(READ_TO1)<br>SDHC 读暂停寄存器 2(READ_TO2) | 读写 | 0x0000_FFFF |
| 0x1001_3018<br>0x1001_4018 | SDHC 块长度寄存器 1(BLK_LEN1)<br>SDHC 块长度寄存器 2(BLK_LEN2) | 读写 | 0x0000_0000 |
| 0x1001_301C<br>0x1001_401C | SDHC 块编号寄存器 1(NOB1)<br>SDHC 块编号寄存器 2(NOB2) | 读写 | 0x0000_0000 |
| 0x1001_3020<br>0x1001_4020 | SDHC 版本编号寄存器 1(REV_NO1)<br>SDHC 版本编号寄存器 2(REV_NO2) | 读 | 0x0000_0400 |
| 0x1001_3024<br>0x1001_4024 | SDHC 中断控制寄存器 1(INT_CNTR1)<br>SDHC 中断控制寄存器 2(INT_CNTR2) | 读写 | 0x0000_0000 |
| 0x1001_3028<br>0x1001_4028 | SDHC 程序编号寄存器 1(CMD1)<br>SDHC 程序编号寄存器 2(CMD2) | 读写 | 0x0000_0000 |
| 0x1001_302C<br>0x1001_402C | SDHC 程序意见寄存器 1(ARG1)<br>SDHC 程序意见寄存器 2(ARG2) | 读写 | 0x0000_0000 |
| 0x1001_3034<br>0x1001_4034 | SDHC 程序响应 FIFO 访问寄存器 1(RES_FIFO1)<br>SDHC 程序响应 FIFO 访问寄存器 2(RES_FIFO2) | 读 | 0x0000_0000 |
| 0x1001_3038<br>0x1001_4038 | SDHC 数据缓冲器访问寄存器 1(BUFFER_ACCESS1)<br>SDHC 数据缓冲器访问寄存器 2(BUFFER_ACCESS2) | 读写 | 0x0000_0000 |

为对保留地址区域写访问,SDHC 忽略这些访问。对于保留地址区域读访问,0x0 将返回 IP 总线。为确保与该模块未来版本兼容,用户应不访问保留区域。

表 6-29 为 SDHC 寄存器。

表 6-29 SDHC 寄存器

| 名称 | | 31 | 30 | 29 | 28 | 27 | 26 | 25 | 24 | 23 | 22 | 21 | 20 | 19 | 18 | 17 | 16 |
|---|---|---|---|---|---|---|---|---|---|---|---|---|---|---|---|---|---|
| | | 15 | 14 | 13 | 12 | 11 | 10 | 9 | 8 | 7 | 6 | 5 | 4 | 3 | 2 | 1 | 0 |
| 0x1001_3000 (STR_STP_CLK1) 0x1001_4000 (STR_STP_CLK2) | R | 0 | 0 | 0 | 0 | 0 | 0 | 0 | 0 | 0 | 0 | 0 | 0 | 0 | 0 | 0 | 0 |
| | W | | | | | | | | | | | | | | | | |
| | R | 0 | 0 | 0 | 0 | 0 | 0 | 0 | 0 | 0 | 0 | 0 | 0 | slfclr | 0 | START_CLK | STOP_CLK |
| | W | | | | | | | | | | | | | SDHC Reset | | | |
| 0x1001_3004 (STATUS1) 0x1001_4004 (STATUS2) | R | CARD_INSERTION | CARD_REMOVAL | YBUF_EMPTY | XBUF_EMPTY | YBUF_FULL | XBUF_FULL | BUF_UND_RUN | BUF_OVFL | 0 | 0 | 0 | 0 | 0 | 0 | 0 | 0 |
| | w | wlc | wlc | | | | | | | | | | | | | | |
| | R | 0 | SDIO_INT_ACTIVE | END_OMD_RESP | WRITE_OP_DONE | READ_TRANS_DONE | WR_CRC_ERR_CDE | CARD_BUS_CLK_RUN | BUF_READ_RDY | BUF_WR_RDY | RESP_CRC_ERR | 0 | READ_CRC_ERR | WRITE_CRC_ERR | TIME_OUT_RESP | TIME_OUT_READ |
| | w | | wlc | wlc | wlc | wlc | wlc | wlc | | | wlc | | wlc | wlc | wlc | wlc |
| 0x1001_3008 (CLK_RATE1) 0x1001_4008 (CLK_RATE2) | R | 0 | 0 | 0 | 0 | 0 | 0 | 0 | 0 | 0 | 0 | 0 | 0 | 0 | 0 | 0 | 0 |
| | W | | | | | | | | | | | | | | | | |
| | R | CLK_PRESCALER[15:4] | | | | | | | | | | | | CLK_DIVIDER[3:0] | | | |
| | W | | | | | | | | | | | | | | | | |
| 0x1001_300C (CMD_DAT_CONT1) 0x1001_400C (CMD_DAT_CONT2) | R | 0 | 0 | 0 | 0 | 0 | 0 | 0 | 0 | 0 | 0 | 0 | 0 | 0 | 0 | 0 | 0 |
| | W | | | | | | | | | | | | | | | | |
| | R | 0 | 0 | CMD_RESP_LONG_OFF | STOP_READ_WAIT | START_READ_WAIT | BUS_WIDTH | | | INIT | 0 | 0 | WRITE_READ | DATA_ENABLE | FORMAT_OF_RESPONSE | | |
| | W | CMD_RESUME | | | | | | | | | | | | | | | |

续表 6-29

| 名称 | | 31 | 30 | 29 | 28 | 27 | 26 | 25 | 24 | 23 | 22 | 21 | 20 | 19 | 18 | 17 | 16 |
|---|---|---|---|---|---|---|---|---|---|---|---|---|---|---|---|---|---|
| | | 15 | 14 | 13 | 12 | 11 | 10 | 9 | 8 | 7 | 6 | 5 | 4 | 3 | 2 | 1 | 0 |
| 0x1001_3010 (RES_TO1) | R | 0 | 0 | 0 | 0 | 0 | 0 | 0 | 0 | | | | | | | | |
| | W | | | | | | | | | | | | | | | | |
| 0x1001_4010 (RES_TO2) | R | 0 | 0 | 0 | 0 | 0 | 0 | 0 | 0 | RESPONSE TIME OUT[7:0] | | | | | | | |
| | W | | | | | | | | | | | | | | | | |
| 0x1001_3014 (READ_TO1) | R | 0 | 0 | 0 | 0 | 0 | 0 | 0 | 0 | 0 | 0 | 0 | 0 | 0 | 0 | 0 | 0 |
| | W | | | | | | | | | | | | | | | | |
| 0x1001_4014 (READ_TO2) | R | DATA_READ_TIME_OUT[15:0] | | | | | | | | | | | | | | | |
| | W | | | | | | | | | | | | | | | | |
| 0x1001_3018 (BLK_LEN1) | R | 0 | 0 | 0 | 0 | 0 | 0 | 0 | 0 | 0 | 0 | 0 | 0 | 0 | 0 | 0 | 0 |
| | W | | | | | | | | | | | | | | | | |
| 0x1001_4018 (BLK_LEN2) | R | 0 | 0 | 0 | 0 | 模块长度[11:0] | | | | | | | | | | | |
| | W | | | | | | | | | | | | | | | | |
| 0x1001_301C (NOB1) | R | 0 | 0 | 0 | 0 | 0 | 0 | 0 | 0 | 0 | 0 | 0 | 0 | 0 | 0 | 0 | 0 |
| | W | | | | | | | | | | | | | | | | |
| 0x1001_401C (NOB2) | R | NOB[15:0] | | | | | | | | | | | | | | | |
| | W | | | | | | | | | | | | | | | | |
| 0x1001_3020 (REV_NO1) | R | 0 | 0 | 0 | 0 | 0 | 0 | 0 | 0 | 0 | 0 | 0 | 0 | 0 | 0 | 0 | 0 |
| | W | | | | | | | | | | | | | | | | |
| 0x1001_4020 (REV_NO2) | R | 版本编号[15:0] | | | | | | | | | | | | | | | |
| | W | | | | | | | | | | | | | | | | |
| 0x1001_3024 (INT_CNTR1) 0x1001_4024 (INT_CNTR2) | R | 0 | 0 | 0 | 0 | 0 | 0 | 0 | 0 | 0 | 0 | 0 | 0 | | SDIO_INT_WKP_EN | CARD_INSERT_WKP_EN | CARD_REMOVAL_WKP_EN |
| | W | | | | | | | | | | | | | | | | |
| | R | CARD_INSERTION_EN | CARD_REMOVAL_EN | SDIO_IRQ_EN | DAT0_EN | 0 | 0 | 0 | 0 | 0 | 0 | | BUF_READ_EN | BUF_WRITE_EN | END_CMD_RES | WRITE_OP_DONE | READ_OP_DONE |
| | W | | | | | | | | | | | | | | | | |

续表 6-29

| 名称 | | 31 | 30 | 29 | 28 | 27 | 26 | 25 | 24 | 23 | 22 | 21 | 20 | 19 | 18 | 17 | 16 |
|---|---|---|---|---|---|---|---|---|---|---|---|---|---|---|---|---|---|
| | | 15 | 14 | 13 | 12 | 11 | 10 | 9 | 8 | 7 | 6 | 5 | 4 | 3 | 2 | 1 | 0 |
| 0x1001_3028 (CMD1) | R | 0 | 0 | 0 | 0 | 0 | 0 | 0 | 0 | 0 | 0 | 0 | 0 | 0 | 0 | 0 | 0 |
| | W | | | | | | | | | | | | | | | | |
| 0x1001_4028 (CMD2) | R | 0 | 0 | 0 | 0 | 0 | 0 | 0 | 0 | 0 | 0 | 程序编号 ||||||
| | W | | | | | | | | | | | |||||||
| 0x1001_302C(ARG1) | R | ARG[31:16] ||||||||||||||||
| | W |  ||||||||||||||||
| 0x1001_402C(ARG2) | R | ARG[15:0] ||||||||||||||||
| | W |  ||||||||||||||||
| 0x1001_3034 (RES_FIFO1) | R | 0 | 0 | 0 | 0 | 0 | 0 | 0 | 0 | 0 | 0 | 0 | 0 | 0 | 0 | 0 | 0 |
| | W | | | | | | | | | | | | | | | | |
| 0x1001_4034 (RES_FIFO2) | R | RESPONSE_CONTENT[15:0] ||||||||||||||||
| | W |  ||||||||||||||||
| 0x1001_3038 (BUFFER_ACCESS1) | R | FIFO 内容[31:16] ||||||||||||||||
| | W |  ||||||||||||||||
| 0x1001_4038 (BUFFER_ACCESS2) | R | FIFO 内容[15:0] ||||||||||||||||
| | W |  ||||||||||||||||

# 第 7 章 通信接口

i.MX27 处理器芯片通信接口包括芯片内部的各模块之间通信接口和处理器与外设之间通信接口。其中芯片内部各模块之间通信接口包括可配置的串行外部接口、$I^2C$ 总线模块、简化 AHB IP 接口模块(AIPI)和多层 AHB 交叉开关(MAX),处理器与外设之间通信接口包括 1 线接口、ATA、通用异步接收/发送、快速以太网控制器和高速 USB 2.0 接口。

## 7.1 可配置外部串行接口

i.MX27 处理器包括 3 个可配置外部接口(CSPI)模块,利用不多的软件中断进行比常规串行通信快的数据传输。每一个 CSPI 集成 2 个数据 FIFO 和 1 个可配置主从外部串行接口模块,实现 i.MX27 与外部 SPI 主从器件的接口。

每一个 CSPI 有一个 8×32 位数据输入 FIFO 和一个 8×32 位数据输出 FIFO。SS 控制信号和 $\overline{\text{CSPI1\_RDY}}$ 一起进行快速数据通信,图 7-1 表示可配置外部接口模块框图。

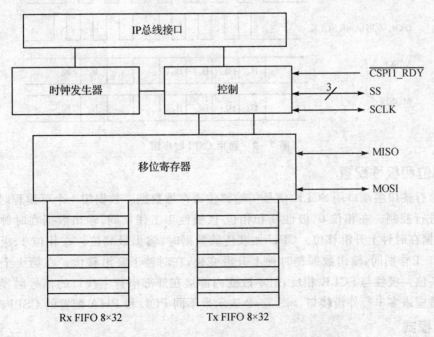

图 7-1 可配置外部串行接口模块框图

CSPI 主要特点是:
- CSPI1 和 CSPI2 可配置主/从,CSPI3 只是主;

# 第 7 章 通信接口

- CSPI1 和 CSPI2 有 3 个片选（SS0～SS3），CSPI3 有 1 个片选（SS0）；
- 最大 32 位可编程数据传输；
- Tx 和 Rx 数据的 8×32 位 FIFO；
- 连续传输功能使传输数据长度无限制；
- 可配置片选（$\overline{SS}$）和 SPI 时钟（SCLK）的极性和相位；
- 支持 DMA；
- 全双工串行同步接口；
- SPI 最高主时钟频率达 22.167 MHz，从时钟频率为 16.625 MHz。

## 7.1.1 工作原理

CSPI 配置为主端口时，SS（输出）和 $\overline{CSPI1\_RDY}$（输入）信号用作数据传输速率控制。如果需要固定数据传输速率，采样周期控制寄存器可以设置。

CSPI 配置为从端口时，SS 信号变成输入信号，可以选择用于内部数据移位寄存器的数据锁存、加载和增加内部数据 FIFO 指针，参见图 7-2。

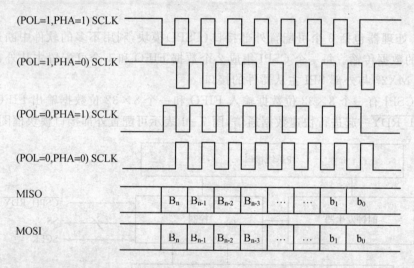

图 7-2 通用 CSPI 时序图

### 1. 相位和极性配置

外部串行接口主端口用 SCLK 信号传输移位寄存器数据。数据用 4 个可编程时钟相位和极性组合进行控制。在相位 0、极性 0 和相位 1、极性 1 工作期间，输出数据在时钟下降沿变化，输入数据在时钟上升沿移位。CPU 加载传输数据时，输出最高位。在相位 1、极性 0 和相位 0、极性 1 工作期间，输出数据在时钟上升沿变化，在时钟下降沿移位。在第 1 个时钟上升沿输出最高位。极性与 SCLK 相反，但不改变内部接在外部串行主接口的信号触发沿。该灵活性使其适应诸多串行外设接口。图 7-2 表示带不同 POL 和 PHA 配置的 CSPI 时序。

### 2. 主模式

CSPI 主端口用 $\overline{SS}$ 信号使外部 SPI 器件有效，用 SCLK 传输移位寄存器数据。$\overline{SPI\_RDY}$ 使用软件中断进行快速数据通信。用周期寄存器，CSPI 可以进行固定的数据传输。CSPI 是主模式时，$\overline{SS}$、SCLK 和 MOSI 是输出信号，MISO 是输入信号，参见图 7-3。

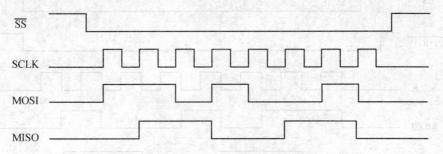

图 7-3 典型 SPI 传输(8 位)

图 7-3 中$\overline{SS}$信号使选择的外部 SPI 器件和 SCLK 同步数据传输有效。MOSI 和 MISO 在时钟 SCLK 上升沿变化，MISO 在 SLCK 时钟下降沿锁存。移出数据是 0xD2，移入数据是 0x66。

**(1) 用$\overline{SPI\_RDY}$的主模式**

主模式，CSPI 不用$\overline{SPI\_RDY}$，用缺省值。下面事件发生时，SPI 控制传输：CSPI 有效，TxFIFO 有数据输入，设置控制寄存器[XCH]。控制寄存器[DRCTL]包含 01 或 10，当 SPI 总线猝发开始时，$\overline{SPI\_RDY}$控制。

如果控制寄存器[DRCTL]设置为 01，检测到$\overline{SPI\_RDY}$下降沿，触发 SPI 猝发，参见图 7-4。

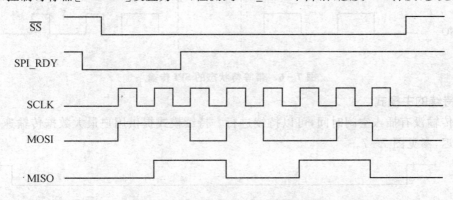

图 7-4 SPI 传输和$\overline{SPI\_RDY}$下降沿的关系

检测到$\overline{SPI\_RDY}$下降沿后，开始 SPI 传输。最后一个传输结束后，检测到下一个$\overline{SPI\_RDY}$下降沿时，下一个 SPI 猝发开始。

如果控制寄存器[DRCTL]设置为 10，SPI 猝发只在$\overline{SPI\_RDY}$为低时触发。图 7-5 表示 SPI 传输与$\overline{SPI\_RDY}$的关系。$\overline{SPI\_RDY}$变低时 SPI 传输结束。如果$\overline{SPI\_RDY}$保持为低，前一次传输结束，下一次 SPI 传输开始。

**(2) 带等待状态的主模式**

等待状态可以插入 SPI 传输，用户采用减慢 SPI 传输速率直至满足慢速 SPI 器件时序要求的方法，参见图 7-6。这时，周期寄存器[WAIT]控制等待状态数目，周期寄存器[CSRC]选择等待状态时钟输入。

## 第 7 章 通信接口

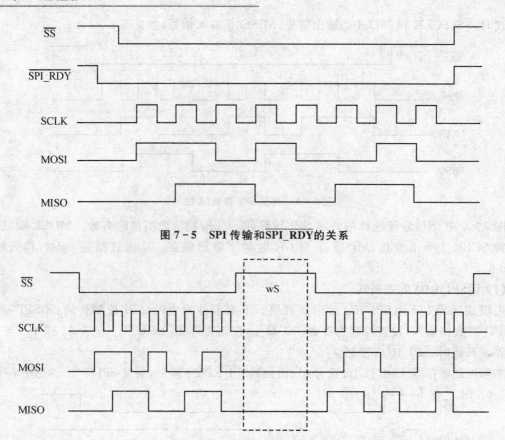

图 7-5　SPI 传输和 $\overline{SPI\_RDY}$ 的关系

图 7-6　带等待状态的 SPI 传输

**(3) 持续的主模式**

许多传输没有插入空闲时间，可以持续进行。持续模式提供用户最大数据传输速率，且没有时间延迟，参见图 7-7。

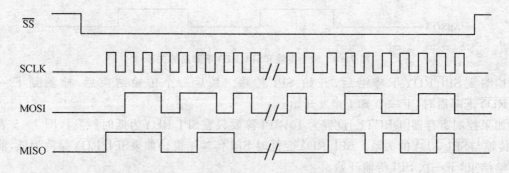

图 7-7　用 BURST=1 的 SPI 连续传输

为了获得连续传输功能，控制寄存器[BURST]应当设置为 1，控制寄存器[SSCTL]和周期寄存器[WAIT]设置为 0。

**(4) 由 SSCTL 控制的主模式**

SSCTL 控制是否在数据传输之间插入 $\overline{SS}$ 脉冲。设置 SSCTL 时，$\overline{SS}$ 脉冲插入多重传输中。SSCTL 清零时，$\overline{SS}$ 信号将停止在插入多重传输状态。参见图 7-8 和图 7-9。

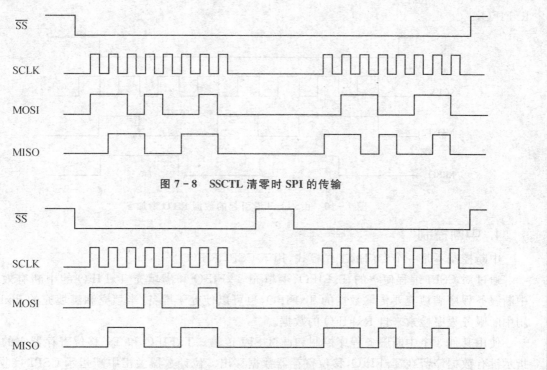

图 7-8 SSCTL 清零时 SPI 的传输

图 7-9 SSCTL 设置时 SPI 的传输

(5) 带 WAIT、BURST 和 SSCTL 各种配置的主模式

表 7-1 介绍 CSPI 周期寄存器[WAIT]、控制寄存器[BURST]和[SSCTL]各种配置的主模式优点。表中 X 意思是不关注(0 或 1)。

表 7-1 主模式下各种配置 CSPI 的优点

| 等 待 | 猝 发 | SSCTL | SCLK 引脚 | $\overline{SS}$ 引脚 |
| --- | --- | --- | --- | --- |
| 0 | 0 | 0 | 连续数据传输之间插入 $7 \times T_{sclk1}$ 空闲时间 | 没有脉冲 |
| 0 | 1 | 0 | 连续数据传输之间没有插入空闲时间 | 没有脉冲 |
| 0 | X | 1 | 连续数据传输宽度脉冲之间插入 $7 \times T_{sclk1}$ 空闲时间 | $2 \times T_{sclk}$ 宽脉冲 |
| 非 0 | X | 0 | 连续数据传输之间插入 $(7 \times T_{sclk} + WAIT \times T_{sclk\_32k2})$ 空闲时间 | 没有脉冲 |
| 非 0 | X | 1 | 连续数据传输之间插入 $(7 \times T_{sclk} + WAIT \times T_{sclk\_32k2})$ 空闲时间 | $(2 \times T_{sclk} + WAIT \times T_{sclk\_32k})$ 宽脉冲 |

### 3. 从模式

CSPI 模块配置为从模式时,用户可以配置 CSPI 控制寄存器与外部 SPI 主端口时序匹配。这种配置,$\overline{SS}$ 变成输入信号,用于锁存内部数据移位寄存器和增量数据 FIFO 的数据。

$\overline{SS}$、SCLK 和 MOSI 是输入,MISO 是输出。它们许多时序图和主模式相同,因为输入都来自 SPI 主识别。

$\overline{SS}$ 用于增量数据 FIFO 时不同。CSPI 处于从模式设置 SSCTL 时,数据 FIFO 将在 $\overline{SS}$ 上升沿增加。参见图 7-10。这时接收的数据不是 0xD2,而是 0x69。只有最高 7 位加载到

RxFIFO。

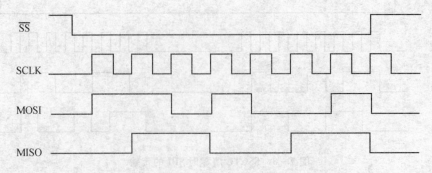

图 7-10 由 $\overline{SS}$ 上升沿引起的数据 FIFO 增加

### 4. 中断控制

中断控制不是一个专门的工作模式,用于 CSPI FIFO。

通过对 CSPI 编程使空的 TxFIFO、半填充 TxFIFO 和满填充 TxFIFO 的中断有效。用中断服务程序满填充要传输数据的 TxFIFO,也可以使处于准备、半填充和满填充的 TxFIFO 用中断服务程序检索来自 RxFIFO 的数据。

使用其他 3 个中断服务程序控制和调试 SPI 传输。TxFIFO 和 Tx 移位寄存器空的中断指示没有数据停留在 TxFIFO,移位寄存器数据移出。位计数器溢出中断指示 CSPI 接收 SPI 猝发中 32 位以上数据,其余将丢失。RxFIFO 溢出中断指示 RxFIFO 接收 8 个字以上数据,其余的不接收。参见图 7-11。

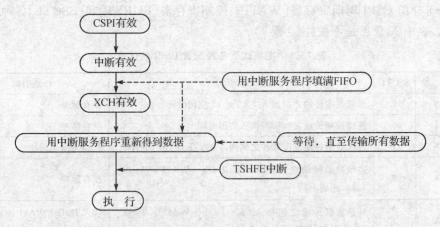

图 7-11 使用中断的 SPI 猝发编程流程

### 5. DMA 控制

DMA 控制提供使用 CSP 模块 FIFO 的方法。像支持 DMA 的外设一样,CSPI 使用 DMA 请求和应答信号。许多数据可以用 DMA 控制传输,减少中断和 CPU 负担。满足适当条件时,模块将发送 DMA 请求,DMA 将处理下列状态:TxFIFO 空和半空、RxFIFO 半空和满。参见图 7-12。

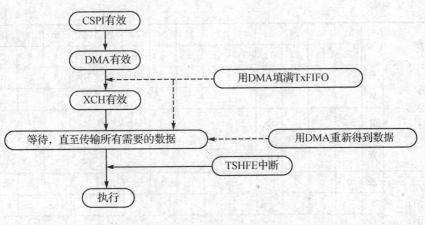

图 7-12 用 DMA 进行 SPI 猝发的编程流程

## 7.1.2 编程方法

CSPI 集成 8 个 32 位寄存器(参见表 7-2),其存储器配置参见表 7-3。

表 7-2 CSPI 寄存器

| 名称 | | 31/15 | 30/14 | 29/13 | 28/12 | 27/11 | 26/10 | 25/9 | 24/8 | 23/7 | 22/6 | 21/5 | 20/4 | 19/3 | 18/2 | 17/1 | 16/0 |
|---|---|---|---|---|---|---|---|---|---|---|---|---|---|---|---|---|---|
| RxDataReg 0x1000 E000 0x1000 F000 0x1001 7000 | R | RxData[31:16] ||||||||||||||||
| | W | | | | | | | | | | | | | | | | |
| | R | RxData[15:0] ||||||||||||||||
| | W | | | | | | | | | | | | | | | | |
| TxDataReg 0x1000 E004 0x1000 F004 0x1001 7004 | R | Tx Data[31:16] ||||||||||||||||
| | W | | | | | | | | | | | | | | | | |
| | R | Tx Data[15:0] ||||||||||||||||
| | W | | | | | | | | | | | | | | | | |
| ControlReg 0x1000 E008 0x1000 F008 0x1001 7008 | R | 0 | 0 | 0 | 0 | 0 | 0 | 0 | 0 | BURST | SDHC_SPIEN | SWAP | CS[1:0] || DataRate[4:2] |||
| | W | | | | | | | | | | | | | | | | |
| | R | DataRate[1:0] || DR CTL[1:0] || MODE | SPIEN | XCH | SSPOL | SSCTL | PHA | POL | BIT COUNT[4:0] |||||
| | W | | | | | | | | | | | | | | | | |
| INTREG 0x1000 E00C 0x1000 F00C 0x1001 700C | R | 0 | 0 | 0 | 0 | 0 | 0 | 0 | 0 | 0 | 0 | 0 | 0 | 0 | 0 | BOEN | ROEN |
| | W | | | | | | | | | | | | | | | | |
| | R | RFEN | RHEN | RREN | TSHFEEN | TFEN | THEN | TEEN | BO | RO | RF | RH | RR | TSHFE | TF | TH | TE |
| | W | | | | | | | | | | | | | | | | |

续表 7-2

| 名称 | | 31 | 30 | 29 | 28 | 27 | 26 | 25 | 24 | 23 | 22 | 21 | 20 | 19 | 18 | 17 | 16 |
|---|---|---|---|---|---|---|---|---|---|---|---|---|---|---|---|---|---|
| | | 15 | 14 | 13 | 12 | 11 | 10 | 9 | 8 | 7 | 6 | 5 | 4 | 3 | 2 | 1 | 0 |
| TestReg 0x1000 E010 0x1000 F010 0X1001 7010 | R | 0 | 0 | 0 | 0 | 0 | 0 | 0 | 0 | 0 | 0 | 0 | 0 | 0 | 0 | 0 | 0 |
| | W | | | | | | | | | | | | | | | | |
| | R | | | | | LBC | INT | SS_ASSERT | | SSTATUS[3:0] | | | | RXCNT[3:0] | | | TXCNT[3:0] |
| | W | | | | | | | | | | | | | | | | |
| PeriodReg 0x1000 E014 0x1000 F014 0x1001 7014 | R | 0 | 0 | 0 | 0 | 0 | 0 | 0 | 0 | 0 | 0 | 0 | 0 | 0 | 0 | 0 | 0 |
| | W | | | | | | | | | | | | | | | | |
| | R | CSRC | | | | WAIT[14:0] | | | | | | | | | | | |
| | W | | | | | | | | | | | | | | | | |
| DMAREG 0x1000 E018 0x1000 F018 0x1001 7018 | R | 0 | 0 | 0 | 0 | 0 | 0 | 0 | 0 | 0 | 0 | 0 | 0 | 0 | 0 | 0 | 0 |
| | W | | | | | | | | | | | | | | | | |
| | R | THDEN | TEDEN | RFDEN | RHDEN | 0 | 0 | 0 | 0 | THDMA | TEDMA | RFDMA | RHDMA | 0 | 0 | 0 | 0 |
| | W | | | | | | | | | | | | | | | | |
| ResetReg 0x1000 E01C 0x1000 F01C 0x1001 701C | R | 0 | 0 | 0 | 0 | 0 | 0 | 0 | 0 | 0 | 0 | 0 | 0 | 0 | 0 | 0 | 0 |
| | W | | | | | | | | | | | | | | | | |
| | R | R | 0 | 0 | 0 | 0 | 0 | 0 | 0 | 0 | 0 | 0 | 0 | 0 | 0 | 0 | START |
| | W | | | | | | | | | | | | | | | | |

表 7-3 CSPI 存储器配置

| 地址 | 寄存器名称 | 访问 | 复位值 |
|---|---|---|---|
| 0x1000_E0000 | 接收数据寄存器(RXDATA) | 读 | 0x0000_0000 |
| 0x1000_E0004 | 传输数据寄存器(TXDATA) | 写 | 0x0000_0000 |
| 0x1000_E0008 | 控制寄存器(CONREG) | 读写 | 0x0000_0000 |
| 0x1000_E000C | 中断控制寄存器(INTREG) | 读写 | 0x0000_0000 |
| 0x1000_E0010 | DMA 控制寄存器(DMAREG) | 读写 | 0x0000_0000 |
| 0x1000_E0014 | 状态寄存器(STATREG) | 读写 | 0x0000_0003 |
| 0x1000_E0018 | 采样周期控制寄存器(PERIODREG) | 读写 | 0x0000_0000 |

### 7.1.3 时序图

图 7-13 和图 7-14 分别描述 CSPI 主模式和从模式时序图，表 7-4 列出时序参数。

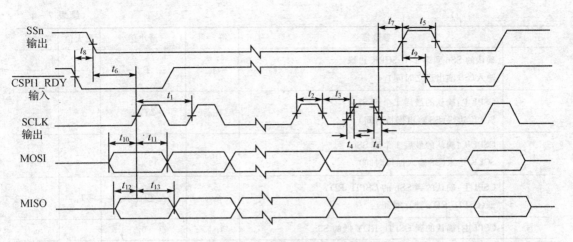

图 7-13 CSPI 主模式时序图

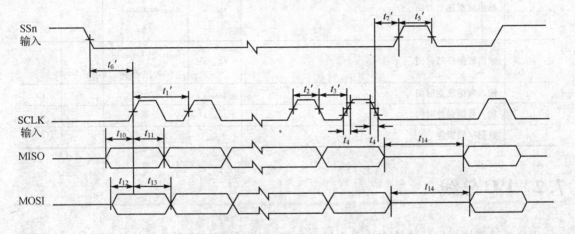

图 7-14 CSPI 从模式时序图

表 7-4 CSPI 接口时序参数

| 序 号 | 参数描述 | 符 号 | 最小值 | 最大值 | 单 位 |
|---|---|---|---|---|---|
| $t_1$ | CSPI 主 SCLK 周期时间 | $t_{clkO}$ | 45.12 | — | ns |
| $t_2$ | CSPI 主 SCLK 高时间 | $t_{clkOH}$ | 22.65 | — | ns |
| $t_3$ | CSPI 主 SCLK 低时间 | $t_{clkOL}$ | 22.47 | — | ns |
| $t_1'$ | CSPI 从 SCLK 周期时间 | $t_{clkI}$ | 60.2 | — | ns |
| $t_2'$ | CSPI 从 SCLK 高时间 | $t_{clkIH}$ | 30.1 | — | ns |
| $t_3'$ | CSPI 从 SCLK 低时间 | $t_{clkIL}$ | 30.1 | — | ns |
| $t_4$ | CSPI SCLK 传输时间 | $t_{pr}^1$ | 2.6 | 8.5 | ns |
| $t_5$ | SSn 输出脉冲宽度 | $t_{Wsso}$ | $2T_{sclk}^2 + T_{wall}^3$ | — | — |
| $t_5'$ | SSn 输入脉冲宽度 | $t_{Wssl}$ | $t_{per}^4$ | — | — |
| $t_6$ | 确认的 SSn 到第 1 个 SCLK 边缘输出(SS 输出建立时间) | $t_{Ssso}$ | $3T_{sclk}$ | — | — |

续表 7-4

| 序号 | 参数描述 | 符号 | 最小值 | 最大值 | 单位 |
|---|---|---|---|---|---|
| $t_6'$ | 确认的 SSn 到第 1 个 SCLK 边缘输入（SS 输出建立时间） | $t_{Sssl}$ | $T_{par}$ | — | — |
| $t_7$ | CSPI 主：确认的最后 1 个到 SSn SCLK 边缘（SS 输出保持时间） | $t_{Hsso}$ | $2T_{sclk}$ | — | — |
| $t_7'$ | CSPI 从：确认的最后 1 个到 SSn SCLK 边缘（SS 输入保持时间） | $t_{Hssl}$ | 30 | — | ns |
| $t_8$ | CSPI 主：确认的到 SSn 的 CSPI1_RDY 低（CSPI1_RDY 建立时间） | $t_{Srdy}$ | $2T_{per}$ | $5T_{per}$ | — |
| $t_9$ | CSPI 主：确认的到 CSPI1_RDY 低的 SSn | $t_{Hrdy}$ | 0 | — | ns |
| $t_{10}$ | 输出数据建立时间 | $t_{Sdatao}$ | ($t_{clkoL}$ or $t_{clkoH}$ or $t_{clklL}$ or $t_{clklH}$) − $T_{fpg}$ | — | — |
| $t_{11}$ | 输出数据保持时间 | $t_{Hdatao}$ | $t_{clkoL}$ or $t_{clkoH}$ or $t_{clklL}$ or $t_{clklH}$ | — | — |
| $t_{12}$ | 输入数据建立时间 | $t_{Sdatai}$ | $T_{lpg}+0.5$ | — | ns |
| $t_{13}$ | 输入数据保持时间 | $t_{Hdatai}$ | 0 | — | ns |
| $t_{14}$ | 数据字间暂停 | $t_{pause}$ | 0 | — | ns |

## 7.2 I²C 总线

I²C 总线模块提供标准的主从 I²C 接口功能，与菲利普标准 I²C 总线协议兼容。i.MX27 器件包含 2 个相同的 I²C 模块，参见图 7-15。

I²C 有两根线，为双向串行总线，提供简单有效的数据交换，简化与器件之间的连接。该总线适合多个器件之间短距离临时通信需要的应用场合，便于系统扩展和升级。图 7-16 为连接框图。

I²C 总线工作速率为 400 kbps，与引脚负载和时序有关。有关引脚的详细要求参见菲利普公司 I²C 总线规范 2.1 版本。I²C 系统是包含仲裁和冲突检测的真正多主总线，在多个器件同时控制一条总线时可防止出现数据错误。该总线支持复杂的多处理器控制应用，用作对组装计算机外部连接终端产品的快速测试和分类。特点如下：

- 与 I²C 总线标准兼容；
- 多主操作；
- 对 64 个不同的串行时钟频率中的一个频率可软件编程；
- 软件可选择应答位；
- 中断驱动，一个字节一个字节数据传输；
- 从主到从的自动模式切换的丢失仲裁中断；
- 调用地址认证中断；

# 第 7 章 通信接口

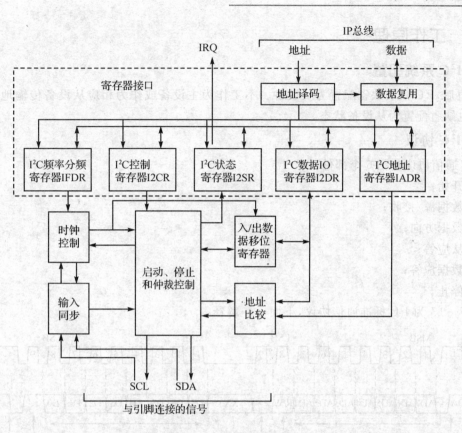

图 7-15 I²C 模块框图

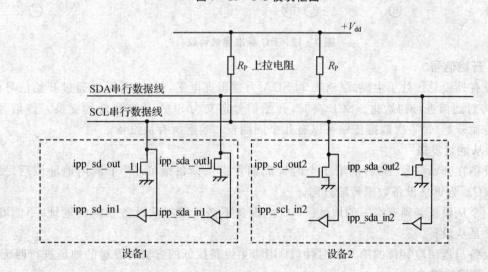

图 7-16 I²C 总线的设备连接

- 启动和停止产生和检测信号；
- 重复产生 START 信号；
- 产生和检测应答位；
- 总线忙检测。

## 7.2.1 工作原理

### 1. I²C系统配置

复位后，I²C模块缺省配置为从设备。不工作为主设备或作为相应从设备传输地址时，I²C模块也缺省配置为从设备状态。

### 2. I²C协议

I²C通信协议包括6个部件：

- 开始；
- 数据源/接收；
- 数据方向；
- 从应答；
- 数据应答；
- 停止。

图7-17为I²C标准通信协议，下面一一解释。

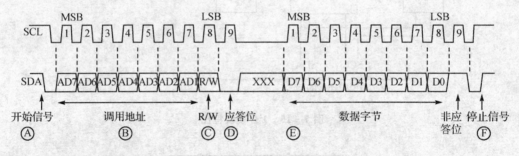

图7-17 I²C标准通信协议

**(1) 开始信号**

当没有外设总线处于主模式(SCL和SDA为逻辑高电平)时，设备可以通过开始信号(见图7-17)对通信进行初始化。SCL高时，开始信号定义为SDA从高到低的变换。该信号表示数据传输开始(每一次数据传输可以有几个周期长)，唤醒所有从设备。

**(2) 从地址发送**

主设备在开始信号(B)后的第1个时钟周期发送从设备地址。7个调用地址位后，发送R/W位(C)，告诉从设备数据传输方向。

每一个从设备必须有唯一的地址。I²C主设备不必传输与从设备相同的地址，不能既是主设备又是从设备。

从设备与返回应答位的第9个时钟(D)用将主设备拉低的方法对发送的地址进行匹配。

**(3) 数据传输**

从设备寻址成功时，可以按调用主设备的R/W位指定的方向一个字节一个字节传输数据(E)。

只有当SCL是低电平时数据可以变化，当SCL为高时，必须保持稳定，如图7-17。每个数据位SCL发1个脉冲，接收设备必须在第9个时钟将SDA拉低，应答每个字节，所以数据传输需要9个时钟周期。

如果没有应答主设备,从设备接收器必须脱离 SDA 高电平。主设备再产生停止信号,终止数据传输,或产生开始信号(重复开始操作,见图 7-18)开始新的调用过程。

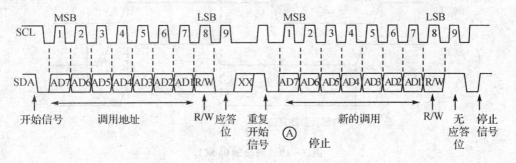

图 7-18 重复开始

如果主接收设备在字节传输后不应答从设备的传输,意味着设备传输结束。从设备释放 SDA 使主设备产生停止或开始信号。

**(4) 停止信号**

主设备可以产生停止信号释放总线,终止通信。SCL 逻辑高(F)时,停止信号定义为 SDA 低到高的变化。

**(5) 重复开始**

不发停止信号,主设备可以接到调用指令后重复开始信号(图 7-18)。产生开始信号,没有第 1 次产生到通信结束的停止信号。主设备使用重复开始信号与其他从设备或与处于不同模式(收发模式)的同一个从设备通信,不必释放总线。

**(6) 仲裁过程**

如果多个设备同时请求总线,由同步过程确定总线时钟,该同步过程中,低电平周期等于设备中最长的低电平时钟周期,高电平周期等于最短的。数据仲裁确定竞争设备相对的优先级。如果一个设备发送逻辑低,另一个设备发送逻辑高,发送逻辑高的设备将失去仲裁,立即切换到从设备接收模式,停止启动 SDA。这时,主设备到从设备的转换不产生停止条件。其间硬件设置 $I^2C$ 上的仲裁丢失位。状态寄存器(I2SR[IAL])指示仲裁的丢失。

**(7) 时钟同步**

由于用逻辑与,SCL 高到低的变化影响连接到总线的设备。当主设备 SCL 低时,设备开始对低周期计数。设备时钟变低时,保持 SCL 低电平直至达到时钟高状态。如果另一个设备时钟停留在低电平,该设备低到高的变化可能不改变 SCL 状态。因此,具有低电平最长周期的设备保持同步时钟 SCL 低。具有最短低电平周期设备进入等待状态(图 7-19)。所有设备结束对低电平周期计数时,释放同步时钟,拉至高电平。设备时钟与 SCL 状态间无差异,所以,所有设备开始对其高电平周期计数。第 1 个完成高电平周期的设备再次将 SCL 拉低。

**(8) 握 手**

时钟同步机制可以用作数据传输中的握手。从设备完成 1 个字节传输(9 位)后可以使 SCL 保持低电平。这时,时钟机制暂停总线时钟,使主时钟处于等待状态直至从设备释放 SCL。

# 第 7 章 通信接口

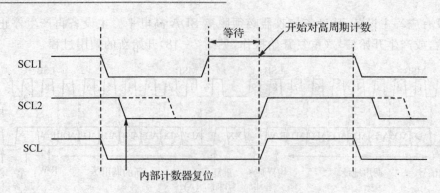

图 7 - 19 同步时钟 SCL

**(9) 时钟展宽**

从设备可以使用时钟同步机制降低传输比特率。主设备使 SCL 变低后，从设备可以在需要的时间内使 SCL 变低，然后释放。如果从设备 SCL 低周期比主设备长，扩展了由此发生的 SCL 总线信号低周期。

**3．IP 总线访问**

$I^2C$ 是 16 位 IP 模块，只有硬件可以对其访问。

如果在 IP 总线没有执行的接口上接收地址，将产生访问错误(认可 IPS_XFR_ERR)。输入引脚 resp_sel 提供产生该响应的配置能力。必须确认 resp_sel 引脚，使 IPS_XFR_ERR 信号有效。

## 7.2.2 编程方法

$I^2C$ 模块包含 5 个 16 位寄存器，参见表 7 - 5。

表 7 - 5  $I^2C$ 存储器配置

| 地址 | 寄存器脉冲 | 访问 | 复位值 |
| --- | --- | --- | --- |
| 0x1001_2000<br>0x1001_D000 | $I^2C$ 地址寄存器 1(IADR1)<br>$I^2C$ 地址寄存器 2(IADR2) | 读写 | 0x0000 |
| 0x1001_2004<br>0x1001_D004 | $I^2C$ 分频器寄存器 1(IFDR1)<br>$I^2C$ 分频器寄存器 2(IFDR2) | 读写 | 0x0000 |
| 0x1001_2008<br>0x1001_D008 | $I^2C$ 控制寄存器 1(I2CR1)<br>$I^2C$ 控制寄存器 2(I2CR2) | 读写 | 0x0000 |
| 0x1001_200C<br>0x1001_D008 | $I^2C$ 状态寄存器 1(I2SR1)<br>$I^2C$ 状态寄存器 2(I2SR2) | 读写 | 0x0081 |
| 0x1001_2010<br>0x1001_D010 | $I^2C$ 数据 I/O 寄存器 1(I2DR1)<br>$I^2C$ 数据 I/O 寄存器 2(I2DR2) | 读写 | 0x0000 |

表 7-6  I²C 寄存器

| 名称 | | 15 | 14 | 13 | 12 | 11 | 10 | 9 | 8 | 7 | 6 | 5 | 4 | 3 | 2 | 1 | 0 |
|---|---|---|---|---|---|---|---|---|---|---|---|---|---|---|---|---|---|
| 0x1001_2010 (I2DR1) | R | 0 | 0 | 0 | 0 | 0 | 0 | 0 | 0 | 地址 | | | | | | | 0 |
| 0x1001_D010 (I2DR2) | W | | | | | | | | | | | | | | | | |
| 0x1001_2004 (IFDR1) | R | 0 | 0 | 0 | 0 | 0 | 0 | 0 | 0 | IC | | | | | | | |
| 0x1001_D004 (IFDR2) | W | | | | | | | | | | | | | | | | |
| 0x1001_2008 (I2CR1) | R | 0 | 0 | 0 | 0 | 0 | 0 | 0 | 0 | IEN | IIEN | MSTA | MTX | TXAK | 0 | 0 | 0 |
| 0x1001_D008 (I2CR2) | W | | | | | | | | | | | | | | RSTA | | |
| 0x1001_200C (I2SR1) | R | 0 | 0 | 0 | 0 | 0 | 0 | 0 | 0 | ICF | IAAS | IBB | IAL | 0 | SRW | IIF | RXAK |
| 0x1001_D00C (I2SR2) | W | | | | | | | | | | | | | | | | |
| 0x1001_2010 (I2DR1) | R | 0 | 0 | 0 | 0 | 0 | 0 | 0 | 0 | 数据 | | | | | | | |
| 0x1001_D010 (I2DR2) | W | | | | | | | | | | | | | | | | |

## 7.3 多层 AHB 交叉开关

多层 AHB 交叉开关(MAX)同时支持最多 3 个在 6 个主端口与 3 个从端口间的并行连接。MAX 模块能对所有从端口实施控制,防止主端口对从端口的访问。该特点在用户希望关断系统时钟和需要确认没有中断的总线时很有用。MAX 可以将每一个从端口置于低功耗暂停模式,所以在没有主端口的有效访问时,从端口将不浪费任何功率传输地址、控制信号和数据信号。参见图 7-20。

每一个从端口也可以支持多重主端口优先级配置。每一个从端口有 1 个选择主端口优先级配置的硬件输入端,用户可以在从端口上动态改变主端口的优先级。

MAX 允许主端口到从端口的并发传输。可以使 3 个主端口和所有同时使用的从端口作为独立的主端口请求。如果一个以上主端口同时要求访问 1 个从端口,仲裁逻辑将选择高优先级主端口和承认其对从端口的所有权。其他要求从端口的主端口将暂停至完成高优先级主端口的转变为止。

MAX 模块安排主端口到相应从端口初始化总线转换路径。没有安排一个从端口到其他

# 第7章 通信接口

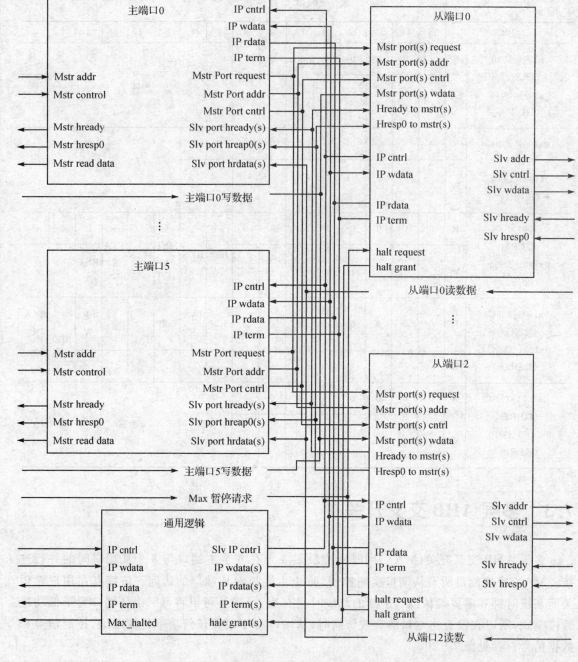

图 7-20 MAX 结构框图

从端口或主端口初始化转换路径的规定。从端口不支持总线请求和总线认可协议,MAX 假设它是每一个从端口唯一的主端口。

由于 MAX 不支持总线请求和总线确认协议,如果多个主端口连接到单个主端口,需要用外部仲裁器。每一个主端口和从端口完全与扩展的简化 AHB+AMBA V6 版本兼容。这些端口与 AHB 不完全兼容,因为 MAX 不支持 SPLIT 或 RETRY。

## 7.3.1 工作原理

当主端口对 MAX 进行访问时,立即被 MAX 接受。如果要访问的从端口有效,则立即进行。可以通过 MAX 进行单时钟周期访问(零等待状态)。如果要访问的从端口忙,或停在不同的主端口上,则请求访问的主端口插入等待状态(hready 保持否定)直至要访问的从端口可以对主端口请求进行访问为止。请求服务的延时取决于每一个主端口优先级和对应外设的访问时间。由于 MAX 似乎正好是另一个主设备的从端口,主设备不应答是否实际拥有作为访问对象的从端口。主端口不控制要访问的从端口时,将处于等待状态。

在完成前一次对不同从端口的访问后,主端口对要访问的从端口进行控制,不考虑新的要访问的从端口的优先级。这将避免主端口对一个长时间响应的从端口的请求产生僵局,有一个对不同从端口的未决访问,当高优先级主端口访问未决时,低优先级主端口产生对同一个从端口的请求。

一旦主端口控制要访问的从端口,主端口将保留对从端口控制,直至通过运行空闲周期或脱离下一次访问的从端口的方法放弃该从端口。如果另一个高优先级主端口处理从端口请求,主端口也可能丧失对从端口的控制,然而,如果主端口执行一个锁定或固定长度的猝发传输,则保留从端口控制直至完成传输。根据 MGPCR(主通用控制寄存器)的 AULB 位,主端口在进行增加未定义长度猝发传输时保留对从端口控制,或丢失高优先级主端口总线。

MAX 终止所有主端口空闲传输(与允许终止从总线相反)。当没有主端口请求访问从端口时,MAX 将空闲传送到从总线,即使缺省主端口可能同意访问从端口。

主端口控制从总线时(即在低功耗暂停或空闲模式),hmaster 位指示为 4'b0000。

MAX 使总线处于空闲时,可以将从端口暂停在由 SGPCR 或 ASGPCR 寄存器暂停位指示的主端口上。这将在企图保存仲裁延迟的初始化时钟时进行,否则看成主端口通过仲裁获得对从端口的控制。从端口也可以处于低功耗暂停模式减小功耗。

### 1. 仲 裁

MAX 支持二种仲裁方法:简单固定优先级比较算法和简单轮询调度公平算法。每一个从端口仲裁算法是独立可编程的。

**(1) 未定义长度猝发期间的仲裁**

未定义长度猝发期间仲裁点由当前主端口设置的 MGPCR AULB 位定义。当定义长度用在通过 AULB 的猝发上时,未定义长度猝发处理成单个或一系列固定猝发长度的访问。

例如,主端口运行一个未定义长度的猝发,在第 4 拍猝发后 MGPCR 的 AULB 位指示仲裁将发生。主端口连续运行 2 拍,然后开始对在前次访问同一个从端口区域内的新地址的 12 拍未定义长度猝发的访问。

MAX 不允许对第 4 拍访问(第 2 次猝发的第 2 拍)进行仲裁。这时,为仲裁打开所有保留的访问直至主端口丧失对从端口控制为止。

假设主端口在第 2 次猝发的第 5 拍后丧失对从端口的控制,一旦主端口重新获得对从端口的控制,将没有仲裁点有效直至主端口运行 4 拍以上的猝发。第 4 拍猝发(从主端口看第 2 次猝发的第 9 拍)后,再次开始对猝发的所有拍进行仲裁直至主端口丧失对从端口的控制。假设主端口在第 3 次猝发(从主端口看第 2 次猝发的第 10 拍)后再次丧失对从端口的控制,一旦主端口重新获得对从端口的控制,将允许完成猝发的最后 2 拍,不必仲裁。

### (2) 固定优先级操作

在固定优先级操作模式，每一个主端口在 MPR 和 AMPR 配置一个唯一的优先级。如果两个主端口请求访问一个从端口，带最高优先级的主端口将获得对该从端口的控制。主端口在任何时间可以处理对从端口的请求，从端口检查是否有新请求的主端口优先级高于现在控制该从端口的主端口（除非该从端口处于暂停状态）。从端口在每一个时钟沿进行仲裁检查，确定一个正确的主端口的控制。

如果新请求的主端口优先级高于控制从端口的主端口，新请求的主端口将准予在下一个时钟沿控制该从端口。这个规则的例外是当前控制从端口的主端口是否运行固定长度猝发传输或锁定传输主端口。这时，新请求的主端口必须等待直至在获得从端口控制前结束猝发传输或锁定传输。如果主端口运行未定义长度猝发传输，新请求的主端口必须等待直至前面的未定义长度猝发传输仲裁点获得从端口控制为止。未定义长度猝发仲裁点在每一个主端口的 MGPCR 中定义。

如果新请求的主端口优先级低于当前控制从端口的主端口，新请求的主端口将强制等待直至当前主端口控制运行在空闲周期或非空闲周期的从端口为止，而非当前从端口。

### (3) 轮询调度优先级操作

工作在轮询调度模式时，每一个主端口根据其编号配置相应优先级。该优先级与最后在从端口总线上执行传输的主端口 ID 进行比较。最高优先级请求主端口将变成从端口所有者作为下一次传输的接口（解决锁定和固定长度传输）。优先级取决于请求主端口 ID 怎样成为主端口 ID（ID 由主端口编号定义，不是部分位）。一旦取得对从端口访问，主端口可以执行尽可能多的传输，直至另一个主端口对同一个从端口产生请求。如果当前主端口没有未决访问请求，下一个在线主端口将获得在 sX_hready 的下一个确认，或下一个时钟周期对从端口的访问。作为轮询调度模式的一个例子，假设主端口 0、1、2、3、4 和 5 完成 MAX，如果最后一个主端口是同时请求的端口 1 和 0、端口 4 和 5，(端口 2 和 3 没有请求)，则先服务 4 和 5，再服务 0。

暂停仍可用于轮询调度模式，但不影响轮询调度指针，除非暂停的主端口在执行传输。一个仲裁周期后，将传递给下一个在线的主端口。如果从端口处于低功耗模式，轮询调度指针将复位到端口 0 的指针上，给它最高优先级。

### 2. 优先级配置

每一个主端口需要配置唯一的 3 位优先级。如果试图对带寄存器 MPR 或 AMPR 内同一个优先级的主端口进行编程，MAX 将作出错误响应，不更新寄存器。

### 3. 内容切换

MAX 针对每一个从端口（sX_ampr_sel）有一个硬件输入端，用于选择获得主端口优先级和通用控制位的寄存器。sX_ampr_sel 为 0 时，选择 MPR 和 SGPCR；sX_ampr_sel 为 1 时，选择 AMPR 和 ASGPCR。硬件输入对内容切换最有用，所以使用者不必重新写 MPR 或 SGPCR，如果特殊的从端口暂时受益于修改主端口优先级或 SGPCR 影响的功能。

### 4. 主端口功能

每一个主端口包括二个译码器、一个捕获单元、一个寄存器、一个混合器和一个小的状态机。第一个译码器用于对 haddr 进行译码，控制直接来自主端口的信号，告诉状态机主端口下一次将访问什么地方，是否是合法访问。第二个译码器从捕获单元得到输入，根据输出从端口的状态,直接观察主端口信号或主端口捕获信号,产生到从端口的访问请求。

捕获单元用于捕获事件中主端口地址和控制信息,从端口不能立即访问主端口。捕获单元由主端口原始信号或捕获信号的状态机控制输出。寄存器部分包括与特殊主端口有关的寄存器。寄存器有一个用作读写的准 IP 总线接口,输出直接反馈到状态机。混合器用于选择哪一个从端口读出数据送回主端口。混合器由状态机控制。

状态机控制主端口的所有功能,知道主端口想请求哪一个从端口,控制何时产生请求;也对每一个从端口应答,知道从端口是否准备接收主端口访问。这个确定主端口是立即有从端口发出的请求,还是主端口将必须捕获主端口请求,在从端口界面上排队。参见图 7-21。

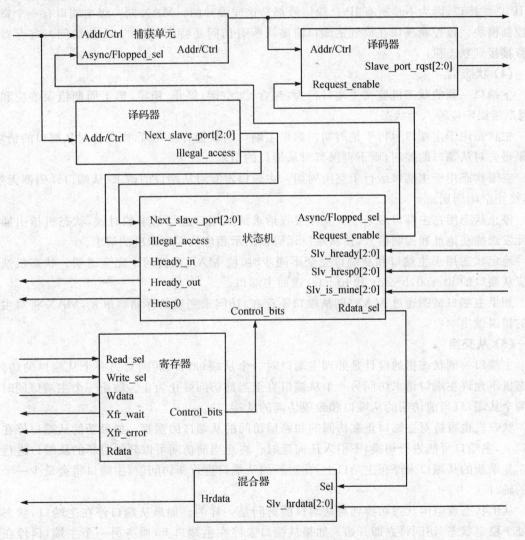

图 7-21 MAX 主端口模块框图

### (1) 译码器

译码器确认同意访问的请求非常简单。反馈状态机的译码器总是有效。选择从端口的译码器只有在主端口控制状态机产生到从端口请求时有效。这是必须的,主端口对从端口进行访问时如果处于等待状态,下一次访问是对不同的从端口。对第 2 个从端口的请求可以保持关断,直至第 1 个从端口访问终止。译码器也输出"空译码"或非法访问信号,告诉状态机主端口试图访问不存在的从端口。

**(2) 捕获单元**

如果 MAX 不能立即通过主端口对从端口的请求,捕获单元则捕获主端口地址和控制信号状态。捕获单元包括一组触发器和混合器,或选择来自地址和控制的异步通道,或选择捕获的地址和控制信息。

**(3) 寄存器**

主端口中的寄存器只与特定的主端口有关。寄存器读写接口是准 IP 总线接口,不是真正的 IP 总线接口,因为不是所有 IP 总线信号都是这样设计的。MAX 同一级主端口有一个寄存器控制模块。该控制模块在放到主端口前确认所有访问是特别授权的 32 位访问。寄存器输出直接接到状态机。

**(4) 状态机**

主端口一侧的状态机监视主端口行为,包含忙、空闲、停止、稳定、第 1 周期错误响应和第 2 周期错误响应等六个状态。

忙状态用于主端口运行于忙周期。如果主端口当前拥有从端口,则保持对从端口的请求;如果丧失对从端口的控制,则不再保留对从端口的请求。

空闲状态用于主端口运行于空闲周期。主端口没有对从端口的请求(从端口译码器无效)时,终止空闲周期。

停止状态用在主端口对未准备立即接收请求的从端口进行请求的时候,状态机指引捕获单元发送捕获地址和控制信号,使从端口译码器指示相应从端口未决的请求。

稳定状态用于主端口和从端口完全不同步时,使 MAX 在访问中完全透明。状态机选择相应从端口的 hresp0、hready 和 hrdata,送回主端口。

如果主端口试图通过 MAX(即从端口不存在)访问未完成的存储器单元,MAX 将对主端口的错误做出响应。

**(5) 从交换**

主端口一侧状态机的设计是处理主端口对一个从端口访问转向对另一个从端口的访问。状态机不允许主端口请求访问另一个从端口直至当前访问终止为止。防止一个主端口同时拥有两个从端口(当前访问的从端口和希望访问的从端口)。

状态机也维持对主端口正在访问的和希望访问的从端口的观察。如果新的从端口停在主端口上,主端口可能进行切换,不引入任何延时。终止当前访问可以开始对新的从端口进行访问。如果新的从端口未停在主端口上,在对新的从端口进行新访问前,主端口将会最少一个时钟的延时。

从忙状态或空闲状态切换到对从端口的访问是一样的。如果从端口停在主端口,状态机将处于稳定状态,访问将立即开始。如果从端口未停在主端口上(服务另一个主端口,停在另一个主端口或处于低功耗暂停模式),状态机将转换为停止状态,至少付出一个时钟周期的代价。

**5. 从端口功能**

每一个从端口包括寄存器、混合器和状态机。寄存器部分包含与特殊从端口相关的寄存器,有准 IP 总线接口,输出直接反馈到状态机。参见图 7-22。

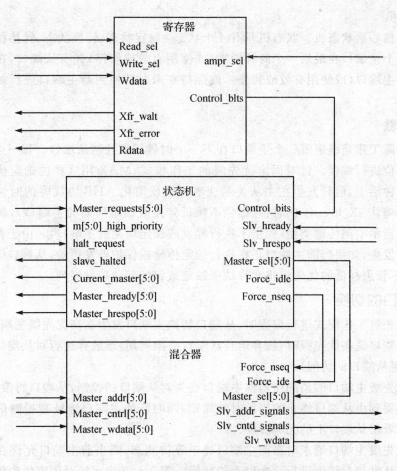

图 7-22 MAX 从端口模块框图

### (1) 混 合

图 7-22 只给出一个混合器模块,实际上最多包含了六个混合器,每一个主端口到从端口有一个混合器。所有的混合器用与或门设计,所以如果选择无主端口,混合器输出将是 0(这是低功耗暂停模式重要的特点)。混合器还有一个未考虑的信号,即空闲周期与从总线异步的从端口使用的信号。当状态机强制空闲周期输出 htrans 和 hmastlock 时,确信从总线处于 MAX 运行的有效空闲周期。

控制 htrans 的混合器还包含一个状态机的附加控制信号,所以可以强制 NSEQ 转换。从端口切换主端口时应确认在从端口未观察到 IDLE-SEQ、BUSY-SEQ 或 NSEQ-SEQ。如果状态机指示运行 IDLE 和 NSEQ 周期,IDLE 指示将优先。

### (2) 寄存器

主端口和从端口有寄存器控制模块,在传送到主从端口前确认所有的访问是 32 位。从端口寄存器只与特殊的从端口有关,寄存器的读写接口是准 IP 总线接口,因为不是所有的 IP 总线信号都是这样设计的。寄存器输出直接与带 sX_ampr_sel 输入信号的从端口状态机连接,该输入信号确定传送到状态机的优先级寄存器值、暂停优先级值、仲裁算法和停止控制位空闲。寄存器可以无限次读取,只能在 SGPCR 中 RO 位写为 0 时进行写操作。一旦写为 1,只有硬件复位允许再次对寄存器写操作。

## 第 7 章　通信接口

**(3) 状态机**

从端口的核心是状态机。状态机只有 4 个状态：稳定状态、转换状态、转换保持状态和保持状态。同一个主端口在最后一个时钟周期（或使用有效或暂停）拥有从端口,在等待状态期间转换为新的主端口（或使用有效或暂停）,或保持在未对转换到新主端口进行裁决的同一个主端口上。

### 6. 仲　裁

状态机实际工作是确定哪一个主端口在下一个时钟周期控制从端口。每一个主端口用表示优先级的 3 位进行编程。针对固定优先级的工作模式,MAX 用这些位确定优先级。仲裁总是发生在时钟沿上,但只发生在主从关系变更不违反简化 AHB 协议时的时钟沿。有效的仲裁指针包括确认 sX_hready 的时钟（提供不执行猝发或锁定周期的主端口）,拥有总线的主端口等待状态指示空闲传输类型（提供不执行猝发或锁定周期的主端口）。由于仲裁可以在每一个时钟周期发生,如果当前主端口正在执行锁定传输或保护猝发传输,从端口屏蔽所有主端口请求,保证不管怎样低的优先级将允许结束锁定或保护部分猝发序列。

### 7. 主端口的切换

对固定优先级工作模式进行编程时,从端口切换主端口发生在高优先级主端口请求时,或发生在当前主端口是高优先级时,放弃运行从端口空闲周期,或放弃运行对从端口单元的有效访问（而不是对从端口的访问）。

如果高优先级主端口的消失使当前主端口丧失对从端口的控制,从端口将浪费时钟周期。当前主端口将得到由从端口终止的当前时钟周期,同时新的主端口地址和控制信息将由从端口识别。这将看似从端口上的无缝转换。

如果高优先级主端口请求时当前主端口处于等待状态,则当前主端口允许在放弃成为新的主端口前的从端口总线上进行一次以上的转换。图 7-23 表示针对固定优先级工作模式从端口的编程时,高优先级主端口控制总线的结果。

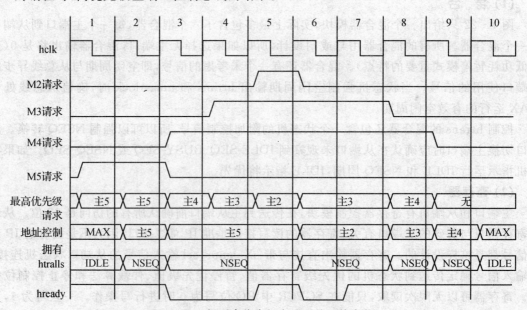

图 7-23　低到高优先级主端口关系的变化

如果当前主端口有最高优先级,通过运行在空闲周期或另一个单元的有效周期放弃从端口,下一个最高优先级主端口将获得从端口的控制。如果当前访问出现等待状态,转换将是无缝的,不损失带宽,因此,如果没有等待状态情况下终止当前转换,MAX 在新的主端口可能控制从端口前将空闲周期放置在从总线上。如果没有其他主端口请求总线,MAX 将运行空闲周期,由于没有主端口请求,所以没有带宽损失。图 7-24 表示高优先级主端口放弃总线控制的结果。当从端口针对轮询调度仲裁模式编程时,将在任何时间切换主端口,一个以上主端口请求有效。不拥有总线的主端口可能具有高优先级。图 7-25 表示轮询调度工作模式。

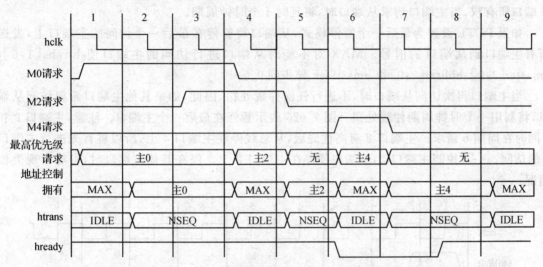

图 7-24 高到低优先级主端口关系的变化

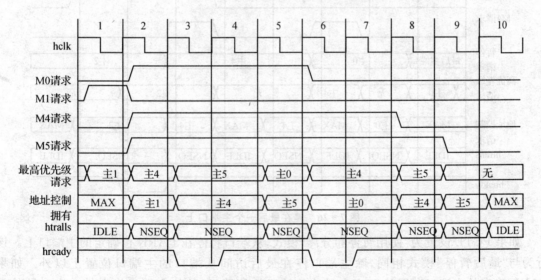

图 7-25 轮询调度主端口关系的变化

### 8. 暂 停

如果当前没有主端口请求从端口,从端口将暂停在 GPCR、AGPCR 的 PCTL 位和 PARK 位规定的(根据 sX_ampr_sel 状态)4 个位置之一,锁定最后一个访问的主端口的状态。

## 第7章 通信接口

如果访问从端口的最后一个主端口运行一个锁定周期,即使丢下这个从端口后继续运行锁定周期,从端口将暂停在与设置 GPCR 位无关的主端口,不必考虑其他主端口未决的请求。由此,主端口可以运行对从端口的锁定传输,丢下它,返回,保证没有其他主端口访问。如果锁定的不是暂停发送,GPCR 将指示暂停的方法。

如果 PCTL 设置为低功耗暂停模式,从端口将进入低功耗暂停模式。不知道主端口控制它,不选择通过从总线的主端口信号。这时,所有从总线的运行将影响暂停,因为所有 MAX 驱动的从端口总线信号为 0。如果从端口有时不用,可以节省 1 位功耗。因为必须仲裁获得从端口所有权,当主端口请求从端口时,将延时 1 个时钟周期。

如果 PCTL 设置为最后一个暂停模式,从端口将暂停在最后一个访问的主端口上,发送所有主端口到从端口的信号。MAX 对不能对从端口进行访问的主端口使 htrans[1:0]、hmaster[3:0]、hburst[2:0]和 hmastlock 异步到 0。

当主端口再次访问从端口时,不进行任何仲裁处罚,因此,如果其他主端口希望访问从端口,将利用一个时钟周期仲裁处罚。图 7-26 表示暂停在最后一个主端口。注意,主端口 2 和 4 同时在周期 6 请求。主端口 2 有高优先级,从总线停在主端口 4 上,所以将首先进行主端口 4 的访问。一旦控制主端口 2,从端口便停在主端口 2 上。停在其他主端口时,可能出现类似情况。

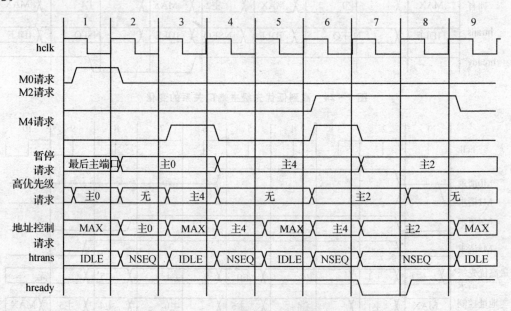

图 7-26 停在最后一个主端口上

如果 PCTL 设置为"使用暂停和分离"模式,从端口将停在 PARK 位确定的主端口上。该行为与"最后暂停"模式相同,除主端口停在最后访问从端口的主端口位置上以外。如果 PARK 确定的主端口试图访问未支付仲裁处罚的从端口,其他主端口将支付一个时钟的处罚。参见图 7-27。

### 9. 停止模式

如果确认 max_halt_request 输入,从端口将最终停止所有从总线,进入停止模式,几乎与低功耗停止模式一样。GPCR HLP 位控制仲裁算法中 max_halt_request 的优先级。如果

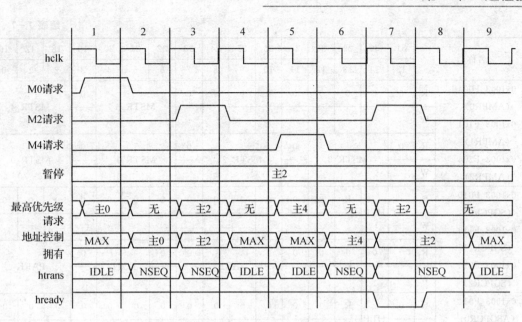

图 7-27 停在特殊的主端口上

HLP 清零,max_halt_request 将具有最高优先级,获得下一个仲裁点上从端口的控制。(非常类似下一个总线时钟,除非当前主端口运行锁定或固定长度猝发传输)。如果设置 HLP,从端口将等待直至转到停止模式前没有主端口有效请求为止。不管如何设置 HLP 位,一旦从端口转入停止模式,将确认 max_halt_request,不管请求的主端口优先级是如何,将停留在停止模式直至否决 max_halt_request。在停止模式,没有主端口拥有从端口,所以所有从端口输出设置为 0。

## 7.3.2 编程方法

MAX 每一个从端口对应有 4 个寄存器,每一个主端口对应有 1 个寄存器。这些寄存器与 IP 总线兼容,只能按特殊方式,通过 32 位访问进行读写。读写传输需要 2 个 IP 总线时钟周期。

这些寄存器是完全译码,如果在 MAX 内访问未执行的单元,返还错误响应。

从寄存器对位起作用,写 1 时,可读,不影响写,但将导致错误响应。参见表 7-7 和表 7-8。

表 7-7 MAX 寄存器

| 名称 | | 31 | 30 | 29 | 28 | 27 | 26 | 25 | 24 | 23 | 22 | 21 | 20 | 19 | 18 | 17 | 16 |
|---|---|---|---|---|---|---|---|---|---|---|---|---|---|---|---|---|---|
| | | 15 | 14 | 13 | 12 | 11 | 10 | 9 | 8 | 7 | 6 | 5 | 4 | 3 | 2 | 1 | 0 |
| 0x1003_F000 (MPR0) 0x1003_F100 (MPR1) | R | 0 | 0 | 0 | 0 | 0 | 0 | 0 | 0 | | MSTR_5 | | | 0 | MSTR_4 | | |
| | W | | | | | | | | | | | | | | | | |
| 0x1003_F200 (MPR2) | R | 0 | MSTR_3 | | | 0 | MSTR_2 | | | 0 | MSTR_1 | | | 0 | MSTR_0 | | |
| | W | | | | | | | | | | | | | | | | |

续表 7-7

| 名称 | | 31/15 | 30/14 | 29/13 | 28/12 | 27/11 | 26/10 | 25/9 | 24/8 | 23/7 | 22/6 | 21/5 | 20/4 | 19/3 | 18/2 | 17/1 | 16/0 |
|---|---|---|---|---|---|---|---|---|---|---|---|---|---|---|---|---|---|
| 0x1003_F004 (AMPR0) 0x1003_F104 (AMPR1) 0x1003_F204 (AMPR2) | R | 0 | 0 | 0 | 0 | 0 | 0 | 0 | 0 | 0 | MSTR_5 | | | 0 | MSTR_4 | | |
| | W | | | | | | | | | | | | | | | | |
| | R | 0 | MSTR_3 | | | 0 | MSTR_2 | | | 0 | MSTR_1 | | | 0 | MSTR_0 | | |
| | W | | | | | | | | | | | | | | | | |
| 0x1003_F010 (SGPCR0) 0x1003_F110 (SGPCR1) 0x1003_F210 (SGPCR2) | R | 0 | 0 | R | 0 | 0 | 0 | 0 | 0 | 0 | 0 | 0 | 0 | 0 | 0 | 0 | 0 |
| | W | RO | HLP | | | | | | | | | | | | | | |
| | R | 0 | 0 | 0 | 0 | 0 | 0 | ARB | | | PCTL | | | PARK | | | |
| | W | | | | | | | | | | | | | | | | |
| 0x1003_F014 (ASGPCR0) 0x1003_F114 (ASGPCR1) 0x1003_F214 (ASGPCR2) | R | 0 | 0 | R | 0 | 0 | 0 | 0 | 0 | 0 | 0 | 0 | 0 | 0 | 0 | 0 | 0 |
| | W | | HLP | | | | | | | | | | | | | | |
| | R | 0 | 0 | 0 | 0 | 0 | 0 | ARB | | | PCTL | | | PARK | | | |
| | W | | | | | | | | | | | | | | | | |
| 0x1003_F800 (MGPCR0) ~ 0x1003_FD00 (MGPCR5) | R | 0 | 0 | 0 | 0 | 0 | 0 | 0 | 0 | 0 | 0 | 0 | 0 | 0 | 0 | 0 | 0 |
| | W | | | | | | | | | | | | | | | | |
| | R | 0 | 0 | 0 | 0 | 0 | 0 | 0 | 0 | 0 | 0 | 0 | 0 | 0 | AULB | | |
| | W | | | | | | | | | | | | | | | | |

表 7-8  MAX 存储器配置

| 地址 | 寄存器名称 | 访问 | 复位值 |
|---|---|---|---|
| 0x1003_F000 | 从端口 0 的主端口优先级寄存器(MPR0) | | |
| 0x1003_F100 | 从端口 1 的主端口优先级寄存器(MPR1) | 读写 | 0x0054_3210 |
| 0x1003_F200 | 从端口 2 的主端口优先级寄存器(MPR2) | | |
| 0x1003_F004 | 从端口 0 的备用主端口优先级寄存器(AMPR0) | | |
| 0x1003_F104 | 从端口 1 的备用主端口优先级寄存器(AMPR1) | 读写 | 0x0000_0000 |
| 0x1003_F204 | 从端口 2 的备用主端口优先级寄存器(AMPR2) | | |
| 0x1003_F010 | 从端口 0 的通用控制寄存器(SGPCR0) | | |
| 0x1003_F110 | 从端口 1 的通用控制寄存器(SGPCR1) | 读写 | 0x0000_0000 |
| 0x1003_F210 | 从端口 2 的通用控制寄存器(SGPCR2) | | |

续表 7-8

| 地址 | 寄存器名称 | 访问 | 复位值 |
|---|---|---|---|
| 0x1003_F014 | 从端口 0 的备用 SGPCR(ASGPCR0) | 读写 | 0x0000_0000 |
| 0x1003_F114 | 从端口 1 的备用 SGPCR(ASGPCR1) | | |
| 0x1003_F214 | 从端口 2 的备用 SGPCR(ASGPCR2) | | |
| 0x1003_F800<br>~<br>0x1003_FD00 | 主端口 0 的通用控制寄存器(MGPCR0)<br>~<br>主端口 5 的通用控制寄存器(MGPCR5) | 读写 | 0x0054_3210 |

## 7.4 简化 AHB IP 接口

下面详细介绍与 IP 总线接口的简化 AHB 模块(AIPI)。AIPI 为简化 ARM 高性能总线(简化 AHB)和遵循 Freescale IP 总线规范的低带宽外设之间的接口。i.MX27 有 2 个 AIPI 模块,AIPI1 和 AIPI2。参见表 7-9。

- 所有外部读转换最少需要 2 个系统时钟(R-AHB 侧),所有写转换最少需要 3 个系统时钟(R-AHB 侧)。
- AIPI 支持 8 位、16 位和 32 位 IP 总线外设。(每一个都支持字节、半字和全字读写)。
- AIPI 支持多重时钟访问(16 位操作到 8 位外设、32 位操作到 16 位和 8 位外设)。
- AIPI 支持 31 个外部 IP 总线外设,每一个外设带 4 KB 存储器。

表 7-9 简化 AHB 针对 IP 总线 V2.0 版本接口操作(小字节序)

| 传输尺寸 | haddr [1] | haddr [0] | IP 总线尺寸 | ips_addr [1] | ips_addr [0] | R-AHB[31:24] | R-AHB[23:16] | R-AHB[15:8] | R-AHB[7:0] |
|---|---|---|---|---|---|---|---|---|---|
| 字节 | 0 | 0 | 8 位 | 0 | 0 | — | — | — | ips_data[7:0] |
| | 0 | 1 | | 0 | 1 | — | — | ips_data[7:0] | — |
| | 1 | 0 | | 1 | 0 | — | ips_data[7:0] | — | — |
| | 1 | 1 | | 1 | 1 | ips_data[7:0] | — | — | — |
| | 0 | 0 | 16 位 | 0 | X | — | — | — | ips_data[7:0] |
| | 0 | 1 | | | | — | — | ips_data[15:8] | — |
| | 1 | 0 | | 1 | X | — | — | ips_data[7:0] | — |
| | 1 | 1 | | | | ips_data[15:8] | — | — | — |
| | 0 | 0 | 32 位 | X | X | — | — | — | ips_data[7:0] |
| | 0 | 1 | | | | — | — | ips_data[15:8] | — |
| | 1 | 0 | | X | X | — | ips_data[23:16] | — | — |
| | 1 | 1 | | | | ips_data[31:24] | — | — | — |

续表 7-9

| 传输尺寸 | haddr [1] | haddr [0] | IP总线尺寸 | ips_addr [1] | ips_addr [0] | 有效的总线选择（R-AHB 到 IP 总线） | | | |
|---|---|---|---|---|---|---|---|---|---|
| | | | | | | R-AHB[31:24] | R-AHB[23:16] | R-AHB[15:8] | R-AHB[7:0] |
| 半字 | NA | NA | 8位 | 0 | 0 | — | — | — | ips_data[7:0] |
| | | | | 0 | 1 | — | — | ips_data[7:0] | — |
| | | | | 1 | 0 | — | ips_data[7:0] | — | — |
| | | | | 1 | 1 | ips_data[7:0] | — | — | — |
| | | | 16位 | 0 | X | — | — | ips_data[15:8] | ips_data[7:0] |
| | | | | 1 | X | ips_data[15:8] | ips_data[7:0] | — | — |
| | | | 32位 | X | X | — | — | ips_data[15:8] | ips_data[7:0] |
| | | | | X | X | ips_data[31:24] | ips_data[23:16] | — | — |
| 字 | NA | NA | 8位 | 0 | 0 | — | — | — | ips_data[7:0] |
| | | | | 0 | 1 | — | — | ips_data[7:0] | — |
| | | | | 1 | 0 | — | ips_data[7:0] | — | — |
| | | | | 1 | 1 | ips_data[7:0] | — | — | — |
| | | | 16位 | 0 | X | — | — | ips_data[15:8] | ips_data[7:0] |
| | | | | 1 | X | ips_data[15:8] | ips_data[7:0] | — | — |
| | | | 32位 | X | X | ips_data[31:24] | ips_data[23:16] | ips_data[15:8] | ips_data[7:0] |

## 7.4.1 编程模式

AIPI 中有 3 个寄存器，分别对应 0x1000_0000 和 0x1002_0000 的每一个 AIPI 的第 1 单元（4 KB 存储器区域）。所有寄存器都是 32 位，只能在监督模式访问，按 32 位读写。读访问需要 2 个系统时钟，写访问需要 3 个系统时钟。

### 1. 外设尺寸寄存器[1:0]

该寄存器告诉 AIPI IP 总线外部单元尺寸是多少。不占用的外部单元在编程为 1 的外部尺寸寄存器（PSR）中应有对应的位。

表 7-10 PSR 1~0 数据总线尺寸编码

| PSR 1~0 | IP 总线外设尺寸[x] |
|---|---|
| 00 | 8 位 |
| 01 | 16 位 |
| 10 | 32 位 |
| 11 | 不占用 |

AIPI 寄存器自己管理自己时，PSR 最低位是只读位。设置和清零时，这些寄存器是 32 位。

PSR 指示占据相应单元的 IP 总线外设尺寸和未占据相应单元的外设。表 7-10 表示怎样根据 IP 总线外设的尺寸和有效性编程 PSR 寄存器。

### 2. 外设访问寄存器

外设访问寄存器（PAR）告诉 AIPI 在用户模式下对应寄存器单元的 IP 总线外设是否可以访问。如果外设只能在监督模式下访问，用户模式访问要试一试，产生异常中止，没有有效的 IP 总线。

AIPI 寄存器自己管理自己时，PAR 的最低位是只读位。设置指示只能进行监督访问。

## 7.4.2 AIPI1 和 AIPI2 外设带宽和 PSR 设置

系统软件可以使用"数据总线带宽"列的信息,配置 PSR 寄存器。表 7-11 和表 7-12 表示为 AIPI1 和 AIPI2 设置 PSR 寄存器。表 7-13 表示 AIPI1(简化 AHB IP 接口模块 1)和 AIPI2(简化 AHB IP 接口模块 2)接口上外设的数据总线带宽。

表 7-11 AIPI1 PSR 设置

| PSR | 设置 |
| --- | --- |
| PSR[1] | 0xFFFB_FCFB |
| PSR[0] | 0x0004_0304 |

表 7-12 AIPI2 PSR 设置

| PSR | 设置 |
| --- | --- |
| PSR[1] | 0xFFFF_FFFF |
| PSR[0] | 0x3FFC_0000 |

表 7-13 i.MX21 AIPI 外设访问尺寸和 IP 访问型式

| 单元 | 外设 | PSR[1] | PSR[0] | 数据总线带宽 | 16 位 读 | 16 位 写 | 8 位 读 | 8 位 写 |
| --- | --- | --- | --- | --- | --- | --- | --- | --- |
| AIPI1 | | | | | | | | |
| 0 | AIPI1 控制 | 1 | 0 | 32-bit | — | — | — | — |
| 1 | DMA | 1 | 0 | 32-bit | Y | Y | Y | Y |
| 2 | WDOG | 0 | 1 | 16-bit | — | — | Y | Y |
| 3 | GPT1 | 1 | 0 | 32-bit | N | N | N | N |
| 4 | GPT2 | 1 | 0 | 32-bit | N | N | N | N |
| 5 | GPT3 | 1 | 0 | 32-bit | N | N | N | N |
| 6 | PWM | 1 | 0 | 32-bit | N | N | N | N |
| 7 | RTC | 1 | 0 | 32-bit | Y | Y | Y | Y |
| 8 | KPP | 0 | 1 | 16-bit | — | — | N | N |
| 9 | 1-Wire | 0 | 1 | 16-bit | — | — | N | N |
| 10 | UART1 | 1 | 0 | 32-bit | N | Y | N | Y |
| 11 | UART2 | 1 | 0 | 32-bit | N | N | N | N |
| 12 | UART3 | 1 | 0 | 32-bit | N | N | N | N |
| 13 | UART4 | 1 | 0 | 32-bit | N | N | N | N |
| 14 | CSPI1 | 1 | 0 | 32-bit | N | N | N | N |
| 15 | CSPI2 | 1 | 0 | 32-bit | N | N | N | N |
| 16 | SSI1 | 1 | 0 | 32-bit | N | N | N | N |
| 17 | SSI2 | 1 | 0 | 32-bit | N | N | N | N |
| 18 | I2C | 0 | 1 | 16-bit | — | — | Y | Y |
| 19 | SDHC1 | 1 | 0 | 32-bit | N | N | N | N |
| 20 | SDHC2 | 1 | 0 | 32-bit | N | N | N | N |
| 21 | GPIO | 1 | 0 | 32-bit | N | N | N | N |
| 22 | AUDMUX | 1 | 0 | 32-bit | N | N | N | N |
| 23 | CSPI3 | 1 | 0 | 32-bit | N | N | N | N |
| 23~31 | 保留 | 1 | 0 | 32-bit | N | N | N | N |

续表 7-13

| 单元 | 外设 | PSR[1] | PSR[0] | 数据总线带宽 | 16 位 | | 8 位 | |
|---|---|---|---|---|---|---|---|---|
| | | | | | 读 | 写 | 读 | 写 |
| AIPI2 | | | | | | | | |
| 0 | AIPI2 | 1 | 0 | 32-bit | — | | | |
| 1 | LCDC | 1 | 0 | 32-bit | N | N | N | N |
| 2 | SLCDC | 1 | 0 | 32-bit | N | N | N | N |
| 3 | 保留 | 1 | 0 | 32-bit | N | N | N | N |
| 4 | USB OTG | 1 | 0 | 32-bit | N | N | Y | Y |
| 5 | USB OTG | 1 | 0 | 32-bit | N | N | N | N |
| 6 | EMMA | 1 | 0 | 32-bit | N | N | N | N |
| 7 | CRM | 1 | 0 | 32-bit | Y | Y | Y | Y |
| 8 | FIRI | 1 | 0 | 32-bit | Y | Y | Y | Y |
| 9 | 保留 | — | — | — | — | — | — | — |
| 10~17 | 保留 | 1 | 0 | 32-bit | N | N | N | N |
| 18~29 | 未占用 | 1 | 1 | — | N | N | N | N |

## 7.4.3 接口时序

下面介绍 AIPI 接口时序特点。

**1. 读周期**

要访问的尺寸等于或小于输出端 IP 总线外设尺寸时，AIPI 读访问可能要 2 个时钟。如果要访问的尺寸大于输出端 IP 总线外设尺寸(例如，32 位对 16 位外设访问)，完成访问最少需要 3 个时钟。

**2. 写周期**

要访问的尺寸等于或小于输出端 IP 总线外设尺寸时，AIPI 写访问可能要 3 个时钟。如果要访问的尺寸大于输出端 IP 总线外设尺寸(例如，32 位对 16 位外设访问)，完成访问最少需要 4 个时钟。

**3. 中止周期**

中止，由 AIPI 自己初始化中止，或由外设 IP 总线初始化中止。AIPI 接着进行一个标准过程。AIPI 初始化失败，或立即终止正在进行的有效 IP 总线。

有几钟情况能引起 AIPI 中止当前操作，报告错误。首先是输出端 IP 总线外设认可内部错误信号的情况。这时，AIPI 立即终止输出端 IP 总线外设。无论当前 IP 总线访问是多周期访问，还是单周期访问，与 AIPI 行为无关。AIPI 对二种情况响应相同。

第二种情况是对 AHB 的错误响应发生在试图进行对 IP 总线外设的用户模式访问，PAR 对应的位指示只监督外设。这时，AIPI 不能初始化任何 IP 总线的有效性，但能初始化接下来终止上面模式的过程立即产生的响应。

第三种情况是当试图对 PSR 指示的没有IP 总线外设的单元进行访问时对 AHB 产生的

错误响应。这时,AIPI不能初始化任何IP总线的有效性,但能初始化接下来终止上面模式的过程立即产生的响应。

## 7.5 一根线接口

一根线接口模块是一种与ARM926EJ-S处理器核通过IP接口进行通信的外部设备,提供一条到1 Kb只添加存储器(DS2502)的通信线。DS2502是1 Kb 1线EPROM。一根线接口可以对DS2502每次发送或接收1位。访问DS2502的协议由美芯半导体公司(Maxim-Dallas Semiconductor)定义,参见图7-28和图7-29。

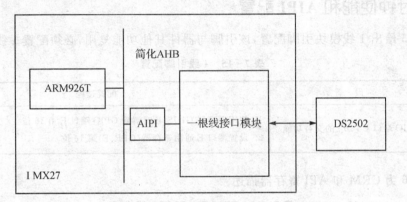

图7-28 一根线模块连接

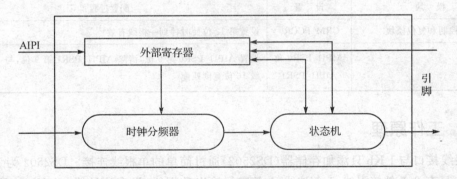

图7-29 一根线模块框图

DS2502用来保存电源特征信息。时钟分频器产生1 MHz时钟作为状态机参考时间。该1 MHz时钟表示状态机和精确终止时间触发的行为间的转换。状态机执行所有需要与外部设备对话的操作。

### 7.5.1 端口定义

表7-14列出一根线模块的输入端和输出端,包括与DS2502输入和输出接口、AIPI总线协议接口和时钟信号。

表 7-14  1 线端口定义：DS2502

| 信 号 | I/O | 解 释 |
|---|---|---|
| BATTERY_LINE_IN | 输入 | 一根线总线 |
| BATTERY_LINE_OUT | 输出 | 开路时接地 |
| OUTPUT_ENABLE | 输出 | 输出驱动一根线总线使能。在保持模式，表示 DS2502 输入 |

注：上述设置是标准 I/O 引脚设置。DS2502 专门有一个外接 5 kΩ 上拉电阻。i.MX27 在 1 线引脚提供一个 69 kΩ 上拉电阻。如果一根线模块与 DS2502 连接距离在 1 英寸之内，不需要外接上拉电阻。

### 7.5.2 时钟使能和 AIPI 配置

表 7-15 给出 1 线模块引脚配置，该引脚与器件其他功能复用，必须配置 1 线操作。

表 7-15  1 线引脚配置

| 模 块 | 设 置 | 配置过程 |
|---|---|---|
| GPIO | GPIO 端口 E [16] 的交替功能 | 1. 使用寄存器 GIUS_E 时清除 GPIO 端口 E 第 16 位<br>2. 设置端口 E 通用寄存器(GPR_E)第 16 位 |

表 7-16 为 CRM 和 API 寄存器描述。

表 7-16  CRM 和 API 寄存器描述

| 模 块 | 设 置 | 配置过程 |
|---|---|---|
| PLL 时钟控制和复位模块 | CRM_PCCR0 | 设置第 12 位使时钟到一根线有效 |
| AIPI | AIPI1_PSR0 和 AIPI1_PSR1 | 设置 AIPI1_PSR0 第 9 位，清除 AIPI1_PSR1 第 9 位，与一根线总线 16 位宽度匹配 |

### 7.5.3 工作原理

一根线接口与 1 Kb 只添加存储器(DS2502)通过简单的单根线连接。DS2502 为 1 024 位 EPROM，只有 2 条外接引线，1 条地线、1 条串行输出数据线，没有地址线。1 Kb 的只添加存储器有 128 字节存储容量，其中 13 字节用作 ID 认证和引导，115 字节用户可使用。从 000000 地址开始读取数据，每次读取数据后地址自动加 1。一根线接口通过 1 条数据线进行读取。DS2502 要求专用协议访问，协议包括访问前首先发送 4 个 ROM 功能指令中的 1 个：读 ROM、匹配 ROM、搜索 ROM 和跳过 ROM。ARM926EJ-S 核通过这 1 根线与 DS2502 接口通信，允许发送指令控制该 EPROM。ARM926EJ-S 是主总线，DS2502 器件是从总线。1 线外设不能触发中断，因此必须选择 1 线模块寄存器管理模块正确的操作。

**1. 低功耗模式**

一根线模块进入低功耗模式，即控制寄存器中 RPP、WR0 和 WR1 位，不控制时钟。

## 2. 复位和存在脉冲的复位顺序

为与 DS2502 通信,需要进行初始化过程。必须产生复位脉冲、检测存在脉冲。最小的复位脉冲宽度是 0.48 ms。主总线将产生复位脉冲,DS2502 检测到一根线总线上的上升沿后,送回操作脉冲前,等待 15~60 μs。操作脉冲将存在 60~240 μs。参见图 7-30。

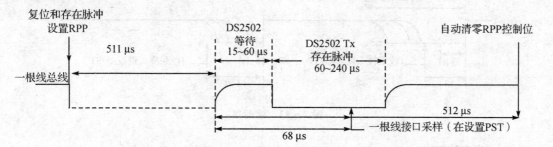

图 7-30 一根线接口初始化

设置 RPP 控制寄存器时,存在脉冲开始初始化。检测到存在脉冲时,寄存器清零。总线主设备用存在脉冲确定是否至少有一个 DS2502 连接。软件确定是否存在一个以上的 DS2502。1 线模块在 DS2502 存在脉冲期间采样。在 1 线控制寄存器 PST 中锁定存在脉冲。当 PST 设置为 1 时,意味着 DS2502 存在;如果设置为 0,则没有器件。

## 3. 写 0

写 0 功能给 DS2502 写 0,需要 117 μs。一根线接口总线保持低电平 100 μs,参见图 7-31。WR0 控制寄存器设置时,初始化写 0 脉冲。完成写操作时,WR0 寄存器自动清零。

## 4. 写 1 和读数据

写 1 和读时序相同。第 1 个时序是驱动低电平。根据 DS2502 文件,DS2502 采用延时电路与总线主设备同步。延时电路由数据线下降沿触发,确定 DS2502 何时采样。在写或读 1 情况延时后,将传送或接收 1。发送读 0 时序时,延时电路将保持数据线低电平,越过总线主设备产生的 1。

针对写或读存在,设置控制寄存器 WR1/RD,完成该过程时,自动清零。读操作后,控制寄存器设置为读的数值,参见图 7-32 和图 7-33。

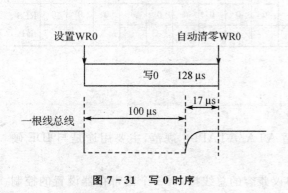

图 7-31 写 0 时序

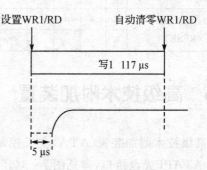

图 7-32 写 1 时序

# 第 7 章 通信接口

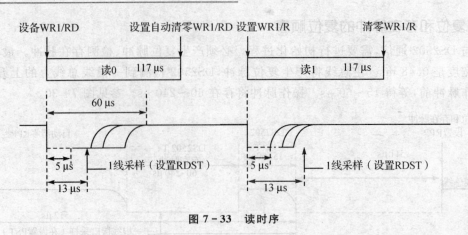

图 7-33 读时序

## 7.5.4 编程方法

1线模块包含3个用户可访问的16位寄存器,参见表 7-17 和表 7-18。

表 7-17 一根线接口存储器配置

| 地 址 | 寄存器名称 | 访问 | 复位值 |
|---|---|---|---|
| 0x1000_9000 | 控制寄存器(CONTROL) | 读写 | 0x0000 |
| 0x1000_9002 | 时间分频器寄存器(TIME_DIVIDER) | 读写 | 0x0000 |
| 0x1000_9004 | 复位寄存器(RESET) | 读写 | 0x0000 |

表 7-18 一根线接口寄存器

| 名称 | | 15 | 14 | 13 | 12 | 11 | 10 | 9 | 8 | 7 | 6 | 5 | 4 | 3 | 2 | 1 | 0 |
|---|---|---|---|---|---|---|---|---|---|---|---|---|---|---|---|---|---|
| 0x1000_9000 (CONTROL) | R | 0 | 0 | 0 | 0 | 0 | 0 | 0 | 0 | RPP | PST | WR0 | WR1 | RDST | 0 | 0 | 0 |
| | W | | | | | | | | | | | | | | | | |
| 0x1000_9002 (TIME_DIVIDER) | R | 0 | 0 | 0 | 0 | 0 | 0 | 0 | 0 | DVDR | | | | | | | |
| | W | | | | | | | | | | | | | | | | |
| 0x1000_9004 (RESET) | R | 0 | 0 | 0 | 0 | 0 | 0 | 0 | 0 | 0 | 0 | 0 | 0 | 0 | 0 | 0 | RESET |
| | W | | | | | | | | | | | | | | | | |

## 7.6 高级技术附加装置

高级技术附加装置(ATA)主机控制器遵循 ATA/ATAPI-6 规范,主要用途是与 IDE 硬盘和 ATAPI 光盘接口,参见图 7-34。

ATA 主机控制器包括一个与 AHB 总线协议兼容的总线接口、一个由寄存器设置的控制寄存器、一个 64×16 数据 FIFO 和 ATA 协议引擎。ATA 模块是一个 AT 主机附加接口。主要用途是与 ATA/ATAPI-6 标准兼容的硬盘和光盘接口。可以连接主机与设备。ata_buffer

# 第 7 章 通信接口

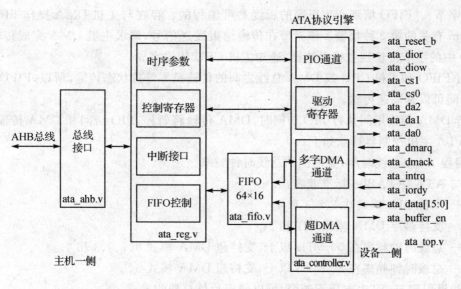

图 7-34 ATA 主机控制器结构框图

_en 信号用于控制缓冲器驱动的方向。如果 ata_buffer_en 为高电平,驱动设备输出;如果为低,则驱动设备给主机输入。

ATA 主机控制器支持 ATA/ATAPI-6 标准规定的接口协议:
- PIO 模式 0、1、2、3 和 4;
- 多字 DMA 模式 0、1 和 2;
- 总线时钟 50 MHz 或更高的超 DMA 模式 0、1、2、3 和 4;
- 总线时钟 80 MHz 或更高的超 DMA 模式 5。

复位 ATA 总线前,主机必须对 ATA 总线的时序参数编程。时序参数控制 ATA 总线时序。许多时序参数是可编程的,像时钟周期数 1 至 255。所有 ATA 设备内部寄存器用户可见,定义为 ATA 主机控制器的镜像寄存器。ATA/ATAPI-6 标准规定,所有功能由对设备读写内部寄存器完成。

对时序参数编程后,有两个协议同时在 ATA 总线上有效。

(1) 第 1 个协议是 PIO 模式在任何时候 ATA 总线可以进行访问。PIO 模式访问期间,由 ATA 协议引擎将输入的 AHB 总线周期转换成 ATA 总线周期。AHB 总线周期停止直至读 ATA 总线周期完成,或直至将写数据放在 ATA 总线为止。PIO 模式是慢速协议,主要针对 ATA 硬盘驱动器编程,但也可用于给硬盘驱动器传输数据。PIO 模式期间,FIFO 无效。

(2) 第 2 个协议是 DMA 模式访问。DMA 模式由 ATA 接口从设备接收到 DMA 请求后开始,仅针对 ATA 接口编程接收 DMA 请求的情况。在 DMA 模式,多字 DMA 或超 DMA 协议用于 ATA 总线。一旦开始,在 ATA 总线和 FIFO 之间组织数据传输。为避免 FIFO 的上下溢出,数据传输将暂停。FIFO 再次有空间或重新填满时,恢复数据传输。DMA 传输期间在 ATA 总线与主机 CPU 或主机 DMA 总线之间没有直接的数据传输。取而代之的是 ATA 总线与 FIFO 之间发生数据传输,FIFO 通知 DMA 单元何时需要重新填满或变空。这时,给 DMA 发送 FIFO ALARM 标志。当主机 DMA 收到 fifo_tx_alarm 时,应当给 FIFO 写一些数据(典型的是 32 字节)。当主机 DMA 收到 fifo_rcv_alarm 时,应当从 FIFO 读一些数据(典型的是 32 字节）。FIFO 填到产生报警的程度是可编程的。存在与主机 DMA 操作 fifo_txfer_end_alarm 有关的第 3 种报警。该报警在传输结束发送信号，请求主机 DMA 完成传输，保留在 FIFO 中的字节传输到主机存储器，通知主机 CPU 传输完成。

所有 FIFO 和主机 CPU 或 DMA 总线之间的传输是零等待状态传输，所以，FIFO 与主机 DMA 之间可以是高速传输。

运行 DMA 传输期间执行 PIO 访问时，DMA 传输将暂停，PIO 访问和 DMA 传输将重新恢复。ATA 主机控制器特点如下：

可编程 ATA 总线时序，宽范围的总线时钟频率。
- 与 ATA/ATAPI-6 标准兼容：
  — 支持 PIO 模式 0、1、2、3 和 4；
  — 支持多字 DMA 模式 0、1 和 2；
  — 总线时钟频率在 50 MHz 以上，支持超 DMA 模式 0、1、2、3 和 4；
  — 总线时钟频率在 80 MHz 以上，支持超 DMA 模式 5。
- 如果引脚与 ATA 电压不兼容，可以使用片外总线收发；
- 64 半字 FIFO 接口部分；
- FIFO 接收报警、FIFO 发送报警和 FIFO 结束给主机 DMA 单元的报警发送；
- 主机 DMA 总线和 FIFO 之间的零等待周期传输允许快速 FIFO 读写。

### 7.6.1 工作原理

ATA 接口提供二种可以一起使用的传输模式。

**1. 可编程输入输出模式**

可以编程输入输出（PIO）模式中对 ATA 总线的访问发生在主机 CPU 读写 ATA PIO 寄存器时，或主机 DMA 单元读写时。PIO 传输期间，由 ATA 协议引擎将输入 AHB 总线周期转换成 ATA PIO 总线周期，不引起数据缓冲，所以，主机 CPU 或主机 DMA 周期停止到 ATA 总线读数据有效或停止到 AHB 总线数据可以写到 ATA 总线为止。

PIO 访问可以在任何时候对总线进行。即便是在运行 ATA DMA 传输期间。这时，DMA 传输暂停，PIO 周期完成，DMA 传输重新恢复。

**2. DMA 模式**

在 DMA 模式（多字 DMA 和超 DMA），数据在 ATA 总线和 FIFO 之间传输。在 ATA 总线上支持二种不同的 DMA 协议：超 DMA 模式和多字 DMA 模式，由控制寄存器选择。

一些控制位进行写操作使 DMA 模式传输有效，连接到 ATA 总线上的驱动将 DMARQ 拉高，开始 DMA 传输。

ATA 总线期间，数据在 ATA 总线和 FIFO 之间传输。为避免 FIFO 上下溢出，传输将暂停。

任务是主机 CPU 或主机智能 DMA 单元读写 FIFO 数据，保持传输进行。一般是主机 DMA 单元承担该任务。为此，fifo_rcv_alarm 和 fifo_tx_alarm 信号发送到主机 DMA 单元。fifo_rcv_alarm 通知主机 DMA 单元至少有一个 1 数据包写入 FIFO，由主机 DMA 读取。只要该信号是高电平，主机 DMA 应当从 FIFO 给主存储器传输一个数据包。

典型数据包大小是 32 字节（8 个长字），但其他包尺寸也可以处理。fifo_tx_alarm 通知主机 DMA 单元至少有一个包由主机 DMA 写。

只要该信号是高电平,主机 DMA 应当从主存储器给 FIFO 传输一个数据包。典型数据包大小是 32 字节(8 个长字),但其他包尺寸也可以处理。

从用户方面为更好地描述 ATA 主机控制器模块的结构,在不同的层次观察该模块指令,参见图 7-35 与硬盘的接口。

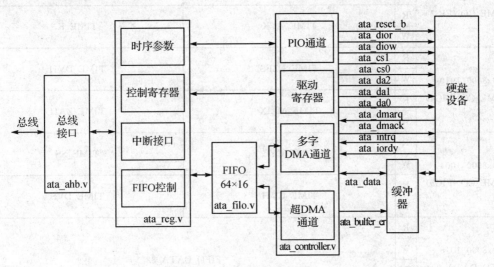

图 7-35 ATA 模块结构框图

## 7.6.2 编程方法

ATA 模块包含 25 个用户可访问的位寄存器,参见表 7-19 和表 7-20。

表 7-19 ATA 寄存器

| 名称 | | 31 | 30 | 29 | 28 | 27 | 26 | 25 | 24 | 23 | 22 | 21 | 20 | 19 | 18 | 17 | 16 |
|---|---|---|---|---|---|---|---|---|---|---|---|---|---|---|---|---|---|
| | | 15 | 14 | 13 | 12 | 11 | 10 | 9 | 8 | 7 | 6 | 5 | 4 | 3 | 2 | 1 | 0 |
| 0x8000_1000 (TIME_CONFIG0) | R | | | | | IME_2W | | | | | | | TIME_1 | | | | |
| | W | | | | | | | | | | | | | | | | |
| | R | | | | | TIME_ON | | | | | | | TIME_OFF | | | | |
| | W | | | | | | | | | | | | | | | | |
| 0x8000_1004 (TIME_CONFIG1) | R | | | | | TIME_4 | | | | | | | TIME_PIO_RDX | | | | |
| | W | | | | | | | | | | | | | | | | |
| | R | | | | | TIME_AX | | | | | | | TIME_2R | | | | |
| | W | | | | | | | | | | | | | | | | |
| 0x8000_1008 (TIME_CONFIG2) | R | | | | | TIME_D | | | | | | | TIME_JN | | | | |
| | W | | | | | | | | | | | | | | | | |
| | R | | | | | TIME_M | | | | | | | TIME_9 | | | | |
| | W | | | | | | | | | | | | | | | | |

续表 7-19

| 名称 | | 31 | 30 | 29 | 28 | 27 | 26 | 25 | 24 | 23 | 22 | 21 | 20 | 19 | 18 | 17 | 16 |
| | | 15 | 14 | 13 | 12 | 11 | 10 | 9 | 8 | 7 | 6 | 5 | 4 | 3 | 2 | 1 | 0 |
|---|---|---|---|---|---|---|---|---|---|---|---|---|---|---|---|---|---|
| 0x8000_100C (TIME_CONFIG3) | R | | | | | TIME_RPX | | | | | | | | TIME_ENV | | | |
| | W | | | | | | | | | | | | | | | | |
| | R | | | | | TIME_ACK | | | | | | | | TIME_K | | | |
| | W | | | | | | | | | | | | | | | | |
| 0x8000_1010 (TIME_CONFIG4) | R | | | | | TIME_DZFS | | | | | | | | TIME_DVH | | | |
| | W | | | | | | | | | | | | | | | | |
| | R | | | | | TIME_MLIX | | | | | | | | TIME_ZAH | | | |
| | W | | | | | | | | | | | | | | | | |
| 0x8000_1004 (TIME_CONFIG5) | R | | | | | TIME_CYC | | | | | | | | TIME_SS | | | |
| | W | | | | | | | | | | | | | | | | |
| | R | | | | | TIME_CVH | | | | | | | | TIME_DVS | | | |
| | W | | | | | | | | | | | | | | | | |
| 0x8000_1018 (FIFO_DATA_32) | R | | | | | | | | | FIFO_DATA_32 | | | | | | | |
| | W | | | | | | | | | | | | | | | | |
| 0x8000_101C (FIFO_DATA_16) | R | 0 | 0 | 0 | 0 | 0 | 0 | 0 | 0 | 0 | 0 | 0 | 0 | 0 | 0 | 0 | 0 |
| | W | | | | | | | | | | | | | | | | |
| | R | | | | | | | | | FIFO_DATA_16 | | | | | | | |
| | W | | | | | | | | | | | | | | | | |
| 0x8000_1020 (FIFO_FILL) | R | 0 | 0 | 0 | 0 | 0 | 0 | 0 | 0 | 0 | 0 | 0 | 0 | 0 | 0 | 0 | 0 |
| | W | | | | | | | | | | | | | | | | |
| | R | 0 | 0 | 0 | 0 | 0 | 0 | 0 | 0 | FIFO_FILL[7:0] | | | | | | | |
| | W | | | | | | | | | | | | | | | | |
| 0x8000_1024 (ATA_CONTROL) | R | 0 | 0 | 0 | 0 | 0 | 0 | 0 | 0 | 0 | 0 | 0 | 0 | 0 | 0 | 0 | 0 |
| | W | | | | | | | | | | | | | | | | |
| | R | 0 | 0 | 0 | 0 | 0 | 0 | 0 | 0 | FIFO_ | ATA_R | FIFO_ | FIFO_ | DMA_P | DMA_U | DMA_W | IORDY_ |
| | W | | | | | | | | | | | | | | | | |
| 0x8000_1028 (INT_PENDING) | R | 0 | 0 | 0 | 0 | 0 | 0 | 0 | 0 | 0 | 0 | 0 | 0 | 0 | 0 | 0 | 0 |
| | W | | | | | | | | | | | | | | | | |
| | R | 0 | 0 | 0 | 0 | 0 | 0 | 0 | 0 | ATA | FIF | FIF | CO | ATA | 0 | 0 | 0 |
| | W | | | | | | | | | | | | | | | | |

续表 7-19

| 名称 | | 31 | 30 | 29 | 28 | 27 | 26 | 25 | 24 | 23 | 22 | 21 | 20 | 19 | 18 | 17 | 16 |
|---|---|---|---|---|---|---|---|---|---|---|---|---|---|---|---|---|---|
| | | 15 | 14 | 13 | 12 | 11 | 10 | 9 | 8 | 7 | 6 | 5 | 4 | 3 | 2 | 1 | 0 |
| 0x8000_102C (INT_ENABLE) | R | 0 | 0 | 0 | 0 | 0 | 0 | 0 | 0 | 0 | 0 | 0 | 0 | 0 | 0 | 0 | 0 |
| | W | | | | | | | | | | | | | | | | |
| | R | 0 | 0 | 0 | 0 | 0 | 0 | 0 | 0 | ATA_IN | FIFO_ | FIFO_ | CONT | ATA_IN | 0 | 0 | 0 |
| | W | | | | | | | | | | | | | | | | |
| 0x8000_1030 (INT_CLEAR) | R | 0 | 0 | 0 | 0 | 0 | 0 | 0 | 0 | 0 | 0 | 0 | 0 | 0 | 0 | 0 | 0 |
| | W | | | | | | | | | | | | | | | | |
| | R | 0 | 0 | 0 | 0 | 0 | 0 | 0 | 0 | 0 | | | 0 | | 0 | 0 | 0 |
| | W | | | | | | | | | | FIFQ | FIFQ | | | | | |
| 0x8000_1034 (FIFO_ALARM) | R | 0 | 0 | 0 | 0 | 0 | 0 | 0 | 0 | 0 | 0 | 0 | 0 | 0 | 0 | 0 | 0 |
| | W | | | | | | | | | | | | | | | | |
| | R | 0 | 0 | 0 | 0 | 0 | 0 | 0 | 0 | | | | FIFO_ALARM[7:0] | | | | |
| | W | | | | | | | | | | | | | | | | |
| 0x8000_A0 (DDTR) | R | 0 | 0 | 0 | 0 | 0 | 0 | 0 | 0 | 0 | 0 | 0 | 0 | 0 | 0 | 0 | 0 |
| | W | | | | | | | | | | | | | | | | |
| | R | | | | | | | | | DDTR[15:0] | | | | | | | |
| | W | | | | | | | | | | | | | | | | |
| 0x8000_A4 (DFTR) | R | 0 | 0 | 0 | 0 | 0 | 0 | 0 | 0 | 0 | 0 | 0 | 0 | 0 | 0 | 0 | 0 |
| | W | | | | | | | | | | | | | | | | |
| | R | 0 | 0 | 0 | 0 | 0 | 0 | 0 | 0 | | | | DFTR[7:0] | | | | |
| | W | | | | | | | | | | | | | | | | |
| 0x8000_A8 (DSCR) | R | 0 | 0 | 0 | 0 | 0 | 0 | 0 | 0 | 0 | 0 | 0 | 0 | 0 | 0 | 0 | 0 |
| | W | | | | | | | | | | | | | | | | |
| | R | 0 | 0 | 0 | 0 | 0 | 0 | 0 | 0 | | | | DSCR[7:0] | | | | |
| | W | | | | | | | | | | | | | | | | |
| 0x8000_AC (DSNR) | R | 0 | 0 | 0 | 0 | 0 | 0 | 0 | 0 | 0 | 0 | 0 | 0 | 0 | 0 | 0 | 0 |
| | W | | | | | | | | | | | | | | | | |
| | R | 0 | 0 | 0 | 0 | 0 | 0 | 0 | 0 | | | | DSNR[7:0] | | | | |
| | W | | | | | | | | | | | | | | | | |
| 0x8000_B0 (DCLR) | R | 0 | 0 | 0 | 0 | 0 | 0 | 0 | 0 | 0 | 0 | 0 | 0 | 0 | 0 | 0 | 0 |
| | W | | | | | | | | | | | | | | | | |
| | R | 0 | 0 | 0 | 0 | 0 | 0 | 0 | 0 | | | | DCLR[7:0] | | | | |
| | W | | | | | | | | | | | | | | | | |

续表 7-19

| 名称 | | 31<br>15 | 30<br>14 | 29<br>13 | 28<br>12 | 27<br>11 | 26<br>10 | 25<br>9 | 24<br>8 | 23<br>7 | 22<br>6 | 21<br>5 | 20<br>4 | 19<br>3 | 18<br>2 | 17<br>1 | 16<br>0 |
|---|---|---|---|---|---|---|---|---|---|---|---|---|---|---|---|---|---|
| 0x8000_B4<br>(DCHR) | R | 0 | 0 | 0 | 0 | 0 | 0 | 0 | 0 | 0 | 0 | 0 | 0 | 0 | 0 | 0 | 0 |
| | W | | | | | | | | | | | | | | | | |
| | R | 0 | 0 | 0 | 0 | 0 | 0 | 0 | 0 | DCHR[7:0] ||||||||
| | W | | | | | | | | | | | | | | | | |
| 0x8000_B8<br>(DDHR) | R | 0 | 0 | 0 | 0 | 0 | 0 | 0 | 0 | 0 | 0 | 0 | 0 | 0 | 0 | 0 | 0 |
| | W | | | | | | | | | | | | | | | | |
| | R | 0 | 0 | 0 | 0 | 0 | 0 | 0 | 0 | DDHR[7:0] ||||||||
| | W | | | | | | | | | | | | | | | | |
| 0x8000_BC<br>(DCDR) | R | 0 | 0 | 0 | 0 | 0 | 0 | 0 | 0 | 0 | 0 | 0 | 0 | 0 | 0 | 0 | 0 |
| | W | | | | | | | | | | | | | | | | |
| | R | 0 | 0 | 0 | 0 | 0 | 0 | 0 | 0 | DCDR[7:0] ||||||||
| | W | | | | | | | | | | | | | | | | |
| 0x8000_D8<br>(DCTR) | R | 0 | 0 | 0 | 0 | 0 | 0 | 0 | 0 | 0 | 0 | 0 | 0 | 0 | 0 | 0 | 0 |
| | W | | | | | | | | | | | | | | | | |
| | R | 0 | 0 | 0 | 0 | 0 | 0 | 0 | 0 | DCTR[7:0] ||||||||
| | W | | | | | | | | | | | | | | | | |

表 7-20 ATA 存储器配置

| 地址 | 寄存器名称 | 访问 | 复位值 |
|---|---|---|---|
| 0x8000_1000 | ATA 时序参数寄存器 0(TIME_CONFIG0) | 读写 | 0x0101_0101 |
| 0x8000_1004 | ATA 时序参数寄存器 1(TIME_CONFIG1) | 读写 | 0x0101_0101 |
| 0x8000_1008 | ATA 时序参数寄存器 2(TIME_CONFIG2) | 读写 | 0x0101_0101 |
| 0x8000_100C | ATA 时序参数寄存器 3(TIME_CONFIG3) | 读写 | 0x0101_0101 |
| 0x8000_1010 | ATA 时序参数寄存器 4(TIME_CONFIG4) | 读写 | 0x0101_0101 |
| 0x8000_1014 | ATA 时序参数寄存器 5(TIME_CONFIG5) | 读写 | 0x0101_0101 |
| 0x8000_1018 | FIFO 的 32 位数据端口寄存器(FIFO_DATA_32) | 读写 | 0x0000_0000 |
| 0x8000_101C | FIFO 的 16 位数据端口寄存器(FIFO_DATA_16) | 读写 | 0x0000_0000 |
| 0x8000_1020 | 用半字填 FIFO 寄存器(FIFO_FILL) | 读 | 0x0000_0000 |
| 0x8000_1024 | ATA 接口控制寄存器(ATA_CONTROL) | 读写 | 0x0000_0000 |
| 0x8000_1028 | 中断未决寄存器(INT_PENDING) | 读 | 0x0000_0010 |
| 0x8000_102C | 中断使能寄存器(INT_ENABLE) | 读写 | 0x0000_0000 |
| 0x8000_1030 | 中断清除寄存器(INT_CLEAR) | 写 | 0x0000_00— |
| 0x8000_1034 | FIFO 报警临界值寄存器(FIFO_ALARM) | 读写 | 0x0000_0001 |
| 0x8000_A0 | 驱动数据寄存器(DDTR) | 16 位读写 | 0x——_—— |

续表 7-20

| 地 址 | 寄存器名称 | 访 问 | 复位值 |
|---|---|---|---|
| 0x8000_A4 | 驱动特性寄存器(DFTR) | 读写 | 0x__ |
| 0x8000_A8 | 驱动部分计数寄存器(DSCR) | 读写 | 0x__ |
| 0x8000_AC | 驱动部分编号寄存器(DSNR) | 读写 | 0x__ |
| 0x8000_B0 | 驱动柱面低寄存器(DCLR) | 读写 | 0x__ |
| 0x8000_B4 | 驱动柱面高寄存器(DCHR) | 读写 | 0x__ |
| 0x8000_B8 | 驱动设备头寄存器(DDHR) | 读写 | 0x__ |
| 0x8000_BC | 驱动程序寄存器(DCDR) | 写 | 0x__ |
| 0x8000_BC | 驱动状态寄存器(DCDR) | 读 | 0x__ |
| 0x8000_D8 | 驱动交替状态寄存器(DCTR) | 读 | 0x__ |
| 0x8000_D8 | 驱动控制寄存器(DCTR) | 写 | 0x__ |

## 7.7 通用异步收发器

通用异步收发器(UART)模块能进行标准 RS-232 非归零(NRZ)编码格式和兼容红外通信接口(IrDA)模式。UART 通过 RS-232 电缆或使用红外信号转变为电信号(易于接收)或将其转换成驱动红外 LED 的外部电路提供与外设串行通信能力。参见图 7-36。

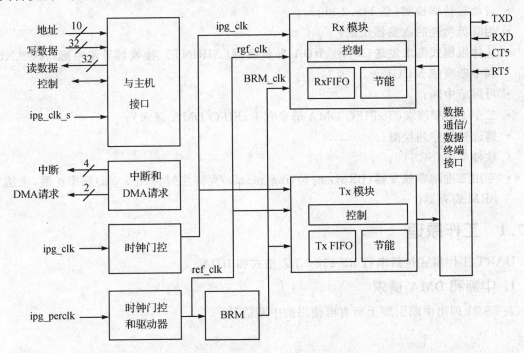

图 7-36 UART 模块框图

UART 收发特点是长度为 7 位或 8 位(可选择编程)。发送时,外设数据总线将数据写入 32 位发送 FIFO(TxFIFO)。该数据送到移位寄存器,变成串行输出至输出引脚(TXD)。接

## 第7章 通信接口

收时,从接收引脚(RXD)串行接收数据,存储在 32 半字深度接收 FIFO(RxFIFO)。接收数据从外设数据总线的 RxFIFO 取回。当每一个 FIFO 达到编程的临界值时 RxFIFO 和 TxFIFO 产生可屏蔽中断和 DMA 请求。

UART 根据可编程分频器和输入时钟产生波特率,也包含可编程自动波特率检测电路,接收 1 个或 2 个停止位、奇偶检验或无检验。接收器检测帧错误、空闲条件、暂停特点、检验错误和越限错误。

UART 模块采用软件接口控制调制解调器工作,具有串行红外接口模块,编解码与 IrDA 兼容的串行 IR 数据。UART 特点如下:

- 兼容高速 TIA/EIA-232-F,速度 4.125 Mbps;
- 7 位或 8 位数据;
- 1 个或 2 个停止位;
- 可编程检验(奇偶检验或无检验);
- 发送(RTS)请求和清除发送(CTS)信号的请求支持硬件数据流控制;
- 可选择 RTS 边缘和检测中断边缘;
- 各种数据流控制和 FIFO 状态的状态标志;
- 低速、IrDA 兼容的串行 IR 接口(至 115.2 kbps);
- 改进的消除噪声表逻辑(16 倍过采样);
- 发送 FIFO 空的中断抑制;
- UART 内部时钟使能;
- 自动波特率检测(至 115.2 kbps);
- 为降低功耗的收发器使能;
- 从休眠模式需求发送(RTS)、IrDA 异步唤醒(AIRINT)、接收器异步唤醒(AWAKE) 和中断唤醒 MCU;
- 可屏蔽中断;
- 二个 DMA 请求(TxFIFO DMA 请求和 RxFIFO DMA 请求);
- 逃逸特性序列检测;
- 软件复位(SRST);
- 专用二进制率触发器(BRM)时钟(ipg_perclk)允许主时钟(ipg_clk)频率扩展,未编程 BRM 寄存器。

### 7.7.1 工作原理

UART 工作模式包括串行 RS-232 NRZ 格式和 IrDA。

**1. 中断和 DMA 请求**

表 7-21 列出中断引脚上所有可使用的中断信号。

表 7-21 中断和 DMA

| 中断输出 | 中断使能 | 使能寄存器单元 | 中断标志 | 标志寄存器单元 |
| --- | --- | --- | --- | --- |
| ipi_uart_rx_b | RRDYEN | UCR1(bit 9) | RRDY | USR1(bit 9) |
| | IDEN | UCR1(bit 12) | IDLE | USR2(bit 12) |
| | DREN | UCR4(bit 0) | RDR | USR2(bit 0) |
| | RXDSEN | UCR3(bit 6) | RXDS | USR1(bit 6) |
| | ATEN | UCR2(bit 3) | AGTIM | USR1(bit 8) |
| ipi_uart_tx_b | TXMPTYEN | UCR1(bit 6) | TXFE | USR2(bit 14) |
| | TRDYEN | UCR1(bit 13) | TRDY | USR1(bit 13) |
| | TCEN | UCR4(bit 3) | TXDC | USR2(bit 3) |
| ipi_uart_mint_b | OREN | UCR4(bit 1) | ORE | USR2(bit 1) |
| | BKEN | UCR4(bit 2) | BRCD | USR2(bit 2) |
| | WKEN | UCR4(bit 7) | WAKE | USR2(bit 7) |
| | ADEN | UCR1(bit 15) | ADET | USR2(bit 15) |
| | ACIEN | UCR3(bit 0) | ACST | USR2(bit 11) |
| | ESCI | UCR2(bit 15) | ESCF | USR2(bit 11) |
| | ENIRI | UCR4(bit 8) | IRINT | USR1(bit 11) |
| | AIRINTEN | UCR3(bit 5) | AIRINT | USR2(bit 8) |
| | AWAKEN | UCR3(bit 4) | AWAKE | USR1(bit 5) |
| | FRAERREN | UCR3(bit 11) | FRAERR | USR1(bit 4) |
| | PARERREN | UCR3(bit 12) | PARITYERR | USR1(bit 10) |
| | RTSDEN | UCR1(bit 5) | RTSD | USR1(bit 15) |
| | RTSEN | UCR2(bit 4) | RTSF | USR1(bit 12) |
| | | | | USR2(bit 4) |
| ipd_uart_rx_dmareq_b | RXDMAEN | UCR1(bit 8) | RRDY | USR1(bit 9) |
| ipd_uart_tx_dmareq_b | TXDMAEN | UCR1(bit 3) | TRDY | USR1(bit 13) |

## 2. 最低和最高时钟频率

UART 模块接收下列时钟：
- ipg_clk;
- ipg_clk_s;
- ipg_perclk。

ipg_clk 是主时钟，UART 有效时必须一直运行，处于休眠状态例外。

ipg_clk_s 是总线时钟，只有在总线对 UART 寄存器进行读写访问时有效。

ipg_clk 和 ipg_clk_s 同步，频率相同。

但 UART 也接收 ipg_perclk 时钟。该时钟是二进制乘法器时钟，在 UART 收发时必须一直运行。添加这个时钟允许在 ipg_clk(和 ipg_clk_s)上进行频率扩展，不必配置 BRM(ipg_perclk 处于固定频率)。

ipg_clk，ipg_clk_s 和 ipg_perclk 必须同步，其时钟树不必平衡。但 ipg_perclk fre 频率不需要等于 ipg_clk 频率和 ipg_clk_s 频率。ipg_perclk 和 ipg_clk 之间的这个特殊关系通过采

# 第 7 章 通信接口

用不同分频器的同一个时钟源提取这些时钟获得。这些分频系数必须是整数。采用这个约束，UART 同时接收 ipg_perclk 和 ipg_clk 上升沿，或在最小的固定防护频带分隔开。

ipg_perclk 频率固定在 16.8 MHz（270 MHz 的 16 分频）。

ipg_clk（和 ipg_clk_s）频率从 16.8 MHz 到最大值可变。该最高频率必须一直从主时钟分频得到，也必须用于约束合成相位期间的设计。

- ipg_clk（和 ipg_clk_s）频率随时可能高于或等于 ipg_perclk。参见图 7-37；
- 由于 16 倍过采样，ipg_perclk 频率必须一直大于或等于最大波特率的 16 倍。例如，最大波特率 1.875 Mbps 时，ipg_perclk 必须大于或等于 1.875 Mbps×16＝30 MHz。

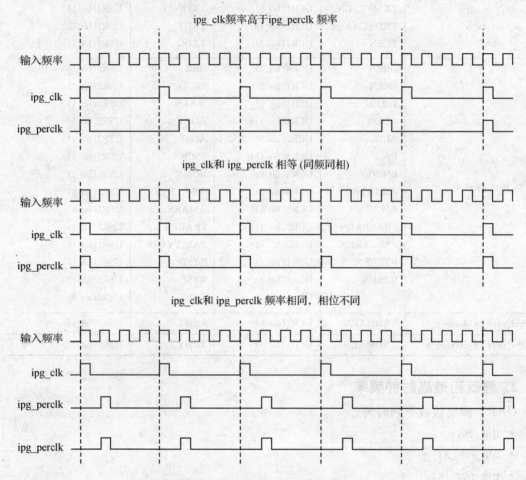

图 7-37　ipg_clk 和 ipg_perclk 工作关系举例

### 3. 低功耗模式

UART 支持二种低功耗模式：暂停和停止。

在休眠模式（试图使引脚 ipg_stop 为 1），UART 不需要任何时钟，UART 可以由异步中断唤醒 MCU。该模式必须由输入字符帧唤醒。

- 如果进入休眠模式前软件有有效的 RTSDEN 中断，$\overline{\text{RTS}}$ 改变状态时（外设开始发送 0），异步中断将唤醒系统，第 1 个起始位前 ipg_clk（和 ipg_perclk）送到 UART，所以没有数据丢失；

- 如果$\overline{RTS}$不改变状态(进入休眠模式前已是 0),唤醒模式将在第 1 个起始位(下降沿)进入时发送。这时,UART 必须在第 1 个半个起始位正确接收字符期间接收 ipg_clk 和 ipg_perclk(例如,在 115.2 Mbps 时,UART 必须在最大起始位下降沿最大 4.3 μs 后接收 ipg_clk 和 ipg_perclk)。如果 UART 接收 ipg_clk 和 ipg_perclk 太迟,将丢失第 1 个字符,所以应当结束。如果自动波特率检测有效,第 1 个字符将不能正确接收,需要初始化另一个自动波特率检测。

在暂停模式,UART 优点可通过 DOZE 位(UCR1[1])编程。如果 DOZE 位设置为 1,则 UART 在暂停模式时无效,结果 UART 时钟关断(确认后发送 UART,不接收)。相反,如果 DOZE 位为 0,UART 有效,必须接收 ipg_clk 和 ipg_perclk(访问寄存器期间 ipg_clk_s)。

### 4. UART 定义

- 位时间:发送或接收 1 位数据所需时间间隔(波特率频率的 1 个周期);
- 起始位:指示数据帧开始的逻辑 0 的时间位,起始位开始 1 到 0 的发送,接在逻辑 1 最后 1 个位后;
- 停止位:指示时间帧末尾的逻辑 1 的 1 位时间;
- 暂停:数据的 1 帧,包括逻辑 0 的停止位。这种帧常发送给信息末尾或信息开始的信号;
- 帧:起始于专用的数据或信息位数后,终止于停止位。数据或信息位数取决于专用的格式,必须与发送设备和接收设备相同。最常用的帧格式是 1 个起始位接着 8 个数据位(最低位在先),1 个停止位。也可以附加 1 个停止位和 1 个检验位;
- 帧错误:一种丢失接收帧停止位的传输错误条件,通常是接收比特流中帧边界与接收比特计数不同步。如果预计停止位时间中时间位数据位偶然为逻辑 1,帧错误可能未检测到。当发送端发送暂停时,帧错误总是出现在接收端一侧。然而,当 UART 编程期待 2 个停止位,仅收到第 1 个停止位时,这个不是定义的帧错误;
- 检验错误:一种出现在计算帧中接收数据检验位与 RXD 输入端接收检验位不匹配时的错误条件。检验错误计算仅在接收一个完整的帧后进行;
- 空闲:1 种 NRZ 编码格式和 IrDA 模式中可选择的检验位;
- 越限错误:一种忽略接收的最后 1 个字符防止重写已经出现在 UART 接收缓冲器(RxFIFO)中发生的错误条件。越限错误指示软件读取缓冲器(RxFIFO),不能继续接收 RXD 输入端字符。参见图 7-38。

### 5. $\overline{RTS}$—UART 发送请求

UART 请求发送输入控制发送器。在 $\overline{ipp\_uart\_rts\_b}$ 引脚上将 $\overline{RTS}$ 设置为 0 准备接收时,调制解调器和其他设备给 UART 发信号。正常时,发送字符前发送器等待到信号有效(低),然而,设置忽略 $\overline{RTS}$(IRTS)位时,发送器一准备发送,就发送字符。中断(RTSD)可以在该引脚上转换,可以将 MCU 从休眠模式唤醒。发送期间 $\overline{RTS}$ 设置为 1 时,UART 发送器结束发送当前字符,关断。TxFIFO 的内容(要发送的字符)保留不变。

**(1) $\overline{RTS}$ 沿触发中断**

$\overline{ipp\_uart\_rts\_b}$ 引脚输入可以编程,可选择沿上产生中断。$\overline{RTS}$ 沿触发中断(RTSF)的操作归纳于表 7-22。

# 第7章 通信接口

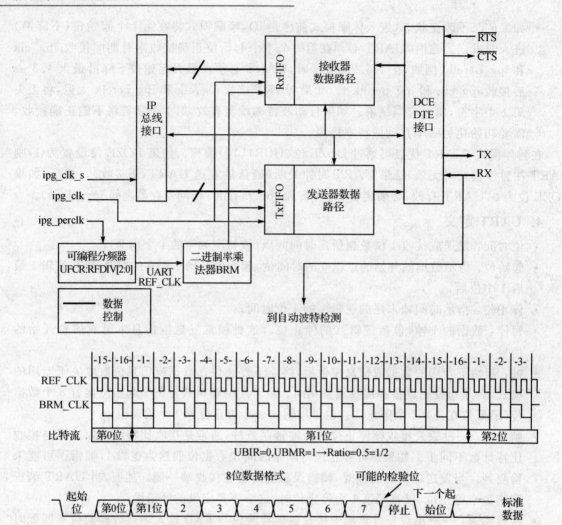

图 7-38 UART 简图和时钟发生器框图

表 7-22 RTS 沿触发中断真值表

| $\overline{RTS}$ | RTSEN | RTEC [1] | RTEC [0] | RTSF | 中断发生在 | ipi_uart_mint_b |
|---|---|---|---|---|---|---|
| X | 0 | X | X | 0 | 中断无效 | 1 |
| 1->0 | 1 | 0 | 0 | 0 | 上升沿 | 1 |
| 0->1 | 1 | 0 | 0 | 1 | 上升沿 | 0 |
| 1->0 | 1 | 0 | 1 | 1 | 下降沿 | 1 |
| 0->1 | 1 | 0 | 1 | 0 | 下降沿 | 1 |
| 1->0 | 1 | 1 | X | 1 | 任意沿 | 1 |
| 0->1 | 1 | 1 | X | 1 | 任意沿 | 0 |

为使ipp_uart_rts_b引脚产生有效中断,设置发送中断使能(RTSEN)位请求为1。将1写入$\overline{RTS}$沿触发中断标志(RTSF)位(USR2[4]),将中断标志清零。该中断可以发生在$\overline{RTS}$输

入的上升沿、下降沿。发送沿控制（RTEC）位请求（UCR2[10:9]）编程产生中断的沿。当 RTEC 设置为 0x00、RTSEN=1 时,中断发生在上升沿（缺省设置）。当 RTEC 设置为 0x01、RTSEN=1 时,中断发生在下降沿。当 RTEC 设置为 0x1X、RTSEN=1 时,中断发生在任意的沿上,这是异步中断。RTSF 位由写 1 清零。给 RTSF 写 0 没有影响。

另一个 RTS 中断不可编程,然而,$\overline{RTS}$ 引脚改变状态时,确认 RTS Delta（RTSD）位。RTS Delta 中断使能等于 1 时,状态位 RTSD 确认 ipi_uart_mint_b 中断。这是一个异步中断。写 1 清零 RTSD 位。给 RTSD 写 0 没有影响。

**(2) 清除发送**

该输出引脚有两个用途,一般情况下接收器在确认该引脚为低电平时,准备接收数据；当 $\overline{CTS}$ 触发电平编程为接收 32 个字符触发,接收器检测到第 33 个字符的有效起始位时,不再关注该引脚。

**(3) 可编程 $\overline{CTS}$**

RxFIFO 达到一定值时,$\overline{CTS}$ 输出也可以编程。按小于 32 值设置 $\overline{CTS}$ 触发器（UCR4[15:10]）后,$\overline{CTS}$ 引脚检测 N+1 字符（N 是触发设置值）的有效起始位,接收器继续接收字符直到 RxFIFO 填满为止。

**(4) TXD—UART 发送**

TXD—UART 是发送器串行输出。正常模式时,输出 NRZ 编码数据；红外模式时,每发送一个 0 位,输出 3/16 位周期脉冲,发送 1 位时,不输出脉冲。RS-232 应用时,该引脚必须接成 RS-232 发送。

**(5) RXD—UART 接收**

RXD—UART 是接收器串行输入。正常模式时,接收 NRZ 编码；红外模式时,每接收一个 0 位应有一个窄脉冲,接收 1 位时没有。外部电路必须将 IR 信号转换成电信号。RS-232 应用需要外部 RS-232 接收器转换电压。

**6. 子模块**

UART 模块包括 7 个工作寄存器（2 个状态寄存器 USR1 和 USR2,5 个控制寄存器 UCR1、UCR2、UCR3、UCR4、UFCR）。测试寄存器用于测试、认证等。二进制率触发器寄存器（UBIR、UBMR）控制 UART 比特速率。还包括发送器寄存器（UTXD）和接收器寄存器（URXD）。寄存器针对 16 位总线进行优化。与接收数据有关的所有状态位和单次读取数据均是可访问的。除发送数据寄存器（UTXD）外,所有寄存器是可读的,多数是可读写的。UART 波特率控制寄存器（UBRC）完成自动波特率检测。还有两个用于换码序列检测的寄存器,UART 换码特性寄存器（UESC）和 UART 换码定时器寄存器（UTIM）。最后,当模块需要测量时间间隔时（换码检测模式或 IR 特殊情况）,毫秒寄存器（ONEMS）必须填写相应值。

**7. 发送器**

发送器从 MCU 接收并行字符,串行发送。字符上附加起始位、停止位和检验位。设置忽略 $\overline{RTS}$ 位（IRTS）时,发送器准备好后就发送字符。$\overline{RTS}$ 提供串行数据流控制。$\overline{RTS}$ 设置为 1 时,发送器结束发送字符,停止,等待 $\overline{RTS}$ 再次设置为 0。支持 BREAK 字符和检验错误的产生（为调试）。发送器按 BRM 提供的时钟开始运行。IR 接口无效时发送正常的 NRZ 编码。

## 第 7 章　通信接口

发送器 FIFO(TxFIFO)包含 32 字节。用写带有[7:0]位 UTXD 寄存器的方法将数据写入 TxFIFO。如果 TxFIFO 不满,连续写数据。如果 TxFIFO 不空,连续读(内部)数据。如果 TxFIFO 是满的,数据要再次写入 FIFO,产生 bus_xfr_error。

**(1) 发送器 FIFO 空时的中断抑制**

发送器 FIFO 空时的中断抑制逻辑抑制写入 TxFIFO 间的 TXFE 中断。当 TxFIFO 空时,软件可以发送一个或几个字符。如果软件发送一个字符,写入 UTXD 寄存器,字符立即发送到发送器移位寄存器(发送器有效时)。不用中断抑制逻辑,TXFE 中断立即设置。使用该逻辑,完成字符最后一位发送,即发送检验位和停止位前时设置中断。所以,抑制逻辑不立即发送 TXFE 中断。允许软件在认可中断前将另一个字符写入 TxFIFO。发送器移位寄存器在另一个字符写入 TxFIFO 前时,确认中断。给 TxFIFO 写数据(即使是单字符)释放中断。根据下列条件认可中断:

- 系统复位;
- UART 模块复位;
- 单字符写入发送器 FIFO,发送器 FIFO 和发送器移位寄存器变空直到另一个字符写入发送器 FIFO 为止;
- TxFIFO 包含两个以上字符时,TxFIFO 中最后字符发送到移位寄存器。参见图 7-39。

**(2) 发送暂停条件**

确认 UCR1 寄存器(SNDBRK)的第 4 位,发送暂停(BREAK)。该位使发送器发送暂停(连续的零)。发送器将结束发送字符,然后发送暂停到该位复位为止。用户有责任确认该位是高电平足以产生有效的 BREAK。发送器在每发送 1 位后采集 SNDBRK。

接在 BREAK 发送后,UART 将发送两个标志位。用户可以继续填满 FIFO,暂停终止时将发送保留的字符。

### 8. 接收器

接收器接收串行数据流,将其转换成并行字符。有效时,搜索起始位,合格后,在中间采集接下来的数据位。16 倍采样和清理采样值的选择技术提供抖动容许误差和抗噪声能力。一旦发现起始位,移入数据位、检验位和停止位。检查检验位有效时,URXD 报告其状态。新的字符准备从 RxFIFO 由 MCU 读取时,确认接收数据准备(RDR=USR2[0])位,处理中断(如果 DREN=UCR4[0]=1)。如果接收器触发器电平设置为 2(RXTL[5:0]=UFCR[5:0]=2),2 个字符接收到 RxFIFO 中,接收器准备中断标志(RRDY=USR1[9])确认,如果接收器准备中断使能位设置(RRDYEN=UCR1[9]=1),则处理中断。如果读取一次 UART 接收器寄存器(URXD),结果在 RxFIFO 中只有 1 个字符,由 RRDY 产生的中断自动清零。RxFIFO 中数据下降到编程触发电平以下,RRDY 清零。

IR 接口无效时,使用正常的 NRZ 编码数据。

RxFIFO 包含 32 个半字数据。从 RxFIFO 读取 URXD 寄存器中[15:0]的半字数据。如果 RxFIFO 未填满,则连续写入数据;如果 RxFIFO 不空,则连续读。附加数据写入 RxFIFO 时,当它是满的,则写操作不能完成,除非执行读操作。如果执行 RxFIFO 的写操作,当它满时,设置 USR2[1]寄存器 ORE 位,ORE 位通过写 1 清零。

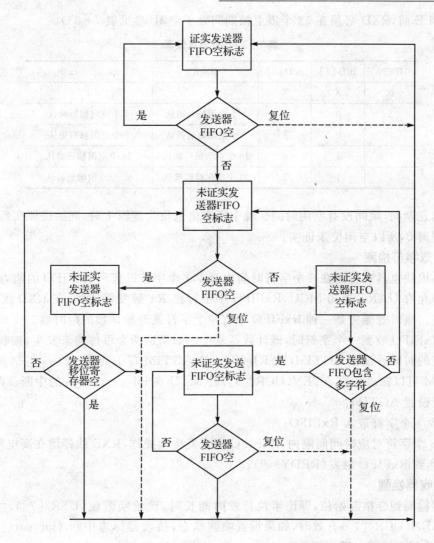

图 7-39 发送器 FIFO 空时的中断抑制波特流框图

**(1) 空闲线检测**

接收器逻辑模块包含检测空闲线的能力。空闲线指示信息的起点和末尾。出现空闲的条件是：

- RxFIFO 必须空；
- 在大于配置的帧数（ICD[1:0]＝UCR1[11:10]）间 RXD 引脚必须处于空闲。

检测中断使能空闲条件（IDEN＝UCR1[12]）设置，该线在 4（缺省）、8、16 或 32（最大）帧期间空闲时，空闲条件检测指示中断。检测空闲条件时，IDLE（USR2[12]）位设置。给 IDLE 位写 1 清零；写 0 无效。

**(2) 空闲条件检测配置**

空闲条件检测 ICD[1:0] 位于 UCR1[11:10]。如果设置为 00，确认 IDLE 前，RXD 必须在 4 个以上帧期间处于空闲。如果设置为 01，确认 IDLE 前，RXD 必须在 8 个以上帧期间处于空闲。如果设置为 10，确认 IDLE 前，RXD 必须在 16 个以上帧期间处于空闲。如果设置为

## 第7章 通信接口

11,确认 IDLE 前,RXD 必须在 32 个以上帧期间处于空闲(参见表 7-23)。

表 7-23 检测真值表

| IDEN | ICD[1] | ICD[0] | IDLE | ipi_uart_rx_b |
|------|--------|--------|------|---------------|
| 0 | X | X | 0 | 1 |
| 1 | 0 | 0 | 4 个空闲帧后确认 | 4 个空闲帧后确认 |
| 1 | 0 | 1 | 8 个空闲帧后确认 | 8 个空闲帧后确认 |
| 1 | 1 | 0 | 16 个空闲帧后确认 | 16 个空闲帧后确认 |
| 1 | 1 | 1 | 32 个空闲帧后确认 | 32 个空闲帧后确认 |

正常信息期间,帧间没有空闲时间。帧中所有信息位为逻辑 1 时,起始位证实每一帧至少出现 1 个逻辑 0,所以空闲位未证实。

**(3) 时效字符检测**

接收器模块也具有检测在 8 个字符时间内至少 1 个字符设置到 RxFIFO 的能力。这种时效字符能力允许 UART 通知 MCU,RxFIFO 中字符比 Rx 触发器中少,在 RXD 线上没有检测出新字符。该时效能力是一种 RxFIFO 中有一个字符就开始计数的定时器。完成 RxFIFO 读操作或 RxFIFO 收到一个字符时,该计数器复位。如果这两个事件均未发生,接收器测量 8 个字符对应的时间后设置 AGTIM(USR1[8])。给 AGTIM 写 1 清零。

AGTIM 可以标志设置 ATEN(UCR2[3])时 MCU 在 ipi_uart_rx_b 的中断。归纳一下,在下列情况设置 AGTIM:

- 至少 1 个字符进入 RxFIFO;
- 在 8 个字符对应时间间隔内,RxFIFO 上未发生读操作,RXD 线停留在高电平;
- 未达到 RxFIFO 触发(RRDY=0)。

**(4) 接收器唤醒**

接收器检测到合格起始位,即比半位持续时间长时,设置唤醒位(USR2[7])。唤醒中断使能位 WKEN(UCR4[7])有效时,如果设置唤醒状态,接收器标志中断(ipi_uart_mint_b)。给 WAKE 位写 1 清零。写 0 无效。

异步唤醒中断(AWAKE)有效(AWAKEN=UCR3[4]=1),MCU 处于休眠模式,UART 时钟关断时,接收引脚(RXD)上检测的下降沿确认 AWAKE 位(USR1[4]),ipi_uart_mint_b 中断从休眠模式唤醒 MCU。UART 时钟重新有效,给 AWAKE 位写 1 清零。写 0 无影响。

如果异步 IR WAKE 中断有效(AIRINTEN=UCR3[5]=1),UART 配置为 IR 模式,如果 MCU 处于休眠模式,UART 时钟关断,在接收引脚(RXD_IR)检测到下降沿,确认 AIRINT 位(USR1[5]),ipi_uart_mint_b 中断从休眠模式唤醒 MCU。UART 时钟重新有效,给 AIRINT 位写 1 清零,写 0 无效。

编程异步中断的推荐过程是首先将 UART 状态寄存器 1(USR1)对应位写 1 清零。接收器 USR1 中的 IDLE 中断标志(RXDS)使中断有效。确认时,RXDS 位给软件指示接收器状态机处于空闲状态,下一个状态是空闲,RXD 引脚为空闲(高)。该过程接下来是使异步中断有效,进入休眠模式。

**(5) 接收暂停条件**

接收器检测到帧中所有的 0(包括停止位期间的 0)时接收暂停(BREAK)。暂停条件认可

BRCD 位(USR2[2]),首先仅将暂停字符写入 RxFIFO。给 BRCD 写 1 清零,写 0 无效。

认可时 BRCD 可以在 ipi_uart_mint_b 上产生中断。中断的产生可以采样控制 BKEN (UCR4[2])进行屏蔽。接收暂停条件也将使接在接收器寄存器 URXD 后面的位有效。

URXD(11)=BRK 高电平时指示检测到当前字符为暂停。

URXD(12)=FRMERR BRK 设置时,总是设置帧错误位。

URXD(10)=PRERR 如果选择奇检验,BRK 设置时,将设置检验错误位。

URXD(14)=ERR 错误检测位指示出现在 Rx 数据位的字符有一个错误状态,可以由暂停认可。

**(6) 选择逻辑**

选择逻辑模块通过(BRM_CLK)时钟 16 倍采样提供抖动容许误差和抗噪声能力,用选择技术整理采样值。在 BRM_CLK 上升沿连续采集输入信号完成选择操作。接收器提供多数选择值,3 个采样值中 2 个。选择逻辑的多数选择结果参见表 7-24。

选择逻辑获得每一个 BRM_CLK 上升沿的采样值,接收器采样 16 倍过采样获取采样字符中间值。

设置起始位时接收器开始计数,在设置起始位时不能采集 RxFIFO 中内容。接在 1 到 0 变换后,在 7 个连续的 1/16 位时间内接收到 0 时起始位有效。一旦接收器到达 0xF,开始在下一位计数,在采样帧中间采集,参见图 7-40。用相同方法采集所有数据。一旦检测到停止位,接收器移位寄存器(SIPO_OUT)数据并行移位到 RxFIFO。

表 7-24 多数选择结果

| 采 样 | 选 择 |
|---|---|
| 000 | 0 |
| 101 | 1 |
| 001 | 0 |
| 111 | 1 |

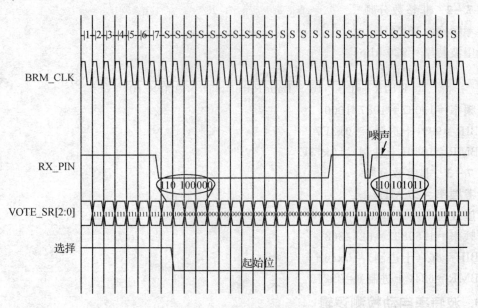

图 7-40 多数选择结果

一个新的特点是允许在每一条 RXD 线的沿上再次同步计数器,自动改善 UART 抗信号畸变性能。在 BRM_CLK 频率太低,不能获取 IrDA 上 0 脉冲时,软件必须设置 IRSC,参考时钟用作选择逻辑。通过对脉冲长度计数的方法使这些脉冲有效。

### 9. 二进制率乘法器

二进制率乘法器(BRM)子模块接收 ref_clk(分频器后面的时钟 ipg_perclkr)。采用整数和非整数分频器产生这个时钟,BRM 产生所有的比特率。输入和输出频率比率用 UART BRM 增量寄存器(UBIR)和 UART BRM MOD 寄存器(UBMR)编程。

输出频率从输入频率分频得到。对于整数分频,设置 UBIR＝0x000F,分频数写入 UBMR 寄存器。所有写入寄存器的数值必须小于实际值,但要消除 0 分频(未定义),增加寄存器的最大范围。

更新 BRM 寄存器需要对两个寄存器进行写操作。在写 UBMR 寄存器前必须写 UBIR 寄存器。如果只有一个寄存器要用软件写,BRM 继续使用前面的数值。

下面例子表示针对给定参考频率和希望的比特率怎样确定要将何值编程到 UBIR 和 UBMR。

$$波特率 = \frac{RefFreq}{\left(16 \times \dfrac{UBMR+1}{UBIR+1}\right)} \quad (7-1)$$

式中:RefFreq(Hz)表示 UART 参考频率(ipg_perclk 在 RFDIV 分频器后)

**例 7-1** 整数 21 分频
参考频率＝19.44 MHz
UBIR＝0x000F
UBMR＝0x0014
波特率＝925.7 kbps

**例 7-2** 非整数分频
参考频率＝16 MHz
希望波特率＝920 kbps

$$\frac{UBMR+1}{UBIR+1} = \frac{RefFreq}{16 \times BaudRate} = \frac{16 \times 10^6}{16 \times 920 \times 10^3} = 1.087 \quad (7-2)$$

分频率＝1.087＝1087/1000
UBIR＝999(十进制)＝0x3E7
UBMR＝1086(十进制)＝0x43E

**例 7-3** 非整数分频
参考频率＝25 MHz
希望波特率＝920 kbps
分频率＝1.69837＝625/368
UBIR＝367(十进制)＝0x16F
UBMR＝624(十进制)＝0x270

### 10. 波特率自动检测逻辑

波特率自动检测逻辑有效时,UART 锁定在输入波特率上。为使该特点有效,设置波特率自动检测位(ADBR＝UCR1[14]＝1),将 1 写到 ADET 位(USR2[15])清零。ADET＝0 和 ADBR＝1 时,设置检测状态。一旦起始位开始,检测 RXD 从 1 到 0 变化,UART 使计数器(UBRC)开始工作在参考频率。一旦检测到起始位末尾(RXD 从 1 到 0 变化),UBRC-1 的值直接拷贝到 UBMR 寄存器。UBIR 寄存器填入 0x000F。参见表 7-25。

在起始位末尾寄存器得到下列值：

UBRC＝起始位期间参考时钟周期数（分频器后）

UBIR＝0x000F

UBMR＝UBRC－1

3 个寄存器的更新值可以读。

表 7-25 波特率自动检测

| ADBR | ADET | 波特率检测 | ipi_uart_mint_b |
|---|---|---|---|
| 0 | X | 人工配置 | 1 |
| 1 | 0 | 开始自动检测 | 1 |
| 1 | 1 | 自动检测完成 | 0 |

如果任何一个 UART BRM 寄存器同时由波特率自动检测逻辑和外设数据总线写，则外设数据总线优先。

**（1）波特率自动检测协议**

接收器必须接收 ASCII 字符"A"或"a"检验输入波特率正确的检测。接收 ASCII 字符"A"(0x41)或"a"(0x61)没有错误时，检测波特率位设置(ADET＝1)，如果中断有效(ADEN＝UCR1[15]＝1)，产生 ipi_uart_mint_b 中断。

没有接收 ASCII 字符"A"或"a"时(因为波特错误或接收另一个字符)，自动检测顺序重新开始，等待另一个 0 到 1 的变化。

在 ADET＝0 和 ADBR＝1 时，UART 继续试图锁定到输入波特率。一旦检测到 ASCII 字符"A"或"a"，ADET 位设置，接收器忽略 ADBR 位，继续用计算的波特率正常工作。

在 ADET＝1 和 ADBR＝1 时，UART 中断(ipi_uart_mint_b＝0)有效。清除自动波特率检测使能位(ADEN＝0)使上述操作无效。开始自动波特率检测操作前，设置 ADET＝0 和 ADBR＝1。

RxFIFO 接在自动波特率检测中断后面必须包含 ASCII 字符"A"或"a"。

16 位 UART 波特率计数寄存器(UBRC)复位为 4，发生溢出时处于 0xFFFF。UBRC 寄存器计数(测量)起始位持续时间。当继续到起始位，计数，UART 波特率计数寄存器保留其值直至下一个自动波特率检测序列初始化为止。参见图 7-41。

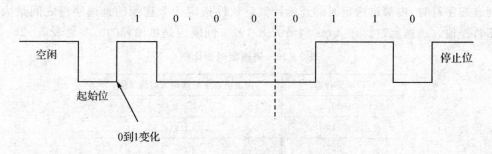

图 7-41 波特率检测协议框图

只有在自动检测有效时只读波特率计数寄存器计数。

### (2) 改进型波特率自动检测协议

采用如同上面介绍的自动波特协议给 IC 报告几种发送情况,如 57.6 kbps 和 115.2 kb-ps。旧的协议在当前 UART IP 上有效,但有几处可修改的地方使自动波特率检测更可靠。如果用户想保留旧的方法,必须将 ADNIMP(UCR3[7])设置为 1。如果该位不设置(缺省),将采用自动波特改进方法。这些改进方法主要集中两类:新波特率测量和新 ACST(相关的中断)。

### (3) 新波特率确定

为了解决在 RXD 线上畸变和噪声产生的问题,需延长波特率测量时间。以前,如上所述,该决定根据 START 位期间的测量结果。现在,该测量根据 START 位+0 位。0 是接在 START 后面的第 1 位。事实上,在 START 下降沿开始的计数器在下一个上升沿(START 末尾)不再停止,但停止在下一个下降沿(0 位末尾)。总是发送字符"A"(0x41)或"a"(0x61)时,总出现第 2 个下降沿,指示 0 位末尾。一旦计数器停止,结果被 2 分频,BRM 用其确定输入波特率。

### (4) 新自动波特计数器停止位和中断

一个新的比特加到 USR2 寄存器 ACST(USR2[11])。确定波特率后立即设置该位。
- 如果 ADNIMP 没有设置,0 位结束后 ACST 设置为 1;
- 如果 ADNIMP 设置为 1,START 结束后 ACST 设置为 1。

如果 ACIEN(UCR3[0])设置为 1,ACST 将标志 ipi_uart_mint_b 信号上的中断。该中断通知 MCU,BRM 刚才用波特长度测量结果设置。如果需要,MCU 可以执行 UBMR 读(或 UBRC)寄存器,自己确定测量的波特率。

MCU 可以用最邻近的标准化波特率校正 BRM 寄存器。注意:
- ACST 只有在 ADBR 设置为 1 时设置,即 UART 是自动波特;
- 对 ACST 写 1 清零,写 0 无效。

### 11. 逃逸序列检测

典型的逃逸序列包括快速进入接续 3 个字符(像++++)。因为这些是有效的字符,字符间隔时间确定逃逸序列是否有效。2 个"+"字符间隔太长表示 2 个"+"字符,不属于逃逸序列。

软件选择逃逸字符,将其写入 UART 逃逸字符寄存器(UESC)。软件也能用设置 ESCEN(UCR2[11])为 1 的方法进行逃逸特性检测。硬件将 RxFIFO 输入字符的值进行比较。检测到逃逸字符时,内部逃逸定时器开始计数。软件指定 2 个连续的逃逸字符之间最大许可时间的暂停值。逃逸定时器在 2 ms 到最大 8.192 s 间隔内是可编程的。参见表 7 - 26。

表 7 - 26 逃逸定时器比例

| UTIM 寄存器 | 指定逃逸字符间最大时间间隔 |
| --- | --- |
| 0x000 | 2 ms |
| 0x001 | 4 ms |
| 0x002 | 6 ms |
| 0x003 | 8 ms |

续表 7-26

| UTIM 寄存器 | 指定逃逸字符间最大时间间隔 |
|---|---|
| 0x004 | 10 ms |
| ... | ... |
| 0x0F8 | 498 ms |
| 0x0F9 | 500 ms |
| ... | ... |
| 0x9C3 | 5 s |
| 0xFFD | 8.188 s |
| 0xFFE | 8.190 s |
| 0xFFF | 8.192 s |

注意：时间间隔＝(UTIM 值＋1) × 0.002 s。

逃逸序列检测特性对所有参考序列均有效。使用逃逸序列检测前，用户必须填充 ONEMS 寄存器。该 16 位寄存器必须包含经 1 000 分频的 UART 内部频率值。内部频率由 ipg_perclk 时钟经 UART 内部分频器输出得到。

- 如果 UART BRM(ipg_perclk)输入时钟频率是 66.5 MHz；
- 如果 UART 输入时钟为内部分频器 2 分频：UFCR[9:7]=3'b100。

$$ONEMS = \frac{66.5 \times 10^6}{2 \times 1\ 000} = 33\ 250 = 0x81E2 \tag{7-3}$$

逃逸序列检测器在逃逸序列中断使能位设置，检测逃逸序列时确认逃逸序列中断标志 (ESCF)位。对 ESCF 写 1 清零，写 0 无效。

### 12. 一般性

IREN(UCR1[7])设置为 1 时选择红外接口。

红外接口与 IrDA 串行红外物理层规范兼容。该规范中"0"用正脉冲表示，"1"用无脉冲(保持低电平的直线)表示。UART 中：

Tx：每发送 1 个 0，产生一个正的窄脉冲，3/16 位。

每发送 1 个 1，没有脉冲(输出低电平)。外部电路必须提供驱动红外 LED。

Rx：接收时，负的窄脉冲是发送的 0，无脉冲是 1(输入为高电平)。注意，IR 模块的 Rx 单元接收与 IrDA 规范反相的信号。

IR 接口有边缘触发中断(IRINT)，使接收的 0 位有效。

给 ENIRI 写 1 使中断有效。

INVT(UCR3[1])、INVR(UCR4[9])和 IRSC(UCR4[5])决定红外接口特性。

**(1) 反相发送和接收位(INVT and INVR)**

反相发送和接收位(INVT 和 INVR)取决于连接到 UART 的 TXD_IR 引脚和 RXD_IR 引脚的 IrDA 发送器。如果该发送器与 Tx 和 Rx(同 IrDA 规范)不反相，Tx 和 Rx 的 0 表示正脉冲，1 表示无脉冲(保持低)。INVT 位必须设置为 0，INVR 必须设置为 1(因为 Rx IR 单元是反相信号)。相反，如果发送器是反相的(0 表示负脉冲，1 表示无脉冲——高电平)，用户必须设置 INVT=1 和 INVR=0。发送器也可以只在一条路径上反相(Tx 或 Rx),这时,INVT 和 INVR 必须同时等于 1 或 0(根据哪一条路径反相)。

**(2) 红外情况位**

使用红外情况(IRSC)位取决于两个参数:发送器的波特率和最小脉冲宽度(MPD)。若已经写了,IrDA 中,正脉冲表示 c。IrDA 规范指出 SIR(串行 IR)波特率(从 2.4 kbps 到 115.2 kbps),正常的脉冲宽度等于 3/16 位(选择的波特率)。但所有波特率也要指定最小脉冲宽度。SIR 的 MPD 是常数,等于 1.41 $\mu$s。

为了理解 IRSC 的意思,必须知道 IrDA 中 Rx 路径是怎样工作的。UART 处于 IrDA 模式时,0 不仅由 RXD_IR 的状态检测,也用脉冲宽度检测。脉冲宽度可以用两个不同时钟测量。用 IRSC 选择时钟。

- 如果 IRSC=0,选择 BRM 时钟;
- 如果 IRSC=1,选择 UART 内部时钟(分频器 RFDIV 输出 UART 时钟)。

正常操作中,IRSC=0,意思是在任何时间,用户必须确认 BRM 时钟频率满足测量时钟需要。在 UART 中,IRSC=0,脉冲必须持续至少 2 个 BRM 时钟周期。

如果条件是没有完成,IRSC 必须设置为 1。

举两个例子,其最小脉冲宽度等于 IrDA 规范中的 MPD。

**例 7-4** 时钟举例 1

用户想要在 115.2 kbps 接收 IrDA 数据。设置 UBIR 和 UBMR 寄存器,用 16 倍波特率的频率,16×115.2=1.843 MHz 产生 BRM 时钟。同时,为正确检测脉冲,用户必须确认 2 倍 BRM 时钟周期低于 1.41 $\mu$s。

检查一下:

BRM 时钟周期=1/1 843 000=542 ns

2 倍 BRM 时钟周期=1.09 $\mu$s<1.41 $\mu$s。正确。

**例 7-5** 时钟举例 2

用户想要在 19.2 kbps 接收。所以 BRM 时钟设置为 16×19 200=307.2 kHz。检查 2 倍 BRM 时钟周期是否小于 1.41 $\mu$s:

BRM 时钟周期=1/307 200=3.25 $\mu$s,所以 2 倍 BRM 时钟周期=6.50 $\mu$s,远大于 1.41 $\mu$s。不工作。

所以这时 BRM 时钟不能用作测量脉冲带宽,用户必须通过设置 IRSC=1,选择 UART 内部时钟。

**(3) IrDA 中断**

串行接口模式(SIR)使用边缘触发中断标志 IRINT(USR2[8])。INVR=0 时,检测 UART_RXD 引脚下降沿确认 IRINT。INVR=1 时,检测 UART_RXD 引脚上升沿确认 IRINT。IRINT 和 ENIRI 都确认时,认可 ipi_uart_mint_b 中断。给 IRINT 写 1 清零,写 0 无效。

**13. UART 工作在低功耗系统状态**

在提供 ipg_clk 和 ipg_perclk 时 UART 串行接口工作。RXEN(UCR2[1])、TXEN(UCR2[2])和 UARTEN(UCR1[0])位由用户设置,提供低功耗模式的软件控制。

下表表示硬件控制低功耗模式时的 UART 功能,由 ipg_doze 和 ipg_stop 信号控制。

表 7-27 UART 低功耗状态

| | 正常状态 | 暂停状态 | | 停止状态 |
| --- | --- | --- | --- | --- |
| | | 暂停位=0 | 暂停位=1 | |
| UART 时钟 | 接通 | 接通 | 接通 | 关断 |
| 串行 UART/IrDA | 接通 | 接通 | 关断 | 关断 |

在暂停状态，UART 取决于 DOZE(UCR1[1])控制位。否定 DOZE 位时，UART 串行接口工作。系统处于暂停状态时，确认 DOZE 位，UART 无效。如果 UART 串行接口收发数据认可 DOZE 位进入暂停状态时，将完成当前字符数据和信号到远端收发器的收发。进入或退出低功耗模式时，控制/状态/数据寄存器不变。

下面 UART 中断使 MCU 从休眠模式唤醒：
- $\overline{RTS}$(RTSD)；
- IrDA 异步唤醒(AIRINT)；
- 异步唤醒(AWAKE)。

设置 UARTEN(UCR1[0])到 0 状态关断收发逻辑和相关时钟。

如果 UART 只用于发送模式，UARTEN 和 TXEN 必须设置为 1。如果 UART 只用于接收模式，UARTEN 和 RXEN 必须设置为 1。将 TXEN 或 RXEN 设置为 0 能减少许多功耗。

异步唤醒中断使 MCU 退出休眠模式时，确认首先发送哑元字符，因为第 1 个字符不能正确接收。

**14. UART 工作在系统调试状态**

UTS[11]控制 UART 对输入信号 ipg_debug 响应，还是继续正常运行。

如果 UART 编程为对 ipg_debug 响应：
① UART 将根据检测的 ipg_debug 输入暂停所有操作。
② 暂停前完成从处理器核的转移(通过 IP 总线接口)，或从外设转移。意味着单字节或字转移，不是整个 FIFO。从外设接收数据将无效。
③ 内部寄存器将继续通过 IP 总线接口读写。读操作将留下无影响的内容。
④ 调试模式影响 Rx FIFO：
- 防止对 Rx FIFO 的所有写操作；
- RXDBG(UTS[9])用于选择 Rx FIFO 调试模式期间的可读性：
  — RXDBG=0：保持读指针处于进入调试模式的单元，URXD 寄存器只返回该单元数据，不管怎样读。
  — RXDBG=1：任何时间可选择，允许读取 Rx FIFO 接收的字符。不能重新读取前面读取的单元，可以重新调整指向前面进入调试模式值的读指针。

### 7.7.2 编程方法

UART 支持 8 位和 16 位只对 32 位存储器地址的访问。所有存储器配置的寄存器都是 32 位宽，因此不能只用高 16 位。参见表 7-28 和表 7-29。

# 第7章 通信接口

- 针对32位写访问,不能考虑高16位;
- 针对32位读访问,高16位读作0。

**表7-28 UART存储器配置**

| 地 址 | 寄存器名称 | 访问 | 复位值 |
|---|---|---|---|
| 0x1000_A000～0x1001_C000 | UART接收器寄存器1～6(URXD1～URXD 6) | 读 | 0x8000 |
| 0x1000_A040～0x1001_C040 | UART发送器寄存器1～6(UTXD1～UTXD 6) | 写 | 0x00— |
| 0x1000_A080～0x1001_C080 | UART控制寄存器1_1～1_6(UCR1_1～UCR 1_6) | 读写 | 0x0000 |
| 0x1000_A084～0x1001_C084 | UART控制寄存器2_1～2_6(UCR2_1～UCR 2_6) | 读写 | 0x0001 |
| 0x1000_A088～0x1001_C088 | UART控制寄存器3_1～3_6(UCR3_1～UCR 3_6) | 读写 | 0x0700 |
| 0x1000_A08C～0x1001_C08C | UART控制寄存器4_1～4_6(UCR4_1～UCR 4_6) | 读写 | 0x8000 |
| 0x1000_A090～0x1001_C090 | UART FIFO控制寄存器1～6(UFCR1～UFCR 6) | 读写 | 0x0801 |
| 0x1000_A094～0x1001_C094 | UART状态寄存器1_1～1_6(USR1～USR 6) | 读写 | 0x2040 |
| 0x1000_A098～0x1001_C098 | UART状态寄存器2_1～2_6(USR2_1～USR 2_6) | 读写 | 0x4008 |
| 0x1000_A09C～0x1001_C09C | UART逃逸字符寄存器1～6(UESC1～UESC 6) | 读写 | 0x002B |
| 0x1000_A0A0～0x1001_C0A0 | UART逃逸定时器寄存器1～6(UTIM1～UTIM 6) | 读写 | 0x0000 |
| 0x1000_A0A4～0x1001_C0A4 | UART BRM中断寄存器1～6(UBIR1～UBIR 6) | 读写 | 0x0000 |
| 0x1000_A0A8～0x1001_C0A8 | UART BRM调整器寄存器1～6(UBMR1～UBMR 6) | 读写 | 0x0000 |
| 0x1000_A0AC～0x1001_C0AC | UART波特率控制寄存器1～6(UBRC1～UBRC 6) | 读 | 0x0000 |
| 0x1000_A0B0～0x1001_C0B0 | UART 1毫秒寄存器1～6(ONEMS1～ONEMS 6) | 读写 | 0x0000 |
| 0x1000_A0B4～0x1001_C0B4 | UART测试寄存器1～6(UTS1～UTS 6) | 读写 | 0x0060 |

**表7-29 UART寄存器**

| 名称 | | 15 | 14 | 13 | 12 | 11 | 10 | 9 | 8 | 7 | 6 | 5 | 4 | 3 | 2 | 1 | 0 |
|---|---|---|---|---|---|---|---|---|---|---|---|---|---|---|---|---|---|
| 0x1000_A000 (URXD1)～ 0x1001_C000 (URXD6) | R | 0 | ERR | OVRRUN | FRMERR | BRK | PRERR | 0 | 0 | RX_DATA ||||||||
| | W | | | | | | | | | | | | | | | | |
| 0x1000_A040 (UTXD1)～ 0x1001_C040 (UTXD6) | R | | | | | | | | | | | | | | | | |
| | W | 0 | 0 | 0 | 0 | 0 | 0 | 0 | 0 | TX_DATA |||||||| 
| 0x1000_A080 (UCR1_1)～ 0x1001_C080 (UCR1_6) | R | ADEN | ADBR | TRDYEN | IDEN | ICD | | RRDYEN | RXDMAEN | IREN | TXMPTYEN | RTSDEN | SNDBRK | TXDMAEN | 0 | DOZE | UARTEN |
| | W | | | | | | | | | | | | | | | | |

续表 7-29

| 名称 | R/W | 15 | 14 | 13 | 12 | 11 | 10 | 9 | 8 | 7 | 6 | 5 | 4 | 3 | 2 | 1 | 0 |
|---|---|---|---|---|---|---|---|---|---|---|---|---|---|---|---|---|---|
| 0x1000_A084 (UCR2_1)~ 0x1001_C084 (UCR2_6) | R/W | ESCI | IRTS | CTSC | CTS | ESCEN | RTEC | | PREN | PROE | STPB | WS | RTSEN | ATEN | TXEN | RXEN | SRST |
| 0x1000_A088 (UCR3_1)~ 0x1001_C088 (UCR3_6) | R | 0 | 0 | 0 | PARERREN | FRAERREN | 0 | 0 | 0 | ADNIMP | RXDSEN | AIRINTEN | AWAKEN | 0 | RXDMUXSEL | INVT | ACIEN |
| | W | | | | | | | | | | | | | | | | |
| 0x1000_A08C (UCR4_1)~ 0x1001_C08C (UCR4_6) | R | CTSTL | | | | | INVR | ENIRI | WKEN | 0 | IRSC | LPBYP | TCEN | BKEN | OREN | DREN |
| | W | | | | | | | | | | | | | | | |
| 0x1000_A090 (UFCR1) | R | TXTL | | | | | RFDIV | | | 0 | RXTL | | | | | |
| | W | | | | | | | | | | | | | | | |
| 0x1000_A090 (UFCR1)~ 0x1001_C090 (UFCR6) | R | PARITYERR | RTSS | TRDY | RTSD | ESCF | FRAMERR | RRDY | AGTIM | 0 | RXDS | AIRINT | AWAKE | 0 | 0 | 0 | 0 |
| | W | | | | | | | | | | | | | | | | |
| 0x1000_A098 (USR2_1)~ 0x1001_C098 (USR2_6) | R | ADET | TXFE | 0 | IDLE | ACST | 0 | 0 | IRINT | WAKE | 0 | RTSF | TXDC | BRCD | ORE | RDR |
| | W | | | | | | | | | | | | | | | | |
| 0x1000_A09C (USEC1)~ 0x1001_C09C (USEC6) | R | 0 | 0 | 0 | 0 | 0 | 0 | 0 | 0 | ESC_CHAR | | | | | | |
| | W | | | | | | | | | | | | | | | | |
| 0x1000_A0A0 (UTIM1)~ 0x1001_C0A0 (UTIM6) | R | 0 | 0 | 0 | 0 | TIM | | | | | | | | | | |
| | W | | | | | | | | | | | | | | | | |
| 0x1000_A0A4 (UBIR1)~ 0x1001_C0A4 (UBIR6) | R | INC | | | | | | | | | | | | | | | |
| | W | | | | | | | | | | | | | | | | |

续表 7-29

| 名称 | | 15 | 14 | 13 | 12 | 11 | 10 | 9 | 8 | 7 | 6 | 5 | 4 | 3 | 2 | 1 | 0 |
|---|---|---|---|---|---|---|---|---|---|---|---|---|---|---|---|---|---|
| 0x1000_A0A8 (UBMR1)~ 0x1001_C0A8 (UBMR6) | R | | | | | | | | MOD | | | | | | | | |
| | W | | | | | | | | | | | | | | | | |
| 0x1000_A0AC (UBRC1)~ 0x1001_C0AC (UBRC6) | R | | | | | | | | BCNT | | | | | | | | |
| | W | | | | | | | | | | | | | | | | |
| 0x1000_A0B0 (ONEMS1)~ 0x1001_C0B0 (ONEMS6) | R | | | | | | | | ONEMS | | | | | | | | |
| | W | | | | | | | | | | | | | | | | |
| 0x1000_A0B4 (UTS1)~ 0x1001_C0B4 (UTS6) | R | 0 | 0 | FRCPERR | LOOP | DBGEN | LOOPIR | RXDBG | 0 | 0 | TXEMPTY | RXEMPTY | TXFULL | RXFULL | 0 | 0 | SOFTRST |
| | W | | | | | | | | | | | | | | | | |

### 7.7.3 编程 IrDA 接口

**1. 高速率**

下面是一个可以用作编程 IrDA 接口例子,按 115.2 kbps 速率发送和接收字符。假设:

- 输入 UART 时钟=90 MHz;
- 内部时钟分频器=3(用 3 分频输入 UART 时钟);
- 波特率=115.2 kbps;
- IrDA 发送器针对 Tx 和 Rx 不反相,0 用正脉冲表示,1 用无脉冲表示(停在低电平上);
- 中断:1 字符接收到 Rx FIFO(RDR)时,发送到 MCU。

寄存器值和编程命令:

```
UCR1 = 0x0085
UCR1[7] = IREN = 1              ;IR 接口有效
UCR1[0] = UARTEN = 1            ;UART 有效
UTS = 0x0000
UFCR = 0x0981
TXTL[5:0] = 0x02                ;缺省值
RFDIV[2:0] = 0x3                ;用 3 分频 UART 时钟(结果内部时钟为 30 MHz)
RXTL[5:0] = 0x01                ;缺省值
UBIR = 0x0202
```

**UBMR = 0x20BE** 波特率 = 115.2 kbps，内部时钟 = 30 MHz
**UCR2 = 0x4027**
UCR2[14] = IRTS = 1                ;忽略 RTS 输入信号电平
UCR2[5] = WS = 1                   ;字符长度是 8 位
UCR2[2] = TXEN = 1                 ;Rx 路径有效
UCR2[1] = RXEN = 1                 ;Tx 路径有效
UCR2[0] = SRST_B = 1               ;无软件复位
UCR3 = 0x0000
UCR4 = 0x8201
CTSTL[5:0] = 0x20                  ;缺省值
UCR4[9] = INVR = 1                 ;反相的红外接收(因为 IrDA 发送器不反相)
UCR4[1] = DREN = 1                 ;使 RDR 中断有效(收到 1 个字符时发送)

—写 UTXD 寄存器，UART 就准备发送字符。收到字符时，将中断发送到 MCU。

### 2. 低速率

这时，维持相同假设，但现在速率是 9.6 kbps。该波特率低于极限(即最小脉宽是 2.5 μs)，IRSC 和 REF30 必须设置为 1。假设：

- 输入 UART 时钟＝90 MHz；
- 内部时钟分频器＝3(用 3 分频输入 UART 时钟)；
- 波特率＝9.6 kbps；
- IrDA 发送器在 Tx 和 Rx 通道上不反相，0 用正脉冲表示，1 用无脉冲(电平)表示；
- Rx FIFO(RDR)接收到字符 1 时，中断发送至 MCU。

寄存器值和编程命令：

UCR1 = 0x0085
UCR1[7] = IREN = 1                 ;IR 接口有效
UCR1[0] = UARTEN = 1               ;UART 有效
UFCR = 0x0981
UFCR[15:10] = TXTL[5:0] = 0x02     ;缺省值
RFDIV[2:0] = 0x3                   ;用 3 分频输入 UART 时钟(结果内部时钟为 30 MHz)
UFCR[5:0] = RXTL[5:0] = 0x01       ;缺省值
UBIR = 0x00FF
**UBMR = 0xC354** 波特率 = 9.6 kbps，内部时钟 = 30 MHz
**UCR2 = 0x4027**
UCR2[14] = IRTS = 1                ;忽略 RTS 输入信号电平
UCR2[5] = WS = 1                   ;字符长度是 8 位
UCR2[2] = TXEN = 1                 ;Rx 路径有效
UCR2[1] = RXEN = 1                 ;Tx 路径有效
UCR2[0] = SRST_B = 1               ;无软件复位
UCR3 = 0x0004
UCR3[2] = REF30 = 1                ;内部 UART 时钟 = 30 MHz
UCR4 = 0x8221
UCR4[15:10] = CTSTL[5:0] = 0x20    ;缺省值
UCR4[9] = INVR = 1                 ;反相红外接收(因为 IrDA 发送器不是反相)

# 第 7 章　通信接口

　　UCR4[5] = IRSC = 1　　　　　；因为数据率低于极限，UART 内部时钟用作测量脉冲间隔
　　UCR4[1] = DREN = 1　　　　　；使 RDR 中断有效（接收到 1 个字符时发送）

——写 UTXD 寄存器，UART 就准备发送字符。收到字符时，将中断发送到 MCU。

## 7.8　快速以太网控制器

　　以太网媒体访问控制器（MAC）支持 10 和 100 Mbps IEEE 802.3 网络规范。外部收发器接口完成与媒体接口。快速以太网控制器（FEC）支持 3 种不同标准的 MAC-PHY 接口与外部以太网收发器连接。FEC 支持 10/100 Mbps 的 MII 接口和仅 10 Mbps 的 7 线接口，属 MII 引脚子集。快速以太网控制器特点如下：

- 支持三种不同的以太网物理接口：
  — 100 Mbps IEEE 802.3 MII
  — 10 Mbps IEEE 802.3 MII
  — 10 Mbps 7 线接口（工业标准）
- IEEE 802.3 全双工码流控制；
- 可编程最大帧长度支持 IEEE 802.1 虚拟局域网和优先级；
- 支持全双工操作（200 Mbps 吞吐量），最小系统时钟 50 MHz；
- 支持半双工操作（100Mbps 吞吐量），最小系统时钟 25 MHz；
- 自冲突后发送 FIFO 的中继（无处理器总线使用）；
- 接收 FIFO 内部自动激励（搜集碎片），拒绝地址识别（无处理器总线使用）；
- 地址识别：
  — 总可以接收或拒绝带广播地址的帧；
  — 精确匹配单独（单选）48 位地址；
  — 单独（单选）地址的散列（64 位散列）检查；
  — 组（多选）地址的散列（64 位散列）检查；
  — 混杂模式。

### 7.8.1　操作模式

#### 1. 全、半双工操作

　　全双工模式用于切换点到点之间的链接或切换结点末尾。半双工用于结点末尾和转发器之间或转发器与转发器之间的链接。双工模式的选择由 TCR[FDEN]控制。

　　配置全双工模式时，码流控制有效。

#### 2. 10 Mbps 和 100 Mbps 的 MII 接口

　　MII 是由 IEEE 802.3 标准定义的用于 10/100 Mbps 运行的媒体独立接口。

　　确认 RCR[MII_MODE]后，MAC-PHY 接口可以配置在 MII 模式下运行。

　　运行速度由 FEC_TX_CLK 和 FEC_RX_CLK 引脚确定，外部收发器驱动。收发器将自动协商速度或由软件通过串行管理接口（FEC_MDC/FEC_MDIO 引脚）控制。

### 3. 10 Mpbs 的 7 线接口

FEC 支持 10 Mbps 以太网收发器使用的 7 线接口。RCR[MII_MODE]控制该功能。如果该位不认可，MII 模式无效，10 Mbps 7 线模式有效。

### 4. 地址识别选择

支持的地址选择是混杂、拒绝广播、单独地址（散列或精确匹配）和多选散列匹配。

### 5. 内部回送

通过 RCR[LOOP]选择内部回送。

## 7.8.2 FEC 结构框图

图 7-42 为 FEC 模块框图。用硬件和微码一起实现 FEC。片外（以太网）接口与工业 IEEE 802.3 标准兼容。

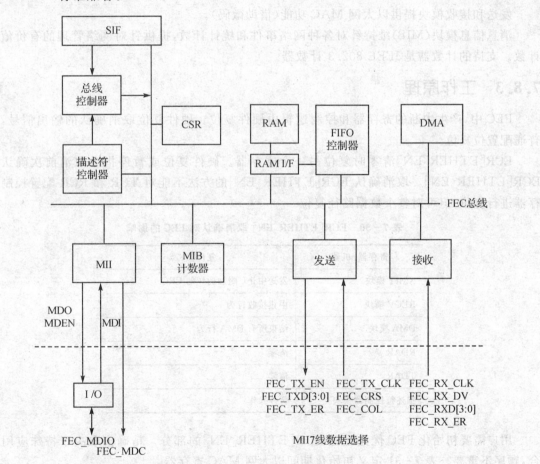

图 7-42 FEC 模块框图

描述符控制器是一个 RISC 控制器，提供下列 FEC 功能：
- 初始化（这些内部寄存器不能由用户和硬件初始化）；
- DMA 通道高级控制（初始化 DMA 传输）；

## 第 7 章 通信接口

- 中断缓冲器描述符；
- 接收帧的地址识别；
- 为传输冲突产生随机数。

RAM 是 FEC 所有数据流的焦点所在，分为发送和接收 FIFO。FIFO 边界用 FRSR 寄存器编程。用户数据从 DMA 模块流向收发 FIFO。从发送 FIFO 发送数据到发送模块，接收数据从接收模块到接收 FIFO。

设计者通过 SIF(从接口)模块写入每一个模块的控制寄存器控制 FEC。CSR(控制和状态寄存器)模块提供全局控制(例如以太网复位和使能)和处理中断的寄存器。

模块提供针对控制和状态的与外部物理层设备(收发器)通信的串行通道。该串行通道包括 MII 接口的 FEC_MDC(管理数据时钟)和 FEC_MDIO(管理数据输入/输出)。

DMA 模块提供允许发送数据、发送描述符、接收数据和接收描述符进行独立访问的多通道。

发送和接收模块提供以太网 MAC 功能(借助微码)。

消息信息模块(MIB)维持针对各种网络事件和统计计数，提供针对网络管理的有价值的计数。支持的计数器是 IEEE 802.3 计数器。

### 7.8.3 工作原理

FEC 中，产生中断的寄存器和控制逻辑由硬件复位。硬件复位取消确认的输出信号，将普通配置位复位。

ECR[ETHER_EN]清零时复位另一个寄存器。硬件复位或暂停指令取消前次确认的 ECR[ETHER_EN]。取消确认 ECR[ETHER_EN]的方法不能对 TCR 和 RCR 配置控制寄存器进行复位，但可对整个数据路径复位。

表 7-30  ECR[ETHER_EN] 取消确认对 FEC 的影响

| 寄存器/机器 | 复位值 |
| --- | --- |
| XMIT 模块 | 发送中止(附加的坏的 CRC) |
| RECV 模块 | 中止接收行为 |
| DMA 模块 | 结束所有 DMA 行为 |
| RDAR | 清零 |
| TDAR | 清零 |
| 描述符控制器模块 | 暂停操作 |

用户需要初始化 FEC 优先设置 ECR[ETHER_EN]的部分。精确值取决于特殊应用场合，顺序不重要。表 7-31 定义初始化期间以太网 MAC 寄存器。

表 7-31 用户初始化(ECR[ETHER_EN])

| 描 述 |
|---|
| 初始化 EIMR |
| EIMR 清零(写 0xFFFF_FFFF) |
| TFWR(选件) |
| IALR/IAUR |
| GAUR/GALR |
| PALR/PAUR |
| OPD(只需要全双工码流控制) |
| RCR |
| TCR |
| MSCR(选件) |
| MIB_RAM 清零(位置 $1002_B000+0x200-0x2FC) |

表 7-32 定义需要初始化的 FEC FIFO/DMA 寄存器。

### 1. 微控制器初始化

FEC 中,确认 ECR[ETHER_EN]后,描述符控制 RISC 对一些寄存器进行初始化。完成微控制器初始化程序后,硬件准备工作。表 7-33 表示微控制器初始化操作。

确认 ECR[ETHER_EN]后,用户可以建立缓冲器/帧描述符,将其写入 TDAR 和 RDAR。

表 7-32 FEC 用户初始化 (ECR[ETHER_EN]前)

| 描 述 |
|---|
| 初始化 FRSR(选件) |
| 初始化 EMRBR |
| 初始化 ERDSR |
| 初始化 ETDSR |
| 初始化(空)发送描述符环 |
| 初始化(空)接收描述符环 |

表 7-33 微控制器初始化

| 说 明 |
|---|
| 初始化返回随机数缘由 |
| 计数器有效 |
| 发送器有效 |
| 发送 FIFO 清零 |
| 接收 FIFO 清零 |
| 初始化发送环指针 |
| 初始化接收环指针 |
| 初始化 FIFP 计数寄存器 |

### 2. 网络接口

FEC 支持 10/100 Mbps 以太网的 MII 接口和 10 Mbps 以太网的 7 线串行接口。RCR[MII_MODE]位选择接口模式。在 MII 模式(RCR[MII_MODE]=1)中,IEEE 802.3 标准定义了 EMAC 支持的 18 个信号,参见表 7-34。

# 第7章 通信接口

7线串行描述接口(RCR[MII_MODE]=0)工作在常用的AMD模式。参见表7-35。

表7-34 MII模式

| 信号说明 | EMAC引脚 |
| --- | --- |
| 发送时钟 | FEC_TX_CLK |
| 发送使能 | FEC_TX_EN |
| 发送数据 | FEC_TXD[3:0] |
| 发送误差 | FEC_TX_ER |
| 冲突 | FEC_COL |
| 载波传感器 | FEC_CRS |
| 接收数据有效 | FEC_RX_CLK |
| 接收数据 | FEC_RX_DV |
| 接收误差 | FEC_RXD[3:0] |
| 管理数据时钟 | FEC_RX_ER |
| 管理数据时钟 | FEC_MDC |
| 管理数据输入/输出 | FEC_MDIO |

表7-35 7线模式配置

| 信号说明 | EMAC引脚 |
| --- | --- |
| 发送时钟 | FEC_TX_CLK |
| 发送使能 | FEC_TX_EN |
| 发送数据 | FEC_TXD[0] |
| 冲突 | FEC_COL |
| 接收时钟 | FEC_RX_CLK |
| 接收数据有效 | FEC_RX_DV |
| 接收数据 | FEC_RXD[0] |

**(1) FEC帧发送**

以太网发送器工作几乎不受软件干扰。一旦确认ECR[ETHER_EN],数据出现在发送FIFO中,以太网MAC可以发送到网络上。

发送FIFO填入水印(由TFWR定义)时,MAC发送逻辑将认可FEC_TX_EN,开始发送引导序列(PA)、起始帧分隔符(SFD)和来自FIFO的帧信息。如果网络忙(FEC_CRS确认),控制器推迟发送。发送前,控制器等待载波传感器变成无效,确定传感器在60个位时间内是否处于无效状态。如果是这样,等待一个附加的36位时间后(载波传感器最初变成无效后的96位时间),开始发送。

在帧发送(半双工模式)期间如果出现冲突,以太网控制器接着一个特定的返回过程,重新发送帧直至可以再进行为止。发送FIFO至少存储发送帧的第1个64字节,不必从系统存储器中找回。这样,改善了总线使用和必须立即重新发送的潜伏期。

所有帧数据发送后,如果发送帧控制字的TC位设置为1,添加FCS(帧时钟序列或32位循环冗余检查CRC)字节。如果发送帧控制字的ABC位设置为1,坏的CRC将添加到帧数据中,不管TC位为何值。接在CRC发送后面,以太网控制器将帧状态信息写入MIB模块。发送逻辑自动添加短的帧(如果帧缓冲器末尾发送缓冲器描述符中TC位=1)。

确定设置EIMR将产生缓冲器(TXB)和帧中断(TXF)。

发送错误中断是HBERR、BABT、LATE_COL、COL_RETRY_LIM和XFIFO_UN。如果发送帧长度超过MAX_FL字节,将确认BABT中断,将发送整个帧(无切断)。

暂停发送,设置TCR寄存器中GTS(正确的发送停止)位。设置TCR[GTS]时,如果不进行发送,FEC发送器立即停止,否则,继续发送直至读取帧结束或终止冲突。发送器停止后,认可GRA(完成停止)中断。如果TCR[GTS]清零,FEC恢复下一帧发送。

以太网控制器首先发送最低的有效位。

**(2) FEC 帧接收**

以太网接收器工作几乎不受主机干涉,可以完成地址识别、CRC 检查、短帧检查和最大帧长检查。确认 ECR[ETHER_EN]驱动器使 FEC 接收器有效时,立即开始处理接收帧。确认 FEC_RX_DV 时,接收器将首先检查 PA/SFD。如果 PA/SFD 有效,接收器将处理帧数据。如果未发现有效的 PA/SFD,帧将被忽略。

在串行模式,忽略接在确认 FEC_RX_DV 后面的第 1 个 16 位时间。

在第 1 个 16 位时间后面,检查数据序列,变更 1/0。如果在 17 至 20 位期间检查到 11 或 00 数据序列,忽略帧的剩余部分。第 21 位时间后面,监视时间序列中有效的 SFD(11)。如果检测到 00,帧被拒绝。检测到 11 时,完成 PA/SFD 序列。

在 MII 模式,接收器检查至少应有 1 字节与 SFD 匹配。可能出现 0 或更多的 PA 字节。如果在 SFD 字节前检测到 00 序列,忽略帧。

接收到帧的第 1 个 6 字节后,完成帧地址识别。

一旦接收到数据冲突窗(64 字节),如果地址识别程序未拒绝帧,接收 FIFO 发送帧和可能传递到 DMA 的信号。如果帧不完整(由于冲突)或被地址识别程序拒绝,通知接收 FIFO 拒绝该帧。因此,除下一个表示严重网络问题的冲突外,没有其他冲突给用户。

接收期间,以太网控制器检查各种出错条件,一旦整个帧写入 FIFO,32 位帧状态字也写入 FIFO。该状态字包括 M、BC、MC、LG、NO、CR、OV 和 TR 状态位和帧长。

如果 EIMR 寄存器使其有效,可能产生接收缓冲器(RXB)和帧中断(RXF)。接收错误中断是串音噪声引起的接收错误(BABR)。如果接收帧超过帧长(MAX_FL),不被截断;但将产生 BABR 中断,设置接收缓冲器描述符(RxBD)的 LG 位。

接收帧完成时,FEC 设置 RxBD 的 L 位,将其他帧状态位写入 RxBD,清零 E 位。以太网控制器接着产生屏蔽中断(EIR 中 RXF 位,EIMR 中 RXF 位可屏蔽),指示接收到帧,并存储于存储器中。以太网控制器等待新的帧。以太网控制器首先接收串行数据的最低位 LSB。

**(3) 以太网地址识别**

FEC 根据输出地址(DA)类型,单个(单选)、一组(多选)或广播(一组所有地址),过滤接收的帧。单个地址和一组地址间的差异由输出地址的 I/G 位决定。图 7-43 给出接收帧地址识别流程图。

通过使用接收模块和运行在微控制器中的微码完成地址识别。图 7-43 描述接收模块决定的地址识别流程,图 7-44 表示微控制器决定的地址识别流程。

如果 DA 是广播地址,取消确认广播拒绝(RCR[BC_REJ]),将无条件接收帧,如图 7-43 所示。相反,如果 DA 不是广播地址,微控制器运行地址识别子程序,如图 7-44 所示。

如果 DA 是一组(多选)地址,码流控制无效,微控制器将在 GAUR 和 GALR 编程的 64 位完整散列表中完成一组散列查询。如果发生散列匹配,接收器接收帧。

如果码流控制有效,微控制器将进行 DA 和 PAUSE DA 间(01:80:C2:00:00:01)的精确地址匹配检查。如果接收模块确定接收帧是有效的 PAUSE 帧,将拒绝。注意,接收器将 DA 位设置成 PAUSE DA 或单选物理地址检测 PAUSE 帧。如果 DA 是单个(单选)地址,微控制器完成 DA 和 48 位物理地址间单个精确匹配比较,用户对 PALR 和 PAUR 寄存器编程。如果发生精确匹配,帧被接收,否则,微控制器对 IAUR 和 IALR 寄存器编程的 64 位整个散列表进行单个散列表查询。在单个散列匹配中,帧被接收。接收器根据 PAUSE 帧检测再

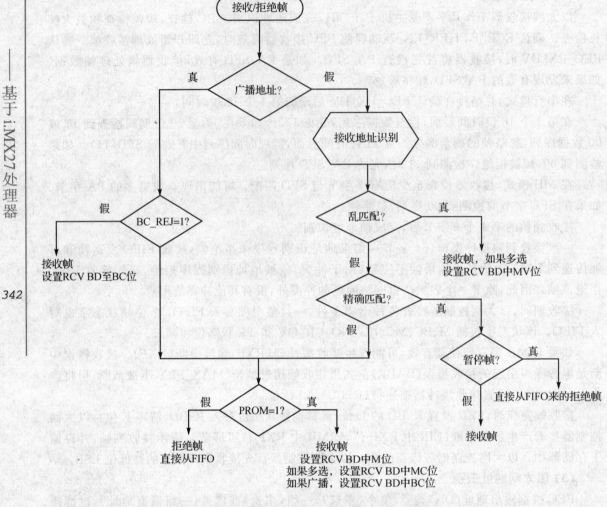

图 7-43 以太网地址识别(接收模块决定)

次接收或拒绝帧。参见图 7-43。

如果没有散列匹配(一组或单个),也没有精确匹配发生,如果散列描述有效(RCR[PROM]=1),帧将被接收,设置接收缓冲器描述符的 MISS 位,否则帧将被拒绝。类似地,如果 DA 是广播地址,广播拒绝(RCR[BC_REJ])被认可,散列描述有效,将接收帧,设置接收缓冲器描述符的 MISS 位,否则拒绝帧。通常,帧被拒绝时,直接从 FIFO 来。

**3. 散列算法**

散列是"Hash"的译文,意思是把任意长度的输入(又称预映射,Pre-image),通过散列算法,变换成固定长度的输出,该输出就是散列值。这种转换是一种压缩映射,散列值的空间通常远小于输入空间,不同的输入可能会散列成相同的输出,因而不可能从散列值来唯一地确定输入值。简言之,散列是一种将任意长度的消息压缩到某一固定长度的消息摘要的函数。

Hash 主要用于信息安全领域中加密算法,把一些不同长度的信息转化成散列的 128 位编码,叫做散列值。也可以说,Hash 就是找到一种数据内容和数据存放地址之间的映射关系。

一组和单个散列滤波的散列表算法按下述操作。48 位目的地址配置成一个用存储于

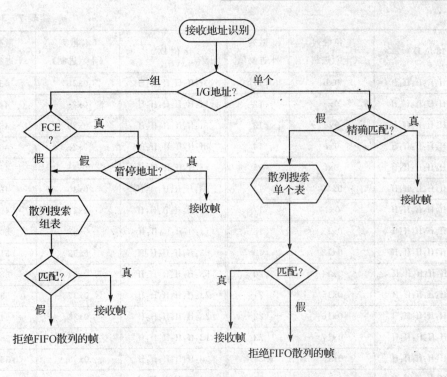

图 7-44 以太网地址识别(微码决定)

GAUR、GALR(组地址散列匹配)或 IAUR、IALR(单个地址散列匹配)的 64 位表示。该配置通过片上 32 位 CRC 发生器传送 48 位地址和选择产生 0 到 63 之间的数,编码结果由 CRC 的 6 个最高位完成。CRC 结果的 MSB 选择 GAUR(MSB=1)或 GALR(MSB=0)。散列结果的 5 个最低位选择寄存器的位。如果 CRC 发生器选择散列表中设置的位,帧被接收,否则拒绝。参见表 7-36。

表 7-36  6 位散列目的地址

| 48 位 DA | 6 位散列(十六进制) | 散列十进制值 | 48 位 DA | 6 位散列(十六进制) | 散列十进制值 |
| --- | --- | --- | --- | --- | --- |
| 65:ff:ff:ff:ff:ff | 0x0 | 0 | d1:ff:ff:ff:ff:ff | 0x20 | 32 |
| 55:ff:ff:ff:ff:ff | 0x1 | 1 | f1:ff:ff:ff:ff:ff | 0x21 | 33 |
| 15:ff:ff:ff:ff:ff | 0x2 | 2 | b1:ff:ff:ff:ff:ff | 0x22 | 34 |
| 35:ff:ff:ff:ff:ff | 0x3 | 3 | 91:ff:ff:ff:ff:ff | 0x23 | 35 |
| b5:ff:ff:ff:ff:ff | 0x4 | 4 | 11:ff:ff:ff:ff:ff | 0x24 | 36 |
| 95:ff:ff:ff:ff:ff | 0x5 | 5 | 31:ff:ff:ff:ff:ff | 0x25 | 37 |
| d5:ff:ff:ff:ff:ff | 0x6 | 6 | 71:ff:ff:ff:ff:ff | 0x26 | 38 |
| f5:ff:ff:ff:ff:ff | 0x7 | 7 | 51:ff:ff:ff:ff:ff | 0x27 | 39 |
| db:ff:ff:ff:ff:ff | 0x8 | 8 | 7f:ff:ff:ff:ff:ff | 0x28 | 40 |
| fb:ff:ff:ff:ff:ff | 0x9 | 9 | 4f:ff:ff:ff:ff:ff | 0x29 | 41 |
| bb:ff:ff:ff:ff:ff | 0xa | 10 | 1f:ff:ff:ff:ff:ff | 0x2a | 42 |

续表 7-36

| 48 位 DA | 6 位散列（十六进制） | 散列十进制值 | 48 位 DA | 6 位散列（十六进制） | 散列十进制值 |
|---|---|---|---|---|---|
| 8b:ff:ff:ff:ff:ff | 0xb | 11 | 3f:ff:ff:ff:ff:ff | 0x2b | 43 |
| 0b:ff:ff:ff:ff:ff | 0xc | 12 | bf:ff:ff:ff:ff:ff | 0x2c | 44 |
| 3b:ff:ff:ff:ff:ff | 0xd | 13 | 9f:ff:ff:ff:ff:ff | 0x2d | 45 |
| 7b:ff:ff:ff:ff:ff | 0xe | 14 | df:ff:ff:ff:ff:ff | 0x2e | 46 |
| 5b:ff:ff:ff:ff:ff | 0xf | 15 | ef:ff:ff:ff:ff:ff | 0x2f | 47 |
| 27:ff:ff:ff:ff:ff | 0x10 | 16 | 93:ff:ff:ff:ff:ff | 0x30 | 48 |
| 07:ff:ff:ff:ff:ff | 0x1 | 17 | b3:ff:ff:ff:ff:ff | 0x31 | 49 |
| 57:ff:ff:ff:ff:ff | 0x12 | 18 | f3:ff:ff:ff:ff:ff | 0x32 | 50 |
| 77:ff:ff:ff:ff:ff | 0x13 | 19 | d3:ff:ff:ff:ff:ff | 0x33 | 51 |
| f7:ff:ff:ff:ff:ff | 0x14 | 20 | 53:ff:ff:ff:ff:ff | 0x34 | 52 |
| c7:ff:ff:ff:ff:ff | 0x15 | 21 | 73:ff:ff:ff:ff:ff | 0x35 | 53 |
| 97:ff:ff:ff:ff:ff | 0x16 | 22 | 23:ff:ff:ff:ff:ff | 0x36 | 54 |
| a7:ff:ff:ff:ff:ff | 0x17 | 23 | 13:ff:ff:ff:ff:ff | 0x37 | 55 |
| 99:ff:ff:ff:ff:ff | 0x18 | 24 | 3d:ff:ff:ff:ff:ff | 0x38 | 56 |
| b9:ff:ff:ff:ff:ff | 0x19 | 25 | 0d:ff:ff:ff:ff:ff | 0x39 | 57 |
| f9:ff:ff:ff:ff:ff | 0x1a | 26 | 5d:ff:ff:ff:ff:ff | 0x3a | 58 |
| c9:ff:ff:ff:ff:ff | 0x1b | 27 | 7d:ff:ff:ff:ff:ff | 0x3b | 59 |
| 59:ff:ff:ff:ff:ff | 0x1c | 28 | fd:ff:ff:ff:ff:ff | 0x3c | 60 |
| 79:ff:ff:ff:ff:ff | 0x1d | 29 | dd:ff:ff:ff:ff:ff | 0x3d | 61 |
| 29:ff:ff:ff:ff:ff | 0x1e | 30 | 9d:ff:ff:ff:ff:ff | 0x3e | 62 |
| 19:ff:ff:ff:ff:ff | 0x1f | 31 | bd:ff:ff:ff:ff:ff | 0x3f | 63 |

例如，如果 8 组地址存储在散列表中，接收随机组地址，散列表预计大约到达的存储器的组地址帧的 56/64(87.5%)。这些到达存储器的地址必须由处理器进一步滤波，确定是否真实包含 8 个希望地址中一个。地址数增加时散列表的效力降低。散列表寄存器必须由用户初始化。计算时使用的 CRC32 多项式是：

$$X^{32}+X^{26}+X^{23}+X^{22}+X^{16}+X^{12}+X^{11}+X^{10}+X^8+X^7+X^5+X^4+X^2+X+1$$

**4. 全双工码流控制**

全双工码流控制允许用户发送暂停帧，检测接收的暂停帧。根据暂停帧的检测，给定暂停期间，停止发送 MAC 数据帧。

为使暂停帧检测有效，FEC 必须在全双工模式（认可 TCR[FDEN]）下工作，流程控制使能（RCR[FCE]）必须认可。输入帧与暂停帧匹配时，FEC 检测暂停帧，如表 7-37 所列。此外，与帧相关的接收状态应当指示帧是有效的。

表 7-37　全双工模式地址

| 48 位目的地址 | 0x0180_c200_0001 或物理地址 |
|---|---|
| 48 位源地址 | 任意 |
| 16 位类型 | 0x8808 |
| 16 位操作码 | 0x0001 |
| 16 位暂停期间 | 0x0000 到 0xFFFF |

暂停帧检测由接收器和微控制器模块完成。微控制器运行地址识别子程序检测专用暂停帧目的地址，接收器检测类型和操作码暂停帧。根据暂停帧检测，FEC 内部认可 TCR[GTS]。发送暂停时，认可 EIR[GRA]中断，暂停定时器开始加计数。注意，在半双工模式，暂停定时器利用发送返回定时器硬件，用作跟踪相应冲突返回定时器。暂停定时器在每一个时隙加 1，直至 OPD[PAUSE_DUR]时隙终止。在 OPD[PAUSE_DUR]终止时，取消认可 TCR[GTS]，允许恢复 MAC 数据帧发送。注意，发送器由于接收暂停帧暂停时，认可接收码流控制暂停（TCR[RFC_PAUSE]）状态位。为发送暂停帧，FEC 必须工作于全双工模式，用户必须容许码流控制暂停（TCR[TFC_PAUSE]）。根据认可的发送码流控制暂停（TCR[TFC_PAUSE]），发送器内部认可 TCR[GTS]。数据帧发送停止时，认可 EIR[GRA]（完成完全停止）中断。接在 EIR[GRA]认可后面，发送暂停帧。

根据暂停帧完成情况，内部取消认可码流控制暂停（TCR[TFC_PAUSE]）和 TCR[GTS]。用户必须指定 OPD 寄存器中要求的暂停周期。注意，由于接收器/微控制器暂停帧检测，发送器暂停，发送码流暂停（TCR[TFC_PAUSE]）直至可以认可，将引起单暂停帧发送。这时，将不认可 EIR[GRA]中断。

**(1) 内部包间隙(IPG)时间**

紧密传输的最小内部包间隙时间是 96 位时间间隔。完成发送或紧密算法后，发送器开始其 96 位时间间隔 IPG 计数器前，等待要拒绝的载波传感器。拒绝载波传感器后，如果拒绝至少 60 位时间间隔，开始 96 位时间间隔帧发送。如果至少在 36 位时间期间认可载波传感器，则忽略，冲突将发生。

接收器至少用 28 位最小时间间隔接收紧密帧。如果接收帧之间内部包时隙小于 28 位时间间隔，接下来的帧可能被接收器丢弃。

**(2) 冲突处理**

如果冲突在帧发送期间发生，以太网控制器将在 32 位时间间隔继续发送，发送的 JAM 模式包含 32 个。如果冲突发生在引导序列期间，将在引导序列后面发送 JAM 模式。

如果冲突发生在 512 位时间间隔内，初始化再处理。发送器等待时隙时间的随机数。时隙时间是 512 位时间间隔。如果冲突发生在 512 位时间间隔后，没有中继要完成，用新近的冲突(LC)错误指示关闭帧缓冲器。

**(3) 内部和外部回送**

以太网控制器支持内部和外部回送功能。在回送模式，FIFO 使用和操作实际是全双工方式。内部和外部回送用 RCR 寄存器的 LOOP 和 DRT 以及 TCR 的 FDEN 一起配置。内部和外部回送设置 FDEN=1。

内部回送设置 RCR[LOOP]=1 和 RCR[DRT]=0。内部回送期间不认可 FEC_TX_EN 和 FEC_TX_ER。内部回送期间收发数据速率高于正常操作,因为发送和接收使用内部系统时钟,不使用外部收发器时钟。这将造成 DMA 到外部存储器发送和接收数据时系统总线带宽增加。必须将帧放置在发送一侧,限制帧尺寸防止发送 FIFO 下溢出、接收 FIFO 上溢出。

外部回送设置 RCR[LOOP]=0、RCR[DRT]=0 配置回送外部收发器。

### 7.8.4 编程方法

控制/状态寄存器(CSR)和缓冲器描述符一起编程 FEC。CSR 用作模式控制和精确全局状态信息。描述符用作硬件和软件之间传送数据缓冲器和相关缓冲器信息。

**1. 高级模块存储器配置**

FEC 工作需要 1 KB 存储器配置空间,分为 2 块 512 字节。第 1 块用作控制/状态寄存器,第 2 块用作包含在 MIB 模块中的事件/统计计数器,参见表 7-38。

表 7-38 模块存储器配置

| 地 址 | 功 能 |
|---|---|
| 0x1002_B+0x000-1FF | 控制/状态寄存器 |
| 0x1002_B+0x200-3FF | MIB 模块计数器 |

表 7-39 表示 FEC 寄存器存储器配置。

表 7-39 FEC 寄存器存储器配置

| 地 址 | 寄存器名称 | 访问 | 复位值 |
|---|---|---|---|
| 0x1002_B004 | 中断事件寄存器(EIR) | 读写 | 0x0000_0000 |
| 0x1002_B008 | 中断屏蔽寄存器(EIMR) | 读写 | 0x0000_0000 |
| 0x1002_B010 | 接收描述符有效寄存器(RDAR) | 读写 | 0x0000_0000 |
| 0x1002_B014 | 发送描述符有效寄存器(TDAR) | 读写 | 0x0000_0000 |
| 0x1002_B024 | 以太网控制寄存器(ECR) | 读写 | 0xF000_0000 |
| 0x1002_B040 | MII 管理帧寄存器(MMFR) | 读写 | 未定义 |
| 0x1002_B044 | MII 速度控制寄存器(MSCR) | 读写 | 0x0000_0000 |
| 0x1002_B064 | MIB 控制/状态寄存器(MIBC) | 读写 | 0x0000_0000 |
| 0x1002_B084 | 接收控制寄存器(RCR) | 读写 | 0x05EE_0001 |
| 0x1002_B0C4 | 发送控制寄存器(TCR) | 读写 | 0x0000_0000 |
| 0x1002_B0E4 | 低物理地址寄存器(PALR) | 读写 | 未定义 |
| 0x1002_B0E8 | 高物理地址寄存器(PAUR) | 读写 | 0x____8808 |
| 0x1002_B0EC | 操作码/暂停期间(OPD) | 读写 | 0x0001____ |
| 0x1002_B118 | 描述符单个上位地址寄存器(IAUR) | 读写 | 未定义 |
| 0x1002_B11C | 描述符单个下位地址寄存器(IALR) | 读写 | 未定义 |
| 0x1002_B120 | 描述符组上位地址寄存器(GAUR) | 读写 | 未定义 |
| 0x1002_B124 | 描述符组下位地址寄存器(GALR) | 读写 | 未定义 |

续表 7-39

| 地　址 | 寄存器名称 | 访　问 | 复位值 |
|---|---|---|---|
| 0x1002_B144 | 发送 FIFO 水印(TFWR) | 读写 | 0x0000_0001 |
| 0x1002_B14C | FIFO 接收范围寄存器(FRBR) | 读 | 0x0000_0600 |
| 0x1002_B150 | FIFO 接收 FIFO 状态寄存器(FRSR) | 读 | 0x0000_0500 |
| 0x1002_B180 | 接收描述符环指针(ERDSR) | 读写 | 未定义 |
| 0x1002_B184 | 发送描述符指针(ETDSR) | 读写 | 未定义 |
| 0x1002_B188 | 最大接收缓冲器尺寸(EMRBR) | 读写 | 未定义 |

**2. MIB 模块计数器存储器配置**

表 7-40 定义 MIB 计数器存储器配置，定义包含硬件计数器的 MIB RAM 空间单元，落在 0x200～0x3FF 地址偏移量范围。

表 7-40　MIB 计数器存储器配置

| 偏移量 | 助记符 | 说　明 |
|---|---|---|
| 0x200 | RMON_T_DROP | 不直接进行帧计数 |
| 0x204 | RMON_T_PACKETS | RMON Tx 包计数 |
| 0x208 | RMON_T_BC_PKT | RMON Tx 广播包 |
| 0x20C | RMON_T_MC_PKT | RMON Tx 多选包 |
| 0x210 | RMON_T_CRC_ALIGN | RMON Tx 包 CRC 排列错误 |
| 0x214 | RMON_T_UNDERSIZE | RMON Tx 包小于 64 字节,CRC 好 |
| 0x218 | RMON_T_OVERSIZE | RMON Tx 包大于 MAX_FL 字节,CRC 好 |
| 0x21C | RMON_T_FRAG | RMON Tx 包小于 64 字节,CRC 坏 |
| 0x220 | RMON_T_JAB | RMON Tx 包大于 MAX_FL 字节 CRC 坏 |
| 0x224 | RMON_T_COL | RMON Tx 冲突计数 |
| 0x228 | RMON_T_P64 | RMON Tx 64 字节包 |
| 0x22C | RMON_T_P65TO127 | RMON Tx 65 到 127 字节包 |
| 0x230 | RMON_T_P128TO255 | RMON Tx 128 到 255 字节包 |
| 0x234 | RMON_T_P256TO511 | RMON Tx 256 到 511 字节包 |
| 0x238 | RMON_T_P512TO1023 | RMON Tx 512 到 1 023 字节包 |
| 0x23C | RMON_T_P1024TO2047 | RMON Tx 1 024 到 2 048 字节包 |
| 0x240 | RMON_T_P_GTE2048 | RMON Tx 包 w 大于 2 048 字节 |
| 0x244 | RMON_T_OCTETS | RMON Tx 8 位字节 |
| 0x248 | IEEE_T_DROP | 不直接进行帧计数 |
| 0x24C | IEEE_T_FRAME_OK | 帧发送好 |
| 0x250 | IEEE_T_1COL | 发送带单个冲突帧 |
| 0x254 | IEEE_T_MCOL | 发送带多重冲突帧 |
| 0x258 | IEEE_T_DEF | 延缓延时后发送帧 |

续表 7-40

| 偏移量 | 助记符 | 说明 |
| --- | --- | --- |
| 0x25C | IEEE_T_LCOL | 发送带新的冲突帧 |
| 0x260 | IEEE_T_EXCOL | 发送带额外冲突帧 |
| 0x264 | IEEE_T_MACERR | 发送带 Tx FIFO 下溢出帧 |
| 0x268 | IEEE_T_CSERR | 发送带载波传感器错误帧 |
| 0x26C | IEEE_T_SQE | 发送带 SQE 错误帧 |
| 0x270 | IEEE_T_FDXFC | 码流控制暂停帧发送 |
| 0x274 | IEEE_T_OCTETS_OK | 对帧发送 w/o 错误的 8 位字节计数 |
| 0x284 | RMON_R_PACKETS | RMON Rx 包计数 |
| 0x288 | RMON_R_BC_PKT | RMON Rx 广播包 |
| 0x28C | RMON_R_MC_PKT | RMON Rx 多选包 |
| 0x290 | RMON_R_CRC_ALIGN | RMON Rx 包 CRC/排列错误 |
| 0x294 | RMON_R_UNDERSIZE | RMON Rx 包小于 64 字节,CRC 好 |
| 0x298 | RMON_R_OVERSIZE | RMON Rx 包大于 MAX_FL 字节,CRC 好 |
| 0x29C | RMON_R_FRAG | RMON Rx 包大于字节,CRC 好 |
| 0x2A0 | RMON_R_JAB | RMON Rx 包大于 MAX_FL 字节,CRC 坏 |
| 0x2A4 | RMON_R_RESVD_0 | |
| 0x2A8 | RMON_R_P64 | RMON Rx 64 字节包 |
| 0x2AC | RMON_R_P65TO127 | RMON Rx 65 到 127 字节包 |
| 0x2B0 | RMON_R_P128TO255 | RMON Rx 128 到 255 字节包 |
| 0x2B4 | RMON_R_P256TO511 | RMON Rx 256 到 511 字节包 |
| 0x2B8 | RMON_R_P512TO1023 | RMON Rx 512 到 1 023 字节包 |
| 0x2BC | RMON_R_P1024TO2047 | RMON Rx 1 024 到 2 047 字节包 |
| 0x2C0 | RMON_R_P_GTE2048 | RMON Rx 包大于 2 048 字节 |
| 0x2C4 | RMON_R_OCTETS | RMON Rx 8 位字节 |
| 0x2C8 | IEEE_R_DROP | 不直接进行帧计数 |
| 0x2CC | IEEE_R_FRAME_OK | 帧接收好 |
| 0x2D0 | IEEE_R_CRC | 接收带 CRC 错误帧 |
| 0x2D4 | IEEE_R_ALIGN | 接收带排列错误帧 |
| 0x2D8 | IEEE_R_MACERR | 接收 FIFO 溢出计数 |
| 0x2DC | IEEE_R_FDXFC | 码流控制暂停帧接收 |
| 0x2E0 | IEEE_R_OCTETS_OK | 帧 Rcvd w/o 错误的 8 位字节计数 |

RMON 计数器包括 RFC 1757 定义的以太网统计计数器。除在以太网统计组定义的计数器外,还包括对截短帧计数的计数器,FEC 只支持 2 047 字节帧长。在全双工模式时,RMON 计数器独立完成发送和接收确保正确的网络统计。

IEEE 计数器支持 ANSI/IEEE 标准 802.3(1998 版)第 5 节定义的强制和推荐的计数器。

FEC 支持 IEEE 基本目标,但不需要 MIB 模块中的计数器,此外,一些推荐目标支持不需要 MIB 计数器,包括发送和接收计数器全双工码流控制帧。

## 7.9 高速 USB 2.0 接口

USB 模块包含支持三个独立 USB 端口的所有所需功能,与 USB 2.0 规范兼容。除普通 USB 功能外,该模块也支持与板上 USB 外设直接连接,支持串行收发器多重接口,参见图 7-45。

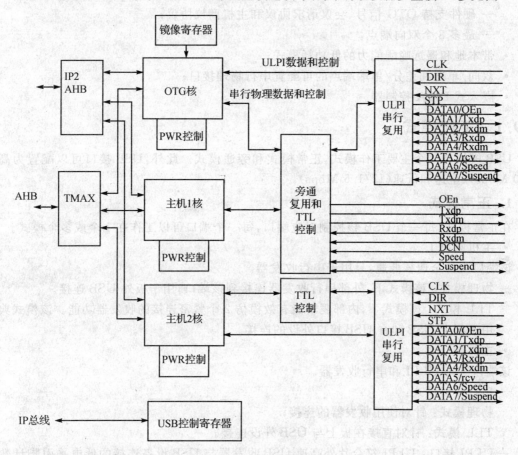

图 7-45 USB 模块框图

USB 模块提供高性能活动式 USB(OTG)功能,与 USB 2.0 规范、OTG 实现和 ULPI 1.0 低电平引脚计数规范兼容。该模块包括 3 各独立的 USB 核,各控制 1 个 USB 端口。

除 USB 核外,模块提供在主机端口 1 和主机端口 2 的无收发器连接(TLL)操作,安排到主机端口 1 的 OTG 收发器接口,用于与主机 1 连接的 USB 外设通信。USB 模块特点如下:
- 全速、低速主机或核(主机 1):
  — 与外设 FS/LS USB 板上连接的收发器连接逻辑(TLL);
  — 安排到 OTG I/O 端口的主机 1 端口信号的旁通模式。
- 高速/全速/低速主机核(HOST2):
  — 高速 ULPI 1.0 兼容接口;

# 第 7 章 通信接口

— 全速/低速串行收发器接口；

—FS/LS(串行)操作中直接与 USB 外设连接的 TLL 功能。

- 高速 OTG 核：
  — 高速 ULPI 1.0 兼容接口；
  — 可软件配置 ULPI 或串行收发器接口；
  — 主机模式的高速(用 ULPI 收发器)、全速和低速操作；
  — 外设模式的高速(用 ULPI 收发器)和全速操作；
  — 硬件支持 OTG 信号、会议请求协议和主机商议协议；
  — 最多 8 个双向端点。
- 带本地和遥远唤醒能力的低功耗模式；
- 双向/单向和差分/单端端点的可配置串行物理接口；
- 嵌入式 DMA 控制器。

## 7.9.1 工作模式

USB 模块有二个主要工作模式，正常模式和旁通模式。此外，USB 接口可以配置为高速(480 Mbps)、全速和低速(12/1.5 Mbps)。

### 1. 正常模式

在正常模式，每一个 USB 核控制对应端口，每一个端口可以工作在 1 个或多个模式。

- 主机端口 1

该端口支持全速核低速，只用于串行收发器。

— 物理模式：该模式下，外部串行收发器连接到该端口，用于板外 USB 连接。

— TLL 模式：该模式下，内部逻辑能有效模仿 2 个紧密连接的收发器功能。该模式典型用于板上 USB 和有 USB 接口外设的连接。

- 主机端口 2

该端口支持 ULPI 和串行收发器。

— 串行接口模式：

物理模式：针对使用收发器的连接；

TLL 模式：针对直接在板上与 USB 外设连接。

— ULPI 接口：ULPI 符合片外高速 USB 收发器与 USB 设备连接的低电平引脚计数标准。该端口配置为 ULPI 模式时，只有 ULPI 兼容可以使用的收发器。

- OTG 端口

该端口需要收发器，用于板外 USB 连接。

— 串行接口模式：在该模式，必须连接串行 OTG 收发器。该端口不支持 OTG 专用信号，必须使用带内置 OTG 寄存器的收发器。典型的，可通过 $I^2C$ 或 SPI 接口访问收发器寄存器。

— ULPI 模式：在该模式，ULPI 收发器连接到支持高速板外 USB 连接的端口。通过写相应寄存器的方法使 ULPI 模式有效。

### 2. 旁通模式

旁通模式影响 OTG 端口和主机 1 端口工作。当串行收发器用于 OTG 端口时，只有该模式有效,端口 1 外设用 TLL 连接。

设置 USBCONTROL 寄存器旁通位使旁通模式有效。在该模式,内部安排 USB OTG 端口连接到 USB 主机 1 端口,OTG 端口收发器连接到主机端口 1 的外部 USB。旁通模式有效时,OTG 核和主机 1 核从各自端口分离。用 USB 控制寄存器对核的 DM 和 DP 输入端状态编程。

**3. 低功耗模式**

每一个 USB 核有一个相关的功能控制模块,由 USB 核和 32 kHz 时钟控制。USB 总线空闲时,触发器可以处于低功耗模式(待机),USB 时钟可以停止。32 kHz 低功耗时钟必须保持有效,满足唤醒检测所需。

或本地 CPU 或遥远 USB 主机/外设可以初始化唤醒顺序,恢复 USB 通信。

## 7.9.2 工作原理

**1. USB 主机控制器**

USB 模块有 2 个主机控制器。主机控制器 1 的 USB 信号不能与主机 1 I/O 引脚直接连接,通过旁通复用器作为附属功能连接到主机端口 1 上。旁通复用器提供主机核 1 接口类型变换。类型变换独立于复用器状态。根据选择的接口类型,USB 端口信号具有如表 7-41 的功能。

表 7-41 主机端口 1 引脚功能

| 信号 | 单端模式 | | | 差分模式 | | |
|---|---|---|---|---|---|---|
| | Unidir | Bidir | | Unidir | Bidir | |
| OEn | OEn | OEn=0 | OEn=1 | OEn | OEn=0 | OEn=1 |
| TxDp | DAT | | | TxDp | | |
| TxDm | SEo | | | TxDm | | |
| RxDp | RxDp | DATO | DATI | RxDp | TxDp | RxDp |
| RxDm | RxDm | SEoO | SEoI | RxDm | TxDm | RxDm |
| RCV | Rcv | — | — | Rcv | | Rcv |

主机控制器 2 配置为与 FS/LS 串行收发器或 ULPI 并行收发器(HS/FS/LS)一起工作。表 7-42 表示 USB 主机端口 2 的 I/O 引脚连接。方向控制是逻辑"1"输出。

表 7-42 主机 2 端口信号连接

| I/O 引脚 | 类型 | 输入 | 输出 | 方向控制 |
|---|---|---|---|---|
| USB2_ULPI_CLK | I/O | ipp_ind_uh2_clk | | |
| USB2_ULPI_DIR | IN | ipp_ind_uh2_dir | | |
| USB2_ULPI_STP | OUT | | ipp_do_uh2_stp | |
| USB2_ULPI_NXT | IN | ipp_ind_uh2_nxt | | |
| USB2_ULPI_DATA0 | I/O | ipp_ind_uh2_data0 | ipp_do_uh2_data0 | ipp_obe_uh2_data0 |
| USB2_ULPI_DATA1 | I/O | ipp_ind_uh2_data1 | ipp_do_uh2_data1 | ipp_obe_uh2_data1 |

续表 7-42

| I/O 引脚 | 类型 | 输入 | 输出 | 方向控制 |
|---|---|---|---|---|
| USB2_ULPI_DATA2 | I/O | ipp_ind_uh2_data2 | ipp_do_uh2_data2 | ipp_obe_uh2_data2 |
| USB2_ULPI_DATA3 | I/O | ipp_ind_uh2_data3 | ipp_do_uh2_data3 | ipp_obe_uh2_data3 |
| USB2_ULPI_DATA4 | I/O | ipp_ind_uh2_data4 | ipp_do_uh2_data4 | ipp_obe_uh2_data4 |
| USB2_ULPI_DATA5 | I/O | ipp_ind_uh2_data5 | ipp_do_uh2_data5 | ipp_obe_uh2_data5 |
| USB2_ULPI_DATA6 | I/O | ipp_ind_uh2_data6 | ipp_do_uh2_data6 | ipp_obe_uh2_data6 |
| USB2_ULPI_DATA7 | I/O | ipp_ind_uh2_data7 | ipp_do_uh2_data7 | ipp_obe_uh2_data7 |

主机端口 2 可以支持 ULPI 收发器或串行收发器。根据选择的类型,顶层有一个信号有效。表 7-43 给出在二个模式中顶层信号和 USB 核信号之间的关系。

表 7-43 ULPI/串行复用

| USB 顶层输入信号 | | | USB 顶层输出信号 | | |
|---|---|---|---|---|---|
| 自 I/O 复用器 | 串行模式 | ULPI 模式 | 到 I/O 复用器 | 串行模式 | ULPI 模式 |
| ipp_ind_uh2_data0 | ipp_ind_uh2_oe_n | uuh2_data_in[0] | ipp_do_uh2_data0 | ipp_do_uh2_oe_n | uuh2_data_out[0] |
| ipp_ind_uh2_data1 | | uuh2_data_in[1] | ipp_do_uh2_data1 | ipp_do_uh2_txdp_data | uuh2_data_out[1] |
| ipp_ind_uh2_data2 | | uuh2_data_in[2] | ipp_do_uh2_data2 | ipp_do_uh2_txdm_se0 | uuh2_data_out[2] |
| ipp_ind_uh2_data3 | ipp_ind_uh2_rxvp_txdp_data | uuh2_data_in[3] | ipp_do_uh2_data3 | ipp_do_uh2_rxvp_txdp_dat | uuh2_data_out[3] |
| ipp_ind_uh2_data4 | ipp_ind_uh2_rxvm_txdm_se0 | uuh2_data_in[4] | ipp_do_uh2_data4 | ipp_do_uh2_rxvm_txdm_se0 | uuh2_data_out[4] |
| ipp_ind_uh2_data5 | ipp_ind_uh2_xcvr_ser_rcv | uuh2_data_in[5] | ipp_do_uh2_data5 | ipp_do_uh2_xcvr_ser_rcv | uuh2_data_out[5] |
| ipp_ind_uh2_data6 | | uuh2_data_in[6] | ipp_do_uh2_data6 | ipp_do_uh2_speed | uuh2_data_out[6] |
| ipp_ind_uh2_data7 | | uuh2_data_in[7] | ipp_do_uh2_data7 | ipp_do_uh2_suspend | uuh2_data_out[7] |
| USB 端口 2 方向控制 | | | | | |
| | | ipp_obe_uh2_data0 | ipp_obe_uh2_oe_n | | uuh2_data_out_enable |
| | | ipp_obe_uh2_data1 | 1'b0 | | uuh2_data_out_enable |
| | | ipp_obe_uh2_data2 | 1'b0 | | uuh2_data_out_enable |

续表 7-43

| USB 顶层输入信号 | | | USB 顶层输出信号 | | |
|---|---|---|---|---|---|
| 自 I/O 复用器 | 串行模式 | ULPI 模式 | 到 I/O 复用器 | 串行模式 | ULPI 模式 |
| | | | ipp_obe_uh2_data3 | ipp_obe_uh2_txdp_dat | uuh2_data_out_enable |
| | | | ipp_obe_uh2_data4 | ipp_obe_uh2_txdm_se0 | uuh2_data_out_enable |
| | | | ipp_obe_uh2_data5 | ipp_obe_uh2_xcvr_ser_rcv | uuh2_data_out_enable |
| | | | ipp_obe_uh2_data6 | 1'b0 | uuh2_data_out_enable |
| | | | ipp_obe_uh2_data7 | 1'b0 | uuh2_data_out_enable |

### 2. USB OTG 控制器

OTG 控制器提供主机模式的 HS/FS/LS 能力和识别模式下的 HS/FS 能力。

控制器支持与 FS/LS 识别直接连接（没有外部路由器）。虽然系统中没有单独的处理转换器，处理转换器功能一般与 USB2.0 相关的公司路由器在 DMA 和协议模块内实现，支持所有全速和低速设备。对于外设模式：

- 最多 8 个双向端点；
- 高速/全速操作；
- 支持 HNP 和 SRP；
- 遥控唤醒能力。

旁通模式下，OTG 端口功能像主机 1 端口与 OTG 收发器之间的网关。

表 7-44 表示从 USB 核到 OTG 端口 OUTPUT PADS 的信号连接。表 7-45 表示 OTG ULPI/串行复用关系。

表 7-44 信号连接

| I/O 引脚 | 类 型 | 输 入 | 输 出 | 方向控制 |
|---|---|---|---|---|
| USB_ULPI_CLK | I/O | ipp_ind_otg_clk | | |
| USB_ULPI_DIR | IN | ipp_ind_otg_dir | | |
| USB_ULPI_STP | OUT | | ipp_do_otg_stp | |
| USB_ULPI_NXT | IN | ipp_ind_otg_nxt | | |
| USB_ULPI_DATA0 | I/O | ipp_ind_ctg_data0 | ipp_do_ctg_data0 | ipp_obe_ctg_data0 |
| USB_ULPI_DATA1 | I/O | ipp_ind_ctg_data1 | ipp_do_ctg_data1 | ipp_obe_ctg_data1 |
| USB_ULPI_DATA2 | I/O | ipp_ind_ctg_data2 | ipp_do_ctg_data2 | ipp_obe_ctg_data2 |
| USB_ULPI_DATA3 | I/O | ipp_ind_ctg_data3 | ipp_do_ctg_data3 | ipp_obe_ctg_data3 |
| USB_ULPI_DATA4 | I/O | ipp_ind_ctg_data4 | ipp_do_ctg_data4 | ipp_obe_ctg_data4 |

## 第7章 通信接口

续表 7-44

| I/O 引脚 | 类型 | 输入 | 输出 | 方向控制 |
|---|---|---|---|---|
| USB_ULPI_DATA5 | I/O | ipp_ind_ctg_data5 | ipp_do_ctg_data5 | ipp_obe_ctg_data5 |
| USB_ULPI_DATA6 | I/O | ipp_ind_ctg_data6 | ipp_do_ctg_data6 | ipp_obe_ctg_data6 |
| USB_ULPI_DATA7 | I/O | ipp_ind_ctg_data7 | ipp_do_ctg_data7 | ipp_obe_ctg_data7 |

表 7-45 OTG ULPI/串行复用

| USB 顶层输入信号 | | | USB 顶层输出信号 | | |
|---|---|---|---|---|---|
| 自 I/O 复用器 | 串行模式 | ULPI 模式 | 到 I/O 复用器 | 串行模式 | ULPI 模式 |
| ipp_ind_otg_data0 | | uctg_data_in[0] | ipp_do_otg_data0 | ipp_do_otg_oe_n | uotg_data_out[0] |
| ipp_ind_otg_data1 | | uotg_data_in[1] | ipp_do_otg_data1 | ipp_do_otg_txdp_dat | uotg_data_out[1] |
| ipp_ind_otg_data2 | | uotg_data_in[2] | ipp_do_otg_data2 | ipp_do_otg_txdm_se0 | uotg_data_out[2] |
| ipp_ind_otg_data3 | ipp_ind_otg_xcvr_ser_vp | uotg_data_in[3] | ipp_do_otg_data3 | ipp_do_otg_xcvr_ser_vp | uotg_data_out[3] |
| ipp_ind_otg_data4 | ipp_ind_otg_xcvr_ser_vm | uotg_data_in[4] | ipp_do_otg_data4 | ipp_do_otg_xcvr_ser_vm | uotg_data_out[4] |
| ipp_ind_otg_data5 | ipp_ind_otg_xcvr_ser_rcv | uotg_data_in[5] | ipp_do_otg_data5 | | uotg_data_out[5] |
| ipp_ind_otg_data6 | | uotg_data_in[6] | ipp_do_otg_data6 | ipp_do_otg_speed | uotg_data_out[6] |
| ipp_ind_otg_data7 | | uotg_data_in[7] | ipp_do_otg_data7 | ipp_do_otg_suspend | uotg_data_out[7] |
| OTG 端口方向控制 | | | | | |
| | | | ipp_obe_otg_data0 | 1'b1 | uotg_data_out_enable |
| | | | ipp_obe_otg_data1 | 1'b0 | uotg_data_out_enable |
| | | | ipp_obe_otg_data2 | 1'b0 | uotg_data_out_enable |
| | | | ipp_obe_otg_data3 | ipp_obe_otg_xcvr_ser_vp | uotg_data_out_enable |
| | | | ipp_obe_otg_data4 | ipp_obe_otg_xcvr_ser_vm | uotg_data_out_enable |

续表 7-45

| USB 顶层输入信号 | | | USB 顶层输出信号 | | |
|---|---|---|---|---|---|
| 自 I/O 复用器 | 串行模式 | ULPI 模式 | 到 I/O 复用器 | 串行模式 | ULPI 模式 |
| | | | ipp_obe_otg_data5 | 1'b0 | uotg_data_out_enable |
| | | | ipp_obe_otg_data6 | 1'b0 | uotg_data_out_enable |
| | | | ipp_obe_otg_data7 | 1'b0 | uotg_data_out_enable |

**3. USB 功率控制模块**

USB 模块支持待机核唤醒功能,但考虑电路应用特点,没有 IP。外部电路使外部收发器处于待机模式,根据本地请求(初始化 CPU)或检测 USB 线有效性的遥控请求唤醒。当请求时 CPU 处于休眠模式,唤醒逻辑可以附带唤醒 CPU。

设置相应 INT PORTSC 寄存器的方法在驱动软件控制下总是进入待机模式。一旦控制器待机,USB 时钟可能停止。

USB 核处于待机模式时,管理控制模块监视 USB 总线。根据核处于主机模式还是识别模式,检测唤醒条件个数。根据唤醒条件的检测,在 CPU 上产生 CPU 中断(异步)。如果在待机期间时钟停止,该中断再次使这些时钟有效。

**(1) 主机模式事件**

主机控制器根据下列事件唤醒:

遥控唤醒外设可以请求主机采用驱动 Dm/Dp 线上唤醒信号的方法重新使总线有效。功率控制模块将检测 Dm/Dp 线上 J-K 变化和对核唤醒请求的信号。

过流唤醒:如果 PORTSC 寄存器过流唤醒有效,功率控制模块将给 USB 核发送唤醒条件信号。

断开唤醒:功率控制模块采用监视检 Dp/Dm 线方法检测断开事件。检测到断开事件(Dm=Dp=0)和 PORTSC 寄存器断开唤醒有效时,通报核。

连接唤醒:类似断开唤醒,如果 PORTSC 寄存器有效,功率控制模块检测连接唤醒事件(Dm 或 Dp 高)和用设置 pwrctl_wakeup 信号方法给 USB 核发送信号。

**(2) 设备模式事件**

OTG 控制器配置为外部操作时,功率控制模块将检测总线的有效性:USB 总线上任何非空闲条件将使功率控制模块唤醒输出通报唤醒 USB 核。

**(3) TLL 模式**

收发器较小的连接逻辑电路允许二个微控制器使用 USB 进行内部处理器通信连接(ICL),不用常规的 USB 收发器。TLL 复用只支持串行接口,在主机端口 1 和主机端口 2 上有效。TLL(无收发器连接)逻辑是由 USB 电缆连接的 2 个串行收发器的逻辑表示法。USB 总线 Dm/Dp 状态是 TLL 功能的内部模拟,如 USB I/O 端口是否是收发器。

# 第 7 章 通信接口

在正常的带串行 PHY 的 USB 实现中，USB 总线速度选择在 Dm(低速)或 Dp(全速)的外设一侧上拉电阻完成。总线空闲时，将 USB 上拉至高电平，参见表 7-46。

表 7-46 端口 1 TLL 和 PHY 模式引脚连接

| 引脚 | TTL 模式 | | PHY 模式 | |
|---|---|---|---|---|
| | I/O | 外设引脚 | I/O | 外部 PHY 引脚 |
| 速度 | I | 速度 | O | 速度 |
| TxEnb | I | TxEnb | O | TxEnb |
| RxVm | I | TxDm | I | RxVm |
| RxVp | I | TxDp | I | RxVp |
| TxDm | O | RxDm | O | TxDm |
| TxDp | O | RxDp | O | TxDp |
| RCV | O | RCV | I | RCV |
| 速度 | I | 速度 | O | 速度 |

串行 USB 接口不提供这些信号时该选择方法不能进行逻辑模拟。因此，TLL 复用配置为全速操作，参见图 7-46。

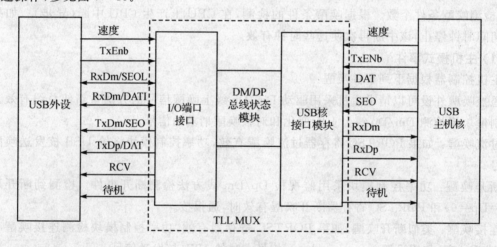

图 7-46 TLL 复用功能框图

总线的空闲条件由复用器两侧的 OE 信号和待机信号决定。当 OE 信号为高或待机信号为高时待机条件可以假设。然后，在模块二侧，TLL 模块驱动 TxDp 为高，TxDm 为低。

在主机端口 1，TLL 功能集成有旁通功能和收发器类型变换逻辑。TLL 模式是该端口的缺省模式。设置 USBCONTROL 寄存器中第 4 位可以使其无效。

主机端口 2 的 TLL 模块包含 TLL 逻辑和串行收发器类型变换逻辑。在 TLL 和非 TLL 模式下接口类型变换均有效。TLL 操作是缺省模式，可以通过设置 USBCONTROL 寄存器第 5 位，由外部收发器关断其操作，参见表 7-47。

表 7-47 端口 2 TLL 和 PHY 模式引脚连接

|  | TTL 模式 | | PHY 模式 | |
| --- | --- | --- | --- | --- |
| 引脚 | I/O | 外设引脚 | I/O | 外部 PHY 引脚 |
| 速度 | I | 速度 | O | 速度 |
| TxEnb | I | TxEnb | O | TxEnb |
| RxVm | I | TxDm | I | RxVm |
| RxVp/ | I | TxDp | I | RxVp |
| TxDm | O | RxDm | O | TxDm |
| TxDp | O | RxDp | O | TxDp |
| RCV | O | RCV | I | RCV |
| 待机 | I | 待机 | O | 待机 |

**(4) USB 旁通模式**

USB 旁通模式是一种特殊模式,允许将 OTG 端口上收发器用作连接到主机端口 1 的 USB 外设的收发器。该模式仅针对全速和低速串行收发器有效。

旁通模块结合：
- 旁通功能(主机端口 1 和 OTG 端口旁通);
- 主机端口 1 的 TLL 功能;
- 串行收发器接口变换。

图 7-47 表示 USB 旁通复用功能框图。

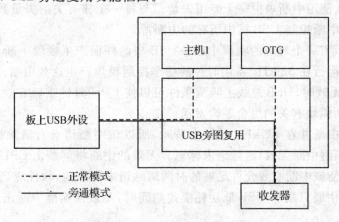

**图 7-47 USB 旁通复用功能框图**

在旁通模式,主机端口 1 的串行接口信号配置到 OTG 端口的串行接口引脚,外部 USB 设备可以使用 OTG 收发器连接外部 USB 主机。该功能与直接与主机端口 1 连接的 USB 外设一起工作时,该端口自动设置为 TLL 模式。在旁通模式,收发器接口类型变换有效,OTG 收发器接口类型可以与主机 1 接口类型不同。

表 7-48 列出旁通功能有效,与 OTG 引脚关联时,主机 1 引脚的功能。OTG 端口引脚功能不受旁通模式影响。

表 7-48 主机 1 旁通模式引脚功能

| 引脚 | 单向 | | | | 双向 | | | | OTG 端口 | |
| --- | --- | --- | --- | --- | --- | --- | --- | --- | --- | --- |
| | I/O | 单端 | I/O | 差分 | I/O | 单端 | I/O | 差分 | I/O | 引脚 |
| RxDm | I | RxDm | I | RxDm | I/O | SEOI/SE0O | I/O | RxDm/TxDm | O | TxDm |
| RxDp | I | RxDp | I | RxDp | I/O | DATI/DATO | I/O | RxDp/TxDP | O | TxDP |
| RCV | O | RCV | O | RCV | — | | O | RCV | I | RCV |
| TxDm | O | SE0 | O | TxDM | — | | — | | I | RxDM |
| TxDp | O | DAT | O | TxDP | — | | — | | I | RxDp |
| OEb | I | OEn | I | OEb | I | OEn | I | OEn | I | OEb |
| ES | I | 速度 | I | FS | I | 速度 | I | 速度 | I | 速度 |
| 待机 | I | 待机 | I | 待机 | I | 待机 | I | 待机 | I | 待机 |

**4. ULPI/串行复用**

端口 2 和 OTG 核可以用软件配置为 ULPI 或串行 PHY 操作。ULPI/串行复用选择 ULPI 接口信号或串行 PHY 接口信号。复用由从 USB 核来的 PHY 选择信号控制,当软件选择接口模式时切换。

复用的缺省配置是串行模式。用 0b10 写 PORTSC 寄存器中并行收发器选择位 PTS 完成 ULPI 模式的切换。

**5. 中 断**

每一个 USB 核使用中断表中一个专用矢量。与每一个核有关的矢量数目可以在中断表中找到。接收唤醒中断控制 USB 核中所有的中断源。

每一个 USB 核有一个对应的唤醒中断。USB 核的外面产生唤醒中断,将同一个矢量用作相应的核中断。运行在 32 kHz 备用时钟的功率控制模块产生这些中断。唤醒中断工作在 USB 和 CPU 时钟无效时,USB 总线上唤醒条件可以使 CPU 时钟重新有效。因此,该中断请求通过与 CPU 中断模块有关的组合逻辑发送。

因为产生唤醒中断并在 32 kHz 时钟上清除,所以该中断请求对清除操作响应非常慢。为此,软件必须使唤醒中断无效,清除请求标志。无效的中断将屏蔽由 CPU 时钟控制的瞬间到来的请求。重新使该中断有效允许足够的时间清除请求标志前,软件应当等待至少 3 个 32 kHz 时钟周期。该中断只用于 USB 低功耗模式期间时,足以使唤醒中断正好在整个 USB 待机模式前有效。

### 7.9.3 编程方法

表 7-49 为 USB 模块存储器配置。

表 7-49 USB 模块存储器配置

| 地 址 | 控制器 | 使用 | 访问 |
| --- | --- | --- | --- |
| 基本+0x000 | OTG | ID(UOG_ID) | 读 |
| 基本+0x004 | OTG | 硬件通用(UOG_HWGENERAL) | 读 |

续表 7-49

| 地 址 | 控制器 | 使用 | 访问 |
|---|---|---|---|
| 基本+0x008 | OTG | 主机硬件参数(UOG_HWHOST) | 读 |
| 基本+0x010 | OTG | Tx 缓冲器硬件参数(UOG_HWTXBUF) | 读 |
| 基本+0x014 | OTG | Rx 缓冲器硬件参数(UOG_HWRXBUF) | 读 |
| 基本+0x080 | OTG | 通用定时器#0 加载(GPTIMER0LD) | 读写 |
| 基本+0x084 | OTG | 通用定时器#0 控制器(GPTIMER0CTRL) | 读写 |
| 基本+0x088 | OTG | 通用定时器#1 加载(GPTIMER1LD) | 读写 |
| 基本+0x08c | OTG | 通用定时器#1 控制器(GPTIMER1CTRL) | 读写 |
| 基本+0x100 | OTG | 能力寄存器长度(UOG_CAPLENGTH) | 读 |
| 基本+0x102 | OTG | 主机接口版本(UOG_HCIVERSION) | 读 |
| 基本+0x104 | OTG | 主机控制结构参数(UOG_HCSPARAMS) | 读 |
| 基本+0x108 | OTG | 控制能力参数(UOG_HCCPARAMS) | 读 |
| 基本+0x120 | OTG | 设备接口版本(UOG_DCIVERSION) | 读 |
| 基本+0x124 | OTG | 设备控制器能力参数(UOG_DCCPARAMS) | 读 |
| 基本+0x140 | OTG | USB 程序寄存器(UOG_USBCMD) | 读写 |
| 基本+0x144 | OTG | USB 状态寄存器(UOG_USBSTS) | 读写 |
| 基本+0x148 | OTG | 中断使能寄存器(UOG_USBINTR) | 读写 |
| 基本+0x14C | OTG | USB 帧索引(UOG_FRINDEX) | 读写 |
| 基本+0x154 | OTG | 主机控制器帧列表基本地址(UOG_PERIODICLISTBASE) | 读写(仅 32 位) |
| 基本+0x158 | OTG | 主机控制器下一个异步地址(UOG_ASYNCLISTADDR) | 读写(仅 32 位) |
| 基本+0x160 | OTG | 主机控制器嵌入 TT 异步缓冲器状态(UOG_BURSTSIZE) | 读写(仅 32 位) |
| 基本+0x164 | OTG | Tx FIFO 填入调整(UOG_TXFILLTUNING) | 读写(仅 32 位) |
| 基本+0x170 | OTG | ULPI 观察口(ULPIVIEW) | 读写 |
| 基本+0x180 | OTG | 配置标志(UOG_CFGFLAG) | 读 |
| 基本+0x184 | OTG | 端口状态和控制(UOG_PORTSC1) | 读写 |
| 基本+0x1A4 | OTG | 活动式状态和控制(UOG_OTGSC) | 读写 |
| 基本+0x1A8 | OTG | USB 设备模式(UOG_USBMODE) | 读写 |
| 基本+0x1AC | OTG | 端点建立状态(UOG_ENDPTSETUPSTAT) | 读写 |
| 基本+0x1B0 | OTG | 端点初始化(UOG_ENDPTPRIME) | 读写 |
| 基本+0x1B4 | OTG | 端点不初始化(UOG_ENDPTFLUSH) | 读写 |
| 基本+0x1B8 | OTG | 端点状态(UOG_ENDPTSTAT) | 读 |
| 基本+0x1BC | OTG | 端点完成(UOG_ENDPTCOMPLETE) | 读写 |
| 基本+0x1C0 | OTG | 端点控制 0(ENDPTCTRL0) | 读写 |
| 基本+0x1C4 | OTG | 端点控制 1(ENDPTCTRL1) | 读写 |
| 基本+0x1C8 | OTG | 端点控制 2(ENDPTCTRL2) | 读写 |
| 基本+0x1CC | OTG | 端点控制 3(ENDPTCTRL3) | 读写 |
| 基本+0x1D0 | OTG | 端点控制 4(ENDPTCTRL4) | 读写 |

续表 7-49

| 地 址 | 控制器 | 使 用 | 访 问 |
|---|---|---|---|
| 基本+0x1D4 | OTG | 端点控制 5(ENDPTCTRL5) | 读写 |
| 基本+0x1D8 | OTG | 端点控制 6(ENDPTCTRL6) | 读写 |
| 基本+0x1DC | OTG | 端点控制 7(ENDPTCTRL7) | 读写 |
| 基本+0x200 | 主机 1 | 主机 1 ID(UH1_ID) | 读 |
| 基本+0x204 | 主机 1 | 硬件通用(UH1_HWGENERAL) | 读 |
| 基本+0x208 | 主机 1 | 主机硬件参数(UH1_HWHOST) | 读 |
| 基本+0x210 | 主机 1 | Tx 缓冲器硬件参数(UH1_HWTXBUF) | 读 |
| 基本+0x214 | 主机 1 | Rx 缓冲器硬件参数(UH1_HWRXBUF) | 读 |
| 基本+0x280 | 主机 1 | 通用定时器 #0 加载(GPTIMER0LD) | 读写 |
| 基本+0x284 | 主机 1 | 通用定时器 #0 控制器(GPTIMER0CTRL) | 读写 |
| 基本+0x288 | 主机 1 | 通用定时器 #1 加载(GPTIMER1LD) | 读写 |
| 基本+0x28c | 主机 1 | 通用定时器 #1 控制器(GPTIMER1CTRL) | 读写 |
| 基本+0x300 | 主机 1 | 能力寄存器长度(UH1_CAPLENGTH) | 读 |
| 基本+0x302 | 主机 1 | 主机接口版本(UH1_HCIVERSION) | 读 |
| 基本+0x304 | 主机 1 | 主机控制结构参数(UH1_HCSPARAMS) | 读 |
| 基本+0x308 | 主机 1 | 控制能力参数(UH1_HCCPARAMS) | 读 |
| 基本+0x340 | 主机 1 | USB 程序寄存器(UH1_USBCMD) | 读写 |
| 基本+0x344 | 主机 1 | USB 状态寄存器(UH1_USBSTS) | 读写 |
| 基本+0x348 | 主机 1 | 中断使能寄存器(UH1_USBINTR) | 读写 |
| 基本+0x34C | 主机 1 | USB 帧索引(UH1_FRINDEX) | 读写 |
| 基本+0x354 | 主机 1 | 主机控制帧列表基本地址(UH1_PERIODICLISTBASE) | 读写(仅 32 位) |
| 基本+0x358 | 主机 1 | 主机控制器下一个异步地址(UH1_ASYNCLISTADDR) | 读写(仅 32 位) |
| 基本+0x360 | 主机 1 | 主机控制器嵌入 TT 异步缓冲器状态(UH1_BURSTSIZE) | 读写(仅 32 位) |
| 基本+0x364 | 主机 1 | Tx FIFO 填入调整(UH1_TXFILLTUNING) | 读写(仅 32 位) |
| 基本+0x380 | 主机 1 | 保留 | 读 |
| 基本+0x384 | 主机 1 | 端口状态和控制(UH1_PORTSC1) | 读写 |
| 基本+0x3A8 | 主机 1 | USB 设备模式(UH1_USBMODE) | 读写 |
| 基本+0x400 | 主机 2 | ID(UH2_ID) | 读 |
| 基本+0x404 | 主机 2 | 硬件通用(UH2_HWGENERAL) | 读 |
| 基本+0x408 | 主机 2 | 主机硬件参数(UH2_HWHOST) | 读 |
| 基本+0x410 | 主机 2 | TX 缓冲器硬件参数(UH2_HWTXBUF) | 读 |
| 基本+0x414 | 主机 2 | RX 缓冲器硬件参数(UH2_HWRXBUF) | 读 |
| 基本+0x480 | 主机 2 | 通用定时器 #0 加载(GPTIMER0LD) | 读写 |
| 基本+0x484 | 主机 2 | 通用定时器 #0 控制器(GPTIMER0CTRL) | 读写 |
| 基本+0x488 | 主机 2 | 通用定时器 #1 加载(GPTIMER1LD) | 读写 |
| 基本+0x48c | 主机 2 | 通用定时器 #1 控制器(GPTIMER1CTRL) | 读写 |

续表 7-49

| 地　址 | 控制器 | 使用 | 访　问 |
|---|---|---|---|
| 基本＋0x500 | 主机 2 | 能力寄存器长度(UH2_CAPLENGTH) | 读 |
| 基本＋0x502 | 主机 2 | 主机接口版本(UH2_HCIVERSION) | 读 |
| 基本＋0x504 | 主机 2 | 主机控制结构参数(UH2_HCSPARAMS) | 读 |
| 基本＋0x508 | 主机 2 | 控制能力参数(UH2_HCCPARAMS) | 读 |
| 基本＋0x540 | 主机 2 | USB 程序寄存器(UH2_USBCMD) | 读写 |
| 基本＋0x544 | 主机 2 | USB 状态寄存器(UH2_USBSTS) | 读写 |
| 基本＋0x548 | 主机 2 | 中断使能寄存器(UH2_USBINTR) | 读写 |
| 基本＋0x54C | 主机 2 | USB 帧索引(UH2_FRINDEX) | 读写 |
| 基本＋0x554 | 主机 2 | 主机控制帧列表基本地址(UH2_PERIODICLISTBASE) | 读写(仅 32 位) |
| 基本＋0x558 | 主机 2 | 主机控制器下一个异步地址(UH2_ASYNCLISTADDR) | 读写(仅 32 位) |
| 基本＋0x560 | 主机 2 | 主机控制器嵌入 TT 异步缓冲器状态(UH2_BURSTSIZE) | 读写(仅 32 位) |
| 基本＋0x564 | 主机 2 | Tx FIFO 填入调整(UH2_TXFILLTUNING) | 读写(仅 32 位) |
| 基本＋0x570 | 主机 2 | ULPI 观察点(ULPIVIEW) | 读写 |
| 基本＋0x580 | 主机 2 | 保留 | 读 |
| 基本＋0x584 | 主机 2 | 端口状态和控制(UH2_PORTSC1) | 读写 |
| 基本＋0x5A8 | 主机 2 | USB 设备模式(UH2_USBMODE) | 读写 |
| 基本＋0x600 | | USB 控制寄存器(USB_CTRL) | 读写 |
| 基本＋0x604 | | USB OTG 镜像寄存器(USB_OTG_MIRROR) | 读写 |

# 第 8 章

# 数字音频复用器

数字音频复用器(AUDMUX)提供 i.MX27 器件的 SSI 模块和外部 SSI 模块间、音频和语音编解码器间、音频和同步数据的可编程内部连接。用 AUDMUX 不需要硬件连接,可以有效地共享端口间点到点或点到多点的不同配置。数字音频复用器特点如下:

- 三个主机接口(2 个内部、1 个外部);
- 三个外部接口;
- 完全六线异步收发接口;
- 可配置四线同步或六线异步收发主机和外设接口;
- 针对主机和外设的独立帧同步和时钟方向选择,时钟方向主流功能选择;
- 每一个主机接口可以按点到点或点到多点连接到任何一个其他主机或外设接口;
- 发送和接收数据交换,支持外部网络模式。

图 8-1 表示 AUDMUX 模块框图。左边是内部接口,右边是外部接口。端口 1 和端口 2 分别与内部 SSI1 和 SSI2 连接,端口 3 是允许与外部 SSI 连接的专用复用器,如在基带模块中常见的同步音频端口(SAP)。端口 4~6 是相同的,可以与任何 4 线或 6 线 SSI、语音、$I^2S$ 或 AC97 编解码器连接。端口 1~3 用作主机端口,端口 4~6 用作外设端口。

端口 1~端口 6 有可配置的 4 线或 6 线接口。配置为 6 线接口时,附加的 RFS 和 RCLK 接口信号能使 SSI 用于异步模式,分别接收和发送时钟。该模式下,1 个端口的器件可以连接到只配置为单一输入和输出的 2 个端口(内部或外部)。端口 1~3 具有复用管理功能,支持内部网络模式。端口 3~6 具有 Tx/Rx 切换功能,支持外部网络模式。Tx/Rx 切换能使 Da 和 Db 线相互切换,所以 1 个以上连接到端口 1~3 中任何一个端口的主机能与 1 个以上接在外部端口的外部从设备进行通信。

位时钟选择方向能使每一个端口配置为主设备或从设备。可能出现的情况是:

① SSI1(内部主机端口)驱动语音编解码器,BT(在外设端口 6)和底下连接器(在外设端口 5)同时使用网络模式。SSI1 是主端口。

② SAP(外部基带音频端口)驱动语音编解码器,BT(端口 6)和底下连接器(端口 5)同时使用网络模式。SAP 是主端口。

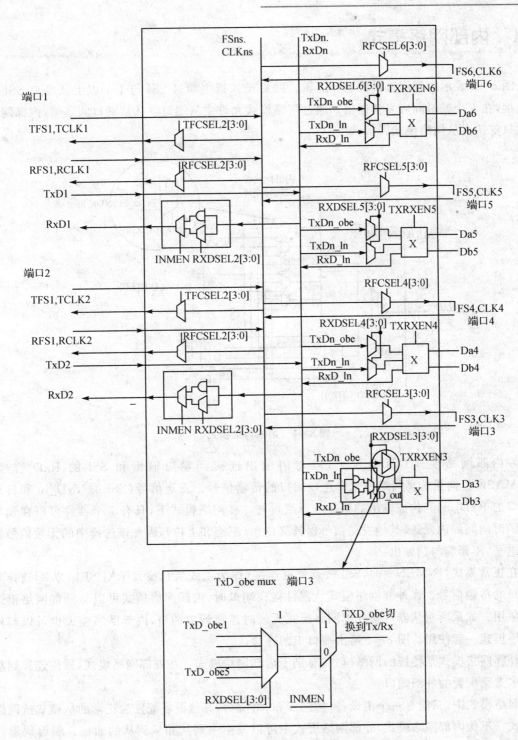

图 8-1 AUDMUX 结构框图

# 第8章 数字音频复用器

## 8.1 内部网络模式

图 8-2 表示内部网络模式选择逻辑。网络模式指主端口 SSI 与 1 个以上从端口 SSI 器件连接,在 1 个帧时间内发生通信。通过网络模式允许主从端口或从从端口间通信,内部网络模式只支持主从网络模式。

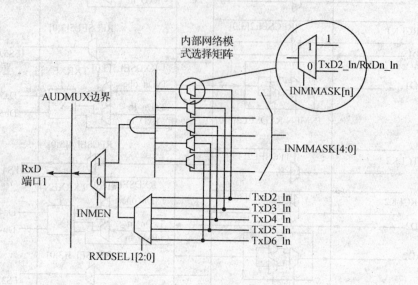

图 8-2 内部网络模式

在内部网络模式(INMEN = 1),与门输出连接到端口输出和 SSI 的 RxD 信号。INMMASK 位向量选择网络模式中连接端口的传输信号。发送信号(SSI 的 TxD_in 和自外部端口的 RxD_in)和构成输出的信号进行逻辑与。在网络模式下,只有 1 个器件可以在预先设计的时间间隔内发送,其他发送信号保持高电位(三态和上拉),因此该选择中的无效信号处于高电平,不影响与门输出。

在正常模式(INMEN=0),SSI 按点到点连接(作为主或从),设置 RXDSEL[2:0]选择其他端口的传输信号。在外部网络模式从器件接在端口时,内部网络模式可以与外部网络模式一起使用。如果所有从器件在外部网络模式无效时连接到主端口,内部网络模式也可以与外部网络模式一起使用。图 8-2 给出端口 1 的连接。

外部网络模式是传统的网络模式,有别于内部网络模式。在外部网络模式,器件连接到星形或多支路配置的外部端口。

网络模式中,只能有一个主设备(帧同步和时钟源),其他设备配置为正常的从模式或网络从模式。不像内部网络模式,外部网络模式中可以发生主到从和从到从的通信。编解码器件在单时间间隔内进行传输,网络中主模模式的 SSI(例如 SAP)或从模式的 SSI2 可以处理多于 1 个时间间隔的数据。

图8-3表示Tx/Rx切换。TxD_obe为输出缓冲器使能信号，TxD_out是内部SSI的数据传输信号。RxD_in是到SSI端口和外部端口的RXDSEL与TXDSEL混合的接收数据信号。

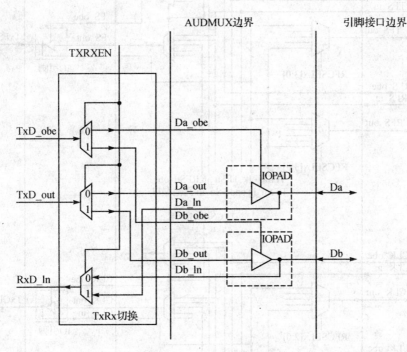

图8-3　Tx/Rx切换

在正常模式和网络从模式，TXRXEN无效(TXRXEN=0)、TxD_out接到Da(Da_out)、Db(Db_in)接到RxD_in。在正常模式，输出缓冲器有效，Da_obe总是有效(认可)，TxD_out接到Da_out上。网络模式下，TxD_obe信号在SSI时间间隔期间有效，在其他时间间隔，Da输出为三态。

网络模式(SSIx为主)，Tx/Rx切换有效(TXRXEN=1)，TxD_out接到Db_out、Da_in接到RxD_in。TxD_obe信号在SSI时间间隔期间有效，在其他时间间隔，Db输出为三态。

## 8.2　帧同步和时钟

图8-4为帧同步和时钟接口电路图。

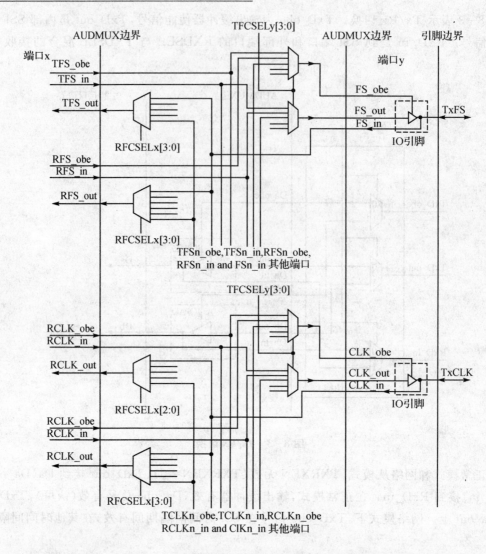

图8-4 外设端口为4线时帧同步和时钟电路

## 8.3 同步模式

同步模式端口有4根线,即RXD、TXD、TxCLK和TxFS。接收时钟和接收帧同步分别与发送时钟(TxCLK)和发送帧同步(TxFS)相同。图8-4中端口x信号接到端口y,表示6线端口到4线端口的连接。

TFS_in、RFS_in、TCLK_in和RCLK_in是SSI的输入帧同步和位时钟,与其输出缓冲器使能信号(_obe)相对应。TFS_out、RFS_out、TCLK_out和RCLK_out是从其他端口发送到SSI的帧同步和位时钟。

TFCSEL MUX的设置值选择TFS_out和TCLK_out,RFCSEL MUX的设置值选择RFS_out和RCLK_out。类似,从外设方向看,TFCSEL选择FS_obe和FS_out信号。该模式不用RFCSEL。

## 8.4 异步模式

异步模式端口有 6 根线，RXD、TXD、TxCLK、TxFS、RxCLK 和 RxFS。与同步端口的 4 根线相比，增加接收时钟(RxCLK)和帧同步(RxFS)二根线引脚，参见图 8-5 和图 8-6。

## 8.5 SSI 与外设连接

图 8-5 表示内部 SSI 端口与外设端口的数据路径的互连。TxD_obe 是 SSI 的缓冲使能信号，TxD_in 是 SSI 和 RxD_out 的输入传送数据，接收数据输出从 AUDMXUX 到 SSI。

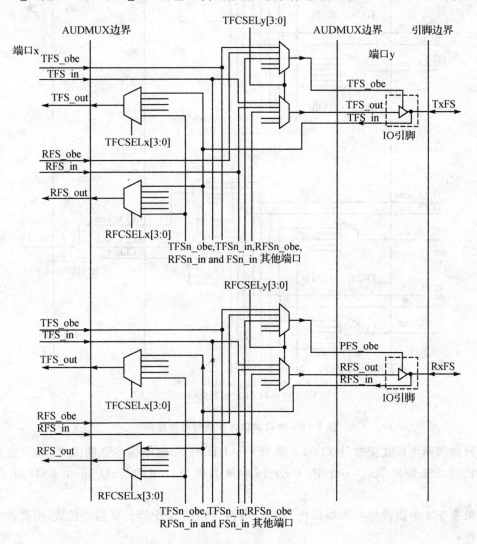

图 8-5 外设端口为 6 线时帧同步电路

外设端口 TXDSEL[2:0] 从 TxD_obe、TxD_in 和 RxD_in 信号选择 signals 缓冲使能信号(TxD_obe)和传送数据输出(TxD_out)信号。TXDSEL[2:0]是二个选择混合器的通用

信号。

来自 SSI 的传送数据发送到 TXDSEL 数据混合器作为 TxD_out，TXRXEN 无效时接到 Da_out，TXRXEN 有效时接到 Db_out。类似，TXRXEN 无效时 Db_in 接到 RxD_in，TXRXEN 有效时 Da_in 接到 RxD_in。帧同步电路如图 9-5 时，接口时钟电路如图 8-6。

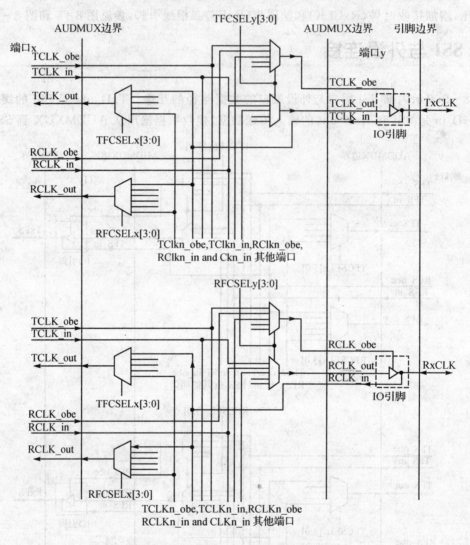

图 8-6　外设端口为 6 线时时钟电路

如果内部网络模式无效，RXDSEL 选择从 AUDMUX 输出到 SSI 的 RxD_in。选择内部网络模式时，SSI 输出 RxD_out 前，RxD_in 和从其他端口来的 TxD_in 和 RxD_in 信号逻辑与。

如果多于 1 个器件与外部端口在 Da 和 Db 接口连接，1 个器件是网络模式，则要注意下面二个条件：

① 网络模式下外部主端口有效时，SSI 必须配置成从端口（正常或网络模式）。不需要 Tx/Rx 切换。

② 外部主端口无效，SSI 和其他从器件需要通信时，SSI 必须配置为网络模式主端口，Tx/

Rx 切换必须有效(TXRXEN=1)。这样确保传输和接收路径连接正确。

为了与更多的端口通信,SSI 端口上内部网络模式必须有效。内部网络模式下,可以和与其他端口连接的任何器件通信。内部网络模式必须在 SSI 网络模式主端口有效。

## 8.6 AUDMUX 配置的外设连接

下面介绍采用配置 AUDMUX 方法进行的外设连接情况和一些局限性。

图 8-7 表示 AUDMUX 的通用配置,未表示何路径有效或可能。

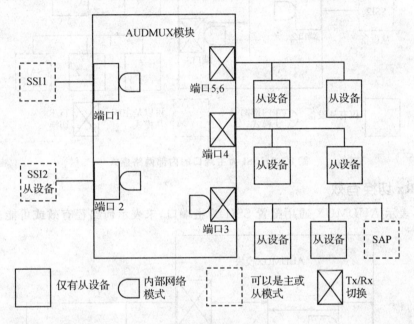

图 8-7 配置图

只有端口 1、2、3 可以工作在内部网络模式,端口 3、4、5 可以进行 Tx/Rx 切换。例如,端口 1 内部网络模式有效,看作输出端口。因此,当端口 1、2、3 的内部网络模式有效时,均可变成输出端口。

配置 1:只有从器件连接在网络模式。

配置 2:只有一个主从端口能带从设备。

### 1. SSI1 和 SAP 作为主端口时 AUDMUX 的配置

图 8-8 表示可以同时配置 2 个音频路径。

音频路径 1:

上面配置表示 SSI1 配置成与端口 4、5、6 上从设备通信的主端口。这里,端口 1 为内部网络模式的输出端口。

音频路径 2:

SAP(基带音频端口)连接到从端口和 SSI2。Tx/Rx 切换无效,无内部网络模式。SSI2(到 i.MX27 器件)接成从端口。

# 第 8 章 数字音频复用器

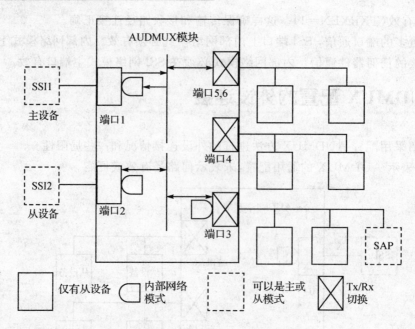

图 8-8 SSI 为主端口的内部网络模式

### 2. Tx-Rx 切换有效

图 8-9 表示 AUDMUX 通用配置 SSI1 为主端口,未表示何路径有效或可能。

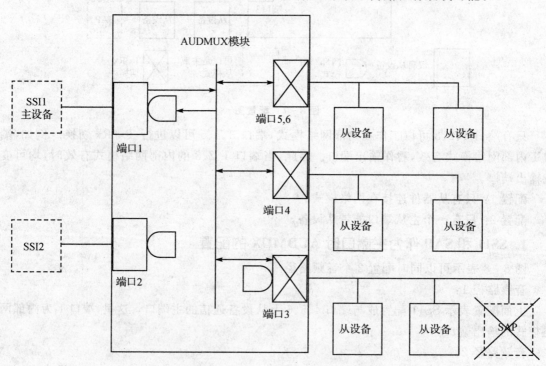

图 8-9 Tx-Rx 切换限制

- SSI1 为主端口,与所有外设端口相连;

- 端口 1 内部网络模式有效,接收端口 3、4、5 的数据;
- Tx/Rx 切换只在端口 3 有效,保持与端口 3 一致的信号方向;
- 因为 Tx 和 Rx 信号不一致,SAP(基带音频端口)主端口肯定无效;
- 虽然 SAP 主端口无效,显然,由于执行使配置 1 和配置 2,信号方向与配置 1 不相同,因此需要 Tx/Rx 切换。

### 3. 内部/外部网络模式

图 8-10 表示内部网络模式造成的限制。

- 该流程中,SAP(基带音频端口)是主设备内部网络模式,端口 3 有效。
- 端口 3 是输出,接收来自其他端口的数据。
- 因为内部网络模式总是驱动输出端口的输出,所以本地连接的从设备不得不无效,不考虑与端口 3 从设备传输造成多重驱动冲突的时间空挡。
- 禁止配置 2 的从设备有效地将外部网络模式从端口 3 移除。这是内部网络模式不能与外部网络模式一起使用的原因。

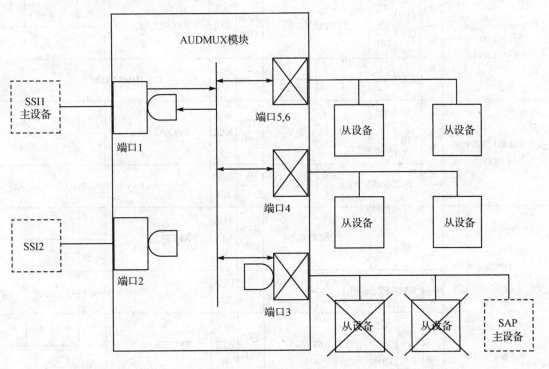

图 8-10 内部和外部网络模式限制

## 8.7 编程方法

AUDMUX 共有 6 个寄存器,参见表 8-1 和表 8-2。

# 第 8 章 数字音频复用器

表 8-1 AUDMUX 存储器配置

| 地 址 | 寄存器名称 | 访 问 | 复位值 |
|---|---|---|---|
| 0x1001_6000 | 主机端口配置寄存器 1(HPCR1) | 读写 | 0x0000_0000 |
| 0x1001_6004 | 主机端口配置寄存器 2(HPCR2) | 读写 | 0x0000_0000 |
| 0x1001_6008 | 主机端口配置寄存器 3(HPCR3) | 读写 | 0x0000_0000 |
| 0x1001_6010 | 外设端口配置寄存器 1(PPCR1) | 读写 | 0x0000_0000 |
| 0x1001_6014 | 外设端口配置寄存器 2(PPCR2) | 读写 | 0x0000_0000 |
| 0x1001_601C | 外设端口配置寄存器 3(PPCR3) | 读写 | 0x0000_0000 |

表 8-2 AUDMUX 寄存器

| 名称 | | 31 | 30 | 29 | 28 | 27 | 26 | 25 | 24 | 23 | 22 | 21 | 20 | 19 | 18 | 17 | 16 |
|---|---|---|---|---|---|---|---|---|---|---|---|---|---|---|---|---|---|
| | | 15 | 14 | 13 | 12 | 11 | 10 | 9 | 8 | 7 | 6 | 5 | 4 | 3 | 2 | 1 | 0 |
| 0x1001_6000 (HPCR1) | R | TFSDIR | TCLKDIR | TFCSEL[3:0] | | | | RFSDIR | RCLKDIR | RFCSEL[3:0] | | | | 0 | 0 | 0 | 0 |
| | W | | | | | | | | | | | | | | | | |
| | R | RXDSEL[2:0] | | | SYN | 0 | 0 | 0 | INMEN | INMMASK[7:0] | | | | | | | |
| | W | | | | | | | | | | | | | | | | |
| 0x1001_6004 (HPCR2) | R | TFSDIR | TCLKDIR | TFCSEL[3:0] | | | | RFSDIR | RCLKDIR | RFCSEL[3:0] | | | | 0 | 0 | 0 | 0 |
| | W | | | | | | | | | | | | | | | | |
| | R | RXDSEL[2:0] | | | SYN | 0 | 0 | 0 | INMEN | INMMASK[7:0] | | | | | | | |
| | W | | | | | | | | | | | | | | | | |
| 0x1001_6008 (HPCR3) | R | TFSDIR | TCLKDIR | TFCSEL[3:0] | | | | RFSDIR | RCLKDIR | RFCSEL[3:0] | | | | 0 | 0 | 0 | 0 |
| | W | | | | | | | | | | | | | | | | |
| | R | RXDSEL[2:0] | | | SYN | 0 | TXRXEN | 0 | INMEN | INMMASK[7:0] | | | | | | | |
| | W | | | | | | | | | | | | | | | | |
| 0x1001_6010 (PPCR1) | R | TFSDIR | TCLKDIR | TFCSEL[3:0] | | | | RFSDIR | RCLKDIR | RFCSEL[3:0] | | | | 0 | 0 | 0 | 0 |
| | W | | | | | | | | | | | | | | | | |
| | R | RXDSEL[2:0] | | | SYN | 0 | TXRXEN | 0 | 0 | 0 | 0 | 0 | 0 | 0 | 0 | 0 | 0 |
| | W | | | | | | | | | | | | | | | | |
| 0x1001_6014 (PPCR2) | R | TFSDIR | TCLKDIR | TFCSEL[3:0] | | | | RFSDIR | RCLKDIR | RFCSEL[3:0] | | | | 0 | 0 | 0 | 0 |
| | W | | | | | | | | | | | | | | | | |
| | R | RXDSEL[2:0] | | | SYN | 0 | TXRXEN | 0 | 0 | 0 | 0 | 0 | 0 | 0 | 0 | 0 | 0 |
| | W | | | | | | | | | | | | | | | | |

续表 8-2

| 名称 | | 31 | 30 | 29 | 28 | 27 | 26 | 25 | 24 | 23 | 22 | 21 | 20 | 19 | 18 | 17 | 16 |
| --- | --- | --- | --- | --- | --- | --- | --- | --- | --- | --- | --- | --- | --- | --- | --- | --- | --- |
| | | 15 | 14 | 13 | 12 | 11 | 10 | 9 | 8 | 7 | 6 | 5 | 4 | 3 | 2 | 1 | 0 |
| 0x1001_601C(PPCR3) | R/W | TFSDIR | TCLKDIR | TFCSEL[3:0] | | | | RFSDIR | RCLKDIR | RFCSEL[3:0] | | | | 0 | 0 | 0 | 0 |
| | R/W | RXDSEL[2:0] | | | SYN | 0 | TXRXEN | 0 | 0 | 0 | 0 | 0 | 0 | 0 | 0 | 0 | 0 |

# 第 9 章

# CMOS 传感器接口

CMOS 传感器指普通的摄像机。这一章主要介绍 CMOS 传感器接口(CSI)的结构、工作原理和编程方法。CSI 使 i.MX27 能与外部 CMOS 图像传感器直接连接。CSI 功能包括：
- 可配置接口逻辑支持最常用的 CMOS 传感器；
- 支持 CCIR656 视频接口和传统传感器接口；
- 针对 YCC、YUV、Bayer 和 RGB 数据输入的 8 位数据端口；
- 完全支持针对 32 位 FIFO 数据包的 8 位和 16 位数据；
- 32×32 FIFO 存储接收的图像象素数据，通过可编程 IO 或 DMA 读取；
- 直接与增强型多媒体加速器预处理模块(PrP)接口；
- 从可屏蔽传感器中断源到中断控制器的单个中断源：帧起点、帧末尾、场变换、FIFO；
- 可偏置到传感器的主时钟频率输出；
- 针对摄像机自动曝光(AE)和自动白平衡(AWB)控制的统计数据发生器。

图 9-1 为 CMOS 传感器接口结构框图，包括 2 个建立接口定时和中断发生器的控制寄存器（控制寄存器 1 和 3）、1 个针对统计数据发生器控制寄存器（控制寄存器 2）、状态寄存器、接口逻辑、数据包逻辑、CCIR 定时译码器、中断控制器、主时钟发生器、统计数据发生器、接收 FIFO(RxFIFO)和 16×32 统计数据 FIFO(StatFIFO)的 32×32 图像数据。

## 9.1 CMOS 传感器接口信号

图 9-1 表示从 CMOS 传感器接口(CSI)的 RxFIFO 到 eMMA 增强型多媒体加速器 PrP 预处理器模块总线的快速数据传输。该总线的使能可以控制。当它有效时，RxFIFO 从 AHB 总线读取数据，并与 PrP 连接。忽略 CPU 对 RxFIFO 寄存器读和对 DMA 的访问。所有 CSI 中断屏蔽保护软件对 FIFO 和状态寄存器的访问。

用户根据数据格式和总线宽度选择 RxFIFO，每一个从 SI RxFIFO 到 PrP 的猝发必须使用与 RxFIFO 性能相当的尺寸。为确保完成整个帧的传输，图像大小（按字计算）必须是 RxFIFO 的整数倍。表 9-1 给出 i.MX27 器件 CSI 模块与外部 CMOS 传感器之间的输入和输出信号。表 9-2 给出简单的计算结果。

# 第9章 CMOS 传感器接口

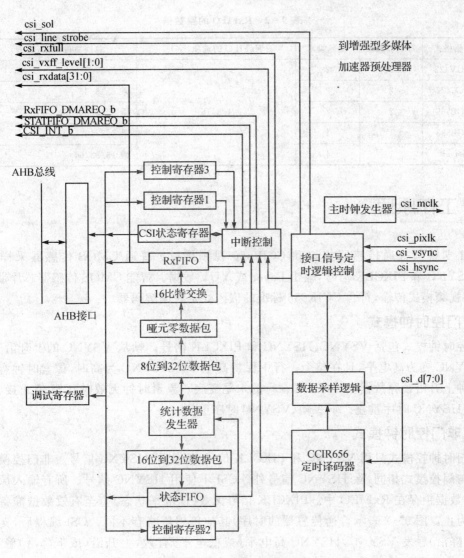

图 9-1 CSI 结构框图

表 9-1 CSI 和传感器间信号

| CSI 信号 | 方 向 | 解 释 |
|---|---|---|
| CSI_VSYNC | 输入 | 垂直同步（帧起点） |
| CSI_HSYNC | 输入 | 水平同步（空信号） |
| CSI_D[7:0] | 输入 | 8 位传感器数据总线（Bayer、YUV、YCrCb、RGB） |
| CSI_MCLK | 输出 | 输出传感器主时钟 |
| CSI_PIXCLK | 输入 | 输入像素时钟 |

表 9 - 2  RxFIFO 的整数倍

| 数据格式 | 每字节象素 | 每字象素 | RxFIFO 的选项(字) | 总线宽度需求(象素) |
|---|---|---|---|---|
| YUV422 | 2 | 2 | 4/8/16 | 乘 8/16/32 |
| YCC422 | 2 | 2 | | 乘 8/16/32 |
| RGB565 | 2 | 2 | | 乘 8/16/32 |
| RGB888 | 4 | 1 | | 乘 4/8/16 |
| Bayer | 1 | 4 | | 乘 16/32/64 |

## 9.2 工作原理

CSI 支持与普通传感器接口和 CCIR656 视频接口。普通 CMOS 传感器采样典型的 SOF、HSYNC 和 PIXCLK 信号,输出 Bayer 或 YUV 数据。智能 CMOS 传感器芯片带图像处理,支持视频模式传输,符合 CCIR656 标准的嵌入式定时编解码器。

### 1. 门控时钟模式

门控时钟模式包括 VSYNC、HSYNC 和 PIXCLK 信号。帧从 VSYNC 的上升沿开始,然后,HSYNC 变为高电平,且在整个一行中保持高电平。HSYNC 为高时,像素时钟有效。在像素时钟上升沿锁存数据。HSYNC 在行的末尾变底。象素时钟无效时,CSI 停止接收数据。下一行,HSYNC 时序重复。下一帧,VSYNC 时序重复。

### 2. 非门控时钟模式

非门时钟控模式只用 VSYNC 和 PIXCLK 信号,不使用 HSYNC 信号。非门控模式的所有时序与门控模式相同,除 HSYNC 信号外。CSI 不使用 HSYNC 信号。所有输入像素时钟有效,使数据锁存在 RxFIFO 中。PIXCLK 信号无效(低电平状态)直至有效数据准备在总线上传输为止。图 9 - 2 表示普通传感器的时序,其他传感器略有不同。CSI 编程后,支持上升沿(或下降沿)触发 VSYNC,HSYNC 高电平(或低电平)有效,上升沿(或下降沿)触发 PIX-CLK。

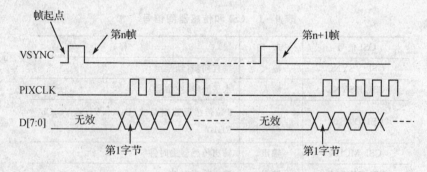

图 9 - 2  非门控时钟模式时序图

### 3. CCIR656 隔行模式

CCIR656 模式只用 PIXCLK 和 DATA[7:0]信号。嵌入数据流中的时序编解码器取代帧起点和空信号。每一个有效行的起点由 SAV 代码确定,结尾由 EAV 代码确定。有些情况,EAV 和 SAV 代码间插入数字空信号。CSI 对数据流输出的时序代码进行解码和滤波,恢复内部使用的 VSYNC 和 HSYNC 信号,像统计模块的控制和 CSI 到 PrP 的互连一样。数据连续进入数据接收和打包模块,不必再进行 1 位接 1 位的排序。软件必须重新排序,恢复原始图像。

根据每一位的变化触发变更 Of 位中断(COF)。中断服务程序读取状态寄存器,检查当前位。

根据 CCIR656 规范,图像必须是 625/50 PAL 制或 525/60 NTSC 制格式。此外,图像是隔行扫描,奇数和偶数场中间有空行。数据必须按 YCC422 格式,每一个像素包含 2 字节,或 Y+Cr 或 Y+Cb。这些要求针对电视系统设置的。CSI 模块只支持 PAL 和 NTSC 制。图 9-3 表示 PAL 系统帧结构,包含垂直和水平空区域。图 9-4 给出表示 SAV 和 EAV 1 行一般时序。

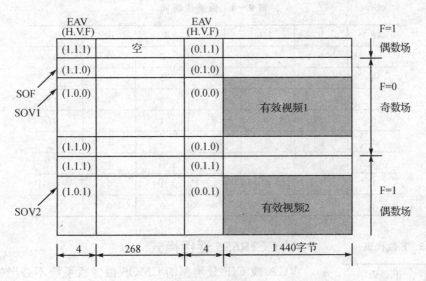

图 9-3  CCIR656 隔行模式(PAL)

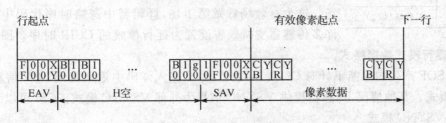

图 9-4  CCIR656 一般行的时序

CCIR656 规范推荐的译码表见表 9-3、表 9-4 和表 9-5,用于 CCIR656 模式解码视频数据流。从嵌入的时序代码中解码出 SOF 所需中断。

# 第9章 CMOS 传感器接口

表 9-3  SAV 和 EAV 解码

| 数据比特数 | 第1字节 0xFF | 第2字节 0x00 | 第3字节 0x00 | 第4字节 0xXY |
|---|---|---|---|---|
| 7(MSB) | 1 | 0 | 0 | 1 |
| 6 | 1 | 0 | 0 | F |
| 5 | 1 | 0 | 0 | V |
| 4 | 1 | 0 | 0 | H |
| 3 | 1 | 0 | 0 | P3 |
| 2 | 1 | 0 | 0 | P2 |
| 1 | 1 | 0 | 0 | P1 |
| 0 | 1 | 0 | 0 | P0 |

表 9-4  保护位解码

| F | V | H | P3 | P2 | P1 | P0 |
|---|---|---|---|---|---|---|
| 0 | 0 | 0 | 0 | 0 | 0 | 0 |
| 0 | 0 | 1 | 1 | 1 | 0 | 1 |
| 0 | 1 | 0 | 1 | 0 | 1 | 1 |
| 0 | 1 | 1 | 0 | 1 | 1 | 0 |
| 1 | 0 | 0 | 0 | 1 | 1 | 1 |
| 1 | 0 | 1 | 1 | 0 | 1 | 0 |
| 1 | 1 | 0 | 1 | 1 | 0 | 0 |
| 1 | 1 | 1 | 0 | 0 | 0 | 1 |

表 9-5  F 位代表

| F 位 | 代 表 |
|---|---|
| 0 | 奇数场(场1) |
| 1 | 偶数场(场2) |

### 4. CCIR656 逐行模式

VGA 或 CIF 分辨率的 CMOS 摄像机系统不必严格坚持 CIR 标准中规定的接口要求。逐行模式扫描中图像只有 1 个有效的场。这个有效场看做第 1 场,译码器中忽略时序代码中的 F 位。许多传感器支持缺省设置为逐行模式的 CCIR 时序。图 9-5 表示典型的逐行模式数据格式。

针对 SOF 产生的中断不针对 COF。一般情况,从嵌入译码中重新找到 SOF 信息为内部 VSYNC 模式。其他情况,传感器提供 VSYNC 信号为外部 VSYNC 模式。CSI 可以工作在内部或外部 VSYNC 模式。

### 5. CCIR656 译码误差校正

根据 CCIR 译码算法,SAV 和 EAV 上的保护位用 1 位纠错或用译码器检测 2 位错误的编码方法。CCIR 译码器在隔行模式下支持该特点。

针对 1 比特错误情况,使用者可以选择自动纠错或在状态标志位指示的简单方法。针对 2 比特错误情况,因为译码器不能纠错,所以错误只显示在状态标志位上。

检测出错误可以产生中断。该信号不影响状态位工作。

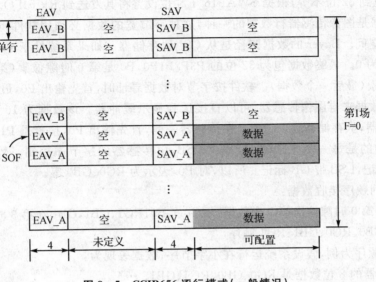

图 9-5 CCIR656 逐行模式(一般情况)

## 9.3 中断产生

帧起始(SOF)中断源依不同工作模式而不同。在传统模式,VSYNC 信号来自传感器,帧中断起始(SOF_INT)信号在 VSYNC 上升或下降沿(可编程)产生;在 CCIR 隔行模式,SOF 中断信息从嵌入的解码器得到,产生 SOF_INT;在 CCIR 逐行模式,有二个 SOF 中断源:

- 内部 VSYNC 模式下,从嵌入的解码器得到 SOF;
- 外部 VSYNC 模式下,从传感器得到 VSYNC,在 VSYNC 上升沿产生 SOF。

帧末尾(EOF)中断在帧末尾产生,读取 RxFIFO 完整帧数据。EOF 中断不能工作在 CSI 预处理模式。

触发的 EOF 事件对 RX 计数寄存器(CSIRXCNT)起作用。软件针对帧尺寸(字节)设置 RX 计数寄存器。CSI RX 逻辑对接收的像素数据计数,与 RX 计数进行比较。如果达到预先设置值,产生 EOF 中断,读取 RxFIFO 中数据。如果在该事件发生前检测到 SOF 事件,不产生 EOF 中断。

场变更(COF)中断只在 CCIR 隔行模式进行。在场固定时,从第 1 场变更为第 2 场,或从第 2 场变更为第 1 场,产生 COF 中断。软件检查 F1_INT 或 F2_INT 开启前,应先检查 CSI 状态寄存器(CSISTAT)中场变更中断(COF_INT)位。

在 PAL 系统中,场在帧起点变更,并与 SOF 一致。对第 1 场,不产生 COF 中断,只产生 SOF 中断。COF 中断在第 2 场产生。

CCIR 错误中断(ECC_INT)只针对 CCIR 隔行模式。在输入数据流 SAV 或 EAV 解码中发现一个错误时产生 ECC 中断。发生 ECC 时,ECC_INT 状态位设置为 1。

由于图像捕获路径上不同场的端口尺寸不同,重要是数据的字节序。为使灵活的图像数据包有效,在 SWAP16_EN 呈现在 FIFO 前,CSI 模块通过 PACK_DIR 和使数据交换有效的 CSI 控制寄存器 1(CSICR1)的 SWAP16_EN 位提供数据交换。数据包根据 PACK_DIR 不同

## 第9章　CMOS 传感器接口

的设置，从 8 位到 32 位不等，根据 SWAP16_EN 位设置将其发送到 Rx FIFO。

Bayer 数据是图像传感器行数据的一种，这种字节宽的数据必须用软件将其转换到 RGB 空间或 YUV 空间。Bayer 的数据路径是从 CSI 到存储器。如果系统处于小字节序，PACK_DIR 位应设置为 0。最终数据包为 32 位的 P3P2P1P0，P0 是第 0 时隙像素（第 1 个数据），P3 是第 3 时隙像素（最后一个数据）。软件按字节对数据寻址时，首先输出 P0，最后输出 P3。

RGB565 数据来自图像传感器，可以直接送到显示缓冲器。该数据为 16 位宽，数据路径从 CSI 到存储器，从存储器到 LCDC。在传感器一侧，首先输出 P0，接着是 P1，等等。在像素一侧，首先输出的是每一个像素的 MSB 或 LSB，由传感器的字节序控制。数据为 16 位宽，MSB 带 RG 标记，LSB 带 GB 标记。所以，对 P0，表示为 RG0、GB0 等。

CSI 按下列顺序接收数据：

当 RG0 在第 0 时隙输出第 1 个数据：RG0、GB0、RG1、GB1，GB1 在第 3 时隙输出最后一个数据，或按 GB0、RG0、GB1、RG1 顺序。

以第 1 种顺序为例，假设系统运行在小字节序，数据表现为：

- 自传感器的 8 位数据是 RG0、GB0、RG1、GB1、…
- CSI Rx FIFO(PACK_DIR=1)前的 32 位数据是 RG0GB0RG1GB1；
- CSI Rx FIFO(SWAP16_EN 位有效)中的 32 位数据是 RG1GB1RG0GB0；
- 传送到系统储存器的 32 位数据是 RG1GB1RG0GB0；
- LCDC 读取的 16 位数据是 RG0GB0、RG1GB1。

RGB888 数据是图像传感器另一种处理的数据，可以直接用于下一个图像处理。每一个数据包括 8 位红色、8 位绿色和 8 位蓝色数据。图 9-6 给出可能的时序图。

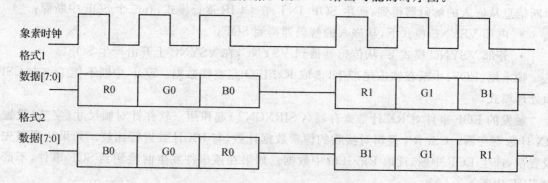

图 9-6　RGB888 数据输入时序图

每个像素 3 字节结构不是 CSI 到 PRP 路径的最佳选择。为改善从 CSI 到 PRP 的数据传送，应提供哑元字节包结构的选项。对每一组 3 字节数据，打包的零哑元构成 32 位字，如图 9-7 所示。零哑元总是打包在 LSB 位。PRP 将忽略该字节。

统计方式只工作在 Bayer 数据，从 8 位 Bayer 输入产生 16 位统计输出。输出是绿(G)、红(R)、蓝(B)和自动聚焦。每一个输出为 16 位宽。

CSICR1 寄存器中 PACK_DIR 和 SWAP16_EN 位设置不影响输入路径。PACK_DIR 只控制 16 位统计输出怎样打包成 32 位 STAT FIFO。

PACK_DIR 位＝1 时，统计数据打包成：

第 1 是 32 位 RG、第 2 是 32 位 BF、…

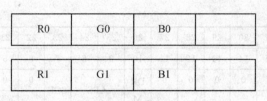

图9-7 哑元字节结构输出数据格式

PACK_DIR 位=0 时,统计数据打包成:

第1是32位GR、第2是32位FB、…

## 9.4 编程方法

表9-6和表9-7中,CSI控制寄存器1控制传感器接口时序、CSI到PrP总线接口和中断的产生。该寄存器中断使能位控制中断信号和状态位,即当相应中断位有效时状态位工作。

表9-6 CSI 存储器配置

| 地址 | 用途 | 访问 | 复位值 |
|---|---|---|---|
| 0x8000_00000 | CSI 控制寄存器 1(CSICR1) | 读写 | 0x4000_0800 |
| 0x8000_00004 | CSI 控制寄存器 2(CSICR2) | 读写 | 0x0000_0000 |
| 0x8000_0001C | CSI 控制寄存器 3(CSICR3) | 读写 | 0x0000_0000 |
| 0x8000_00008 | CSI 状态寄存器(CSISR) | 读写 | 0x0000_4000 |
| 0x8000_0000C | CSI 统计 FIFO 寄存器(CSISTATFIFO) | 读 | 0x0000_0000 |
| 0x8000_00010 | CSI Rx FIFO 寄存器(CSIRFIFO) | 读 | 0x0000_0000 |
| 0x8000_00014 | CSI RX 计数寄存器(CSIRXCNT) | 读写 | 0x0000_0000 |

表9-7 CSI 的寄存器

| 名称 | | 31 | 30 | 29 | 28 | 27 | 26 | 25 | 24 | 23 | 22 | 21 | 20 | 19 | 18 | 17 | 16 |
|---|---|---|---|---|---|---|---|---|---|---|---|---|---|---|---|---|---|
| | | 15 | 14 | 13 | 12 | 11 | 10 | 9 | 8 | 7 | 6 | 5 | 4 | 3 | 2 | 1 | 0 |
| 0x8000_0000 (CSICR1) | R | SWAP16_EN | EXT_VSYNC | EOF_INT_EN | PrP_IF_EN | CCIR_MODE | COF_INTEN | SF_OR_INTEN | RF_OR_INTEN | STATFF_LEVEL | STATFF_INTEN | RxFF_LEVEL | | RxFF_INTEN | | SOF_POL | SOF_INTEN |
| | W | | | | | | | | | | | | | | | | |
| | R | MCLKDIV | | | | HSYNC_POL | CCIR_EN | MCLK_EN | FCC | PACK_DIR | CLR_STATFIFO | CLR_RxFIFO | GCL_MODE | INV_DATA | INV_PCLK | REDGE | 0 |
| | W | | | | | | | | | | | | | | | | |

续表 9-7

| 名称 | R/W | 31/15 | 30/14 | 29/13 | 28/12 | 27/11 | 26/10 | 25/9 | 24/8 | 23/7 | 22/6 | 21/5 | 20/4 | 19/3 | 18/2 | 17/1 | 16/0 |
|---|---|---|---|---|---|---|---|---|---|---|---|---|---|---|---|---|---|
| 0x8000_0004 (CSICR2) | R | 0 | 0 | 0 | 0 | 0 | DRM | AFS | | SCE | | 0 | 0 | BTS | | LVRM | |
| | W | | | | | | | | | | | | | | | | |
| | R | VSC | | | | | | | | HSC | | | | | | | |
| | W | | | | | | | | | | | | | | | | |
| | R | FRMCNT | | | | | | | | | | | | | | | |
| | W | | | | | | | | | | | | | | | | |
| 0x8000_0001C (CSICR3) | R | FRMCNT_RST | 0 | 0 | 0 | 0 | 0 | 0 | 0 | 0 | 0 | 0 | CSI_SUP | ZERO_PACK_EN | EOC_INT_EN | ECC_AUTO_EN |
| | W | | | | | | | | | | | | | | | | |
| 0x8000_00008 (CSISR) | R | 0 | 0 | 0 | 0 | 0 | 0 | SFF_OR_INT | RFF_OR_INT | 0 | 0 | STATFF_INT | 0 | 0 | RxFF_INT | EOF_INT | SOF_INT |
| | W | | | | | | | | | | | | | | | | |
| | R | P2_INT | F1_INT | COF_INT | 0 | 0 | 0 | 0 | 0 | 0 | 0 | 0 | 0 | 0 | 0 | ECC_INT | DRDY |
| | W | | | | | | | | | | | | | | | | |
| 0x8000_0000C (CSISTATFIFO) | R | STAT | | | | | | | | | | | | | | | |
| | W | | | | | | | | | | | | | | | | |
| | R | STAT | | | | | | | | | | | | | | | |
| | W | | | | | | | | | | | | | | | | |
| 0x8000_00010 (CSIRFIFO) | R | IMAGE | | | | | | | | | | | | | | | |
| | W | | | | | | | | | | | | | | | | |
| | R | IMAGE | | | | | | | | | | | | | | | |
| | W | | | | | | | | | | | | | | | | |
| 0x8000_00014 (CSIRXCNT) | R | 0 | 0 | 0 | 0 | 0 | 0 | 0 | 0 | 0 | RXCNT | | | | | | |
| | W | | | | | | | | | | | | | | | | |
| | R | RXCNT | | | | | | | | | | | | | | | |
| | W | | | | | | | | | | | | | | | | |

CSI 控制寄存器 2 提供带有使用现场分辨率数据的统计模块和 Bayer 模式传感器起点像素。该寄存器也包含用于当分辨率大于 512×384 的现场图像发生统计时确定 64×64 统计模块间像素数目的水平和垂直计数。

CSI 读写控制寄存器 3 用作 CSI 控制寄存器 1 的功能扩展。

CSI 读写状态寄存器表示传感器接口状态和产生哪一种中断。相应中断位必须针对运行状态位设置。即使相应中断使能位无效，状态位也应当正常运行。

CSI 的统计 FIFO 寄存器为只读寄存器，包含来自传感器的统计数据。对其写无效。

CSI 的 RxFIFO 寄存器也是只读寄存器，包含接收的图像数据，写无效。

CSI 的 RX 计数寄存器用于产生 EOF 中断。需要对接收的字数目进行设置，产生 EOF 中断。一个内部计数器对从 Rx FIFO 读取的字数目进行计数。只要 CPU 或 DMA 读 Rx FIFO 时，更新计数器数值，并与该寄存器进行比较。如果该数值匹配，则触发 EOF 中断。

# 第10章

# 视频压缩编解码器

视频压缩编解码模块是 i.MX27 器件多媒体视频处理模块,图 10-1 为该模块结构框图。

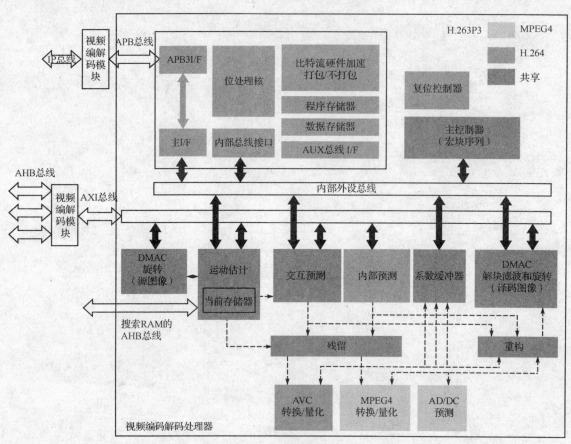

图 10-1 视频压缩编解码模块结构框图

视频压缩编解码模块支持下列多媒体视频数据流处理:

- 多标准视频编解码器:
    — MPEG-4-II 简单框架编码/解码;
    — H.264/AVC 基本框架编码/解码;
    — H.263 P3 编码/解码;
    — 多重调用:最多处理 4 个图像/比特流,同时编码/解码;
    — 多重格式:同时进行 MPEG-4 比特流编码和 H.264 比特流解码。

- 编码工具：
  - 高性能运动估计：
    - 针对 MPEG-4 和 H.264 编码的单参考帧；
    - 支持 H264 解码的 16 个参考帧；
    - 四分之一像素和半像素精度运动估计；
    - [±16,±16]搜索范围；
    - 自由运动矢量。
  - MPEG-4 AC/DC 预测和 H.264 交互预测。
  - 支持所有可变尺寸块(不支持编码 8x4、4x8 和 4x4 块尺寸)。
  - 支持 H.263 附加 I、J、K(RS=0 和 ASO=0)和 T,编码时不支持附加 I 和 K(RS=1 或 ASO=1)。
  - CIR(周期交互刷新)/AIR(自适应交互刷新)。
  - 错误恢复工具：
    - MPEG-4 再同步标记和与 RVLC 数据分割(固定比特数/宏块间宏块)；
    - H.264/AVC FMO 和 ASO；
    - H.263 部分结构模式。
  - 比特率控制(CBR 和 VBR)。
- 前/后旋转/镜像
  - 编码图像的 8 旋转/镜像模式；
  - 显示图像的 8 旋转/镜像模式。
- 可编程性：
  - 嵌入 16 位 DSP 处理器专门处理比特流和驱动编解码器硬件；
  - 用于系统和视频编解码器模块间通信的通用寄存器和中断。

i.MX27 的视频编解码模块支持全双工视频编解码处理和多重调用，集成多种视频处理标准，包括 H.264 BP、MPEG-4 SP 和 H.263 P3(包括 I、J、K 和 T)。

视频编解码器采用二种总线接口协议：针对寄存器访问控制的 IP 总线和针对数据通道的 AHB 总线。视频编解码器采用三种存储部件：嵌入式存储器、系统内部存储器和系统外部存储器。嵌入式存储器包括双端口寄存器、单端口寄存器、双端口 SRAM 和单端口 SRAM。系统内部存储器用于运动估计提高编解码器性能；系统外部存储器用于存储输入输出图像像素数据和比特流数据。

视频编解码模块主要包括二个硬件单元：

- 视频编解码处理器系视频编解码处理的心脏，支持多种视频处理标准，将编码和解码集成为一体，带 32 位 AXI 接口；
- 视频编解码接口，由二部分组成，一个是解决 32 位 AXI 总线接口和三个(2 个读通道 1 个写通道)32 位简化 AHB 总线接口之间的总线传输协议问题，另一个解决 32 位 APB 总线和 IP 总线间的产生协议问题。

编码器和解码器处理视频编解码模块中共享路径的数据。嵌入式位处理器用作控制硬件先后顺序和比特流处理。整个编码和解码由运行在视频编解码位处理器上的韧件控制。主机处理器只需要访问视频编解码寄存器，初始化视频编解码器或设置编码或解码帧间隔中的帧

# 第 10 章 视频压缩编解码器

参数。

视频编解码模块有 3 个时钟：IP 总线时钟、视频编解码核时钟和 AHB 总线时钟。视频编解码器处理 IP 核时钟与 AHB 时钟和 IP 时钟不同步。所有时序逻辑只用时钟上升沿。

## 10.1 时钟和复位

视频编解码器有三种时钟：
- AHB 总线时钟(hclk)，控制所有与功能有关的 AHB 或 AXI 总线，最高频率为 133 MHz，来自 PLL 时钟复位模块；
- 编解码器核时钟(cclk)，系视频编解码器主时钟，控制视频编解码器编码核解码功能，最高频率 133 MHz。该时钟的真实值由使用情况决定；
- IP 总线时钟(ipg_clk_s)控制视频编解码器寄存器读写功能，最高频率 66.5 MHz。由 ips_module_en 控制 ipg_clk_s，节能模式下没有寄存器读写时关断。

视频编解码器设计只用时钟正沿。所有时钟均不同步。

视频编解码处理器因为需要产生 AXI 信号、功能计算和 APB 总线配置，所以要用到上述三种时钟。视频编解码器接口时钟属于 AHB 总线时钟和 IP 总线时钟范围，因为它们与 AHB、AXI、IP 和 APB 总线协议传输有关。

视频编解码器模块中有三种复位信号与上述三种时钟对应，均为低电平有效：
- AHB 总线复位，用于 AHB 总线接口，相应时钟为 hclk；
- 编解码器核复位，用于编解码器加速硬件，相应时钟为 cclk；
- IP 总线时复位，用于 IP 总线接口，相应时钟为 ipg_clk。

每一种复位信号至少需要 8 个时钟周期。

视频编解码器用内部复位控制器使位处理器的软件复位起作用。如果一个视频编解码器模块，除位处理器，需要复位(软件复位)，则主处理器能通过编解码器 API 对软件复位寄存器进行设置使该软件复位有效。

位处理器不能用软件方法复位，因为位处理器复位信号直接与外部复位信号连接。

如果视频编解码器正在通过 AHbzx1 处理一个传送时发生复位，由于视频编解码器要被复位，AHB 总线将要完成的正常传送存在不安全。如果存储器中有已损坏的数据，软件可以将其丢弃。基本上，如果主处理器需要发送复位信号，必须检查确认视频编解码器与外部 AHB 接口间没有数据传送到 AHB 总线上。通常，1 帧编解码完成后，AHB 总线从视频编解码器释放。下一帧处理前需要软件先对其初始化。

## 10.2 编程方法

视频编解码器寄存器都是 32 位宽，只支持 32 位读写操作。视频编解码器寄存器根据编解码器处理的不同阶段分为几组。这些寄存器用于编解码处理配置和控制，只能通过 IP 总线接口访问。

视频编解码模块包括几个内部寄存器地址配置空间，如表 10-1 所示。视频编解码模块使用 0x1002_3000～0x1002_3FFF 存储空间作为系统寄存器配置。视频编解码模块寄存器分为二类：
- 地址 0x1002_3000~0x1002_30FC(64 个寄存器地址空间)是硬件寄存器。这些寄存器复位值和功能是固定的(不能配置)；
- 地址 0x1002_3100~0x1002_31FC(64 个寄存器地址空间)是软件寄存器，没有复位值，可通过内部位处理器配置。所以，这里不提供它们的定义。可用作主机和位处理器间的通用参数寄存器。

第 1 组 32 个参数寄存器(地址 0x1002_3100~0x1002_317C)用作统计参数。这些寄存器的功能和含意不管使用什么运行指令，均不能变更。

表 10-1 视频编解码器硬件寄存器的存储器配置

| 地 址 | 寄存器 | 访问 | 复位值 |
|---|---|---|---|
| 0xBASE_3000(CodeRun) | 位处理器运行起点 | 写 | 0x0000_0000 |
| 0xBASE_3004(CodeDown) | 位引导代码下载数据寄存器 | 写 | 0x0000_0000 |
| 0xBASE_3008(HostIntReq) | 对位的主中断请求 | 写 | 0x0000_0000 |
| 0xBASE_300C(BitIntClear) | 位中断清除 | 写 | 0x0000_0000 |
| 0xBASE_3010(BitIntSts) | 位中断状态 | 读 | 0x0000_0000 |
| 0xBASE_3014(BitCodeReset) | 位代码复位 | 写 | 0x0000_0000 |
| 0xBASE_3018(BitCurPc) | 位当前程序计数 | 读 | 0x0000_0000 |
| 0xBASE_301C~0xBASE_30FC | 保留 | — | — |

表 10-2 对硬件寄存器进行归纳性表述。表 10-3 表示视频编解码器的运行寄存器(CodeRun)、位引导下载数据寄存器(CodeDown)、主中断请求寄存器(HostIntReq)、位中断清除寄存器(BitIntClear)、位中断状态寄存器(BitIntSts)、位代码复位寄存器(BitCodeReset)和位当前程序计数寄存器(BitCurPc)中位的解释。

表 10-2 视频编解码器硬件寄存器

| 名称 | | 31 | 30 | 29 | 28 | 27 | 26 | 25 | 24 | 23 | 22 | 21 | 20 | 19 | 18 | 17 | 16 |
|---|---|---|---|---|---|---|---|---|---|---|---|---|---|---|---|---|---|
| | | 15 | 14 | 13 | 12 | 11 | 10 | 9 | 8 | 7 | 6 | 5 | 4 | 3 | 2 | 1 | 0 |
| 0xBASE_3000 (CodeRun) | R | | | | | | | | | | | | | | | | |
| | W | 0 | 0 | 0 | 0 | 0 | 0 | 0 | 0 | 0 | 0 | 0 | 0 | 0 | 0 | 0 | 0 |
| | R | | | | | | | | | | | | | | | | |
| | W | 0 | 0 | 0 | 0 | 0 | 0 | 0 | 0 | 0 | 0 | 0 | 0 | 0 | 0 | 0 | CodeRun |
| 0xBASE_3004 (CodeDown) | R | | | | | | | | | | | | | | | | |
| | W | 0 | 0 | 0 | | | | | | 代码地址 | | | | | | | |
| | R | | | | | | | | | | | | | | | | |
| | W | | | | | | | | 代码数据 | | | | | | | | |

续表 10-2

| 名称 | | 31 | 30 | 29 | 28 | 27 | 26 | 25 | 24 | 23 | 22 | 21 | 20 | 19 | 18 | 17 | 16 |
| --- | --- | --- | --- | --- | --- | --- | --- | --- | --- | --- | --- | --- | --- | --- | --- | --- | --- |
| | | 15 | 14 | 13 | 12 | 11 | 10 | 9 | 8 | 7 | 6 | 5 | 4 | 3 | 2 | 1 | 0 |
| 0xBASE_3008 (HostIntReq) | R | | | | | | | | | | | | | | | | |
| | W | 0 | 0 | 0 | 0 | 0 | 0 | 0 | 0 | 0 | 0 | 0 | 0 | 0 | 0 | 0 | 0 |
| | R | | | | | | | | | | | | | | | | |
| | W | 0 | 0 | 0 | 0 | 0 | 0 | 0 | 0 | 0 | 0 | 0 | 0 | 0 | 0 | 0 | IntReq |
| 0xBASE_300C (BitIntClear) | R | | | | | | | | | | | | | | | | |
| | W | 0 | 0 | 0 | 0 | 0 | 0 | 0 | 0 | 0 | 0 | 0 | 0 | 0 | 0 | 0 | 0 |
| | R | | | | | | | | | | | | | | | | |
| | W | 0 | 0 | 0 | 0 | 0 | 0 | 0 | 0 | 0 | 0 | 0 | 0 | 0 | 0 | 0 | IntClear |
| 0xBASE_3010 (BitIntSts) | R | 0 | 0 | 0 | 0 | 0 | 0 | 0 | 0 | 0 | 0 | 0 | 0 | 0 | 0 | 0 | 0 |
| | W | | | | | | | | | | | | | | | | |
| | R | | | | | | | | | | | | | | | | IntSts |
| | W | | | | | | | | | | | | | | | | |
| 0xBASE_3014 (BitCodeReset) | R | | | | | | | | | | | | | | | | |
| | W | 0 | 0 | 0 | 0 | 0 | 0 | 0 | 0 | 0 | 0 | 0 | 0 | 0 | 0 | 0 | 0 |
| | R | | | | | | | | | | | | | | | | |
| | W | 0 | 0 | 0 | 0 | 0 | 0 | 0 | 0 | 0 | 0 | 0 | 0 | 0 | 0 | 0 | 代码复位 |
| 0xBASE_3018 (BitCurPc) | R | 0 | 0 | 0 | 0 | 0 | 0 | 0 | 0 | 0 | 0 | 0 | 0 | 0 | 0 | 0 | 0 |
| | W | | | | | | | | | | | | | | | | |
| | R | 0 | 0 | | | | | | CurPc | | | | | | | | |
| | W | | | | | | | | | | | | | | | | |

表 10-3 视频编解码器硬件寄存器位的描述

| 寄存器 | 位 | 描述 |
| --- | --- | --- |
| CodeRun | 0 | 位处理器运行起始位<br>0 位处理器停止执行<br>1 位处理器开始执行 |
| CodeDown | 28~16 | CodeAddr[12:0]，下载视频编解码器位引导代码地址，即位处理器视频编解码器内部地址 |
| | 15~0 | CodeData[15:0]，下载视频编解码器位引导代码数据 |

续表10-3

| 寄存器 | 位 | 描述 |
|---|---|---|
| IntReq | 0 | 主机中断请求位<br>0 没有主机中断请求<br>1 到位处理器的主处理器中断请求 |
| IntClear | 0 | 位中断清除位<br>0 没有操作发送<br>1 清除主机位中断 |
| IntSts | 0 | 位中断状态位<br>0 没有位中断认可<br>1 认可主机位中断。主处理器对BitIntClear寄存器写1时,清零 |
| CodeReset | 0 | 位代码复位<br>0 没有操作发送<br>1 位处理器程序计数器设置为0,在初始程序中位处理器复位 |
| BitCurPc | 13~0 | CurPc[13:0],位当前程序计数值。读该寄存器使位处理器当前程序计数器返回 |

注:其余位均为保留位。

## 10.3 功能描述

视频编解码模块是一种高性能多标准视频处理单元,支持H.263 P3、MPEG-4 SP和H.264 BP。

视频编解码模块主要包括二个硬件部件:视频编解码处理IP和视频编解码模块。优化视频编解码处理IP减小逻辑门计数,与多标准子模块单元共享。能可靠执行比特流的处理和帧数据编码。主要包括嵌入式位处理器、编解码器硬件加速器和总线仲裁接口。

位处理器负责对比特流和图像进行处理和编码,控制视频编解码过程。硬件加速器用于提升比特流和图像处理速度。视频编解码器模块将AMBA APB3总线转换为IP Sky Blue总线,AXI总线转换为AHB总线。参见图10-1。

### 1. 嵌入式位处理器

嵌入式位处理器是16位可编程处理器,优化处理比特流数据,用于分解和重构比特数据流,包括几个硬件加速器加速比特流处理。除处理比特数据流外,位处理器通过IP Sky Blue总线和AXI总线接口控制视频编解码硬件和与主处理器之间的通信。

运行编解码器前,普通的韧件程序应当通过系统级控制下载到程序存储器中。位处理器通过AHB总线接口从系统外部存储器指定区域读取编解码器编程数据。这些区域由设置确定。

### 2. 编解码硬件加速器

编解码硬件加速器完成视频编解码处理和对VLC和VLD系数的处理。编解码硬件加速器采用共享多标准视频编码和解码的部分子模块方法降低逻辑门数目。

编解码硬件加速器支持旋转和镜像功能。在图像的旋转和镜像编码时,旋转图像直接编

## 第10章 视频压缩编解码器

码,不必将其写入存储器。所以,该处理不需要附加带宽。而解码时,旋转和镜像处理需要附加带宽,因为针对下一个图像解码,不得不再使用非旋转图像,所以旋转图像要写入其他存储空间。该方案,显示接口不必变更显示解码图像的存储空间,因为后来的旋转图像写入同一个空间。

旋转模块支持 $90 \times n(n=0,1,2,3)$ 级旋转和镜像的 8 种模式。表 10-4 给出支持的旋转镜像一览表和一些可能的旋转和镜像关系。图 10-2 表示前后旋转镜像模块结构框图。

表 10-4 旋转和镜像模式

| 图 像 | 描 述 |
| --- | --- |
|  | 原始图像(未旋转和镜像)<br>图像尺寸:720×480 |
|  | 左旋 90 度(或右旋 270 度)<br>图像尺寸:480×720 |
|  | 左旋 180 度(或右旋 180 度)<br>图像尺寸:720×480 |
|  | 左旋 270 度(或右旋 90 度)<br>图像尺寸:480×720 |
|  | 水平镜像<br>图像尺寸:720×480 |
|  | 垂直镜像<br>图像尺寸:720×480 |

续表 10-4

| 图 像 | 描 述 |
|---|---|
|  | 水平镜像和右旋 90 度<br>图像尺寸：480×720 |
|  | 水平镜像和左旋 90 度<br>图像尺寸：480×720 |
|  | 右旋 90 度和水平镜像<br>图像尺寸：480×720 |
|  | 左旋 90 度和水平镜像<br>图像尺寸：480×720 |

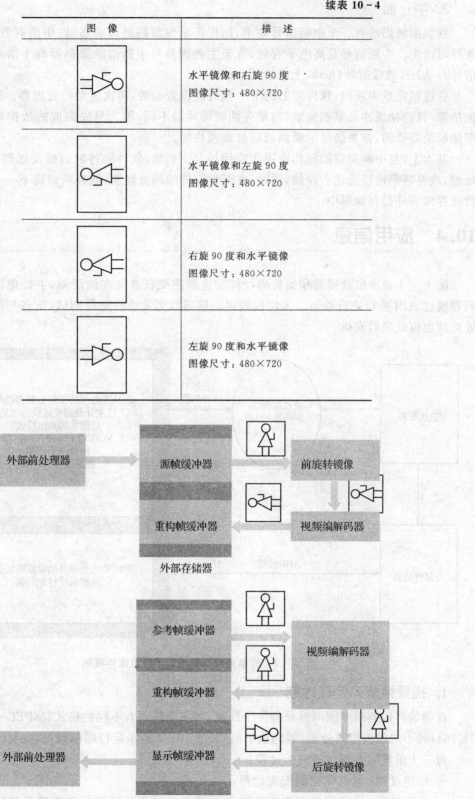

图 10-2 旋转和镜像数据流

### 3. 中　断

视频编解码器有一个中断信号输出,用作指示编解码处理状态,在中断有效,且满足中断条件时产生。中断信号是高电平有效,直至主处理器对中断清除寄存器写 1 清零为止。中断信号与 AHB 总线时钟(hclk)上升沿同步。

获得帧完成中断时,软件需要为下一帧处理设置参数,再次驱动位处理器。这些参数主要包括源/目的帧缓冲器基础地址,与早先的帧缓冲器不同,因为早先完成的数据帧可能是其他图像模块需要的,像系统显示模块或后处理模块等。

基本上,与中断对应的操作取决于应用场合。例如,软件能将解码帧发送到 EMMA 做后处理,或将解码比特流送去存储,同时,在开始新的编码处理前,软件可以将下一个要处理的比特流存储到外部存储器中。

## 10.4　应用信息

图 10-3 表示位处理器和编解码硬件加速器主要任务。在帧层面,主处理器与视频编解码器通过 API 接口进行通信。为使视频编解码器更灵活和更易调试,所有与比特流有关的处理均由位处理器安排。

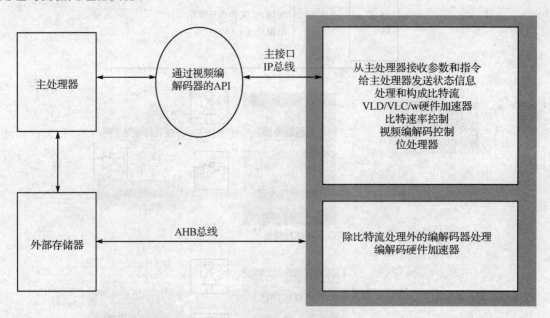

图 10-3　视频编解码器接口与应用软件框图

### 1. 视频编解码处理控制

视频编解码器最多能同时处理 4 个线程,每一个线程有不同的格式(MPEG-4、H.263 P3、H.264)和不同的编解码处理(编码或解码)。图 10-4 表示运行编解码处理的状态简图。

每一个编解码处理包括三个过程:
- 创建过程:软件创建和配置过程;
- 运行过程:在适当的时刻软件将开始指定的过程。适当时刻意思是编解码器处于空

第 10 章　视频压缩编解码器

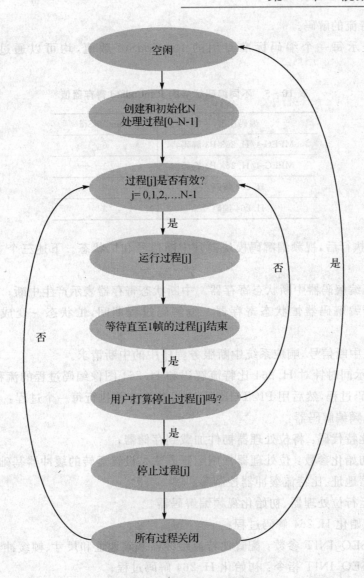

图 10-4　编解码过程状态图

闲状态，要编码的图像和要解码的比特流在外部存储器已准备好；

- 停止过程：软件可以停止指定的过程。

如果准备运行一个以上的过程，每一个过程必须分配不同的过程 ID——运行索引，其范围从 0 到 3。根据创建顺序分配 ID。

例如，同时运行 1 个 MPEG-4 解码＋1 个 H.264 解码＋1 个 H.263 解码＋1 个 H.264 编码，MPEG-4 解码分配到过程索引"0"、H.264 解码分配到过程索引"1"、H.263 解码分配到过程索引"2"、H.264 编码分配到过程索引"3"。

执行过程没有最初的规则，初始化阶段创建完所有过程后，主机使位处理器有效，执行由运行索引指定的过程。所有的过程机械地按时间段执行，结束一个帧的编码或解码过程后，便可以执行另一个过程。

过程 ID 和 RunCodStd 需要设置，确定哪一个编解码标准用于创建的过程，创建过程是图

## 第 10 章　视频压缩编解码器

像编码,还是比特流的解码。

表 10-5 表示每一个编码标准专用的 RunCodStd 数值,均可以通过视频编解码器 API 完成。

表 10-5　不同编码标准的 RunCodStd 寄存器值

| 编码标准 | RunCodStd |
| --- | --- |
| MPEG-4/H.263 P3 解码 | 0 |
| MPEG-4/H.263 P3 编码 | 1 |
| H.264 解码 | 2 |
| H.264 编码 | 3 |

帧处理指令执行后,视频编解码模块提升中断信号和忙状态。下述三个方法检测帧编解码是否完成:

- 裁决视频编解码器中断状态寄存器。中断状态寄存器表示产生中断;
- 裁决视频编解码器忙状态寄存器。编解码过程期间,忙状态一变成 0,编解码过程就结束;
- 捕获系统中断信号,响应系统中断服务程序中的中断请求。

图 10-5 表示同时针对 H.264 比特流解码和 H.264 图像编码过程的流程。首先创建和初始化解码和编码过程,然后用 PICTURE_RUN 指令交替执行每一个过程:

- 初始化视频编解码器:
  - 下载比特代码:将位处理器韧件加载到存储器;
  - 设置初始化参数:位处理器常用配置方法是设置运转的缓冲器基础地址、比特代码存储器地址、比特流缓冲器控制等;
  - 开始运行位处理器、初始化视频编解码器。
- 创建和初始化 H.264 解码过程:
  - 设置 SEQ_INIT 参数:配置比特流缓冲器基础地址和尺寸、帧缓冲器基础地址等;
  - 运行 SEQ_INIT 指令:初始化 H.264 解码过程;
  - 等待 BusyFlag=0:等待位处理器完成 SEQ_INIT 指令的执行;
  - 读取返回参数:通过视频编解码器 API 读取解码比特流属性,如图像分辨率和参考帧数目。该方法中主机可以准备所需帧缓冲器。
- 创建和初始化 H.264 编码过程:
  - 该流程类似 H.264 编码过程,除读取返回参数这一步骤,编码帧缓冲器尺寸可以根据视频程序中的特性配置。
- 运行 H.264 解码过程:
  - 设置 PICTURE_RUN 参数:配置帧目的地址;
  - 运行 PICTURE_RUN 指令:开始 H.264 解码过程;
  - 等待 BusyFlag=0:等待位处理器完成 PICTURE_RUN 指令的执行。意思是一个帧过程结束。解码帧可以发送到 EMMA,进行后处理。实际操作与应用有关。

- 运行 H.264 编码过程：
  - 该流程类似于 H.264 解码过程。编码过程应当配置除目的地址以外的帧信号源地址。
- 交替执行步骤 4 和步骤 5：
  - 运行解码过程前，如果比特缓冲器是空的话，主机应当将新的比特流加载到比特缓冲器，根据应用要求更新帧目的地址。针对编码时，过程运行前，应当在外部存储器读下一帧数据。
- 停止编解码过程：
  - 对每一个过程运行 SEQ_END 指令，终止它。

虽然针对比特的韧件版本有少许改变，基本上，编码和解码的过程流程类似。

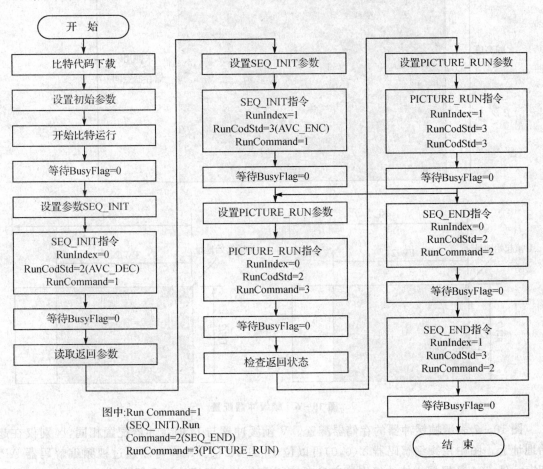

图 10-5 H.264 编解码过程流程范例

## 2. 帧缓冲器

帧缓冲器用起始地址和跨度线描述。一幅完整图像由 Y、U、V 三部分组成。因此，一个图像帧有三个缓冲器。跨度线等于象素单元亮度分量缓冲器宽度。彩色分量缓冲器的跨度线是亮度分量的一半。视频编解码模块支持 11 位跨度线配置，大于或等于图像帧的宽度。

图 10-6 描述图像尺寸和跨度线的关系。YUV 分量是一行接着一行存储。一个图像帧

的 U 分量接在同一幅图像 Y 分量后面存储，V 分量接在 U 分量后面。下一帧数据接在前一帧 YUV 分量数据后面。图像尺寸和跨度线的关系决定了外部存储空间编解码图像数据的存储器配置分配。YUV 分量每一行数据都有一些可选择的未使用的存储空间，其尺寸等于 (Stride_Line - Image_Width) 字节，大于或等于 0 字节，不能大于 ($2^{11}$ - Image_Width)（因为 Stride_Line 是 11 位宽）。

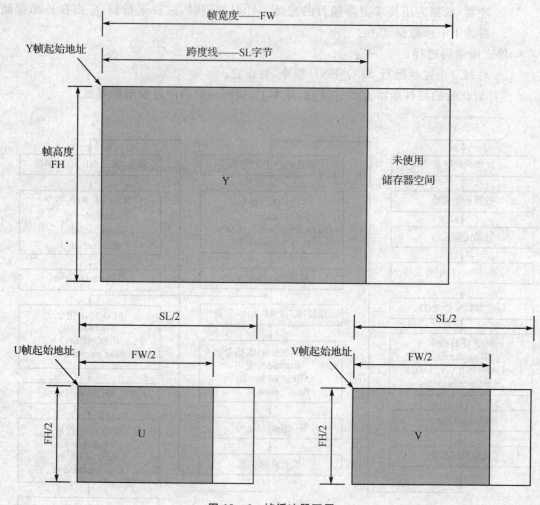

图 10-6　帧缓冲器配置

图 10-7 表示帧缓冲器的存储器配置。V 帧缓冲器与 U 帧缓冲器配置相同，区别仅在起始地址上。图中视频编解码器 Y(0,0) 可以位于 [31∶24]。用户可以通过视频编解码器 API 指定。H.264 是根据支持的级别确定参考帧所需大小。视频编解码器支持 H.264-3.0 级，最多解码图像缓冲器尺寸为 3 037.5 KB。H.264 的 CIF 格式 3.0 级如果使用 16 帧参考图像，则缓冲器需要 2524 KB。

**3. 位处理器程序存储器**

视频编解码器初始化阶段，主处理器必须将通用程序下载到位处理器。初始化后，位处理器下载与实际标准相关的程序。

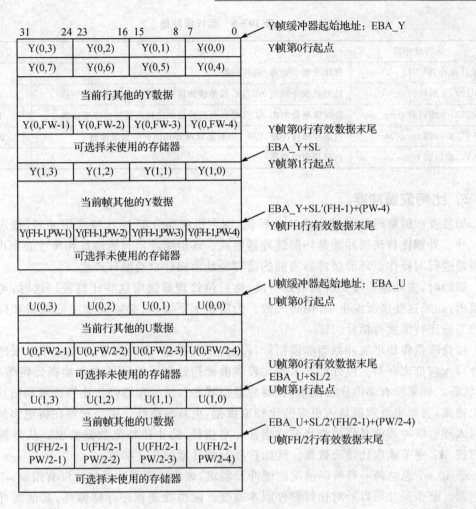

图 10-7 帧缓冲器地址配置

65 KB 最新版本位处理韧件支持三个视频压缩标准(MPEG-4、H.263 P3、H.264),包括 1 KB 的通用程序。

**4. 运行缓冲器**

除针对帧和韧件的缓冲器外,针对从位处理器来的内部仲裁数据和编解码处理,需要有额外的运行缓冲器。这些缓冲器针对 MPEG-4 AC/DC 预测或 H.264 内部预测的重构象素行缓冲器、针对运行多重过程的保存前后关系缓冲器、针对 MPEG-4 数据分割或 H.264 FMO/ASO 的比特流重新排序缓冲器等。

所需运行缓冲器大小依代码尺寸、标准和性能而改变。例如,AC/DC 预测缓冲器尺寸由图像宽度决定,数据分割的最大比特流重新排序缓冲器尺寸由一幅图像最大比特流决定。运行缓冲器尺寸随比特的韧件版本而不同。编解码 10 Mbps 以上 720×576(D1 尺寸)的运行缓冲器韧件的新版本需要 256 KB。其尺寸可以通过视频编解码器 API 设置。参见表 10-6。

# 第 10 章 视频压缩编解码器

表 10-6 运行缓冲器

| 运行缓冲器 | 描述 | 尺寸 |
|---|---|---|
| 统计缓冲器 | 常用于整个处理/编解码器 | 48 KB |
| MPEG-4 解码的 temp_pic | 针对数据分割的 AC/DC 预测缓冲器和比特流重新排序缓冲器 | 16 KB |
| MPEG-4 编码的 temp_pic | 针对数据分割的 AC/DC 预测缓冲器和比特流重新排序缓冲器 | 16 KB |
| AVC 解码的 temp_pic | 内部预测缓冲器、FMO 组状态缓冲器和部分信息缓冲器 | 128 KB |
| AVC 编码的 temp_pic | 内部预测缓冲器 | 72 KB |

## 5. 比特流缓冲器

如果视频编解码器同时处理 N 比特流,则主机应当分配 N 比特流缓冲器,指定起始地址和尺寸。外部比特流缓冲器是环形缓冲器型式。环形缓冲器起始地址和尺寸必须由主机给位处理器进行写操作。环形缓冲器当前的读写地址由韧件自动循环产生。

解码时,主处理器写要解码的比特流,然后位处理器读取这些比特流。这时,可能发生上下溢出,如果这些情况发生,解码将失败。为防止上下溢出,必须改变主处理器和位处理器之间的当前比特流读写指针。

位处理器将环形缓冲器当前读指针写入内部寄存器,主处理器必须将环形缓冲器当前写指针写入内部寄存器。位处理器采用比较当前读指针和写指针的方法检查比特缓冲器空(下溢)状态。如果没有多的比特流解码(缓冲器空状态),位处理器停止比特流解码防止丢失读取的比特流,直至主处理器写入更多的比特流数据,更新写指针。主处理器在将更多的比特流数据写入环形缓冲器前必须检查当前读指针和写指针,防止比特流数据溢出。从外部比特流缓冲器按 512 字节读取比特流数据。读指针和写指针增加 512 字节。

表 10-7 总结每一种解码情况的缓冲器需求,该比特流缓冲器尺寸没有限制,不必考虑尺寸问题。整个尺寸可以针对比特韧件版本改变。除位处理程序存储器外,其他缓冲器必须根据每一种情况配置。多标准调用应用的全部缓冲器尺寸几乎等于每一种解码情况的总和。

表 10-7 缓冲器需求总结

| | | MPEG-4 编码 | MPEG-4 解码 | H.264 编码 | H.264 解码 |
|---|---|---|---|---|---|
| QCIF | 帧尺寸 | 111 KB | 111 KB | 148 KB | 666 KB |
| | 程序大小 | 65 KB | | | |
| | 运转缓冲器 | 64 KB | 64 KB | 120 KB | 256 KB |
| | 小计 | 240 KB | 240 KB | 333 KB | 987 KB |
| CIF | 帧尺寸 | 444 KB | 444 KB | 592 KB | 2672 KB |
| | 程序大小 | 65 KB | | | |
| | 运转缓冲器 | 64 KB | 64 KB | 120 KB | 256 KB |
| | 小计 | 573 KB | 573 KB | 777 KB | 2993 KB |

续表 10-7

| VGA | | MPEG-4 编码 | MPEG-4 解码 | H.264 编码 | H.264 解码 |
|---|---|---|---|---|---|
| | 帧尺寸 | 1350 KB | 1350 KB | 1800 KB | 3937.5 KB |
| | 程序大小 | 65 KB | | | |
| | 运转缓冲器 | 64 KB | 64 KB | 120 KB | 256 KB |
| | 小计 | 1479 KB | 1479 KB | 1985 KB | 4258.5 KB |

### 6. 应用情况

视频编解码模块允许 4 通道编码/解码同时进行,扩展了 i.MX27 视频处理应用范围,使其可以针对多通道比特流和图像进行处理。例如,可以在一个通道编码获取的图像,同时在其他 3 个通道解码比特流,如图 10-8 所示。图中,左边表示比特流数据。所有编解码通道图像/比特流可以依据不同压缩标准编码和解码,如一个通道是图像编码为 H.264/AVC 比特流,其余三个通道分别是 H.264/AVC 比特流、MPEG-4 比特流和 H.263 比特流解码。

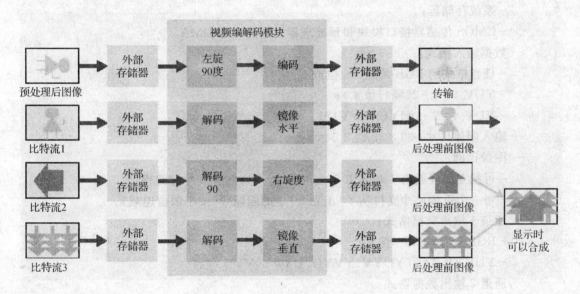

图 10-8 1 个通道编码、3 个通道解码

# 第 11 章

# 简化增强型多媒体加速器

简化增强型多媒体加速器(eMMA_lt)包括视频预处理器(PrP)和后处理器(PP),提供视频加速和将 CPU 从计算任务中卸载。PrP 和 PP 可以用作通用视频预处理和后处理,如扫描、恢复和彩色空间变换等。其特点如下:

- 预处理器:
  - 数据输入:
    - 系统存储器;
    - CMOS 传感器接口模块和预处理器之间的专用 DMA。
  - 数据输入格式:
    - 任意格式的 RGB 像素(16 位或 32 位);
    - YUV 4∶2∶2(隔行像素);
    - YUV 4∶2∶0(IYUV、YV12)。
  - 输入图像尺寸:32×32 到 2 044×2 044。
  - 图像比例:
    - 可独立编程通道 1 和通道 2 重构尺寸,可以层叠或并行编程;
    - 每一个重构尺寸支持从 1∶1 到 8∶1 的缩减率(按小数位递减)。
  - 通道 1 输出数据格式:
    - RGB 16 和 32 位/像素;
    - YUV 4∶2∶2(YUYV、YVYU、UYVY、VYUY)。
  - 通道 2 输出数据格式:
    - YUV 4∶2∶2(YUYV);
    - YUV 4∶4∶4;
    - YUV 4∶2∶0(IYUV、YV12);
    - 可以同时产生 RGB 数据和 YUV 数据格式。
  - 32/64 位 AHB 总线。
- 后处理器:
  - 输入数据:
    - 自系统存储器。
  - 输入格式:
    - YUV 4∶2∶0(IYUV、YV12)。
  - 图像尺寸:32×32 到 2 044×2 044。
  - 输出格式:

- YUV 4：2：2(YUYV)；
- RGB 16 和 32 位/像素。
— 图像恢复尺寸：
- 放大率范围从 1：1 到 1：4(按小数位递增)；
- 缩小率范围从 1：1 到 2：1(按小数位递减或固定)；
- 对 QCIF、CIF、QVGA(320×240、240×320)提供放大缩小率。

## 11.1 组成架构

图 11-1 给出 eMMA_lt 结构框图。eMMA_lt 包括预处理器和后处理器模块，每一个模块有单独的控制和配置寄存器，通过 IP 接口连接，并能独立与主 AMBA 总线接口访问系统存储器，不需要 CPU 介入。允许每一个模块独立使用其他模块，使预处理器和后处理器模块有效地加速执行其他软件代码和图像处理软件。

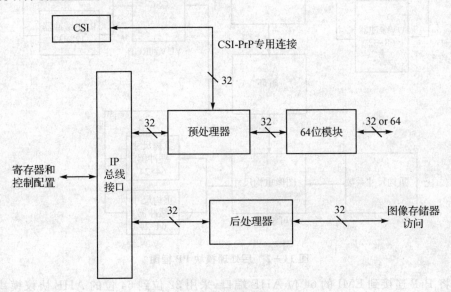

**图 11-1 增强型多媒体加速器结构框图**

32 位到 64 位 AHB 模块用作将 AHB 总线转换为 32 位到 64 位协议。如果不需要，则将对 64 位模块执行旁路。

预处理器模块通过从 EMI 或由 CMOS 传感器接口模块(CSI)到摄像机输入的专用连接的 64 位 AHB 端口从主存储器接收输入信号。PrP 可以按二种方式工作：单帧模式和连续帧(循环)模式。在单帧模式下,单帧数据或通过存储器或通过专用 CSI-PrP 链接。该模式下,PrP 必须在每次帧处理重新成为有效。该模式适用于静态图像获取、处理和显示,针对极低速率操作。在连续帧或循环模式,PrP 从专用 CSI-PrP 链接处理连续输入帧,直至该模式禁止或发生错误。

PrP 有二个输出通道(通道 1 和通道 2)，将要处理的帧存储到主存储器。通道 1 的输出专门用作显示,通道 2 的输出用作硬件编码器(MPEG-4 编码模块)的输入或软件编码或图像压缩。

# 第 11 章 简化增强型多媒体加速器

PrP 恢复自 CSI 存储器的输入帧,执行彩色空间变换。

## 11.2 后处理器

后处理器(PP)模块从存储器获取要解码的帧数据,执行解块、解环和用于显示的彩色空间变换处理。解码输入可以来自解码器模块或软件解码模块。参见图 11-2。

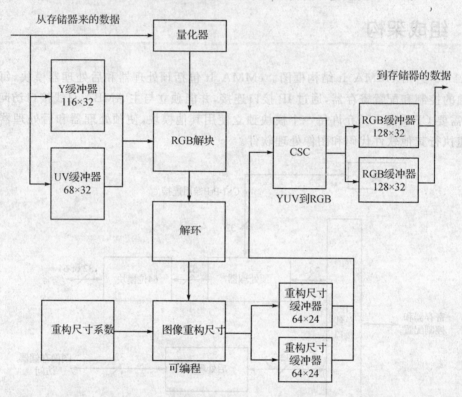

图 11-2 后处理模块 PP 框图

为了将 PrP 连接到 EMI 的 64 位 AHB 端口,采用 32 位到 64 位的 AHB 协议模块管理 32 位主(PrP)总线和 64 位 AHB 总线间 AHB 信号。在不需要传输 64 位时,执行模块的旁路功能,允许 PrP 忽略该 64 位模块,按原来 32 位 AHB 协议工作。图 11-3 表示带有旁路功能的 eMMA-lt 的 AHB 64 位模块的基本结构。ahb64_sel 信号低电平时,避免使用该模块。

后处理器完成视频解码后的后处理功能,主要模块有:

解块:保留图像自然边缘时移出解块操作。如果不选择,旁路解块处理;

解环:从解码图像移出环操作,切断高空间频率。主观测试表明,同时执行解环和解块处理能改善仅执行解块处理的视觉质量。如果不选择,旁路解环处理。

图像重构尺寸(输入图像放大到不同的尺寸),例如从 QCIF(176×144)到 QVGA(320×240)放大到显示尺寸,或从一种幅型比扩展到另一种幅型比,例如从 1∶1 放大到 4∶3。支持可编程重构尺寸,从 2∶1 到 1∶4,或固定的 4∶1。水平重构和垂直重构是独立的,可以设置不同的重构比率。

双线插补算法用作增扩和缩减,即加载二个相邻像素,用各自的权重系数相乘产生新的输

# 第 11 章 简化增强型多媒体加速器

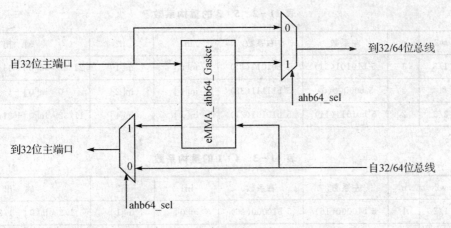

图 11-3 带旁路的 eMMA AHB 64 位模块

出像素。

特殊比率的权重系数用软件计算,预加载到 PP 的重构系数表中,重构模块读取用到的系数。下面是两个计算例子。

3∶5 双线插补输出可按下述方法计算:
out[0]=in[0]
out[1]=2/5 * in[0]+3/5 * in[1]
out[2]=4/5 * in[1]+1/5 * in[2]
out[3]=1/5 * in[1]+4/5 * in[2]
out[4]=3/5 * in[2]+2/5 * in[3]

5∶3 双线插补输出可按下述方法计算:
out[0]=2/3 * in[0]+1/3 * in[1]
out[1]=0/3 * in[1]+3/3 * in[2]
out[2]=1/3 * in[3]+2/3 * in[4]

硬件完成可编程重构引擎,从重构系数表中读取指令(寄存器:eMMA 后处理重构系数表)。

用(w1 * in1+w2 * in2)/32 产生输出像素,重构引擎读入 n 个输入像素,这里 in1 和 in2 是二个相邻像素。如果 n 等于 0,没有新像素读入,in1 和 in2 像素值再次使用。

表中每一条指令形式是(w1,n,o),系数 w1 用 5 位表示,n 用 2 位表示,o 用 1 位,w2 为 32-w1。注意,31(5′b11111)系数值处理为 32(6′b100000),因此,1 和 3 系数值不可能。表 11-1 至表 11-3 系重构系数举例。

表 11-1 3∶5 的重构系数

| w1 | w2 | n | 右系数 | 左系数 | in1 | in2 | 输出 |
|---|---|---|---|---|---|---|---|
| 1 | 0 | 0 | 5′b11111(32) | 5′b00000(0) | in[0] | — | in[0] |
| 2/5 | 3/5 | 1 | 5′b01101(13) | 5′b10011(19) | in[0] | in[1] | 13/32 * in[0]+19/32 * in[1] |
| 4/5 | 1/5 | 1 | 5′b11010(26) | 5′b00110(6) | in[1] | in[2] | 26/32 * in[1]+6/32 * in[2] |
| 1/5 | 4/5 | 0 | 5′b00110(6) | 5′b11010(26) | in[1] | in[2] | 6/32 * in[1]+26/32 * in[2] |
| 3/5 | 2/5 | 1 | 5′b10011(19) | 5′b01101(13) | in[2] | in[3] | 19/32 * in[2]+13/32 * in[3] |

表 11-2 5∶3 的重构系数

| w1 | w2 | n | 左系数 | 右系数 | in1 | in2 | 输出 |
|---|---|---|---|---|---|---|---|
| 2/3 | 1/3 | 1 | 5′b10101(21) | 5′b01011(11) | in[0] | in[1] | 21/32 * in[0]+11/32 * in[1] |
| 0 | 1 | 2 | 5′b00000(0) | 5′b11111(32) | in[1] | in[2] | 0 * in[0]+1 * in[1] |
| 1/3 | 2/3 | 2 | 5′b01011(11) | 5′b10101(21) | in[3] | in[4] | 11/32 * in[0]+21/32 * in[1] |

表 11-3 4∶1 的重构系数

| w1 | w2 | n | 左系数 | 右系数 | in1 | in2 | 输出 |
|---|---|---|---|---|---|---|---|
| 1/2 | 1/2 | 1 | 5′b10000(16) | 5′b10000(16) | in[0] | in[1] | 1/2 * in[0]+1/2 * in[1] |
| 0 | 0 | 1 | 5′b00000(0) | 5′b00000(0) | in[1] | in[2] | — |
| 0 | 0 | 1 | 5′b00000(0) | 5′b00000(0) | in[2] | in[3] | — |
| 0 | 0 | 1 | 5′b00000(0) | 5′b00000(0) | in[3] | in[4] | — |

## 11.2.1 彩色空间变换(CSC)

彩色空间变换模块将输入图像从 YUV 空间变换到显示所需的 RGB 彩色空间。CSC 模块是完全可编程的。

用于 YCbCr 到 RGB 空间变换的计算公式：

R=C0 * (Y-X0)+C1 * (Cr-128)
G=C0 * (Y-X0)- C2 * (Cb-128)- C3 * (Cr-128)
B=C0 * (Y-X0)+C4 * (Cb-128)

用于 YUV 到 RGB 空间变换的计算公式：

R=C0 * (Y-X0)+C1 * (U-128)
G=C0 * (Y-X0)- C2 * (U-128)- C3 * (V-128)
B=C0 * (Y-X0)+C4 * (U-128)

X0、C0、C1、C2、C3 和 C4 是可以通过寄存器 PP_CSC_COEF_0123 和 PP_CSC_COEF_4X 进行编程的系数。

C0[7:0]、C1[7:0]、C2[7:0]、C3[7:0] 的范围都是从 0 到 1.992 187 5,最小步进间距是 1/128；

C4[8:0] 范围从 0 到 3.992 187 5,最小步进间距是 1/128。

可编程 CSC 支持 MPEG-4 定义的所有 10 种格式,包括 YUV 到 RGB、YCbCr 到 RGB 和 ITU-R BT709 到 RGB。位流语法中规定了 MPEG-4 编码器采用的彩色空间特殊型式,由 2 个参数(矩阵系数和视频范围)确定。MPEG-4 定义了 5 个彩色空间变换公式(矩阵系数)和针对每一个公式的 2 个视频范围。共计给出了 10(5×2)个彩色空间变换可能性。

5 个矩阵系数可以分类成 2 组。4、5 和 6 矩阵系数位表示的矩阵系数是类似的,可以划分在一起为第 1 组(A 组);1 和 7 矩阵系数位表示的矩阵系数是类似的,可以划分在一起为第 2 组(B 组)。CSC 的 A 组和 B 组分别依照 ITU-R BT.470 和 ITU-R BT.709 推荐标准。对于每一个 CSC 矩阵,由视频范围位指定的二个可能的视频范围,分别设置为 0 和 1。这样,2 个视频范围×2 组=4 种 CSC 情况,见表 11-4。

表 11-4 YUV 到 RGB 的 CSC 方程

| 方程 | 矩阵系数 | 视频范围 | CSC 输入 | 矩阵 | 寄存器数值 |
|---|---|---|---|---|---|
| A1 | 4、5、6（A 组） | 1 | YUV<br>Y 从 0~255<br>U 从 0~255<br>V 从 0~255 | $R = Y + 1.4026 * (V-128)$<br>$G = Y - 0.3444 * (U-128) - 0.7144 * (V-128)$<br>$B = Y + 1.7730 * (U-128)$ | C0=8'b1000 0000<br>C1=8'b1011 0011<br>C2=8'b0010 1100<br>C3=8'b0101 1011<br>C4=9'b0 1110 0010<br>X0=1'b0 |
| A0 | 4、5、6（A 组） | 0 | YCrCb<br>Y 从 16~235<br>Cr 从 6~240<br>Cb 从 6~240 | $R = 1.164 * (Y-16) + 1.596 * (Cr-128)$<br>$G = 1.164 * (Y-16) - 0.813 * (Cr-128) - 0.391 * (Cb-128)$<br>$B = 1.164 * (Y-16) + 2.018 * (Cb-128)$ | C0=8'b1001 0100<br>C1=8'b1100 1100<br>C2=8'b0011 0010<br>C3=8'b0110 1000<br>C4=9'b1 0000 0010<br>X0=1'b1 |
| B1 | 1 or 7（B 组） | 1 | Y'U'V'<br>Y' 从 0~255<br>U' 从 0~255<br>V' 从 0~255 | $R = Y' + 1.5749 * (V'-128)$<br>$G = Y' - 0.1875 * (U'-128) - 0.4682 * (V'-128)$<br>$B = Y' + 1.8554 * (U'-128)$ | C0=8'b1000 0000<br>C1=8'b1100 1001<br>C2=8'b0001 1000<br>C3=8'b0011 1100<br>C4=9'b0 1110 1101<br>X0=1'b0 |
| B0 | 1 or 7（B 组） | 0 | Y'Cr'Cb'<br>Y' 从 16~235<br>Cr' 从 16~240<br>Cb' 从 16~240 | $R = 1.164 * (Y'-16) + 1.793 * (Cr'-128)$<br>$G = 1.164 * (Y'-16) - 0.533 * (Cr'-128) - 0.213 * (Cb'-128)$<br>$B = 1.164 * (Y'-16) + 2.112 * (Cb'-128)$ | C0=8'b1001 0100<br>C1=8'b1110 0110<br>C2=8'b0001 1011<br>C3=8'b0100 0100<br>C4=9'b1 0000 1110<br>X0=1'b1 |

对于彩色空间变换,必须根据视频范围和矩阵系数选择正确的矩阵。

### 1. 输入接口

后处理器 PP 从外部存储器读取 IYUV 或 YV12 数据。如果选择解块和解环操作,则需要量化参数(QP)数据。图 11-4 给出 PP 处理的 QCIF 帧的设计举例。

Y、U、V 输入和 QP 数据需要 4 个存储器单元。每一行的第 1 个数据以一个新的字开始。当行的尺寸不等于 4 字节的整数倍时,则一行的最后几个象素不占据一个完整的字,忽略最后一个字多余的字节。

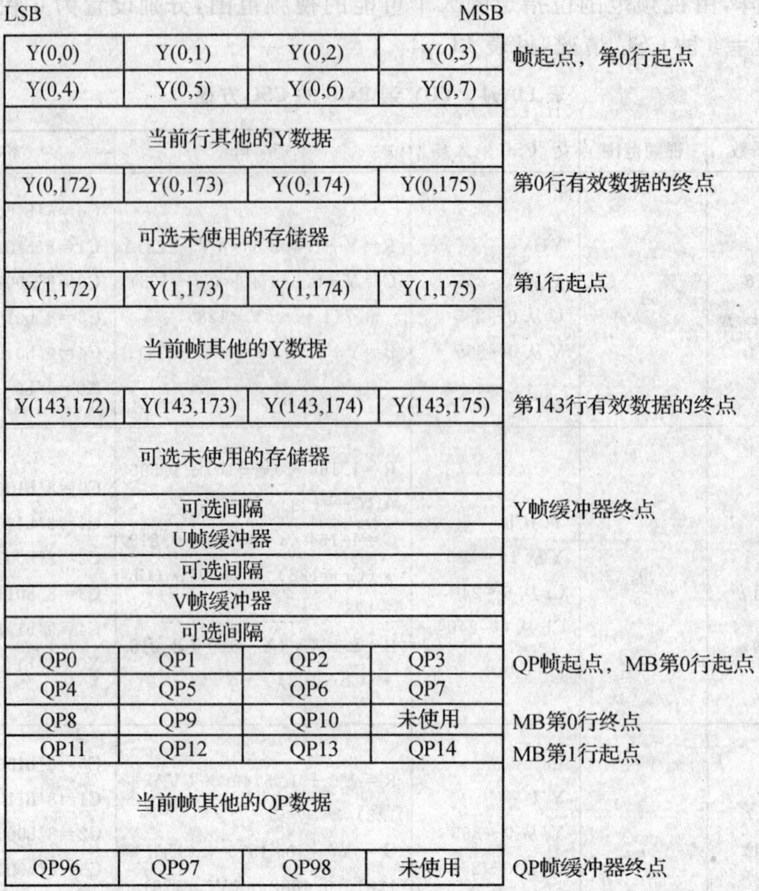

## 第 11 章 简化增强型多媒体加速器

| LSB | | | MSB | |
|---|---|---|---|---|
| Y(0,0) | Y(0,1) | Y(0,2) | Y(0,3) | 帧起点,第0行起点 |
| Y(0,4) | Y(0,5) | Y(0,6) | Y(0,7) | |
| 当前行其他的Y数据 | | | | |
| Y(0,172) | Y(0,173) | Y(0,174) | Y(0,175) | 第0行有效数据的终点 |
| 可选未使用的存储器 | | | | |
| Y(1,172) | Y(1,173) | Y(1,174) | Y(1,175) | 第1行起点 |
| 当前帧其他的Y数据 | | | | |
| Y(143,172) | Y(143,173) | Y(143,174) | Y(143,175) | 第143行有效数据的终点 |
| 可选未使用的存储器 | | | | |
| 可选间隔 | | | | Y帧缓冲器终点 |
| U帧缓冲器 | | | | |
| 可选间隔 | | | | |
| V帧缓冲器 | | | | |
| 可选间隔 | | | | |
| QP0 | QP1 | QP2 | QP3 | QP帧起点,MB第0行起点 |
| QP4 | QP5 | QP6 | QP7 | |
| QP8 | QP9 | QP10 | 未使用 | MB第0行终点 |
| QP11 | QP12 | QP13 | QP14 | MB第1行起点 |
| 当前帧其他的QP数据 | | | | |
| QP96 | QP97 | QP98 | 未使用 | QP帧缓冲器终点 |

图 11-4  PP 输入数据(QCIF)

PP 要求每个宏块 1 个 QP 字节。仅使用 QP 的低 5 位,最上面 3 位必须设置为 0。每一行的第 1 个 QP 以一个新的字节开始,一行的 4 个相邻 MB 位的 4 个 QP 字节打包成 1 个字。当行的 MB 数目不是 4 的整数倍时,忽略 QP 行的最后一个字。

存储器中数据按自然扫描线排序。Y、U、V 数据允许二个相邻线(行幅)间的距离大于每一行的像素数目,也就是说,每二个相邻行的起点和终点间未使用字的数目是固定的。因此,QP 数据中不允许有未使用的字。

图 11-4 中每一行表示存储器中一个字。Y(j,i) 表示第 j 行第 i 列像素 Y 数据,U 和 V 的数据与 Y 类似。图中表示行间存储器中有未使用的空间。这些参数由输入行幅控制,仅用于帧的 Y、U、V 数据。Y、U、V 数据起点可以位于可寻址存储器中的任何单元。

在 QCIF 图像中,$11 \times 9 = 99$ MB 表示 QCIF 图像的全部 QP。根据上面的打包方法,1 行的 11 个 QP 打包成 3 个字,最后 1 个字有 1 个未使用的位。每一行重复,QP 行间没有多余的空间。

## 2. 输出接口

PP 输出可以在 RGB 和 YUV 4∶2∶2(YUYV)之间选择。RGB 数据内部用 24 位分辨率表示(每个彩色分量 8 位),根据编程的彩色宽度截断彩色位,在彩色空间变换最后阶段丢弃最低位。每像素 8 比特输出仅支持 1∶1 重构尺寸。

表 11-5 表示 16 位/像素和未打包的 24 位/像素设置的例子。

表 11-5　RGB 彩色带宽和偏置

| 固定格式 | 位/像素 | RGB 带宽 | RGB 偏置 |
| --- | --- | --- | --- |
| 打包的 16 位 RGB565 | 16 | RedWidth=5<br>GreenWidth=6<br>BlueWidth=5 | RedOffset=11<br>GreenOffset=5<br>BlueOffset=0 |
| 未打包的 32 位 RGB888 | 32 | RedWidth=8<br>GreenWidth=8<br>BlueWidth=8 | RedOffset=16<br>GreenOffset=8<br>BlueOffset=0 |

## 3. 数据流

后处理模块从外部存储器读取 YUV 4∶2∶0 数据,将处理的 RGB 或 YUYV 4∶2∶2 数据再写入外部存储器。i.MX27 器件 PP 的典型使用情况是:

① 软件或硬件解码器解码一帧
② 用帧缓冲地址和其他辅助信息编程 PP
③ 软件使 PP 有效
④ 针对每一个 MB 从存储器的读操作,PP 完成解块、解环和 CSC,写入显示输出缓冲器
⑤ 当前所有帧处理完成后,PP 对核发出帧执行信号
⑥ PP 完成帧处理后,设置帧执行状态,中断 CPU

### 11.2.2　寄存器与输入输出帧的关系

图 11-5 表示输入行幅怎样影响 PP 处理的帧。框图中有二个矩形,里面表示要处理的帧区域,外面的指示整个帧分配的实际存储器大小。PP_Y_SOURCE、PP_CR_SOURCE 和 PP_CB_SOURCE 指示帧数据的起始地址。处理 Cr 和 Cb 帧分量时,输入行幅和高度参数自动除 2。

图 11-6 表示输出行幅对输出帧的影响。输出行幅可以用于选择处理和重构帧的较小区域。图中二个矩形,外部为显示存储器,内部为最终输出图像尺寸。输出图像尺寸由输出行幅 IMAGE_WIDTH 和 IMAGE_HEIGHT 参数决定。

# 第 11 章　简化增强型多媒体加速器

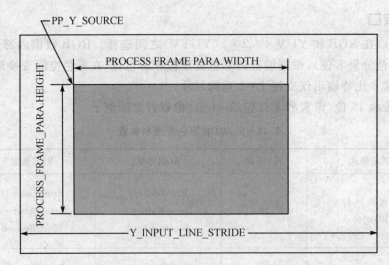

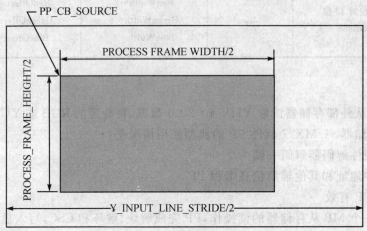

图 11-5　输入行幅

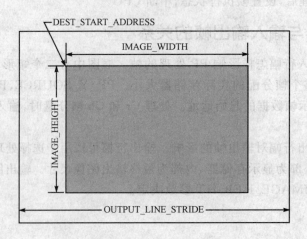

图 11-6　输出行幅

## 11.3 后处理器编程方式

只支持 32 位访问（读写）。所有保留位应总是写 0。所有寄存器可以读写，除非有特殊指定。表 11-6 系 PP 寄存器存储器配置（均为读写访问）。表 11-7 为 PP 寄存器各位的详细解释，表中未列的寄存器数据位均为保留位，应读作 0。

表 11-6 PP 寄存器存储器配置

| 地 址 | 描 述 | 复位值 |
| --- | --- | --- |
| 0x1002_6000(PP_CNTL) | PP 控制寄存器 | 0x0000_0876 |
| 0x1002_6004(PP_INTRCNTL) | PP 中断控制 | 0x0000_0000 |
| 0x1002_6008(PP_INTRSTATUS) | PP 中断状态 | 0x0000_0-0- |
| 0x1002_600C(PP_SOURCE_Y_PTR) | PP 输入 Y 帧数据指针 | 0x0000_0000 |
| 0x1002_6010(PP_SOURCE_CB_PTR) | PP 输入 CB 帧数据指针 | 0x0000_0000 |
| 0x1002_6014(PP_SOURCE_CR_PTR) | PP 输入 CR 帧数据指针 | 0x0000_0000 |
| 0x1002_6018(PP_DEST_RGB_PTR) | PP 输出 RGB 帧起始地址 | 0x0000_0000 |
| 0x1002_601C(PP_QUANTIZER_PTR) | PP 量化器起始地址 | 0x0000_0000 |
| 0x1002_6020(PP_PROCESS_PARA) | PP 处理帧参数、宽度和高度 | 0x0000_0000 |
| 0x1002_6024(PP_FRAME_WIDTH) | PP 输入帧宽度 | 0x0000_0000 |
| 0x1002_6028(PP_DISPLAY_WIDTH) | PP 输出显示帧宽度 | 0x0000_0000 |
| 0x1002_602C(PP_IMAGE_SIZE) | PP 输出图像尺寸 | 0x0000_0000 |
| 0x1002_6030(PP_DEST_FRAME_FORMAT_CNTL) | PP 输出帧格式控制 | 0x0000_0000 |
| 0x1002_6034(PP_RESIZE_INDEX) | PP 重构存储表索引 | 0x0000_0000 |
| 0x1002_6038(PP_CSC_COEF_123) | PP CSC 系数 | 0x0000_0000 |
| 0x1002_603C(PP_CSC_COEF_4) | PP CSC 系数 | 0x0000_0000 |
| 0x1002_6000~0x1002_607C(PP_RESIZE_COEF_TBL) | PP CSC 系数表 | 0x0000_0000 |

## 第 11 章　简化增强型多媒体加速器

表 11-7　PP 寄存器有效数据位

| 寄存器作用 | 位 | 解　释 |
|---|---|---|
| PP 控制 | 12<br>BSDI | 字节交换输入数据。使用前按字节交换（32 位小 endian 到大 endian 等）<br>0　不交换<br>1　交换 |
| | 11～10<br>CSC_OUT | CSC 输出。设置 RGB 输出分辨率<br>00　32 位（不打包的 RGB888）<br>01　保留<br>10　16 位<br>11　32 位（不打包的 RGB888） |
| | 8<br>SWRST | 软件复位。复位整个模块，所有寄存器返回复位缺省值<br>0　不复位<br>1　复位 |
| | 6～5<br>CSC_TABLE_SEL | CSC 选择表。从 4 个 CSC 矩阵选择，参见表 11-4<br>00　A1<br>01　A0<br>10　B1<br>11　B0 |
| | 4<br>CSCEN | CSC 使能，输出 RGB 数据还是 YUV 4：2：2 数据<br>0　YUV 4：2：2<br>1　RGB |
| | 2<br>DERINGEN | 解环操作使能<br>0　不解环<br>1　解环 |
| | 1<br>DEBLOCKEN | 解块操作使能<br>0　不解块<br>1　解块 |
| | 0<br>PP_EN | PP 使能，开始帧处理。LOCK_BIT 不是前面在空闲状态成功读取的，则无效。一旦使能，该位复位，除非发生下面情况：完成帧处理或设置 SWRST 或数据中途错误<br>0　无效<br>1　有效（自清零） |

续表 11-7

| 寄存器作用 | 位 | 解 释 |
|---|---|---|
| PP 中断控制 | 2 ERR_INTR_EN | 差错中断使能。如果设置为 1,错中断<br>0 中断无效<br>1 中断有效 |
| | 0 FRAME_COMP_INTR_EN | 帧完成中断使能。如果设置为 1 和处于帧模式(MB_MODE=0),完成帧处理中断<br>0 中断无效<br>1 中断有效 |
| PP 中断状态 | 2 ERR_INTR | 差错中断状态。如果设置为 1,发生差错。初始化下一次操作前 PP 必须复位(SWRST = 1) |
| | 0 FRAME_COMP_INTR | 帧完成中断状态。如果设置为 1,完成帧处理 |
| PP 输入 Y 地址寄存器 | 31~0<br>PP_Y_SOURCE | PP_SOURCE_Y_PTR。Y 数据的 32 位帧起始地址(亮度)。第 1~0 位总设置为 0(按字排列) |
| PP 输入 Cb 地址寄存器 | 31~0<br>PP_CB_SOURCE | PP_SOURCE_CB_PTR。Cb 数据 32 位帧起始地址(U 或亮度)。第 1~0 位总设置为 0(按字排列) |
| PP 输入 Cr 地址 | 31~0<br>PP_CR_SOURCE | PP_SOURCE_CR_PTR。Cr 数据 32 位帧起始地址(V 或亮度)。第 1~0 位总设置为 0(按字排列) |
| PP 输出 RGB 帧起始地址 | 31~0<br>RGB_START_ADDR | RGB 起始地址。设置输出起始地址,如果 CSCEN = 0,指向 YUV 4:2:2(YUYV 隔行)数据起点,否则指向 RGB 数据。第 1~0 位总设置为 0(按字排列) |
| PP 量化起始地址 | 31~0<br>QUANTIZER_PTR | QUANTIZER_PTR。设置存储器量化参数起始地址。不执行解块和解环时,忽略。第 1~0 位总设置为 0(按字排列) |
| PP 处理帧参数 | 25~16<br>PROCESS_FRAME_WIDTH | 处理帧宽度。根据 Y 帧像素计数设置要处理的输入窗宽度。PROCESS_FRAME_WIDTH/2 用于 Cb 和 Cr 窗宽度,PROCESS_FRAME_WIDTH 必须小于等于 INPUT_LINE_STRIDE。应为 8 像素乘积 |
| | 9~0<br>PROCESS_FRAME_HEIGHT | 处理帧高度。根据 Y 帧行计数设置要处理的输入窗高度。PROCESS_FRAME_HEIGHT/2 用于 Cb 和 Cr 窗高度。应为 8 像素乘积 |

## 第11章 简化增强型多媒体加速器

续表11-7

| 寄存器作用 | 位 | 解 释 |
|---|---|---|
| PP输入帧宽度 | 23~16<br>QUANTIZER_FRAME_WIDTH | 量化帧宽度。设置用于表示行所有的MB量化的字节数。MB不等于4的倍数时,QP数据打包到最后1个字中可能不用字节的地方。在QUANTIZER_FRAME_WIDTH循环到最接近4字节倍乘,表示MB1行的所有QP数据时,如果1行有7MB,则需要2个字表示7QP数据,带1个未发生的字节。QUANTIZER_FRAME_WIDTH设置为8(7字节循环到最接近4的倍数)<br>应为4像素乘积 |
|  | 11~0<br>Y_INPUT_LINE_STRIDE | Y输入行幅,设置Y输入数据邻近行之间像素数目。Y_INPUT_LINE_STRIDE/2用于Cb和Cr输入数据。应为8像素乘积 |
| PP输出显示宽度 | 12~0<br>OUTPUT_LINE_STRIDE | 输出行幅,设置输出帧邻近行起始地址之间的距离。如果等于OUT_IMAGE_WIDTH,则应按OUT_IMAGE_WIDTH * 每像素字节数计算。应为4字节的倍数 |
| PP输出图像尺寸 | 27~16<br>OUT_IMAGE_WIDTH | 输出图像宽度,设置输出像素宽度(不是字节)。应为2的倍数。OUT_IMAGE_WIDTH[0]只读,且总是0 |
|  | 11~10<br>OUT_IMAGE_HEIGHT | 输出图像高度,设置输出行数,总是2的倍数。OUT_IMAGE_HEIGHT[0]只读,且总是0 |
| PP输出帧格式控制 | 30~26<br>RED_OFFSET | 红色偏移。用于输出像素中红色和亮度分量偏移。用第0位 |
|  | 25~21<br>GREEN_OFFSET | 绿色偏移。用于输出像素中绿色和色度U分量偏移。用第0位 |
|  | 20~16<br>BLUE_OFFSET | 蓝色偏移。用于输出像素中绿色和色度V分量偏移。用第0位 |
|  | 11~8<br>RED_WIDTH | 红色宽度。用于输出像素中红色分量字节数。亮度分量宽度总是固定为8字节。允许值为0到8。大于8的值内部固定为8 |
|  | 7~4<br>GREEN_WIDTH | 绿色宽度。用于输出像素中绿色分量字节数。色差(Cb和U)分量宽度总是固定为8字节。允许值为0到8。大于8的值内部固定为8 |
|  | 3~0<br>BLUE_WIDTH | 蓝色宽度。用于输出像素中蓝色分量字节数。色差(Cr和V)分量宽度总是固定为8字节。允许值为0到8。大于8的值内部固定为8 |

续表 11-7

| 寄存器作用 | 位 | 解 释 |
|---|---|---|
| PP 重构尺寸表索引 | 29~24 HORI_TBL_START_INDEX | 水平表起点索引,有效数为 0~39 |
| | 21~16 HORI_TBL_END_INDEX | 水平表终点索引,有效数为 0~39 |
| | 13~8 VERT_TBL_START_INDEX | 垂直表起点索引,有效数为 0~39 |
| | 5~0 VERT_TBL_END_INDEX | 垂直表终点索引,有效数为 0~39 |
| PP CSC COEF 123 | 31~24 C0[7:0] | CSC 系数 0,范围为 0 到 1.992 187 5,步进 1/128 |
| | 23~16 C1[7:0] | CSC 系数 1,范围为 0 到 1.992 187 5,步进 1/128 |
| | 15~8 C2[7:0] | CSC 系数 2,范围为 0 到 1.992 187 5,步进 1/128 |
| | 7~0 C3[7:0] | CSC 系数 3,范围为 0 到 1.992 187 5,步进 1/128 |
| PP CSC COEF_4 | 9 X0 | X0,亮度分量偏移<br>1 = 16<br>0 = 0 |
| | 8~0 C4 | CSC 系数 4,范围为 0 到 3.992 187 5,步进 1/128 |
| PP 重构系数表 | 7~4 w | 权重系数。设置用于重构公式中旧像素的权重系数,有效权重数为 0,2 到 30 和 31。31 处理为 32,因此 31 是无效系数。重构算法中权重系数 w 为 1 时,w1 = w;权重系数为 2 时,w2 = 32-w1 |
| | 2~1 n | 读取像素数,设置读取新的像素数目<br>00 没有像素读取<br>01 1 个新像素读取<br>10 2 个新像素读取<br>11 3 个新像素读取 |
| | 0 OP | 输出像素,控制像素输出。<br>1 输出像素<br>0 不输出像素 |

## 11.4 预处理器

预处理器接收主存储器输入或通过 CMOS 传感器接口模块接收摄像机传感器输入;输出 2 个通道分别是视频编码数据和视频显示数据。输入数据经通道 1 重构模块和可编程缩小的重构 2 模块。通道 1 重构模块可以与通道 2 重构模块层叠或并联连接。接下来是彩色空间变换 CSC。CSC 模块提供通道 1 的 YUV 到 RGB 和 RGB 到 YUV 变换、通道 2 的 RGB 到 YUV 变换。见图 11-6。CSC 后,数据进入存储器。通道 1 数据针对显示,支持 RGB 和

YUV 4∶2∶2(隔行)格式。通道2的输出针对视频编码,支持各种YUV格式。YUV 4∶2∶0(平面)格式与MPEG-4视频编码输入很好匹配,系片上MPEG-4编码器所需。

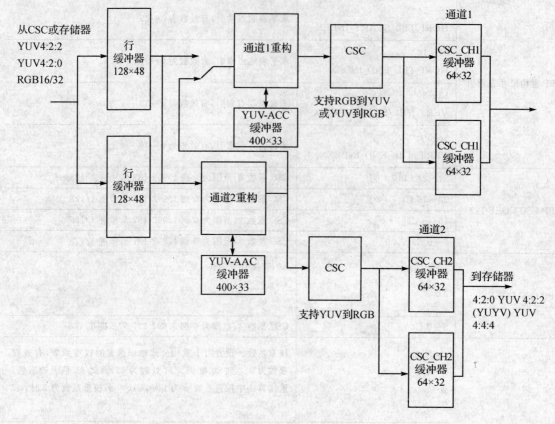

图 11-7 预处理器框图

## 11.4.1 输入数据格式

表 11-8 表示预处理器输入数据格式。

表 11-8 输入数据格式

| 输 入 | 格 式 | 分辨率(每象素比特) |
|---|---|---|
| CSI | RGB | 16 |
| | RGB | 32 bpp (未打包 RGB888) |
| | YUV 4∶2∶2 | 隔行像素 |
| | YUV 4∶4∶4 | 32—隔行像素 |
| 存储器 | RGB | 16 |
| | RGB | 32 (未打包 RGB888) |
| | YUV 4∶2∶2 | 隔行像素 |
| | YUV 4∶2∶0 | 隔行带 (IYUV 和 YV12) |
| | YUV4∶4∶4 | 32—隔行像素 |

预处理器可以接收帧尺寸从 32×32 像素到 2 044×2 044 像素。对于 YUV 4∶2∶0,最大帧尺寸限制到 2 040×2 040 像素。

预处理器中有 2 个相同的独立重构模块,分别称为通道 1 重构模块和通道 2 重构模块。通道 1 重构模块与通道 2 重构模块可以进行并行工作,即 2 个模块同接 1 个输入,或与通道 2 输出层叠连接。

每一个重构模块支持二种重构算法:双线性算法和平均算法。对每一个重构模块,在开始重构前,用户需要通过寄存器选择采用哪一种算法。表 11-9 是重构比例。

表 11-9　重构比例

| 重构模块 | 重构比例 | 解　释 |
| --- | --- | --- |
| 通道 1 重构 | 1∶1 | 数据从输入拷贝到输出 |
| | 从 1∶1 到 8∶1 可编程;层叠时从 8∶1 到 64∶1 | 缩小 |
| 通道 2 重构 | 1∶1 | 数据从输入拷贝到输出 |
| | 从 1∶1 到 8∶1 可编程 | 缩小 |

表 11-10 是通道 1 和通道 2 支持的输出格式。

表 11-10　输出格式

| 通　道 | 输出格式 | 分辨率(每像素位) | 解　释 |
| --- | --- | --- | --- |
| 通道 1 | RGB | 8 | 1 个输出字 4 个像素 |
| | | 16 | 1 个输出字 2 个像素 |
| | | 32 | 未打包 RGB888,1 个输出字 1 个像素 |
| | YUV 4∶2∶2 | YUYV、YVYU、UYVY、VYUY | 隔行像素,1 个输出字 2 个像素 |
| 通道 2 | YUV 4∶2∶2 | YUYV | 隔行像素,1 个输出字 2 个像素 |
| | YUV 4∶2∶0 | IYUV、YV12 | 隔行带 |
| | YUV 4∶4∶4 | YUV0 | 隔行像素,1 个输出字 1 个像素 |

输出数据总是写入通道 1 和通道 2 目的指针指向的存储器。通道 1 和通道 2 最小的输出尺寸是 32×32 像素,必须计算重构比例防止输出端数据断开。

## 11.4.2　重　构

通道 1 和通道 2 重构模块最初用于重构获取的传感器图像,以合适的格式与寻像器显示和视频编码器输入需求匹配。例如,一幅图像或视频从 640×480 图像传感器输入可以重构以适应 LCD 显示格式 240×320 或 320×320。重构也可以为视频编码准备数据(通道 2)。每一个重构模块完成 2 种重构算法:双线性和平均算法,其中 1 种算法可以在单时间段有效。

### 1. 双线性算法

重构比例在 1∶1 到 2∶1 之间推荐采用双线性算法。

加载 2 个相邻像素数据,分别以不同权重系数相乘构成输出像素。软件计算特殊乘构比例的权重系数,预加载到重构模块读取所用系数预处理器的重构系数寄存器(寄存器 eMMA PrP_CH1_RZ_HORI_COEF1)。

例如，5:3 双线性插补的输出可以按下式计算：
out[0]＝5/8 × in[0]＋3/8 × in[1]
out[1]＝0/8 × in[1]＋8/8 × in[2]
out[2]＝3/8 × in[3]＋5/8 × in[4]
输入分别是(5,1)、(0,1)、(X,0)、(3,1)、(X,0)。

硬件完成可编程重构引擎，从 PrP 重构系数寄存器(PrP_CH1_RZ_HORI_COEF1、PrP_CH1_RZ_HORI_COEF2、PrP_CH1_RZ_VERT_COEF1、PrP_CH1_RZ_VERT_COEF2、PrP_CH2_RZ_HORI_COEF1、PrP_CH2_RZ_HORI_COEF2、PrP_CH2_RZ_VERT_COEF1、PrP_CH2_RZ_VERT_COEF2)读取指令。输出数据将用(w1 * in1＋w2 * in2)/8 计算，这里 in1 和 in2 是相邻 2 个象素。如果相应寄存器(PrP_CH1_RZ_HORI_VALID、PrP_CH1_RZ_VERT_VALID、PrP_CH2_RZ_HORI_VALID、PrP_CH2_RZ_VERT_VALID)中对应的 VOn 位是 1，重构引擎将读入新的输入象素。每一个重构指令形式是(w1,n)，其中 w1 为 3 位,n 为 1 位，存入 2 个寄存器，分别针对系数 w1 和 n,w2 用 8－w1 计算。

- w1 的许可值是 0、1、2、3、4、5、6、7，w1 系数 7(3'b111)处理为 8(4'b1000)，所以 w1 系数值 7 是不可能的；
- PrP 重构权重系数只有 3 位，不是 PP 重构系数的 5 位。

### 2. 平均算法

这是一个特殊的卷积滤波器，当重构比例为 N:1 时，每 N 个输入像素的权重均值构成一个输出象素。假设输入象素是 in[0]、in[1]、… in[N]，w[i]是权重系数，out[0]是相应像素输出，则 out[0]＝w[0] × in[0]＋w[1] × in[1]＋…＋w[N] × in[N]。

PrP 均值的重构指令也是(w,n)形式，每一个系数 w 用 3 位表示，n 用 1 位。平均重构也是由可编程重构引擎完成。每个周期加载 1 个像素到重构引擎，采用相乘和累加操作。暂存寄存器用作存储中间结果。

在复位或行(针对水平重构)或列(针对垂直重构)开始时，T 复位至 0。每个周期的处理是：

① 将新的输入像素值加载到"in"寄存器；
② 计算 T＝T＋w * in，其中 0 ＜＝w ＜＝7；
③ T 复位为 0 后，如果 n 位是"1"，则输出像素用式 out＝T/8 计算。

输出像素所有 w 系数的和(w[0]＋w[1]＋…＋w[n])将等于 8。重构指令(w,n)存储于 2 个寄存器中，分别针对系数 w(例如 PrP_CH1_RZ_HORI_COEF1)和 n(例如 PrP_CH1_RZ_HORI_VALID)。w 系数 7(3'b111)处理为 8(4'b1000)，所以 w 系数 7 不存在。

下面是几个例子的重构表：
3:1: (2,0)(4,0)(2,1)
4:1: (1,0)(3,0)(3,0)(1,1)
7:1: (1,0)(1,0)(1,0)(2,0)(1,0)(1,0)(1,1)

可以同时选择双线性和平均算法针对 2 个不同的方向，即水平方向采用平均算法，垂直方向采用双线性算法。

对于 M:N 重构比例，输出图像宽度是
RZOUTWIDTH＝[RZINWIDTH ×(N/M)]，这里 [] 是取整运算。

例如,如果输入图像宽度是176、重构比例是5:3,则
RZWIDTHOUT=[176×3/5]=105个像素。
应注意高度计算将作相应变更。

表11-11归纳了通道1输出需求和限制,所有通道1输出必须按字排列。

表11-11 通道1输出格式和尺寸

| 输出分辨率 | CH1_WIDTH | 描述 | 输出格式举例 |
| --- | --- | --- | --- |
| 每像素8位 | RZWIDTHOUT 和 0x03 | 减小至4的倍数 | RGB 332 |
| 每像素16位 | RZWIDTHOUT 和 0x01 | 减小至2的倍数 | RGB 565 或 YUV 4:2:2 |
| 每像素32位 | RZWIDTHOUT | 输出按字排列 | 未打包 RGB888 |

通道1最终输出由 CH1_OUT_IMAGE_WIDTH 和 CH1_OUT_IMAGE_HEIGHT 设置控制,其最大值不能超过 CH1_WIDTH 和 RZHEIGHTOUT。

表11-12归纳了通道2输出需求和限制,输入自通道2重构模块。

表11-12 通道2输出格式和尺寸

| 输出格式 | Y宽度 | Y高度 | U、V宽度和高度 |
| --- | --- | --- | --- |
| YUV 4:2:0 | RZWIDTHOUT 和 0x07(8的倍数) | RZHEIGHTOUT 和 0x01 | Ban 隔行带:<br>U_WIDTH=Y_WIDTH/2<br>V_WIDTH=Y_WIDTH/2<br>U_HEIGHT=Y_HEIGHT/2<br>V_HEIGHT=Y_HEIGHT/2 |
| YUV 4:2:2 | RZWIDTHOUT 和 0x01 | RZHEIGHTOUT | 隔行像素 |
| YUV 4:4:4 | RZWIDTHOUT | RZHEIGHTOUT | 隔行像素 |

## 11.4.3 彩色空间变换

如果图像传感器输出 RGB 信号,MPEG-4 编码要求彩色空间变换将 RGB 转换成 YUV 彩色空间格式。MPEG-4 标准对彩色空间变换种类有要求,MPEG-4 编码器按比特流语法、用2条指令,即 matrix_coefficients 和 video_range 确定 CSC 特殊类型。可编程彩色空间变换 CSC 矩阵保证其灵活性。

根据精度和步长计算每一个系数。支持按用户想得到的 1/128 步长确定系数,计算结果是 INT(128×0.345)=44。

## 11.4.4 RGB 到 YUV

MPEG-4 编码器只运行于 YUV(也适合 YCbCr)彩色空间,如果图像传感器产生 RGB 输出,则需要进行 RGB 到 YUV 的彩色空间变换。MPEG-4 标准规定了 YUV 格式的种类,归纳了4个彩色空间变换公式。

从 RGB 到 YUV 4:2:0 和 YUV 4:2:2 变换可以分成2步,第1步是从 RGB 变换到 YUV 4:4:4,第2步进行从 YUV 4:4:4 到 YUV 4:2:0(或 YUV 4:2:2)的下采样。从 YUV 4:4:4 到 YUV 4:2:0 的下采样采用交替间隔抽取像素和行的方法完成,从

## 第 11 章 简化增强型多媒体加速器

YUV 4∶4∶4 到 YUV 4∶2∶2 的下采样方法类似。下面介绍彩色空间变换矩阵和下采样。

MPEG-4 标准规定 4 个用于 RGB 到 YUV 变换的矩阵。实际使用的矩阵需要在比特流中构成,允许译码器选择对应的 YUV 到 RGB 变换的逆矩阵,参见表 11 - 13。RGB 和 YUV 输出范围是 0 到 255。

**表 11 - 13 YUV 到 RGB 彩色空间变换公式**

| 公式名称 | 矩阵系数 | 视频范围 | 到 CSC 的输入和符号 | 矩 阵 |
|---|---|---|---|---|
| A1 | 4、5、6 (A组) | 1 | YUV<br>Y ranges from 0~255<br>U ranges from 0~255<br>V ranges from 0~255 | Y=0.299 * R+0.587 * G+0.114 * B<br>U=-0.169 * R-0.331 * G+0.5 * B+128<br>V=0.5 * R-0.419 * G-0.081 * B+128 |
| A0 | 4、5、6 (A组) | 0 | YCrCb<br>Y ranges from 16~235<br>Cr ranges from 16~240<br>Cb ranges from 16~240 | Y=0.2568 * R+0.5041 * G+0.0979 * B+16<br>Cb=-0.1484 * R-0.2907 * G+0.4392 * B+128<br>Cr=0.4392 * R-0.3680 * G-0.0711 * B+128 |
| B1 | 1、7 (B组) | 1 | Y'U'V'<br>Y' ranges from 0~255<br>U' ranges from 0~255<br>V' ranges from 0~255 | Y=0.2126 * R+0.7152 * G+0.0722 * B<br>U=-0.115 * R-0.386 * G+0.5 * B+128<br>V=0.5 * R-0.454 * G-0.046 * B+128 |
| B0 | 1、7 (B组) | 0 | Y'Cr'Cb'<br>Y' ranges from 16~235<br>Cr' ranges from 16~240<br>Cb' ranges from 16~240 | Y=0.1826 * R+0.6142 * G+0.0620 * B+16<br>Cb=-0.1010 * R - 0.3390 * G+0.4392 * B+128<br>Cr=0.4392 * R - 0.3988 * G - 0.0404 * B+128 |

### 11.4.5 帧抽取

帧抽取目的是减少帧率,可以分三步进行。首先针对输入,其次针对通道 1 输出,最后针对通道 2 输出,分别由 PRP_CNTL 寄存器的 IN_SKIP、CH1_SKIP 和 CH2_SKIP 位完成。每一次抽取都是独立的。帧抽取只是当 CSI(CSIEN=1)输入时才有效。

**例 11 - 1** 通道 1 和通道 2 并行配置

① IN_SKIP=3'b010
② CH1_SKIP=3'b001
③ CH2_SKIP=3'b100
④ 设输入帧序列为:0、1、2、3、4、5、6、7、8、9、10、11、12、13、14
⑤ 执行 IN_SKIP 指令后,序列减少为:0、2、3、5、6、8、9、11、12。这些帧发送到通道 1 和通道 2(因为是并行配置的)
⑥ 执行 CH1_SKIP 指令后从通道 1 输出:0、3、6、9、12
⑦ 执行 CH2_SKIP 指令后从通道 2 输出:0、2、3、6、8、9、12

**例 11 - 2** 通道 1 和通道 2 级联

① IN_SKIP=3'b010

② CH1_SKIP=3'b001
③ CH2_SKIP=3'b100
④ 设输入帧序列为：0,1,2,3,4,5,6,7,8,9,10,11,12,13,14
⑤ 执行 IN_SKIP 指令后，序列减少为：0,2,3,5,6,8,9,11,12,再发送到通道 2
⑥ 执行 CH2_SKIP 指令后从通道 2 输出：0,2,3,6,8,9,12,再发送到通道 1
⑦ 执行 CH1_SKIP 指令后从通道 1 输出：0,3,8,12

### 11.4.6 循环模式

CSI 到 PrP 链接有效时实施循环模式(LEN)，不影响存储器处理输入帧。设置 PRP_CNTL 中的 LEN 位使循环模式有效。该位有效时，每一个有效通道的输出数据按乒乓方式写入输出缓冲器。2 个存储器缓冲器用作每一个通道输出。例如，当前帧写入缓冲器 1，下一帧写入缓冲器 2。参见表 11-14。

表 11-14 循环模式乒乓寄存器

| 通道 | 缓冲器 1 寄存器 | 缓冲器 2 寄存器 |
| --- | --- | --- |
| 1 | PRP_DEST_RGB1_PTR | PRP_DEST_RGB2_PTR |
| 2 | PRP_DEST_Y_PTR[1]<br>PRP_DEST_CB_PTR[2]<br>PRP_DEST_CR_PTR | PRP_SOURCE_Y_PTR[3]<br>PRP_SOURCE_CB_PTR<br>PRP_SOURCE_CR_PTR |

注：1. RP_DEST_Y_PTR 和 PRP_SOURCE_Y_PTR 用于 YUV 4:2:0、YUV 4:2:2 和 YUV 4:4:4 模式；
2. PRP_DEST_CB_PTR、PRP_DEST_CR_PTR 和 PRP_DEST_CB_PTR、PRP_DEST_CR_PTR 只用于 YUV 4:2:0 模式输出；
3. 输出指向循环模式时再用这些寄存器。

循环模式时，如果通道 1 或通道 2 无效，预处理器继续输出数据直至帧结束。通道 1 再有效时，输出总是从下一个轮替的缓冲器开始。

### 11.4.7 通道 1 和通道 2 使能

PRP_CNTL 的 CH1EN 位和 CH2EN 位用于通道 1 和通道 2 处理使能。如果 2 个通道处理 1 帧数据，该 2 位都应同时有效。如果数据从存储器输入，2 个通道则 1 个接着 1 个有效，因此第 2 通道将接收部分帧数据。例如，如果输入尺寸是 320×240，通道 1 首先有效，通道 2 有效时 120 行数据已经处理完，则写入通道 2 的数据是从第 121 行到第 240 行，第 121 行将作为第 1 行处理。

如果从 CSI 输入数据，则处理总是从帧起点开始。例如，通道 1 有效，通道 2 有效时第 1 帧正在处理，则通道 2 只能从前面第 2 帧开始，保留该模式的帧边界。

如果循环模式无效，则处理完 1 帧后，有效的通道将自动变成无效。如果在帧的中间通道无效，处理将继续进行到完整的帧处理完毕为止。

### 11.4.8 通道 2 流程控制

流程控制用作控制通道 2 帧处理。CSI 输入有效时，流程控制有效。流程控制有效的方法是将 PRP_CNTL 寄存器中 CH2FEN 位设置为 1。流程控制有效时，CH2B1EN 位和 CH2B2EN 位指示相应缓冲器是否准备接收新数据。

流程控制无效时，不检查 CH2B1EN 和 CH2B2EN，通道 2 将交替对缓冲器 1 和缓冲器 2 写操作。缓冲器 1 和缓冲器 2 交替缓冲配置为通道 2 目的指针的地址。

如果流程有效，在处理帧起点检查缓冲器使能位（CH2B1EN 或 CH2B2EN），确定写操作的交替缓冲器是否有效。如果缓冲器有效，处理输入帧，在帧末尾将缓冲器使能位复位。如果缓冲器无效，发出溢出信号，设置 PRP_INTRSTATUS 中的 C2FCFO 位。如果 PRP_INTRCNTL 中 C2FCIE 位有效，则中断发生。遭遇溢出条件时，停止输入帧处理到缓冲器有效为止，在下一个帧起点开始处理。

### 11.4.9 行缓冲器溢出

预处理速度慢于输入数据到达速度时，可能发生行缓冲器溢出。发生行缓冲器溢出时，设置 PRP_INTRSTATUS 寄存器的 LB_OVI 位。如果位有效，则提升中断。

PRP_CNTL 寄存器的 FRAME_SKIP 位确定在下一帧起点是否开始处理，发生溢出时是否继续。FRAME_SKIP 为 1 发生溢出时，停止处理该帧，在下一帧起点继续处理。FRAME_SKIP 位为 0 发生溢出时，处理继续进行，但将丢掉输出帧的数据，造成图像出错。

### 11.4.10 寄存器与输入帧的关系

图 11-8 表示 PrP_Y_SOURCE、PICTURE_X_SIZE、PICTURE_Y_SIZE 和 SOURCE_LINE_STRIDE 之间关系。里面矩形表示要处理的帧，存储器单元多，部分介面与外面矩形重合。这种窗口关系用在预处理器从主存储器读取数据。CSI 与 PrP 链接有效且发生裁剪时不用行幅信息。

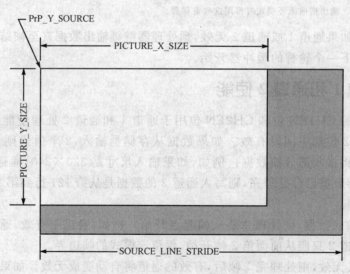

图 11-8 存储器图像尺寸和输入行幅

### 11.4.11 寄存器与通道 1 输出帧关系

图 11-9 表示 PrP_DEST_RGB1_PTR 或 PRP_DEST_RGB2_PTR、CH1_OUT_IMAGE_

WIDTH、CH1_OUT_IMAGE_HEIGHT 和 CH1_OUT_LINE_STRIDE 之间的关系。里面矩形表示存储器中通道 1 要写入的帧,大的存储量可能位于外面矩形边界,输入图像大于输出图像。

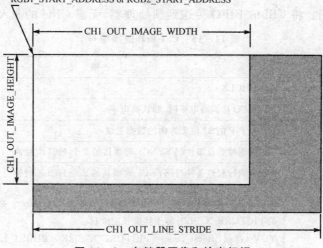

图 11-9　存储器图像和输出行幅

## 11.4.12　CSI 帧裁剪

CSI 的图像数据可以用 PRP_SRC_LINE_STRIDE 寄存器的 CSI_LINE_SKIP 和 SOURCE_LINE_STRIDE 位以及 PRP_SRC_FRAME_SIZE 寄存器的 PICTURE_X_SIZE 和 PICTURE_Y_SIZE 位进行裁剪。输入为 16 位 RGB 或 YUYV 循环时,SOURCE_LINE_STRIDE 应当乘以 2。SOURCE_LINE_STRIDE 指定行中要裁剪的原始像素数,CSI_LINE_SKIP 指定要裁剪的行数。裁剪参数的选择应满足下列条件:SOURCE_LINE_STRIDE+PICTURE_X_SIZE <= CSI_FRAME_X_SIZE  CSI_LINE_SKIP+PICTURE_Y_SIZE <= CSI_FRAME_Y_SIZE。将 PRP_CNTL 寄存器中的 WEN 位设置为 1,使裁剪有效。

图 11-10 表示裁剪参数的作用。外面的矩形表示 CSI 实际的帧,里面矩形表示用户选择的图像尺寸。

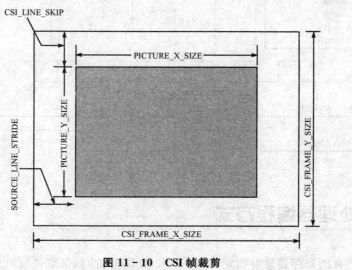

图 11-10　CSI 帧裁剪

## 11.4.13 CSI-PrP 链接

表 11-15 给出 CSI 到 PrP 的链接信号。图 11-11 表示 COMS 传感器接口模块与预处理器之间链接时序图。将 CSI 的 FIFO 传送到预处理器，无需 CPU 的介入。

表 11-15 CSI-PrP 链接信号

| 信 号 | 描 述 |
| --- | --- |
| HCLK | AHB HCLK |
| FIFO_FULL | CSI FIFO 达到高电平时，确认高电平 |
| FIFO_DATA[31:0] | CSI 到 PrP 的 32 位无方向的数据总线 |
| FRAME_START | CSI 探测帧起点条件（VSYNC）时确认的 2 个 HCLK 时钟 |
| LINE_START | CSI 探测行起点条件（HSYNC）时确认的 2 个 HCLK 时钟 |
| BURST_LENGTH[1:0] | 编码的 2 位指示 PrP 多少数据字处于 FIFO_FULL burst。必须选择 FIFO 高使 PrP 的 PICTURE_X_SIZE 等于猝发长度乘积<br>YUV 4:2:2: Burst_count=PICTURE_X_SIZE /(BURST_LENGTH×2)<br>RGB(16 bpp): Burst_count=PICTURE_X_SIZE /(BURST_LENGTH×2)<br>RGB(32 bpp): Burst_count=PICTURE_X_SIZE /(BURST_LENGTH)<br>Burst_count 应当为准确的整数 |

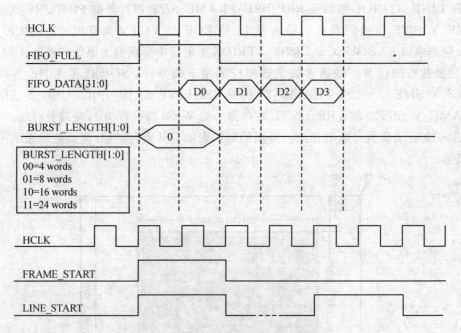

图 11-11 CSI 到 PrP 的链接信号

## 11.5 预处理器编程方式

预处理器所有的寄存器除有指定外，都是 32 位读写访问，保留位写 0。表 11-16 给出预处理器寄存器存储器配置(皆为读写访问)。

表 11-16 PrP 寄存器存储器配置

| 地　　址 | 寄存器名称 | 偏移量 |
|---|---|---|
| 0x1002_6000(PRP_CNTL) | PrP 控制寄存器 | 0x0000_F232 |
| 0x1002_6004(PRP_INTR_CNTL) | PrP 中断控制 | 0x0000_0000 |
| 0x1002_6008(PRP_INTRSTATUS) | PrP 中断状态 | 0x0000_0000 |
| 0x1002_600C(PRP_SOURCE_Y_PTR) | PrP 输入 Y 帧起始地址 | 0x0000_0000 |
| 0x1002_6010(PRP_SOURCE_CB_PTR) | PrP 输入 CB 帧起始地址 | 0x0000_0000 |
| 0x1002_6014(PRP_SOURCE_CR_PTR) | PrP 输入 CR 帧起始地址 | 0x0000_0000 |
| 0x1002_6018(PRP_DEST_RGB1_PTR) | PrP 输出 RGB 帧起始地址 | 0x0000_0000 |
| 0x1002_601C(PRP_DEST_RGB2_PTR) | PrP 输出 RGB 第 2 帧起始地址 | 0x0000_0000 |
| 0x1002_6020(PRP_DEST_Y_PTR) | PrP 输出 Y 帧起始地址 | 0x0000_0000 |
| 0x1002_6024(PRP_DEST_CB_PTR) | PrP 输出 CB 帧起始地址 | 0x0000_0000 |
| 0x1002_6028(PRP_DEST_CR_PTR) | PrP 输出 CR 帧起始地址 | 0x0000_0000 |
| 0x1002_602C(PRP_SRC_FRAME_SIZE) | PrP 输入帧尺寸 | 0x0140_00F0 |
| 0x1002_6030(PRP_DEST_CH1_LINE_STRIDE) | PrP 通道 1 行幅 | 0x0000_0280 |
| 0x1002_6034(PRP_SRC_PIXEL_FORMAT_CNTL) | PrP 输入像素格式控制 | 0x2200_0888 |
| 0x1002_6038(PRP_CH1_PIXEL_FORMAT_CNTL) | PrP 通道 1 像素格式控制 | 0x2CA0_0565 |
| 0x1002_603C(PRP_CH1_OUT_IMAGE_SIZE) | PrP 通道 1 输出图像尺寸 | 0x0540_04F0 |
| 0x1002_6040(PRP_CH2_OUT_IMAGE_SIZE) | PrP 通道 2 输出图像尺寸 | 0x0140_04F0 |
| 0x1002_6044(PRP_SRC_LINE_STRIDE) | PrP 输入行幅 | 0x0000_0000 |
| 0x1002_6048(PrP_CSC_COEF_012) | PrP CSC 系数 C0 到 C2 | 0x1005_A02C |
| 0x1002_604C(PrP_CSC_COEF_345) | PrP CSC 系数 C3 到 C5 | 0x0B67_1800 |
| 0x1002_6050(PrP_CSC_COEF_678) | PrP CSC 系数 C6 到 C8 | 0x0000_0000 |
| 0x1002_6054(PrP_CH1_RZ_HORI_COEF1) | PrP 通道 1 重构水平系数 | 0x0000_0007 |
| 0x1002_6058(PrP_CH1_RZ_HORI_COEF2) | PrP 通道 1 重构水平系数 | 0x0000_0000 |
| 0x1002_605C(PrP_CH1_RZ_HORI_VALID) | PrP 通道 1 重构有效水平输出数据 | 0x0100_0001 |
| 0x1002_6060(PrP_CH1_RZ_VERT_COEF1) | PrP 通道 1 重构垂直系数 | 0x0000_0007 |
| 0x1002_6064(PrP_CH1_RZ_VERT_COEF2) | PrP 通道 1 重构垂直系数 | 0x0000_0000 |
| 0x1002_6068(PrP_CH1_RZ_VERT_VALID) | PrP 通道 1 重构有效垂直输出数据 | 0x0100_0001 |
| 0x1002_606C(PrP_CH2_RZ_HORI_COEF1) | PrP 通道 2 重构水平系数 | 0x0000_0007 |
| 0x1002_6070(PrP_CH2_RZ_HORI_COEF2) | PrP 通道 2 重构水平系数 | 0x0000_0000 |
| 0x1002_6074(PrP_CH2_RZ_HORI_VALID) | PrP 通道 2 重构有效水平输出数据 | 0x0100_0001 |
| 0x1002_6078(PrP_CH2_RZ_VERT_COEF1) | PrP 通道 2 重构垂直数据 | 0x0000_0007 |
| 0x1002_607C(PrP_CH2_RZ_VERT_COEF2) | PrP 通道 2 重构垂直数据 | 0x0000_0000 |
| 0x1002_6080(PrP_CH2_RZ_VERT_VALID) | PrP 通道 2 重构有效垂直输出数据 | 0x0100_0001 |

# 第 12 章

# 液晶显示控制器

i.MX27 器件包含二个液晶显示控制器,分别称为 LCDC 液晶显示控制器和 SLCDC 小型液晶显示控制器。

LCDC 液晶显示控制器为外部灰度或彩色 LCD 屏提供显示数据。LCDC 支持黑白、灰度和无源阵列彩色(无源彩色或 CSTN)和有源阵列彩色(有源彩色或 TFT)LCD 屏。

SLCDC 小型液晶显示控制器模块从显示存储器缓冲器将数据传送到外部显示器件。DMA 采用最小软件高质量传输数据。DMA 总线调用是可控制和确定的。

手机显示屏尺寸越来越大、彩色越来越丰富,增加了对处理器的需求,也需要更多的 CPU 功耗管理和驱动图像。显示控制器的任务是减少 CPU 从存储器到显示器件数据传输的负担,使 CPU 能集中进行图像处理。DMA 用于优化传输操作。显示器件需要的控制信息从第 2 缓冲器读入系统存储器,在适当时间内插入数据流,完全免除 CPU 传输数据任务。

手机显示的典型情况是在主系统存储器中要显示处理的图像。图像处理完后,CPU 触发 SLCDC 模块将图像数据传输到显示器件。控制器猝发 DMA,从 CPU 窃取总线时钟的方法实现图像传送。窃取时钟的操作是可编程的,可以在预先确定的界面保持总线使用权利。传输完成后,产生一个可屏蔽中断指示该工作状态。针对特技显示,建议实施 2 个缓冲器乒乓过程,即当 DMA 从 1 个缓冲器读取数据时,下一幅图像到另一个缓冲器处理。

SLCDC 适用于多种显示尺寸和产品类型。SLCDC 模块能与选择的显示器件直接接口。支持串行和并行接口。SLCDC 模块只支持到显示控制器的写操作,不支持读操作。

本章最后还介绍了键盘接口。

## 12.1 液晶显示控制器

液晶显示控制器(LCDC)性能如下:
- 可配置 AHB 总线宽度(32 位或 64 位);
- 支持单屏(非分割)单色或彩色 LCD 屏和自刷新类型 LCD 屏;
- 从 16 种颜色选择的 16 种灰度级的单色显示;
- 支持:
  — 最高分辨率 800×600;
  — 无源彩色屏:4(配置为 RGB444)、8(配置为 RGB444)、12(RGB444)位/像素;
  — TFT 屏:4(配置为 RGB666)、8(配置为 RGB666)、12(RGB444)、16(RGB565)、18(RGB666)位/像素;
  — 针对 4 位/像素和 8 位/像素的 CSTN 显示屏,4 096 种调色板中的 16 和 256 种彩色；
— 分别针对 4 位/像素和 8 位/像素的 TFT 显示屏，256K 种调色板中的 16 和 256 种彩色；
— 针对 12 位/像素显示屏的真 4 096 彩色；
— 针对 16 位/像素显示屏的真 64 K 彩色；
— 针对 18 位/像素显示屏的真 256 K 彩色；
— 16 位 AUO TFT LCD 屏；
— 24 位 AUO TFT LCD 屏。

详见图 12-1 和表 12-1。

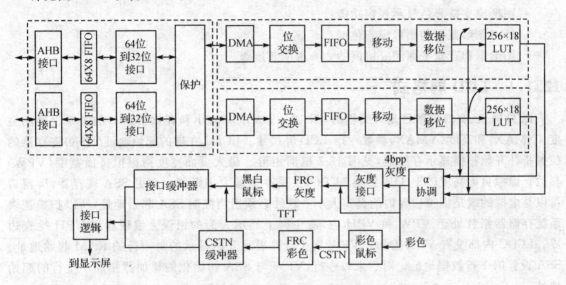

图 12-1 LCDC 结构框图

表 12-1 支持屏特性

| 屏类型 | 位/像素 | 接口（位） | 灰度级/彩色 |
|---|---|---|---|
| 单色 | 1 | 1、2、4、8 | 黑白 |
|  | 2 | 1、2、4、8 | 4/16 |
|  | 4 | 1、2、4、8 | 16 |
| CSTN | 4、8 | 12 | 4 096 调色板的 16、256 |
|  | 12 | 12 | 4 096 |
| TFT | 4、8 | 16 | 256 K 调色板的 256 |
|  | 12、16、18 | 12、16、18 | 4 096、64 K、256 K |

附加功能如下：
- 通用 LCD 驱动器的标准显示屏接口；
- 1、2、4、8 位单色显示屏接口；

# 第 12 章　液晶显示控制器

- 12、16、18 位彩色显示屏接口；
- 4 位/像素和 8 位/像素调色板用于存储器数据重新配置，使用独立类型显示屏。1 位/像素、2 位/像素、12 位/像素、16 位/像素和 18 位/像素调色板旁通；
- 无源和有源彩色 TFT 显示屏接口；
- 支持夏普 240×320 HR-TFT 显示屏的定时需求；
- 生成单色和彩色的图形鼠标指示，大小可编程；
- 彩色硬件鼠标和背景之间逻辑操作；
- 图形移动（软件水平卷链）；
- 针对软件对比度控制的 8 位脉冲宽度调制器；
- 图形窗支持彩色显示视窗功能；
- 针对图形鼠标的图形窗彩色键；
- 图形窗和背景平面间 α 协调的 256 透明灰度级。

## 12.1.1　LCD 屏格式

LCD 屏长、宽像素数目是可编程的，图 12-2 表示屏大小和存储器窗口的关系。屏的宽度（XMAX）和高度（YMAX）参数专指 LCD 屏尺寸。LCDC 在屏的起始地址（SSA）寄存器的位置指针开始扫描显示存储器，见图 12-2 里面矩形。最大页面宽度指虚拟页面宽度（VPW）参数。虚拟页面高度（VPH）不影响 LCDC，只受存储器大小限制。变更 SSA 寄存器，屏窗口可以是虚拟的或是虚拟边界内的真实大小。软件必须适当控制 SSA 起始地址，所以扫描逻辑系统存储器指针处于 VPW 和 VPH 内，避免屏上显示人为的错误。编程器用 VPH 检查边界。LCDC 内部没有 VPH 参数。VPW 用于计算表示开始显示的每一行的 RAM 起始地址。SSA 设置第 1 行数据地址。对后来每一行，VPW 与 SSA 初始化的累加器相加产生行的起始地址。

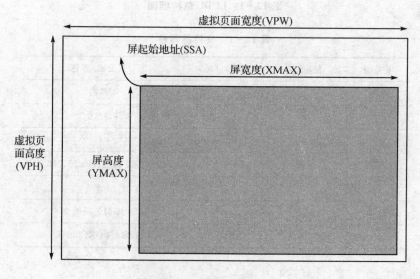

图 12-2　LCD 屏的格式

## 12.1.2 屏上的图形窗口

LCD 彩色屏支持用于寻像器和图形鼠标功能的图形窗口。与屏类似,虚拟页面宽度、图像窗口起始地址和图像窗口宽度和高度均软件可编程。图像窗口位置由图像窗口位置寄存器确定。图 12-3 表示怎样配置图像窗口,放置到屏上。图像窗口和背景面可以 α 协调。α 值是窗口的基础参数,意味着所有图像窗口像素具有相同的透明度。总共有 256 级可配置的透明度。此外,彩色键可选择一种像素颜色,图像窗选择的颜色都是透明的。一个应用场合是图形鼠标。

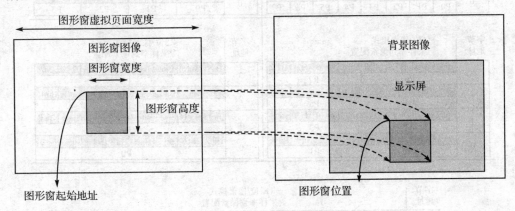

图 12-3 显示屏上图形窗

## 12.1.3 移 动

移动偏移量(POS)按比特度量,不是像素,所以除 1 位/像素,任何模式操作时,只对边界有效。在 12 位/像素模式下,像素排列成 16 位边界线,POS 也必须排列成这样。因为 SSA 和 POS 是动态参数,位于单独的寄存器中,二个缓冲器,LCDC 运行是要变化。SSA 和 POS 新的值不起作用,直至下一帧开始为止。典型的偏移量算法包括帧起始中断。在中断访问程序中,更新 POS 或 SSA(旧值内部锁存)。更新对下一帧起作用。

## 12.1.4 显示数据配置

LCDC 支持单色模式下 1、2、4 位/像素和彩色模下 4、8、12、16、18 位/像素。系统存储器数据配置为 2、4、8、12、16、18 位/像素模式,如图 12-4 所示。

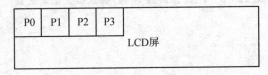

图 12-4 显示屏上像素位置

图 12-5 至图 12-7 是不同模式下显示数据的配置情况。

## 第 12 章 液晶显示控制器

| 字节地址 | 1位/像素模式 采样率到像素配置 | | | | | | | |
|---|---|---|---|---|---|---|---|---|
| 3 | Bit31 P24 | Bit30 P25 | Bit29 P26 | Bit28 P27 | Bit27 P28 | Bit26 P29 | Bit25 P30 | Bit24 P31 |
| 2 | Bit23 P16 | Bit22 P17 | Bit21 P18 | Bit20 P19 | Bit19 P20 | Bit18 P21 | Bit17 P22 | Bit16 P23 |
| 1 | Bit15 P8 | Bit14 P9 | Bit13 P10 | Bit12 P11 | Bit11 P12 | Bit10 P13 | Bit9 P14 | Bit8 P15 |
| 0 | Bit7 P0 | Bit6 P1 | Bit5 P2 | Bit4 P3 | Bit3 P4 | Bit2 P5 | Bit1 P6 | Bit0 P7 |

| 字节地址 | 2位/像素模式 采样率到像素配置 | | | |
|---|---|---|---|---|
| 3 | Bit31 Bit30 P12 | Bit29 Bit28 P13 | Bit27 Bit26 P14 | Bit25 Bit24 P15 |
| 2 | Bit23 Bit22 P8 | Bit21 Bit20 P9 | Bit19 Bit18 P10 | Bit17 Bit16 P11 |
| 1 | Bit15 Bit14 P4 | Bit13 Bit12 P5 | Bit11 Bit10 P6 | Bit9 Bit8 P7 |
| 0 | Bit7 Bit6 P0 | Bit5 Bit4 P1 | Bit3 Bit2 P2 | Bit1 Bit0 P3 |

| 字节地址 | 4位/像素模式 采样率到像素配置 | |
|---|---|---|
| 3 | Bit31 Bit30 Bit29 Bit28 P6 | Bit27 Bit26 Bit25 Bit24 P7 |
| 2 | Bit23 Bit22 Bit21 Bit20 P4 | Bit19 Bit18 Bit17 Bit16 P5 |
| 1 | Bit15 Bit14 Bit13 Bit12 P2 | Bit11 Bit10 Bit9 Bit8 P3 |
| 0 | Bit7 Bit6 Bit5 Bit4 P0 | Bit3 Bit2 Bit1 Bit0 P1 |

| 字节地址 | 8位/像素模式 采样率到像素配置 |
|---|---|
| 3 | Bit31 Bit30 Bit29 Bit28 Bit27 Bit26 Bit25 Bit24 P3 |
| 2 | Bit23 Bit22 Bit21 Bit20 Bit19 Bit18 Bit17 Bit16 P2 |
| 1 | Bit15 Bit14 Bit13 Bit12 Bit11 Bit10 Bit9 Bit8 P1 |
| 0 | Bit7 Bit6 Bit5 Bit4 Bit3 Bit2 Bit1 Bit0 P0 |

| 字节地址 | 12位/像素模式 采样率到像素配置 | | | | | | |
|---|---|---|---|---|---|---|---|
| 3 | Bit 31 | Bit 30 | Bit 29 | Bit 28 | Bit 27 Rad1 [3] | Bit 26 Rad1 [2] | Bit 25 Rad1 [1] | Bit 24 Rad1 [0] |
| 2 | Bit 23 Green1 [3] | Bit 22 Green1 [2] | Bit 21 Green1 [1] | Bit 20 Green1 [0] | Bit 19 Blue1 [3] | Bit 18 Blue1 [2] | Bit 17 Blue1 [1] | Bit 16 Blue1 [0] |
| 1 | Bit 15 | Bit 14 | Bit 13 | Bit 12 | Bit 11 Red0 [3] | Bit 10 Red0 [2] | Bit 9 Red0 [1] | Bit 8 Red0 [0] |
| 0 | Bit 7 Green0 [3] | Bit 6 Green0 [2] | Bit 5 Green0 [1] | Bit 4 Green0 [0] | Bit 3 Blue0 [3] | Bit 2 Blue0 [2] | Bit 1 Blue0 [1] | Bit 0 Blue0 [0] |

| 字节地址 | 16位/像素模式 采样率到像素配置 | | | | | | | |
|---|---|---|---|---|---|---|---|---|
| 3 | Bit 31 Red0 [4] | Bit 30 Red0 [3] | Bit 29 Red1 [2] | Bit 28 Red1 [1] | Bit 27 Red1 [0] | Bit 26 Green1 [5] | Bit 25 Green1 [4] | Bit 24 Green1 [3] |
| 2 | Bit 23 Green1 [2] | Bit 22 Green1 [1] | Bit 21 Green1 [0] | Bit 20 Blue1 [4] | Bit 19 Blue1 [3] | Bit 18 Blue1 [2] | Bit 17 Blue1 [1] | Bit 16 Blue1 [0] |
| 1 | Bit 15 Red0 [4] | Bit 14 Red0 [3] | Bit 13 Red0 [2] | Bit 12 Red0 [1] | Bit 11 Red0 [0] | Bit 10 Green0 [5] | Bit 9 Green0 [4] | Bit 8 Green0 [3] |
| 0 | Bit 7 Green0 [2] | Bit 6 Green0 [1] | Bit 5 Green0 [0] | Bit 4 Blue0 [4] | Bit 3 Blue0 [3] | Bit 2 Blue0 [2] | Bit 1 Blue0 [1] | Bit 0 Blue0 [0] |

图 12-5　1 位/像素到 16 位/像素模式像素配置

## 正常18位/像素模式

| 字节地址 | 采样率到像素配置 | | | | | | | |
|---|---|---|---|---|---|---|---|---|
| 3 | Bit 31 | Bit 30 | Bit 29 | Bit 28 | Bit 27 | Bit 26 | Bit 25 | Bit 24 |
| 2 | Bit 23<br>Ped [5] | Bit 22<br>Ped [4] | Bit 21<br>Ped [3] | Bit 20<br>Ped [2] | Bit 19<br>Ped [1] | Bit 18<br>Ped [0] | Bit 17 | Bit 16 |
| 1 | Bit 15<br>Green [5] | Bit 14<br>Green [4] | Bit 13<br>Green [3] | Bit 12<br>Green [2] | Bit 11<br>Green [1] | Bit 10<br>Green [0] | Bit 9 | Bit 8 |
| 0 | Bit 7<br>Blue [5] | Bit 6<br>Blue [4] | Bit 5<br>Blue [3] | Bit 4<br>Blue [2] | Bit 3<br>Blue [1] | Bit 2<br>Blue [0] | Bit 1 | Bit 0 |

## Microsoft PAL_BGR18位/像素模式

| 字节地址 | 采样率到像素配置 | | | | | | | |
|---|---|---|---|---|---|---|---|---|
| 3 | Bit 31 | Bit 30 | Bit 29 | Bit 28 | Bit 27 | Bit 26 | Bit 25 | Bit 24 |
| 2 | Bit 23<br>Blue [5] | Bit 22<br>Blue [4] | Bit 21<br>Blue [3] | Bit 20<br>Blue [2] | Bit 19<br>Blue [1] | Bit 18<br>Blue [0] | Bit 17 | Bit 16 |
| 1 | Bit 15<br>Green [5] | Bit 14<br>Green [4] | Bit 13<br>Green [3] | Bit 12<br>Green [2] | Bit 11<br>Green [1] | Bit 10<br>Green [0] | Bit 9 | Bit 8 |
| 0 | Bit 7<br>Red [5] | Bit 6<br>Red [4] | Bit 5<br>Red [3] | Bit 4<br>Red [2] | Bit 3<br>Red [1] | Bit 2<br>Red [0] | Bit 1 | Bit 0 |

图 12-6 18位/像素模式像素配置

## AUS 24位/像素模式

| 字节地址 | 采样率到像素配置 | | | | | | | |
|---|---|---|---|---|---|---|---|---|
| 3 | Bit 31 | Bit 30 | Bit 29 | Bit 28 | Bit 27 | Bit 26 | Bit 25 | Bit 24 |
| 2 | Bit 23<br>Blue [7] | Bit 22<br>Blue [6] | Bit 21<br>Blue [5] | Bit 20<br>Blue [4] | Bit 19<br>Blue [3] | Bit 18<br>Blue [2] | Bit 17<br>Blue [1] | Bit 16<br>Blue [0] |
| 1 | Bit 15<br>Green [7] | Bit 14<br>Green [6] | Bit 13<br>Green [5] | Bit 12<br>Green [4] | Bit 11<br>Green [3] | Bit 10<br>Green [2] | Bit 9<br>Green [1] | Bit 8<br>Green [0] |
| 0 | Bit 7<br>Red [7] | Bit 6<br>Red [6] | Bit 5<br>Red [5] | Bit 4<br>Red [4] | Bit 3<br>Red [3] | Bit 2<br>Red [2] | Bit 1<br>Red [1] | Bit 0<br>Red [0] |

图 12-7 24位/像素模式像素配置

## 12.1.5 黑白操作

1位/像素模式就是常说的黑白模式,因为每一个灰度或者是1,或者是0。

## 12.1.6 灰度比例操作

LCDC 最大产生16个灰度等级,由每一个像素显示数据的2位或4位确定。用2位/像素的 LCDC 显示有4个灰度等级,用4位/像素的 LCDC 显示有16个灰度等级。控制帧数获得等级,像素在16帧期间内是接通的。图12-8给出 RAM 配置。使用2位/像素时,2位代码配置到4级灰度,使用4位/像素时,4位代码配置16级灰度。因为液晶的表述和驱动电压的变化,灰度可能影响也可能不影响帧率。针对特点的图像,对数比率0、1/4、1/2和1可能比线性比率0、5/16、11/16和1好。图12-8描述灰度比率的产生。灵活配置方法允许使用者优化显示屏在不同应用场合的视觉效果。

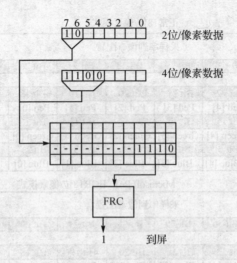

图 12-8 灰度像素的产生

### 12.1.7 彩色生成

图 12-9 表示彩色象素阵列的产生。显示存储器中 4、8、12、16 和 8 位代码表示每一个彩色像素对应的值。对于 4 位和 8 位模式，LCDC 彩色配置的 RAM 分别用于配置有源和无源阵列彩色，显示用 12 位和 18 位 RGB 代码数据。对于 4 位和 8 位无源阵列彩色显示，

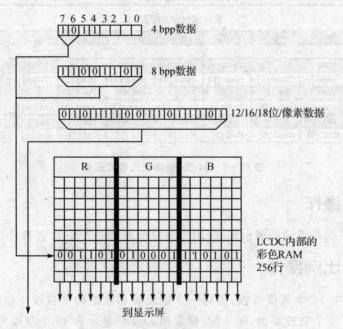

图 12-9 有源彩色像素的产生

来自配置 RAM 的 12 位数据输出到 FRC 模块，独立处理与每个像素红、绿、蓝分量相应的代码，产生所需灰度和亮度。

对于 4 位和 8 位有源阵列显示，RAM 中 18 位数据输出到显示屏；对于无源阵列彩色显示的 12 位模式，绕过 RAM，直接输出到 FRC 模块；对于 12 位、16 位和 18 位有源阵列彩色显

示,象素数据一般从显示存储器传送到 LCDC 输出总线。图 12-9 和图 12-10 描述有源阵列和无源阵列彩色象素的产生。

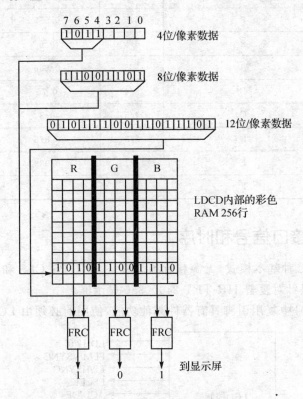

图 12-10 无源彩色像素的产生

## 12.1.8 帧率调制控制(FRC)

LCDC 内部电路调节 0 和 1 的亮度产生一帧的中间灰度彩色。LCDC 能同时产生 16 种灰度级。LCDC 通过 LCD 屏接口连续给 LCD 屏提供像素数据。图 12-11 给出显示屏接口信号。显示屏的格式、时序和极性都是可编程的。

表 12-2 灰度色阶

| 灰度代码(十六进制) | 亮度 | 亮度(十进制) |
| --- | --- | --- |
| 0 | 0 | |
| 1 | 1/8 | 0.125 |
| 2 | 1/5 | 0.2 |
| 3 | 1/4 | 0.25 |
| 4 | 1/3 | 0.333 |
| 5 | 2/5 | 0.4 |
| 6 | 4/9 | 0.444 |
| 7 | 1/2 | 0.5 |

续表 12-2

| 灰度代码(十六进制) | 亮度 | 亮度(十进制) |
|---|---|---|
| 8 | 5/9 | 0.555 |
| 9 | 3/5 | 0.6 |
| A | 2/3 | 0.666 |
| B | 3/4 | 0.75 |
| C | 4/5 | 0.8 |
| D | 7/8 | 0.875 |
| E | 14/15 | 0.933 |
| F | 1 | 1 |

### 12.1.9 显示屏接口信号和时序

TFT 寄存器选择二种基本模式,无源和有源。SPL_SPR、PS、CLS 和 REV 是 LCDC 其他接口信号。这些信号只针对夏普 HR-TFT 240×320 显示屏。

图 12-11 接口信号中复用引脚具有器件其他功能,使用前必须由 LCDC 配置。

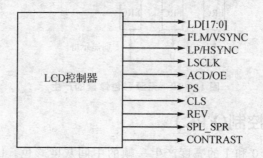

图 12-11 LCDC 接口信号

**1. 无源阵列显示屏接口信号**

图 12-12 表示单色显示屏 LCD 接口时序,图 12-13 表示无源阵列彩色显示屏接口时序。

LCD 信号极性是正的,屏配置寄存器(PCR)清零后保留。无源显示屏的数据总线时序由移位时钟(LSCLK)、行脉冲(LP)、第 1 行标记(FLM)、交替晶体方向(ACD)和行数据(LD)信号控制。屏接口工作按下列步骤进行:

① LSCLK 将像素数据发送到显示驱动内部移位寄存器;
② LP 表示串行数据当前行末尾,将移位像素锁存到宽的锁存器;
③ FLM 标记显示页面第 1 行。FLM 信号附加的 LD(和相关的 LP)标记当前帧的第 1 行;
④ ACD 在预编程 FLM 脉冲数目后面切换。

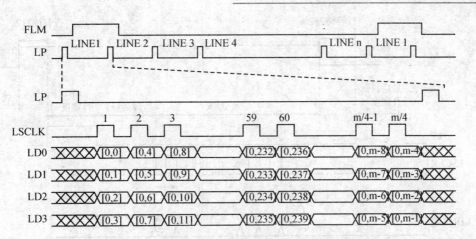

图 12-12  4 位数据宽度灰度屏的 LCDC 接口时序

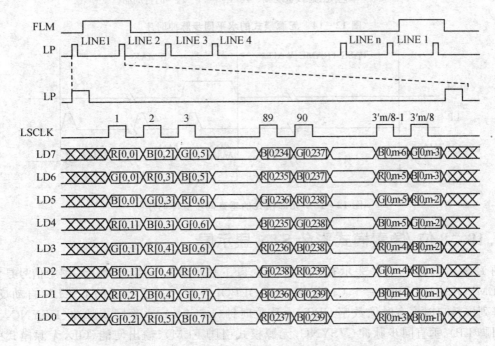

图 12-13  无源阵列彩色屏的 8 位 LCDC 接口时序

## 2. 无源显示屏接口时序

图 12-14 表示包括 2 个行脉冲(LP)和数据的水平时序(1 行时序)。图 12-15 表示无源模式的垂直同步脉冲时序,屏接口时序使用的参数是:

- XMAX(X 尺寸)确定每行像素数。XMAX 指每行像素总数;
- H_WAIT_1 确定从数据输出末尾到 LP 起点的延时;
- H_WIDTH(水平同步脉冲宽度)确定 FLM 脉冲宽度,必须至少是 1;
- H_WAIT_2 确定从 LP 末尾到数据输出起点的延时。

# 第12章 液晶显示控制器

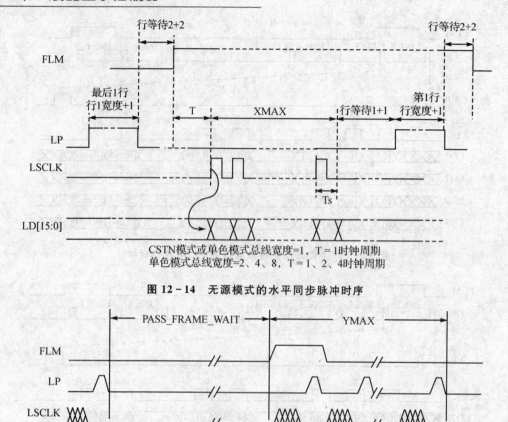

图 12-14 无源模式的水平同步脉冲时序

图 12-15 无源模式的垂直同步脉冲时序

## 12.1.10 8位/像素模式彩色 STN 显示屏

图 12-16 和图 12-17 表示有源阵列彩色 TFT 显示屏 LCD 接口时序。图中信号是负极性（FLMPOL=1、LPPOL=1、CLKPOL=0、OEPOL=1）。TFT 模式的 LSCLK 自动反相。有源阵列屏接口时序有时像数字 CRT，由移位时钟（LSCLK）、水平同步脉冲（HSYNC，无源模式引脚 LP）、垂直同步脉冲（VSYNC，无源模式引脚 FLM）、输出使能（OE，无源模式引脚 ACD）和行数据（LD）信号控制。有源阵列接口时序的工作顺序是：

① LSCLK 在下降沿将数据锁存到屏上（选择正极性时）。有源模式 LSCLK 连续运行；

② HSYNC 使显示屏从新的行开始；

③ VSYNC 使屏从新的帧开始。至少包含 1 个 HSYNC 脉冲；

④ OE 使到 CRT 的输出信号有效。输出使能信号类似于 CRT 的消隐信号，显示移位数据。显示 T 信号无效时，数据无效，扫描结束。

在 4 位和 8 位模式，LD[17:12]位定义红色、LD[11:6]位定义绿色、LD[5:0]位定义蓝色。在 12 位模式，LD[17:14]位定义红色、LD[11:8]位定义绿色、LD[5:2]位定义蓝色。在 1 位模式，LD[17:13]位定义红色、LD[11:6]位定义绿色、[5:1]位定义蓝色。表 12-3 表示实际的 TFT 彩色通道的分配。未使用的位固定为 0。图 12-8 和图 12-9 针对 AUS 模式的 LCDC 接口时序。

# 第 12 章 液晶显示控制器

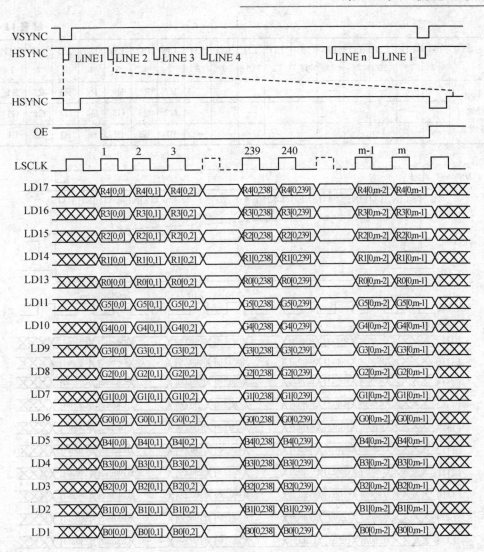

图 12-16 有源阵列彩色屏 16 位 LCDC 接口时序

表 12-3 TFT 彩色通道分配

| | LD17 | LD16 | LD15 | LD14 | LD13 | LD12 | LD11 | LD10 | LD9 | LD8 | LD7 | LD6 | LD5 | LD4 | LD3 | LD2 | LD1 | LD0 |
|---|---|---|---|---|---|---|---|---|---|---|---|---|---|---|---|---|---|---|
| 4 bpp | R5 | R4 | R3 | R2 | R1 | R0 | G5 | G4 | G3 | G2 | G1 | G0 | B5 | B4 | B3 | B2 | B1 | B0 |
| 8 bpp | R5 | R4 | R3 | R2 | R1 | R0 | G5 | G4 | G3 | G2 | G1 | G0 | B5 | B4 | B3 | B2 | B1 | B0 |
| 12 bpp | R3 | R2 | R1 | R0 | — | — | G3 | G2 | G1 | G0 | — | — | B3 | B2 | B1 | B0 | — | — |
| 16 bpp | R4 | R3 | R2 | R1 | R0 | — | G5 | G4 | G3 | G2 | G1 | G0 | — | B4 | B3 | B2 | B1 | B0 |
| 18 bpp | R5 | R4 | R3 | R2 | R1 | R0 | G5 | G4 | G3 | G2 | G1 | G0 | B5 | B4 | B3 | B2 | B1 | B0 |
| 16 bpp 只针对 AUS 模式 | — | — | — | — | — | — | — | — | — | R4 | R3 | R2 | R1 | R0 | R4 | R3 | R2 | — |
| | — | — | — | — | — | — | — | — | — | G5 | G4 | G3 | G2 | G1 | G0 | G5 | G4 | — |
| | — | — | — | — | — | — | — | — | — | B4 | B3 | B2 | B1 | B0 | B4 | B3 | B2 | — |

续表 12-3

| | LD17 | LD16 | LD15 | LD14 | LD13 | LD12 | LD11 | LD10 | LD9 | LD8 | LD7 | LD6 | LD5 | LD4 | LD3 | LD2 | LD1 | LD0 |
|---|---|---|---|---|---|---|---|---|---|---|---|---|---|---|---|---|---|---|
| 24 bpp 只针对 AUS 模式 | — | — | — | — | — | — | — | — | — | — | R7 | R6 | R5 | R4 | R3 | R2 | R1 | R0 |
| | — | — | — | — | — | — | — | — | — | — | G7 | G6 | G5 | G4 | G3 | G2 | G1 | G0 |
| | — | — | — | — | — | — | — | — | — | — | B7 | B6 | B5 | B4 | B3 | B2 | B1 | B0 |

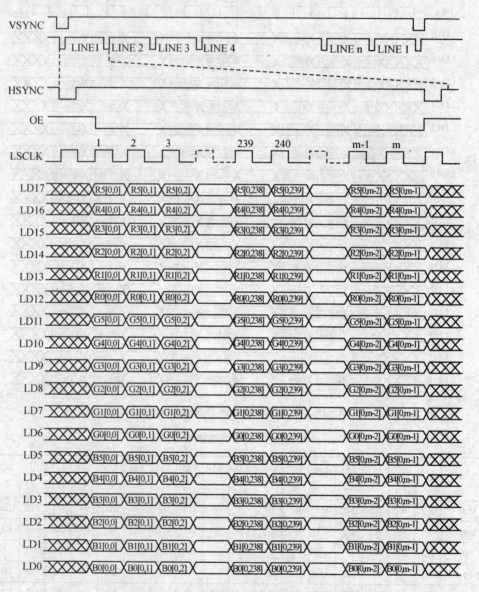

图 12-17 有源阵列彩色屏 18 位 LCDC 接口时序

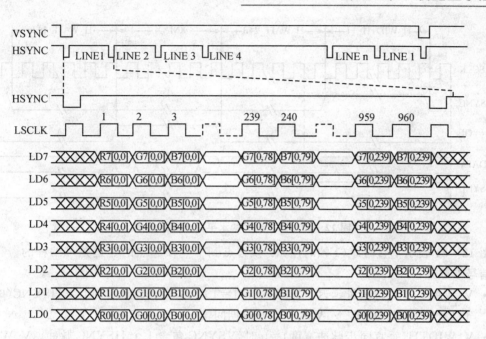

图 12-18  AUS 模式 24 bpp LCDC 接口时序

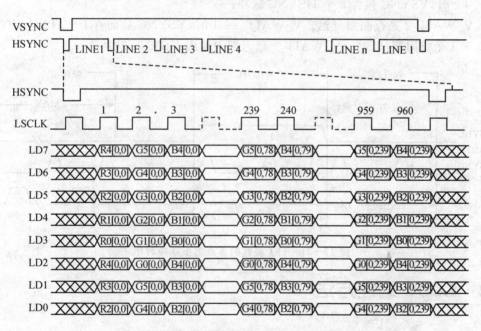

图 12-19  AUS 模式 16 bpp LCDC 接口时序

图 12-20 表示包含 2 个同步脉冲和数据的水平时序，HSYNC 前后的宽度和延迟是可编程的。时序信号参数由下面条件确定：

- H_WIDTH 确定 HSYNC 脉冲宽度，必须至少为 1；
- H_WAIT_2 确定 HSYNC 终点到 OE 脉冲起点的延迟；
- H_WAIT_1 确定 OE 终点到 HSYNC 脉冲起点的延迟；
- XMAX 确定每行像素总的数目。

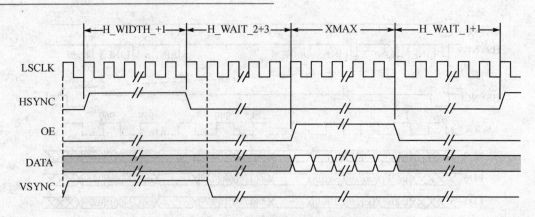

图 12-20 TFT 模式的水平同步脉冲时序

图 12-21 表示垂直时序(1 帧时序),1 帧终点到下一帧起点的延迟是可编程的。存储器时序信号参数是:

- V_WAIT_1 是行测量延迟。V_WAIT_1=1 时,VSYNC 前面有 1 个 HSYNC(时间等于 1 个行周期)延迟。V_WAIT_1 延迟期间输出 HSYNC 脉冲;
- V_WIDTH(垂直同步脉冲宽度)=0 时,VSYNC 包含 1 个 HSYNC 脉冲。V_WIDTH=2 时,VSYNC 包含 2 个 HSYNC 脉冲;
- V_WAIT_2 是行测量延迟。V_WAIT_2=1 时,VSYNC 后面有 1 个 HSYNC(时间等于 1 个行周期)延迟。V_WAIT_2 延迟期间输出 HSYNC 脉冲。

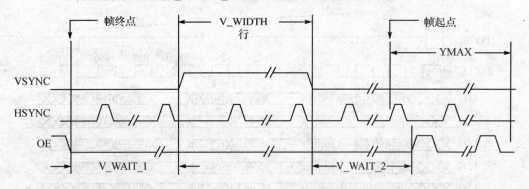

图 12-21 TFT 模式的垂直同步脉冲时序

## 12.2 LCDC 编程方法

LCDC 存储空间包含 21 个针对显示参数的 32 位寄存器,1 个只读状态寄存器和 2 个 256×18 彩色配置 RAM,其中 1 个针对图形窗,1 个针对背景。彩色配置 RAM 物理位于调色板查询表模块内。表 12-4 对这些寄存器及其地址进行了归纳。LCDC 只支持字读写访问。未定义字节和半字访问。

表12-4 LCDC存储器配置

| 地址 | 寄存器名称 | 复位值 | 访问 |
|---|---|---|---|
| 0x1002_1000(LSSAR) | LCDC 屏起始地址寄存器 | 0x0000_0000 | 读写 |
| 0x1002_1004(LSR) | LCDC 尺寸寄存器 | 0x0000_0000 | 读写 |
| 0x1002_1008(LVPWR) | LCDC 虚拟页面宽度寄存器 | 0x0000_0000 | 读写 |
| 0x1002_100C(LCPR) | LCDC 鼠标位置寄存器 | 0x0000_0000 | 读写 |
| 0x1002_1010(LCWHB) | LCDC 鼠标宽度高度和闪烁寄存器 | 0x0101_FFFF | 读写 |
| 0x1002_1014(LCCMR) | LCDC 彩色鼠标配置寄存器 | 0x0000_0000 | 读写 |
| 0x1002_1018(LPCR) | LCDC 屏配置寄存器 | 0x0000_0000 | 读写 |
| 0x1002_101C(LHCR) | LCDC 水平配置寄存器 | 0x0000_0000 | 读写 |
| 0x1002_1020(LVCR) | LCDC 垂直配置寄存器 | 0x0400_0000 | 读写 |
| 0x1002_1024(LPOR) | LCDC 移动偏移量寄存器 | 0x0000_0000 | 读写 |
| 0x1002_1028(LSCR) | LCDC 夏普配置寄存器 | 0x400C_0373 | 读写 |
| 0x1002_102C(LPCCR) | LCDC PWM 对比度控制寄存器 | 0x0000_0000 | 读写 |
| 0x1002_1030(LDCR) | LCDC DMA 控制寄存器 | 0x8004_0060 | 读写 |
| 0x1002_1034(LRMCR) | LCDC 刷新模式控制寄存器 | 0x0000_0000 | 读写 |
| 0x1002_1038(LICR) | LCDC 中断配置寄存器 | 0x0000_0000 | 读写 |
| 0x1002_103C(LIER) | LCDC 中断使能寄存器 | 0x0000_0000 | 读写 |
| 0x1002_1040(LISR) | LCDC 中断状态寄存器 | 0x0000_0000 | 读 |
| 0x1002_1050(LGWSAR) | LCDC 图形窗起始地址寄存器 | 0x0000_0000 | 读写 |
| 0x1002_1058(LGWVPWR) | LCDC 图形窗尺寸寄存器 | 0x0000_0000 | 读写 |
| 0x1002_1058(LGWVPWR) | LCDC 图形窗虚拟页面宽度寄存器 | 0x0000_0000 | 读写 |
| 0x1002_105C(LGWPOR) | LCDC 图形窗移动偏移量寄存器 | 0x0000_0000 | 读写 |
| 0x1002_1060(LGWPR) | LCDC 图形窗位置寄存器 | 0x0000_0000 | 读写 |
| 0x1002_1064(LGWCR) | LCDC 图形窗控制寄存器 | 0x0000_0000 | 读写 |
| 0x1002_1068(LGWDCR) | LCDC 图形窗 DMA 控制寄存器 | 0x8004_0060 | — |
| 0x1002_1080(LAUSCR) | LCDC Aus 模式控制寄存器 | 0x0000_0000 | 读写 |
| 0x1002_1084(LAUSCCR) | LCDC Aus 模式鼠标控制寄存器 | 0x0000_0000 | 读写 |

## 12.3 小型液晶显示控制器

小型液晶显示控制器(SLCDC)用于系统存储器图像数据透明、有效地传输到外部 LCD 的控制。系统存储器可以是内部的,也可以是外部的。图 12-22 表示 SLCDC 模块结构框图。SLCDC 模块包括作为交替主设备操作的 DMA 控制器。SLCDC DMA 接口需要控制 AHB 从系统存储器完成 32 位读操作。

SLCDC 的 DMA 用于从系统存储器到外部 LCD 控制器的图像传输和数据控制。DMA 只执行系统存储器的读操作。数据采集按 32 位字进行,存储在 2 个内部 FIFO 中。数据按需

# 第 12 章 液晶显示控制器

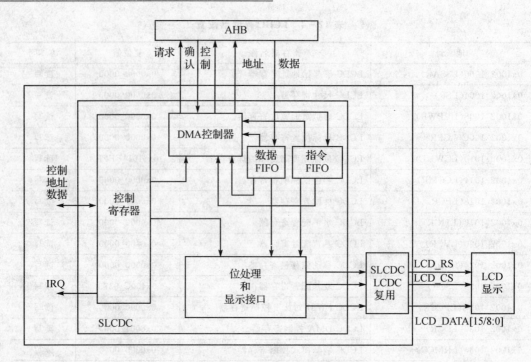

图 12-22 SLCDC 结构框图

要从 FIFO 取出,按外部 LCD 控制器正确格式存放。

SLCDC 有 2 个控制和状态寄存器,可通过 IPO 总线访问。这些寄存器用于存储有关系统选择 LCD 控制器种类信息。SLCDC 可以配置为将图像数据通过 4 线串行、3 线串行、8 位或 16 位并行接口写入外部 LCD 控制器。

在自动传输期间,SLCDC 按适当顺序显示数据,控制数据流,送到 LCD 控制器中内部显示 RAM。显示数据按页面写入外部控制器。每一次控制器的写操作是对当前页面的 1 行数据。

每一次写操作后,SLCDC 采取控制器自动增加显示指针。

## 12.3.1 字大小定义

由于彩色显示要增加复杂度,SLCDC 支持 16 位和 8 位程序或显示数据的传输。由 LCD 中传输配置寄存器的 WRD_DEF_COM 和 WRD_DEF_DAT 位控制。SLCDC 的所有寄存器均按字定义。WRD_DEF_DAT 针对所有寄存器(DATA_BUFFER_SIZE 和 LCD_CONFIG)控制字的定义,WRD_DEF_COM 控制所有程序寄存器 COMMAND_BUFFER_SIZE 的定义,WRD_DEF_WRITE 控制 LCDDAT 的 LCD_WRITE_DATA 寄存器的定义。

## 12.3.2 图像字节序

该模块中,所有存储图像或者是大字节序,或者是 32 位小字节序。用户可以按半字(16 位)或字节(8 位小字节序)存储图像。SLCDC 可以采用 LCD_TRANSFER_CONFIG 寄存器的 IMGEND 位进行补偿。这些使 SLCDC 将 16 位或 8 位小字节序图像转换成大字节序图像。合成的大字节序解码用于其他数据处理。

## 12.3.3 访问 LCD 控制器

SLCDC 提供 2 种访问外部显示器件的方法：
- 通过 SLCDC 的自动写操作；
- 通过 LCD 写数据寄存器的直接 IP 寄存器访问。

**1. 自动 SLCDC 传送**

SLCDC 将系统存储器的数据块写入外部显示控制器，没有软件介入，给 SLCDC 一个起始地址和数据块尺寸（按字）即可。这种方法针对 LCD 显示数据和程序数据。

最初的传送是由设置 SLCDC 控制器或状态寄存器的 GO 位完成。数据传送在消隐期间完成。根据完成情况，产生可屏蔽中断。有 3 种方法实现自动传送：
- 采用控制自动插入字符串方法，通过 LCD 控制器内部 RAM 引导到 LCD 控制器的数据块传送。该方式用系统存储器中第 2 缓冲器存储 LCD 控制器 RAM 寻址必须的软件程序；
- LCD_RS 引脚低时，从系统存储器将数据块传送到显示控制器；
- LCD_CS 引脚高时，从系统存储器将数据块传送到显示控制器。

自动传送模式控制 SLCDC 控制/状态寄存器中 AUTOMODE[1:0] 位实施支持 3 种自动传送模式。

**2. 自动显示数据传送**

SLCDC 从系统存储器到外部 LCD 控制器进行数据传送，显示帧缓冲器，没有软件介入。为 LCD 控制器 RAM 在帧缓冲器数据流中适当时间寻址，SLCDC 必须自动传输控制字符串。LCD 控制器按页面构成。填满 RAM 页面后，控制器页面地址必须设置为下一个页面。SLCDC 包括计数器，监视写入 LCD 控制器的显示数据数目，确定 RAM 当前页面何时填入。发生页面填满后，SLCDC 将控制字符串插入到数据流中，设置控制器 RAM 下 1 个页面地址。

SLCDC 需要存储于系统程序缓冲器的控制字符串。后面介绍程序缓冲器的构成。为正确将图像数据完整的帧从系统存储器发送到 LCD 控制器，SLCDC 必须用下面 LCD 信息编程：
- 程序字定义（8 位或 16 位字）；
- 数据字定义（8 位或 16 位字）；
- LCD 图像数据页面中字的数目；
- LCD 帧数据缓冲器中字的数目；
- LCD 接口种类（串行或并行）；
- LCD 数据时钟极性（只针对串行接口）；
- 图像字节序（大字节序、小 32 位、小 16 位、小 8 位）；
- LCD 片选极性；
- LCD 传送时钟速度需求；
- LCD 显示数据每一个页面起点需要的控制字符串（存储于系统存储器单独的程序缓冲器）。

SLCDC 使用 LCD 图像数据信息（存储于 LCD CONFIG 寄存器的 WORDPPAGE [12：0] 位），每个页面字的数目确定何时必须将寻址程序发送到 LCD。

当前显示 RAM 页面填满后，SLCDC 必须增加页面地址，将 LCD 控制器列地址复位为 0。从程序缓冲器读取下一个控制字符串，将其发送到 LCD 控制器的方法完成上述操作。SLCDC 继续发送需要的显示数据和程序字符串直至控制器显示 RAM 填满。传送的数据字数目等于数据缓冲尺寸寄存器中 DATABUFSIZE 位确定的缓冲器中字的数目时传送结束。

图 12-23 展示单色显示自动 SLCDC 写操作期间怎样填满外部 LCD 控制器的一个例子。程序和数据尺寸定义为字节。该例子中 LCD 控制器需要 3 个"指令"字（字节）设置页面和列地址。设置控制/状态寄存器的 GO 位开始从系统存储器到 LCD 控制器的数据传送。写入 LCD 的第 1 个字将页面地址设置为 0。后 2 个字是将 LCD 列地址设置为 0 的控制字符串。写 #4 号字开始到 LCD 的图像数据传送。第 1 个显示数据配置到第 0 号显示列。字的最高

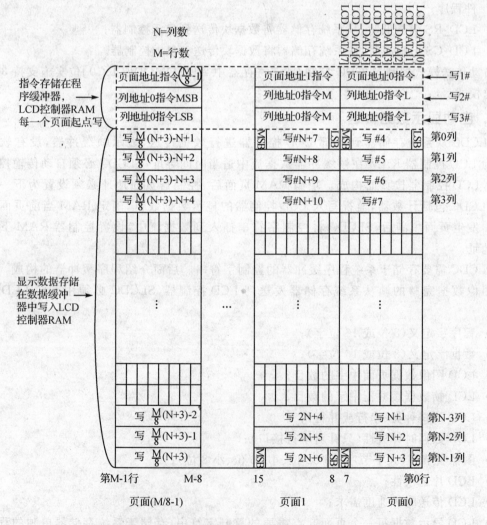

图 12-23　简单 LCD 控制器存储器配置（单色）（8 位程序/8 位数据）

位 MSB 配置为 7、最低位 LSB 配置为 0。显示数据连续写入 LCD 直至 SLCDC 内部字计数器等存储于 LCD 配置寄存器 WORDPPAGE[12：0]位的值为止。这时，SLCDC 发送来自程序缓冲器的字符串，增加页面地址，复位 LCD 列地址。该需求持续到 LCD 控制器数据 RAM 填满为止。显示缓冲器填满后，设置 SLCDC 控制/状态寄存器的 IRQ 位，清零 BUSY 位和 GO 位。如果 IRQEN 位设置为 1，系统配置了 SLCDC 中断，则产生中断。

图 12-24 展示 2 位彩色/灰度显示的配置。程序和数据尺寸定义为字节。这个配置中每一列页面数据需要 2 个字写入。该顺序与图 12-23 每象素 1 位情况相同。填满该页面需要 2 倍的显示数据。

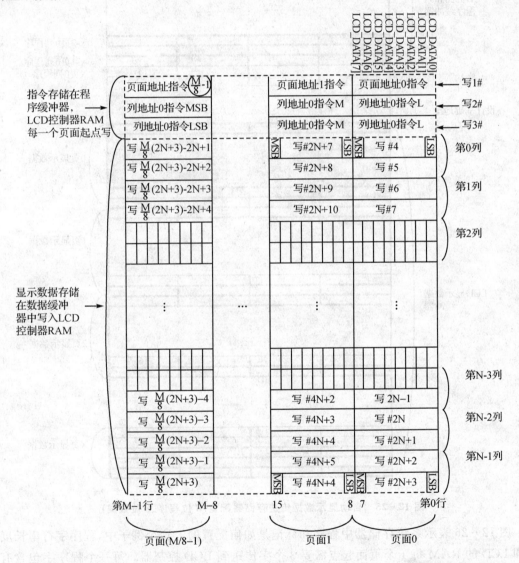

图 12-24 SLCDC 的 LCD 控制器存储器配置(2 位控制/灰度比例)(8 位程序/8 位数据)

SLCDC 处理各种 LCD 控制器。为满足 LCD 软件的不同需求，SLCDC 采用不同的程序缓冲器和显示数据缓冲器。图 12-25 表示系统存储器中数据信息。应当建立包含通过 LCD 控制器内部 RAM 操作程序所必须的 LCD 页面和列程序缓冲区。缓冲器中有标签的程序优先。在传送程序期间,SLCDC用这个优先标签确定LCD_RS的值。

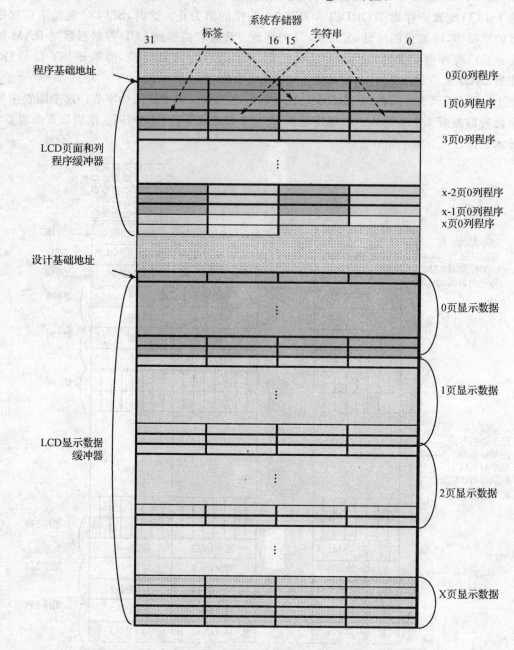

图 12-25 自动显示数据传送存储器配置(8位程序、8位数据)

图12-26表示系统存储器中程序和标记是如何配置的。这个例子中,程序字符串长度是3,即LCD的RAM每1个页面起点需要3个字传送到LCD控制器。每一个程序字包含有放置在存储器旁的标签。标签后面就是程序。图12-26中,当程序传送到LCD控制器时,贴有"RS"标签的位设置LCD_RS的值。在传送相应程序期间,如果标签设置为1,则LCD_RS为1。类似,如果RS标签位设置为0,则LCD_RS也为0。

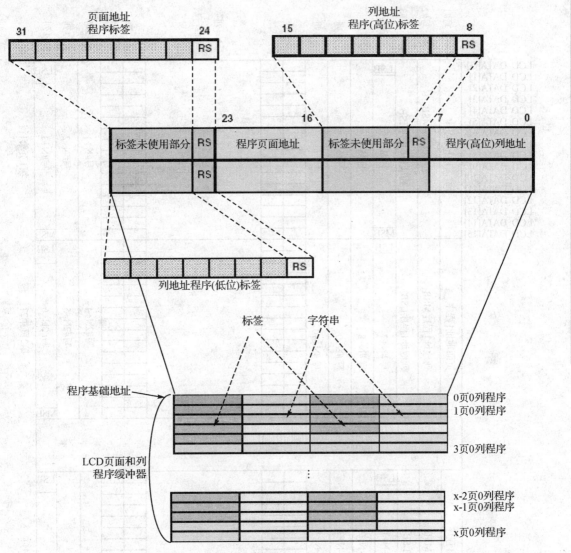

图 12-26 程序缓冲器标签构成（8 位字）

图 12-27 表示 16 位彩色显示的 16 位程序和 16 位数据传送。该例子中,程序长度为 3。LCD 每一个数据传送针对一个显示象素。16 位彩色显示象素的配置通常是"RRRRGGGG-BBBBXXX"(R 红色、G 绿色、B 蓝色、X 忽略)。检查显示查看 16 位彩色配置是什么。这时,页面包括行象素。3 个 16 位程序数据字首选传送到显示器,然后再传送 16 位数据到 WORD-PPAGE 为止。传送指定下一页面的 3 个以上程序,重复上面周期。

图 12-28 表示 16 位指令怎样存储于系统存储器中。16 位指令存储在存储器(15～0)的低 16 位(半个字),标签存储在存储器(31～16)的高 16 位(半个字)。RS 只使用标签的 16 位。

图 12-29 表示 16 位程序和 16 位数据怎样存储于系统存储器中。因为程序数据长度是 17 位(16 位程序＋1 位标签),每一个程序占据系统存储器 1 个字。每一个 16 位数据占据系统存储器的半个字。

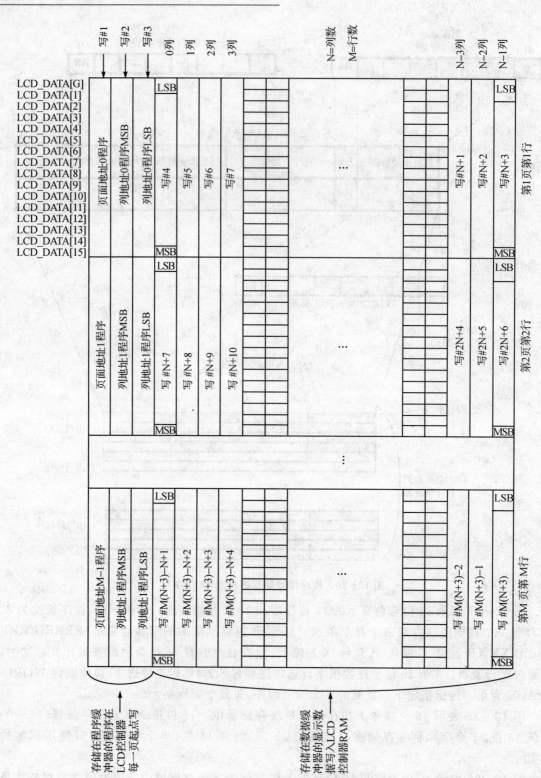

图12-27 LCD控制器存储器配置范例(16位彩色)(16位程序/16位数据)

# 第 12 章 液晶显示控制器

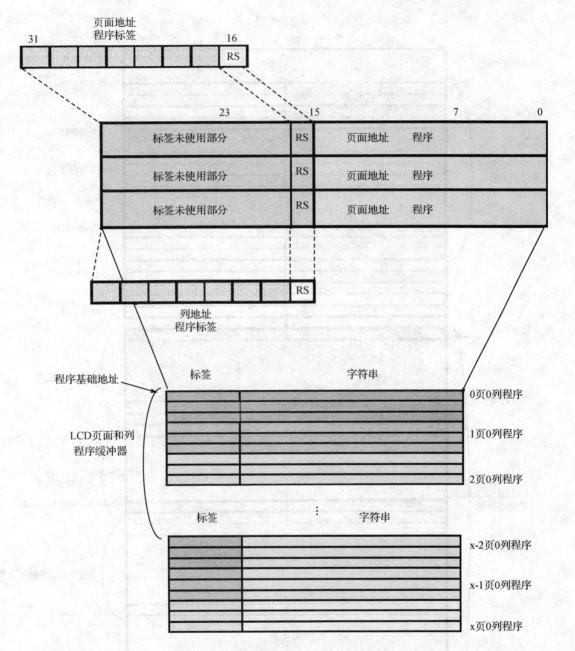

图 12-28 程序缓冲器标签构成(16 位字)

图 12-30 和图 12-31 表示 AUTOMODE[1:0]=10 时写入 LCD 控制器的数据顺序，描述怎样从数据缓冲器的显示数据插入程序缓冲器的程序字符串中。重要的是定义数据字的不同关系。例如，可以是 8 位程序和 16 位数据。这时，程序存储在系统存储器中，很像图 12-26，数据的存储类似图 12-29。参见第 12.4 节"SLCDC 的 LCD 控制器接口"。

# 第 12 章 液晶显示控制器

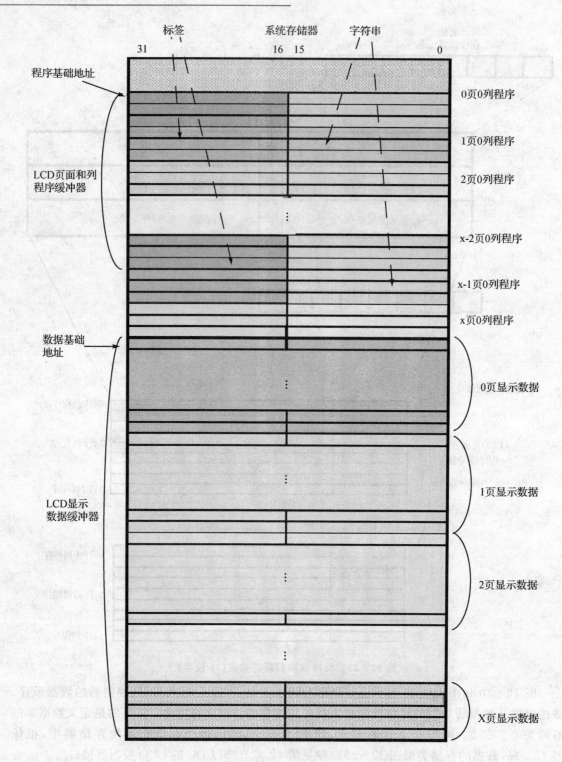

图 12-29 自动显示数据传送存储器配置(16 位程序/16 位数据)

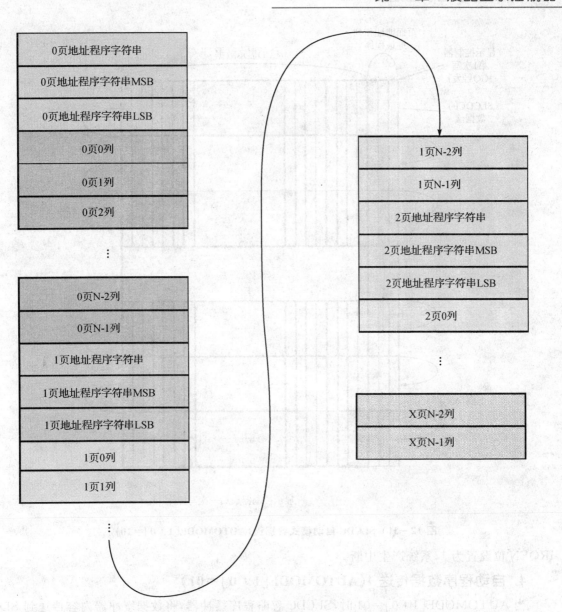

图 12-30　SLCDC 自动模式写顺序（单色显示）

### 3. 自动程序数据传送 0(AUTOMODE[1:0]＝00)

SLCDC 提供数据从系统存储器发送到外部器件，像 LCD 控制器的方便方法。当 AUTOMODE[1:0]＝00 时，SLCDC 忽略程序缓冲器，将数据缓冲器内容传送到 SLCDC 输出引脚，不必插入页面地址和列地址控制字符串。这时，LCD_RS 输出在这个传送期间保持为 0。这种方法用于发送程序块给 LCD 控制器初始化。传送的缓冲器由数据基础地址寄存器的 DATABASEADR[16:0]位和数据缓冲寄存器的 DATABUFSIZE[16:0]定义。设置 SLCDC 控制/状态寄存器的 GO 位开始传送和设置 BUSY 状态位。传送到外部器件的字数等于数据缓冲尺寸寄存器定义的缓冲器尺寸后，BUSY 和 GO 位将清零，IRQ 标志被设置。如果

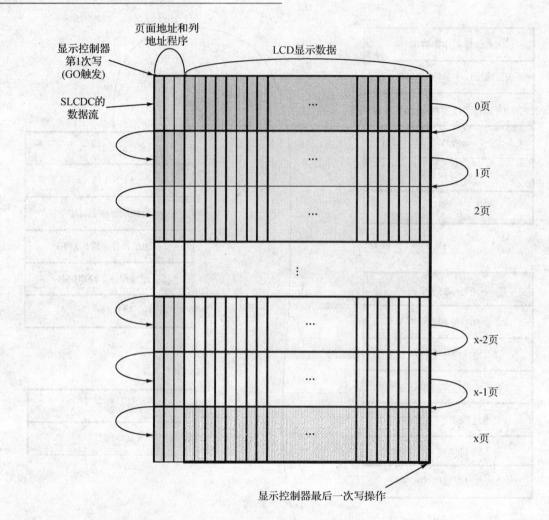

图 12-31　SLCDC 自动模式数据流（AUTOMODE[1∶0]=10）

IRQEN 位设置为 1,系统产生中断。

### 4. 自动程序数据传送 1(AUTOMODE[1∶0]=01)

当 AUTOMODE[1∶0]=01 时,SLCDC 忽略程序缓冲器,将数据缓冲器内容传送到 SLCDC 输出引脚,不必插入页面地址和列地址控制字符串。这时,LCD_RS 输出在这个传送期间保持为 0。传送的缓冲器由数据基础地址寄存器的 DATABASEADR[31∶0]位和数据缓冲寄存器的 DATABUFSIZE[16∶0] 定义。设置 SLCDC 控制/状态寄存器的 GO 位开始传送和设置 BUSY 状态位。传送到外部器件的字数等于数据缓冲尺寸寄存器定义的缓冲器尺寸后,BUSY 和 GO 位将清零,IRQ 标志被设置。如果 IRQEN 位设置为 1,系统产生中断。

### 5. 直接寄存器访问

通过 9 位 LCD 写数据寄存器将单个字写入外部 LCD 控制器。任何对 LCD 写数据寄存器的写操作实施到外部显示控制器的写,提供 SLCDC 当前不处于传送中的信息(由控制/状态寄存器中 BUSY=1 指示)。根据对存储在 LCD 传送配置寄存器的设置传送写入 LCDLCDDAT[15∶0]的值,即根据 LCD 传送配置寄存器的 WORDDEFWRITE、XFRMODE、

CSPOL 和 SCKPOL 位的设置来实施。

典型的 LCD 控制器使用寄存器选择鉴别显示数据和控制程序之间的信号。LCD 写数据寄存器的 RS 位确定外部控制器的写操作是否是程序字符串或显示数据字符串。在传送期间 LCD_RS 引脚保持存储在 RS 中的值。由于到外部器件的传送比系统时钟速率慢,所以控制/状态寄存器的 BUSY 位用于指示传送是否在进行中。如果 SLCDC 控制/状态寄存器的 IRQEN 位设置为 1,对写数据寄存器的写操作指示的传送将引起中断。

LCD 的 WORDDEFWRITE 位传送配置寄存器确定发生 8 位还是 16 位传送。8 位将传送 LCDDAT[7:0],忽略 LCDDAT[15:8]。其他直接写操作不能进行,直至先前的传送已经完成。

### 12.3.4 终止 SLCDC 传送

SLCDC 控制/状态寄存器的 ABORT 位用于确定 SLCDC 传送在进行中。ABORT 确认后,SLCDC 处于空闲前,完成字节传送。BUSY 状态位清零,进入空闲状态。IRQ 标志确认表示终止完成。如果 IRQ 有效,SLCDC 中断发生。

低功耗模式下 SLCDC 不包含编程 SLCDC 功能的控制寄存器。降低系统时钟速率获得 SLCDC 的节能效果。

### 12.3.5 存储器配置

SLCDC 有 11 个寄存器,访问方式都是读写,复位值均为 0x0000_0000,参见表 12-5。

表 12-5  SDLC 存储器配置

| 地 址 | 寄存器名称 |
| --- | --- |
| 0x1002_2000(DATABASEADR) | 数据缓冲器基础地址寄存器 |
| 0x1002_2004(DATABUFSIZE) | 数据缓冲器尺寸寄存器 |
| 0x1002_2008(COMBASEADR) | 程序基础地址寄存器 |
| 0x1002_200C(COMBUFSIZ) | 程序缓冲器存储寄存器 |
| 0x1002_2010(COMSTRINGSIZ) | 程序字符串寄存器 |
| 0x1002_2014(FIFOCONFIG) | FIFO 配置寄存器 |
| 0x1002_2018(LCDCONFIG) | LCD 控制器配置寄存器 |
| 0x1002_201C(LCDTRANSCONFIG) | LCD 传送配置寄存器 |
| 0x1002_2020(SLCDCCONTROL/STATUS) | 小型 LCD 控制/状态寄存器 |
| 0x1002_2024(LCDCLOCKCONFIG) | LCD 时钟配置寄存器 |
| 0x1002_2028(LCD WRITE DATA) | LCD 写寄存器 |

## 12.4  SLCDC 的 LCD 控制器接口

SLCDC 从系统存储器显示存储缓冲器传送数据到外部显示器件。传送可以通过 4 线串行、3 线串行、8 位并行或 16 位并行接口进行。

## 12.4.1 串行接口

串行模式下（LCD 传送配置寄存器的 XFRMODE 位为 0），数据通过 LCD_CS、LCD_DATA[7:6] 和 LCD_RS 传送到显示器件。传送数据在 LCD_DATA[7]、LCD_DATA[6] 上串行时钟和 LCD_RS 告诉显示器件是显示数据还是程序数据。LCD_CS 用作片选信号。所有传送期间认可 LCD_CS 信号。LCD_CS 信号极性可用 LCD 传送配置寄存器的 CSPOL 位编程。

图 12-32 表示与传送到显示器件一个字节数据的相关时序。LCD_DATA[6] 引脚上串行数据时钟极性可以用 LCD 传送配置寄存器的 SCKPOL 位进行配置。这一位必须根据外部显示器件要求进行设置。如果外部器件在串行时钟上升沿锁存串行数据，SCKPOL 必须设置

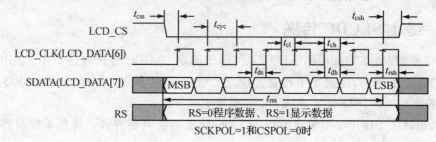

SCKPOL=1和CSPOL=0时

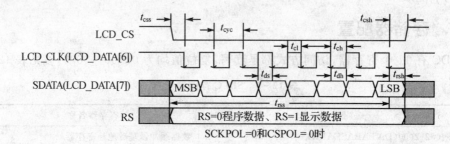

SCKPOL=0和CSPOL=0时

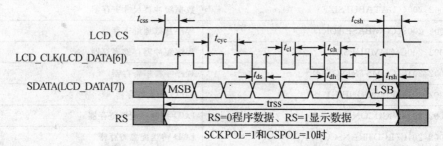

SCKPOL=1和CSPOL=10时

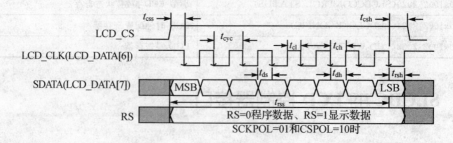

SCKPOL=01和CSPOL=10时

图 12-32 SLCDC 到 LCD 器件的串行传送

为 1。如果外部器件在串行时钟下降沿锁存串行数据，则 SCKPOL 必须清零。该程序和数据字的定义确定串行模式下数据字符串有多长。

图 12-32 表示 8 位传送。16 位串行传送与 8 位传送时序相同。可以有这种情况，程序定义为 8 位，串行定义为 16 位。传送程序时，发送 8 位数据，传送数据时，发送 16 位数据。串行传送接口时序见表 12-6。

表 12-6  SLCDC 串行接口时序

| 符号 | 名称 | 最小值/ns | 典型值/ns | 最大值/ns |
|---|---|---|---|---|
| $t_{css}$ | 片选建立时间 | $(t_{cyc}/2)(\pm)t_{prop}$ | — | — |
| $t_{csh}$ | 片选保持时间 | $(t_{cyc}/2)(\pm)t_{prop}$ | — | — |
| $t_{cyc}$ | 串行时钟周期 | $39(\pm)t_{prop}$ | | 2 641 |
| $t_{cl}$ | 串行时钟低脉冲宽度 | $18(\pm)t_{prop}$ | — | — |
| $t_{ch}$ | 串行时钟高脉冲宽度 | $18(\pm)t_{prop}$ | — | — |
| $t_{cls}$ | 数据建立时间 | $(t_{cyc}/2)(\pm)t_{prop}$ | — | — |
| $t_{clh}$ | 数据保持时间 | $(t_{cyc}/2)(\pm)t_{prop}$ | — | — |
| $t_{rss}$ | 寄存器选择建立时间 | $(15*t_{cyc}/2)(\pm)t_{prop}$ | — | — |
| $t_{rsh}$ | 寄存器选择保持时间 | $(t_{cyc}/2)(\pm)t_{prop}$ | — | — |

## 12.4.2  并行接口

SLCDC 模块可以配置成从系统存储器到外部显示器件显示数据的并行传送。图 12-33 表示与 SLCDC 到外部 LCD 器件并行传送相应的时序。时序图基于可通过 LCD 时钟配置寄存器编程的 LCD_CLK 时钟频率绘制。在并行模式，LCD_CS 引脚用作外部 LCD 控制器写选

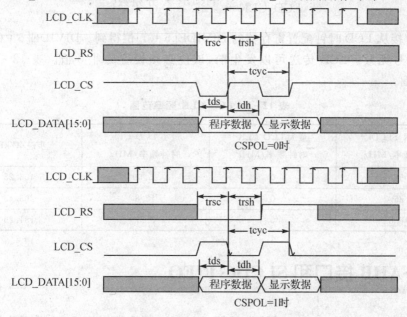

图 12-33  SLCDC 到 LCD 器件的并行传送

通。LCD_DATA[15:0]引脚上产生显示的数据后,LCD_CS 锁存沿产生一个 LCD_CLK 周期。可用 LCD 传送配置寄存器的 CSPOL 位对 LCD_CS 信号极性进行编程。用 LCD 传送配置寄存器中字定义位确定传送 8 位还是 16 位数据。

所有 8 位数据传送使用 LCD_DATA[7:0],LCD_DATA[15:8]为 0。可以针对 8 位程序数据传送和 16 位显示数据传送,传送程序数据时只用 LCD_DATA[7:0],传送 16 位时用 LCD_DATA[15:0]。并行传送接口时序见表 12-7。

表 12-7 SLCDC 并行接口时序

| 符 号 | 名 称 | 最大值/ns | 典型值/ns | 最小值/ns |
|---|---|---|---|---|
| $t_{cyc}$ | 并行时钟周期 | $78(\pm)t_{prop}$ | — | 4 923 |
| $t_{ds}$ | 数据建立时间 | $(t_{cyc}/2)(\pm)t_{prop}$ | — | — |
| $t_{dh}$ | 数据保持时间 | $(t_{cyc}/2)(\pm)t_{prop}$ | — | — |
| $t_{rss}$ | 寄存器选择建立时间 | $(t_{cyc}/2)(\pm)t_{prop}$ | — | — |
| $t_{rsh}$ | 寄存器选择保持时间 | $(t_{cyc}/2)(\pm)t_{prop}$ | — | — |

## 12.5 LCD 时钟配置

SLCDC 采用分数分频器从 HCLK_SLCDC 时钟信号产生 LCD 数据时钟。用 LCD 时钟配置寄存器的 DIVIDE[5:0]位设置分配数编程分数分频器。用公式(12-1)计算 LCD_CLK 频率:

$$LCD\_CLK = \frac{HCLK \times 分频数}{128} \quad (12-1)$$

分配数直接从 LCD 时钟配置寄存器的 DIVIDE[5:0]位得到。DIVIDE[5:0]设置为 0,LCD_CLK 信号无效。LCD 传送可以发生前,该位必须设置为非 0 值。表 12-8 为 LCD_CLK 频率范围。

表 12-8 LCD_CLK 频率范围

| HCLK_SLCDC 时钟频率/MHz | 最大 LCD_CLK 时钟频率/MHz | 最小 LCD_CLK 时钟频率/MHz | 步进率/kHz |
|---|---|---|---|
| 52 | 0 | 25.59 | 406.25 |
| 26 | 0 | 12.8 | 203.13 |
| 16.8 | 0 | 8.27 | 131.25 |

## 12.6 R-AHB 接口和 SLCDC FIFO

SLCDC 采用 DMA 接口访问系统存储器,不用 CPU 介入。SLCDC 需要数据时,DMA 请求 AHB 控制,从系统存储器读取 32 位数据字。猝发由存储于 FIFO 配置寄存器 BURST

[2:0]的值确定。猝发完成后DMA放弃对AHB的控制。数据传送完成后SLCDC产生空闲周期。SLCDC需要的R-AHB带宽数目可以由系统软件控制。LCD帧频更新和LCD_CLK频率影响SLCDC对R-AHB的使用需求。

DMA接口读取的数据存储于2个32位×8字的FIFO,用于缓冲DMA和SLCDC显示接口间的数据。1个FIFO用于从程序缓冲器来的数据缓冲,另一个用于从显示数据缓冲器来的数据缓冲。1个FIFO有足够的空间存储DMA猝发期间读取的数据时,将请求服务。因为DMA猝发长度是可编程的,请求服务时,FIFO容量是可变的。

## 12.7 键盘接口

键盘接口(KPP)是一个16位外设端口,可以用作键盘阵列接口或通用输入输出接口(I/O),参见图12-34。

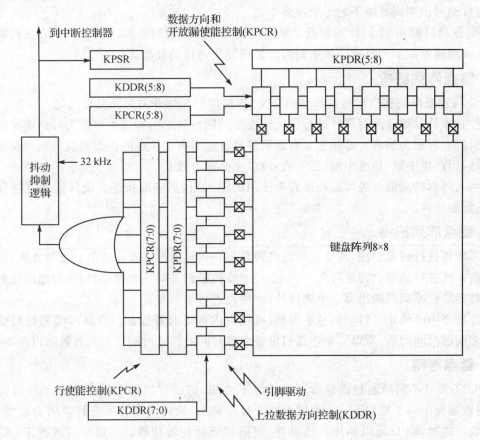

图12-34 KPP外设框图

KPP与带有2个或3个触点的键盘阵列接口连接,通过软件扫描方式检测、防抖动和识别同时按下的1个或多个键。KPP特点如下:

- 最多支持8×8外部键盘阵列;
- 端口引脚可以用作通用I/O;
- 开路设计;

- 抖动抑制电路设计;
- 多键检测;
- 长时间按键检测;
- 待机时键的检测;
- 同步链清除;
- 支持2个或3个触点键盘阵列。

### 12.7.1 工作原理

KPP 模块支持下列工作模式:
- 运行模式—普通工作模式,可检测任何按下的键;
- 低功耗模式—在低功耗模式下可以检测任意按下的键(没有 MCU 时钟时)。

键盘接口(KPP)简化扫描键盘阵列的软件任务,采用合适的软件和阵列结构,KPP 可以检测、防抖动和识别同时按下的 1 个或多个键。

KPP 逻辑可以在 32 kHz 时钟低功耗待机模式下进行键的检测。KPP 可以在任何时间产生中断,检测键的按下和释放。该中断可使处理器脱离低功耗模式。

#### 1. 键盘阵列结构

KPP 与键盘阵列接口缩短行和列的交叉,该接口对其他开关配置没有优化。

软件必须针对键盘阵列尺寸进行优化。连接到键盘列的引脚应当配置为开路输出。连接到行的引脚应配置为输入。芯片上对有效的键盘行应当有上拉电阻。除键盘控制寄存器行输入使能外,为产生中断,相应中断(压下或释放)也必须有效。

未列入阵列的离散开关可以连接到未使用的输入行,另一端接地。硬件检测这些开关的闭合,不需要软件。

#### 2. 键盘阵列扫描

循环软件进行键盘扫描,从 0 开始通过键盘每一列读取没有步行的值。重复几次,每一次结果与前一次进行比较。当进行几个(3 或 4)连续扫描都是同一个键闭合时,检测出正确的键压下。然后软件准确判断出哪一个键释放,软件再进行下一步。

软件程序中必须定义抖动的基本周期,可以由内部定时器控制。该基本周期是扫描 2 个连续列之间的时间间隔,所以 2 个连续扫描整个阵列间的抖动时间应当是列数乘以基本周期。

#### 3. 键盘等待

CPU 不需要不间断地扫描键盘。键盘压下之间,键盘可以处于没有软件干涉所需的状态,直到检测到下一个键按下。为使键盘处于等待状态,软件应当将所有列输出为低电平,行输入有效。这时,CPU 可以关注其他事件,或回到低功耗等待模式。如果键盘按下,KPP 将中断 CPU。

根据接收到的键盘中断,CPU 应当设置所有的列为高电平,开始正常键盘扫描程序确定哪一个键按下。重要的是电源与地之间通过 2 个以上开关的直流通路扫描时,使用开路驱动。

### 4. 键盘输入防抖动

防抖动电路防止键盘输入来自 CPU 中断产生噪声的干扰。该电路是 32 kHz 控制的 4 状态同步器。在任何处于键盘是唤醒源的低功耗模式，该时钟必须继续运行，同步输入产生 CPU 中断。直到所有 4 个同步阶段锁存有效的键确认值，才产生中断。这个保证在最多 3 个时钟周期（32 kHz 时钟为 93.75$\mu$s）内滤除噪声。3 个或 4 个时钟周期（32 kHz 时钟为 93.75$\mu$s 和 125$\mu$s）之间的噪声滤除不能保证。中断输出锁存到 S-R 锁存器，保留认可直至软件清零。参见图 12-35。

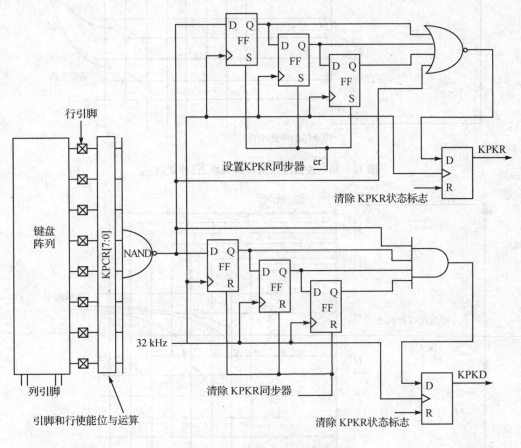

图 12-35 键盘同步功能框图

### 5. 多键闭合

软件采用按键中断和释放中断来检测多键或得知键按下。键扫描程序可以编程。

图 12-36 和图 12-37 表示 2 触点键盘阵列与 KPP 控制器的接口。采用合适的行扫描线使能和执行扫描程序，可以检测多键按下。扫描程序运行期间列驱动为低电平、键按在同一行时，对应行扫描线（多条线）变成低电平。通过读取数据寄存器，可以检测按下的键。类似地，扫描程序运行期间列驱动为逻辑"0"，键按在同一行时，对应行扫描线（仅一条线）变成低电平。

# 第 12 章 液晶显示控制器

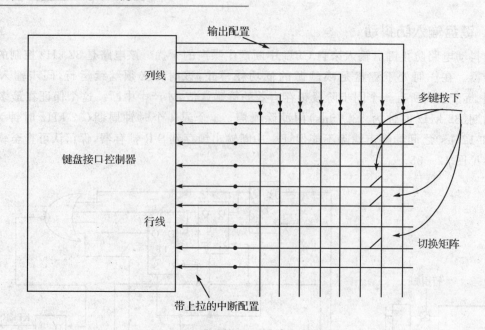

图 12-36　多键按在同一条列线上（简化图）

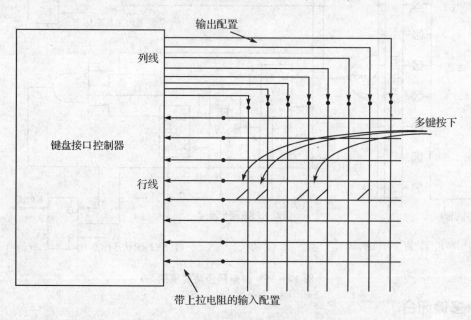

图 12-37　多键按在同一条行线上（简图）

## 6. 鬼键问题和校正

KPP 模块检测 1 个或多个键是否按下或释放。在使用 2 触点开关的简单键盘阵列情况时，当 3 个以上键按下时，出现"鬼"键检测。存在键盘阵列强加的限制。如图 12-38 所示，3 个按键同时按下将引起当前软件扫描的列与另一列短路。根据第 3 个按下键的位置，可以检测这个"鬼"键按下。

因此，这个可以采用提供"鬼"键检测的键盘校正。这样的阵列在所有行和列之间的键盘

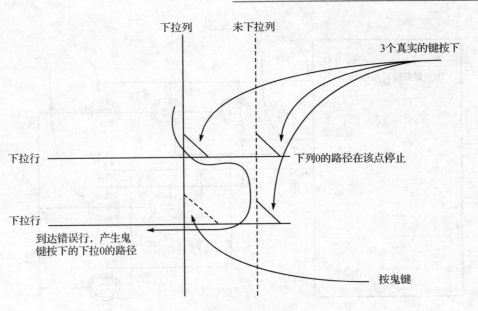

图 12-38  对 3 键按下的错误解码

点上实施一个"二极管"方法。采用该方法,3 键多次按下将不会在第 4 个键产生短路。参见图 12-39。

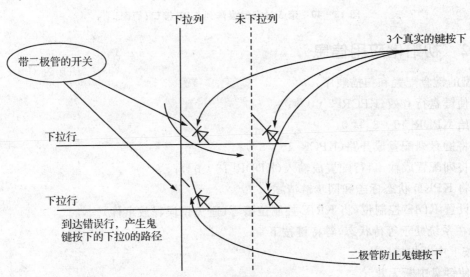

图 12-39  带鬼键保护的阵列

### 7. 支持 3 触点按键

KPP 模块支持到包含 3 触点键的阵列接口,如图 12-40 所示,第 3 个点接地(逻辑低电平)时,2 个点接在键盘线上。键盘线应当配置为输入,应答有上拉电阻。当这个键按下时,相应键盘线变低,中断产生。

确定按下的键不需要执行扫描程序,可以读取键盘数据寄存器。这个阵列限制是每一个键至少要用一条键盘行线。

# 第12章 液晶显示控制器

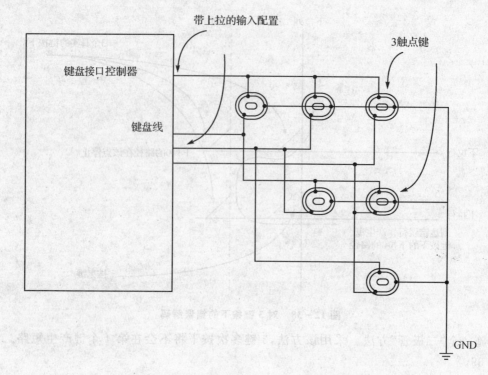

图12-40 带3触点键盘阵列 KPP 接口(简图)

## 12.7.2 初始化应用信息

典型的键盘配置和扫描顺序：
① 使键盘行有效(KPCR[7：0])；
② 给 KPDR[15：8]写0；
③ 将键盘列配置成开路(KPCR[15：8])；
④ 将列配置成输出,行配置成输入(KDDR[15：0])；
⑤ 将 KPKD 状态标志和同步链清零；
⑥ 设置 KDIE 控制位,将 KRIE 控制位清零(避免错误释放事件)。
(现在系统处于等待状态,等待键按下)
键按下中断扫描顺序：
① 使键盘中断无效；
② 将1写入 KPDR[15：8],设置列数据为1；
③ 将列配置为图腾柱输出(为键盘电容快速放电)；
④ 将列配置为开路；
⑤ 将1列写0,其他列写1；
⑥ 采集行输入、保存数据。可以在1列检测多键按下；
⑦ 重复第2至第6步骤；
⑧ 将所有列返回到0,准备等待模式；
⑨ 清除 KPKD 和 KPKR 状态位,将其写为1;用将1写入 KRSS 寄存器的方法,设置 KP-

KR 同步链,用将 1 写入 KDSC 寄存器的方法清除 KPKD 同步链;

⑩ 重新使响应键盘中断有效,KDIE 检测键保持条件,或 KRIE 检测释放键事件。

### 12.7.3 编程方法

KPP 模块有 4 个寄存器,参见表 12-9 和表 12-10。

表 12-9　KPP 存储器配置

| 地　址 | 名　称 | 访问 | 复位值 |
|---|---|---|---|
| 0x1000_8000 | 键盘控制寄存器(KPCR) | 读写 | 0x0000 |
| 0x1000_8002 | 键盘状态寄存器(KPSR) | 读写 | 0x0000 |
| 0x1000_8004 | 键盘数据方向寄存器(KDDR) | 读写 | 0x0000 |
| 0x1000_8006 | 键盘数据寄存器(KPDR) | 读写 | 0x---- |

表 12-10　KPP 寄存器

| 名称 | | 15 | 14 | 13 | 12 | 11 | 10 | 9 | 8 | 7 | 6 | 5 | 4 | 3 | 2 | 1 | 0 |
|---|---|---|---|---|---|---|---|---|---|---|---|---|---|---|---|---|---|
| 0x1000_8000 (KPCR) | R | KCO7 | KCO6 | KCO5 | KCO4 | KCO3 | KCO2 | KCO1 | KCO0 | KRE7 | KRE6 | KRE5 | KRE4 | KRE3 | KRE2 | KRE1 | KRE0 |
| | W | | | | | | | | | | | | | | | | |
| 0x1000_8002 (KPSR) | R | 0 | 0 | 0 | 0 | 0 | KPP_EN | KRIE | KDIE | 0 | 0 | 0 | 0 | 0 | 0 | KKR | KPKD |
| | W | | | | | | | | | | | | | KRSS | KDSC | wlc | wlc |
| 0x1000_8004 (KDDR) | R | KCDD7 | KCDD6 | KCDD5 | KCDD4 | KCDD3 | KCDD2 | KCDD1 | KCDD0 | KRDD7 | KRDD6 | KRDD5 | KRDD4 | KRDD3 | KRDD2 | KRDD1 | KRDD0 |
| | W | | | | | | | | | | | | | | | | |
| 0x1000_8006 (KPDR) | R | KCD7 | KCD6 | KCD5 | KCD4 | KCD3 | KCD2 | KCD1 | KCD0 | KRD7 | KRD6 | KRD5 | KRD4 | KRD3 | KRD2 | KRD1 | KRD0 |
| | W | | | | | | | | | | | | | | | | |

# 第13章

# 安全保证

i.MX27 处理器集成诸多安全保证措施,有保证文件信息安全的安全控制器,有执行加密措施的安全协处理器,有确保外部存储器内容完整性的运行时间完整性检查功能,有集成电路识别模块等。

## 13.1 安全控制器

安全控制器(SCC)由两部分组成:安全 RAM 和安全监视器,如图 13-1 所示。主要功能与下列部分有关:

- 中央安全状态控制器和硬件配置与不可变更的安全警察的硬件安全状态;
- 探测和响应威胁信号的不可中断的硬件机制(特别是完成测试访问信号);
- 唯一的片外存储感应安全数据的器件数据保护/加密信号。

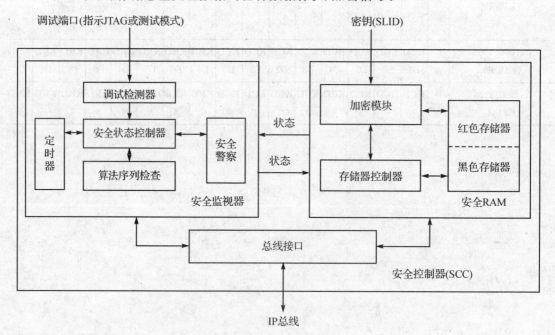

图 13-1 安全控制器框图

内部存储数据能自动、无法恢复地破坏与探测出遭威胁的有关文件。

在嵌入式或数据处理平台中的安全问题和安全服务影响平台提供强制和信息保护服务的

能力。文件信息影响所有嵌入的数据、程序和数据存储与下载。因此,安全平台用于保护信息和数据避免遭受未经许可的访问——探测(读)、修改(写)和执行(使用)。

## 13.2 对称/非对称干扰和随机加速器

对称/非对称散列和随机加速器(SAHARA2)是一种安全协处理器,可以用于移动电话基带处理和无线 PDA,完成加密算法(AES、DES 和 3DES)、散列算法(MD5、SHA-1、SHA-224 和 SHA-256)、串行密码算法(ARC4)和硬件随机数发生器。有一个从 IP 总线接口供主机写入配置和指令信息,读取状态信息;带有 AHB 总线接口的 DMA 控制器减小主机给存储器传输数据的负担。SAHARA2 加速器安全功能如下:

- AES 加密和解密:
  — ECB、CBC、CTR 和 CCM 模式;
  — 128 位密钥。
- DES/3DES:
  — EBC、CBC 和 CTR 模式;
  —带校验(DES)的 56 位密钥;
  —带检验(3DES)的 112 位或 168 位密钥。
- ARC4(兼容 RC4 密码):
  — 5~16 位密钥;
  — 主机可访问 S 盒。
- MD5、SHA-1、SHA-224 和 SHA-256 散列算法:
  — 复用字节信息长度;
  — 支持自动填入;
  — HMAC(支持查看 IPAD 和 OPAD);
  — 最大 232 位信息长度。
- 随机数据发生器(PRNG - FIPS 186-2 认可的 NIST):
  — 由独立自由环路振荡器产生的密码。

SAHARA2 也提供下列增强功能:
- 描述符处理缩减主机与 SAHARA2 之间的通信。
- 低功耗设计:
  — 不工作时自动切断电源;
  — 寄存器上时钟门控;
  — RNG 休眠模式。
- 限制访问潜在感应信息:
  — 描述串符完成 BATCH 模式处理后清除内部寄存器;
  — 密码监视可以导致清除数据;
  — 扫描复位和扫描退出信号防止数据消失。
- 支持混合字节序。

# 第 13 章 安全保证

## 13.3 运行时间完整性检查

运行时间完整性检查(RTIC)功能是确保外部存储器内容的完整性,协助引导认证。

RTIC 具有在系统引导和执行期间对存储器内容检验的能力。如果运行时存储器内容与散列信号匹配失败,就会触发密码监视器中错误信号,见图 13-2。

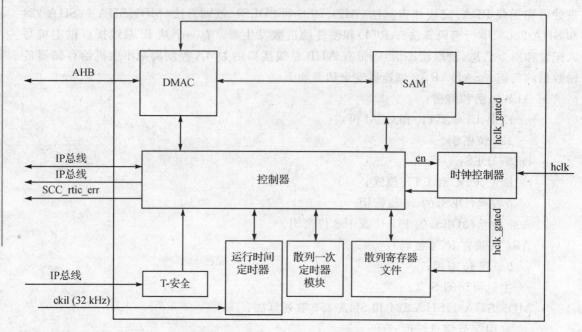

图 13-2 RTIC 框图

RTIC 具有下列特点:
- SHA-1 信息认证;
- 输入 DMA 接口;
- 数据分段读取支持存储器非邻近数据块(每个块最多分 2 段);
- 具有高度安全引导过程的工作;
- 支持最多 4 个独立的存储器块;
- 可编程 DMA 总线负载循环定时器和看门狗定时器;
- 节能时钟门控逻辑;
- 硬件配置大/小字节序数据格式;
- 全字存储器读取(按字排列地址,32 位长度复用)。

RTIC 有两个主要的工作模式:
- 一次散列模式:
  — 用于高安全引导期间的代码认证,或一次整体性检查;
  — 存储内部散列结果和主机信号中断。
- 持续散列模式
  — 用于运行时持续进行存储器数据的完整性检验;

—如果只是出现错误,检查再产生针对内部存储数据和主机中断的散列性。

RTIC 单独使用散列加速器引导时,协助代码认证和其他任务,运行时主动或被动地进行存储器完整性检查。通过 IP 接口编程,用 DMA 扫描 AHB 接口上外部存储器数据,见图 13-3。

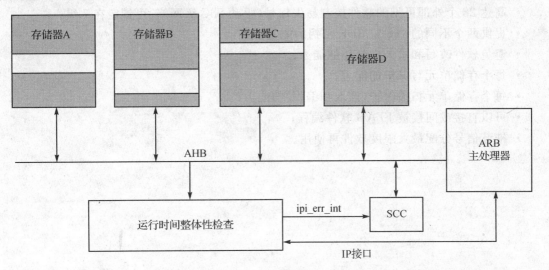

图 13-3　存储器接口框图

图 13-3 中,有四个独立的存储器块,可由 RTIC 检查。存储器 A、B 和 C 在非邻近空间有部分单元,存储器 D 没有。主机对存储器 A、B 和 C 内带有每一部分起始地址和长度的 RTIC 编程。对存储器 D 只有一个起始地址和长度即可,第 2 个起始地址和长度设置为 0。

在 RTIC 控制寄存器中设置一次 A/B/C/D 散列存储器使能位,在 RTIC 程序寄存器中设置一次散列位后,RTIC 散列每一个存储器,将结果存入散列寄存器供主机读取。如果 RTIC 用作校验存储器在运行期间没有破坏,接在 RTIC 程序寄存器中检查位后,必须设置控制寄存器中 A/B/C/D 存储器运行使能位。RTIC 再次散列持续循环中有效的存储器,直至发生错误或 RTIC 复位。

## 13.4　集成电路识别

集成电路识别模块(IIM)提供了一个用于读取和在某些情况下编程的接口,不考虑芯片存储的识别和控制信息。

IIM 同时也提供了一系列可变更的软件可访问信号,可以用作不必更换硬件元件的软件控制。

IIM 提供初始用户可见片上信息的机制。这些信息包括统一的芯片标识符、版本编号、密钥以及要求永久性非易失的控制信息。IIM 也提供了最多 28 个易失控信息。IIM 包括一个主控制器和一系列的寄存器,用来存储各种模块外可见的信息。有多达 8 个阵列的存储单元和相关的 IIM。IIM 可以通过一个 8 位 IP 总线接口访问。使用 8 位接口,因为这样才与存储阵列宽度匹配。

- 八个独立的熔丝储存单元(熔丝储存单元的数量和大小由参数规定);
- 最大可用熔丝储存单元尺寸是 2 048 位;

# 第13章 安全保证

- 激光和电子熔丝储存单元在片上混合；
- 支持驱动安全 JTAG 和 SJC 的对应值（用 RTL 参数配置各单元大小，JTAG 缺省值是 64 位，SJC 其缺省值是 56 位）；
- 高达 28 个外部可见的软件控制易失信号（驱动 SoC 级网络）可锁定在 7 组；
- 提供两个不同的 168 位 3DE 密钥的能力；
- 避免软件改写和永久性禁止的能力；
- 每个存储单元写保护的能力；
- 每个存储单元扫描保护（读取和编程）的能力；
- 可以直接或间接被 JTAG 软件编程；
- 推荐信号分配最大限度软件再使用。

# 第14章

# i.MX27 应用开发系统

本章介绍 Freescale 公司提供的 i.MX27 应用开发系统（ADS）和 EF-IMX 系列嵌入式多媒体实验系统，读者可以根据教学和研发工作安排自行选择。

## 14.1 应用开发系统

i.MX27 应用开发系统（MCIMX27ADSE）是针对 i.MX27 微控制器软件设计的开发工具，包括主板、LCD 显示屏、键盘、NAND Flash 卡、图像传感器、TV 编码卡等，支持应用软件、目标板调试和选配存储器等。图 14-1 为系统主板。

图 14-1 MCIMX27ADSE 主板

# 第 14 章　i.MX27 应用开发系统

MCIMX27ADSE 特点如下：
- i.MX27 多媒体应用处理器；
- 两个晶体时钟振荡器：32.000 kHz 和 26 MHz；
- 电源管理和音频功能集成电路（MC13783），包括电池、10 位 ADC、推进开关、稳压器、放大器、编解码器、SSI 音频总线、实时时钟、SPI 控制总线、活动式 USB 收发器和触摸屏接口；
- 支持多重输入检验设备（ICE）调试；
- 两个 512 Mb DDR-SDRAM 存储器，可配置为 8 位或 32 位存储器；
- 一个带 128 Mb 伪静态 RAM（PSRAM）的 256 Mb 猝发闪存，可配置为一个带 8 MB PSRAM 的 8 位或 16 位闪存；
- 有 LCD 显示屏、键盘和图像传感器接口；
- 复杂的可编程逻辑器件（CPLD）；
- 用户可配置和定义的 DIP 开关；
- 两个 SD/MMC、MS 存储卡插座；
- PCMCIA 和 ATA 硬盘接口（HDD）；
- 两个 RS-232 收发器和 DB9 连接器（一个配置为 DCE，另一个配置为 DTE）支持片上 UART 端口；
- 带 RS-232 收发器和 DB9 连接器的外部 UART；
- 遵循红外数据协会规范 1.4 版本的红外收发器；
- USB 主接口（HS 和 FS）、活动 USB（HS 和 HS）接口；
- 带与主板接口的 LCD 屏；
- 有 36 个按键的键盘；
- CMOS 图像传感器卡；
- 3.5 mm 耳机插座、3.5 mm 线输出插座、3.5 mm 线输入插座、3.5 mm 麦克风插座和 2.5 mm 麦克风与耳机插座；
- Cirrus Logic 公司 CS8900A-CQ3Z 以太网控制器（10 Mbps）、带 RJ-45 连接头；
- AMD 公司 AM79C874 TX/FX 以太网收发器（10M/100 Mbps）、带 RJ-45 连接头；
- 两个 32×3 个引脚 DIN 扩展连接器；
- NAND Flash 卡（插入主板），包含 ADS 工具；
- LED 显示电源和以太网有效，以及两个用户定义的状态 LED 显示器；
- 通用 5 伏电源适配器（决不允许使用高于 5.5 V 的电源）；
- USB 电缆；
- RS-232 串行电缆；
- 两个 RJ-45 以太网电缆、网络转换器。

用户在使用应用开发系统时必须配备：
- IBM PC 或兼容计算机：
  — Windows98、Windows ME、Windows XP、Windows 2000 或 Windows NT（4.0 版本）操作系统；
  — 外部端口。

- 多重 ICE 设备(除 ADS 外)。

## 14.1.1　MCIMX27ADSE 结构框图

图 14-2 表示 ADS 主要部分和连接器。
ADS 上面主要的连接端口有：
- BZ1——蜂鸣器；
- CN5——电源连接器；
- D3——5 伏电源 LED(绿色)；
- D4——MC13783 电源 LED(绿色)；
- D5——硬盘电源 LED(绿色)；
- D8,D12——以太网有效 LED(双色 LED,绿色和橙色)；
- D9,D10,D11——以太网有效 LED(绿色)；
- D15——连续充电器 LED(绿色)；
- D24,D25,D26——MC13783 的三色 LED；
- D29,D30——通用 LED(橙色)；
- F1——5 A 保险丝；
- J4——5 伏输入电源连接器；
- J7——USB HOS T2(高速)连接器；
- J8——USB HOST1(全速)连接器；
- J9——USB OTG(高速)连接器；
- J10——USB OTG(全速)连接器；
- J12——到图像传感器卡的连接器；
- J13,J14——I/O 扩展连接器；
- J17——到 MC13783 的麦克风输入；
- J18——到 MC13783 的麦克风和耳机；
- J19——到 MC13783 的耳机；
- J20——到 MC13783 的线路输出；
- J22——到 MC13783 的线路输入；
- J23——MC13783 的 A/D 连接器；
- J24——CPLD 输入编程连接器；
- J71——外部以太网控制器的 EEPROM 使能；
- J72~J77——SD/MMC2 使能跳线；
- J78——UARTA 和 DCE 的 RS-232 DB9 连接器插脚引线；
- J79——UARTA 和 DCE 的 RS-232 DB9 连接器插脚引线；
- J80——外部 UARTA 和 DCE 的 RS-232 DB9 连接器插脚引线；
- J89——ARM® 多重 ICE 连接器；
- J90——外部音频放大器连接器；
- J91——电源选择；
- JP56——充电使能；

# 第 14 章 i.MX27 应用开发系统

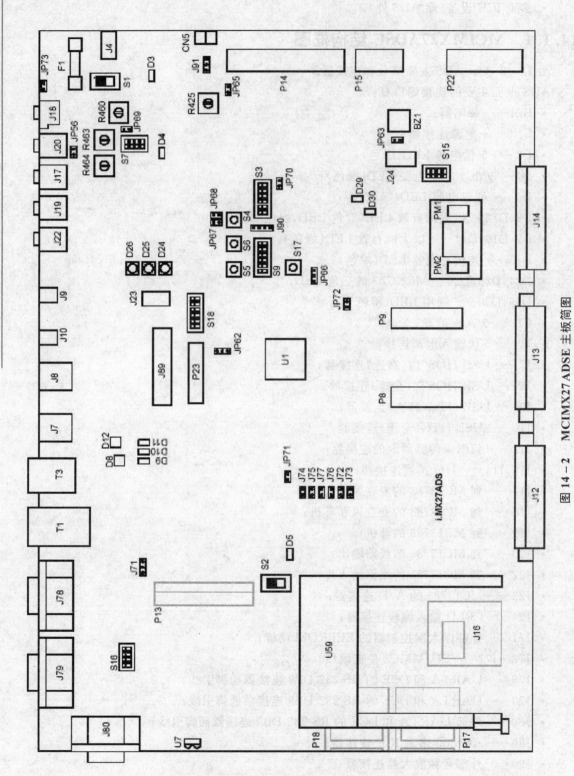

图 14-2 MCIMX27ADSE 主板简图

- JP62——一线接口；
- JP63——蜂鸣器使能；
- JP65——电源仿真使能；
- JP66——CPU 保险丝电压选择；
- JP67——听筒扬声器放大器输出连接器；
- JP68——听筒扬声器放大器输出连接器；
- JP69——外部锂电池连接器；
- JP70——外部音频总线时钟输入连接器；
- JP71,JP72——1.8 V(NVDD2~4)逻辑分析仪电源使能连接器(P8、P9)；
- JP73——麦克风输入跳线；
- P8,P9——逻辑分析仪接口；
- P14——LCD 屏连接器；
- P15——TV 编码器连接器；
- P22——键盘模块连接器；
- P23——嵌入式路径宏块 1(ETM)连接器；
- PM1 & PM2——NAND Flash 卡连接器；
- $R425$(可变电阻)——调节电源稳压器电压；
- $R460$(可变电阻)——调节升压电容(SC1)放电率；
- R463(可变电阻)——调节升压电容(SC1)充电率；
- R464(可变电阻)——调节升压电容(SC1)峰值充电电流；
- S1——5 V 电源开关；
- S2——硬盘驱动器 3.3 V 电源开关；
- S3——硬盘时钟选择 DIP 开关；
- S4——MC13783 电源按键；
- S5——MC13783 附属电源按键；
- S6——MC13783 第 3 个电源按键；
- S7——MC13783 锂电池选择开关；
- S9——MC13783 USB 模式选择；
- S15——用户定义 DIP 开关；
- S16——UART 使能 DIP 开关；
- S17——复位按键；
- S18——引导模式、JTAG 控制 DIP 开关；
- T1——RJ-45 外部以太网连接器(10 Mbps)；
- T3——RJ-45 以太网连接器(10/100 Mbps)；
- U1——i.MX27 MCU；
- U7——IrDA 收发器；
- U59——PCMCIA 插座。

ADS 底下主要的元件：
- J16——MS 卡连接器；

## 第14章 i.MX27 应用开发系统

- P13——ATA 硬盘驱动器连接器；
- P17——SD/MMC1 卡连接器；
- P18——SD/MMC2 卡连接器；
- J92——MC13783 的 USB OTG（全速）连接器。

表 14-1 为开发系统的技术指标。

表 14-1 技术指标

| 项 目 | | 指 标 |
|---|---|---|
| 时钟速率 | | CPU 400 MHz，系统 133 MHz |
| 端口 | | 10/100Base-T(RJ-45)、串行 RS-232、USB 主机、USB 活动 |
| 温度 | 工作 | 0 ℃～+50 ℃ |
| | 存储 | -40 ℃～+85 ℃ |
| 相对湿度 | | 0 to 90%（不凝固） |
| 电源消耗 | | 4.75 V～5.25 V DC @ 5A |
| 尺寸 | | 12 x 8.5 英寸(30.5 x 21.6 cm) |

### 14.1.2 板上元件配置

下面介绍开发系统的配置、连接和其他操作信息。

#### 1. 开关 S7——锂电池选择开关

4 个单刀单掷（SPST）开关控制 MC13783 备用电源。表 14-2 表示看管好的有效连接情况（其他连接不用）。将 S7-1 和 S7-3 设置为 ON，充电电源接通。可变电阻（R464）控制峰值充电电流，可变电阻（R463）控制充电速率。充电完成后将 S7-3 设置为 OFF。

S7-4 设置为 ON 时允许充电电容放电。R460 控制放电速率。

锂电池连接选择：如果使用锂电池，必须连接到 JP69，S7-2 必须设置为 ON，否则 S7-2 必须设置为 OFF。

表 14-2 锂电池开关

| 功能 | S7-1 | S7-2 | S7-3 | S7-4 |
|---|---|---|---|---|
| 充电电容(SC1) | ON | OFF | ON | OFF |
| 保持充电（出厂默认设置） | ON | OFF | OFF | OFF |
| 放电电容(SC1) | ON | OFF | OFF | ON |
| 外部锂电池(JP69) | OFF | ON | OFF | OFF |

#### 2. 开关 S18——引导模式开关

设置 S18-1～S18-4 决定处理器在哪儿执行程序。表 14-3 表示所有有效的开关连接情况，其他连接保留。

## 第14章 i.MX27应用开发系统

表14-3 引导模式开关设置

| 引导模式 | 引导0 S18-1 | 引导1 S18-2 | 引导2 S18-3 | 引导3 S18-4 |
|---|---|---|---|---|
| 引导(USB/UART),出厂默认设置 | ON | ON | ON | ON |
| 8位、2 KB NAND Flash | ON | OFF | ON | ON |
| 16位、2 KB NAND Flash | OFF | OFF | ON | ON |
| 16位、512 B NAND Flash | ON | ON | OFF | ON |
| D[15:0]时16位CS0 NOR Flash | OFF | ON | OFF | ON |
| D[31:0]时32位CS0 NOR Flash | ON | OFF | OFF | ON |
| 8位、512 B NAND Flash | OFF | OFF | OFF | ON |

S18-5选择JTAG操作模式,S18-6保留。表14-4表示该功能。

表14-4 S18-5和S18-6开关设置

| 开关名称 | 设置 | 效果 |
|---|---|---|
| S18-5 JTAG _CTRL | ON | 仅内部测试 |
|  | OFF | TRST后选择ARM多重ICE模式,出厂默认设置 |
| S18-6 NC | — | 未连接 |

### 3. 开关S9——MC13783 USB模式开关

S9-1~S9-4控制USB端口功能,表14-5表示开关的有效连接。

表14-5 MC13783 USB模式开关

| USB模式选择 | S9-1 | S9-2 | S9-3 | S9-4 |
|---|---|---|---|---|
| 差分、单向(6线) | OFF | OFF | ON | OFF |
| 差分、双向(4线) | ON | OFF | OFF | ON |
| 单端、单向(6线) | OFF | ON | ON | OFF |
| 单端、双向(4线) | OFF | OFF | OFF | ON |

S9-5 ON使MC13783的USB OTG收发器无效,OFF使其有效。默认设置使该器件无效。ADS中未使用S9-6。

**注意**:通过RP24和RP25使MC13783 OTG收发器脱离i.MX27 CPU。因为菲利普ISP1301(U37)是ADS收发器OTG的默认设置。如果用户需要使用USB OTG连接器(J92),必须安装RP24和RP25,移开RP3-5和RP11~12。

### 4. 开关S3——MC13783音频时钟输入选择

S3中有6个单刀单掷开关控制MC13783的CLIA和CLIB音频总线输入,参见表14-6和表14-7。

## 第 14 章　i.MX27 应用开发系统

表 14-6　MC13783 CLIA 输入选择

| CLIA 时钟输入 | S3-1 | S3-3 | S3-5 |
| --- | --- | --- | --- |
| 时钟(i.MX27,U1 引脚 AD17)出厂默认设置 | ON | OFF | OFF |
| 板上 26 MHz 振荡器(Y9) | OFF | ON | OFF |
| 外部时钟输入 JP70 | OFF | OFF | ON |

表 14-7　MC13783 CLIB 输入选择

| CLIB 时钟输入 | S3-2 | S3-4 | S3-6 |
| --- | --- | --- | --- |
| 时钟(i.MX27,U1 引脚 AD17)出厂默认设置 | ON | OFF | OFF |
| 板上 26 MHz 振荡器(Y9) | OFF | ON | OFF |
| 外部时钟输入 JP70 | OFF | OFF | ON |

### 5. 开关 S15——用户定义开关

S15 中有 4 个可以由软件在数据位 D[3:0] 上读取设置值的单刀单掷开关,实施用户定义功能。参见表 14-8。

表 14-8　S15 开关设置

| 开关名称 | 设置 | 效果 |
| --- | --- | --- |
| S15-[4:1] | ON | D[3:0] 读作 0 |
| | OFF | D[3:0] 读作 1 |

### 6. 开关 S16——UART 使能开关

S16 开关控制 UART 收发器电源接通状态和 UARTA 收发器波特率,参见表 14-9。

表 14-9　S16 UART 使能开关功能

| 开关名称 | 设置 | 效果 |
| --- | --- | --- |
| S16-1 UARTA_EN | ON | UARTA 收发器有效,出厂默认设置 |
| | OFF | UARTA 收发器无效 |
| S16-2 UARTA_SHDN | ON | UARTA 收发器处于停止模式 |
| | OFF | UARTA 收发器处于唤醒模式,出厂默认设置 |
| S16-3 UARTA_MBAUD | ON | UARTA 波特类型限制在 250 kbps,出厂默认设置 |
| | OFF | UARTA 波特率限制在 1 mbps |
| S16-4 UARTB_EN | ON | UARTB 收发器有效,出厂默认设置 |
| | OFF | UARTB 收发器无效 |

### 7. 可变电阻 R425——电池仿真输出控制

在 ADS,许多电路用作电池仿真。可变电阻(R425)用于调节电池仿真电路输出电压。出厂默认设置大约为 4 伏。用电压表可以在 TL79 测试点测量该电压。

## 8. ADS 跳线接头

ADS 路线接头如表 14-10 所列。

表 14-10 ADS 跳线

| 跳线描述 | 连接引脚 | 效 果 |
|---|---|---|
| 外部以太网控制器 EEPROM 有效,J71 | 1-2 | 外部以太网 EEPROM (U45) 有效,出厂默认设置 |
|  | 2-3 | 外部以太网的 EEPROM (U45) 无效 |
| SD/MMC2 使能跳线,J72~J77 | 1-2 | SD/MMC2 有效 |
| 电池选择,J91 | 1-2 | 选择板上电池仿真器,出厂默认设置 |
|  | 2-3 | 从 CN5 选择外部电池电源 |
| 1 线 EEPROM 使能,JP62 | 1-2 | 1 线 EEPROM 有效 |
|  | 2-3 | JTAG 的 RTCK 功能有效,出厂默认设置 |
| 蜂鸣器使能,JP63 | 1-2 | 蜂鸣器有效,出厂默认设置 |
| 电池仿真使能,JP65 | 1-2 | 将 5 V 电源连接刀电池仿真电路,出厂默认设置 |
| 保险丝电压选择,JP66 | 1-2 | 选择 1.8 伏用作保险丝读操作,出厂默认设置 |
|  | 2-3 | 选择 3.15 伏用作保险丝编程 |
| 逻辑分析仪电源使能,JP71 | 1-2 | 连接到 P8 的逻辑分析仪的 VDD2~4 有效 |
| 连接分析仪电源使能,JP72 | 1-2 | 连接到 P9 的逻辑分析仪的 VDD2~4 有效 |

## 9. ADS 跳线连接

ADS 跳线连接如表 14-11 所列。

表 14-11 ADS 跳线连接

| 跳线名称 | 引 脚 | 描 述 |
|---|---|---|
| 外部放大器,J90 | 1 | 低功耗左通道音频输出 |
|  | 2、3 | 未连接 |
|  | 4 | 低功耗音频编解码器通道输出 |
| 手持扬声器输出,JP67 | 1 | 手持扬声器放大器输出正 |
|  | 2 | 手持扬声器放大器输出负 |
| 手持耳机话筒放大器输出,JP68 | 1 | 手持耳机话筒放大器输出正 |
|  | 2 | 手持耳机话筒放大器输出负 |
| 外部锂电池接头,JP69 | 1 | 连接到外部锂电池正极 |
|  | 2 | 连接到外部锂电池负极 |
| 外部音频时钟输入,JP70 | 1 | MC13783 音频总线的外部时钟输入 |
|  | 2 | 接地 |
| 外部麦克风输入,JP73 | 1 | MC13783 外部麦克风输入 MC2IN |
|  | 2 | 接地 |

## 14.1.3 工作原理

下面介绍系统怎样工作和怎样使用该系统。图14-3为ADS模块框图。

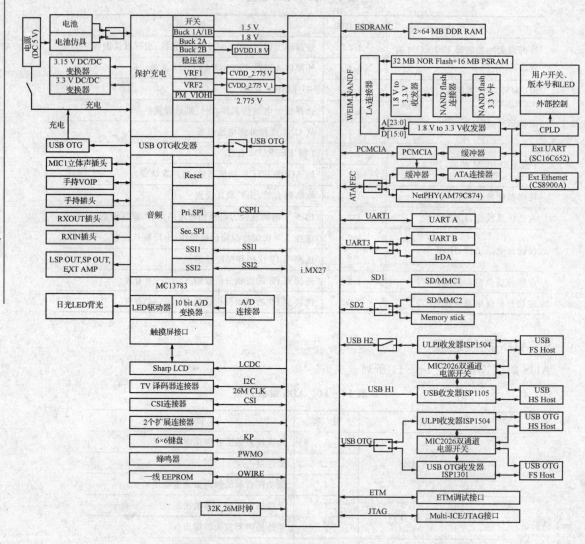

图14-3 ADS功能模块框图(可放大)

### 1. ADS 存储器配置

表14-12表示ADS存储器配置。没有一个外设占据相关片选整个地址空间。软件可访问一个以上地址范围的同一个物理地址单元。例如,DDR SDRAM只占用CSD0可用的256 MB空间的128 MB,所以有两个不同的地址范围。

表 14-12　ADS 存储器配置

| 外设 | 片选 | 地址范围(十六进制) | 存储器尺寸/字节 |
| --- | --- | --- | --- |
| DDR SDRAM | CSD0 | 0xA0000000～0xA7FFFFFF | 128 M |
| 猝发 Flash | CS0 | 0xC0000000～0xC1FFFFFF | 32 M |
| PSRAM | CS5 | 0xD6000000～0xD0FFFFFF | 16 M |
| CPLD | CS4 | 0xD4000000～0xD5FFFFFF | — |
| 外部以太网控制器 | CS4 | 0xD4000000～0xD5FFFFFF | — |
| 外部 UART | CS4 | 0xD4000000～0xD5FFFFFF | — |

**2. 外部总线控制 CPLD**

可在 ADS 工具包 CD 中找到 CPLD 参考文档(外设总线控制 CPLD_BONO_ADS.doc)。

**3. 板上存储器**

ADS 有几个板上存储器器件。多芯片组件(MCP)U28 包含两个 16 M×16 位猝发 NOR Flash 和 8 M×16 位猝发 PSRAM(参见图 14-4)。ADS 安装有两片 32 M×16 位(U20 和 U21)组成的 32 M×32 位 DDR SDRAM(参见图 14-5)。NAND Flash 卡插槽支持 1 Gb 存储容量,包括 8 位数据总线接口。

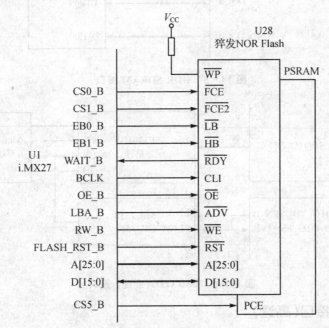

图 14-4　猝发 Flash 接口

**4. 活动 USB 接口(全速)**

ADS 提供活动 USB(OTG)全速接口,采用菲利普 ISP1301BS USB 收发器与 J10 连接(一种小型 AB USB 连接器)。该接口可以作为 USB 主机或 USB 设备,提供主机模式 USB 总线电源,由外部 5 V 电源通过 MIC2536 电源开关切换。参见图 14-6。

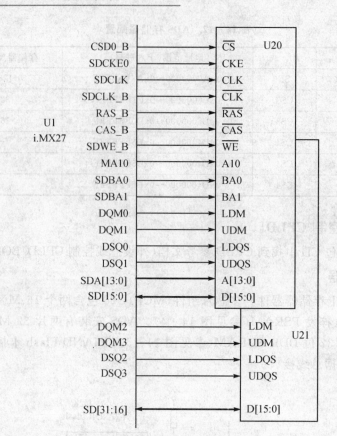

图 14-5 DDR SDRAM 接口

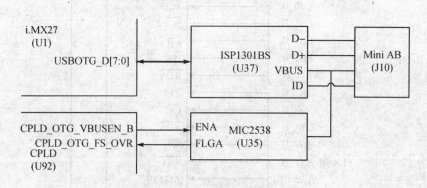

图 14-6 USB OTG(全速) 接口

### 5. 活动 USB 接口(高速)

ADS 提供活动 USB(OTG)高速(480 Mbps)接口,采用菲利普公司 ISP1504 USB ULPI 收发器与 J9 连接。也可以在全速(12 Mbps)下运行。该接口可以作为 USB 主机或 USB 设备,提供主机模式 USB 总线电源,由外部 5 V 电源通过 MIC2536 电源开关切换。参见图 14-7。

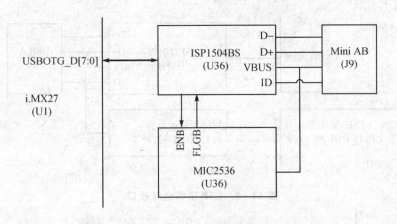

图 14-7　USB OTG(高速)接口

### 6. USB 主机接口(高速)

ADS 提供高速 USB(480 Mbps)主机接口,采用菲利普 ISP1105W USB 收发器与 USB 连接器 J7 连接,也可工作在全速(12 Mbps)。该接口只能用于 USB 主机,提供 USB 总线电源,由外部 5 伏通过 MIC2536 电源开关切换使用。参见图 14-8。

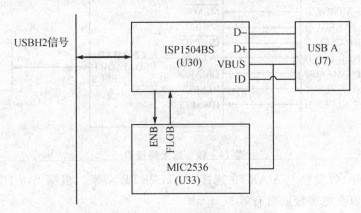

图 14-8　USB 主机高速接口

### 7. USB 主机接口(全速)

ADS 提供 USB 主机接口,采用菲利普 ISP1105W USB 收发器与 USB 连接器 J8 连接。该接口只能用于 USB 主机,提供 USB 总线电源,由外部 5 V 通过 MIC2536 电源开关切换使用。参见图 14-9。

### 8. 外部以太网接口

ADS 安装有 Cirrus Logic 公司的 CS8900A 以太网控制器,具有 10 Mbps 收发能力。该接口工作在中断模式,实现 DMA 传输。片选由 CPLD 逻辑控制,参见图 14-10。

### 9. UART(内部)和 IrDA 接口

ADS 包含两个 RS-232 兼容的 UART 接口,为 i.MX27 内部 UART 服务。UARTA 是 DCE,UA RTB 是 DTE。两个 UART 完全支持调制解调器信号。该接口与来自 i.MX27 的 UART1 和 UART3 信号连接。

# 第14章 i.MX27 应用开发系统

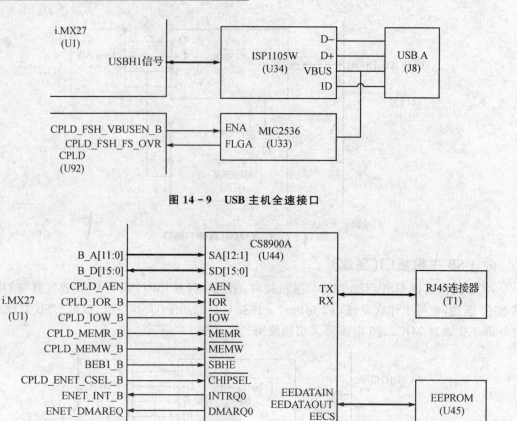

图 14-9 USB 主机全速接口

图 14-10 以太网接口

FIR(快速红外)收发器与 UART3 连接,与 UARTB 共享。根据 S16 DIP 开关的设置,UART 收发器可以在电源接通时有效。

IrDA 的混合器和使能控制可以通过 CPLD 进行软件控制。

图 14-11 表示 UART 和 IrDA 电路接口。

### 10. 快速以太网控制器(FEC) 接口

ADS 提供以太网接口(10/100 Mbps),采用 AMD 公司 AM79C874VD 收发器与 RJ45 连接器 T3 连接,可以工作在 10 MHz 和 100 Mbps 的 IEEE 802.3 以太网络。FEC 支持 10/100 Mbps 的 MII 和 10 Mbps 的 7 线接口。参见图 14-12。

### 11. 1 线 EEPROM

ADS 采用 MAXIM DS2433 芯片,提供 1 线(4 Kb)EEPROM(U98)。i.MX27 的 1 线接口(RTCK/OWIRE 引脚)提供读写该 EEPROM 的电源。该引脚也可用于 CPLD 和多重 ICE。

图 14-13 表示 1 线 EEPROM 和其他连接到该引脚的器件。ADS 不同时支持这些器件。出厂默认设置时,针对 CS8900 DMA 请求,RTCK/OWIRE 引脚通过电阻(R501)连接到

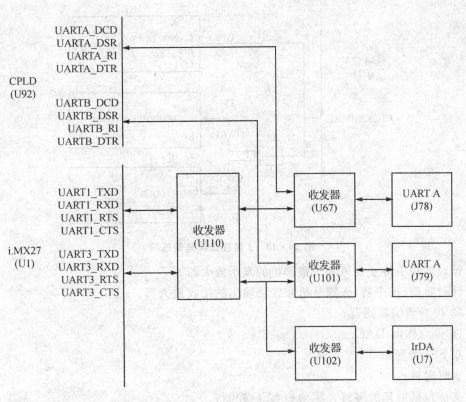

图 14-11  UART 和 IrDA 接口

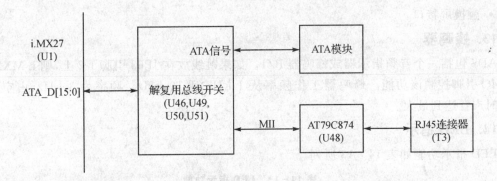

图 14-12  快速以太网接口

CPLD。如果用户需要测试 1 线 EEPROM 或多重 ICE RTCK 功能，R501 必须移出，设置 JP62 跳线（参见表 14-10）。

**12. 电源管理和音频芯片**

MC13783 电源管理和音频芯片是高集成度电源管理、音频和用户接口元件，作手持式和便携式应用。MC13783 特点如下：

- 电池充电接口；
- 10 位 ADC；
- 直接用于 i.MX27 MCU 的切换开关；
- ADS 不同外设的稳压电源；

# 第 14 章 i.MX27 应用开发系统

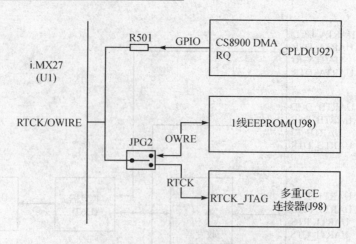

图 14-13 1 线接口和其他连接

- 针对两种手持麦克风和头戴耳机的发送放大器；
- 针对听筒、扬声器、头戴耳机和线路输出的接收放大器；
- 13 位音频编解码器；
- 16 位立体声 DAC；
- 双 SSI 音频总线；
- 实时时钟；
- 支持包括白光的多背光驱动和 LED 控制；
- USB OTG 收发器；
- 触摸屏接口。

### 13. 蜂鸣器

ADS 包括一个音频指示器或蜂鸣器 BZ1。如果跳线放在 JP63 引脚 1-2 上，则 i.MX27 的 PWMO 引脚控制该功能。蜂鸣器工作频率从 1 kHz 到 10 kHz。频率为 3 kHz、占空比为 50% 时声音达到最大。

### 14. LED 指示

LED 指示功能如表 14-13 所列。

表 14-13 LED 指示功能

| 编号 | 彩色 | 名称 | 描述 |
| --- | --- | --- | --- |
| D3 | 绿 | 5 V | 5 V 电源接通 |
| D4 | 绿 | 5 V PM PWR | MC13783 5 V 电源接通 |
| D8 | 绿、红 | 10BASE-T | 10 Mbps 速度 LED 和双工 LED |
| D9 | 绿 | LNK | 建立连接时 LED 亮 |
| D10 | 绿 | COL | 半双工模式有冲突时闪亮 |
| D11 | 红 | RX | 接收数据时闪亮 |
| D12 | 绿、红 | 100BASE-T | 100 Mbps 速度 LED 和发送 LED |
| D15 | 橙 | 连续充电 | 连续充电接通 |

续表 14 – 13

| 编 号 | 彩 色 | 名 称 | 描 述 |
|---|---|---|---|
| D17~D20 | 黄 | LEDMD[1:4] | MC13783 主显示背光驱动输出 |
| D21,D22 | 黄 | LEDAD[1:2] | MC13783 辅助显示背光驱动输出 |
| D23 | 黄 | LEDKP | MC13783 键盘背光驱动输出 |
| D24~D25 | 橙、蓝、绿 | — | MC13783 预编程照明模式的三彩色 LED |
| D28 | 绿 | 振动 | MC13783 振动驱动输出 |
| D29 | 绿 | STAT2 | CPLD 控制用户状态 |
| D30 | 绿 | STAT1 | CPLD 控制用户状态 |
| T1 | 绿 | — | 闪亮指示 LAN 有效 |
| | 黄 | — | 连接好或主机控制输出 |
| | 红 | — | 闪亮指示外部总线有效 |
| T3 | 绿 | LENLNK | 闪亮指示 LAN 有效 |
| | 黄 | LEDRX | 接收数据时闪亮 |

### 14.1.4 附加模块连接和使用

ADS 有 10 个附加模块接口,其中 ADS 工具包配备的 5 个附加模块(其他模块没有包括其中)是:NAND Flash 卡、TFT LCD 屏、键盘、图像传感器卡、TV 编码器卡。

#### 1. NAND Flash 卡

ADS 工具包包括 1 Gb NAND Flash 卡,使用时将该卡的 PN1 和 PN2 连接到 ADS 板的 PM1 和 PM2 上,如图 14 – 14 所示。注意,不允许 NAND Flash 卡带电插拔。

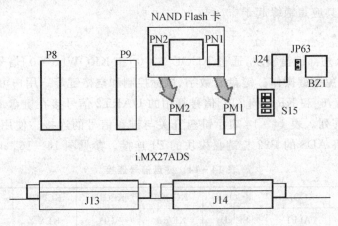

图 14 – 14 NAND Flash 卡安装

#### 2. TFT LCD 显示屏

ADS 配备有夏普公司 LQ035Q7DB02 触摸屏 TFT LCD 显示器,在 ADS 的 CD 中有 TFT LCD 技术规范。安装 LCD 模块前应断开主板电源。

使用 TFT LCD 显示屏时,用 34 线带状电缆将 LCD 模块的 J11 连接到 ADS 的 P14 上即可,参见图 14-15。

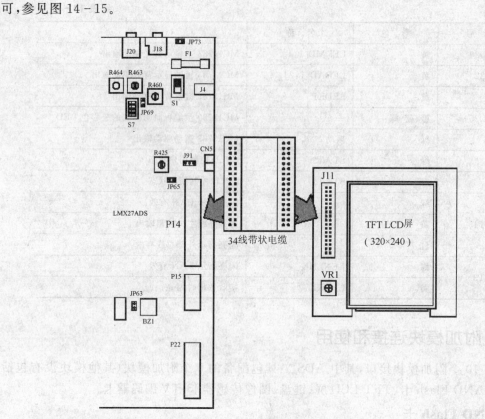

图 14-15 LCD 的安装

LCD 板上的分压器 VR1 控制显示屏闪烁。如果 TFT LCD 显示闪烁,用户可调节 VR1 稳定显示。调节工具应是绝缘起子。

### 3. 键 盘

ADS 包括一个外部键盘模块,通过 KCOL[5∶0]和 KROW[5∶0]信号读取。该接口有一个专用二极管避免鬼键操作。键盘有数字、鼠标控制和空格键等。用户可以自行设计键盘。

内部与 COL[7,6]和 KROW[7,6]信号复用的 UART2 信号接在键盘 P22 连接器上。允许使用 8×8 键盘阵列。表 14-14 表示键盘开关与键盘信号的连接。使用键盘模块时,应采用 20 线带状电缆将 ADS 的 P22 与键盘模块的 P1 连接。参见图 14-16。

表 14-14 键盘信号连接

|  | KCOL5 | KCOL4 | KCOL3 | KCOL2 | KCOL1 | KCOL0 |
|---|---|---|---|---|---|---|
| KROW5 | APP1 SW1 | SEND SW2 | KEY 1 SW3 | UP SW4 | KEY 2 SW5 | END SW6 |
| KROW4 | APP2 SW7 | HOME SW8 | LEFT SW9 | AOTION SW10 | RIGHT SW11 | BACK SW12 |
| KROW3 | DOWN SW13 | APP3 SW14 | 1— SW15 | 2 ABC SW16 | 3 DEF SW17 | EXTRA 2 SW18 |

续表 14-14

|  | KCOL5 | KCOL4 | KCOL3 | KCOL2 | KCOL1 | KCOL0 |
|---|---|---|---|---|---|---|
| KROW2 | VOL UP SW19 | APP4 SW20 | 4 GHI SW21 | 5 JKL SW22 | 6 MNO SW23 | EXTRA 3 SW24 |
| KROW1 | VOL DOWN SW25 | EXTRA 1 SW26 | 7 PORS SW27 | 8 TUV SW28 | 9 WXYZ SW29 | EXTRA 4 SW30 |
| KROW0 | POWER SW31 | RECORD SW32 | * SW33 | 0+ SW34 | # SW35 | EXTRA 5 SW36 |

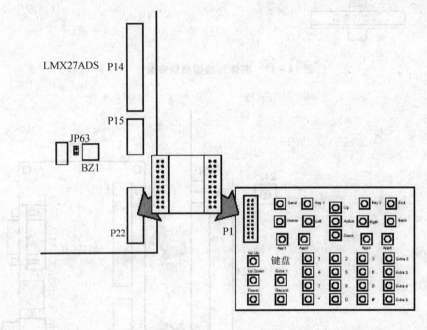

图 14-16 键盘安装

### 4. 图像传感器模块

连接器 J12 用于 IM8012 图像传感器模块与 ADS 的连接器，通过 $I^2C$ 总线进行通信。注意，避免带电插拔。要使用图像传感器卡，需将其 48 针单排连接器插入 ADS 的 J12，参见图 14-17。

### 5. TV 编码器卡

TV 编码器与 ADS 一起提供。主要部件是 FOCUS 公司的 FS453LF(PC 机到 TV 视频扫描变换器)。TV 编码器不能与 LCD 显示屏同时使用，因为它们共享 ADS 板上连接器的 P14。使用 TV 编码器时，必须从 P14 上拆除 LCD 板，再将 TV 编码器模块安装到 P14 和 P15 上，参见图 14-18。

# 第14章 i.MX27应用开发系统

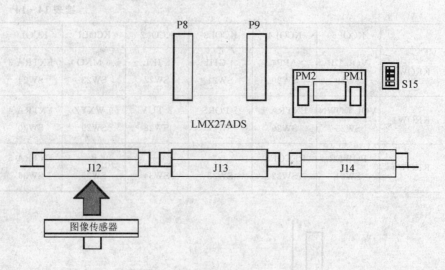

图 14-17 图像传感器模块安装

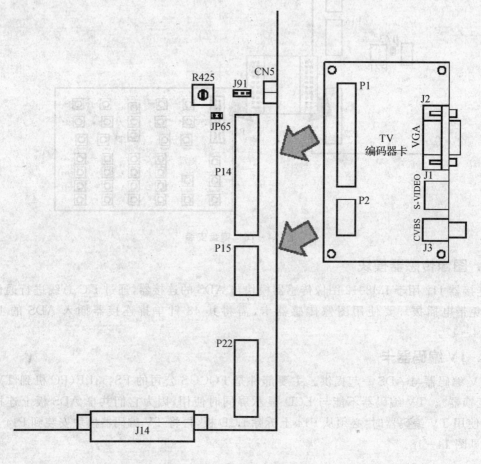

图 14-18 安装 TV 编码器卡

## 6. 存储器卡插件

ADS 支持 3 个存储器卡插槽：一个 MS 卡和 2 个 SD/MMC 卡。卡的对应插座连接器 J16、P17 和 P18 在板的底部。同样的 i.MX27 信号控制 MS 连接器 J16 和 SD/MMC2 连接器 P18。为了降低总线负载，SD/MMC2 连接器信号与 J72～J77 不连。为了使这些信号接到 P18（使用 SD/MMC2 卡），将跳线插入这些连接器，接口信号经由 i.MX27 总线，但通过 CPLD 读取卡的检测输入。由于 MS 和 SD/MMC2 复用 i.MX27 同一个信号，所以两种卡不能同时使用。

## 7. PCMCIA 卡插件

ADS 安装有 PCMCIA 卡插槽 U59。许多与其他外设共享数据和地址的 PCMCIA 接口信号缓冲，其电源由 LTC1472CS 开关控制。只支持 3.3 V。CPLD 控制 LTC1472CS，接通和关断 VCC、VPP 可以设置为+5 V 或不接（高阻）。复位时缺省值是关断和未连接。i.MX27 ADS 必须与兼容 PCMCIA 卡一起使用。

## 8. 小型 ATA 硬盘驱动

ADS 提供一个 ATA 兼容接口，与 1.8 英寸硬盘驱动连接。P13 是一个 44 线接头，与 ATA/ATAPI-6 标准兼容。该小型硬盘驱动器安装在 ADS 底部的双排、2 mm 间距连接器上，不需要带状电缆。

许多 ATA 信号是复用的，小型硬盘驱动器电源需转换为 3.3 V。CPLD 控制复用器使能和选择。注意，不可以带电插拔。

## 9. ETM 连接器

ADS 提供 ETM 连接器（P23）连接 i.MX27 的 ARM 与 ETM（嵌入式路径宏块）。由于该功能正常只是研发时所需，所以 ETM 功能引脚与其他模块共享。使用 ETM 引脚时将禁止使用其他模块（包括 ATA 和 NAND Flash）。

## 10. Samtec 逻辑分析仪连接器

ADS 有两个专用 Samtec 连接器（P8 和 P9），与 HP 公司逻辑分析仪电缆兼容。所有 CPU 连接器需要存储器接口与其连接。

## 14.2 EF-IMX 系列嵌入式多媒体实验系统

EF-IMX 系列嵌入式多媒体实验系统由北京亿旗创新科技发展有限公司与飞思卡尔联合研制，是多款充分展现 i.MX27 处理器强大多媒体处理能力和丰富扩展功能的中高端 ARM 教学系统。该系统采用模块化硬件设计，支持丰富的扩展外设，配套提供完整详尽的软硬件开发资源。

EF-IMX 系列嵌入式多媒体实验系统（见图 14-19），由 CPU 核心板和功能板组成，核心板和功能板之间通过专用高速连接器连接。

核心板由 CPU 运行所需的最小系统构成，包括 i.MX27 处理器、DDR SDRAM、NAND Flash 和电源管理等模块；功能板则针对 i.MX27 处理器集成的外设和接口，包括通信、控制和多媒体等接口。

# 第14章 i.MX27应用开发系统

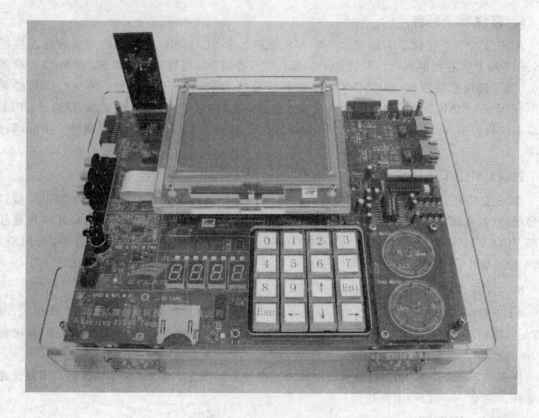

图14-19 EF-IMX外观

## 14.2.1 系统主要接口和外设模块

系统主要接口包括：

- 视频编码器，CVBS复合视频输出；
- CMOS摄像头；
- 音频编解码器；
- 符合USB2.0规范的高速USB OTG接口；
- 两个10/100 Mbps自适应以太网控制器；
- IrDA符合红外数据规范1.3版本的红外收发器，传输速率2.4~115 kbps；
- IDE接口；
- 8位ADC和DAC；
- PWM调压控制电路；
- RF模块接口，支持GPRS、WiFi、BT、ZIGBEE等无线模块；
- 四线RS232异步串行接口；
- 符合工业标准的CAN总线接口；
- SD/MMC CARD接口；
- 三轴数字输出的±2g/±4g/±8g加速度传感器；
- 8个可编程LED指示灯和4个可编程8段数码管；

- 1个4×4矩阵键盘；
- 1个直流电机和1个步进电机；
- 单电源供电(+12 V)。

外扩模块有：
- 30万像素CMOS模块；
- 200万像素CMOS模块；
- 3.5寸320×240 LCD液晶屏和触摸屏模块；
- 5.6寸640×480 LCD液晶屏和触摸屏模块；
- TVIN模拟视频采集子板、CVBS复合视频和S-VIDEO输入；
- 802.11b/g WiFi+BT模块；
- GPRS、ZigBee模块。

## 14.2.2 i.MX27/31核心板

IMX系列嵌入式多媒体实验系统可选两种核心板，其CPU分别是Freescale公司的i.MX27和i.MX31。核心板主要由i.MX27或i.MX31多媒体处理器最小系统、USB模块、电源和扩展接口SoDIMM连接器构成。最小系统由1片i.MX27/31多媒体处理器、1片32位128 MB DDR SDRAM和1片256 MB NAND Flash组成。图14-20为核心板逻辑框图、图14-21为核心板外观。

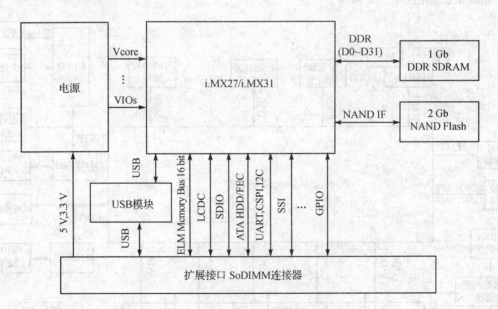

图14-20 i.MX27/31核心板逻辑图

# 第14章 i.MX27 应用开发系统

图 14-21 核心板外观

## 14.2.3 功能板

功能板是专门针对教学研发设计的,支持 IMX27 和 IMX31 核心板,不仅对 IMX 处理器的各个功能模块进行了扩展,还补充了通信、控制和多媒体处理领域常用的模块。可外接 TFT 真彩液晶、高分辨率触摸屏、立体声音频接口、模拟视频接口(输入输出)、数字摄像头接口(30万像素和200万像素)、MMC 卡、SD 卡、IDE 接口、USB OTG、双以太网、CAN 总线、RS232、无线通信模块(蓝牙、GPRS、ZigBee、WiFi)等,并预留了扩展接口(SPI,I2C,I/O、总线等)。原理框图如图 14-22 所示。

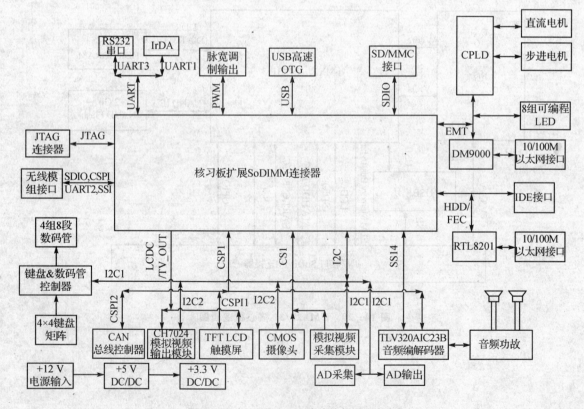

图 14-22 EF-IMX 系统功能板原理框图

功能板配置了丰富的音视频编解码单元,包括 CMOS 摄像头采集模块、模拟视频采集模块、LCD 和触摸屏显示控制模块、模拟视频输出模块、音频编解码模块。其中 CMOS 摄像头和模拟视频采集模块连接到 IMX 的 CSI 接口,使用 I²C 作为控制总线;LCD 直接与 IMX 处理器的 LCDC 连接,触摸屏通过 CSPI 接口控制;模拟视频输出模块使用 CH7024,与 LCDC 接口连接,驱动输出模拟视频信号;音频编解码模块使用 TLV320AIC23B,连接到 IMX 处理器的 SSI 接口,实现模拟音频信号的采集和输出。

功能板扩出了两个 10/100 Mbps 自适应以太网接口,其中一个接口使用 IMX 的 FEC 接口,选用 REALTEK 公司 RTL8201B 以太网收发器实现。另一个接口则是 AHB 总线外接 DAVICOM 公司 DM9000AE 以太网控制器实现。

功能板包括 IrDA 模块和 RF 模块接口以及与专用 RF 模块接口匹配的模块,如 GPRS、WiFi、蓝牙和 ZIGBEE 等。RF 模块接口中包含专用的 UART 信号、SSI 信号、SPI 信号和中断信号。

功能板上的 MMA7455 芯片,为三轴数字输出的±2g/±4g/±8g 加速度传感器,由 I²C 总线控制。

功能板还包括 IDE 接口、UART 接口、CAN 接口、SD/MMC CARD 接口等 IMX 处理器的外设接口。

另外,功能板上还有 8 位 ADC、8 位 DAC、PWM 输出、1 个 4×4 矩阵键盘、8 个可编程 LED 指示灯和 4 个可编程 8 段数码管等。

## 14.2.4 功能板跳线

EF-IMX 实验系统跳线端子如图 14-23 所示。

- J207——12 V 电源输入连接器;
- SW201——12 V 电源开关;
- J601——CMOS 摄像头;
- J301——ATA 硬盘连接器;
- U905——加速度传感器;
- J906——USB OTG 使能状态选择;
- J907——USB OTG UID 状态选择;
- J904——USB HOST 连接器;
- J905——USB OTG 连接器;
- J908——CAN 总线连接器;
- U906——IrDA 收发器;
- J903——UART 和 DB9 公头的 RS-232 连接器;
- J1001——RJ-45 以太网收发器连接器(10/100 Mbps);
- J1101——RJ-45 以太网控制器连接器(10/100 Mbps);
- J202——步进电机输出接口;
- J204——直流电机输出接口;
- J403——CPLD JTAG 连接器;
- U504、U505、U506、U507——4 个可编程 8 段数码管;

## 第14章 i.MX27 应用开发系统

- KEY401——复位按键；
- KEY501~KEY516——4×4 键盘；
- J302——SD/MMC 卡连接器；
- J901 和 J902——RF 模块连接器；
- J502——AD&DA&PWM 连接器；
- J501——DAC 输出跳线；
- TP501——电位器；
- J801——3.5 mm MIC 输入连接器；

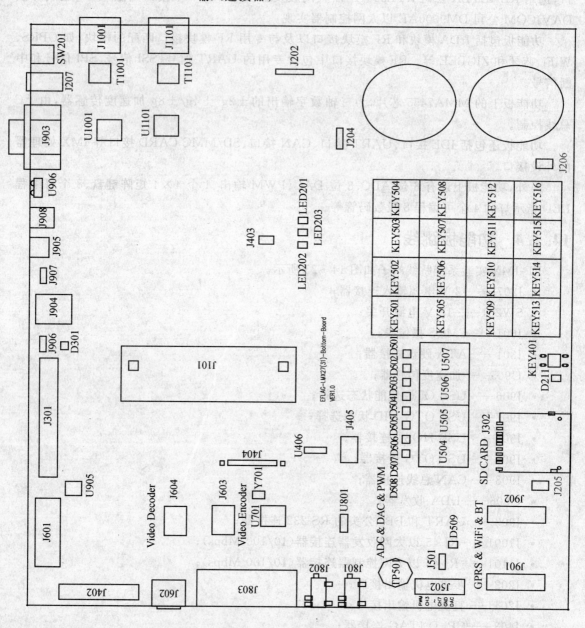

图 14-23 功能板跳线

- J802——3.5 mm 耳机输出连接器;
- J803——视频输入、视频输出、LINE_IN(左右声道)、LINE_OUT(左右声道)连接器;
- J602——S-VIDEO 连接器;
- J603 和 J604——视频解码板连接器;
- J402——JTAG 连接器;
- J433——TFTLCD & 触摸屏连接器;
- J101——SoDIMM 的核心板连接器;
- J205——左声道扬声器功放连接器;
- J206——右声道扬声器功放连接器。

表 14-15 为 EF-IMX 跳线描述。

表 14-15 EF-IMX 跳线

| 跳线描述 | 连接引脚 | 效果 |
| --- | --- | --- |
| USB OTG 使能,J906 | 1-2 | USB OTG 禁能 |
| | 2-3 | USB OTG 使能 |
| USB UID 选择,J907 | 1-2 | USB DEVICE 使能 |
| | 2-3 | USB HOST 使能 |
| DAC 输出选择,J501 | 1-2 | DAC TO ADC |
| | 2-3 | DAC TO LED |

LED 定义如表 14-16 所列。

表 14-16 LED 定义

| 编号 | 彩色 | 名称 | 描述 |
| --- | --- | --- | --- |
| LED201 | 红 | 5 V | 5 V 电源接通 |
| LED202 | 红 | 5 V MOTOR | 电机 5 V 电源接通 |
| LED203 | 红 | 3.3 V | 3.3 V 电源接通 |
| D3 | 红 | RX/TX | 收、发数据时闪亮 |
| D509 | 红 | DAC_LED | 通过 DAC 调节 LED 的亮度,低有效 |
| D211 | 红 | RESET | 系统复位时亮 |
| D501~D508 | 红 | D0~D7 | 可编程 LED,低有效 |
| J1001 | 绿 | LENLNK | 闪亮指示 LAN 有效 |
| | 黄 | LEDRX | 连接好或主机控制输出 |
| J1101 | 绿 | LENLNK | 闪亮指示 LAN 有效 |
| | 黄 | LEDRX | 接收数据时闪亮 |

## 14.2.5 模块接口

**(1) CMOS 摄像头接口**

i.MX27/31 提供 CMOS 摄像头接口,可以直接连接 CMOS 摄像头进行视频采集,通过

$I^2C$ 总线进行控制,可输出符合 CCIR656 标准的数字视频信号。EF-IMX 实验系统提供了可选 30 万像素、200 万像素和 300 万像素的 CMOS 传感器子板。

**(2) 视频输入接口**

视频输入端口包括一个组合视频输入端口和一个 S-VIDEO 端口,输入信号可经过视频解码后连接到 CSI 接口。EF-IMX 实验系统中,视频解码由视频解码子板实现。视频解码子板可以支持多种解码芯片,通过 $I^2C$ 总线实现简便的控制,支持 CCIR656 数字视频标准,可进行 PAL 制和 NTSC 制电视信号的解码。

**(3) LCD 接口**

EF-IMX 实验系统使用 5.6 英寸 TFT LCD 显示屏,通过 i.MX27 内置的 LCD 控制器与 i.MX27 连接。TFT LCD 分辨率为 640×480。

系统使用电阻式触摸屏,触摸屏控制器为 TSC2200。

**(4) 视频输出接口**

视频输出采用一片专用芯片 CH7024,支持 24 位输入的视频编码。CH7024 通过 $I^2C$ 总线实现简便的控制,支持 RGB666 数字视频标准,可进行 PAL 制和 NTSC 制电视信号的编码。

**(5) 音频接口**

EF-IMX 提供了 TLV320AIC23B 编解码器作为音频输入输出设备。TLV320AIC23B 提供了 LINE_IN 和 MIC_IN 的音频输入端口及 LINE_OUT 和 Head_Phone_OUT 的音频输出端口,最大采样率为 96 kHz。TLV320AIC23B 的数字音频输入、输出端口与 EF-IMX 的 SSI4 连接,TLV320AIC23B 的内部控制寄存器通过 SPI 总线进行配置。EF-IMX 系统中的 CSPI2_SS2 作为 TLV320AIC23B 的片选信号。LINE_OUT 信号可选择 LM4861 双通道 1.1 W 立体声功放,由 Speaker 端口输出。

**(6) DDR SDRAM 接口**

IMX27/31 包含一个 32 位 DDR 内存接口,EF-IMX 实验系统中该接口连接了一片 128 MB 的 DDR SDRAM。

**(7) NAND Flash 接口**

i.MX27/31 包含一专用的 8/16 位 NAND Flash 接口,EF-IMX 实验系统中该接口连接了一片 8 位 256 MB 的 NAND Flash。

**(8) IDE 接口**

EF-IMX 提供一个 ATA 兼容接口 J301,可连接 3.5 英寸硬盘。J301 是一个 40 线接头,与 ATA/ATAPI-6 标准兼容的双排、2.54 mm 间距连接器。

**(9) SD/MMC CARD 接口**

可外接基于 SD/MMC CARD 接口的 SD 设备。

**(10) UART 和 IrDA 接口**

EF-IMX 实验系统引出 IMX27/31 的三个 UART 接口。

UART2 连接到 RF 模块接口。UART3 经过 RS232 电平转换芯片驱动后连接到 J903,J903 是一个九针型 DB-9 连接器。

UART1(UART1_TX,UART_RX)连接到 IrDA 红外模块。该模块为符合红外数据规范 1.3 版本的 FIR(快速红外)收发器,传输速率为 2.4~115 kbps。

UART 收发器可以在电源接通时有效。IrDA 的使能控制可以通过 CPLD 进行软件控制,图 14-24 和图 14-25 分别表示 UART 和 IrDA 电路连接示意图。

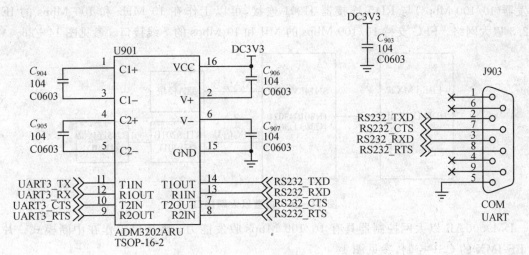

图 14-24　UART 接口电路连接示意图

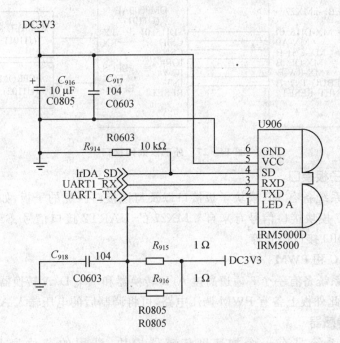

图 14-25　IrDA 模块电路连接示意图

**(11) CAN 接口**

CAN 接口为外扩的接口,EF-IMX 使用了一片带 SPI 接口的 CAN 控制器,将 iMX27/31 的 CSPI2 连接到该控制器,J908 为 CAN 总线接口。

**(12) 以太网接口**

EF-IMX 实验系统有两个 10/100 Mbps 自适应以太网接口,其一使用 IMX27/31 的快速以太网控制器(FEC),选用 REALTEK 公司 RTL8201B 以太网收发器实现。另一个则是

## 第 14 章  i.MX27 应用开发系统

EMI 总线外接 DAVICOM 公司 DM9000AE 以太网控制器实现。

EF-IMX27 核心板提供 10/100 Mbps 以太网接口,采用 REALTEK 公司 RTL8201B 以太网收发器(10/100 Mbps)与 RJ45 连接器 J1001 连接,可以工作在 10 MHz 和 100 Mbps 的 IEEE 802.3 以太网络。FEC 支持 10/100 Mbps 的 MII 和 10 Mbps 的 7 线接口。参见图 14-26。

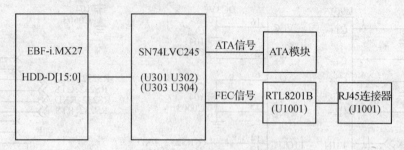

图 14-26  内置以太网接口

DM9000AE 以太网控制器具有 10/100 Mbps 收发能力。该接口工作在中断模式。片选由 EF-IMX 的 CS1 控制,参见图 14-27。

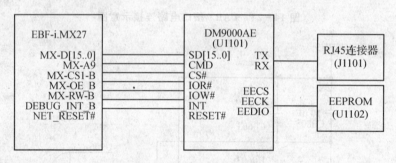

图 14-27  外部以太网接口

**(13) RF 模块子板接口**

EF-IMX 实验系统备有 RF 模块子板接口以及与该接口匹配的子板,如 GPRS、WiFi、BT 和 ZIGBEE 等。RF 模块接口信号有来自 i.MX27 的 UART2 接口信号、SSI1 接口信号、CSPI2 接口信号和 SDIO 接口信号等。

**(14) ADC、DAC 和 PWM**

EF-IMX 实验系统备有一个 8 通道高速 A/D 转换器和一个 D/A 转换器,可通过 $I^2C$ 总线配置和数据读写。此外板上备有 PWM 调压电路,可将调制后的电压输入 A/D 进行转换。

**(15) 加速度传感器**

EF-IMX 实验系统具有一个加速度传感器模块,选用的芯片为 Freescale 公司的 MMA7455,是三轴数字输出的 ±2g/±4g/±8g 加速度传感器,可用于 X、Y、Z 三个轴向的加速度检测或震动检测。通过 i.MX27 的 $I^2C$ 接口予以配置及获取测试数据。

**(16) 编程 LED 和可编程 8 段数码管**

EF-IMX 实验系统备有 8 个可编程 LED 指示灯和 4 个可编程 8 段数码管,该器件分别与 CH452(数码管、键盘控制器)连接,通过 $I^2C$ 总线与 CH452 通信实现编程显示。

**(17) 键　盘**

EF-IMX 实验系统备有一个 4×4 键盘模块,通过 $I^2C$ 与 CH452(数码管、键盘控制器)通信来获取键值。该芯片内置 64 键键盘控制器,基于 8×8 矩阵键盘扫描,内置去抖动电路。键盘中断,可以选择低电平有效输出或者低电平脉冲输出。提供按键释放标志位,可供查询按键按下与释放。支持按键唤醒,处于低功耗节电状态中的 CH452 可以被部分按键唤醒。用户可以自行设计键盘。键盘通过 CH452 与 EF-IMX 功能板连接。按键排列和电路图参见图 14-28 和图 14-29。

(18) 直流电机和步进电机

EF-IMX 实验系统提供了直流电机和步进电机。直流电机通过 L298N 来控制,CPLD 的控制寄存器位不仅给 L298N 提供脉冲,还控制直流电机的转速,而且提供方向控制信号,控制直流电机的旋转方

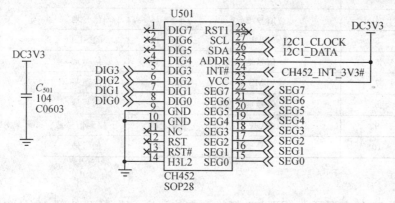

图 14-28 按键排列图

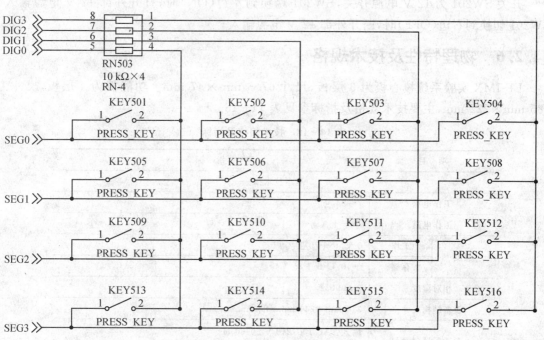

图 14-29 键盘接口电路图

## 第14章　i.MX27 应用开发系统

向。步进电机是通过 L297N 来控制,来自 i.MX27 的 TIMER 信号给 L297N 提供脉冲,CPLD 的控制寄存器位控制步进电机的旋转方向、全步或半步。

**(19) JTAG 调试接口**

通过 ARM 仿真器与 PC 机相连,实现 JTAG 硬件调试功能。由于 i.MX27 内嵌 ARM926EJ 内核,所以选用的 ARM 仿真器必须支持 ARM926EJ。J402 为 JTAG 连接器,为 20 针标准接口,信号定义见表 14-17。

表 14-17　JTAG 调试接口信号定义

| 引脚 | 信号 | 引脚 | 信号 |
| --- | --- | --- | --- |
| 1 | VCC(JTAG IO 接口供电) | 11 | RTCK |
| 2 | 上拉到 VCC | 12 | 信号地 |
| 3 | TRST | 13 | TDO |
| 4 | 信号地 | 14 | 信号地 |
| 5 | TDI | 15 | RESET |
| 6 | 信号地 | 16 | 信号地 |
| 7 | TMS | 17 | 上拉到 VCC |
| 8 | 信号地 | 18 | 信号地 |
| 9 | TCK | 19 | 下拉到信号地 |
| 10 | 信号地 | 20 | 信号地 |

**(20) 电　源**

开关 SW201 为 12 V 电源开关,SW201 切换到左边(ON)时,打开外部 12 V 电源输入;SW201 切换到右边(OFF)时,断开外部 12 V 电源输入。

### 14.2.6　物理特性及技术规格

EF-IMX 实验系统核心板为 6 层板,尺寸 67.6 mm×47 mm。功能板为 4 层板,尺寸为 285 mm×222 mm,主要技术规格及指标参见表 14-18。

表 14-18　技术规格及指标

| 项目 | | 指标 |
| --- | --- | --- |
| 基本技术指标 | | |
| 工作电压 | | 7~24 V |
| 工作电流 | | 小于 1 A |
| 温度 | 工作 | 0 ℃ to+70 ℃ |
| | 存储 | -40 ℃ to+85 ℃ |
| 相对湿度 | | 0 to 90% |
| 设备结构尺寸 | | 310 mm×240 mm×88 mm |
| 电源适配器(标配) | | 输入:AC 100/240 V 50/60 Hz<br>输出:DC 12 V　1.5 A |

续表 14-18

| 项 目 | 指 标 |
|---|---|
| 硬件系统规格及指标 | |
| 结构及尺寸 | LCD板+核心板+功能板,核心板尺寸:67.6×47 mm,功能板尺寸:285×222 mm, LCD板尺寸:141×120 mm |
| CPU | Freescale i.MX27,ARM926EJ,工作频率400 MHz |
| SDRAM | 1片128 MB DDR SDRAM,32位 |
| Flash | 1片8位NAND Flash,256 MB |
| SD卡接口 | 1个SD/MMC Card接口,可支持大容量SD/MMC卡 |
| 硬盘接口 | 3.5英寸硬盘接口 |
| 显示及触摸屏 | 5.6英寸TFT LCD显示屏,分辨率为640×480,带触摸屏 |
| TV in | 1路CVBS信号输入,PAL/NTSC格式自适应 |
| TV out | 1路CVBS信号输出,可设定PAL/NTSC格式 |
| 摄像头 | 1个CMOS Sensor接口,30万像素、200万像素等多种摄像头可选 |
| 视频支持 | H.264/MPEG-4/H.263硬件编解码 D1 30fps |
| 音频支持 | Headphone out/line in/Line out,板上音频功放,speaker |
| 以太网口 | 两个10/100 Mbps自适应以太网口 |
| USB | 1个480 Mbps,高速USB OTG接口 |
| 串口 | 3个UART接口,其中1个外挂RS232 |
| IrDA | 1个红外接口,符合红外数据规范1.3版本 |
| CAN | 1个工业标准CAN总线接口 |
| 键盘 | 1个4×4键盘矩阵 |
| LED | 8个,可编程 |
| 8段数码管 | 4个,可编程 |
| A/D,D/A | 1个8通道高速A/D转换器,1个D/A转换器,I2C配置 |
| PWM | 1个PWM调压电路,可输出至A/D转换器 |
| 加速度传感器 | 三轴数字输出,±2g/±4g/±8g |
| 电机 | 1个步进电机,1个直流电机 |
| JTAG | 1个20针标准接口 |

## 14.2.7　CPLD 资源分配及寄存器

EF-IMX 实验系统内存映射见表 14-19。

表 14-19　EF-IMX 实验系统内存映射

| 片选 | 外设 | 地址范围 | 存储器尺寸/MB |
|---|---|---|---|
| CSD0 | DDR SDRAM | 0xa0000000～0xaffffff | 128 |
| CS0 | 保留 | 0xc0000000～0xc8000000 | 128 |
| CS1 | 外部以太网控制器 | 0xc8000000～0xd0000000 | 128 |

续表 14-19

| 片选 | 外设 | 地址范围 | 存储器尺寸/MB |
|---|---|---|---|
| CS2 | 保留 | 0xd0000000～0xd2000000 | 32 |
| CS3 | 保留 | 0xd2000000～0xd4000000 | 32 |
| CS4 | 保留 | 0xd4000000～0xd6000000 | 32 |
| CS5 | CPLD | 0xd6000000～0xd8000000 | 32 |

CPLD 采用 ALTERA 公司的 EPM3128A，该器件具有 2 500 个可用逻辑门电路和 96 个用户可编程 IO，作为 EF-IMX 实验系统的逻辑扩展，为其他外部设备提供地址译码、复位逻辑及控制等功能。内部资源分配见表 14-20。

表 14-20 CPLD 内部资源分配

| 名称 | 物理地址 | 说明 |
|---|---|---|
| pNET_AEN | 0xC8000000 | 以太网控制器基址 |
| pLED | 0xD6000000 | LED 的地址，向该地址写入数据驱动 D501～D508 |
| pCTRL1_S | 0xD6000040 | 控制寄存器 1，SET 寄存器地址 |
| pCTRL1_C | 0xD6000080 | 控制寄存器 1，CLEAR 寄存器地址 |
| pCTRL2_S | 0xD60000C0 | 控制寄存器 2，SET 寄存器地址 |
| pCTRL2_C | 0xD6000100 | 控制寄存器 2，CLEAR 寄存器地址 |
| pCTRL3_S | 0xD6000140 | 控制寄存器 3，SET 寄存器地址 |
| pCTRL3_C | 0xD6000180 | 控制寄存器 3，CLEAR 寄存器地址 |
| pCTRL_INT | 0xD60001C0 | 中断控制寄存器，读寄存器地址 |

### 1. 控制寄存器 1

设置寄存器(pCTRL1_S)，访问地址：0xD6000040。
清除寄存器(pCTRL1_C)，访问地址：0xD6000080。

| D0 | GPRS_RESET | 未定义 |
| D1 | NET_RESET | 低有效 |
| D2 | L297_RESET | 低有效 |
| D3 | CMOS_RESET | 低有效(MT9V111)，高有效(OV7648) |
| D4 | WIFI_BT_RESET | 未定义 |
| D5 | SAA7114_RESET | 未定义 |
| D6 | CAN_RESET | 低有效 |
| D7 | USB_PSW | 低有效 |
| D8 | X | 保留 |

对设置寄存器某位写 1，将该位置 1，写 0 无效。
对清除寄存器某位写 1，将该位置 1，写 0 无效。

### 2. 控制寄存器 2

设置寄存器(pCTRL2_S)，访问地址：0xD60000C0。

清除寄存器(pCTRL2_C),访问地址:0xD6000100。

| | | |
|---|---|---|
| D0 | L297_C/CW | 低为正转,高为反转 |
| D1 | L297_CLK | 时钟输入,0~800 Hz |
| D2 | L297_H/F | 低为全步,高为半步 |
| D3 | L297_CTRL | 低有效 |
| D4 | L297_EN | 低有效 |
| D5 | L298_IN1 | 高有效 |
| D6 | L298_IN2 | 高有效 |
| D7 | L298_EN | 高有效 |

对设置寄存器某位写 1,将该位置 1,写 0 无效。

对清除寄存器某位写 1,将该位置 1,写 0 无效。

### 3. 控制寄存器 3(见表 14-21)

设置寄存器(pCTRL3_S),访问地址:0xD6000140。

清除寄存器(pCTRL3_C),访问地址:0xD6000180。

| | | |
|---|---|---|
| D0 | GPRS_BUZZER | 高有效 |
| D1 | TVIN_BUSEN | 高有效 |
| D2 | CMOS_BUSEN | 低有效 |
| D3 | CSI_SEL | |
| D4 | IRD_SD | 高有效 |
| D5 | USB_HS_EN | 高有效 |
| D6 | FEC_ENABLE | 低有效 |
| D7 | X | 保留 |

表 14-21 控制寄存器 3 编程

| CSI_SEL | CSI_PIXCLK |
|---|---|
| 0 | 使用 CMOS SENSOR 时 |
| 1 | 使用 VIDEO_CLK 时 |

对设置寄存器某位写 1,将该位置 1,写 0 无效。

对清除寄存器某位写 1,将该位置 1,写 0 无效。

### 4. 中断控制寄存器

读寄存器(pCTRL_INT),访问地址:0xD60001C0。

| | | |
|---|---|---|
| D0 | CAN_INT | 低有效 |
| D1 | CH452_INT | 低有效 |
| D2 | TOUCH_DAV | 低有效 |
| D3 | X | 保留 |
| D4 | X | 保留 |
| D5 | X | 保留 |
| D6 | X | 保留 |

中断控制寄存器为只读寄存器。

# 第 15 章

# 应用范例

i.MX27 多媒体应用处理器内含高性能的 ARM926EJ-S 核,最高时钟频率达 400 MHz;集成简化增强性多媒体处理单元和 MPEG-4、H.264 硬件压缩编解码器,实时视频压缩编解码速率在 D1 分辩辨下达 30 帧/秒,或在 VGA 分辨率下为 24 帧/秒,使移动多媒体产品的品质提高到一个新的水平。无论是设计移动影视播放器、智能电话、无线 PDA,还是基于网络的音视频设备和其他便携式设备,i.MX27 处理器以其性能优越、设计周期短、低成本、低功耗越来越受到 IT 业界的青睐。

图 15-1 展示 IP 网络音视频数据传输流程图。

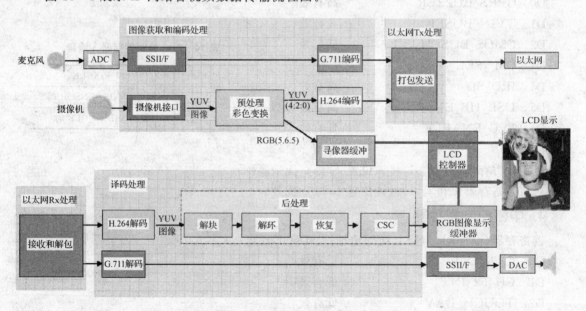

图 15-1 音视频数据流在 IP 上的传输

## 15.1 IP 摄像机

IP 摄像机将图像传感器获取的视频图像按 H.264 或 MPEG-4 标准实时压缩,数据码流得到有效的降低,转换成 IP 数据包经以太网传输,组网成本低、传输距离远、便于浏览、易于与无线网络接口,是视频监测系统的理想设备。

下面介绍的 IP 摄像机采用 i.MX27 芯片,其硬件引擎和软件使设计者将 IP 技术与i.MX27 相结合,摄像机性能高、功耗低,具有 H.264 和 MPEG-4 实时视频压缩编解码性能,可以方便地与以太网接口,参见图 15-2 和图 15-3。
- 视频压缩编解码：
  - 标准：H.264 和 MPEG-4 第 2 部分；
  - 分辨率：D1(720×480、720×576)；
  - 帧速率：30 帧/秒；
  - 自动和可变码率控制。
- 网络连接
  - 物理接口：10/100 Mbps 以太网或 802.11g；
  - 协议：TCP/IP、DHCP、HTTP、UDP、FTP。
- 软件特色
  - Freescale Linux 2.6 版本板级支持包(BSP)；
  - 针对摄像机配置和数据流运动检测的用户应用空间和中间件；
  - 为摄像机配置物理页面；
  - 目标的多摄像机视角观察；
  - 包含寻像器对观察目标反馈的开放式媒体播放程序。

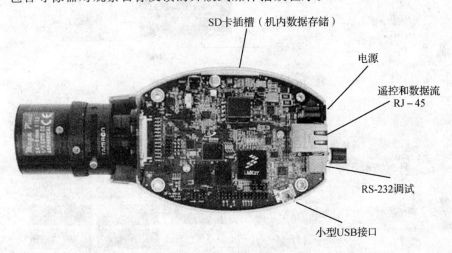

图 15-2  IP 摄像机外观图

## 15.1.1  摄像机软件

图 15-4 表示软件结构框图。系统由 HTTP 和 CLI 基本用户接口组成。这些接口用于配置摄像机运行时间和初始化参数。系统建立时,调用视频服务器后台程序和用于主要 IPC 通道和 HTTP 服务器的 CLI 线程。HTTP 接口用于与遥控客户程序进行通信,使用 CGI 将请求转换成相应的系统呼叫。系统用传感器专用用户空间配置传感器驱动器,用 CLI 接口配置视频服务器。

开启电源后：
(1) 用户使用 HTTP 与目标连接,提供到客户机的主要摄像机页面。
(2) 客户机程序根据要求的选择配置摄像机。
(3) 一旦摄像机配置好,从通过 CLI 的 HTTP 服务器到视频服务器需要基于 TCP 的

## 第15章 应用范例

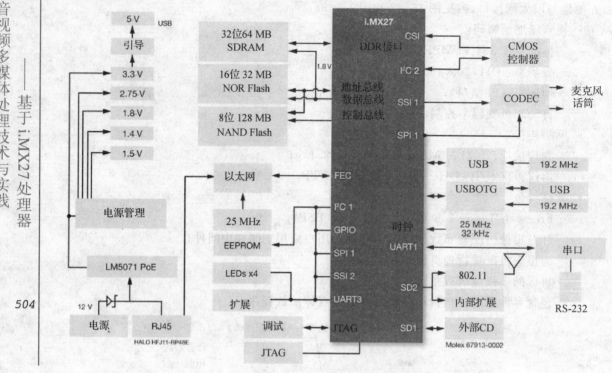

图15-3 IP摄像机原理框图

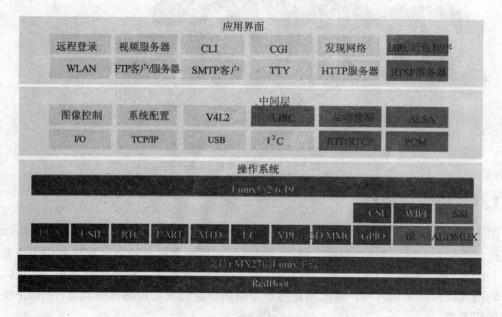

图15-4 软件结构框图

部分。

（4）视频服务器配置VPU（视频处理单元），其输入来自V4L2接口的视频数据流。如果成功，视频服务器产生一个编码器线程，并使其处于空闲状态。

(5) 根据接收的原始帧,编码器线程将该帧反馈到 VPU 引擎进行处理。根据执行情况,编码帧返回视频服务器准备发送。沿着从传感器接口到编码器线程链路,原始图像也反馈到图像处理单元(IPU),进行彩色空间变换(CSC)操作。由于 CMOS 传感器获取的图像格式为 YUV422,但 VPU 需要 YUV420 格式。如果需要,IPU 也可执行图像恢复。

视频服务器一旦开始运行,也可以暂停或恢复,或在完成上述功能后终止。

根据与视频服务器的连接情况,主机读取 TCP 包的帧数据,将其译码,并实时更新主机的显示窗。

## 15.1.2 摄像机软件模块

摄像机包括下列软件模块。

### 1. 远程登录服务器

远程登录服务器用 TCP/IP 将用户与系统连接起来。该服务器对用户呈现为外部接口。系统指令和程序从这个外部接口开始执行,但限制在用户文件许可范围内。

### 2. 视频服务器

视频服务器用于解释和执行各种视频数据流指令,如帧率、分辨率、比特率、编码方案、启动和终止数据流和运动估计等。一旦建立数据流,编码帧发送至客户机程序目的端口。服务器负责将原始数据打包成相应传输格式,包括视频压缩码流和数据。

### 3. 程序行接口

程序行接口(CLI)用作摄像机主控制接口,CLI 通过各种本地和遥控接口调用,如通过 CGI、远程登录和串行接口调用 HTTP,处理指令。CLI 包括一组预先确定的程序使其改变库或相应端口的 IPC 调用方向。根据调用返回情况,CLI 安排调用过程的应答和返回。

### 4. 网关接口

网关接口(CGI)用于建立 HTTP 服务器与系统之间的 HTML 程序和响应。当 HTTP 模块接收 CGI 程序时,根据程序类型调用相应的 CLI 程序。该响应格式化为适当的 HTML 标记,显示在摄像机网络页面上。

### 5. 网络发现

网络发现包括动态主机控制协议(DHCP),用于配置摄像机 IP 地址、网络屏蔽、DNS 和缺省的网关。网络发现服务用 NTP 配置系统时间。在系统引导过程该服务程序启动早,所以其他根据网络连接有关的服务能可靠启动。

HTTP 服务器用于保护网络页面和处理程序不被客户机程序浏览。该服务器处理输入程序,将其发送到本地服务器,将程序分配给相应的处理器。响应数据转换为 HTML 格式,呈现在客户机程序浏览器上。

## 15.1.3 应用界面

### 1. 视频服务器

视频服务器 v2ipd 自动启动,由 UDP 端口 60000 控制。

带网络调制解调器('/usr/bin/nc')的主机上,类型为 echo <command> | nc - u <

camera_ip＞60000。如果程序是询问指令，其结果输出至端口，由网络调制解调器显示。

视频服务器也可以由人工启动，获得更多的调试信息。当运行在后台程序时，错误进入日志文件，在/tmp 下面的 v2ipd.log。

用法：v2ipd [-v ＜config＞] [-a ＜config＞] [-F] [-C]

    -v    视频配置文件

    -a    音频配置文件

    -C    启动后台程序（在 UDP 端口 60000 控制）

    -F    不作后台处理（最显著位置）

视频服务器经重新启动，在/etc/v2ipd/video.cfg 的文件中进行配置。该文件中，所有用于编码器网络页面的配置可以采用手动设置。

### 2. 传感器

可以在/usr/cgi_bin 找到传感器应用 camif.cgi。必须总是从该目录下运行，因为其状态信息存储在位于当前工作目录下。

典型程序包括亮度、饱和度、自动曝光 AE、自动白平衡 AWB、伽马校正、回转镜、色温、清晰度、帧频、变倍和分辨率等。也可同时进行设置和读取。

### 3. 网络页面

所有页面都有一个导航头，允许进入不同网络页面控制视频流。控制页面用于控制回转、倾斜、变倍和获取 JPEG 图像。传感器译码用于改变图像传感器设置。译码器页面用于改变视频服务器和针对 Linux 的视频设置。系统译码允许网络设置升级和变更。最右上方控制视频数据流。

播放按钮在单独的页面窗播放数据流，停止或重新启动时用户不必关闭该页面窗。暂停按钮暂停视频数据流，放弃视频流直至部分按钮按下为止。停止按钮停止视频流，但不关闭视频流页面窗。

系统网络译码有三部分，其一显示串行端口波特率和视频服务器软件版本号；其二显示有线和无线网络设置，允许用户变更，如果二个接口无效，下一次重新启动后，网络页面将不能访问；其三，允许用户上载应用路径。如果加载路径或变更网络设置，用户必须按下重新启动按钮影响变更。

编码器网络页面设置编解码器版本、比特率、分辨率、镜像、图像旋转和照片组。设置的组合有一定限制。例如，H.263 编解码器分辨率限制在 CIF 格式下。更多信息可通过帮助按钮了解。

传感器网络页面设置图像亮度、对比度、白平衡、伽马校正、饱和度、清晰度、帧率、自动曝光和传感器旋转等。上述变化影响图像传感器性能。设置固定帧率与其他许多设置矛盾。为进行手动调节，帧率必须设置为自动。PTZ 使帧率复位为自动调节。

页面控制允许用户旋转、倾斜、变倍和获取图像。鼠标按钮旋转和倾斜摄像图像；加减按钮放大或缩小倍率，但这些按钮不能工作在 VGA 分辨率下。返回中心按钮使摄像机立即返回原始位置。"获取 JPEG"按钮要求摄像机存储快拍照片，中断视频数据流。几秒钟后，用户可以按下"观察图像"按钮观察拍摄的 JPEG 图像。

## 15.1.4 中间层

**1. 图像控制**

图像控制库提供用户空间 API,允许控制图像硬件,包括可以使用的应用算法等。

摄像机控制服务描述和执行各种摄像机指令,如电子旋转倾斜和变倍(EPTZ)、在规定时间间隔内附加覆盖原始帧时间(例如,在 1 秒内更新)和图像缩放。

**2. 系统配置**

系统控制服务描述和执行系统级程序,如 WPA 配置、事件触发、管理员和用户密码、系统服务状态、系统健康状态和取得系统统计数据等。

**3. V4L2**

Linux 版本 2 视频(V4L2)表示已定义和支持使用的 API 或 AV 应用的数据库。V4L2 管理缓冲器到视频服务器前的摄像机数据。

**4. I/O**

I/O 库表示可以用作控制启动器级 I/O 器件的 API,如 GPIO 引脚。

## 15.1.5 操作系统

**1. Linux 核 2.6.19**

Linux 核由来自 kernel.org 的 vanilla 2.6.19 组成,其修改版本支持 i.MX27 芯片上各种外设。修改过程在 Freescale 公司提供的 Linux Target Image Builder(LTIB)环境下进行。

**2. 网络**

网络驱动器发送和接收 IEEE 标准 802.3™ 和 IEEE 802.11 网络数据。

**3. 存储器技术驱动器**

存储器技术驱动器(MTD)通过各种文件系统管理非易失存储器。

**4. CMOS 传感器接口**

CMOS 传感器接口(CSI)驱动器提供 CMOS 传感器帧数据接口,建立与 VPU 和图像传感器之间的数据通道。

**5. 视频处理单元**

视频处理单元(VPU)驱动器管理来自 CSI 原始数据,将其编码成 H.264 格式。

**6. 图像传感器**

图像传感器驱动器用于获取图像数据,编码成所需格式(例如 MJPEG 或 YCbCr)。

**7. i.MX27 的 Linux 平台**

Linux 2.6.19.2 核包含用于 i.MX27 的扩展版本,支持所有 i.MX27 支持的外设。该扩展版本提供 i.MX27 处理器核基本的附加功能。

**8. Redboot**

Redboot 是用于引导摄像机电路板和启动 Linux 操作系统的引导加载器。Redboot 系专为用户制作适用于摄像机电路板的版本。引导加载器可用于建立系统存储器、时钟、串行控制、实施 POST 和引导 Linux 操作系统核。

## 15.2 视频电话

视频电话在消费类电子产品中极具市场前景。下面介绍的视频电话采用基于 i.MX27 的多媒体信号处理芯片,在 IP 框架上嵌入视频/音频处理技术,有效地利用 IP 网络应用服务层,具备良好的图形用户界面,方便用户使用。

视频电话集视频、音频和系统控制于一体,系统复杂、技术要求高。典型的产品设计采用增强型多媒体信号处理技术,选用多个数字信号处理器芯片(DSP)分别对视频和音频进行处理和系统控制。图 15-5 给出第一代视频电话的组成。

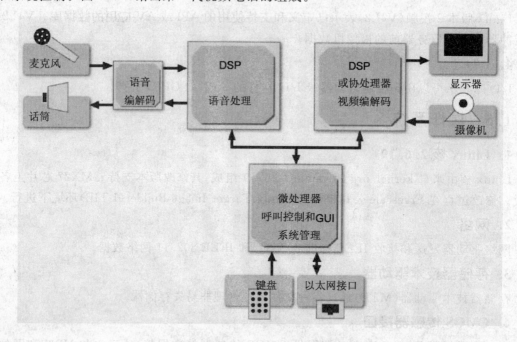

图 15-5 第一代视频电话组成

一个 DSP 承担话音处理功能,包括语音编解码、音调处理、回声消除和噪声抑制等;一个 DSP 或专用协处理器承担视频编解码;微处理器负责系统管理、VoIP 呼叫和用户接口等。

这种结构虽能满足视频电话设计要求,但结构复杂、成本高、硬件功耗大,编程模块多、设计工作量大、研发周期长,给市场推广带来很大困难。

随着第一代 IP 电话的出现,通用处理器性能进一步提高,有可能将所有音频处理任务交给微处理器承担。i.MX27 多媒体信号处理器将视频、音频和系统控制集成于一体,采用增强型处理技术,满足多媒体处理需求。i.MX27 处理器能输出高性能、低比特率 H.264 视频图像,满足家用消费类产品需求。i.MX27 处理器采用多种节能技术,满足电池供电低功耗的要求。

视频电话工业标准要求简化硬件设计、降低成本、减少功耗。手持式 WiFi 视频电话需要长寿命的电池。

现在的微处理器能同时有效地进行 VoIP 编解码(如 G.711、G.729AB、G.723.1、Speex、iLBC、G.722.2)、音频处理(DTMF 呼叫发生和检测)、语音质量增强(回声抑制、抖动缓冲等)和其他类似功能。

第二代视频电话采用 i.MX27 处理器,该处理器视频压缩编解码专用硬件加速处理器实现实时视频压缩和解压缩,提供高质量、全双工、具有容错能力的 H.264 和 MPEG-4 视频编解码码流,帧率达 30 帧/秒。参见图 15-6。

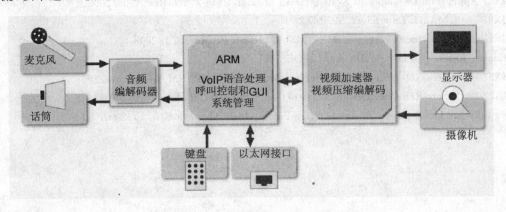

图 15-6 第二代视频电话组成

视频电话必须具备比普通编解码器还要多的功能,如视频图像缩放、恢复重构、镜像、旋转和彩色空间变换等,还要支持多重图像层(如画中画、视频图像叠加菜单等)。设计中应考虑与摄像机和显示屏接口的优化设计,以及与操作系统的程序接口(Linux 2 或 V4L2 的视频接口)。i.MX27 增强型多媒体处理器通过 V4L2 驱动器支持这些功能。i.MX27 芯片中的 ARM9 处理器核支持嵌入式 Linux 和 Windows CE 操作系统,足以满足视频和音频信号在 IP 传输的设计需求。

视频电话采用一种或多种视频压缩算法:H.263、H.264 或 MPEG-4,其中 H.264 和 MPEG-4 AVC 最复杂,提供低比特率、高质量实时视频图像的算法。与 H.263 相比,H.264 需要高性能处理器。目前,只有 Freescale 公司的 i.MX27 处理器既具有 H.264 编解码处理能力,又具有良好的视频电话所需同时处理二种视频数据流、多重视频呼叫、网络及其他多种接口功能。

IP 框架下的视频和音频设计的核心是同时进行音视频处理和系统控制管理。

## 参考文献

[1] MCIMX27 Multimedia Applications Processor Reference Manual,MCIMX27RM Rev. 0.2,9/2007.
[2] i.MX27 Application Development System User's Manual,UMS-20956 Rev A,08/2006.
[3] i.MX27 and i.MX27L Data Sheet,MCIMX27 Rev. 1.2,07/2008.
[4] Multimedia Applications Processor,IMX27MMAPPRCSRWP Rev. 0 1/2008.
[5] IP Camera Reference Platform,IPCAMREFDESFS Rev. 2.
[6] i.MX27 IP Camera Reference Design Reference Manual,MX27IPCRM Rev. 1.0,8/2008.
[7] i.MX27 IP Camera Reference Design Software Guide,MX27IPCSG Rev. 0,8/2008.
[8] Andy Lilly and David Brown,Designing High-Fidelity Videophones on the Freescale i.MX27.

# 北京航空航天大学出版社 单片机与嵌入式系统 图书推荐

(2008年1月后出版图书)

## 嵌入式系统教材

| 书名 | 作者 | 定价 | 出版日期 |
|---|---|---|---|
| 嵌入式系统原理与应用技术 | 袁志勇 | 39.0 | 2009.11 |
| 嵌入式系统接口原理与应用 | 文全刚 | 42.0 | 2009.10 |
| 嵌入式实时操作系统 μC/OS-Ⅱ原理及应用（第2版） | 任哲 | 30.0 | 2009.10 |
| Linux 技术与程序设计 | 余有明 | 32.0 | 2009.09 |
| 嵌入式系统原理与设计 | 徐端全 | 28.0 | 2009.09 |
| 嵌入式系统原理及应用——基于 XScale 和 Windows CE 6.0 | 杨永杰 | 26.0 | 2009.08 |
| 嵌入式技术基础 | 陈长顺 | 29.0 | 2009.08 |
| 嵌入式系统设计与实践 | 杨刚 | 45.0 | 2009.03 |
| ARM 嵌入式程序设计 | 张喻 | 28.0 | 2009.01 |
| ARM 嵌入式系统基础教程（第2版） | 周立功 | 39.5 | 2008.09 |
| 嵌入式系统软件设计中的数据结构 | 周航慈 | 22.0 | 2008.08 |
| 嵌入式系统中的双核技术 | 邵贝贝 | 35.0 | 2008.08 |
| ARM9 嵌入式系统设计基础教程 | 黄智伟 | 45.0 | 2008.08 |
| ARM&Linux 嵌入式系统教程（第2版） | 马忠梅 | 34.0 | 2008.08 |

## ARM、SoC 设计、IC 设计及其他嵌入式系统综合类

| 书名 | 作者 | 定价 | 出版日期 |
|---|---|---|---|
| 嵌入式系统软件设计实战—基于 IAR Embedded Workbench | 唐思超 | 49.0 | 2010.4 |
| 追踪 Linux TCP/IP 代码运行—基于 2.6 内核（含光盘） | 秦健 | 69.0 | 2010.4 |
| GNU gcc 嵌入式系统开发 | 董文军 | 45.0 | 2010.02 |
| 深入浅出 ColdFire 系列 32 位嵌入式微处理 | 谌利 | 42.0 | 2009.10 |
| IAR EWARM V5 嵌入式系统应用编程与开发 | 徐爱钧 | 59.0 | 2009.10 |
| 链接器和加载器 | 李勇译 | 28.0 | 2009.09 |
| ARM Cortex-M3 内核微控制器快速入门与应用 | 刘同法 | 48.0 | 2009.08 |
| ARM Cortex-M3 权威指南（含光盘） | 宋岩译 | 49.0 | 2009.07 |
| 嵌入式系统设计从入门到精通——基于 S3C2410 与 Linux | 覃朝东 | 38.0 | 2009.03 |
| 嵌入式图形系统设计 | 怯肇乾 | 49.0 | 2009.03 |
| 嵌入式软件设计之思想与方法 | 张邦术 | 32.0 | 2009.01 |
| 嵌入式微控制器 S08AW 原理与实践 | 王威 | 39.0 | 2009.01 |
| 嵌入式 Internet TCP/IP 基础、实现及应用（含光盘） | 潘琢金译 | 75.0 | 2008.10 |
| ARM Linux 入门与实践（含光盘） | 程昌南 | 49.5 | 2008.10 |

| 书名 | 作者 | 定价 | 出版日期 |
|---|---|---|---|
| ARM9 嵌入式系统开发与实践（含光盘） | 王黎明 | 69.0 | 2008.10 |
| 基于 MDK 的 SAM3 处理器开发应用 | 李宁 | 62.0 | 2010.01 |
| 基于 MDK 的 STM32 处理器开发应用 | 李宁 | 56.0 | 2008.10 |
| STM32 系列 ARM Cortex-M3 微控制器原理与实践（含光盘） | 王永虹 | 49.0 | 2008.08 |
| ARM 处理器与 C 语言开发应用 | 范书瑞 | 32.0 | 2008.08 |

## DSP

| 书名 | 作者 | 定价 | 出版日期 |
|---|---|---|---|
| 电动机的 DSP 控制——TI 公司 DSP 应用（第2版） | 王晓明 | 49.0 | 2009.09 |
| TMS320F240X DSP 汇编及 C 语言多功能控制应用（含光盘） | 林容益 | 65.0 | 2009.05 |
| TMS320C55x DSP 应用系统设计 | 赵洪亮 | 36.0 | 2008.08 |
| TMS320X281xDSP 应用系统设计（含光盘） | 苏奎峰 | 42.0 | 2008.05 |
| TMS320C672x 系列 DSP 原理与应用 | 刘伟 | 42.0 | 2008.06 |
| TMS320X281x DSP 原理及 C 程序开发（含光盘） | 苏奎峰 | 48.0 | 2008.02 |

## 单片机

### 教材与教辅

| 书名 | 作者 | 定价 | 出版日期 |
|---|---|---|---|
| 单片机原理与应用实例仿真（含光盘） | 李泉溪 | 39.0 | 2009.08 |
| 单片机原理与应用 | 靳孝峰 | 39.0 | 2009.05 |
| 单片机应用系统设计（含光盘） | 冯先成 | 35.0 | 2009.01 |
| 单片机快速入门（含光盘） | 徐玮 | 36.0 | 2008.05 |
| 单片机项目教程（含光盘） | 周竖 | 28.0 | 2008.05 |
| 单片机应用设计培训教程——理论篇 | 张迎新 | 29.0 | 2008.01 |
| 单片机应用设计培训教程——实践篇 | 夏继强 | 22.0 | 2008.01 |

### 51 系列单片机其他图书

| 书名 | 作者 | 定价 | 出版日期 |
|---|---|---|---|
| 点阵 LCD 驱动显控原理与实践 | 张新强 | 28.0 | 2010.3 |
| 51 单片机自学笔记（含光盘） | 范红刚 | 47.0 | 2010.01 |
| 单片机接口模块应用与开发实例详解（含光盘） | 薛小铃 | 49.0 | 2010.01 |
| 增强型 8051 单片机实用开发技术 | 陈桂友 | 38.0 | 2009.12 |
| 基于 PROTEUS 的电路及单片机设计与仿真（第2版） | 周润景 | 44.0 | 2010.01 |
| 单片机及应用系统设计原理与实践 | 刘海成 | 59.0 | 2009.08 |
| 大学生创新竞赛实战—凌阳16位单片机应用 | 陈言俊 | 36.0 | 2009.08 |
| 单片机外围接口电路与工程实践 | 刘同法 | 79.0 | 2009.03 |
| 单片机 C 语言编程基础与实践 | 刘同法 | 32.0 | 2009.02 |

| 书 名 | 作者 | 定价 | 出版日期 |
|---|---|---|---|
| 感悟设计：电子设计的经验与哲理 | 王玮 | 32.0 | 2009.05 |
| 51 单片机工程应用实例（含光盘） | 唐继贤 | 39.0 | 2009.01 |
| 匠人手记：一个单片机工作者的实践与思考 | 张俊 | 39.0 | 2008.04 |
| 从 0 开始教你用单片机 | 赵星寒 | 22.0 | 2009.01 |
| 从 0 开始教你学单片机 | 赵星寒 | 25.0 | 2008.01 |

### PIC 单片机

| 书 名 | 作者 | 定价 | 出版日期 |
|---|---|---|---|
| dsPIC 数字信号控制器入门与实战——入门篇（含光盘） | 石朝林 | 49.0 | 2009.08 |
| PIC 单片机轻松入门（含光盘） | 周坚 | 29.0 | 2009.07 |
| 电动机的 DSC 控制——微芯公司 dsPIC DSC 控制（含光盘） | 王晓明 | 56.0 | 2009.07 |
| PIC 单片机 C 程序设计与实践 | 后闲哲也 | 39.0 | 2008.07 |

### 其他公司单片机

| 书 名 | 作者 | 定价 | 出版日期 |
|---|---|---|---|
| ATmaga128 单片机入门与提高（含光盘） | 沈建良 | 65.0 | 2009.07 |
| Freescale 08 系列单片机开发与应用实例（含光盘） | 何此昂 | 39.0 | 2009.01 |
| MSP430 系列 16 位超低功耗单片机原理与实践（含光盘） | 沈建华 | 48.0 | 2008.07 |
| HT48Rxx I/O 型 MCU 在家庭防盗系统中的应用 | 吴孔松 | 32.0 | 2008.06 |
| HT46xx AD 型 MCU 在厨房小家电中的应用 | 杨斌 | 35.0 | 2008.06 |
| HT46xx 单片机原理与实践（含光盘） | 钟启仁 | 55.0 | 2008.09 |

### 总线技术

| 书 名 | 作者 | 定价 | 出版日期 |
|---|---|---|---|
| CAN 总线技术 | 杨春杰 | 28.0 | 2010.02 |
| 圈圈教你玩 USB（含光盘） | 刘荣 | 39.0 | 2009.01 |

| 书 名 | 作者 | 定价 | 出版日期 |
|---|---|---|---|
| ET44 系列 USB 单片机控制与实践 | 董胜源 | 39.0 | 2008.09 |

### 其 他

| 书 名 | 作者 | 定价 | 出版日期 |
|---|---|---|---|
| 电工电子技术实训 | 钱莉 | 19.0 | 2010.4 |
| 触摸感应技术及其应用——基于 Capsense | 翁小平 | 25.0 | 2010.01 |
| 我和 LabVIEW——一个 NI 工程师的十年编程经验 | 阮奇桢 | 45.0 | 2009.09 |
| nRF 无线 SOC 单片机原理与高级应用 | 谭晖 | 55.0 | 2009.09 |
| 现代通信电源技术及应用 | 徐小涛 | 39.0 | 2009.07 |
| 数字逻辑原理与 FPGA 设计 | 刘昌华 | 39.0 | 2009.08 |
| 电子系统设计——专题篇 | 黄虎 | 38.0 | 2009.02 |
| 短距离无线通信详解——基于 CYWM6935 芯片 | 喻金钱 | 32.0 | 2009.01 |
| FPGA/CPLD 应用设计 200 例（上、下） | 张洪润 | 92.0 | 2009.01 |
| Verilog 嵌入式数字系统设计教程 | 夏宇闻译 | 59.0 | 2009.07 |
| Verilog HDL 入门（第 3 版） | 夏宇闻译 | 39.0 | 2008.10 |
| SystemC 入门（第 2 版）（含光盘） | 夏宇闻译 | 36.0 | 2008.10 |
| Verilog 数字系统设计教程（第 2 版） | 夏宇闻 | 40.0 | 2008.06 |
| Altium Designer 快速入门 | 徐向民 | 45.0 | 2008.11 |
| Protel DXP 2004 电路设计与仿真教程 | 李秀霞 | 33.0 | 2008.03 |
| 无线单片机技术丛书——CC1110/CC2510 无线单片机和无线自组织网络入门与实战 | 李文仲 | 29.0 | 2008.04 |
| 无线单片机技术丛书——ARM 微控制器与嵌入式无线网络实战 | 李文仲 | 55.0 | 2008.05 |

注：表中加底纹者为 2009 年后出版的图书。

以上图书可在各地书店选购，或直接向北航出版社书店邮购（另加 3 元挂号费）邮购电话：010-82316936
地址：北京市海淀区学院路 37 号北航出版社书店 5 分箱 邮购部收 邮编：100191 邮购 Email：bhcbssd@126.com
投稿联系电话：010-82317035、82317022 传真：010-82317022 投稿 Email：emsbook@gmail.com